中国职业技术教育学会科研项目优秀成果

The Excellent Achievements in Scientific Research Project of The Chinese Society Vocational and Technical Education

高等职业教育“双证课程”培养方案规划教材·机电基础课程系列

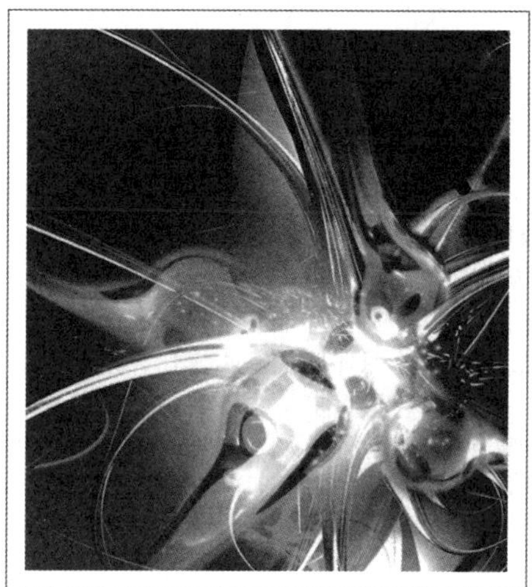

机械制图与计算机绘图

高等职业技术教育研究会 审定

姜勇 主编

宋晓梅 冯辉 副主编

Mechanical Drawing And Computer Aided Drawing

人 民 邮 电 出 版 社

北 京

图书在版编目（CIP）数据

机械制图与计算机绘图 / 姜勇主编. -- 北京 : 人民邮电出版社，2010.4（2022.7重印）

中国职业技术教育学会科研项目优秀成果. 高等职业教育“双证课程”培养方案规划教材. 机电基础课程系列

ISBN 978-7-115-21318-1

Ⅰ. ①机… Ⅱ. ①姜… Ⅲ. ①机械制图－高等学校：技术学校－教材②自动绘图－高等学校：技术学校－教材 Ⅳ. ①TH126

中国版本图书馆CIP数据核字(2009)第184802号

内 容 提 要

本书依照我国最新颁布的《技术制图》与《机械制图》国家标准编写而成。全书分为机械制图和计算机绘图两部分，其中机械制图部分共有 11 章，主要内容包括制图基本知识与技能、正投影基础、基本立体、立体表面的交线、组合体视图、轴测图、机件的基本表示法、标准件与常用件、零件图、装配图及其他图样；计算机绘图部分共有 6 章，主要内容包括 AutoCAD 绘图环境及基本操作，绘制和编辑线段、平行线及圆，绘制及编辑多边形、椭圆及剖面图案，书写文字及标注尺寸，零件图及装配图，打印图形。与本书配套使用的《机械制图与计算机绘图习题集》同时出版。

本书与配套习题集可作为高职高专、成人高校机械类、近机类专业机械制图课程的教材，也可作为机械工程领域技术人员的参考资料。

中国职业技术教育学会科研项目优秀成果

高等职业教育“双证课程”培养方案规划教材 • 机电基础课程系列

机械制图与计算机绘图

♦ 审　　定　高等职业技术教育研究会
　主　　编　姜　勇
　副 主 编　宋晓梅　冯　辉
　责任编辑　李育民

♦ 人民邮电出版社出版发行　　北京市丰台区成寿寺路 11 号
　邮编　100164　　电子邮件　315@ptpress.com.cn
　网址　http://www.ptpress.com.cn
　北京市艺辉印刷有限公司印刷

♦ 开本：787×1092　1/16
　印张：22.75　　　　2010年4月第1版
　字数：560千字　　　2022年7月北京第15次印刷

ISBN 978-7-115-21318-1

定价：36.00 元

读者服务热线：(010) 81055256　印装质量热线：(010) 81055316

反盗版热线：(010) 81055315

职业教育与职业资格证书推进策略与“双证课程”的研究与实践课题组

组　长：

俞克新

副组长：

李维利　张宝忠　许　远　潘春燕

成　员：

林　平　周　虹　钟　健　赵　宇　李秀忠　冯建东　散晓燕　安宗权
黄军辉　赵　波　邓晓阳　牛宝林　吴新佳　韩志国　周明虎　顾　晔
吴晓苏　赵慧君　潘新文　李育民

课题鉴定专家：

李怀康　邓泽民　吕景泉　陈　敏　于洪文

丛书出版前言

职业教育是现代国民教育体系的重要组成部分，在实施科教兴国战略和人才强国战略中具有特殊的重要地位。教育部《关于全面提高高等职业教育教学质量的若干意见》（教高［2006］16号）中也明确提出，要推行“双证书”制度，强化学生职业能力的培养，使有职业资格证书专业的毕业生取得“双证书”。

为配合各高职院校积极实施“双证书”制度工作，推进示范校建设，中国高等职业技术教育研究会和人民邮电出版社在广泛调研的基础上，联合向中国职业技术教育学会申报了《职业教育与职业资格证书推进策略与“双证课程”的研究与实践》课题（中国职业技术教育学会科研规划项目，立项编号 225753）。此课题拟将职业教育的专业人才培养方案与职业资格认证紧密结合起来，使每个专业课程设置嵌入一个对应的证书，拟为一般高职院校提供一个可以参照的“双证课程”专业人才培养方案。该课题研究的对象包括数控加工操作、数控设备维修、模具设计与制造、机电一体化技术、汽车制造与装配技术、汽车检测与维修技术等多个专业。

该课题由教育部的权威专家牵头，邀请了中国职教界、人力资源和社会保障部及有关行业的专家，以及全国50多所高职高专机电类专业教学改革领先的学校，一起进行课题研究，目前已召开多次研讨会，将课题涉及的每个专业的人才培养方案按照“专业人才定位—对应职业资格证书—职业标准解读与工作过程分析—专业核心技能—专业人才培养方案—课程开发方案”的过程开发，即首先对各专业的工作岗位进行分析和分类，按照相应岗位职业资格证书的要求提取典型工作任务、典型产品或服务，进而分析得出专业核心技能、岗位核心技能，再将这些核心技能进行分解，进而推出各专业的专业核心课程与双证课程，最后开发出各专业的人才培养方案。

根据以上研究成果，课题组对专业课程对应的教材也做了全面系统的研究，开发的教材具有以下鲜明特色。

1. 注重专业整体策划。本套教材是根据课题的研究成果——专业人才培养方案开发的，每个专业各门课程的教材内容既相互独立，又有机衔接，整套教材具有一定的系统性与完整性。

2. 融通学历证书与职业资格证书。本套教材将各专业对应的职业资格证书的知识和能力要求都嵌入到各双证教材中，使学生在获得学历文凭的同时获得相关的国家职业资格证书。

3. 紧密结合当前教学改革趋势。本套教材紧扣教学改革的最新趋势，专业核心课程、“双证课程”按照工作过程导向及项目教学的思路编写，较好地满足了当前各高职高专院校的需求。

4. 免费为选用本套教材的老师提供相关专业的整体教学方案及相关教学资源。

我们希望通过本套教材，为各高职高专院校提供一个可实施的基于“双证书”的专业教学方案，也热切盼望各位关心高等职业教育的读者能够对本套教材的不当之处提出修改意见，共同探讨教学改革和教材编写等相关问题。来信请发至 panchunyan@ptpress.com.cn。

前　言

本书是根据教育部《高职高专教育工程制图课程教学基本要求（机械类专业适用）》，在听取多所高职高专院校的意见和建议，总结作者长期教学实践经验的基础上编写而成的。

本书从学生就业岗位的需要出发，以培养学生绘制和阅读机械图样为目的，解决生产实际问题为准则，对传统的机械制图课程内容进行了适当的精简，力求突出高职高专教育以识图为主、读画结合、学以致用的特点，从而全面提升学生现场识图制图的能力。

本书在内容编写上，考虑到便于教师组织教学的同时，注重满足学生自学和课后的消化吸收，采取了深入浅出、循序渐进的讲解方式，文字叙述力求做到通俗易懂，简明扼要，图文并茂；图例选取尽量采用经典模型、挂图，机械图部分所选的实例尽量贴近工程实际。

本书有以下几个特点。

（1）将制图基本知识与技能作为第 1 章，并将绘图工具使用作为第 1 节，突出了本课程的实践性及遵循国标的重要性。

（2）将三视图放在点、线、面投影之前介绍，意在首先给学生以感性认识，由具体到抽象，符合认知规律，并使三视图的“长对正、高平齐、宽相等”的投影规律贯穿课程的始终。

（3）全书贯彻最新的《机械制图》和《技术制图》国家标准。

（4）书中三维图形制作精美，增强了教材的实用性。

（5）每章前配有“要点提示”，及时指出知识的要点，起到画龙点睛的作用，便于学生自学。

（6）新颖的小栏目可提高学生的学习兴趣和学习效率。

为方便教师组织教学，本书配有助讲课件、动画等丰富的教辅资源，任课教师可登录人民邮电出版社教学服务与资源网（www.ptpedu.com.cn）免费下载使用。

本书与配套习题集可作为高等职业院校机械类（机械制造与自动化、数控、模具、机械 CAD/CAM 等）各专业教学用书，也可作为初学者和工程技术人员的培训教材或自学用书。

本书的参考学时为 128，各章的参考学时参见下面的学时分配表。

章　节	课 程 内 容	学 时 分 配	
		讲　授	实　训
	上篇　机械制图		
第 1 章	制图基本知识与技能	6	2
第 2 章	正投影基础	10	2
第 3 章	基本立体	4	2
第 4 章	立体表面的交线	8	2
第 5 章	组合体视图	10	4
第 6 章	轴测图	4	2

续表

章　节	课 程 内 容	学 时 分 配	
		讲　授	实　训
第 7 章	机件的基本表示法	10	4
第 8 章	标准件与常用件	8	2
第 9 章	零件图	10	4
第 10 章	装配图	8	10（包括测绘）
第 11 章	其他图样	2	2
下篇　计算机绘图			
第 12 章	AutoCAD 绘图环境及基本操作	1	1
第 13 章	绘制和编辑线段、平行线及圆	1	1
第 14 章	绘制及编辑多边形、椭圆及剖面图案	1	1
第 15 章	书写文字及标注尺寸	1	1
第 16 章	零件图及装配图	1	1
第 17 章	打印图形	1	1
课时总计		128	

本书由姜勇主编，宋晓梅、冯辉副主编，机械制图部分第 1 章至第 7 章由冯辉编写，第 8 章至第 11 章及附录由宋晓梅编写，计算机绘图部分由姜勇编写，书中三维图由姜勇负责制作。

参加本书编写工作的还有沈精虎、黄业清、宋一兵、谭雪松、郭英文、计晓明、董彩霞、滕玲、郝庆文等。

由于编者水平有限，书中难免有缺陷或不当之处，敬请广大读者批评指正。

编者

2010 年 3 月

本书素材列表

表 1

素 材 类 型	名　　称	功 能 描 述
PPT 课件	PPT 课件一套	供老师上课用
虚拟实验	视图投影训练系统	给出符合投影关系的一组三视图以及外形相近具有迷惑性的四个实体模型，学生通过观察、对比和排除法，找到与三视图符合投影关系的实体模型。主要训练学生对图形的空间想象能力和对图形细节的观察和识别能力。 本系统提供的三维模型清晰、直观，练习时可以通过鼠标操作旋转、缩放和移动模型，以便获取观察模型的最佳角度，观察到模型上的重要细节
	视图纠错训练系统	系统给出若干组包含一定错误的二维图形，学生单击选定错误所在的位置，完成后可以查看正确答案。本系统主要训练学生对机械制图规范的理解和掌握，帮助学生培养规范制图的习惯
题库系统	机械制图题库系统一套	可以自动生成试卷和试卷答案，老师可随意修改或添加试题

表 2

素材类型	名　　称
第 1 章动画	机械图样的组成
	图样在生产中的应用
	现代 CAD 技术的应用
	图样的图纸幅面和格式
	图样中的线型
	常用绘图工具的用法
	四等分线段
	五等分圆周
	n 等分圆周
	锥度和斜度
	使用圆弧外平滑连接两已知圆
	使用圆弧内平滑连接两已知圆
	使用圆弧平滑连接直线和圆弧
	使用圆弧平滑连接两已知直线
	椭圆的画法
	图样中的尺寸及其标注要求
	二维图形绘图案例
第 2 章动画	投影法及其分类
	正投影的基本特性
	三视图的生成原理
	三视图的投影规律
	点的投影规律

素材类型	名　　称
第 2 章动画	直线的投影规律
	平面的投影规律
	重影点可见性的判别
	点与直线关系的判别
	直线与平面关系的判别
	判断两点空间相对位置关系的方法
	判断两直线空间相对位置关系的方法
	判断两平面空间相对位置关系的方法
第 3 章动画	绘制棱柱三视图
	绘制正三棱锥三视图
	绘制圆柱三视图
	圆柱表面上点的投影分析
	圆锥表面上点的投影分析
	绘制球体三视图
	球面上点的投影分析
	圆环上点的投影分析
第 4 章动画	平面截切圆柱后的截交线
	平面截切圆锥后的截交线
	平面截切球面后的截交线
	绘制切槽半球的三视图
	两圆柱相贯线画法
	圆柱与球体相贯线画法
	综合案例 1
	综合案例 2

素材类型	名　　称
第 5 章动画	线面分析法读图原理
	形体分析法读图原理
	补画三视图案例
	组合体的组合形式
	组合体表面间的连接关系
	线面分析法读图案例
	形体分析法读图案例
	轴承座零件的视图表达方案
	组合体的尺寸标注要点
	组合体的尺寸标注案例
	组合体视图读图技巧
	综合案例 1
	综合案例 2
第 6 章动画	轴测图的生成原理
	正等轴测图的画法
	圆的正等轴测图画法
	圆柱的正等轴测图画法
	斜二等轴测图的画法
	综合案例
第 7 章动画	基本视图的形成原理
	向视图的形成原理及案例
	斜视图的形成
	剖视图的生成原理
	全剖视图的画法及案例

续表

素材类型	名称
第7章动画	半剖视图的画法及案例
	局部剖视图的画法及案例
	断面图的画法及案例
	局部放大图的画法及案例
	第三角投影图的形成原理
	综合案例1
	综合案例2
第8章动画	渐开线直齿圆柱齿轮的结构
	圆柱齿轮的画法
	圆柱齿轮啮合的画法
	直齿锥齿轮的结构
	圆锥齿轮的画法
	圆锥齿轮啮合的画法
	蜗轮蜗杆啮合的规定画法
	键连接及其连接画法
	内外花键及其连接画法
	销及其连接的画法
	螺纹的规定画法
	螺钉连接的画法
	螺栓连接的画法

素材类型	名称
第8章动画	双头螺柱的连接画法
	深沟球轴承的画法
	推力球轴承的画法
	圆锥滚子轴承的画法
	弹簧的画法
	常用简化画法
	综合案例1
	综合案例2
第8章录像素材	销连接简介
	齿轮传动简介
	螺纹连接简介
	键连接简介
	滚动轴承简介
	弹簧简介
第9章动画	零件图的构成和用途
	表面结构的标注及案例
	公差与配合标注及案例
	机械加工工艺结构的表达及案例
	零件图的选择原则及案例
	铸造工艺结构的表达及案例
	尺寸基准的选择及案例
	综合案例1
	零件测绘过程

素材类型	名称
第10章动画	装配图的构成和用途
	装配图的尺寸标注
	装配工艺结构的画法
	装配图的规定画法
	装配图的特殊画法
	装配图的简化画法
	由装配图拆画零件图
	综合案例2
	齿轮油泵测绘
第10章录像素材	拆卸装配体
第11章动画	棱柱管的表面展开
	棱锥管的表面展开
	斜口圆柱管的表面展开
	斜口圆锥管的表面展开
	近似柱面法展开球面
	近似锥面法展开球面
	异径三通管的表面展开
	90°弯管的表面展开
	方圆接头的表面展开

目 录

上篇 机械制图

上　篇

机械制图

第1章 制图基本知识与技能

【学习目标】

- 正确、熟练地使用常用绘图工具。
- 掌握国家标准中关于图纸幅面代号、格式、比例、图线、字体的规定及画法。
- 了解尺寸标注的基本规定。
- 掌握线段及圆的等分画法、斜度和锥度的画法及标注。
- 熟练掌握椭圆、圆弧连接的几何作图方法。
- 学会分析平面图形的线段和尺寸，并掌握其画图步骤。

1.1 常用绘图工具的使用

只有学会正确使用绘图工具，才能保证绘图质量、提高绘图速度。因此，学生首先必须养成正确使用绘图工具和用品的良好习惯。下面就来介绍常用绘图工具的使用。

1.1.1 图　　板

图板用于铺放和固定图纸，如图 1-1 所示。图板作为画图时的垫板，表面要平整而光滑，图板的左边作为丁字尺的导边，必须平直。图纸一般用胶带纸固定在图板的左下部。

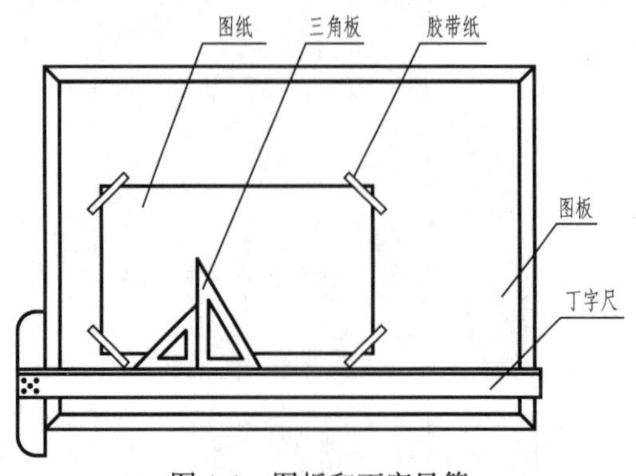

图 1-1　图板和丁字尺等

1.1.2 丁 字 尺

丁字尺由相互垂直的尺头和尺身组成，如图 1-1 所示。丁字尺与图板配合使用，主要用来画水平线。使用时，必须将尺头紧靠图板导边做上下移动，右手执笔，沿尺身工作边自左向右画线，如图 1-2 所示。

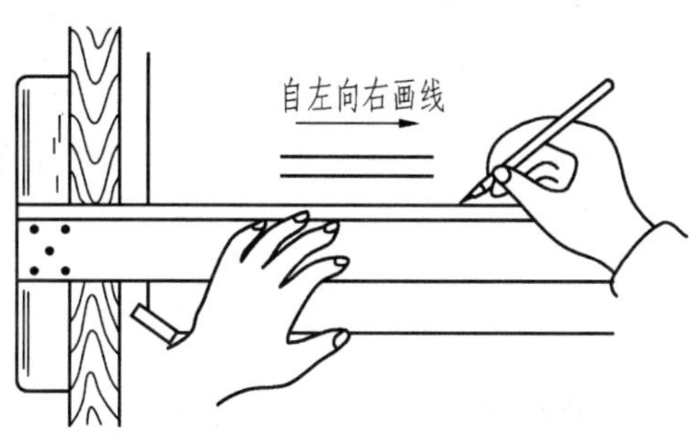

图 1-2 用丁字尺画水平线

1.1.3 三 角 板

一副三角板由 45° 等腰直角三角板和 30° 、60° 的直角三角板各一块组成。

三角板与丁字尺配合，可画垂直线，如图 1-3 所示。三角板与丁字尺配合还可以画与水平线成 15° 倍数角的斜线，如图 1-4 所示。

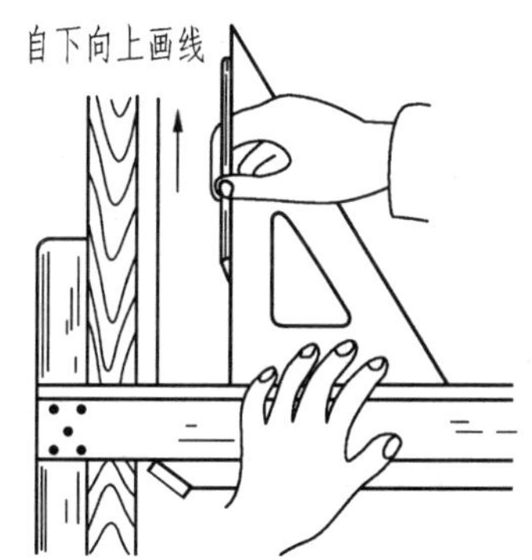

图 1-3 丁字尺与三角板配合使用画垂直线

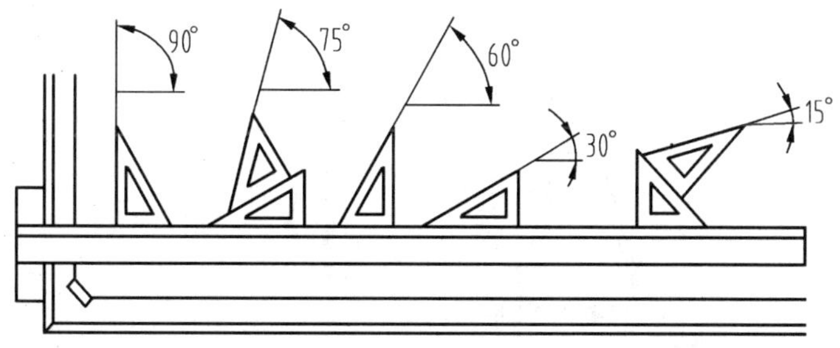

图 1-4 三角板与丁字尺配合画与水平线成 15° 倍数角的斜线

两块三角板配合还可以画已知直线的平行线和垂直线，如图 1-5 所示。

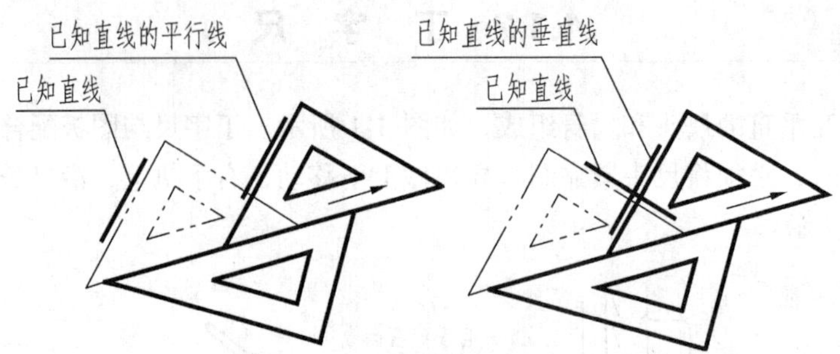

图 1-5　两块三角板配合画已知直线的平行线和垂直线

1.1.4　圆　　规

圆规用来画圆或圆弧。圆规的两脚中一个为固定插脚，另一个为活动插脚。固定插脚上钢针两端的形状有所不同，带有台阶的一端用于画圆或圆弧时定圆心，台阶可以防止图纸上的针眼扩大而造成圆心不准确。画圆时，活动插脚装上削磨好的铅芯，调整钢针的台阶与铅芯尖端平齐，笔尖与纸面垂直，使圆规顺时针旋转并稍向前倾斜，如图 1-6 所示。

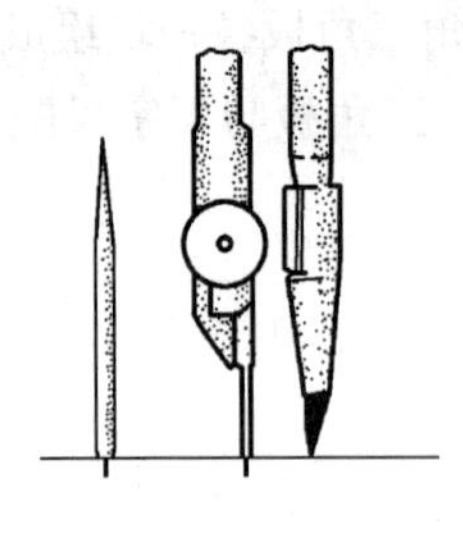

（a）画圆前调整

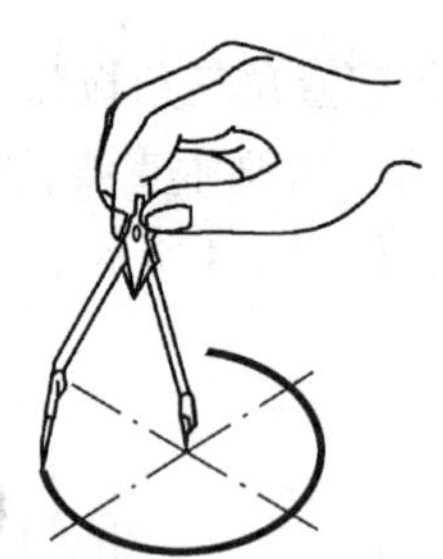

（b）画较大圆时应使两脚垂直于纸面

图 1-6　圆规的用法

圆规的两个插脚若都装上圆锥形钢针就可作为分规来使用。

1.1.5　分　　规

分规用来量取尺寸或等分线段，分规的两针尖要调整平齐，其用法如图 1-7 所示。

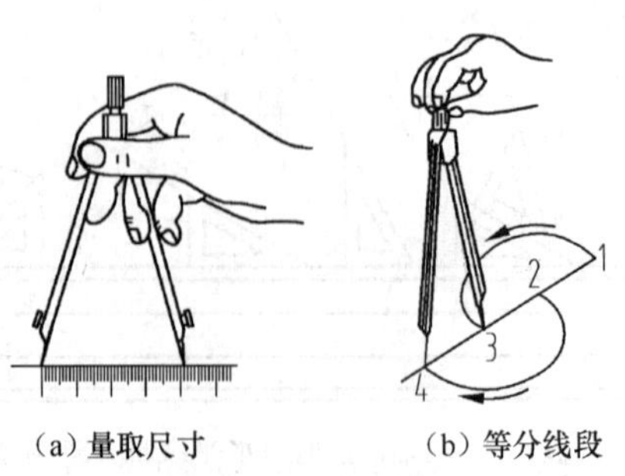

（a）量取尺寸　　（b）等分线段

图 1-7　分规的用法

1.1.6 铅　　笔

绘图铅笔可分为多种型号，分别用 *B* 和 *H* 表示其软、硬程度。绘图时铅笔的选用推荐如下。

- 画底稿用 *H* 或 2*H* 铅笔。
- 写字、标注尺寸用 *HB* 铅笔。
- 加深用 *B* 或 2*B* 铅笔。

铅笔的铅芯一般用砂纸磨成所需的形状，画底稿和写字时，应磨成锥形；加深粗实线时，应磨成矩形，如图 1-8 所示。

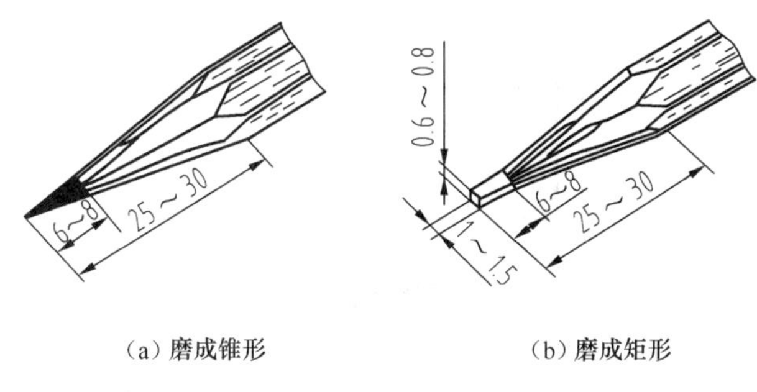

（a）磨成锥形　　（b）磨成矩形

图 1-8　铅芯的削磨

除了以上介绍的绘图工具外，绘图时还要用到固定图纸的胶带纸、橡皮、削铅笔的小刀、磨铅芯的砂纸、扫灰屑用的小刷、擦图片、画小圆的点圆规、量角器等。另外，还有按比例直接量度尺寸的比例尺、加深非圆曲线的曲线板、绘制图形中常用符号的专用模板等。

1.2 制图的基本规定

图样是工程界进行技术交流的语言，是产品设计、制造、安装、检测等过程中的重要技术资料。为了便于生产、管理和交流，国家标准《机械制图》和《技术制图》对图样的画法、尺寸标注等都做了统一规定。下面就分别介绍图纸幅面和格式、比例、字体、图线、尺寸标注等基本规定。

国家标准简称“国标”，代号为“GB”。例如，标准代号 GB/T 14689—1993，其中 T 为推荐性标准，14689 为该标准的编号，1993 为发布年份。

1.2.1 图纸幅面和格式

为了便于图纸的装订和管理，国家标准首先对图纸幅面和格式做了统一的规定。

1. 图纸幅面

绘制图样时，应优先采用标准中规定的 5 种基本幅面，如表 1-1 所示。图纸幅面以 A0、A1、A2、A3、A4 为代号，基本幅面之间的大小关系如图 1-9 所示。幅面在应用中若面积不够大，则可以选用国家标准所规定的加长幅面，其尺寸由基本幅面的短边成整数倍增加后得出。

表 1-1　　图纸幅面及边框尺寸　　（单位：mm）

幅面代号	A0	A1	A2	A3	A4
宽度 B × 长度 L	841 × 1 189	594 × 841	420 × 594	297 × 420	210 × 297
c	10			5	
a	25				
e	20		10		

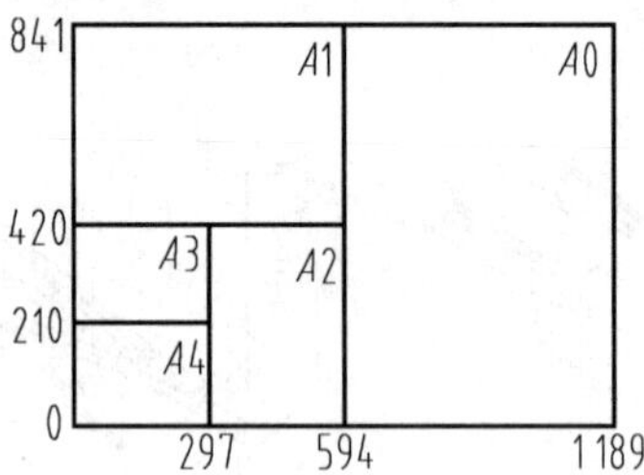

图 1-9　基本幅面之间的大小关系

2. 图框格式

图纸可以横向或竖向放置。在图纸上必须用粗实线画出图框来限定绘图区域。图框格式分为留有装订边和不留装订边两种，但同一产品的图样只能采用一种格式。留有装订边的图纸，其图框格式如图 1-10 所示，一般采用 A3 幅面横装或 A4 幅面竖装。不留装订边的图纸，其图框格式如图 1-11 所示。

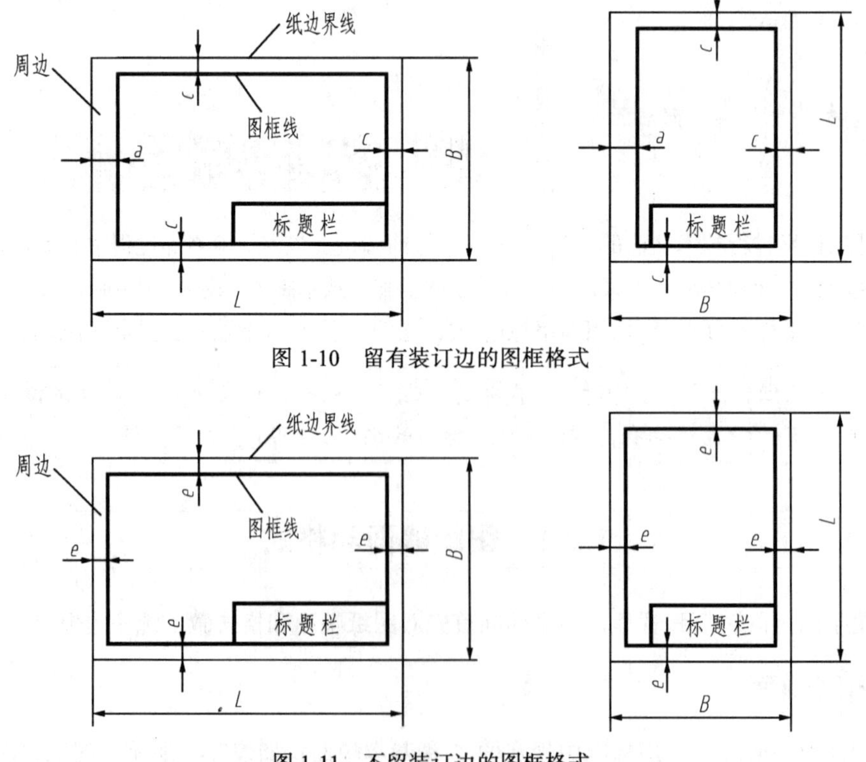

图 1-10　留有装订边的图框格式

图 1-11　不留装订边的图框格式

3. 标题栏

每张图纸的右下角都必须画出标题栏。国家标准中推荐的标题栏格式如图 1-12 所示。

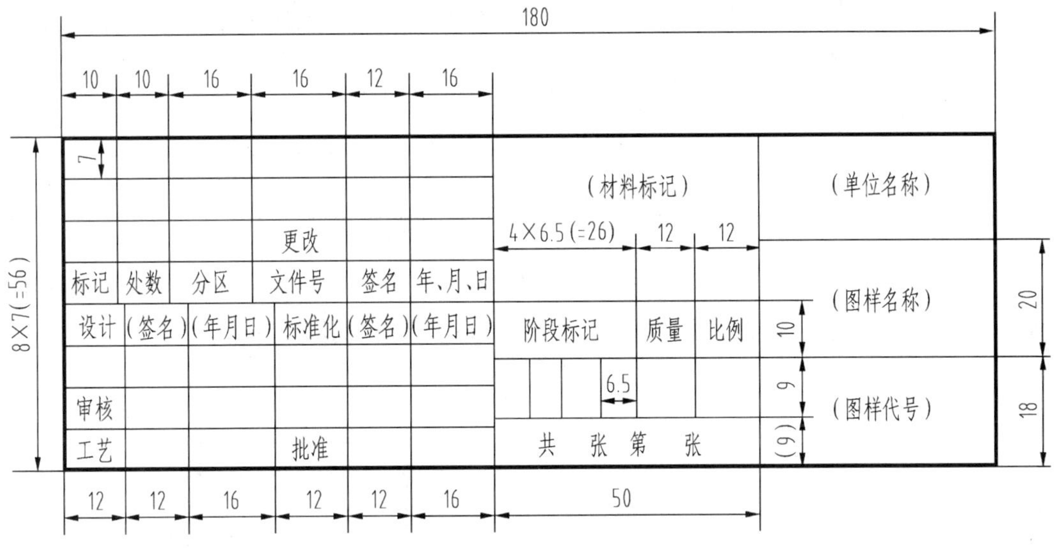

图 1-12 国标中推荐的标题栏

在学校的制图作业中，标题栏可以简化，建议采用图 1-13 所示的格式。

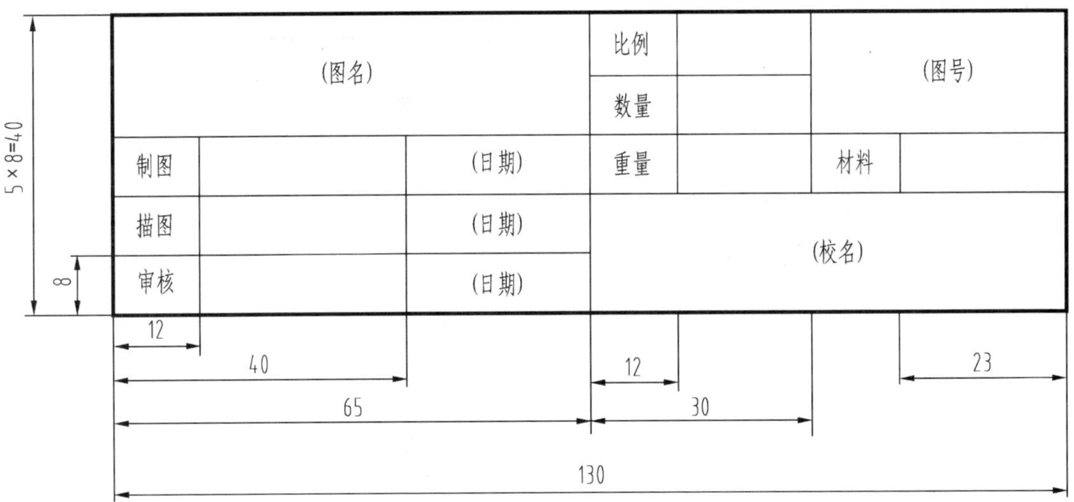

图 1-13 学校用标题栏格式

1.2.2 比 例

比例是指图样中的图形与其实物相应要素的线性尺寸之比。绘制图样时，尽量采用 1:1 的比例，即原值比例，或者根据物体的大小及其形状的复杂程度，在表 1-2 所示的规定系列中选取适当的比例。

表 1-2　　绘图比例

种　类		比　例				
常用比例	原值比例	1:1				
	放大比例	2:1 2×10^n:1	5:1 5×10^n:1	 1×10^n:1		
	缩小比例	1:2 1:2×10^n	1:5 1:5×10^n	1:10 1:1×10^n		
可用比例	放大比例	2.5:1 2.5×10^n:1	4:1 4×10^n:1			
	缩小比例	1:1.5 1:1.5×10^n	1:2.5 1:2.5×10^n	1:3 1:3×10^n	1:4 1:4×10^n	1:6 1:6×10^n

注：n 为正整数。

在图纸上必须注明比例，当整张图纸只用一种比例时，应统一注写在标题栏中的比例栏内，否则，应在各视图的上方分别注写。图 1-14 所示为采用不同比例所绘的图形。

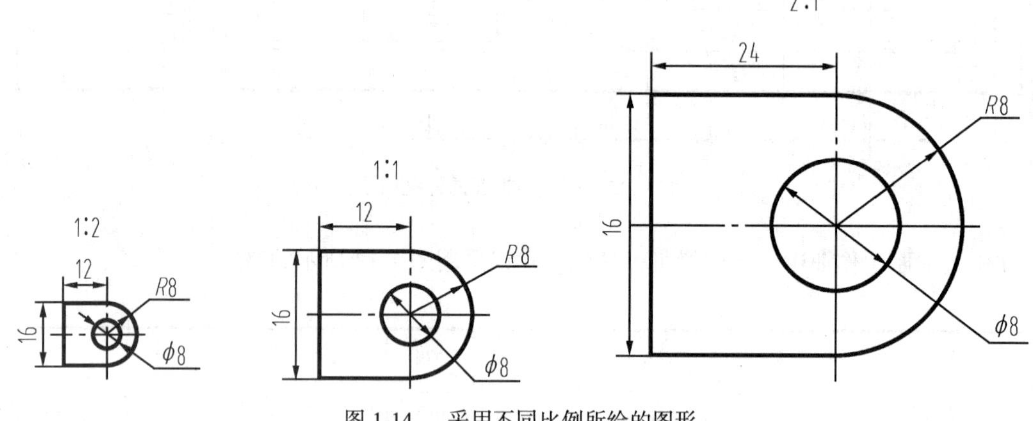

图 1-14　采用不同比例所绘的图形

无论采用何种比例画图，图形中所标注的尺寸都必须是物体的实际尺寸。

1.2.3　字　　体

图样中字体的号数即字体的高度 h，其尺寸系列为 1.8mm、2.5mm、3.5mm、5mm、7mm、10mm、14mm 和 20mm。如果需要写更大的字，其字体高度应按 $\sqrt{2}$ 的比率递增。

1. 汉字

图样中的汉字应写成长仿宋体。汉字的高度 h 不应小于 3.5mm，其字宽一般为 $h/\sqrt{2}$ 。长仿宋体字的书写要领是横平竖直、起落有锋、结构均匀及填满方格。图 1-15 所示为长仿宋体字的书写示例。

2. 字母和数字

字母和数字分为 A 型和 B 型。A 型字体的笔画宽度 d 为字高 h 的 1/14，B 型字体的笔画宽度 d 为字高 h 的 1/10。在同一张图纸上，只允许选用一种形式的字体。A 型字母和数字可写成直体或斜体。斜体字的字头向右倾斜，与水平基准线成 75°。

10 号字　齿轮油泵　机用虎钳　减速箱

7 号字　机械设计院　机械制图　技术要求　说明

5 号字　制图　审核　姓名　日期　比例　材料　数量　图号

3.5 号字　螺纹齿轮端子接线飞行指导驾驶舱位挖填施工引水通风闸阀坝棉麻化纤

图 1-15　长仿宋体字的书写示例

图样上一般采用 *A* 型斜体字。图 1-16 所示为字母和数字的书写示例。

- 大写斜体字母

ABCDEFGHIJKLMNOPQRSTUVWXYZ

- 小写斜体字母

abcdefghijklmnopqrstuvwxyz

- 斜体数字

0123456789

I II III IV V VI VII VIII IX X

图 1-16　字母和数字的书写示例

1.2.4　图　　线

1. 图线及其应用

机械图样中常用的图线名称、形式、宽度及其应用如表 1-3 所示。图线应用的示例如图 1-17 所示。

表 1-3　图线

图线名称	图线形式	图线宽度	图线应用示例（如图 1-17 所示）
粗实线		*b*=0.5～2 mm	可见轮廓线
细实线		约 *b*/2	尺寸线、尺寸界线、剖面线、重合断面的轮廓线及指引线等
波浪线		约 *b*/2	断裂处的边界线、视图和剖视的分界线
细虚线		约 *b*/2	不可见轮廓线
粗虚线		*b*	允许表面处理的表示线
双折线		约 *b*/2	断裂处的边界线
细点画线		约 *b*/2	轴线、对称中心线等
粗点画线		*b*	有特殊要求的线或表面的表示线
细双点画线		约 *b*/2	极限位置的轮廓线、相邻辅助零件的轮廓线等

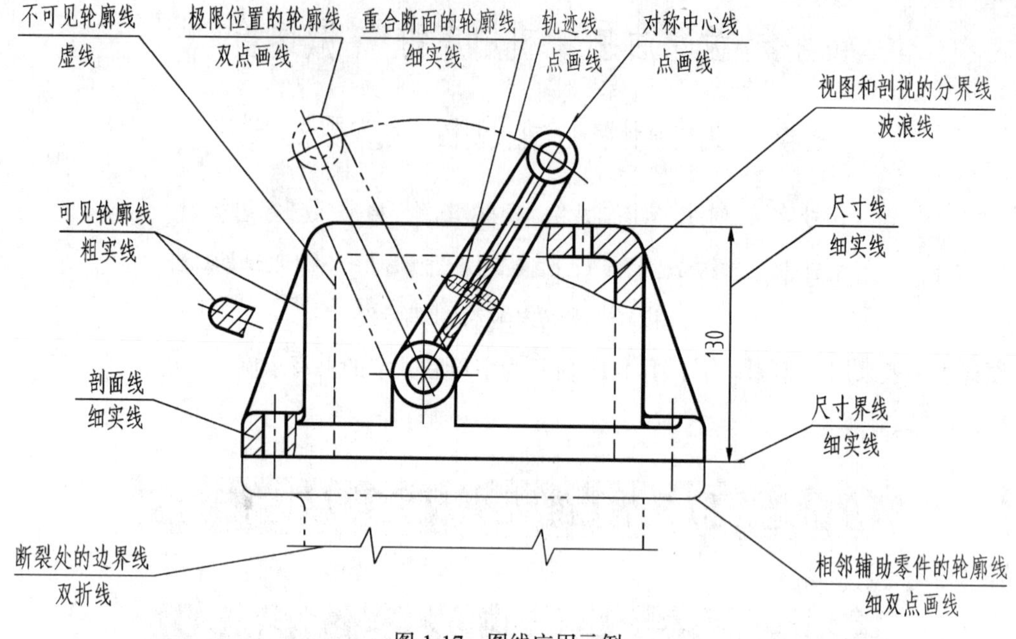

图 1-17　图线应用示例

2. 图线画法的注意事项

（1）在同一图样中，同类图线的宽度应基本一致。

（2）在同一图样中，虚线、点画线及双点画线的线段长度和间隔应各自大致相等。

（3）绘制圆的中心线时，点画线应超出轮廓 3～5mm，圆心应为线段的交点。点画线和双点画线的首尾两端应是线段而不是点。

（4）图线与图线相交时，应恰当地交于画线处。

（5）两条平行线之间的最小间隙不得小于 0.7mm。

1.2.5　尺寸注法

1. 基本规则

（1）机件的真实大小应以图样上所注的尺寸数值为依据，与图形的大小及绘图的准确度无关。

（2）图样中的尺寸以 mm（毫米）为单位时，不需标注计量单位的代号或名称，如采用其他单位，则必须注明相应的计量单位的代号或名称。

（3）图样中所标注的尺寸为该图样所示机件的最后完工尺寸，否则应另加说明。

（4）机件的每一尺寸一般只标注一次，并且应标注在反映该结构最清晰的图形上。

（5）标注尺寸时应尽可能使用符号和缩写词。尺寸数字前后常用的特征符号和缩写词如表 1-4 所示。

表 1-4　　常用的特征符号和缩写词

名　　称	符号和缩写词	名　　称	符号和缩写词
直径	ϕ	45°倒角	C
半径	R	深度	↧
圆弧	⌒	沉孔或锪平	⌴
球直径	$S\phi$	埋头孔	⌵
球半径	SR	斜度	∠
厚度	t	锥度	⊲
正方形	□	均布	EQS

2. 尺寸的组成

一个完整的尺寸包括尺寸界线、尺寸线和尺寸数字 3 个要素，如图 1-18 所示。

（1）尺寸界线。尺寸界线表示所注尺寸的范围，用细实线绘制。尺寸界线应从图形的轮廓线、轴线或对称中心线处引出，也可以直接利用轮廓线、轴线或对称中心线作尺寸界线。尺寸界线超出尺寸线箭头约 2～3mm。

（2）尺寸线。尺寸线表示尺寸的度量方向，用细实线绘制，不能用其他图线来代替，也不能画在其他图线的延长线上。标注线性尺寸时，尺寸线必须与所注的线段平行，其间隔或平行的尺寸线之间的间隔应尽量保持一致，不能小于 7mm。在标注互相平行的尺寸时，应把小尺寸注在里面，大尺寸注在外面。

尺寸线终端有箭头和斜线两种形式，图样中一般采用箭头作为尺寸线终端。尺寸线终端的画法如图 1-19 所示。

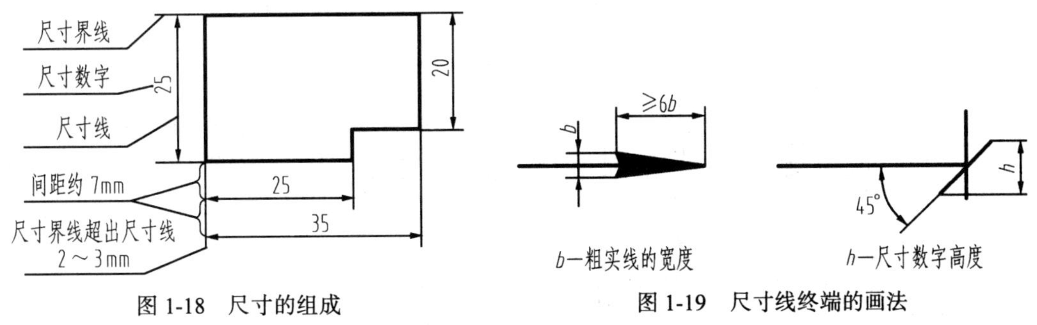

图 1-18　尺寸的组成　　图 1-19　尺寸线终端的画法

（3）尺寸数字。尺寸数字表示机件的实际大小。同一张图样上的尺寸数字的字高应一致，一般为 3.5 号字。尺寸数字一般应注写在尺寸线的中上方，并且不允许被任何图线所通过，当无法避免时，必须将图线断开。

3. 常见的尺寸注法

常见的尺寸注法如表 1-5 所示。

表 1-5　常见的尺寸注法

项　目	图　例	说　明
线性尺寸	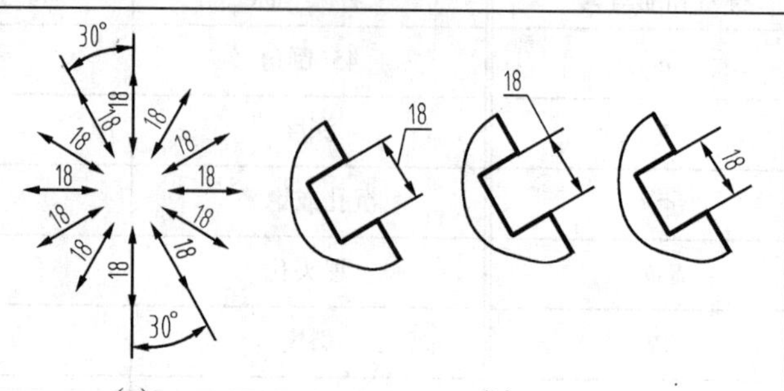	1. 水平尺寸字头朝上，铅垂尺寸字头朝左，倾斜尺寸应保证字头朝上的趋势，如图例（a）所示 2. 尽量避免在图例（a）所示 30° 范围内标注尺寸，当无法避免时按图例（b）所示形式标注
角度尺寸	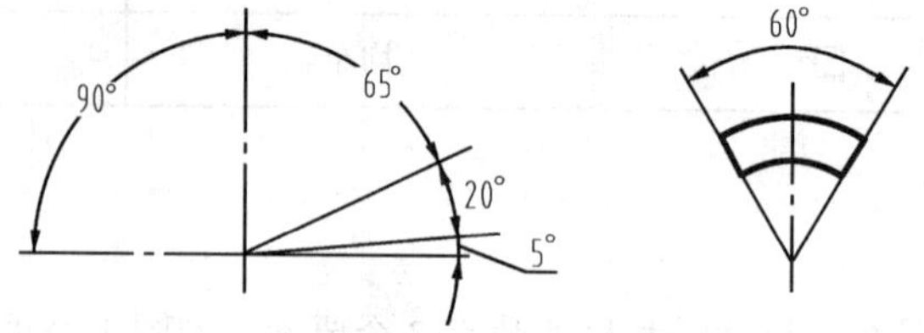	角度数字一律水平方向书写，一般注写在尺寸线的中断处。必要时可写在上方或外面，也可引出标注
圆、圆弧及球面尺寸	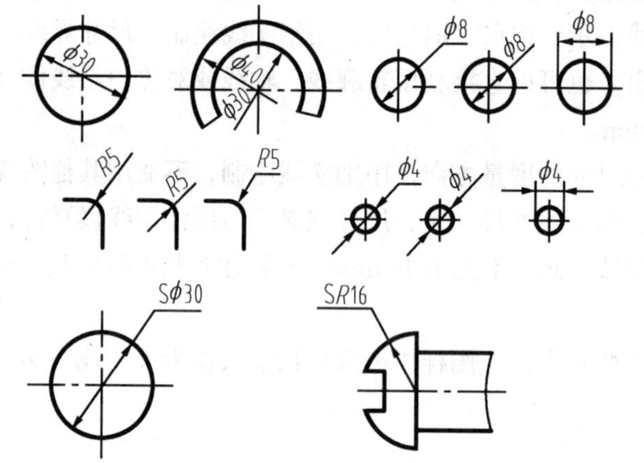	直径、半径的尺寸数字前应加注符号“ϕ”“R”，尺寸线按图例标注。球面尺寸应在“ϕ”或“R”前加注“S”
小尺寸	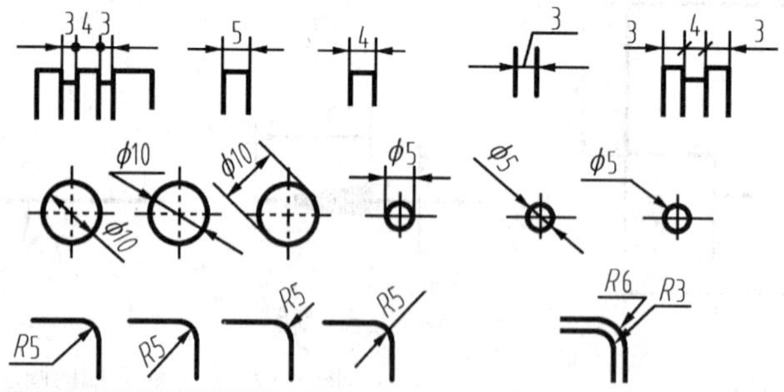	在没有足够的位置画箭头和写数字时，可按图例形式标注
弦长和弧长	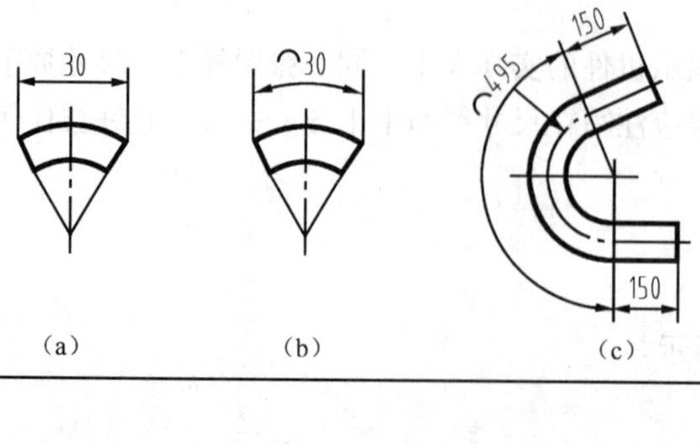	1. 标注弦长或弧长的尺寸界线均应平行于该弦的垂直平分线，如图例（a）、（b）所示，当弧度较大时，也可沿径向引出，如图例（c）所示 2. 标注弧长时，尺寸数字前应加注“⌒”

1.3 几何作图

在绘图过程中经常会遇到各种几何图形的作图问题，下面介绍几种最基本的几何作图方法。

1.3.1 等分线段

无论将已知线段进行几等分，等分的方法都是相同的。表 1-6 所示是以六等分线段为例，来说明等分线段的作图方法。

表 1-6　　六等分线段

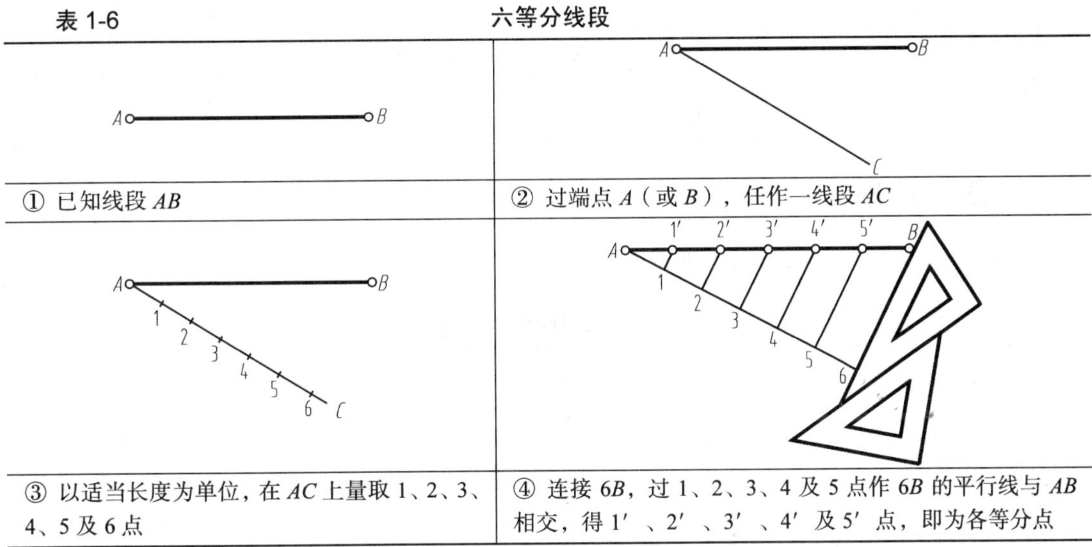

① 已知线段 *AB*	② 过端点 *A*（或 *B*），任作一线段 *AC*
③ 以适当长度为单位，在 *AC* 上量取 1、2、3、4、5 及 6 点	④ 连接 6*B*，过 1、2、3、4 及 5 点作 6*B* 的平行线与 *AB* 相交，得 1′、2′、3′、4′ 及 5′ 点，即为各等分点

1.3.2 等分圆周和作正多边形

1. 正六边形

正六边形的两种作图方法如表 1-7 所示。

表 1-7　　作正六边形

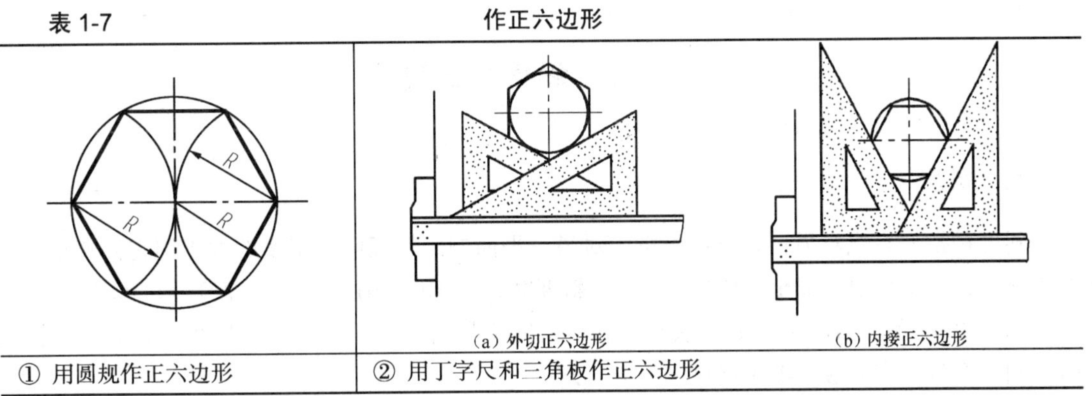

(a) 外切正六边形　　(b) 内接正六边形

① 用圆规作正六边形	② 用丁字尺和三角板作正六边形

2. 正五边形

正五边形的作图步骤如表 1-8 所示。

表 1-8　　作正五边形

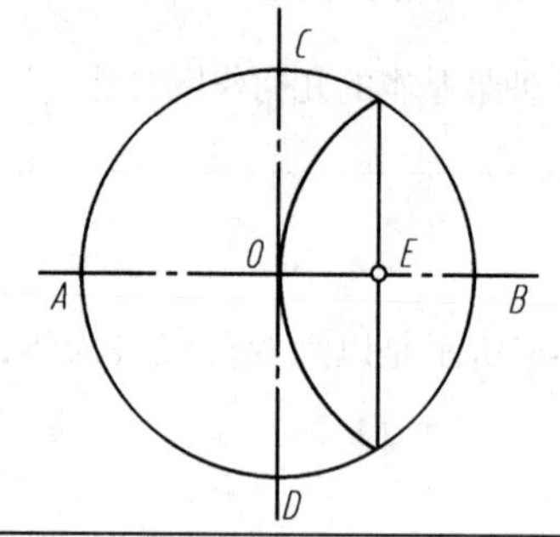	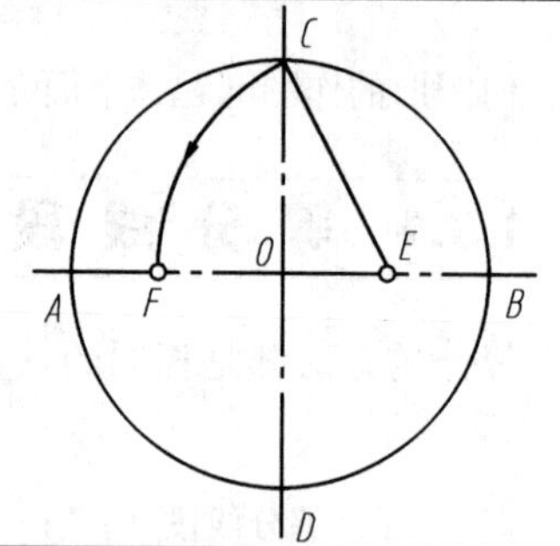	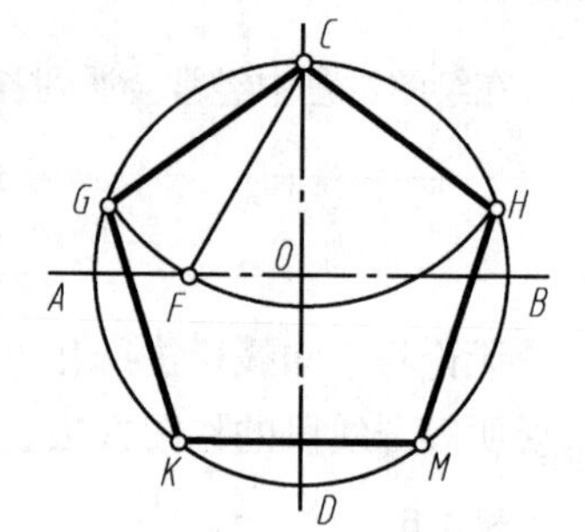
① 作出半径 *OB* 的中点 *E*	② 以 *E* 为圆心，*EC* 为半径画圆弧交 *OA* 于 *F* 点，线段 *CF* 即为内接正五边形的边长	③ 以 *CF* 为边长截取圆周，依次连接各等分点即得正五边形

3. 正 *n* 边形

正 *n* 边形的作图步骤如表 1-9 所示（$n = 7$）。

表 1-9　　正 *n* 边形的作图步骤

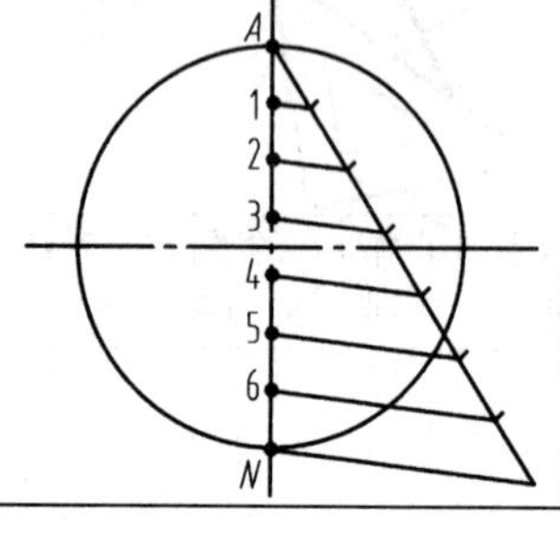	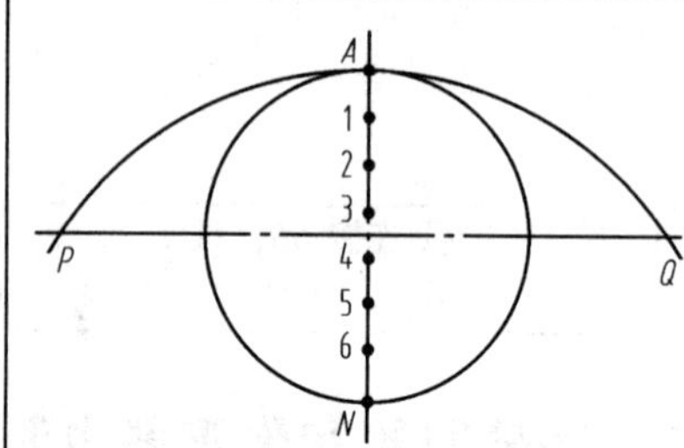	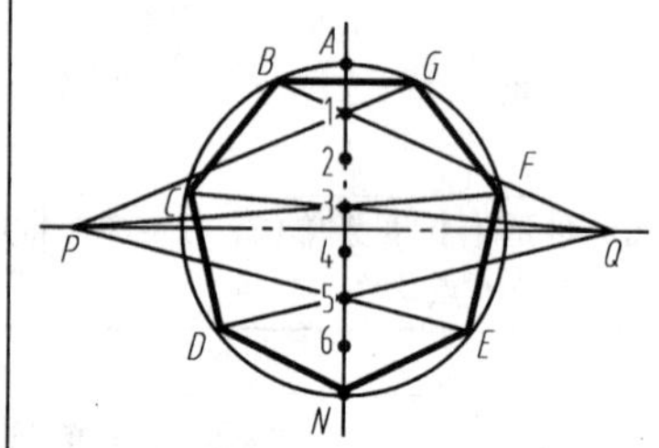
① 画外接圆。将外接圆的垂直直径 *AN* 等分为 7 等份，并标出序号 1、2、3、4、5 及 6	② 以 *N* 点为圆心，以 *NA* 为半径画圆，与水平中心线交于 *P*、*Q* 两点	③ 由 *P* 和 *Q* 作线段，分别与奇数（*n* 为偶数时是偶数）分点连线并与外接圆相交，依次连接各顶点 *B*、*C*、*D*、*N*、*E*、*F* 及 *G*，即为所求的正七边形

1.3.3 斜度和锥度

1. 斜度

斜度是指一直线对另一直线或一平面对另一平面的倾斜程度。斜度的大小用它们夹角的正切来表示，并把比值写成 1:*n* 的形式。标注斜度时，在 1:*n* 之前应加注斜度符号“∠”。

图 1-20 所示为斜度符号的画法与标注。斜度符号高度 *h* 为字高，符号线宽为 *h*/10。标注时，斜度符号的方向应与图中斜度的方向一致。

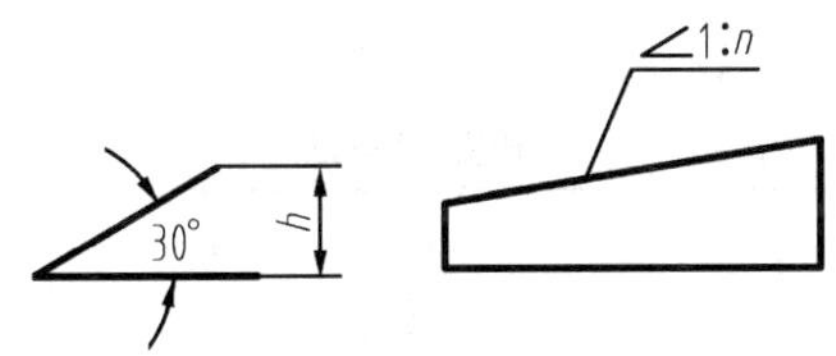

图 1-20 斜度符号及其标注

斜度的画法如表 1-10 所示。

表 1-10 斜度的画法

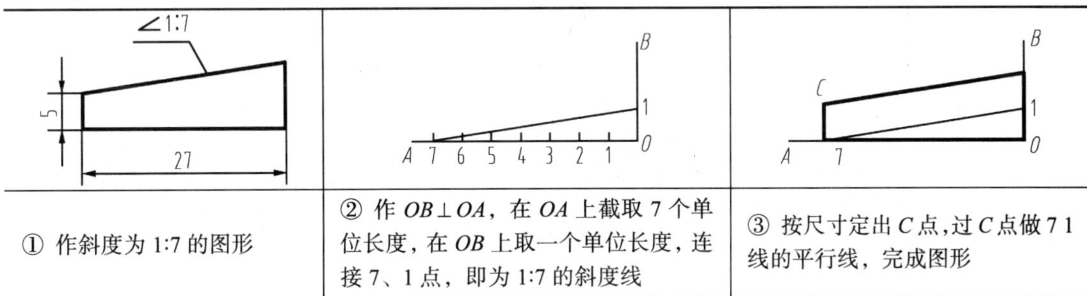

① 作斜度为 1:7 的图形	② 作 $OB \perp OA$，在 OA 上截取 7 个单位长度，在 OB 上取一个单位长度，连接 7、1 点，即为 1:7 的斜度线	③ 按尺寸定出 C 点，过 C 点做 7 1 线的平行线，完成图形

2. 锥度

锥度是指圆锥的底圆直径与圆锥高度之比，如果是锥台，则是两底圆直径之差与锥台高度之比，并把比值写成 1:n 的形式。标注锥度时，应在 1:n 之前加注锥度符号“◁”。

基准线应与轴线平行
1:4
30°
1.4h

图 1-21 锥度符号及其标注

图 1-21 所示为锥度符号的画法与标注。锥度符号高 = 1.4h，符号线宽 = h/10。标注时，锥度符号的方向应与图中锥度的方向一致并应配置在基准线上。

锥度的画法如表 1-11 所示。

表 1-11 锥度的画法

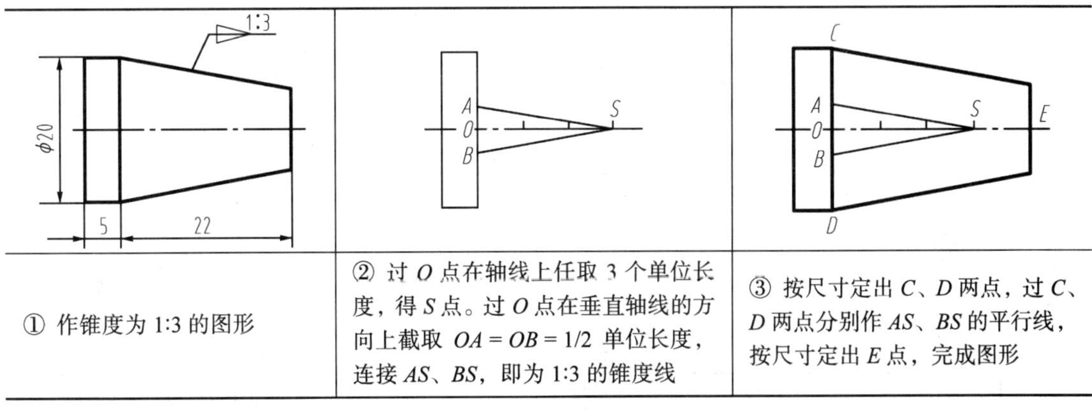

① 作锥度为 1:3 的图形	② 过 O 点在轴线上任取 3 个单位长度，得 S 点。过 O 点在垂直轴线的方向上截取 $OA = OB = 1/2$ 单位长度，连接 AS、BS，即为 1:3 的锥度线	③ 按尺寸定出 C、D 两点，过 C、D 两点分别作 AS、BS 的平行线，按尺寸定出 E 点，完成图形

1.3.4 椭圆的画法

椭圆是图样中最常见的一种非圆曲线，常用的椭圆近似画法是四心扁圆法，其作图步骤如

表 1-12 所示。

表 1-12　　椭圆的画法

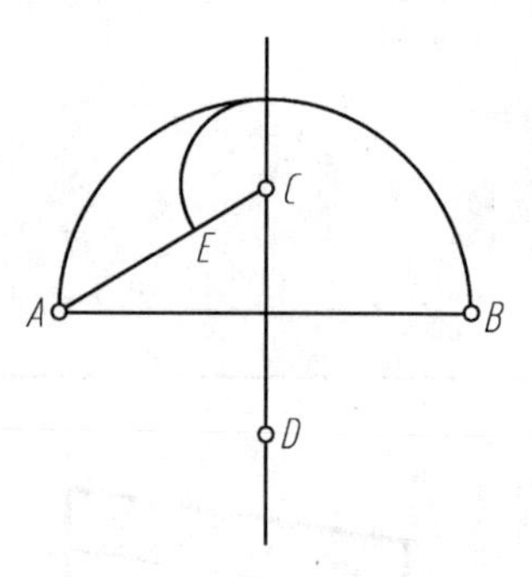	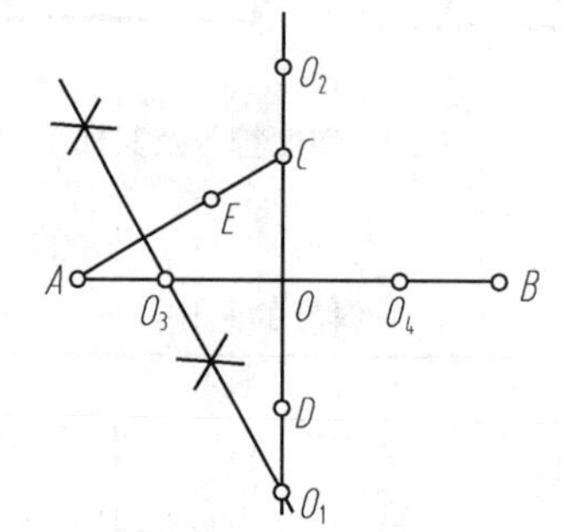	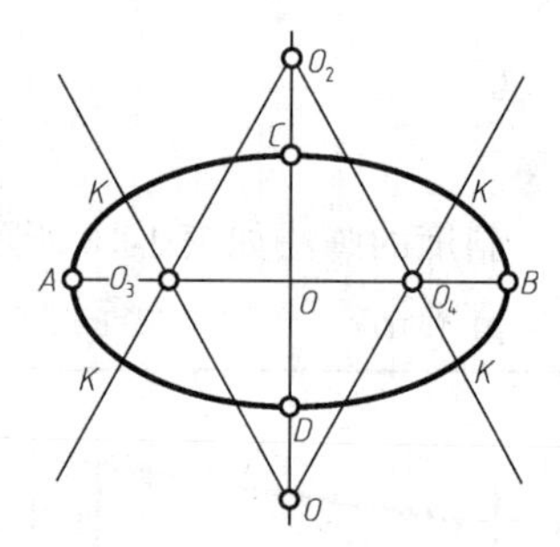
① 画出长轴 AB、短轴 CD，连接 AC，以 C 点为圆心、长半轴与短半轴之差为半径画弧交 AC 于 E 点	② 作 AE 的中垂线与长、短轴分别交于 O_3、O_1 点，作出其对称点 O_4、O_2，连接 O_1O_4、O_2O_3、O_2O_4 并延长	③ 分别以 O_1、O_2 为圆心，O_1C 为半径画大弧；以 O_3、O_4 为圆心，O_3A 为半径画小弧。大小弧的接点 K 在相应的连心线上，即得椭圆

1.3.5　圆 弧 连 接

用一段圆弧光滑地连接另外两条已知线段（直线或圆弧）的作图方法称为圆弧连接。要保证圆弧连接光滑，就必须使线段与线段在连接处相切。作图时应先求连接圆弧的圆心，再确定连接圆弧与已知线段的切点，然后再画连接圆弧。各种线段连接的作图方法如表 1-13 所示。

表 1-13　　圆弧连接的画法

用圆弧连接两已知线段	R C D A B	D C O R R A B	D K_2 O C A B K_1
	① 已知条件	② 分别作与两已知线段距离为 R 的平行线，其交点 O 即为连接圆弧的圆心	③ 过 O 点分别作两条已知线段的垂线，得垂足 K_1 和 K_2，这两点即为连接点；以 O 为圆心、R 为半径在两切点间画弧
用圆弧连接一线段和一圆弧	R_1 O_1 R B A	R_1 O_1 $R+R_1$ O R B A	R_1 O_1 K_1 O R B K_2 A
	① 已知条件	② 作与已知线段距离为 R 的平行线；以 O_1 为圆心、$R+R_1$ 为半径画圆弧与平行线相交，交点 O 即为连接圆弧的圆心	③ 过 O 点作已知线段的垂线，得垂足 K_2；连接 OO_1 与已知圆弧交于 K_1，则 K_1、K_2 为连接点；以 O 为圆心、R 为半径在两切点间画弧

续表

圆弧外连接两已知圆弧	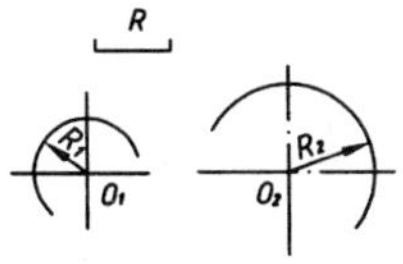	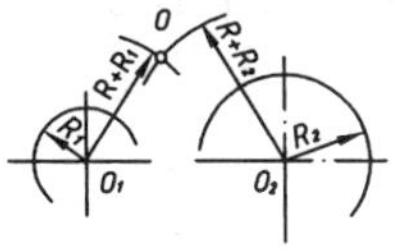	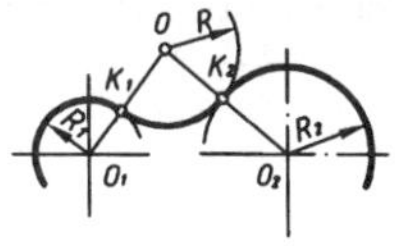
	① 已知条件	② 分别以 O_1、O_2 为圆心，$R+R_1$ 和 $R+R_2$ 为半径画圆弧，其交点 O 即为连接圆弧的圆心	③ 连接 OO_1、OO_2 与已知圆弧分别交于 K_1、K_2 点，这两点即为连接点；以 O 为圆心、R 为半径在两切点间画弧
圆弧内连接两已知圆弧	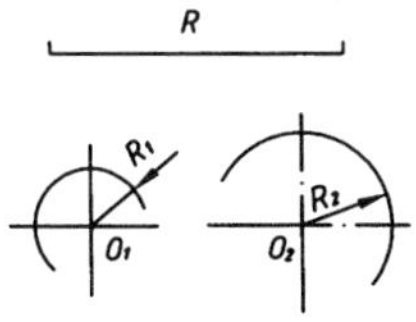	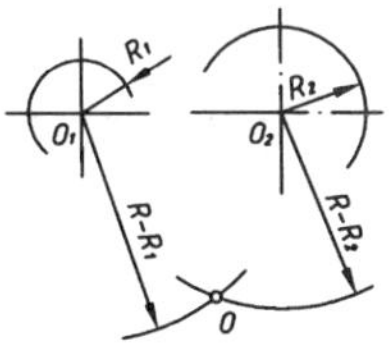	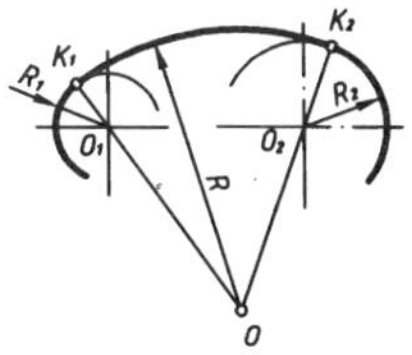
	① 已知条件	② 分别以 O_1、O_2 为圆心，$R-R_1$ 和 $R-R_2$ 为半径画圆弧，其交点 O 即为连接圆弧的圆心	③ 连接 OO_1、OO_2 并延长与已知圆弧分别交于 K_1、K_2 点，即为连接点；以 O 为圆心、R 为半径在两切点间画弧
圆弧分别内外连接两已知圆弧	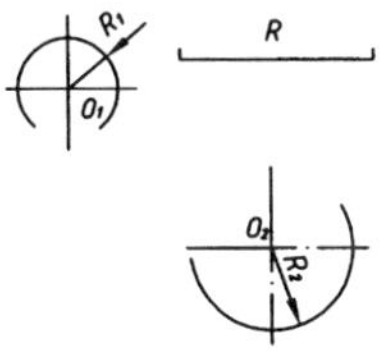	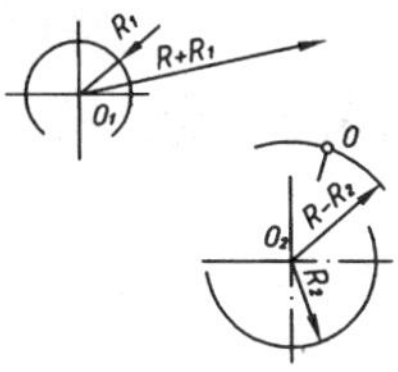	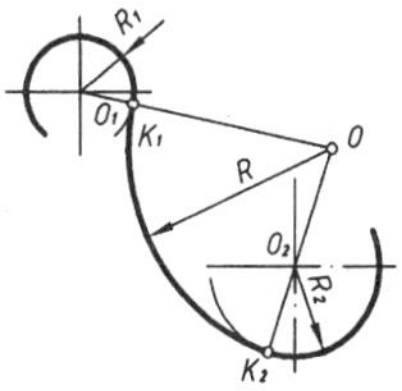
	① 已知条件	② 分别以 O_1、O_2 为圆心，$R+R_1$ 和 $R-R_2$ 为半径画圆弧，其交点 O 即为连接圆弧的圆心	③ 连接 OO_1、OO_2 并延长 OO_2 与已知圆弧分别交于 K_1、K_2 点，即为连接点；以 O 为圆心、R 为半径在两切点间画弧

1.4 平面图形的画法

平面图形是由若干线段（直线或曲线）连接而成的。画平面图形时，要通过对这些线段的尺寸及连接关系加以分析，才能确定平面图形的画图顺序。

1.4.1 尺寸分析

平面图形中的尺寸按作用分为定形尺寸和定位尺寸两类。

（1）定形尺寸。确定平面图形上各线段形状大小的尺寸称为定形尺寸，如线段的长度、圆及圆弧的直径或半径、角度大小等，图 1-22 中的 ϕ19、ϕ11、*R*5.5、*R*30、14 等都是定形尺寸。

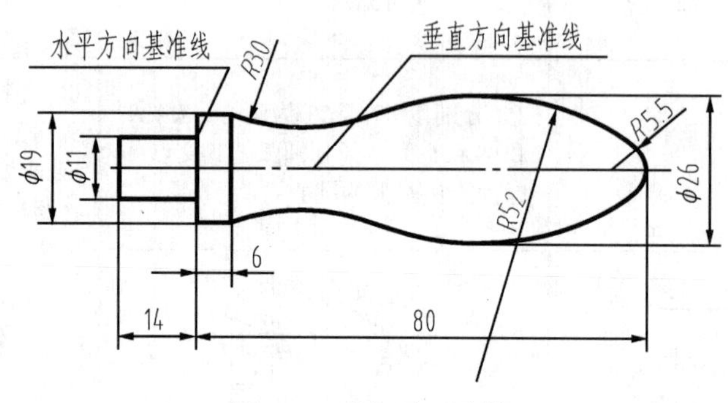

图 1-22　手柄平面图形

（2）定位尺寸。确定平面图形上的线段或线框间相对位置的尺寸称为定位尺寸，图 1-22 中确定 *R*52 圆弧位置的尺寸 ϕ26 和确定 *R*5.5 位置的尺寸 80 均为定位尺寸。

定位尺寸通常以图形的对称线、中心线或某一轮廓线作为标注尺寸的起点，这个起点就是尺寸基准。一个平面图形应具有水平和垂直两个方向的尺寸基准。手柄平面图形的尺寸基准如图 1-22 所示，它们也是该平面图形画图的基准线。

1.4.2　线 段 分 析

根据标注的尺寸是否齐全，平面图形中的线段可分为以下 3 类。

1. 已知线段

平面图形中定形尺寸和定位尺寸都齐全的线段，称为已知线段。如图 1-22 中尺寸为 ϕ11、ϕ19、*R*5.5 及 14 的线段都是已知线段。

2. 中间线段

在平面图形中，具有定形尺寸而定位尺寸不全的线段称为中间线段，如图 1-22 中尺寸为 *R*52 的圆弧，画图时应根据它与相邻线段的连接关系画出。

3. 连接线段

在平面图形中，只有定形尺寸而无定位尺寸的线段，称为连接线段，如图 1-22 中尺寸为 *R*30 的圆弧，画图时需根据它与相邻线段的连接关系最后画出。

平面图形上并不总是同时出现这 3 种线段，而是有时只有已知线段，有时只有已知线段和连接线段。

在两已知线段之间，只能有一个连接线段，其余为中间线段。

平面图形的画图步骤如下。

（1）画基准线。

（2）画已知线段。

（3）画中间线段。

（4）画连接线段，最后完成全图。

下面以手柄为例，说明平面图形的作图步骤，如表 1-14 所示。

表 1-14　　手柄的作图步骤

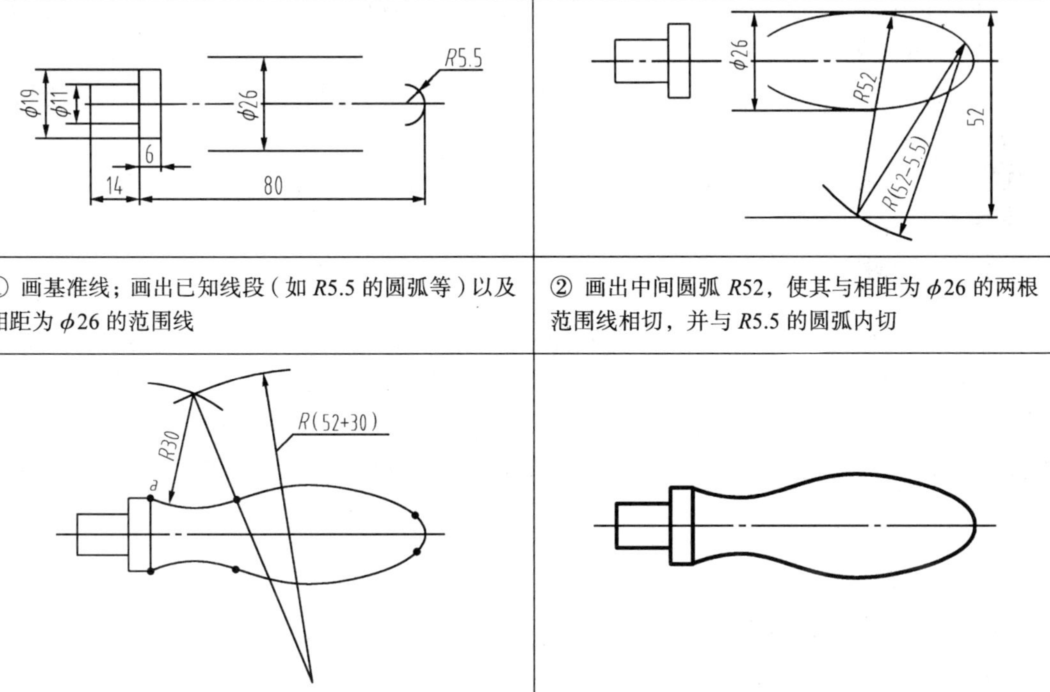

① 画基准线；画出已知线段（如 $R5.5$ 的圆弧等）以及相距为 $\phi26$ 的范围线	② 画出中间圆弧 $R52$，使其与相距为 $\phi26$ 的两根范围线相切，并与 $R5.5$ 的圆弧内切
③ 画出连接圆弧 $R30$，使其过点 a，并与 $R52$ 的圆弧外切	④ 擦去多余的作图线，按线型要求加深图线，完成全图

1.4.3 绘图方法和步骤

1. 准备工作

（1）准备好绘图工具，将绘图工具擦拭干净，按各种线型的要求削磨好铅笔及铅芯，然后洗净双手。

（2）根据绘制图形的大小及复杂程度选取比例，确定图纸幅面。

（3）用橡皮擦拭图纸，以检查图纸的正反面（反面易起毛）。

（4）用胶带纸将图纸固定在图板的适当位置，图纸要放正，并使图纸下边缘距图板下缘宽于一个丁字尺的尺身。

2. 画底稿

用 H 或 $2H$ 铅笔，轻、细、准地画底稿，具体步骤如下。

（1）画图幅线、图框线及标题栏。首先按国标规定的图纸幅面尺寸画出图幅线，再按国标规定的图纸幅面格式画出图框线，然后按规定画出标题栏。

（2）布图。按图形的大小及标注尺寸所需要的位置将各图形均匀布置，并画出各图形的基准线以确定位置。

（3）画图形。按先画已知线段，再画中间线段，最后画连接线段的步骤依次画出各平面图形。

（4）画尺寸界线及尺寸线。

（5）检查图形。仔细检查图形底稿有无错误、遗漏，然后擦去多余的作图线，将底稿清理干净。

要点提示

底稿图中虚线、点画线的长短间隔应分别一致，底稿图线应“轻而细”。

3. 加深图线

选用适当的铅笔和铅芯形式，将各种图线按规定的粗细加深。加深图线的要求是，同类图线的粗细应基本一致，粗实线要“黑”并应尽可能“光、亮”，其他细线应“细而重”。

加深时，为保证一张图纸上同类图线的一致性，图样中所有图形的同一种线型应一起加深。每种线型加深的顺序是先曲线后直线，自上而下依次画出水平线，自左而右依次画出铅垂线，最后画斜线。

4. 注写文字

最后按制图标准注写尺寸数字，填写标题栏、文字说明等。同一张图样上尺寸数字的大小应一致，其他文字应按主次对应不同的字体大小。

一张高质量的图样，应作图准确、布图匀称、图线规范，尺寸排列整齐，文字书写清晰规范，图面干净整洁。

1.4.4 尺寸标注

1. 常见的平面图形及其尺寸标注

机件上常见的几种平面图形及其尺寸标注如图 1-23 所示。

2. 平面图形的尺寸标注

标注平面图形尺寸的方法和步骤如下。

（1）选择尺寸基准。

（2）确定图形中的线段哪些是已知线段、哪些是中间线段、哪些是连接线段。

（3）按已知线段、中间线段、连接线段的顺序依次标注尺寸。

平面图形的尺寸标注示例如表 1-15 所示。

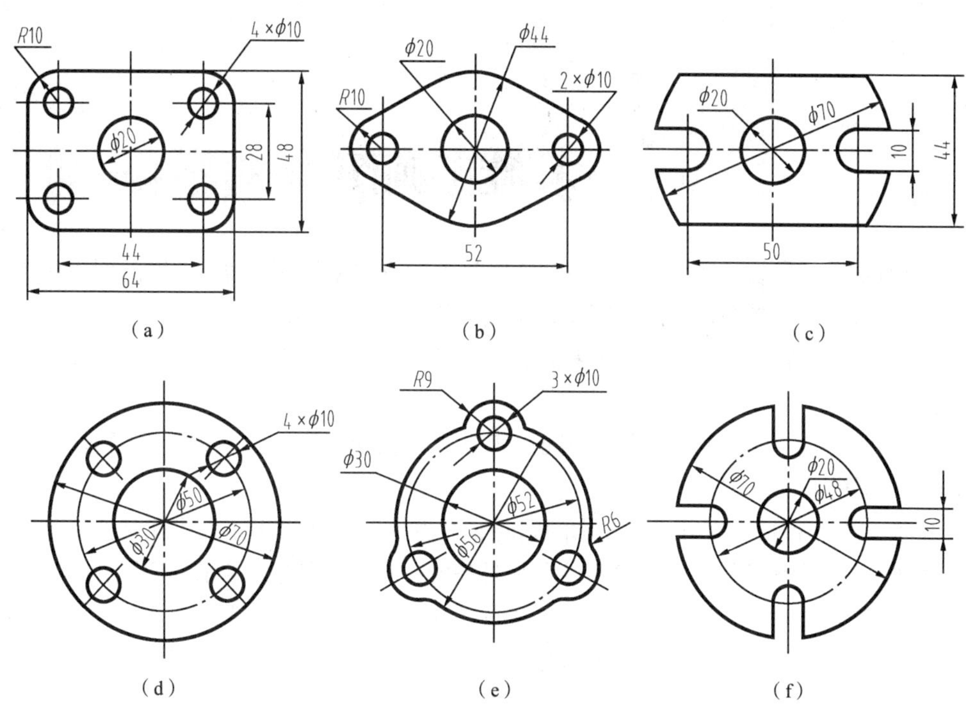

图 1-23 机件上常见的几种平面图形及其尺寸标注

表 1-15　　平面图形的尺寸标注示例

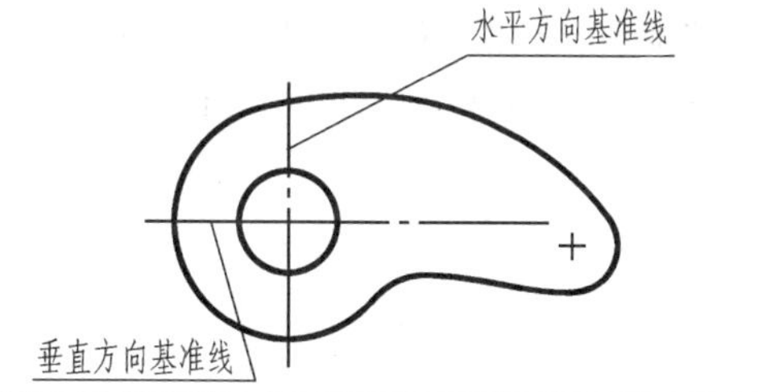 水平方向基准线 垂直方向基准线 ① 选定基准线	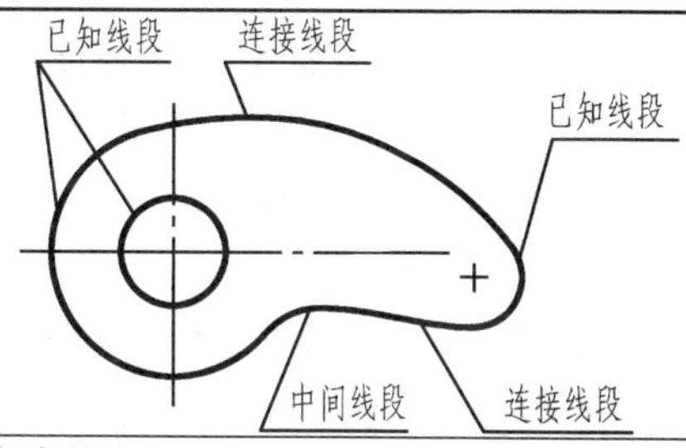 已知线段　连接线段 已知线段 中间线段　连接线段 ② 分析各线段
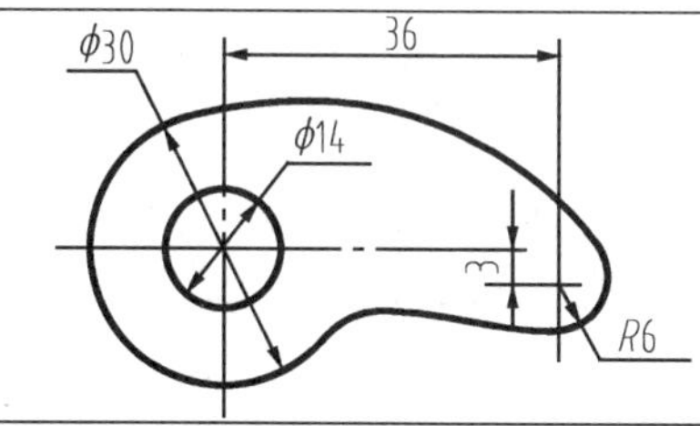 φ30　36　φ14　3　R6 ③ 标注已知线段的尺寸	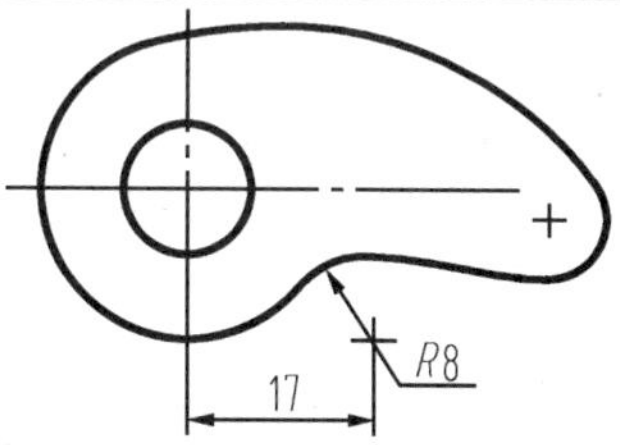 17　R8 ④ 标注中间线段的尺寸
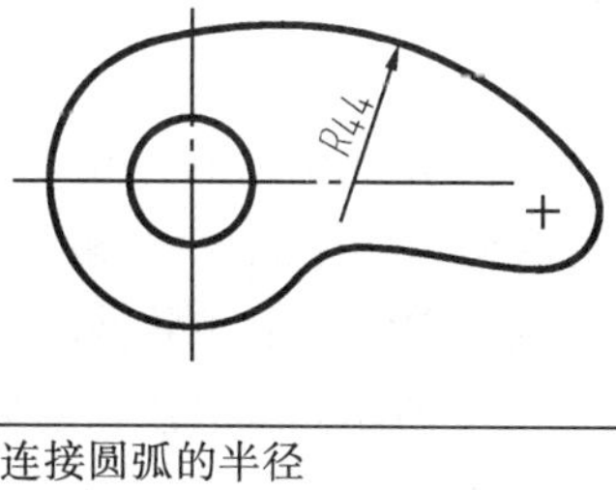 R44 ⑤ 标注连接圆弧的半径	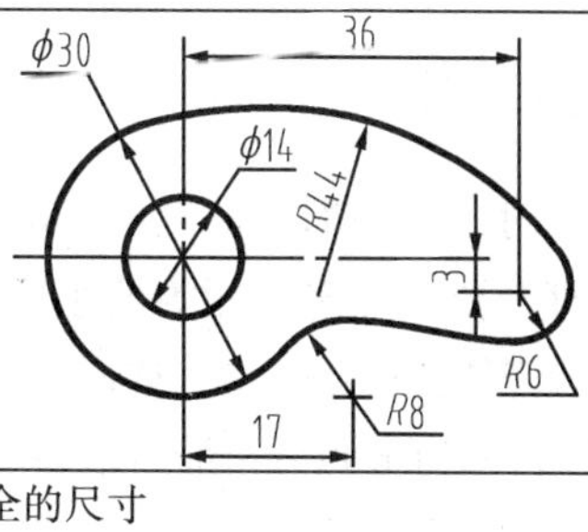 φ30　36　φ14　R44　3　R6　17　R8 ⑥ 标注完全的尺寸

1.5 徒手画图

徒手画图是指不借助绘图用具、仅用铅笔以目测的方法来绘制图样，这样的图也称为草图。徒手画图灵活简便，不受场地空间的限制，常用于以下 3 个方面。

- 设计构思：设计人员借助草图来记录多个设计方案，并对其进行分析比较，以得到最为满意的结果。
- 测绘机件：在测绘现场，由于时间、工具及环境的限制，技术人员要迅速画出机件的结构草图及机器的装配草图。
- 技术交流：和相关人员讨论技术问题时，最直接和快捷的交流方式就是徒手画图。

由此可知，徒手画图是工程技术人员必须具备的一项基本技能。草图并不是指潦草的图，仍然要求做到图形正确、线型分明、字体工整及图面整洁。只有经过反复训练，才能提高徒手画图的水平和速度。画草图一般用 *HB* 铅笔，常画在网格纸上。下面就来学习徒手绘制常见图线的基本手法。

1. 直线的画法

画直线时，眼睛要看着图线的终点，以保证直线画得平直，方向准确。画短线常用手腕运笔，画长线则以手臂动作，且肘部不宜接触纸面，否则不易画直。画较长线时，也可以目测在直线中间定出几个点，然后分段画。水平直线应自左向右画，垂直线由上向下画，如图 1-24 所示。

对于具有 30°、45°、60°等特殊角度的斜线，可根据其近似正切值 3/5、1、5/3 作为直角三角形的斜边来画出，如图 1-25 所示。

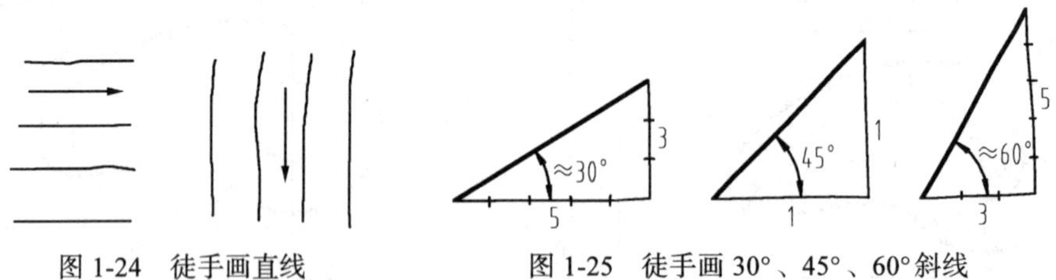

图 1-24　徒手画直线　　图 1-25　徒手画 30°、45°、60°斜线

2. 等分线段

等分线段时，应根据等分数的不同，凭目测先分成相等或成一定比例的两（或几）大段，再逐步分成符合要求的多个相等的小段。例如八等分线段，先目测取得中点 4，再取分点 2、6，最后取其余分点 1、3、5 及 7，如图 1-26（a）所示。又如五等分线段，先目测将线段分成 3:2，取得分点 2，再取得分点 3，最后取得分点 1 和 4，如图 1-26（b）所示。等分线段需要较强的目测能力，必须反复练习。

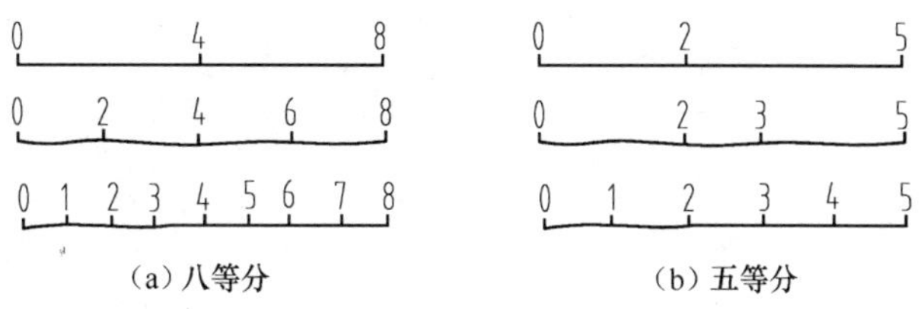

（a）八等分　　（b）五等分

图 1-26　徒手等分线段

3. 圆的画法

徒手画小圆时，先作两条互相垂直的中心线，定出圆心，再根据直径的大小，用目测估计出半径的大小，在中心线上截得 4 点，然后分 4 段逐步连接成圆。当所画的圆较大时，除中心线上的 4 点外，还可通过圆心多画两条与水平线成 45° 的射线，再取 4 点，分 8 段逐步连接成圆，如图 1-27 所示。

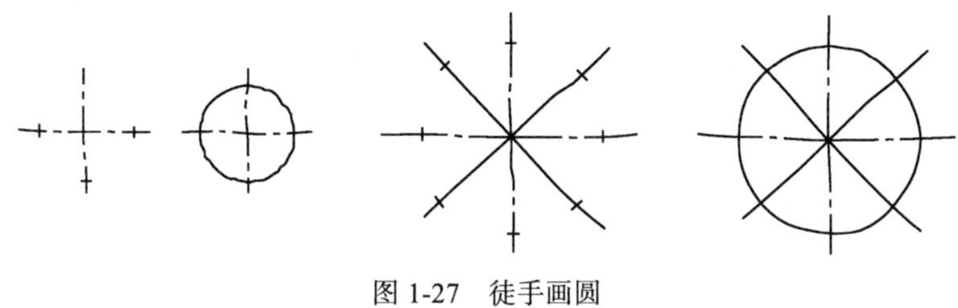

图 1-27　徒手画圆

4. 椭圆的画法

根据椭圆的长、短轴，目测定出其端点位置，过 4 个端点画一矩形，徒手作椭圆与此矩形相切，如图 1-28 所示。

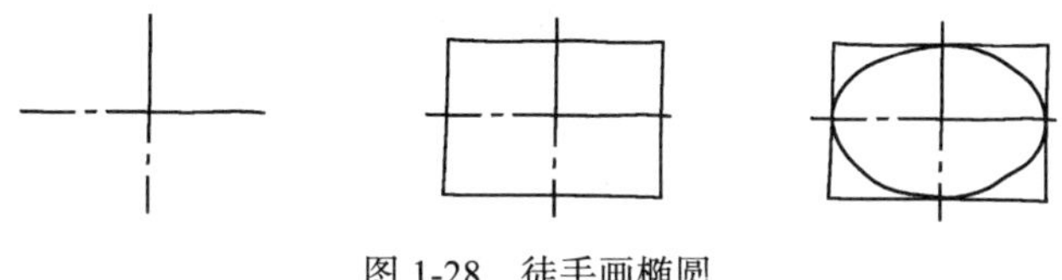

图 1-28　徒手画椭圆

5. 用网格纸辅助作草图

在现成的网格纸或坐标纸上直接作图，示例如图 1-29 所示。

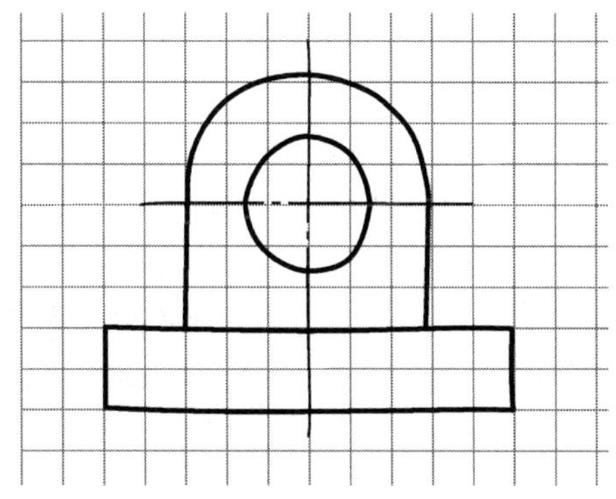

图 1-29　网格纸辅助作草图

第2章 正投影基础

【学习目标】

- 理解投影法的基本概念和分类。
- 掌握平行投影特别是正投影的基本性质。
- 掌握三视图的形成及其投影规律。
- 掌握点、直线、平面的投影规律。

2.1 投影法

投影法是机械制图的基础，所以首先要建立投影法的基本概念。

2.1.1 投影法的基本概念

如何用平面图形来正确地表达空间物体的形状和大小？人们从自然现象中得到了启发：物体在阳光或灯光的照射下，会在地面或墙面上留下它的影子，这个影子能在一定程度上反映物体的空间形状。人们通过对这种现象进行总结和抽象，找出了物体和影子之间的几何关系，逐步形成了投影法。

投影法就是投射线通过物体向选定的面投射，并在该面上得到图形的方法。如图 2-1 所示，投影所得到的图形，称为投影；投影法中得到投影的面，称为投影面。

要获得投影，必须具备投射线、物体和投影面这 3 个基本条件。

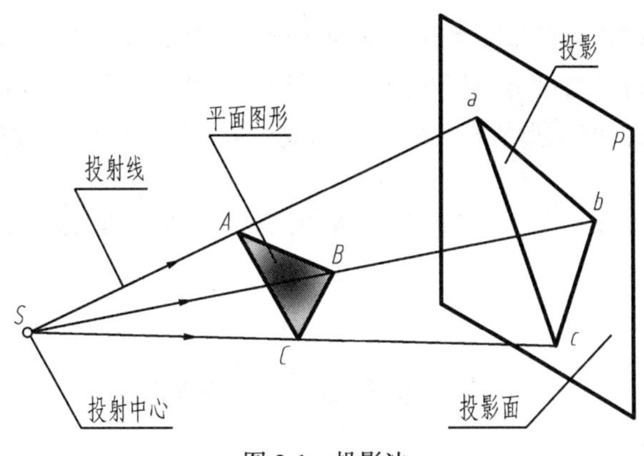

图 2-1　投影法

2.1.2　投影法分类

根据投射线之间的相互关系，投影法可分为中心投影法和平行投影法。

1. 中心投影法

投射线汇交于一点的投影法称为中心投影法，如图 2-2 所示。

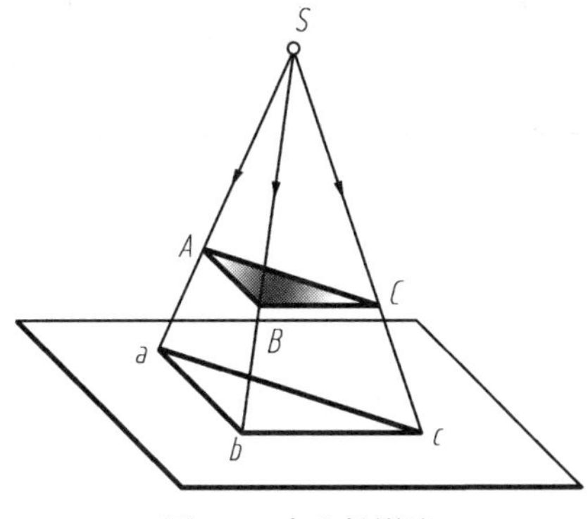

图 2-2　中心投影法

2. 平行投影法

投射线相互平行的投影法称为平行投影法，如图 2-3 所示。在平行投影法中，根据投射线与投影面的角度不同，又分为以下两种。

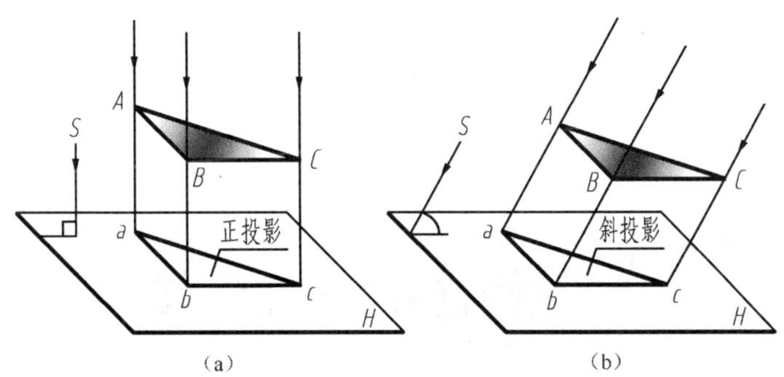

图 2-3　平行投影法

- 正投影法：投射线与投影面相互垂直的平行投影法，如图 2-3（a）所示。
- 斜投影法：投射线与投影面相互倾斜的平行投影法，如图 2-3（b）所示。

正投影能真实地反映物体的形状和大小，并且度量性好、作图简便，因此在工程上应用最为广泛。

在本书后续章节中，除特殊说明外，所称投影均指正投影。

2.1.3 正投影的基本性质

1. 真实性

直线或平面平行于投影面时，其投影反映直线的实长或平面的实形，这种投影特性称为真实性，如图 2-4（a）所示。

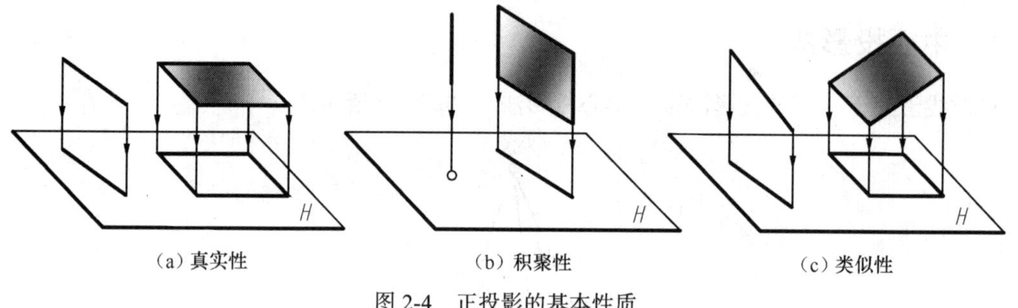

（a）真实性　（b）积聚性　（c）类似性

图 2-4　正投影的基本性质

2. 积聚性

直线或平面垂直于投影面时，直线的投影积聚成点，平面的投影积聚成直线，这种投影特性称为积聚性，如图 2-4（b）所示。

3. 类似性

直线或平面倾斜于投影面时，直线的投影是小于实长的直线，平面的投影是原平面的类似形，但面积小于原平面，这种投影特性称为类似性，如图 2-4（c）所示。

要熟练掌握正投影的这 3 个重要特性，这在今后的画图和读图过程中会经常用到。

2.2 三视图的形成及其投影规律

机械制图中，将物体向投影面作正投影所得的图形称为视图。一般情况下，仅凭物体的一个视图是不能全面、准确地表达物体的形状和大小的。因此，通常用多面视图来表示物体的形状，三视图就是最基本的表达方法。

2.2.1 三视图的形成

1. 投影面的设立

图 2-5 所示为空间 3 个相互垂直的投影面形成三投影面体系。这 3 个投影面分别介绍如下。

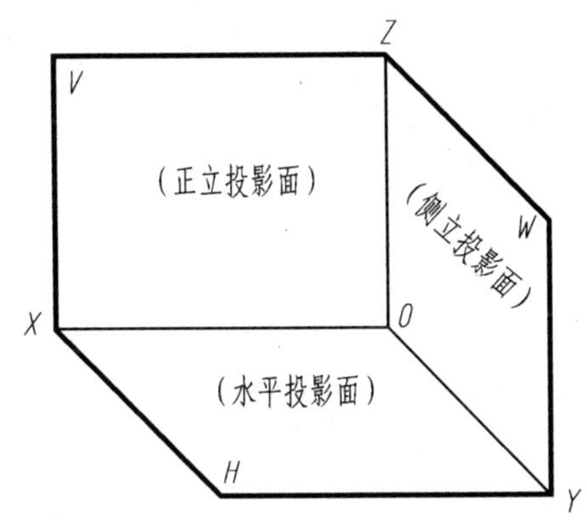

图 2-5 三投影面体系

- 正立投影面，简称正面，用 V 表示。
- 水平投影面，简称水平面，用 H 表示。
- 侧立投影面，简称侧面，用 W 表示。

两投影面之间的交线称为投影轴，相互垂直的 3 根投影轴分别用 OX、OY、OZ 表示。

- OX 轴——V 面和 H 面的交线。
- OY 轴——H 面和 W 面的交线。
- OZ 轴——V 面和 W 面的交线。

投影轴的交点 O 称为原点。

2. 三视图的形成

如图 2-6（a）所示，将物体置于三投影面体系中，分别向 3 个投影面进行投射得到物体的三视图。

- 从物体的前面向后投射，在 V 面上得到的视图称为主视图。
- 从物体的上面向下投射，在 H 面上得到的视图称为俯视图。
- 从物体的左面向右投射，在 W 面上得到的视图称为左视图。

3. 投影面的展开

要把 3 个视图画在同一张图纸上，就需要把 3 个投影面展开成一个平面，如图 2-6（b）所示，保持 V 面不动，将 H 面绕 OX 轴向下旋转 90°，W 面绕 OZ 轴向右旋转 90°，使 H 面、W 面与 V 面形成同一平面。在旋转过程中，需将 OY 轴分解成两个，随 H 面的称为 OY_H，随 W 面的称为 OY_W，展开后的三视图如图 2-6（c）所示。展开后三视图的位置是：俯视图在主视图的正下方，左视图在主视图的正右方。国家标准规定，如此配置视图时不标注视图的名称，也不需要画出投影轴和表示投影面的边框，如图 2-6（d）所示。

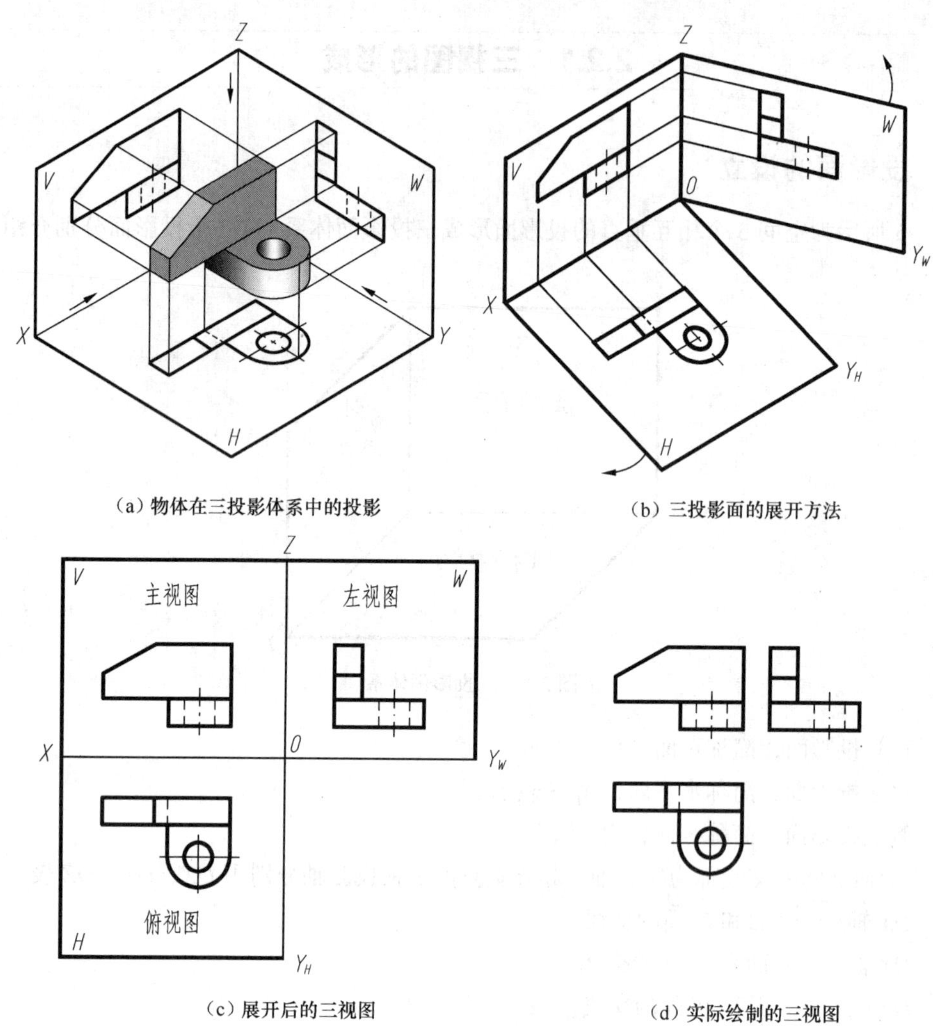

（a）物体在三投影体系中的投影　（b）三投影面的展开方法

（c）展开后的三视图　（d）实际绘制的三视图

图 2-6　三视图的形成及投影规律

2.2.2　三视图的投影规律

由三视图的形成可知，每个视图都表示物体两个方向的尺寸和 4 个方位，如图 2-7 所示。

- 主视图反映了物体上下、左右的位置关系，即反映了物体的高度和长度。
- 俯视图反映了物体左右、前后的位置关系，即反映了物体的长度和宽度。
- 左视图反映了物体上下、前后的位置关系，即反映了物体的高度和宽度。

由此得出三视图的投影规律。

- 主视图与俯视图——长对正。
- 主视图与左视图——高平齐。
- 俯视图与左视图——宽相等。

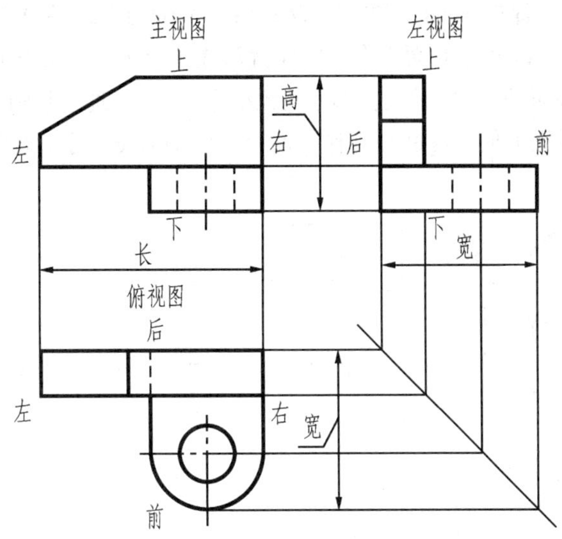

图 2-7　三视图的方位关系和投影规律

“长对正、高平齐、宽相等”是三视图画图和看图必须遵循的最基本的投影规律，物体的整体或局部都应遵循此投影规律。

在俯视图和左视图中，靠近主视图的一边都反映物体的后面，远离主视图的一边则反映物体的前面。物体的宽度在俯视图中为竖直方向，在左视图中为水平方向。因此在量取宽度时，不但要注意起点，还要注意量取的方向。

2.3 点的投影

点是最基本的几何元素，所有物体都可以看作是若干点的集合。下面首先来学习点的投影规律。

2.3.1　点的三面投影

1. 点的三面投影

在三投影面体系中，有一空间点 A，过 A 点向 V 面投射得到 A 点的正面投影 a'，向 H 面投射得到 A 点的水平投影 a，向 W 面投射得到 A 点的侧面投影 a''，如图 2-8（a）所示。

本书规定：空间点用大写字母表示，如 A、B、C 等。水平投影用相应的小写字母表示，如 a、b、c 等。正面投影用小写字母加一撇表示，如 a'、b'、c'等。侧面投影用小写字母加两撇表示，如 a''、b''、c''等。

点的投影仍然是点，并且是唯一的。点的一个投影不能确定它的空间位置，要靠两面投影才能唯一确定。

如图 2-8（a）所示，保持 V 面不动，将 H 面绕 OX 轴向下旋转 90°，与 V 面重合，将 W 面绕 OZ 轴向右旋转 90°，也与 V 面重合，这样就形成了点的三面投影图，如图 2-8（b）所示。

由于点的投影只与投影轴有关，而与投影面的大小无关，所以通常只画出投影轴，不需要画出表示投影面的边框。为了作图方便，常过 O 点作一条 45° 的辅助线平分 Y_HOY_W，如图 2-8（c）所示。

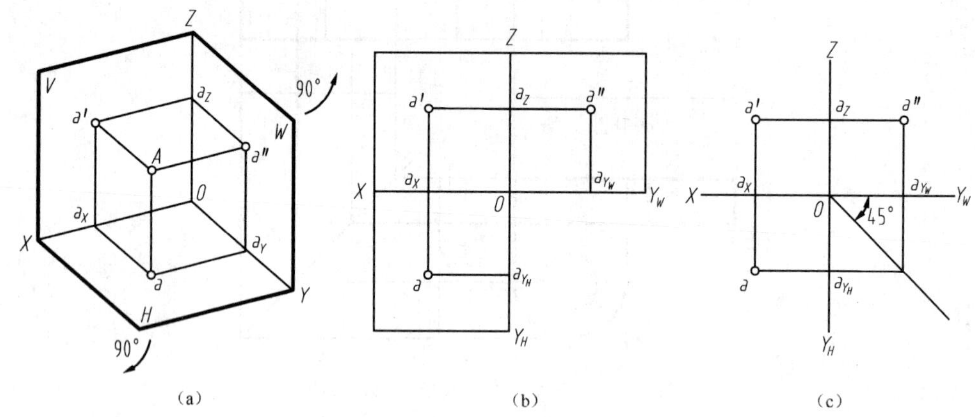

(a) (b) (c)

图 2-8 点的三面投影图的形成

2. 点的直角坐标与投影规律

在三投影面体系中，点 A 的 3 个直角坐标（X_A，Y_A，Z_A）即为点 A 到 3 个投影面的距离。A 点到 W 面的距离为 A 点的 X 坐标 X_A，A 点到 V 面的距离为 A 点的 Y 坐标 Y_A，A 点到 H 面的距离为 A 点的 Z 坐标 Z_A，如图 2-9 所示。

A 点的 3 个直角坐标（X_A，Y_A，Z_A）与其 3 个投影 a'、a、a''的关系如下。

点 A 到 H 面的距离 $Aa = a'a_X = a''a_{YW} = Oa_Z = Z_A$

点 A 到 V 面的距离 $Aa' = aa_X = a''a_Z = Oa_Y = Y_A$

点 A 到 W 面的距离 $Aa'' = a'a_Z = aa_{Y_H} = Oa_X = X_A$

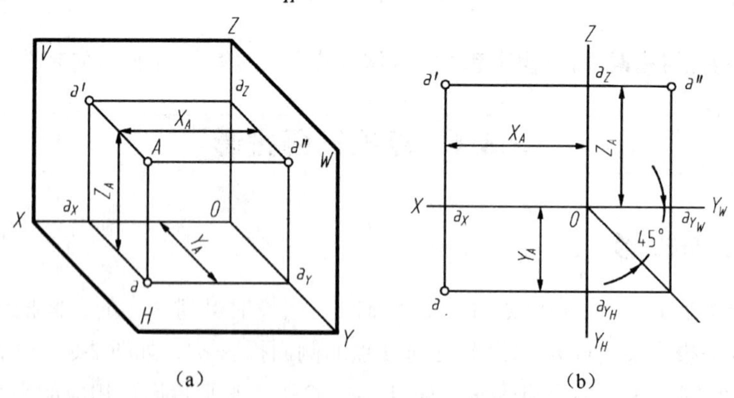

(a) (b)

图 2-9 点的投影和坐标的关系

由图 2-9（a）可知，投射线 $Aa' \perp V$ 面、$Aa \perp H$ 面，所以它们所构成的平面 $Aa'a_Xa$ 同时垂直于 V 面和 H 面，也必垂直于它们的交线 OX 轴，因此该平面与 V 面的交线 $a'a_X$ 及与 H 面的交线 aa_X 都分别垂直于 OX 轴，所以展开后投影图上的点 a'、a_X、a 必在垂直于 OX 轴的同一直线上，即 $a'a \perp OX$ 轴，如图 2-9（b）所示。同理，$a'a'' \perp OZ$ 轴。

综上所述，可以得到点在三投影面体系中的投影规律。

- 点的正面投影和水平投影的连线垂直于 OX 轴，即 $a'a \perp OX$。
- 点的正面投影和侧面投影的连线垂直于 OZ 轴，即 $a'a'' \perp OZ$。
- 点的水平投影 a 到 OX 轴的距离等于侧面投影 a'' 到 OZ 轴的距离，即 $aa_X = a''a_Z$。

过 O 点 45° 的辅助线就是为了表示上述关系，如图 2-9（b）所示。

显然，点的投影规律和前面所讲的三视图的投影规律“长对正、高平齐、宽相等”是一致的。点的 3 个投影可以用坐标来确定，即水平投影 a 由 X_A 和 Y_A 确定，正面投影 a' 由 X_A 和 Z_A 确定，侧面投影 a'' 由 Y_A 和 Z_A 确定。已知点的 3 个坐标可以作出点的投影，已知点的任意两个投影就能确定点的 3 个坐标，也必能作出其第三投影。

【案例 2-1】 如图 2-10 所示，已知点 B 的 V 面投影 b' 和 W 面投影 b''，求作点 B 的 H 面投影 b。

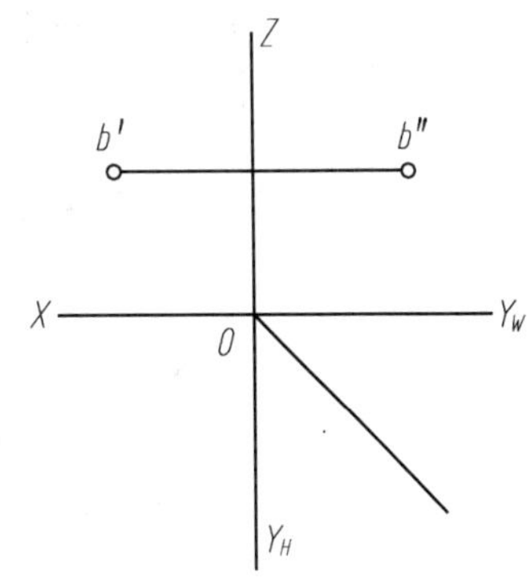

图 2-10 求点 B 的 H 面投影 b

作图步骤如表 2-1 所示。

表 2-1 作 B 点的第三面投影

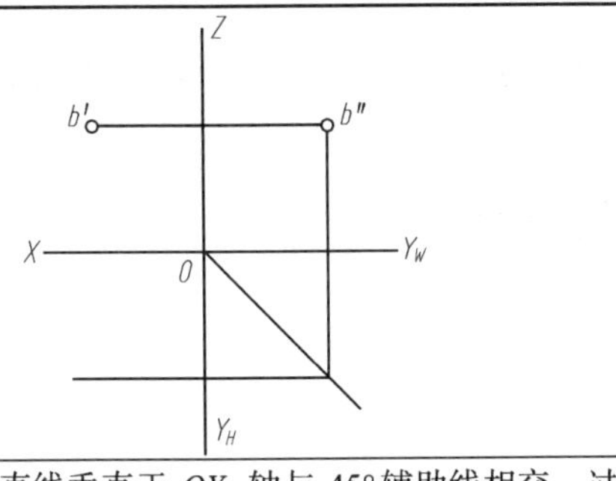	
① 过 b'' 作直线垂直于 OY_W 轴与 45° 辅助线相交，过交点作直线平行于 OX 轴	② 过 b' 作直线垂直于 OX 轴，与以上直线相交于点 b，即为所求

【案例 2-2】 已知点 A（18,10,15），求作 A 点的三面投影。

作图步骤如表 2-2 所示。

表 2-2 作 A 点的三面投影

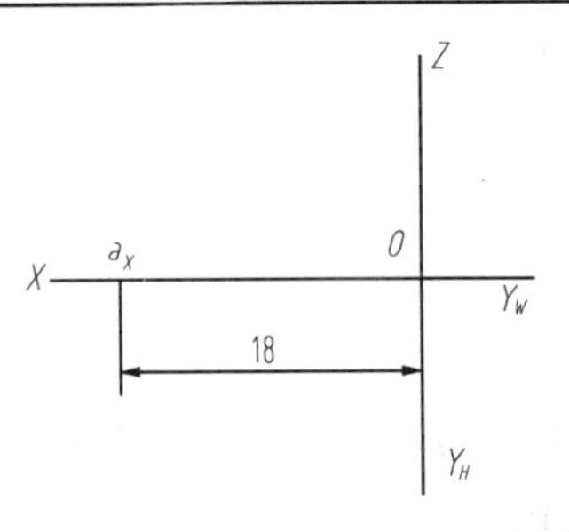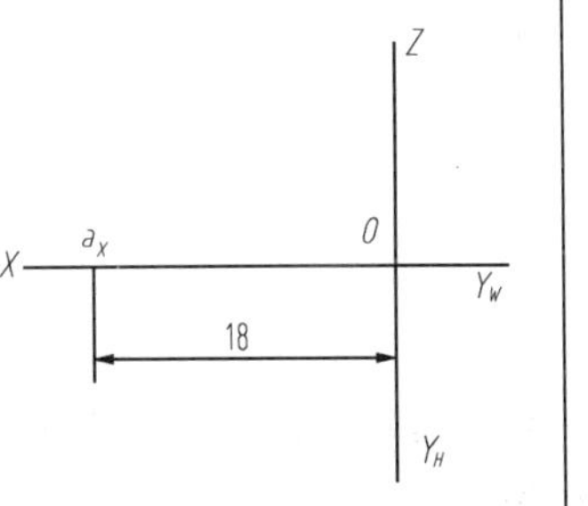	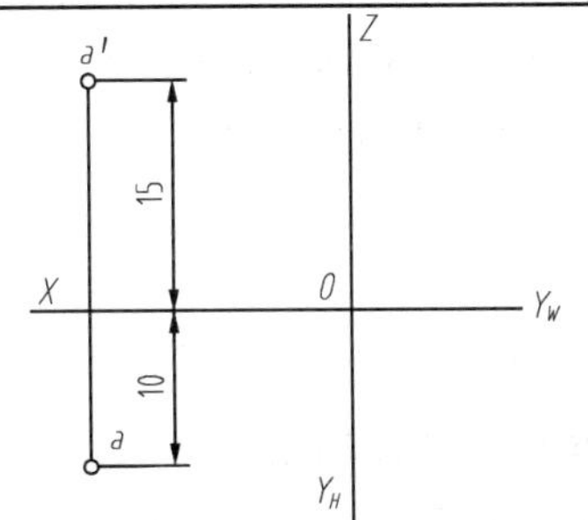	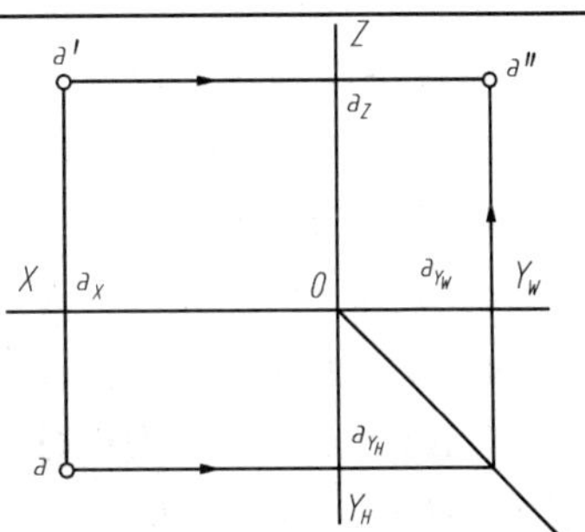
① 画出投影轴，在 OX 轴上量取 18，得到 a_X	② 过 a_X 作 OX 的垂线，在此垂线上向下量取 10 得 a；向上量取 15 得 a'	③ 由投影 a、a' 作出 a''

3. 特殊位置点的投影

（1）投影面上的点。投影面上的点的一个坐标为 0，有一个投影在投影面上，另外两个投影分别在投影轴上，如图 2-11 所示的 *B* 点和 *C* 点。

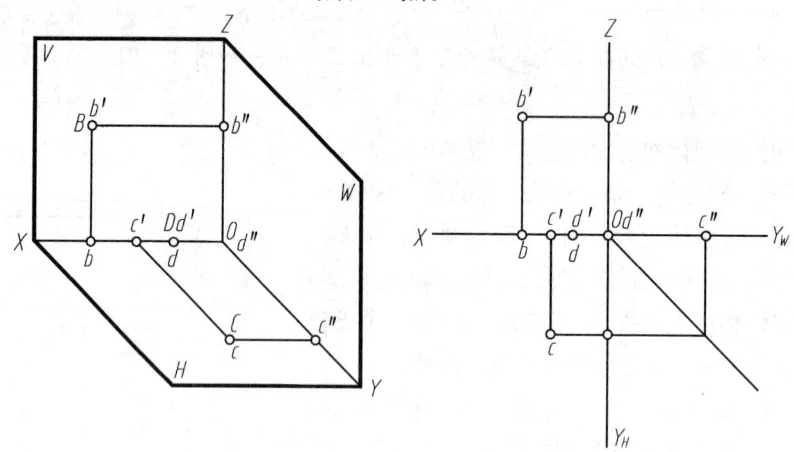

图 2-11 特殊位置点的投影

（2）投影轴上的点。投影轴上的点的两个坐标为 0，有两个投影在投影轴上重合，另一个投影在原点，如图 2-11 所示的 *D* 点。

（3）与原点重合的点。与原点重合的点的 3 个坐标都为 0，3 个投影都与原点重合。

2.3.2 两点的相对位置

1. 两点的相对位置

空间两点的相对位置是指两点在空间的左右、前后、上下的位置关系，由两点的坐标差来决定。常选其中一点作为基准点，以它为参照来判断与另一点的相对位置。

- 空间两点的左右位置关系由正面和水平投影来判断，*X* 坐标大的在左。
- 空间两点的前后位置关系由水平和侧面投影来判断，*Y* 坐标大的在前。
- 空间两点的上下位置关系由正面和侧面投影来判断，*Z* 坐标大的在上。

如图 2-12 所示，设 *A* 点和 *B* 点的坐标分别为（X_A，Y_A，Z_A）和（X_B，Y_B，Z_B），若以 *A* 点为基准点，则 *B* 点对 *A* 点的一组坐标差分别如下。

- *X* 轴方向坐标差：$\Delta x = X_B - X_A$
- *Y* 轴方向坐标差：$\Delta y = Y_B - Y_A$
- *Z* 轴方向坐标差：$\Delta z = Z_B - Z_A$

若Δx、Δy、Δz为正时，则 *B* 点在 *A* 点的左、前、上方。若Δx、Δy、Δz为负，则 *B* 点在 *A* 点的右、后、下方。图 2-12 所示的 *B* 点在 *A* 点的右、后、上方。

【案例 2-3】 如图 2-13 所示，已知点 *A* 的三面投影，点 *B* 在其右方 14、上方 12、前方 8，求作 *B* 点的三面投影。

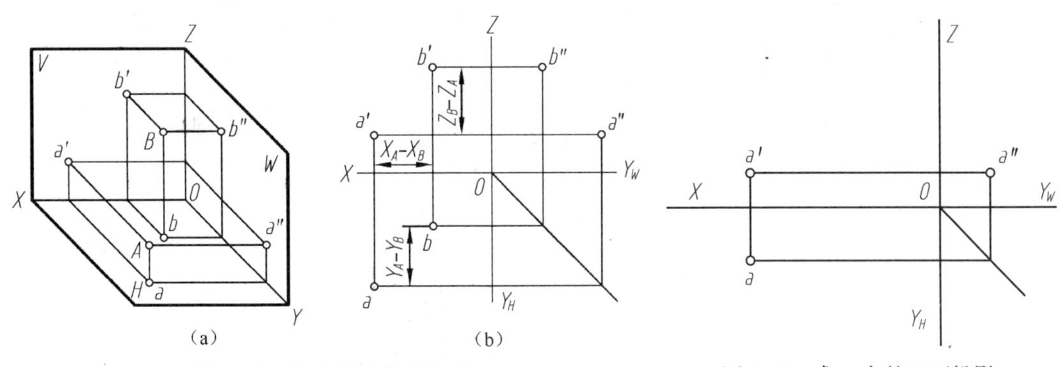

图 2-12 两点相对位置投影　　　　图 2-13 求 B 点的三面投影

作图步骤如表 2-3 所示。

表 2-3　　作 B 点的三面投影

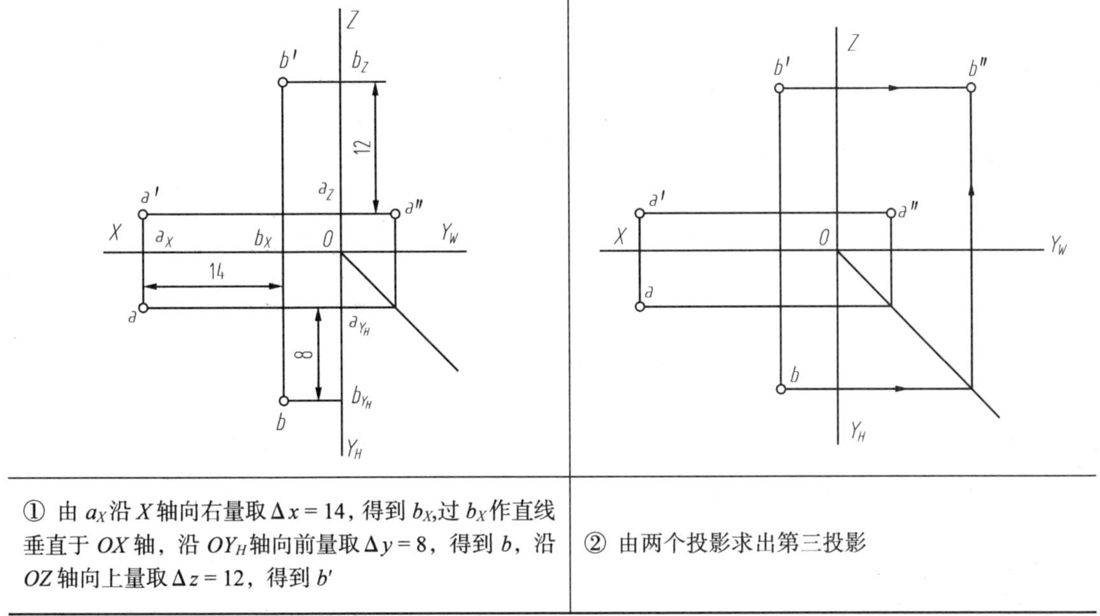

① 由 a_X沿 X 轴向右量取 $\Delta x=14$，得到 b_X，过 b_X 作直线垂直于 OX 轴，沿 OY_H 轴向前量取 $\Delta y=8$，得到 b，沿 OZ 轴向上量取 $\Delta z=12$，得到 b'	② 由两个投影求出第三投影

2. 重影点

当空间两点处于同一投射线上时，这两点在该投射线垂直的投影面上的投影重合，这两点称为对该投影面的重影点。重影点有两个坐标相同，可以由另一个不同的坐标来判断其可见性。对重合投影所在投影面的距离，即对该投影面的坐标值较大的那个点是可见的，而另一个点是不可见的，不可见的投影须加注括号。

如图 2-14 所示，点 A 与点 B 在同一垂直于 V 面的投射线上，所以它们的正面投影 a'、b' 重合，由于 $Y_A>Y_B$，表示点 A 位于点 B 的前方，故点 B 被点 A 遮挡，因此 b'不可见，用（b'）表示。同理，若在 H 面上重影，则 Z 坐标值大的点其 H 面投影为可见点。若在 W 面上重影，则 X 坐标值大的点其 W 面投影为可见点。

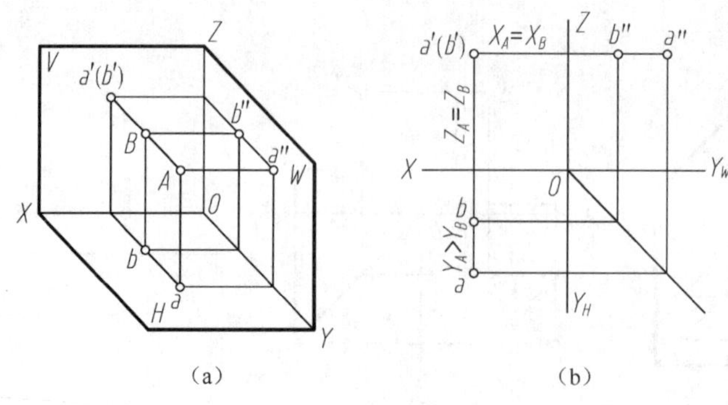

图 2-14 重影点的投影

对正面、水平和侧面投影的重影点的可见性判别是前遮后、上遮下、左遮右。

2.4 直线的投影

直线的空间位置可由直线上任意两点的空间位置确定，直线的投影也可由直线上任意两点的投影来确定。

2.4.1 直线的三面投影

直线的投影一般仍为直线，特殊情况下积聚为一点。画直线的投影，可先画出直线两端点的投影，然后直线连接其同面投影即可，如图 2-15 所示。

此处所指直线均指线段。

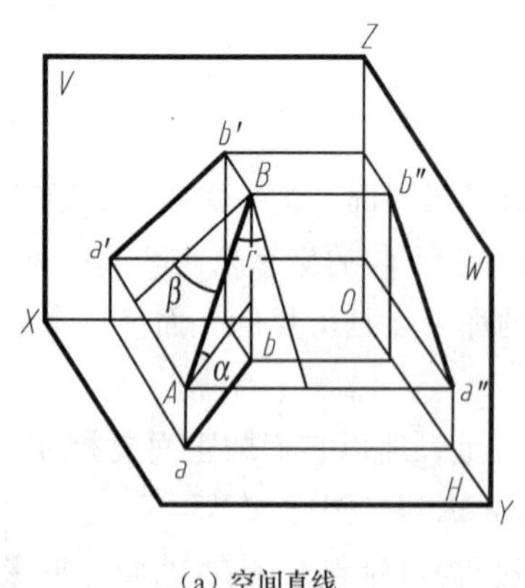

（a）空间直线

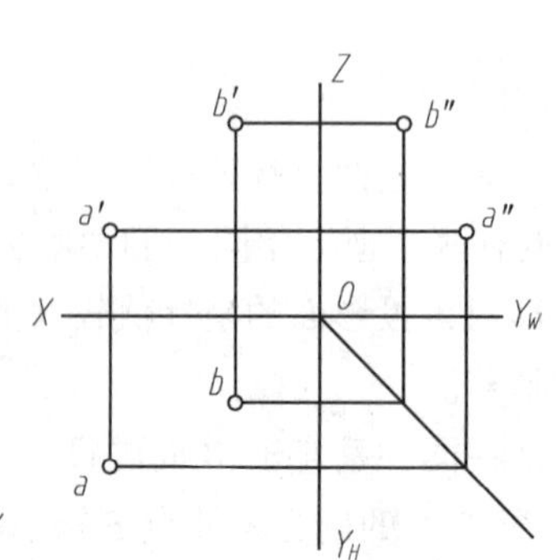

（b）作直线两端点的投影

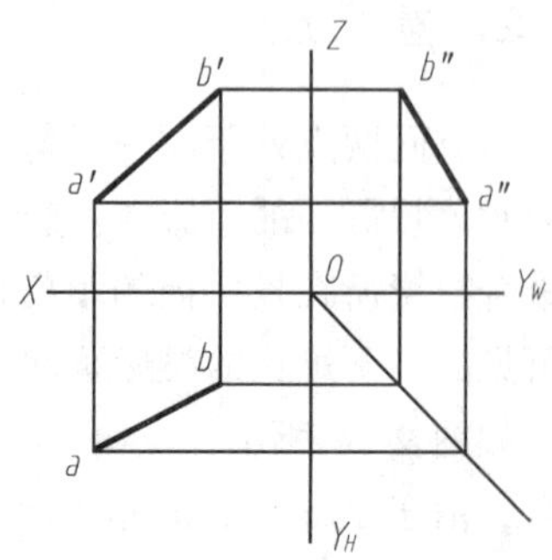

（c）同面投影的连线即为直线的投影

图 2-15 直线的投影

2.4.2 各种位置直线的投影

在三投影面体系中，空间直线与投影面的相对位置分为 3 类：一般位置直线、投影面平行线和投影面垂直线。后两类又称为特殊位置直线。

1. 一般位置直线的投影特性

与 3 个投影面都倾斜的直线，称为一般位置直线，图 2-15 所示 *AB* 即为一般位置直线，它对 *H*、*V*、*W* 这 3 个投影面的倾角分别用α、β、γ来表示，3 个投影的长度如下。

- $ab = AB \cdot \cos\alpha < AB$
- $a'b' = AB \cdot \cos\beta < AB$
- $a''b'' = AB \cdot \cos\gamma < AB$

一般位置直线的投影特性如下。

（1）直线的 3 个投影的长度均小于实长。

（2）直线的 3 个投影都与投影轴倾斜，且与投影轴的夹角均不反映空间直线对投影面的倾角。

2. 投影面平行线

平行于一个投影面，倾斜于另外两个投影面的直线称为投影面平行线。投影面平行线又分为以下 3 种。

- 正平线：平行于 *V* 面，倾斜于 *H*、*W* 面。
- 水平线：平行于 *H* 面，倾斜于 *V*、*W* 面。
- 侧平线：平行于 *W* 面，倾斜于 *V*、*H* 面。

各种位置投影面平行线的空间位置、三投影图及投影特征如表 2-4 所示。

投影面平行线的投影特性总结如下。

（1）直线在所平行的投影面上的投影为反映实长的斜线，它与投影轴的夹角等于直线对另外两个投影面的倾角。

（2）其余两投影的长度均小于实长，并平行于相应的投影轴。

表 2-4　各种位置投影面平行线

名称	正平线（//*V*，对 *H*、*W* 倾斜）	水平线（//*H*，对 *V*、*W* 倾斜）	侧平线（//*W*，对 *V*、*H* 倾斜）
实例	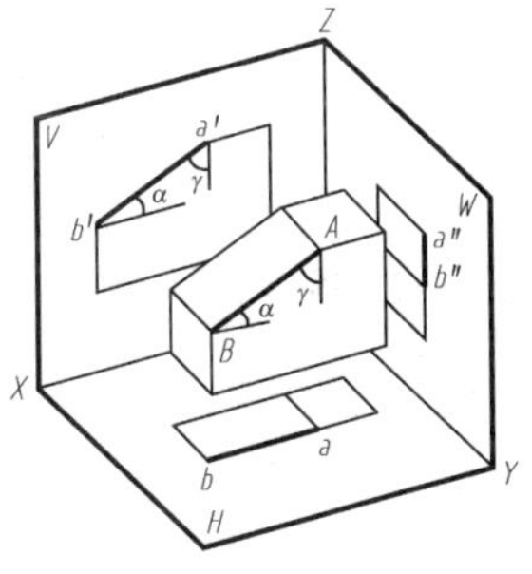	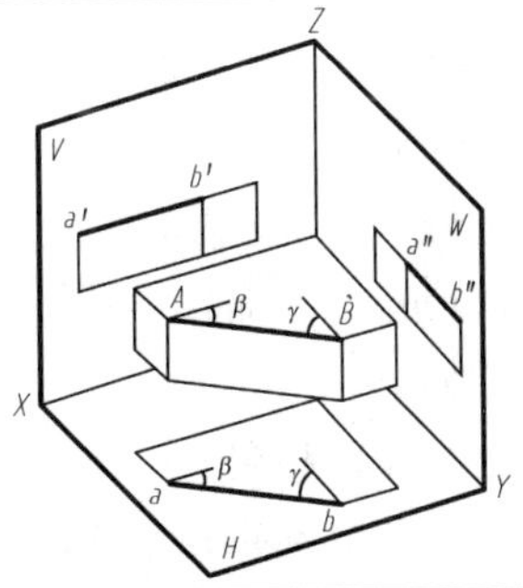	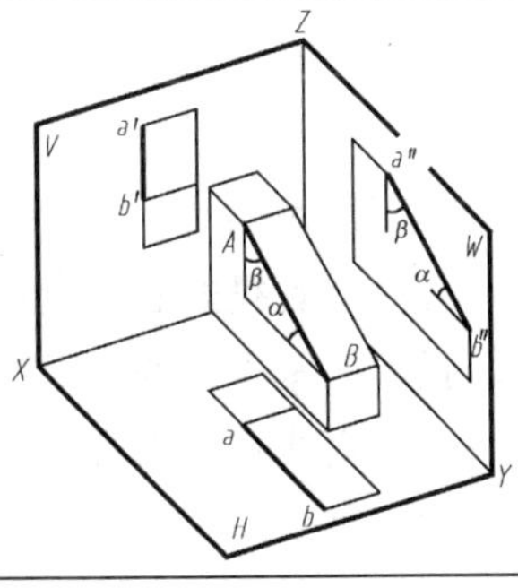

续表

名称	正平线（$/\!/V$，对 H、W 倾斜）	水平线（$/\!/H$，对 V、W 倾斜）	侧平线（$/\!/W$，对 V、H 倾斜）
轴测图	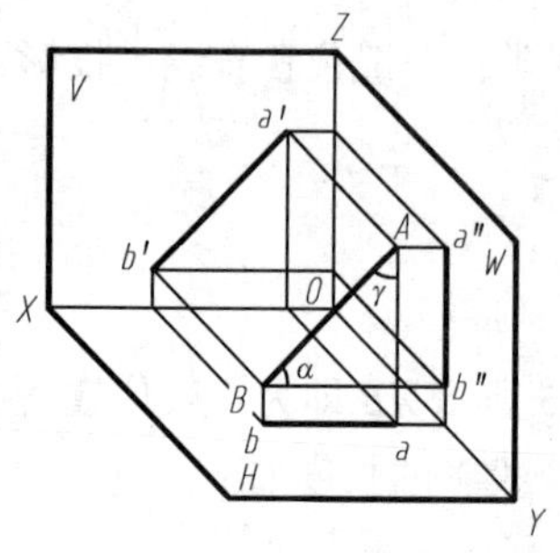	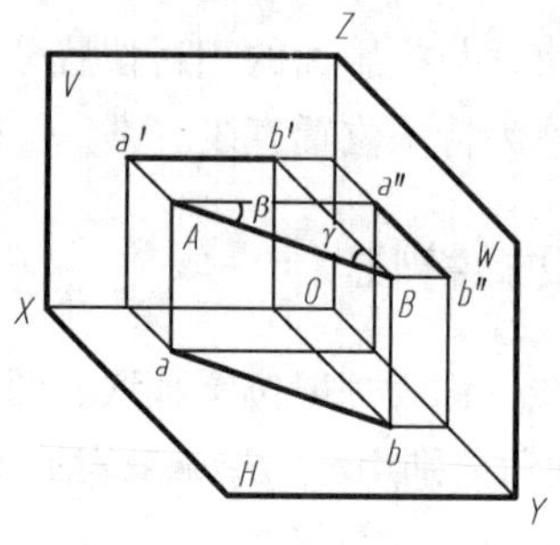	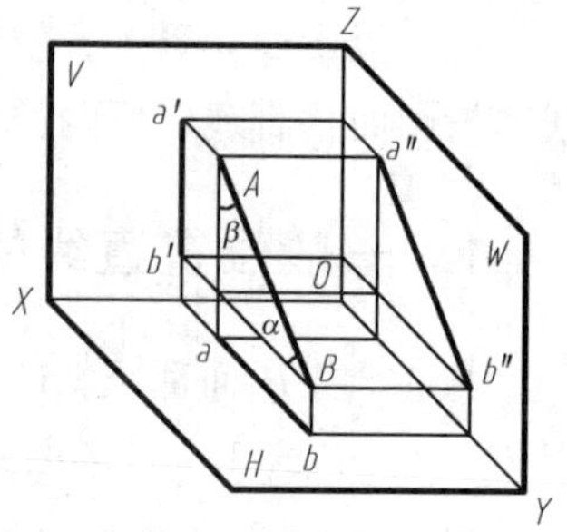
投影图	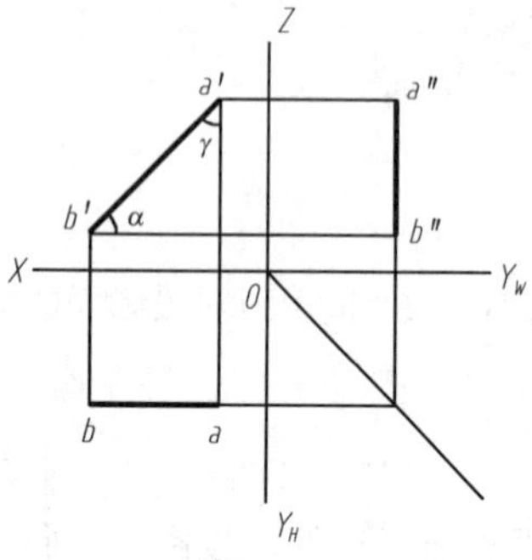	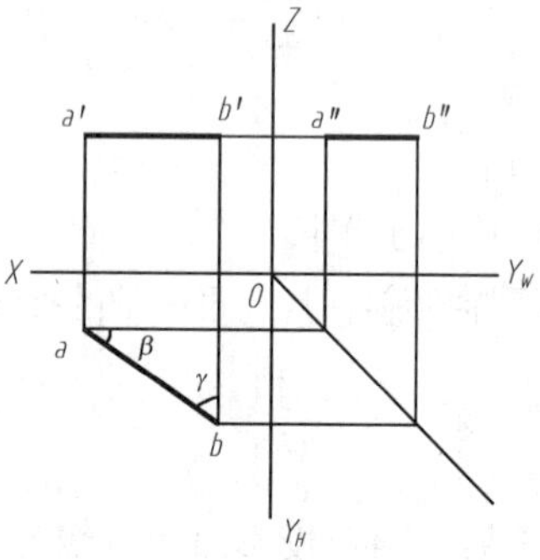	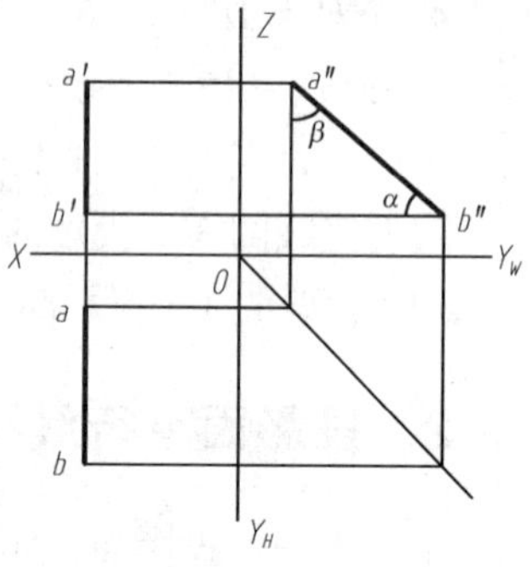
投影特性	1. $a'b' = AB$ 2. $ab /\!/ OX$，$a''b'' /\!/ OZ$ 3. $a'b'$ 与 OX、OZ 的夹角 α、γ 分别等于 AB 对 H、W 面的倾角	1. $ab = AB$ 2. $a'b' /\!/ OX$，$a''b'' /\!/ OY$ 3. ab 与 OX、OY_H 的夹角 β、γ 分别等于 AB 对 V、W 面的倾角	1. $a''b'' = AB$ 2. $ab /\!/ OY$，$a'b' /\!/ OZ$ 3. $a''b''$ 与 OY_W、OZ 的夹角 α、β 分别等于 AB 对 H、V 面的倾角

投影面平行线的三面投影特性可以概括为“一斜两平”，即三面投影中，一个是斜线，另两个与相应投影轴平行。

3. 投影面垂直线

垂直于一个投影面、同时平行于另外两个投影面的直线称为投影面垂直线。投影面垂直线又可分为以下 3 种。

- 正垂线：垂直于 V 面，平行于 H、W 面。
- 铅垂线：垂直于 H 面，平行于 V、W 面。
- 侧垂线：垂直于 W 面，平行于 V、H 面。

各种位置投影面垂直线的空间位置、三面投影图及投影特性如表 2-5 所示。

投影面垂直线的投影特性总结如下。

（1）直线在所垂直的投影面上的投影积聚为一点。

（2）其余两投影反映线段实长，并分别垂直于相应的投影轴。

表 2-5　　各种位置投影面垂直线

名称	铅垂线（$\perp H$，$/\!/ OZ$）	正垂线（$\perp V$，$/\!/ OY$）	侧垂线（$\perp W$，$/\!/ OX$）
实例			
轴测图			
投影图			
投影特性	1. 水平投影积聚成一点 2. $a'b' = a''b'' = AB$ 3. $a'b' \perp OX$，$a''b'' \perp OY_W$	1. 正面投影积聚成一点 2. $ab = a''b'' = AB$ 3. $ab \perp OX$，$a''b'' \perp OZ$	1. 侧面投影积聚成一点 2. $ab = a'b' = AB$ 3. $a'b' \perp OZ$，$ab \perp OY_H$

投影面垂直线的三面投影特性可以概括为“一点两垂”，即三面投影中，一个积聚成点，两个与对应投影轴垂直。

2.4.3　一般位置直线的实长及与投影面的倾角

前面已介绍，特殊位置直线的实长和对投影面的倾角可直接根据投影得出，而一般位置直线的则不能。下面就来介绍求一般位置直线的实长和对投影面倾角的方法——直角三角形法。

1. 几何分析

图 2-16（a）所示为一般位置直线 AB 的投影情况，在四边形 $ABba$ 中，过 A 点作 $AB_1 /\!/ ab$，交 Bb 于 B_1 点，得到直角三角形 ABB_1。其中一条直角边 $AB_1 = ab$；另一直角边 $BB_1 = Bb - Aa = \Delta Z$，即线段两端点对 H 面的距离差；斜边 AB 即为空间线段的实长；AB 与 AB_1 的夹角就是 AB 对 H 面的倾角 α。

2. 作图方法

如图 2-16（b）所示，在投影图中求线段 AB 的实长和对 H 面的倾角 α 的步骤如下。

（1）以水平投影 ab 为一直角边。

（2）过 b 作 ab 的垂线，在其上量取 $Bb_0 = Z_B - Z_A = \Delta Z$，以 ΔZ 为另一直角边。

（3）连接 aB_0 得直角三角形 abB_0，其中斜边即为线段 AB 的实长，斜边与水平投影 ab 的夹角即为 AB 对 H 面的倾角 α。

解题时，直角三角形可以画在任何位置。图 2-16（c）所示为直角三角形法的另一种作图方法，作图步骤如下。

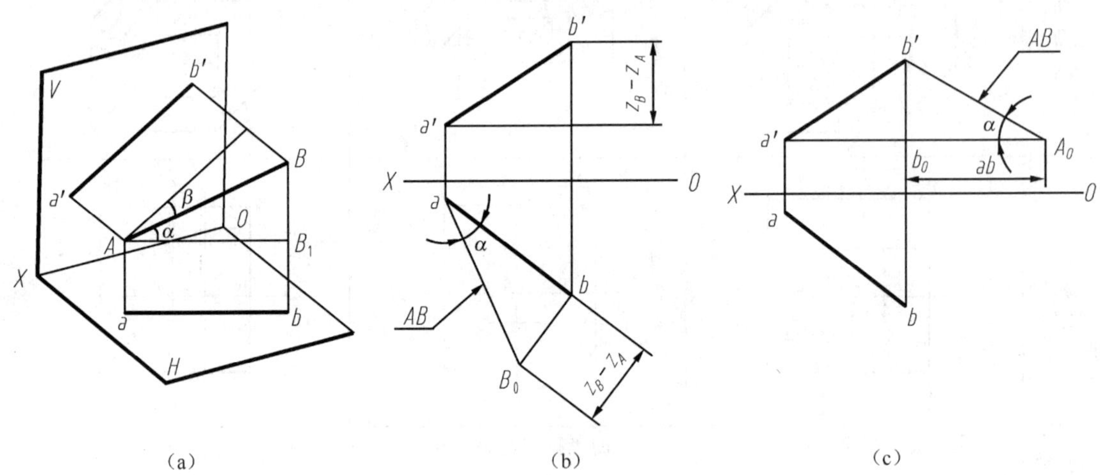

（a）　（b）　（c）

图 2-16　直角三角形法求线段的实长和对投影面的倾角

（1）过 a' 作 OX 轴的平行线与 $b'b$ 交于点 b_0。

（2）量取 $b_0A_0 = ab$。

（3）连接 $b'A_0$ 得直角三角形 $b'A_0b_0$，其中斜边 $b'A_0$ 即为线段 AB 的实长，$\angle b'A_0b_0$ 为 AB 对 H 面的倾角 α。

同样道理，利用直角三角形法也可以求出直线相对于 V 面或 W 面的倾角。

直角三角形法的作图要领总结：以线段在某一投影面上的投影长作为一条直角边，再以线段的两端点对于该投影面的坐标差作为另一条直角边，所作直角三角形的斜边即为线段的实长，斜边与投影长之间的夹角即为线段对该投影面的倾角。

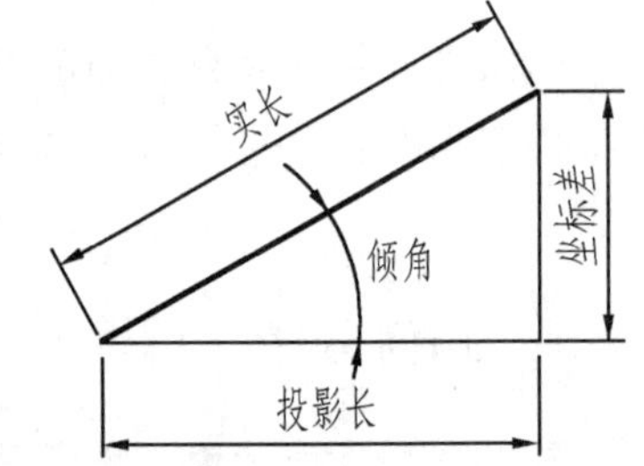

图 2-17　直角三角形法中的 4 个要素

直角三角形法中有 4 个要素：实长、投影长、坐标差及直线对投影面的倾角，如图 2-17 所示。只要知道其中的任意两个，便可确定出另外两个。

【案例 2-4】 如图 2-18（a）所示，已知线段 AB 的水平投影 ab、点 A 的正面投影 a' 及 AB 对 H 面的倾角 $\alpha = 30°$，求线段 AB 的正面投影 $a'b'$。

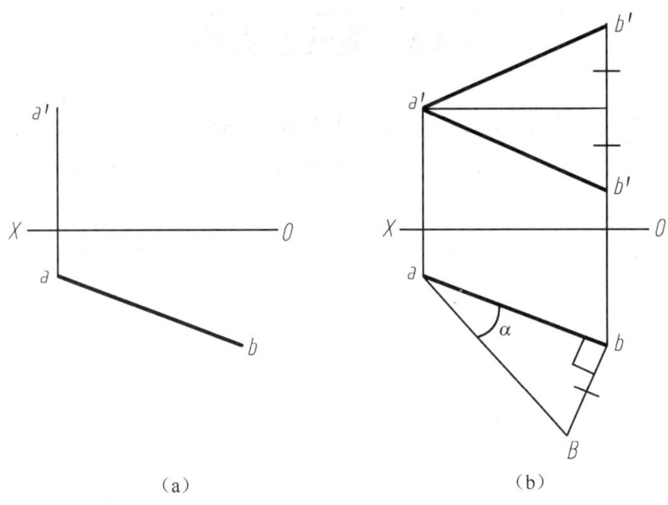

图 2-18　求线段 AB 的正面投影 a'b'

作图步骤：

1. 由 ab 和 $\alpha=30°$ 作直角三角形 abB，如图 2-18（b）所示。

2. 过 a'作 OX 轴的平行线，过 b 作 OX 轴的垂直线，由两直线的交点向上、向下量取 bB，即得 B 点的正面投影 b'，如图 2-18（b）所示。

3. 连接 a'、b'即为所求，此题有两解，结果如图 2-18（b）所示。

【案例 2-5】 如图 2-19（a）所示，已知线段 AB 的正面投影 $a'b'$、点 A 的水平投影 a、AB 的实长 30，求线段 AB 的水平投影 ab。

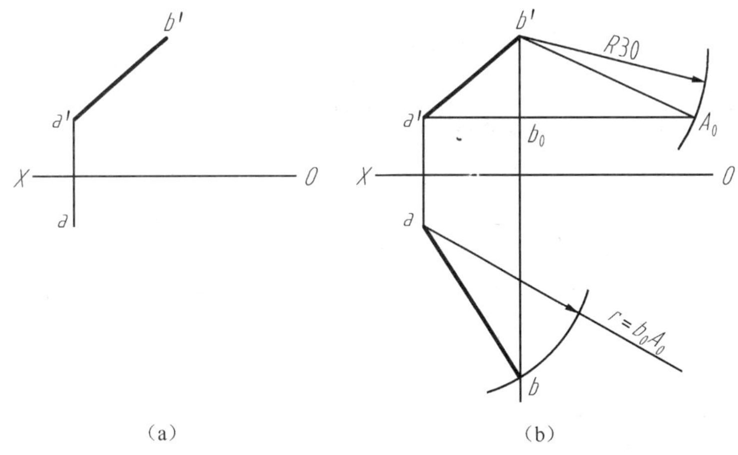

图 2-19　求线段 AB 的水平投影 ab

作图步骤：

1. 过 b'作 OX 轴的垂线，过 a'作 OX 轴的平行线，两线交于 b_0，如图 2-19（b）所示。
2. 以 b'为圆心、30 为半径画弧，与 $a'b_0$的延长线交于 A_0，如图 2-19（b）所示。
3. 以 a 为圆心、b_0A_0为半径画弧，与 $b'b_0$的延长线交于 b，如图 2-19（b）所示。
4. 连接 ab 即为所求，结果如图 2-19（b）所示。

2.4.4 直线上的点

若点在直线上，则点的各面投影必在该直线的同面投影上。反之，如果点的各面投影都在直线的同面投影上，则该点一定在该直线上。如图 2-20 所示，点 *K* 在线段 *AB* 上，则 *k* 在 *ab* 上，*k′*在 *a′b′*上，*k″*在 *a″b″*上。

属于直线上的点，其投影仍属于直线的投影，且点分线段的比例投影后不变。如图 2-20 所示，线段 *AB* 上的点 *K* 将线段 *AB* 分割为 *AK*、*KB* 两段，依据投影特性可得 $AK : KB = ak : kb = a'k' : k'b' = a''k'' : k''b''$。

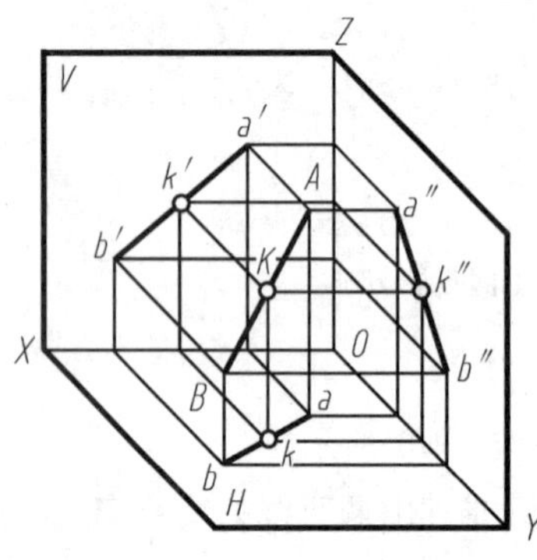

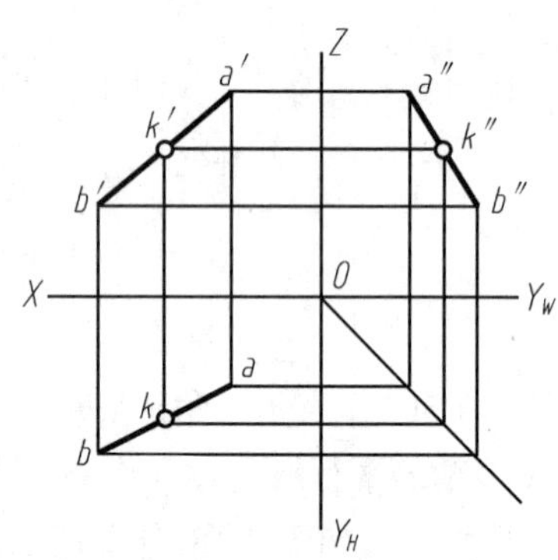

图 2-20 直线上的点

已知直线 *AB* 的正面投影 *a′b′*、水平投影 *ab* 以及直线上点 *K* 的正面投影 *k′*，求其水平投影 *k*。

分析：

由于直线 *AB* 是侧平线，不能直接由 *k′*求出 *k*，所以需根据点在直线上的投影性质及点分线段成定比的规律来求，作图步骤如表 2-6 所示。

表 2-6　　求点的水平投影

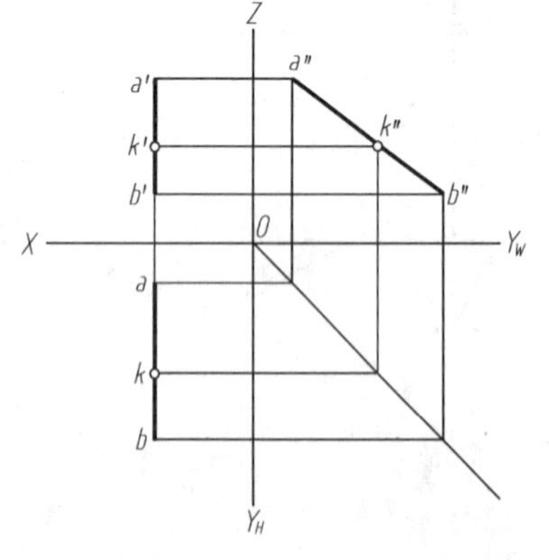	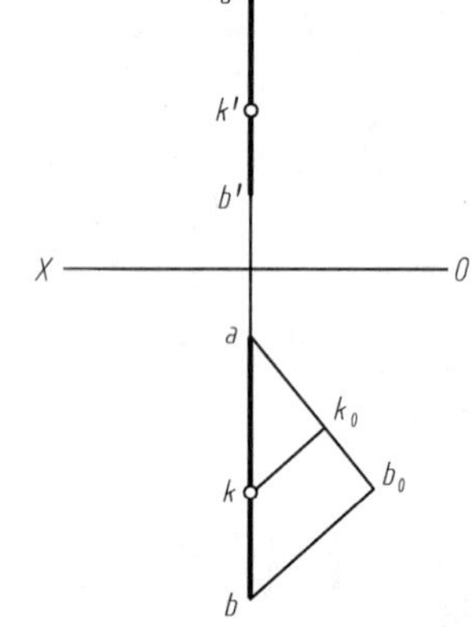
方法 1： 1. 求出 *AB* 的侧面投影 *a″b″* 2. 求出 *K* 的侧面投影 *k″* 3. 依投影规律，由 *k′*、*k″*求出 *k*	方法 2： 1. 过 *a* 作辅助线 2. 量取 $ak_0 = a'k'$，$k_0b_0 = k'b'$ 3. 连接 b_0b，过 k_0 作 b_0b 的平行线交 *ab* 于 *k* 点，即为所求

2.4.5 两直线的相对位置

空间两直线的相对位置有平行、相交和交叉 3 种情况，前两种位置的直线为同面直线，后一种为异面直线。

1. 两直线平行

若空间两直线相互平行，则它们的各组同面投影必相互平行。反之，若两直线的各组同面投影均相互平行，则两直线在空间必定相互平行，如图 2-21 所示。

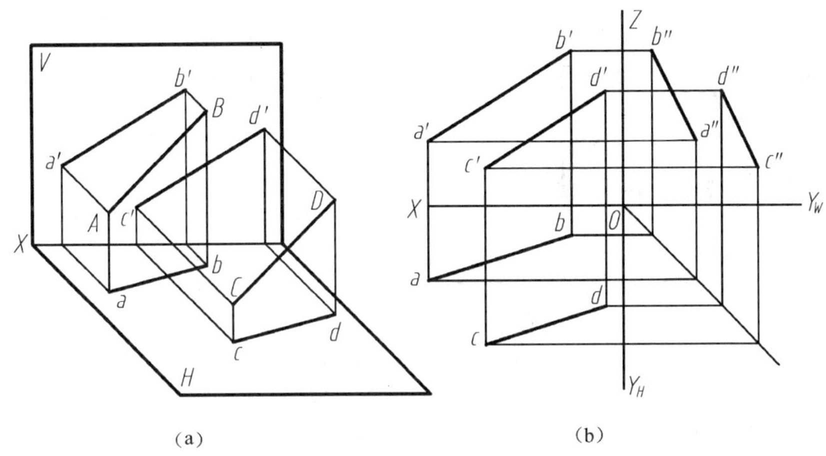

(a) (b)

图 2-21 两直线平行

两直线平行的判定方法如下。

（1）当两直线均为一般位置时，只要有两对同面投影互相平行就可判定两直线在空间平行。

（2）当两直线均为某一投影面的平行线时，则需根据它们在所平行的那个投影面上的投影是否平行来判定两直线是否平行，如图 2-22 所示。

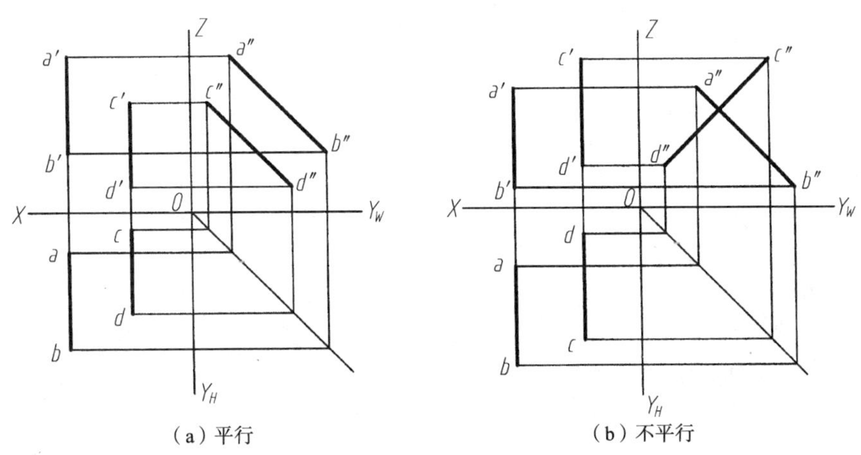

（a）平行 （b）不平行

图 2-22 两直线平行的判定

2. 两直线相交

若空间两直线相交，则它们的各组同面投影都相交，且交点的投影符合点的投影规律。反之，若两直线的各组同面投影都相交，且交点的投影符合点的投影规律，则该两直线在空间必相交，如图 2-23 所示。

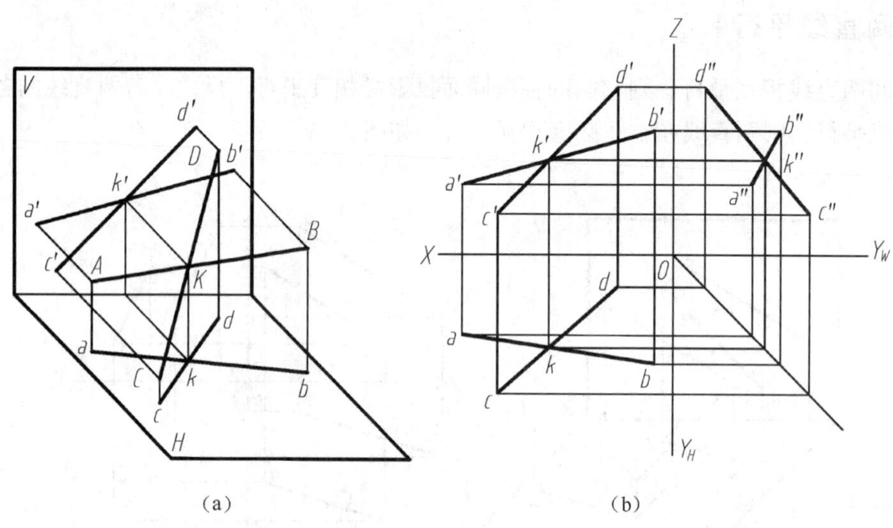

(a)　　(b)

图 2-23　两直线相交

当直线为某一投影面的平行线时，它们是否相交需要进一步判断，通常有以下两种判定方法。

（1）用定比方法判定。

（2）用两条直线的第三投影来判定。

两直线相交成直角时，称为垂直相交或正交。如图 2-24（a）所示，已知直线 AB 与直线 BC 在空间相互垂直，AB 平行于 H 面。因为 $AB \perp BC$，$AB \perp Bb$，由几何定理可知：AB 必垂直 BC 和 Bb 所决定的平面 Q 及 Q 面上的任一直线（如 BC_1、BC_2、bc 等），又已知 $AB /\!/ ab$，所以 ab 也必垂直于 Q 面及 Q 面上的任一直线，即 $ab \perp cb$，其投影如图 2-24（b）所示。

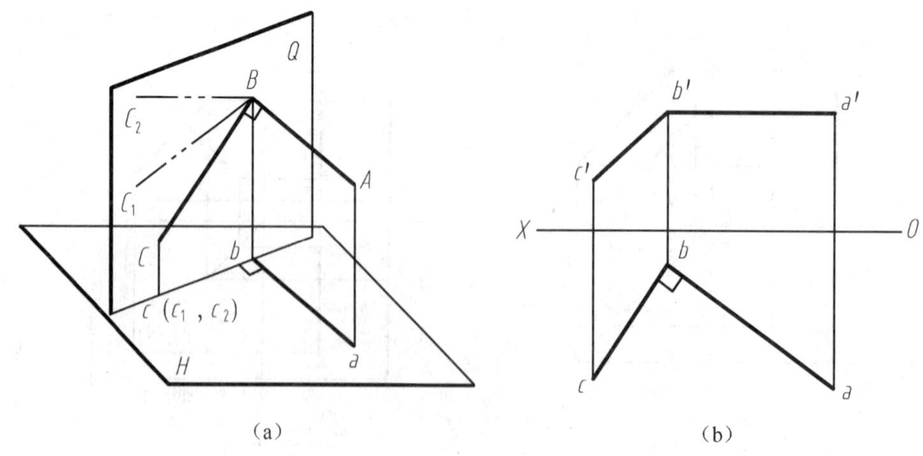

(a)　　(b)

图 2-24　两直线垂直相交

如果两直线垂直，只要其中一条直线为投影面平行线，则在所平行的投影面上两直线的同面投影必相互垂直，此投影特性也称为直角投影定理。

两直线的一个投影相互垂直，在空间不一定相互垂直，只有符合直角投影定理的条件才是空间相互垂直的直线。

3. 两直线交叉

如果空间两直线既不平行也不相交，则称为两直线交叉，如图 2-25 所示。交叉两直线的投影可能有一组、两组甚至 3 组都是相交的，但它们的交点不符合点的投影规律，是重影点的投影。可利用重影点的可见性来判断两直线的相对位置。

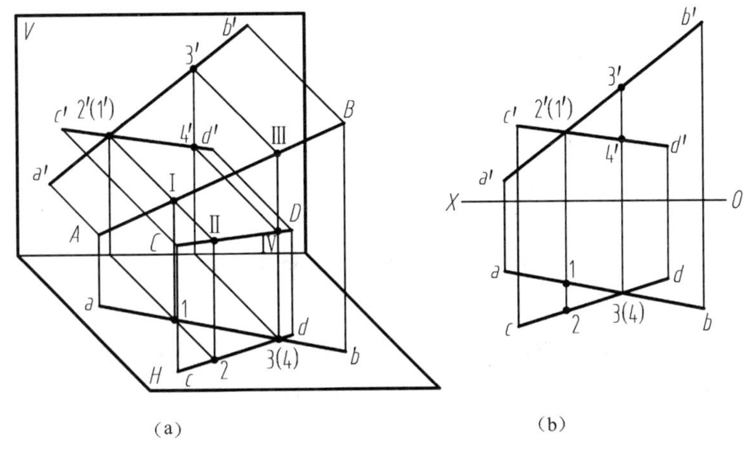

(a) (b)

图 2-25 两直线交叉

判断交叉两直线重影点可见性的步骤为：从重影点入手画一根垂直于投影轴的直线到另一个投影，就可以得到重影点不重合的两个投影点，两个点中坐标值大的点为可见点，坐标值小的点为不可见点，不可见点的投影应加括号。

2.5 平面的投影

不在同一直线上的 3 个点是决定平面位置的基本几何元素，因此作平面的投影最基本的方法就是确定这 3 个点的投影。

2.5.1 平面的表示法

平面的空间位置可由下列几种方法来确定。

- 不在同一直线上的 3 个点，如图 2-26（a）所示。

- 直线及直线外一点，如图 2-26（b）所示。
- 两平行直线，如图 2-26（c）所示。
- 两相交直线，如图 2-26（d）所示。
- 任意平面图形，如图 2-26（e）所示。

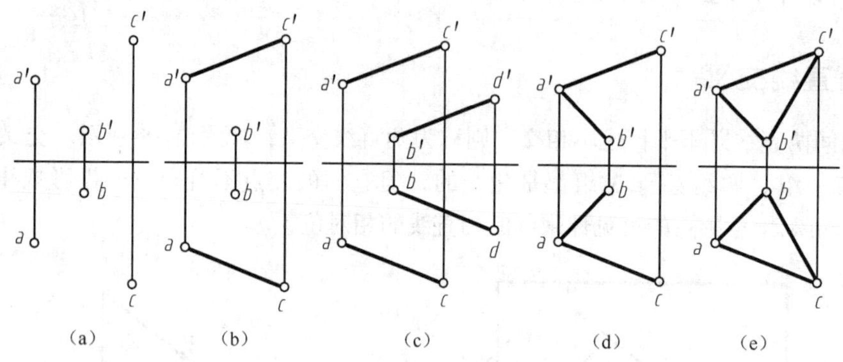

图 2-26　用几何元素表示平面

这几种确定平面的方法可以互相转化。在投影图上就用这些几何元素的投影来表示平面。

2.5.2　各种位置平面的投影

平面的投影一般仍是平面，特殊情况下是一条直线。平面在三投影面体系中有 3 种位置：投影面平行面、投影面垂直面及一般位置平面。前两种位置的平面又称为特殊位置平面。

1. 一般位置平面

对 3 个投影面都倾斜的平面称为一般位置平面，如图 2-27 所示。平面对 H、V、W 这 3 个投影面的倾角分别用α、β、γ表示。

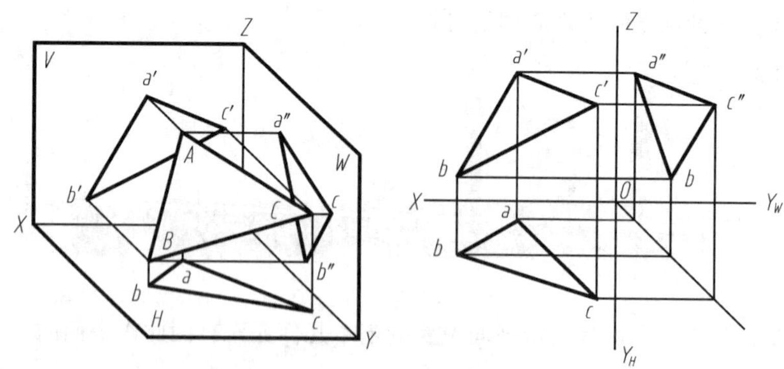

图 2-27　一般位置平面的投影

一般位置平面的投影特征是：三个投影均为缩小的类似形，而且不反映该平面与投影面的倾角。

2. 投影面垂直面

垂直于一个投影面、倾斜于另外两个投影面的平面称为投影面垂直面。投影面垂直面又分为以下 3 种。

- 正垂面——垂直于 *V* 面，倾斜于 *H*、*W* 面。
- 铅垂面——垂直于 *H* 面，倾斜于 *V*、*W* 面。
- 侧垂面——垂直于 *W* 面，倾斜于 *V*、*H* 面。

各种投影面垂直面的空间位置、投影图及投影特性如表 2-7 所示。

表 2-7　　各种位置投影面垂直面

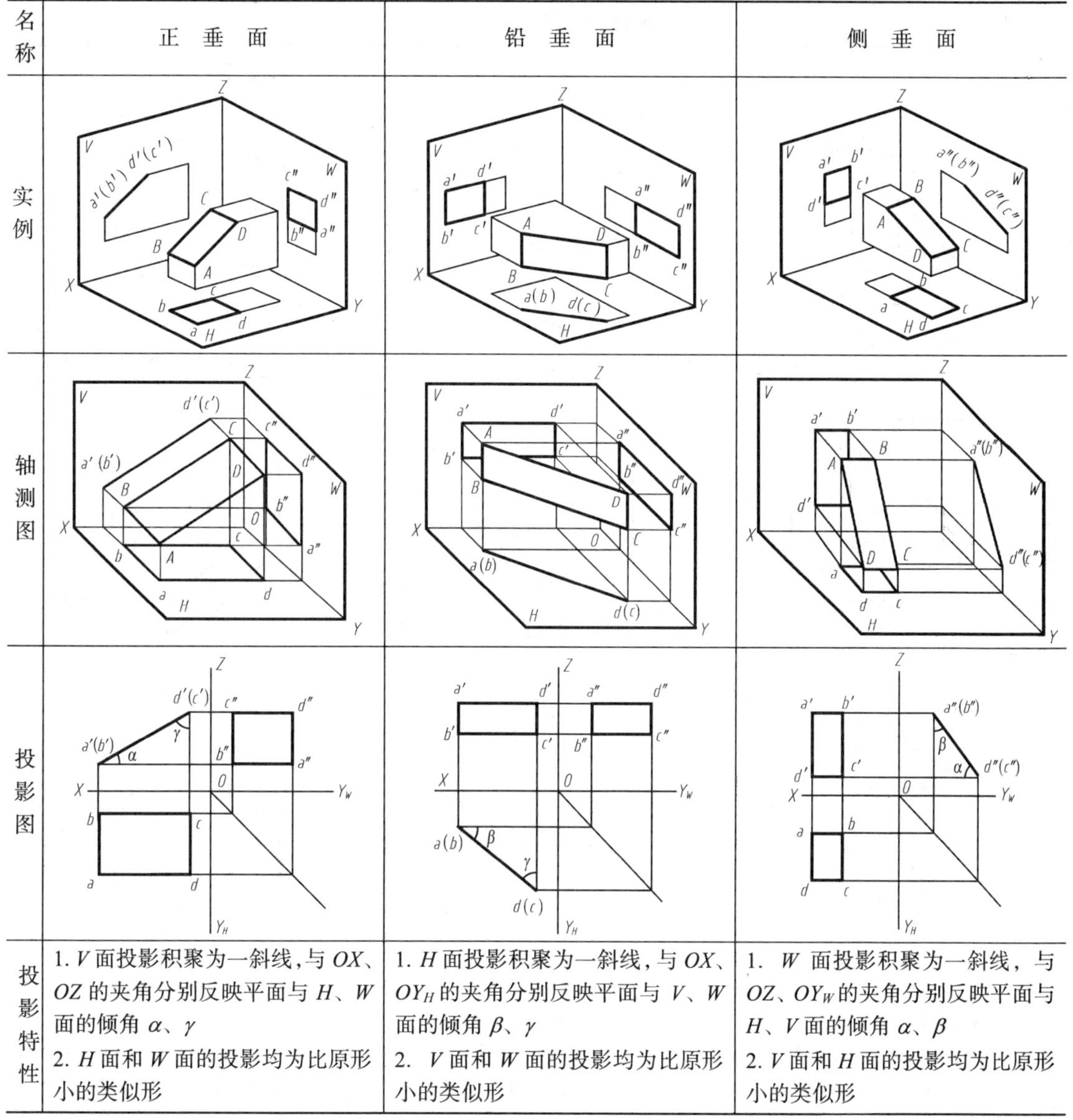

名称	正垂面	铅垂面	侧垂面
实例			
轴测图			
投影图			
投影特性	1. *V* 面投影积聚为一斜线，与 *OX*、*OZ* 的夹角分别反映平面与 *H*、*W* 面的倾角 α、γ 2. *H* 面和 *W* 面的投影均为比原形小的类似形	1. *H* 面投影积聚为一斜线，与 *OX*、OY_H 的夹角分别反映平面与 *V*、*W* 面的倾角 β、γ 2. *V* 面和 *W* 面的投影均为比原形小的类似形	1. *W* 面投影积聚为一斜线，与 *OZ*、OY_W 的夹角分别反映平面与 *H*、*V* 面的倾角 α、β 2. *V* 面和 *H* 面的投影均为比原形小的类似形

投影面垂直面的投影特性总结如下。

（1）平面在所垂直的投影面上的投影积聚为斜线，与两投影轴的夹角分别反映平面对其他两投影面的倾角。

（2）其他两面投影为缩小的平面图形的类似形。

3. 投影面平行面

平行于一个投影面同时垂直于另外两个投影面的平面称为投影面平行面。投影面平行面又分为以下 3 种。

- 正平面——平行于 V 面的平面。
- 水平面——平行于 H 面的平面。
- 侧平面——平行于 W 面的平面。

各种投影面平行面的空间位置、投影图及投影特性如表 2-8 所示。

表 2-8　　各种位置投影面平行面

名称	正平面	水平面	侧平面
实例			
轴测图			
投影图			
投影特性	1. V 面投影反映实形 2. H、W 面投影积聚为直线，分别平行于 OX 轴和 OZ 轴	1. H 面投影反映实形 2. V、W 面投影积聚为直线，分别平行于 OX 轴和 OY_W 轴	1. W 面投影反映实形 2. V、H 面投影积聚为直线，分别平行于 OZ 轴和 OY_H 轴

投影面平行面的投影特性总结如下。

（1）平面在所平行的投影面上的投影反映实形。

（2）其他两面投影积聚为直线，且分别平行于所平行的投影面上的两根投影轴。

不能把投影面平行面说成投影面垂直面。

2.5.3　平面上的直线和点

1. 平面上的直线

直线在平面上的几何条件是：直线通过平面上的两点，或者直线通过平面上的一点且平行于平面上的另一直线，如图 2-28 所示。

点的两个投影都在平面图形的投影轮廓线范围内，该点不一定在平面上。点的两个投影都在平面图形的投影轮廓线范围外，该点也可能在平面上。

2. 平面上的点

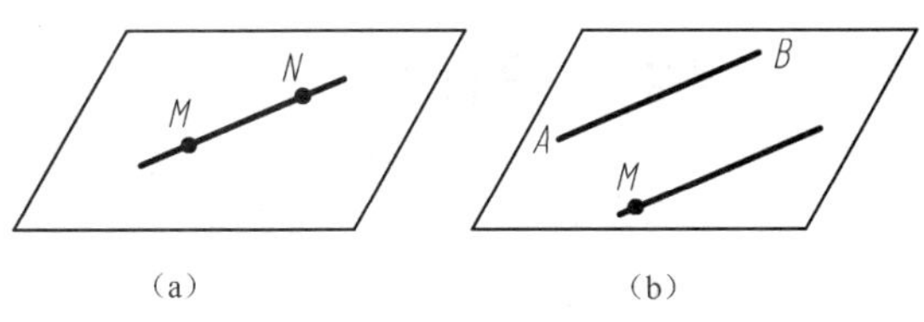

图 2-28　平面上的直线

点在平面上的几何条件是：点在平面内的任一直线上，则该点必在此平面上。

如图 2-29 所示，两相交直线 *AB* 和 *BC* 决定一平面，点 *D* 在直线 *AB* 上，点 *E* 在直线 *BC* 上，因此点 *D*、*E* 均在 *AB* 和 *BC* 所决定的平面上。

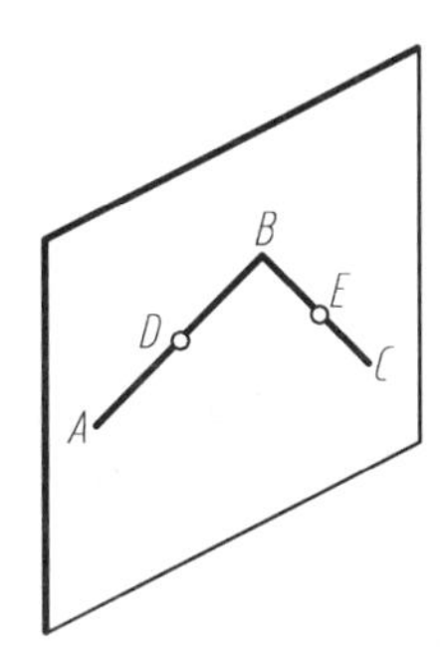

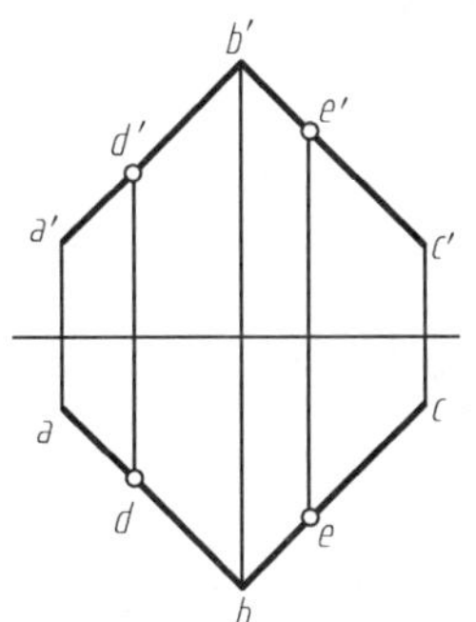

图 2-29　平面上的点

特殊位置平面上的点可利用积聚性直接求。一般位置平面上的点应先在平面上作一条辅助直线，然后在辅助直线的投影上取得点的投影，这种作图方法称为辅助直线法。

用辅助直线法在平面上取点的作图步骤如表 2-9 所示。

表 2-9　用辅助直线法在平面上取点

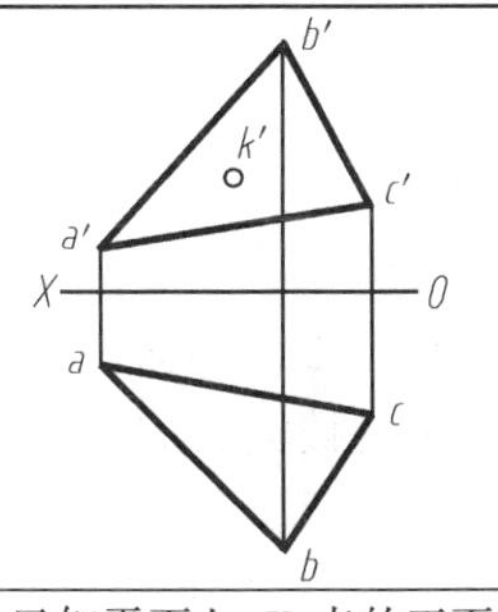	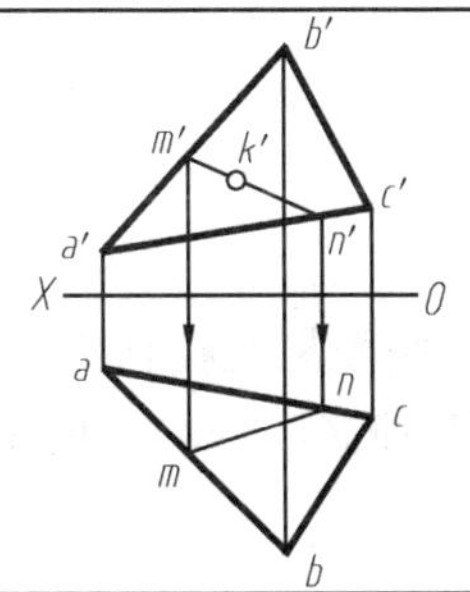	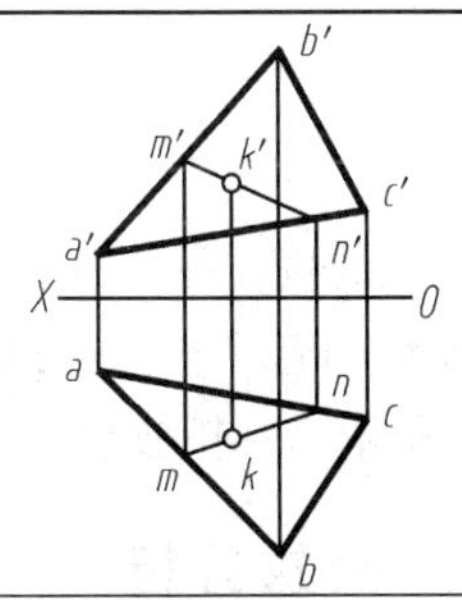
① 已知平面上 *K* 点的正面投影 *k*′	② 过 *k*′点作平面内直线 *MN* 的投影 *m*′*n*′	③ 由 *k*′点作 *OX* 轴的垂线，在 *mn* 上得到 *k* 点

第3章 基本立体

【学习目标】

- 掌握平面立体的投影特性、作图方法以及在立体表面上取点、取线的方法。
- 掌握回转体的投影特性、作图方法以及在立体表面上取点、取线的方法。
- 了解常见柱体的投影特性。

3.1 平面立体

立体是指由若干平面或曲面围成的、具有一定几何形状和大小的空间形体。组成机件的最基本的立体，简称基本体，分为平面立体和曲面立体两类。表面均为平面的立体，称为平面立体，如棱柱、棱锥。表面为曲面或平面与曲面的立体称为曲面立体，如圆柱、圆锥、圆球及圆环。另外，由棱柱、圆柱进行单向叠加、挖切而成的等厚立体——柱体，也是常见的基本体。下面先来学习平面立体。

平面立体的表面都是平面，在投影图中表示平面立体，可归结为绘制组成平面立体所有表面的投影，也就是绘制这些多边形的顶点和边的投影。多边形的边是平面立体的棱线，是其相邻表面的交线，也是轮廓线。判别可见性后，将可见的棱线投影画成粗实线，不可见的棱线投影画成虚线。

3.1.1 棱　　柱

常见的棱柱是侧棱与底面垂直的直棱柱。直棱柱的两底面多边形全等且相互平行，若干矩形侧面和相互平行的棱线垂直于底面。底面是直棱柱的特征面，底面是几边形就为几棱柱。图 3-1 所示为一正放的正六棱柱轴测图和投影图，它由顶面、底面和 6 个侧棱面组成。

1. 投影分析

（1）顶面和底面：正六棱柱的顶面和底面均为水平面，该两面的水平投影反映实形，且互相重合；正面、侧面投影分别积聚成直线。

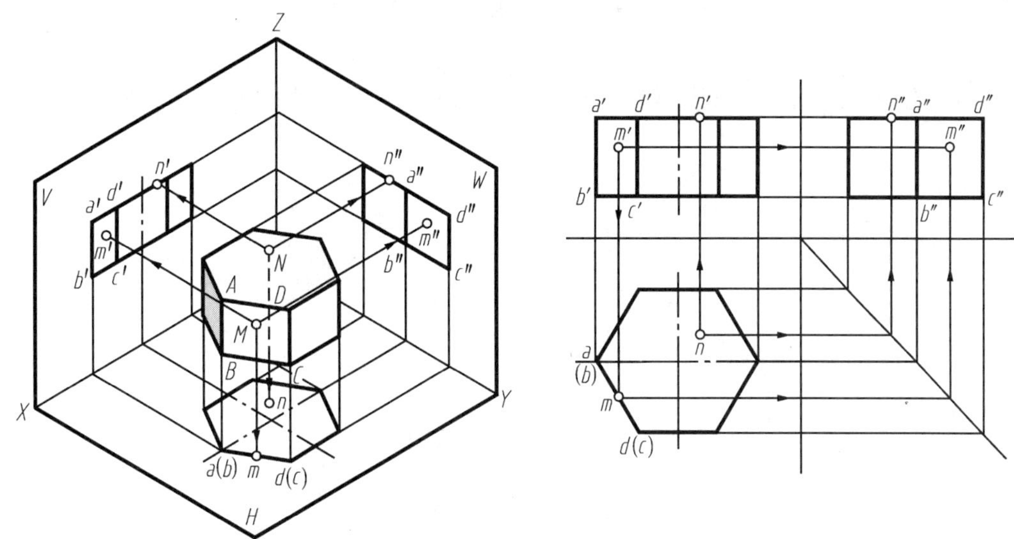

图 3-1　正六棱柱的投影及表面上取点

（2）6 个侧棱面：正六棱柱的前、后棱面为正平面，其正面投影重合，且反映实形；水平投影和侧面投影都积聚成平行于相应投影轴的直线。其余 4 个侧棱面都为铅垂面，其水平投影分别积聚成倾斜直线；正面投影和侧面投影均为类似形（矩形），且两侧棱面投影对应重合。

（3）棱线：顶面、底面各有 6 条棱线，其中前后两条为侧垂线，4 条为水平线，6 条侧棱线均为铅垂线。

2. 作图步骤

（1）画出 3 个视图的中心线作为基准线。

（2）画反映正六边形的俯视图。

（3）根据尺寸和投影规律画出其他两个视图。

其他正棱柱的三视图画法与正六棱柱相似，都应先从投影成正多边形的那个视图开始画。当视图图形对称时，应画出对称中心线，中心线用细点画线表示。

3. 棱柱表面上点的投影

在棱柱表面上取点，其原理和方法与在平面上取点相同。如图 3-1 所示，已知棱面上 M 点的正面投影 m'，求 M 点的水平投影 m 和侧面投影 m''，作图步骤如下。

（1）分析点所在的表面及该表面的投影特点。因 m'为可见，所以 M 点位于六棱柱的左前棱面，该棱面为铅垂面，其水平投影有积聚性，故可先求出点的水平投影 m。

（2）根据 m'、m 求出 m''。

（3）判断点的可见性。由点所在棱面的可见性而定。左视图的左前棱面可见，故 m'' 为可见。

又已知 N 点的水平投影 n，求 N 点的其余投影 n'和 n''。由于 n 可见，因此 N 点必在顶面上，顶面的正面投影和侧面投影都具有积聚性，因此利用积聚性就可直接求出 n'和 n''。

3.1.2 棱 锥

棱锥只有一个底面，所有侧棱线都交于一点，该点称为锥顶。图 3-2 所示为一正三棱锥。

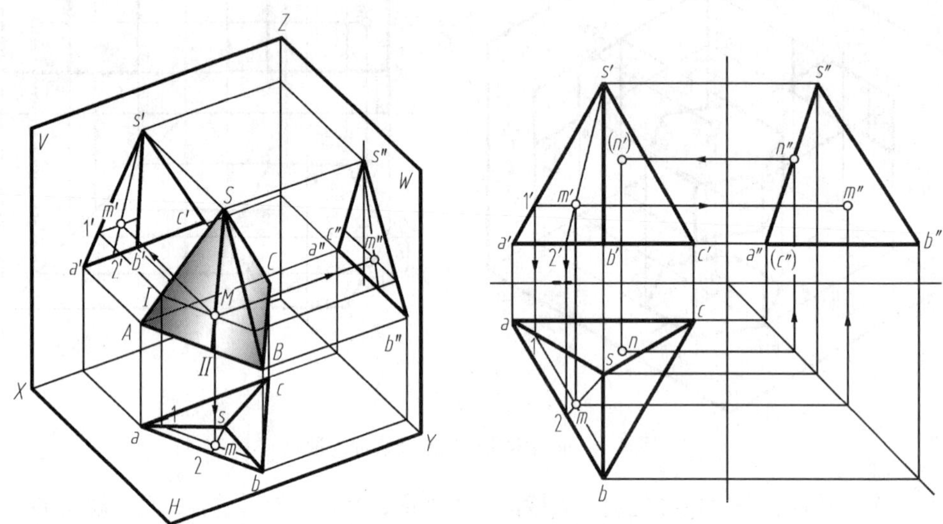

图 3-2 正三棱锥的投影及表面上取点

1. 投影分析

（1）按照图 3-2 所示的位置，正三棱锥的底面为水平面，其投影反映实形，正面投影和侧面投影均积聚为平行于相应投影轴的直线。

（2）三棱锥的 2 个三角形棱面是一般位置平面，另一个是侧垂面，因此，它们的投影都不反映其真实形状和大小，但都是小于对应棱面的三角形线框或积聚为直线。

（3）3 个棱面的交线即三棱锥的棱线有 2 条是一般位置直线，它们都是小于实长的倾斜直线，另一条是侧平线。

2. 作图步骤

（1）画出底面的水平投影（此处为正三角形）以及另外两个积聚为直线的投影。

（2）画出锥顶的 3 个投影。

（3）将锥顶和底面 3 个顶点的同面投影连接起来，可得正三棱锥的三面投影。

3. 棱锥表面上点的投影

棱锥的表面若为特殊位置平面，其上点的投影可以利用平面投影的积聚性求出。若为一般位置平面，其上点的投影则要利用辅助直线才能求出。如图 3-2 所示，已知三棱锥表面上 *M* 点的正面投影 ***m***′，求 *M* 点的水平投影 ***m*** 和侧面投影 ***m***″，作图步骤如下。

（1）由于 *M* 点所在的面△*SAB* 是一般位置平面，所以求 *M* 点的其他投影必须过 *M* 点在△*SAB* 上任作一辅助直线。过 *M* 点作一水平线 *ⅠM* 为辅助直线，即过 *m*′作该直线的正面投影 1′*m*′平行于 *a*′*b*′。

（2）求该直线的水平投影 1*m*∥*ab*，则 *M* 点的水平投影 *m* 必在该直线的水平投影上。

（3）再由 m'和 m 求出 m''。

还有另一种作辅助直线求解的方法。连接 $s'm'$并延长使其与 $a'b'$交于 $2'$，再在 ab 上求出 2，连接 $s2$，则 m 点必然在 $s2$ 上，再根据 m 和 m'求出 m''。

又已知 N 点的水平投影 n，求 N 点的正面投影 n'和侧面投影 n''。由于 N 点所在的面△SAC 是侧垂面，所以可利用侧垂面的积聚性先求出 n''，再根据 n 和 n''求出 n'，N 点的 V 面投影为不可见。

3.2 回转体

曲面立体是由回转面或回转面与平面所围成的立体，工程上常见的曲面立体都是回转体。回转面是由一动线（直线或曲线）绕一固定轴线旋转一周所形成的曲面，该动线称为母线，母线在回转面上的任意位置称为素线。母线上任意一点的旋转轨迹都是圆，该圆又称纬圆。最常见的回转体有圆柱、圆锥、圆球及圆环等。

3.2.1 圆　　柱

圆柱由圆柱面和顶圆、底圆所围成。圆柱面可看成是一条直线 AA 绕与它平行的固定轴 OO 回转形成的曲面，直线 OO 称为回转轴，直线 AA 称为母线，AA 回转到任何一个位置称为素线，如图 3-3 所示。

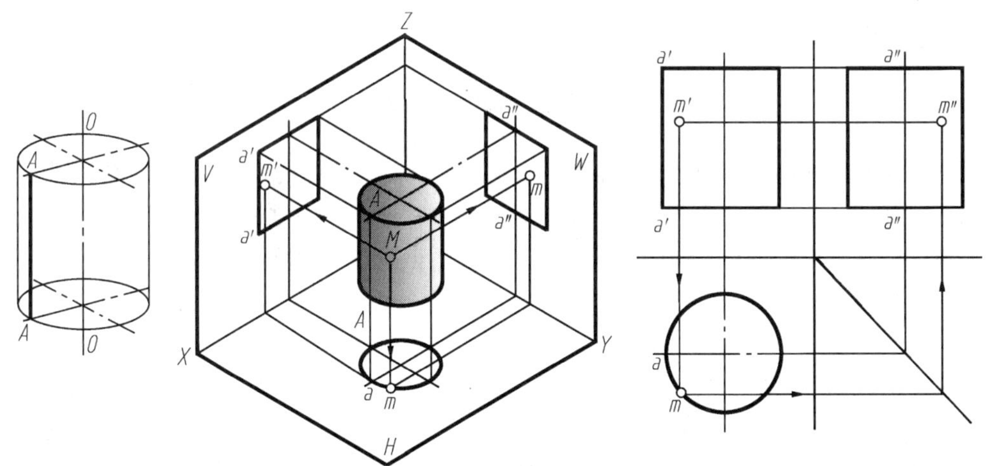

图 3-3　圆柱的形成、投影及表面上取点

1. 投影分析

如图 3-3 所示，圆柱的轴线垂直于 H 面，上、下底面为水平面，其水平投影反映实形，正面和侧面投影都积聚成一条直线。圆柱面的水平投影也积聚为一个圆，正面和侧面投影分别是圆柱面对正面和侧面转向轮廓线的投影。转向轮廓线是圆柱面可见与不可见的分界线，对正面的转向轮廓线为最左、最右的两条素线，对侧面的转向轮廓线为最前和最后的两条素线。圆柱的投影特

征是当圆柱的轴线垂直于某一投影面时，该面的投影为圆，其他两面上的投影为两个全等的矩形。

2. 作图步骤

（1）画出轴线和圆的对称中心线。

（2）画出圆柱面有积聚性的投影，此时为水平投影——圆。

（3）画出其他两个为矩形的投影。

画回转体的投影时，必须用细点画线画出轴线和圆的对称中心线。

3. 圆柱表面上求点

如图 3-3 所示，已知圆柱表面上点 M 的正面投影 m'，求作其另外两个投影 m、m''。由于圆柱面的水平投影积聚为圆，所以其表面上点的水平投影一定在这个圆上，依投影规律可直接作出。因为 m'可见，所以点 M 在前半圆柱面上，根据该圆柱面水平投影具有积聚性的特征，m 必定落在前半水平投影圆上，再由 m'、m 即可求出 m。由于点 M 处在圆柱面的左半部分，所以 m''是可见的。

（1）根据点的已知投影判断点的位置，点 M 在前半圆柱面上。

（2）利用圆柱面有积聚性的投影直接求出点的水平投影 m。

（3）由 m'和 m 求出 m''。

（4）判断点的可见性。点 M 在圆柱面的左半部分，所以 m''是可见的。

点的投影和面的有积聚性的投影重合时，一般不判别其可见性。

3.2.2 圆　　锥

圆锥体由圆锥面和底面组成，圆锥面可以看成是由一条直母线 SA 绕与它相交的回转轴 OO 旋转而成。如图 3-4 所示，当圆锥体的轴线垂直于水平面时，圆锥体的俯视图为一圆，这个圆既是圆锥面的水平投影也是底面的水平投影，底面的正面投影和侧面投影均积聚成水平直线。

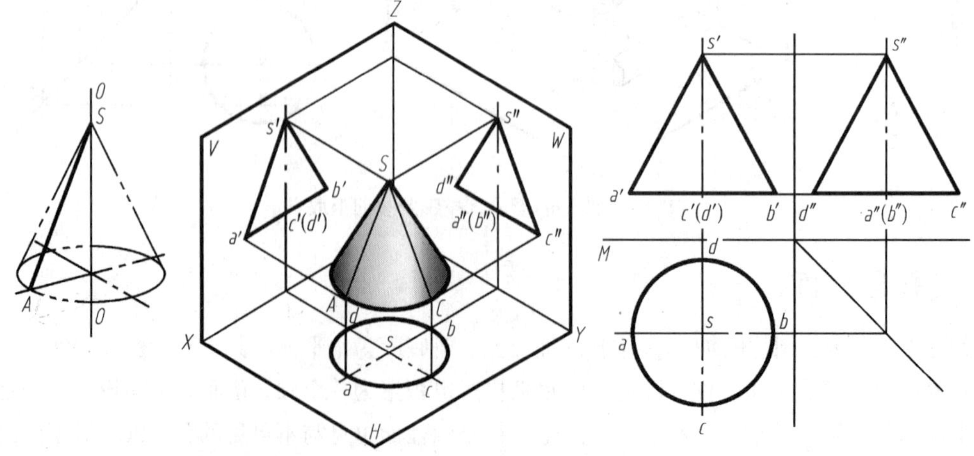

图 3-4　圆锥的形成和投影

1. 圆锥的投影及特性

如图 3-4 所示，圆锥轴线垂直于 H 面，底面圆为水平面，它的水平投影反映实形，其正面、侧面投影均积聚成一条水平线。圆锥面的水平投影也是一个圆，但没有积聚性，圆锥面的正面和侧面投影分别是其对正面和侧面转向轮廓线的投影。

圆锥的投影特征是当圆锥轴线垂直于某一个投影面时，在该投影面上的投影为与底圆相等的圆形，另两个投影为相等的等腰三角形。等腰三角形的底边为底圆的投影；两腰为转向轮廓线的投影。

2. 作图步骤

（1）画出轴线和圆的对称中心线。

（2）画出投影是圆的投影。

（3）画出锥顶 S 的三面投影。

（4）画出转向轮廓线的投影，即得圆锥体的三面投影。

3. 圆锥表面上求点

已知圆锥面上点 K 的正面投影 k'，求其水平投影和侧面投影。由于圆锥面的 3 个投影都没有积聚性，因此不能直接求出。确定圆锥表面上点的投影的方法有两种：辅助素线法和纬圆法。

（1）辅助素线法。如图 3-5 所示，作过锥顶 S 和点 K 的辅助素线 SG 的三面投影，再根据直线上点的投影特点由 k'作出 k、k''，最后进行可见性判别。由 k'可知，点 K 在右前半圆锥面上，所以 k 可见，k''不可见。

（2）纬圆法。如图 3-6 所示，过点 K 作平行于锥底的辅助圆，其正面投影为水平线 $1'2'$。辅助圆的水平投影是以 s 为圆心、以 $1'2'$为直径的圆，由正面和水平投影可得辅助圆的侧面投影。因为点 K 在辅助圆上，所以可根据辅助圆的三面投影求出点 K 的另两个投影。

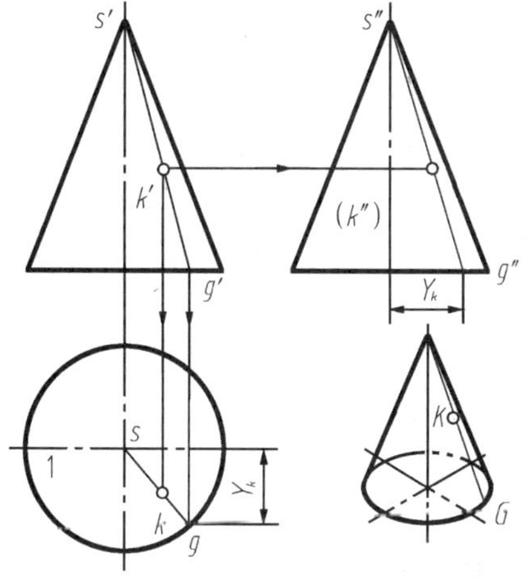

图 3-5　辅助素线法求圆锥表面上的点

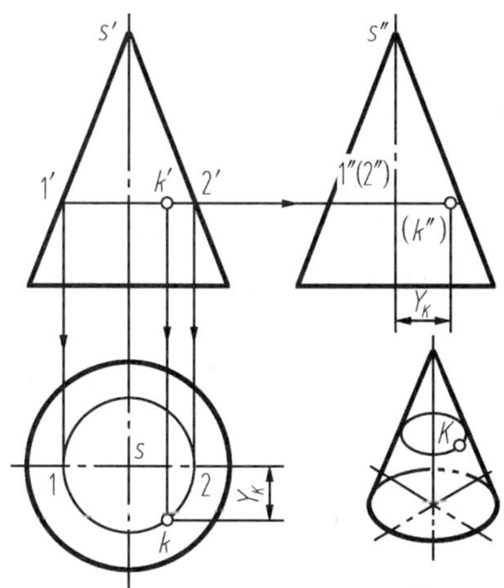

图 3-6　纬圆法求圆锥表面上的点

3.2.3 圆　　球

圆球面可以看成是一圆母线绕其直径旋转而成，如图 3-7 所示。

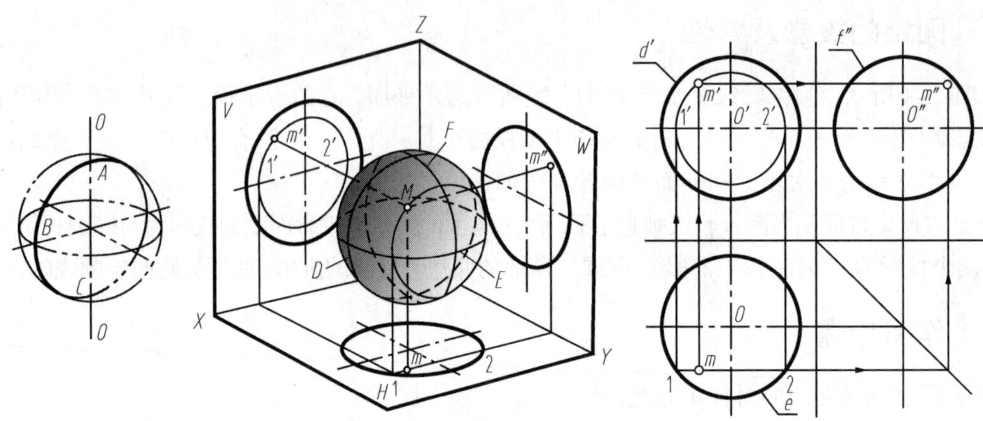

图 3-7 圆球的形成、投影及表面上取点

1. 圆球的投影及特性

圆球在 3 个投影面上的投影都是圆，这 3 个圆是圆球向 3 个方向投影的最大轮廓线，其直径完全相等，都等于球的直径。正面转向轮廓线 *D* 在 *V* 面上的投影为圆 *d'*，在 *H* 面上和 *W* 面上的投影 *d*、*d"*分别与水平方向上的点画线和垂直方向上的点画线重合，画图时不需表示。俯视转向轮廓线 E 和侧视转向轮廓线 F 的投影情况也类似。

2. 作图步骤

（1）以球心 *O* 的 3 个投影 *o*、*o'*和 *o"*为中心，画出 3 组对称中心线。

（2）再以球心 *O* 的 3 个投影为圆心，分别画出 3 个与圆球直径相等的圆。

3. 圆球表面上求点

当点位于圆球的最大轮廓线上时，可直接求出点的投影；处于球面上非轮廓位置的点，则用辅助纬圆法求得。

如图 3-7 所示，已知属于圆球面上的点 *M* 的水平投影，求其另外两个投影。

由于 *m* 点可见，并且不在轮廓线上，故可作辅助纬圆求解。

（1）过点 *M* 作一平行于 *V* 面的辅助纬圆，其水平投影为 12，正面投影为直径等于 12 的圆，*m'*必定在该圆上，由 *m* 可求得 *m'*。

（2）根据投影关系求得侧面投影 *m"*。

（3）判别可见性。由 *m* 点得知，点 *M* 在左、前球面上，因此 *m'*和 *m"*都为可见。

此外，还可以过 *M* 点取水平圆、侧平圆为辅助纬圆解题。

3.2.4 圆　环

圆环由环面围成。环面是由圆母线绕圆平面上圆外的直线旋转而成，如图 3-8 所示。

1. 圆环的投影及画法

在画圆环的投影时，一般把环的轴线置于垂直于水平投影面的位置，在投影图中，水平投影上画出两个同心圆，是环面对水平投影面的最大圆和最小圆。正面投影上左右两个小圆是前半环面和后半环面分界处的外形轮廓线，侧面投影上左、右两个小圆是左半环面和右半环面分界处的外形轮廓线，正面投影和侧面投影上下两条水平直线是内环面和外环面分界处的外形轮廓线。

2. 圆环面上取点

如图 3-8 所示，已知环面上点 *M* 的正面投影 *m*′，求 *m* 和 *m*″。圆环面是一个回转面，在环面上取点时，应采用在环面上作辅助圆的方法。

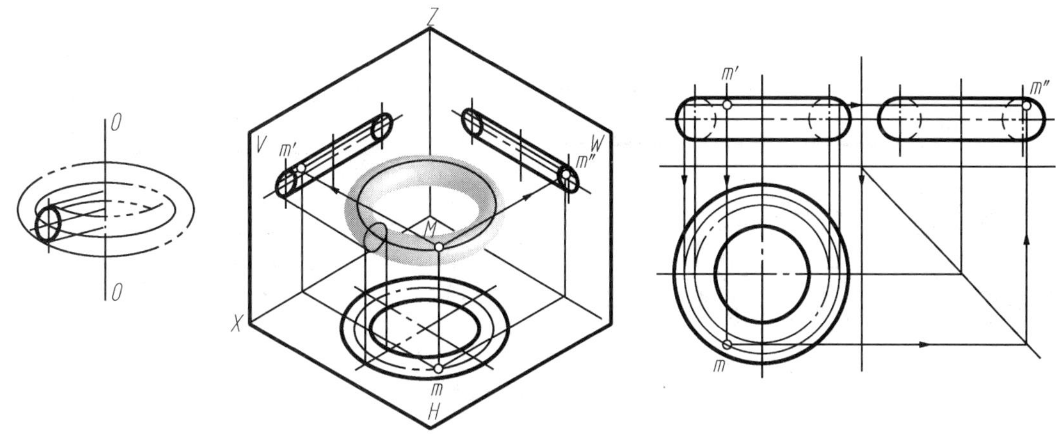

图 3-8　圆环的形成、投影及表面上取点

（1）过点 *M* 作水平辅助圆，其正面投影为一直线，水平投影为圆。

（2）*m* 必在该圆上，依投影规律由 *m*′作出 *m*。

（3）再由 *m* 和 *m*′求出 *m*″。

3.3 柱体

上下底面为两个完全相同的平面图形、其余侧面都垂直于底面的立体称为柱体，又称为拉伸体，决定柱体形状的底面称为柱体的特征面。图 3-9 所示为几种常见柱体及其投影图。

柱体也可以看作是由特征面沿其垂直方向拉伸而成，拉伸体由此而得。

由图 3-9 可以看出柱体的投影特点如下。

（1）一个投影反映特征面的实形。

（2）另外两个投影为一个或多个可见与不可见矩形的组合。

画柱体的投影时，应先画反映特征面实形的投影，再画另两个矩形组合的投影。在柱体表面上取点，如前面所讲的在平面或曲面上取点一样，利用表面投影的积聚性来求。

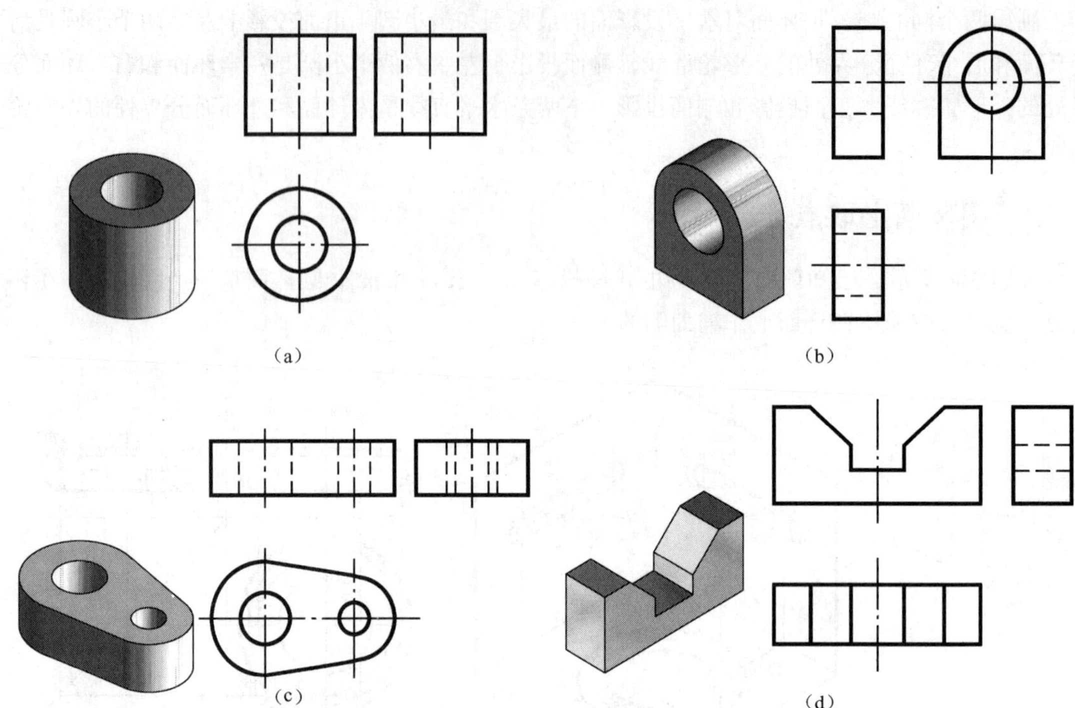

图 3-9　柱体及其投影图

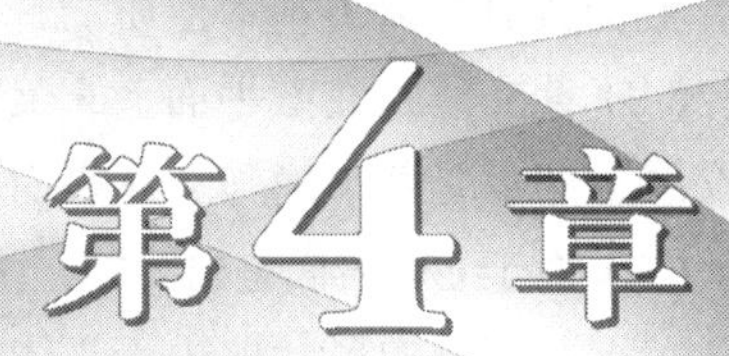

第4章 立体表面的交线

【学习目标】

- 了解截交线和相贯线的含义。
- 学会求平面立体和回转体的截交线。
- 学会利用积聚性或辅助平面法求回转体的相贯线。
- 重点学习两个轴线垂直相交（正交）的圆柱体相贯线的作图方法。

4.1 截交线

机械零件的形状大多不是简单的基本立体，而是它们的组合，这时在立体的表面就会出现一些交线。立体表面常见的交线有两种：一种是平面与立体表面相交产生的交线——截交线；另一种是两立体表面相交产生的交线——相贯线。下面先来介绍截交线的投影特性及作图方法。

平面与立体相交，可以认为是立体被平面截切，该平面称为截平面，截平面与立体表面的交线称为截交线，截交线所围成的平面图形称为截断面，如图 4-1 所示。

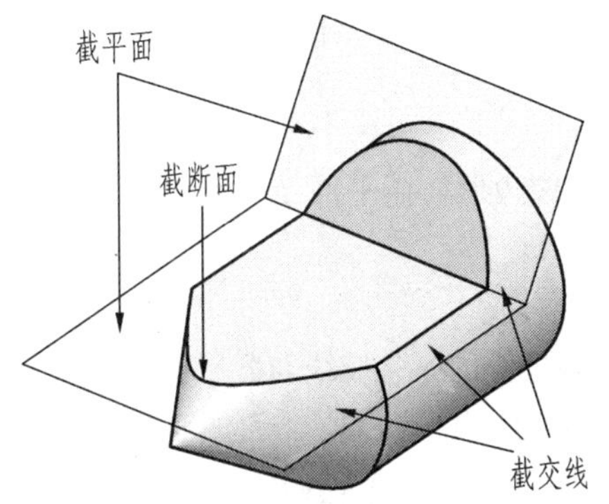

图 4-1　立体表面的截交线

4.1.1 截交线的基本性质

截交线具有以下基本性质。

（1）截交线既在截平面上，又在立体表面上，因此截交线是截平面与立体表面的共有线。截交线上的点是截平面与立体表面的共有点。

（2）由于立体表面是封闭的，因此截交线必定是封闭的线条，截断面是封闭的平面图形。

（3）截交线的形状取决于立体表面的形状和截平面与立体的相对位置。

由以上性质可以看出，求画截交线的实质就是要求出截平面与立体表面的一系列共有点，然后依次连接各点即可。

4.1.2 平面立体的截交线

平面与平面立体相交，其截交线是一个封闭的平面多边形。该多边形的各个顶点是截平面与平面立体的棱线或底边的交点，多边形的每一条边是截平面与平面立体表面的交线。因此，求平面立体的截交线，就是求截平面与平面立体上被截各棱线或底边的交点的投影，判别可见性后再依次相接。

【案例 4-1】 如图 4-2 所示，求正四棱锥被正垂面 P 截切后的投影。

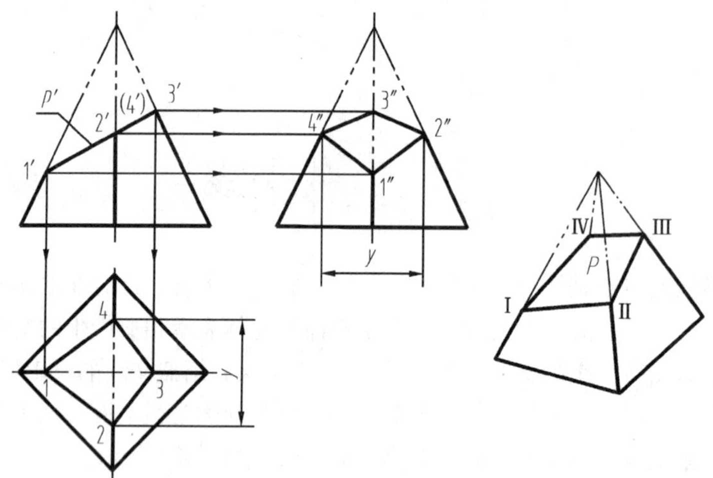

图 4-2 求四棱锥的截交线

分析：

截平面与四棱锥的截交线为四边形，截平面是正垂面，所以截交线的正面投影积聚成一条斜线，其余两面投影均为类似形。

作图步骤：

1. 直接在正面投影上找出四棱锥的 4 条棱线与截平面 P 的交点的正面投影 1′、2′、3′、4′。
2. 分别求出各个交点的水平投影 1、2、3、4 和侧面投影 1″、2″、3″、4″。
3. 判断交点投影的可见性，将各点的同面投影依次连接起来，即得截交线的投影。

【案例 4-2】 如图 4-3 所示，求四棱锥被两个平面截切后的投影。

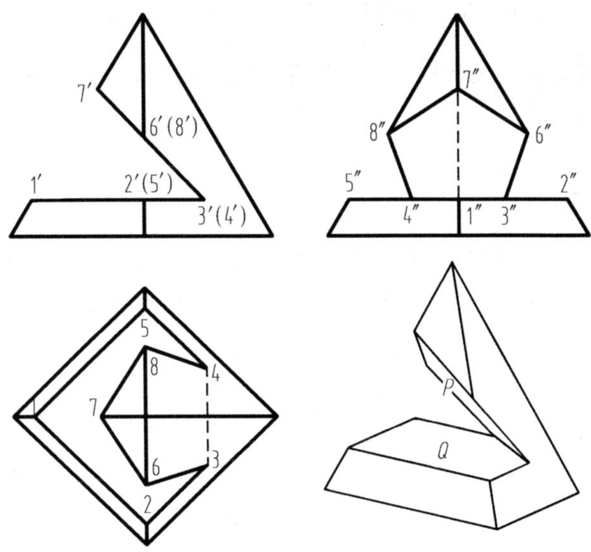

图 4-3　四棱锥被两平面截切

分析：

截平面 P 为正垂面，它与四棱锥的 4 个棱面的交线与案例 4-1 相似。截平面 Q 为水平面，它与四棱锥的截交线的正面投影和侧面投影都具有积聚性，水平投影反映截交线的实形。此外，两平面 P、Q 相交会有交线，所以平面 P 和平面 Q 截出的截交线均为五边形。

作图步骤：

1. 求平面 Q 截四棱锥后的截交线。可由正面投影 1′得到水平投影 1，由 1 作四边形与底面四边形的对应边平行可得 1、2、5 点。

2. 由平面 Q 与 P 的交线的正面投影 3′、4′求得水平投影 3、4。

3. 所求投影 1、2、3、4、5 即为截交线在水平投影面上的投影，再利用投影规律求出它们的侧面投影 1″、2″、3″、4″、5″。

4. 求平面 P 截四棱锥后的截交线。按案例 4-1 的方法求出投影 6′、7′、8′和 6″、7″、8″及 6、7、8，将各点的同面投影连接起来，即得截交线在三投影面上的投影。

平面 Q 与平面 P 交线的水平投影 3、4 为虚线，侧面投影上的虚线也不要遗漏。

4.1.3　曲面立体的截交线

由回转体的形成可知，回转体被平面截切，其截交线一般为封闭的平面曲线。曲线上的每一点都是截平面与回转体表面的共有点，所以求截交线就是求截平面和回转体表面一系列的共有点。

求回转体截交线的方法如下。

（1）分析回转体的表面性质、截平面与回转体的相对位置，初步判断截交线的形状及其投影。

（2）求截交线上特殊点的投影，如最高点、最低点、最右点、最左点、最前点、最后点及转向轮廓线上的点。

（3）为了作图准确，还需适当求出截交线上一般位置点的投影。

（4）补全轮廓线，判断可见性，最后光滑连接各点即得截交线的投影。

若截交线的投影是圆或直线，可用圆规或直尺绘制；若截交线为非圆曲线，则需采用描点作图。

1. 平面与圆柱相交

根据截平面与圆柱轴线的相对位置不同，圆柱切割后其截交线有 3 种不同形状，如表 4-1 所示。当截平面垂直于圆柱轴线时，其截交线为圆；当截平面平行于圆柱轴线时，其截交线为矩形；当截平面与圆柱轴线倾斜相交时，其截交线为椭圆。

表 4-1　　平面与圆柱相交

截 面 位 置	垂直于轴线	平行于轴线	倾斜于轴线
截交线形状	圆	矩形	椭圆
轴测图	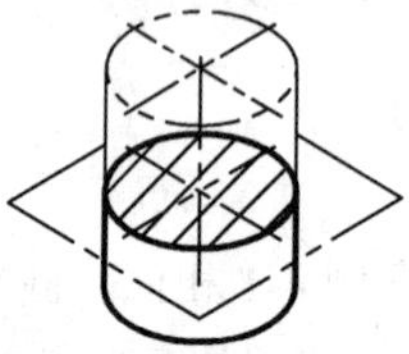	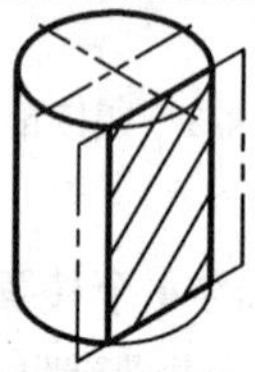	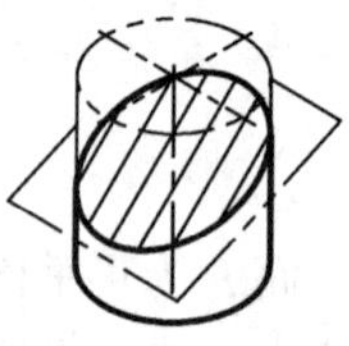
投影图	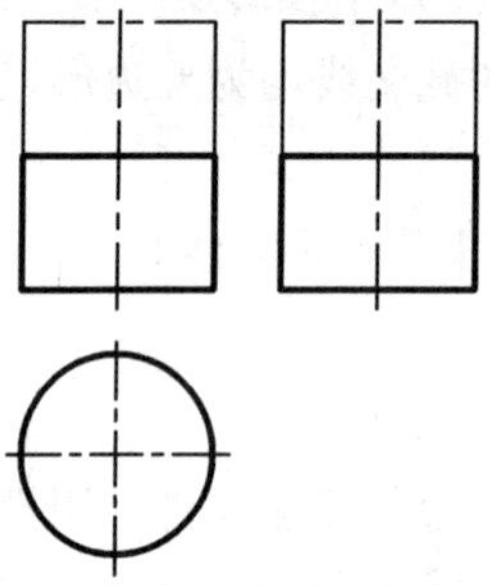	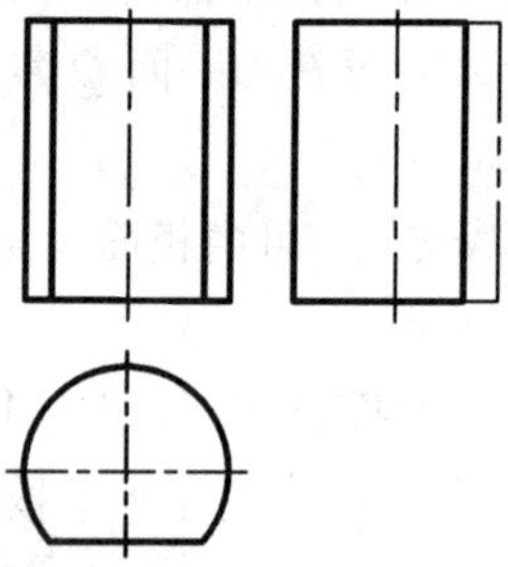	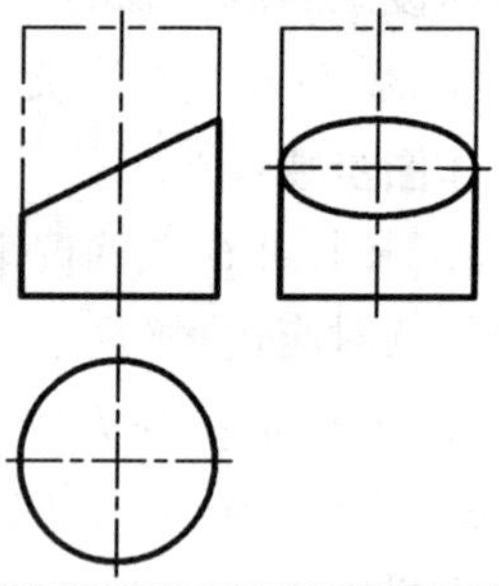

【案例 4-3】 如图 4-4 所示，圆柱体被平行于轴线的平面 P 和垂直于轴线的平面 Q 所截切，作出其投影图。

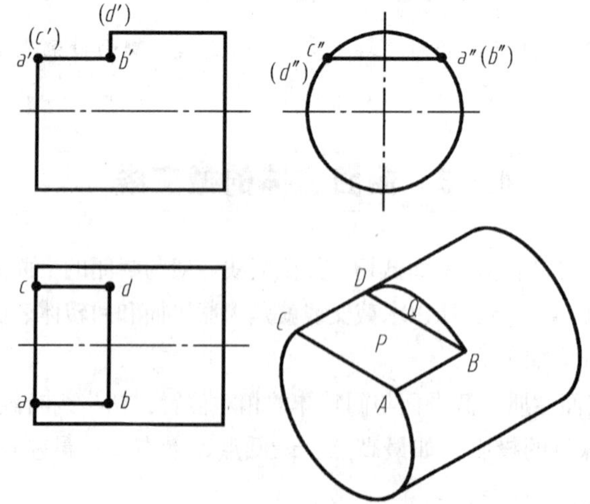

图 4-4　圆柱体被两平面截切（一）

分析：

如图 4-4 的轴测图所示，截平面 P 平行于圆柱的轴线，它与圆柱面的交线 AB、CD 为两条平行直线，均为侧垂线。截平面 Q 垂直于圆柱的轴线，它与圆柱面的截交线为圆弧 BD，其正面投影和水平投影都积聚成直线，侧面投影为圆弧。

作图步骤：

1. 画出完整的圆柱体的投影图。
2. 利用积聚性求出截交线的正面投影和侧面投影。
3. 利用投影规律，求出截交线的水平投影。

同样道理，可以作出如图 4-5 所示截切圆柱体的投影。

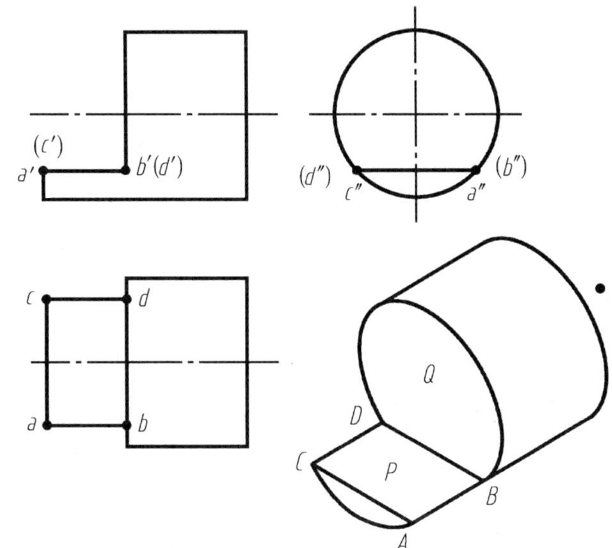

图 4-5 圆柱体被两平面截切（二）

【案例 4-4】 如图 4-6 所示，求斜切圆柱截交线的投影。

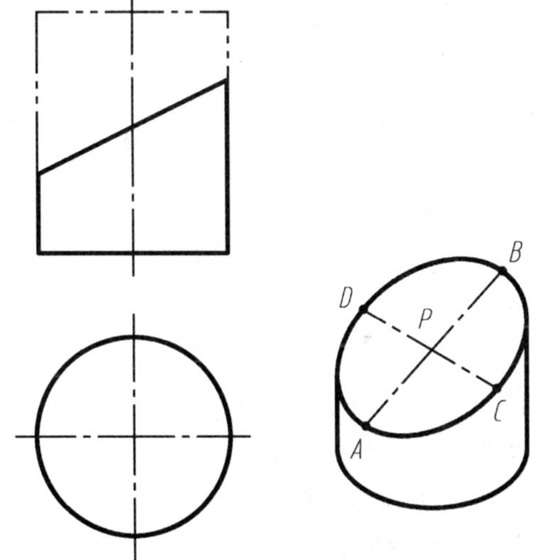

图 4-6 求斜切圆柱截交线的投影

分析：

截平面与圆柱体的轴线倾斜，所得的截交线是一椭圆。由于截平面是正垂面，其正面投影有积聚性，故截交线的正面投影与其重合。又因圆柱面的水平投影有积聚性，故截交线的水平投影与其重合。所以，只需求出截交线的侧面投影即可，作图步骤如表 4-2 所示。

表 4-2　　　　斜切圆柱截交线的投影

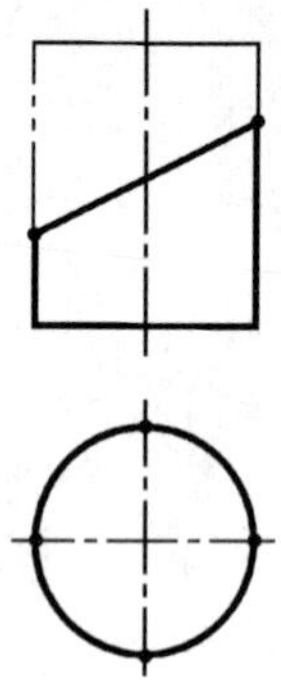 ① 先作出圆柱的侧面投影	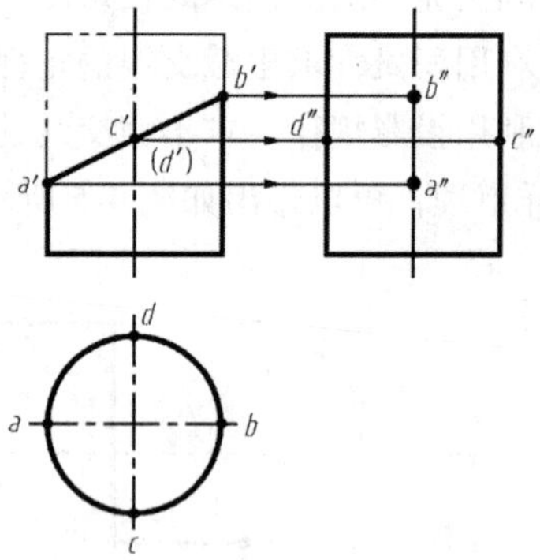 ② 求特殊点：点 *A*、*B*、*C*、*D* 是特殊点，也是椭圆长、短轴的端点，根据它们的正面投影和水平投影求其侧面投影 *a*″、*b*″、*c*″、*d*″
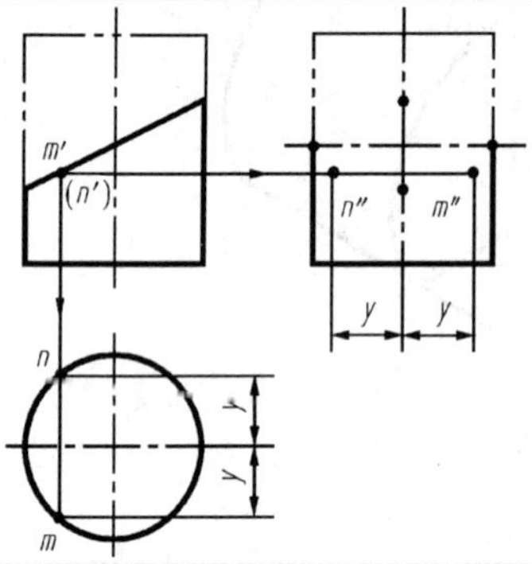 ③ 求一般点：在截交线的正面投影上选取 *m*′、*n*′两点，求出其水平投影 *m*、*n*，再求其侧面投影 *m*″、*n*″	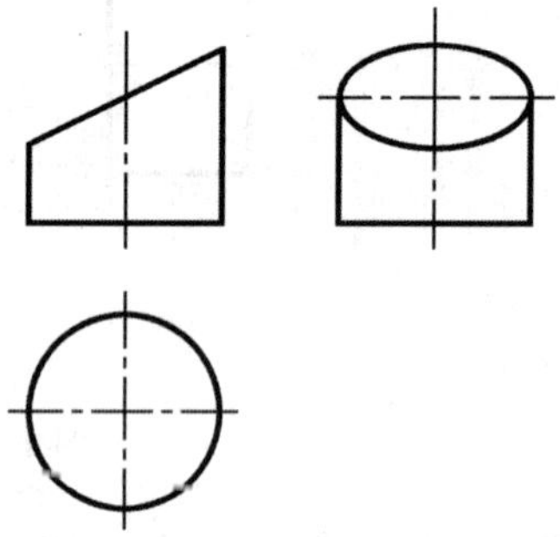 ④ 光滑连接各点的侧面投影，圆柱的最外轮廓线与椭圆相切，完成作图

【案例 4-5】 如图 4-7 所示，在圆柱体上开出一方形槽，已知其正面投影和侧面投影，求作水平投影。

分析：

由图 4-7 可以看出方形槽是由两个与轴线平行的平面 *P*、*Q* 和一个与轴线垂直的平面 *T* 切出的。前者与圆柱面的交线是两条平行直线，后者与圆柱面的交线是圆弧。截平面 *P* 和 *Q* 为水平面，所以这段截交线的正面投影分别积聚在 *p*′和 *q*′上，又由于圆柱面的侧面投影具有积聚性，所以该截交线的侧面投影都积聚在圆上。截平面 *T* 是一侧平面，所以这段截交线的正面投影积聚在 *t*′上，侧面投影则积聚在圆上，作图步骤如表 4-3 所示。

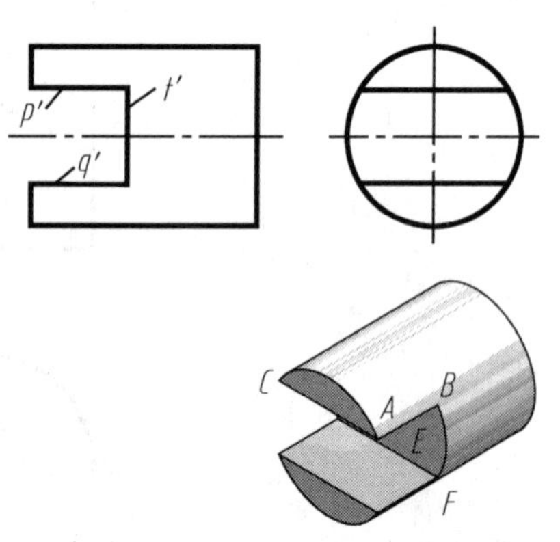

图 4-7　求作截交线的水平投影

表 4-3　　圆柱体上开出一方形槽

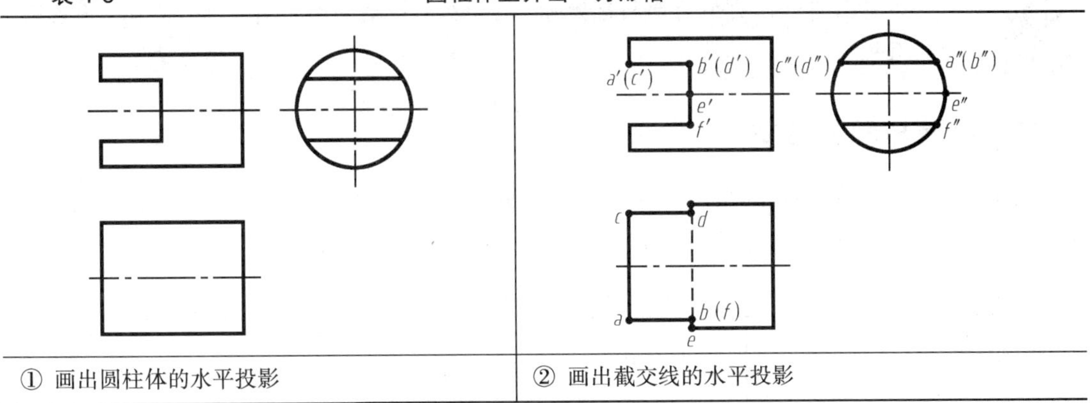

① 画出圆柱体的水平投影	② 画出截交线的水平投影

表 4-4 所示为常见圆柱体被平面切割开槽的投影画法。

表 4-4　　常见带切口圆柱体投影

实心圆柱体切口投影	空心圆柱体切口投影

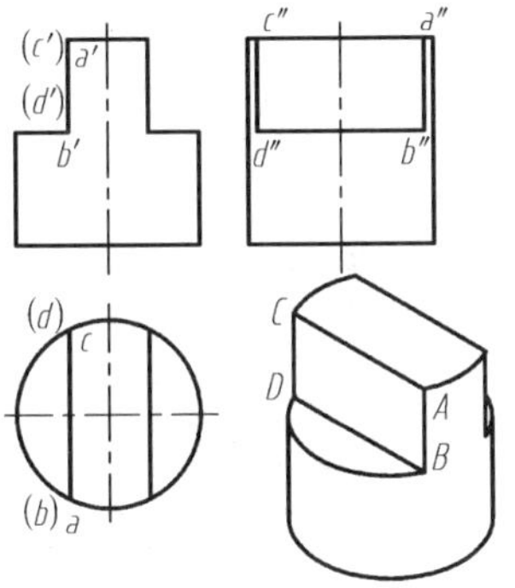

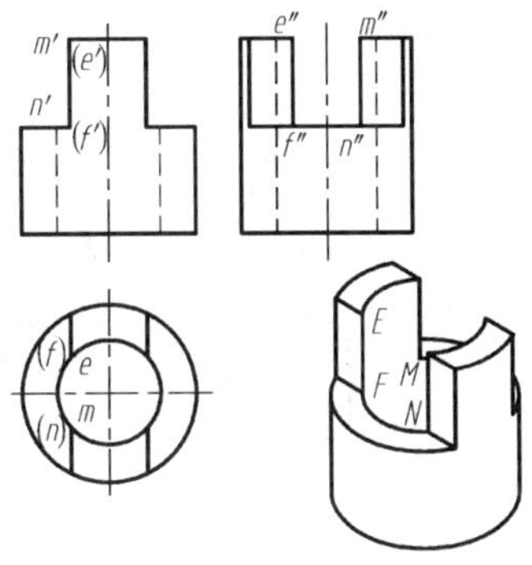

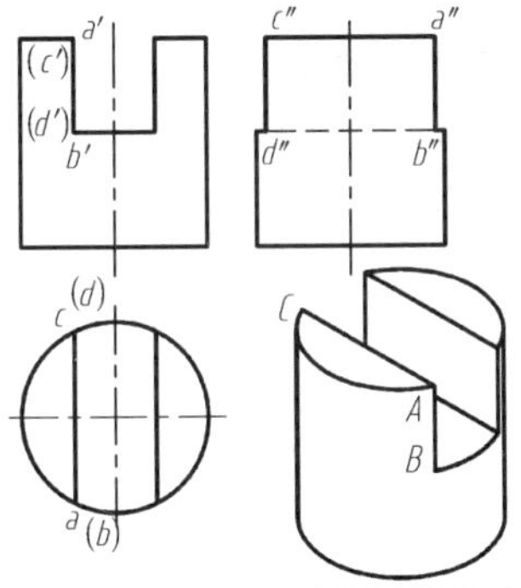

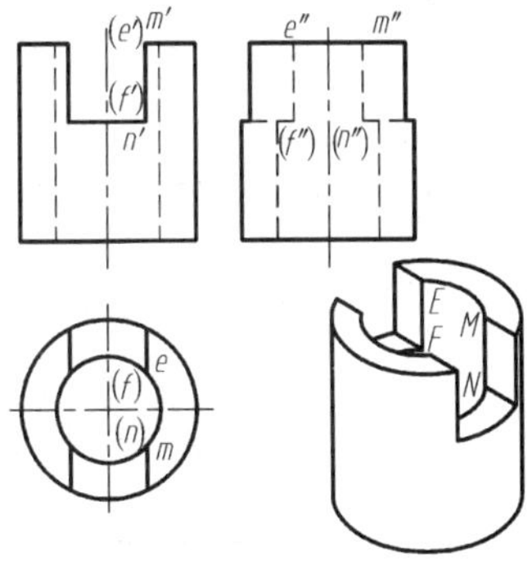

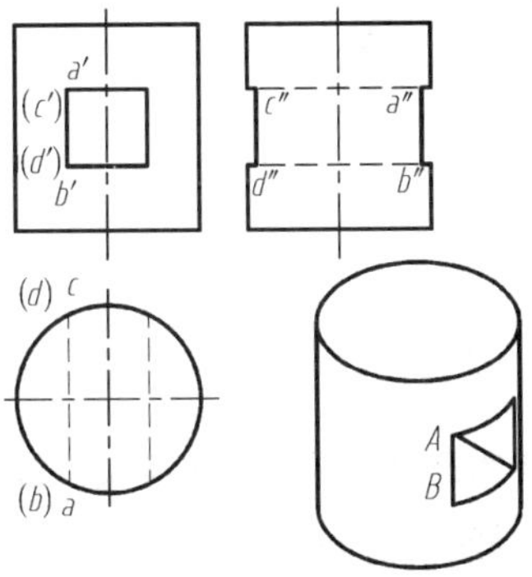

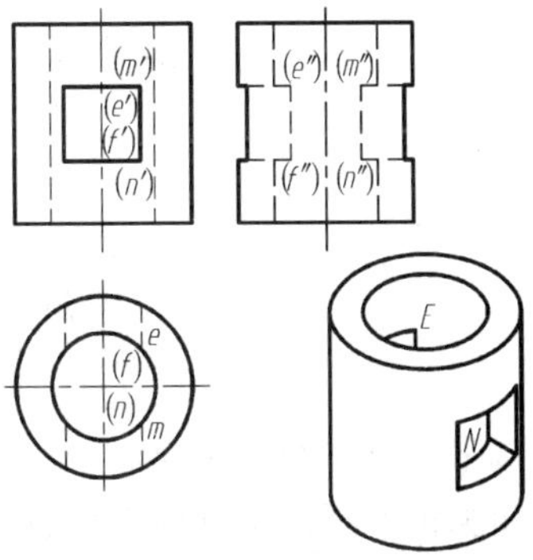

当空心圆柱体被平面切割开槽时，应分别画出截平面与圆柱体外表面、内表面的截交线。

2. 平面与圆锥相交

根据截平面与圆锥轴线的相对位置不同，其截交线有 5 种不同的形状：三角形、圆、椭圆、双曲线和直线段、抛物线和直线段，如表 4-5 所示。

表 4-5　　平面与圆锥相交

截平面位置	过锥顶	垂直于轴线	倾斜于轴线 且 $\theta > \phi$	与轴线平行 或 $\theta < \phi$	倾斜于轴线 且 $\theta = \phi$
截交线形状	三角形	圆	椭圆	双曲线和直线段	抛物线和直线段
空间形状					
投影图					

圆锥的截交线为直线或圆时，可用绘图工具直接绘制。当截交线为椭圆、抛物线或双曲线时，都需先求出若干个共有点的投影，然后将其依次光滑地连接起来，才能获得截交线的投影。由于圆锥面的 3 个投影都没有积聚性，所以求共有点的投影可采用辅助素线法或辅助纬圆法。

【案例 4-6】 如图 4-8 所示，求圆锥截切后的投影图。

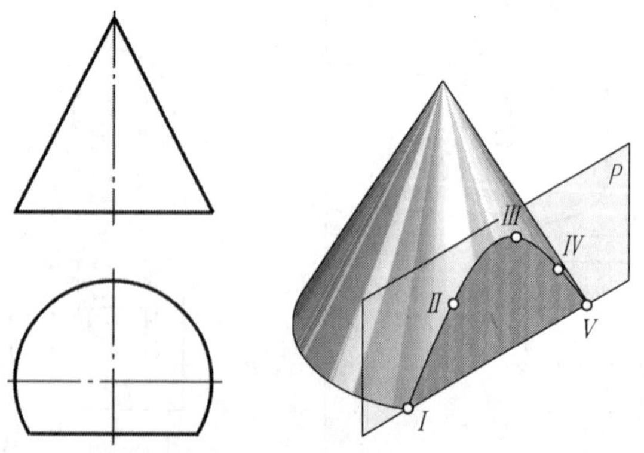

图 4-8　求圆锥截切后的投影图

分析：

由于截平面 P 平行于圆锥轴线，按表 4-5 所示，圆锥的截交线由双曲线和直线段构成。又因为截平面为正平面，所以截交线的水平投影和侧面投影都积聚为直线，正面投影为双曲线和直线段。表 4-6 所示为截交线的作图步骤。

表 4-6　　　　圆锥截交线的作法

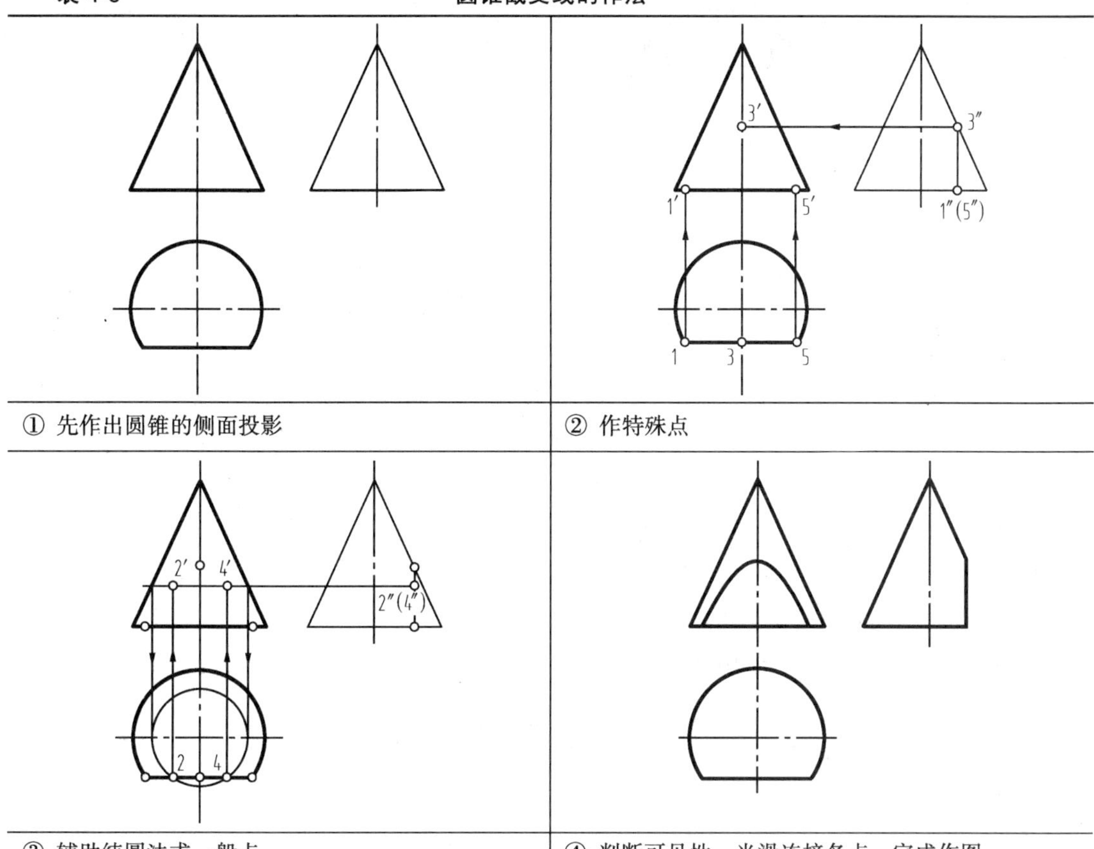

① 先作出圆锥的侧面投影	② 作特殊点
③ 辅助纬圆法求一般点	④ 判断可见性，光滑连接各点，完成作图

3. 平面与圆球相交

平面截切圆球，不论截平面与圆球的相对位置如何，截交线均为圆。根据截平面对投影面的相对位置不同，所得截交线的投影有 3 种情况：当截平面平行于投影面时，截交线的投影为圆；当截平面垂直于投影面时，截交线的投影积聚为线段，该线段长度为截交线圆的直径；当截平面倾斜于投影面时，截交线的投影为椭圆，如表 4-7 所示。

表 4-7　　　　平面与圆球相交

截平面为投影面平行面	截平面为投影面垂直面

【案例 4-7】 如图 4-9 所示，已知开槽半圆球的正面投影，求作其他两面投影。

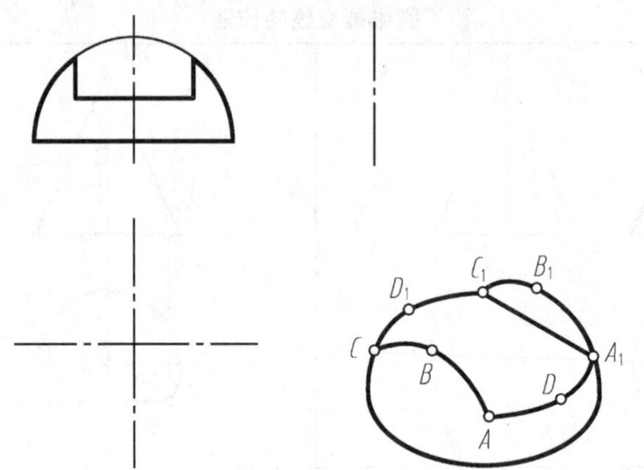

图 4-9　求作开槽半圆球的投影

分析：

半圆球的凹槽是由左、右两个对称的侧平面和一个水平面截切而成，两个对称的侧平面与球面的交线是平行于侧面且左、右对称的两段圆弧 ABC 和 $A_1B_1C_1$；水平面与球面的交线是平行于水平面且前、后对称的两段圆弧 ADA_1 和 CD_1C_1。另外，截平面之间产生两条交线 AC 和 A_1C_1，它们是正垂线。作图步骤如表 4-8 所示。

表 4-8　　开槽半圆球的画法

① 画出完整半球的水平投影和侧面投影；画出 4 段截交线圆弧的水平投影和侧面投影	② 画出截平面之间交线的水平投影和侧面投影，擦除截去的轮廓线，完成作图

4. 组合回转体的截交线

组合回转体是由若干个基本回转体组成的。作图时首先要分析各部分的曲面性质及截平面的位置，然后按照它们的几何特性确定其截交线的形状及各段截交线之间的关系，再分别作出其投影。

【案例 4-8】 画出图 4-10 所示铣床顶针的三视图。

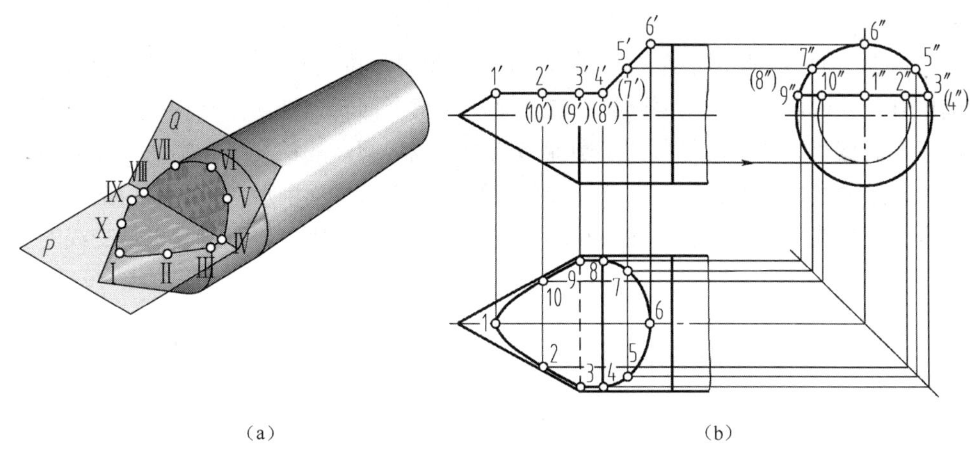

（a）　（b）

图 4-10　铣床顶针的三视图

分析：

铣床顶针由共轴的圆柱和圆锥体组成，被平行于公共回转轴线的水平面 P 和倾斜于轴线的正垂面 Q 截切。水平面 P 同时截切到了圆锥体和圆柱体，截切圆锥体的截交线是双曲线，截切圆柱体的截交线为两条线段。正垂面 Q 只截切了圆柱体，截交线是椭圆的一部分。因此，截交线由 3 部分组成。截交线的正面投影与截平面的投影重合，积聚为两线段；侧面投影分别与圆柱面的圆投影及水平截平面 P 的直线投影重合。因此，只需求出截交线的水平投影即可。

要准确划分出每段截交线的投影范围，再画出截平面交线的投影。

作图步骤：

① 作特殊点。根据正面投影和侧面投影可作出特殊点的水平投影 1、3、4、6、8、9。

② 求一般点。利用正面有积聚性的投影可求出一般点的水平投影 5、7，用辅助纬圆法求出一般点的水平投影 2、10。

③ 连线。将各点的水平投影依次光滑地连接起来，即为所求截交线的水平投影。

【案例 4-9】 画出图 4-11 所示连杆头的三视图。

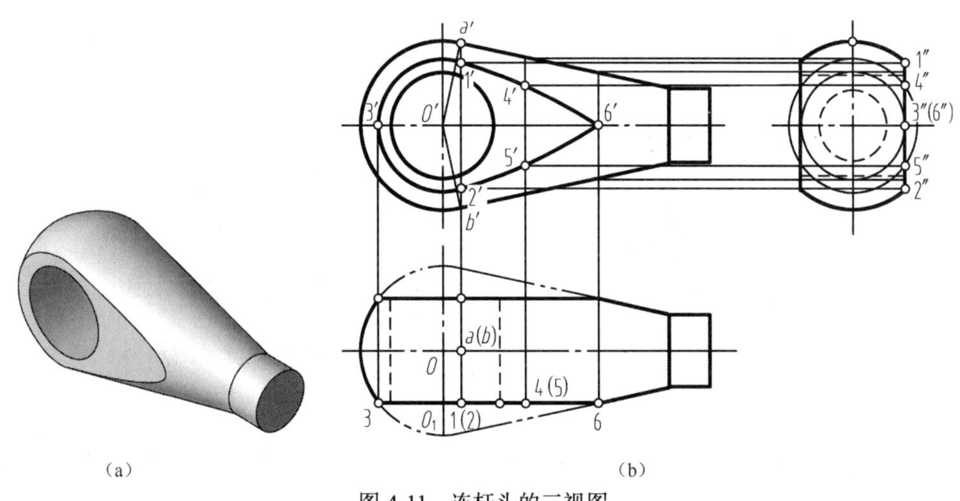

（a）　（b）

图 4-11　连杆头的三视图

分析：

连杆头由 3 个回转体组成，左端是圆球，右端是圆柱，中间是圆锥，且圆锥面与球面相切。圆柱与圆锥有公共的回转轴线，回转轴线通过球心。组合回转体被两个互相平行且与回转体轴线平行的正平面截切，截平面只截到了圆球和圆锥，截切圆球的截交线是圆的一部分，截切圆锥的截交线是双曲线，正面投影反映截交线的实形。两个截平面前后对称，前后两截交线的正面投影重合，截交线的水平投影、侧面投影分别具有积聚性。因此，只需求出截交线的正面投影即可。

作图步骤：

① 在图中确定球面与圆锥面的分界线。从球心的正面投影 O'作圆锥外形轮廓线的垂线，得交点 a'、b'，连线 $a'b'$即为球面与圆锥面的分界线。

② 在正面投影上，以 O'为圆心，以 $O_1 3$ 为半径作圆，即为球面的截交线，该圆与 $a'b'$线交于 $1'$、$2'$点，即截交线上圆与双曲线的结合点。

③ 画出圆锥面上的截交线双曲线，即完成连杆头的正面投影。

4.2 相贯线

两立体相交所产生的表面交线称为相贯线。由于立体有平面立体和曲面立体之分，因此两立体相交有以下 3 种情况。

- 两平面立体相交：可以看作是一个平面立体上的各个平面与另一平面立体相交，其表面交线为平面与平面立体的截交线，一般为封闭的空间折线或平面折线，如图 4-12 所示。
- 平面立体和曲面立体相交：可以看作是平面立体上的各个平面与曲面立体相交，其表面交线为平面与曲面立体的截交线，一般为若干平面曲线或平面曲线与线段结合的封闭的空间几何图形，如图 4-13 所示。

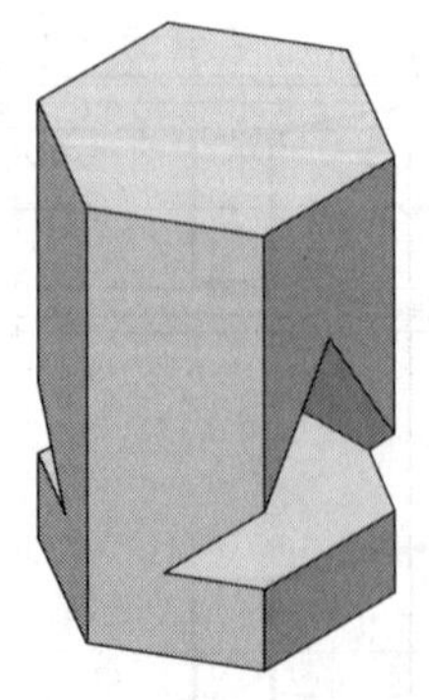

图 4-12　两平面立体相交

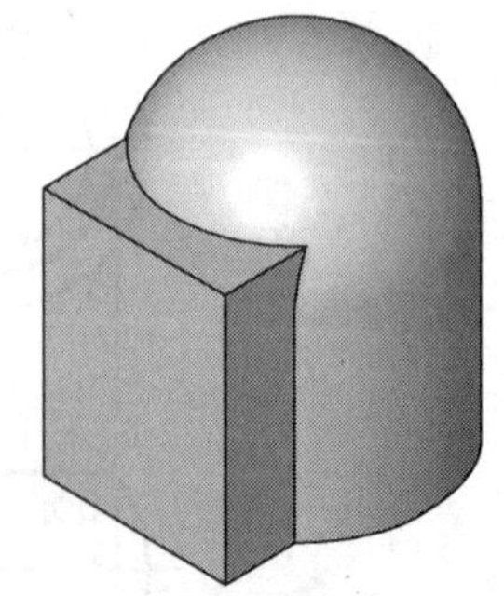

图 4-13　平面立体和曲面立体相交

- 两曲面立体相交：其表面交线一般为封闭的空间曲线，特殊情况下也可能是不闭合的、平面曲线或线段，如图 4-14 所示。

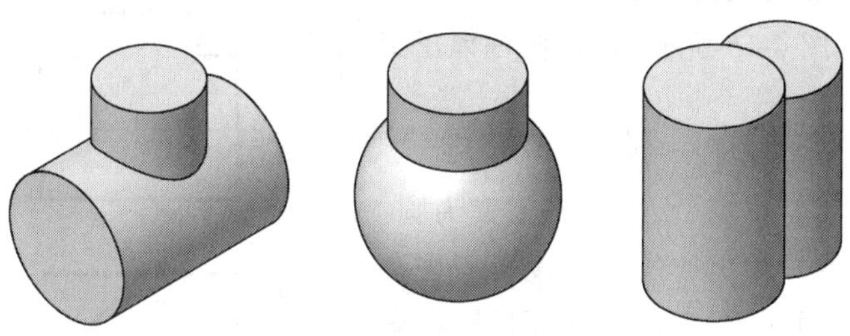

图 4-14　两曲面立体相交

下面就来介绍两曲面立体相交时相贯线的基本性质和作图方法。

4.2.1　相贯线的基本性质

虽然相贯线的形状由于两相交曲面立体的形状、大小和相对位置而不同，但任何相贯线都具有以下基本性质。

- 共有性：相贯线是两立体表面的共有线，相贯线上的点是两立体表面的共有点。
- 分界性：相贯线是两立体表面的分界线。
- 封闭性：由于立体的表面是封闭的，因此相贯线一般是封闭的空间曲线，特殊情况下为平面曲线或线段，或不封闭。

根据相贯线的性质，求作相贯线实质上就是求相交两曲面立体表面的一系列共有点，表明其可见性，再将这些点光滑地连接起来，即得相贯线。作图方法有积聚性法和辅助平面法。

求相贯线的一般步骤如下。

（1）空间分析：根据两立体的形状、大小和相对位置，初步分析相贯线的形状。

（2）投影分析：分析相贯线的投影，哪些投影是已知的，哪些投影需要求作。

（3）求特殊点：特殊点是指能确定相贯线的形状和范围的点，如立体的转向轮廓线上的点、对称的相贯线在其对称平面上的点以及相贯线的最高、最低、最前、最后、最左、最右点。

（4）求一般点：为使作出的相贯线更加光滑准确，需要在特殊点之间求出若干个一般点。

（5）判别可见性：对以上各点的投影分别进行可见性判别。只有同时位于两立体可见表面上的点，其投影才可见。

（6）依次光滑连接各点的同面投影，即为所求的相贯线。

4.2.2　利用积聚性求作相贯线

当两曲面立体相交，其中至少有一个为圆柱体，其轴线垂直于某投影面时，圆柱面在该投影面上的投影积聚为一个圆。此时，其他投影可根据表面取点的方法作出。

（1）两相交圆柱相贯线的画法。

【案例 4-10】 如图 4-15 所示，求两圆柱体正交的相贯线。

分析：

小圆柱轴线垂直于 H 面，水平投影积聚为圆，根据相贯线的共有性，相贯线的水平投影积聚在该圆上。大圆柱轴线垂直于 W 面，侧面投影积聚为圆，相贯线的侧面投影应积聚在该圆上，为两圆柱面共有的一段圆弧。只需求出相贯线的正面投影，作图步骤如表 4-9 所示。

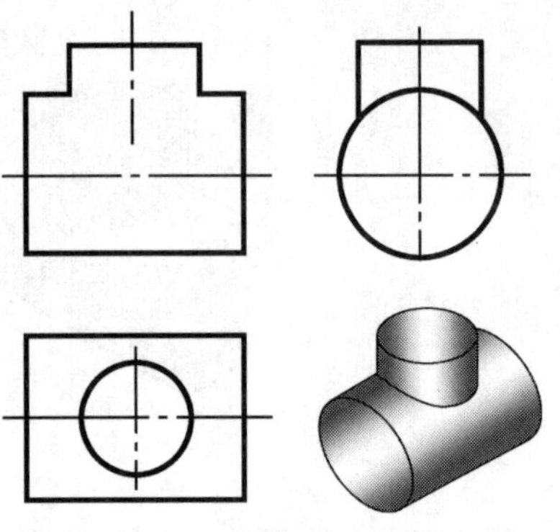

图 4-15　求两圆柱体正交的相贯线

表 4-9　　两正交圆柱相贯线的作法

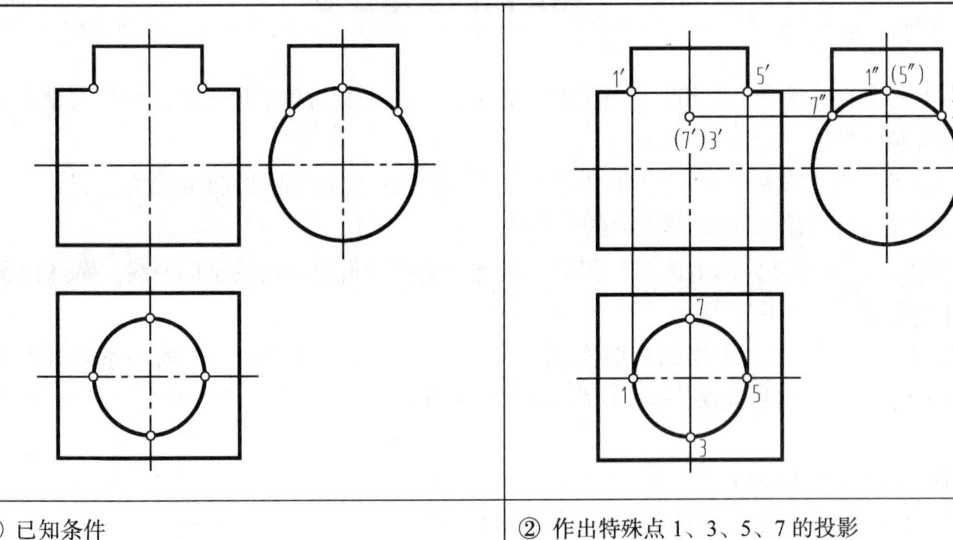

① 已知条件

② 作出特殊点 1、3、5、7 的投影

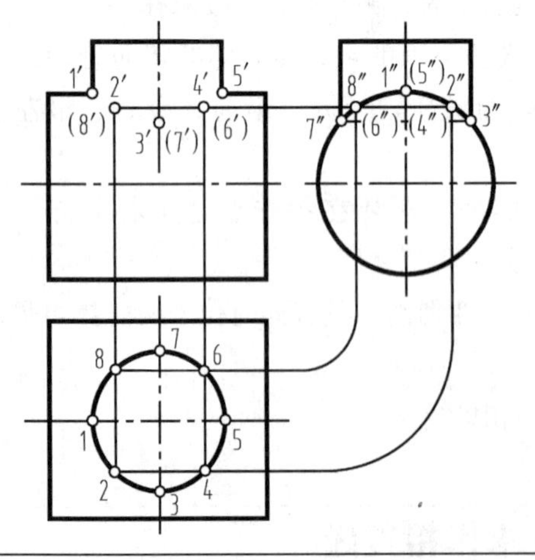

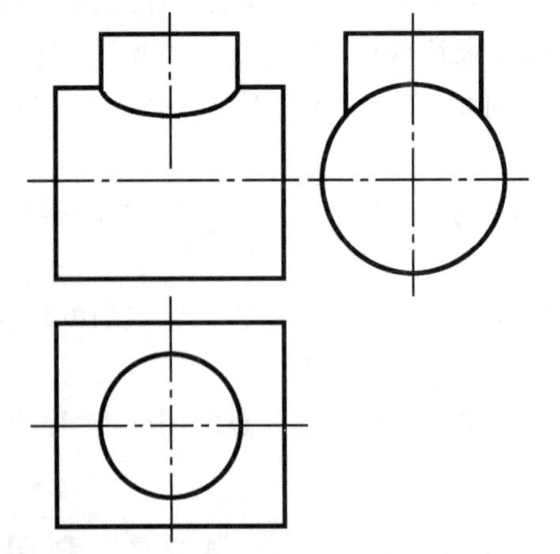

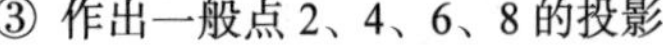

③ 作出一般点 2、4、6、8 的投影

④ 判别可见性，光滑连接各点，完成作图

（2）两圆柱体正交的相贯线有 3 种基本形式，如表 4-10 所示。

表 4-10　　圆柱相贯线的 3 种基本形式

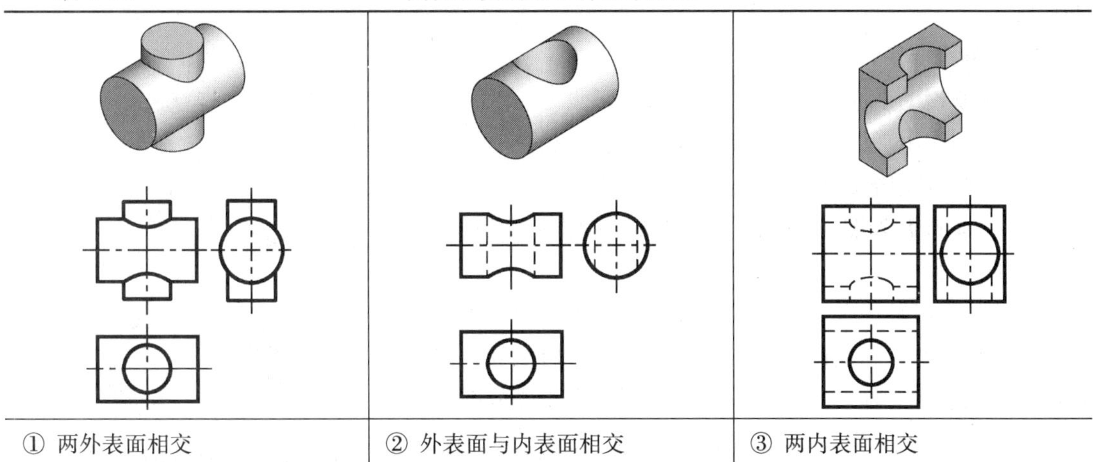

① 两外表面相交	② 外表面与内表面相交	③ 两内表面相交

由上表可以看出，两圆柱的形状、大小和相对位置均相同时，相贯线的形状也相同。

（3）两正交圆柱直径相对变化时，相贯线的变化如表 4-11 所示。

表 4-11　　两圆柱直径的变化对相贯线的影响

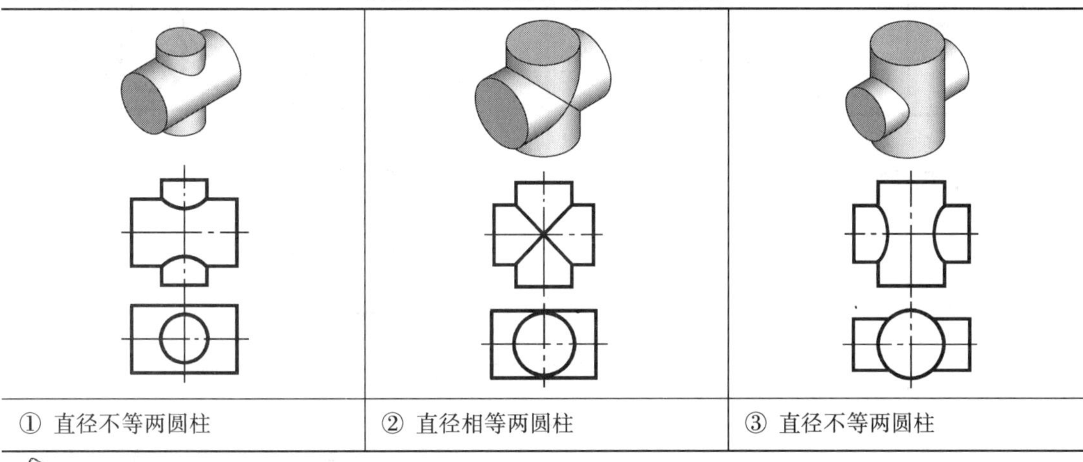

① 直径不等两圆柱	② 直径相等两圆柱	③ 直径不等两圆柱

可以看出，不同直径的圆柱垂直相交时，其相贯线向大圆柱一侧弯曲。

4.2.3 利用辅助平面求作相贯线

当相贯线投影只有一个或没有积聚性投影时，应采用辅助平面法。

（1）辅助平面法的原理：辅助平面法是用辅助平面同时截切相贯的两回转体，在两回转体表面得到两条截交线，这两条截交线的交点即为相贯线上的点。这些点既在相贯两立体的表面上，又在辅助平面上，因此，根据三面共点原理，用若干个辅助平面求出相贯线上一系列共有点即可求得相贯线。

（2）选取辅助平面：必须使辅助平面与两回转体相交后，所得截交线的投影为最简单的直线或圆。

（3）作图步骤如下。

① 选取辅助平面。

② 分别作出辅助平面与两回转面的截交线的投影。

③ 作两截交线交点的投影。

【案例 4-11】如图 4-16 所示，求圆柱与圆锥的相贯线。

分析：

圆柱与圆锥轴线垂直相交，圆柱全部穿进左半圆锥，相贯线为封闭的空间曲线。由于这两个立体前后对称，因此相贯线也前后对称。又由于圆柱的侧面投影积聚成圆，相贯线的侧面投影也必然重合在这个圆上。需要求的是相贯线的正面投影和水平投影。可选择水平面作辅助平面，它与圆锥面的截交线为圆，与圆柱面的截交线为两条平行的直线，圆与直线的交点即为相贯线上的点，作图方法如表 4-12 所示。

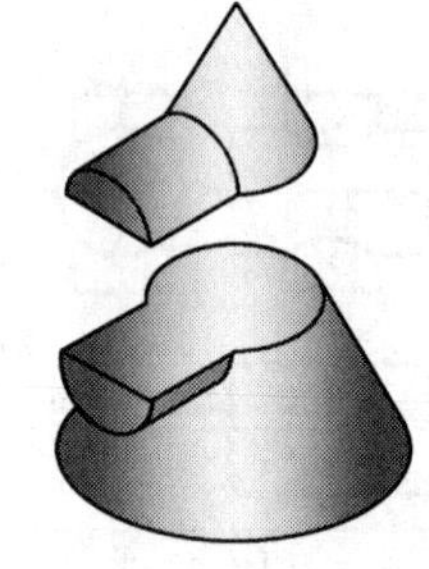

图 4-16　求圆柱与圆锥的相贯线

表 4-12　求圆柱与圆锥的相贯线

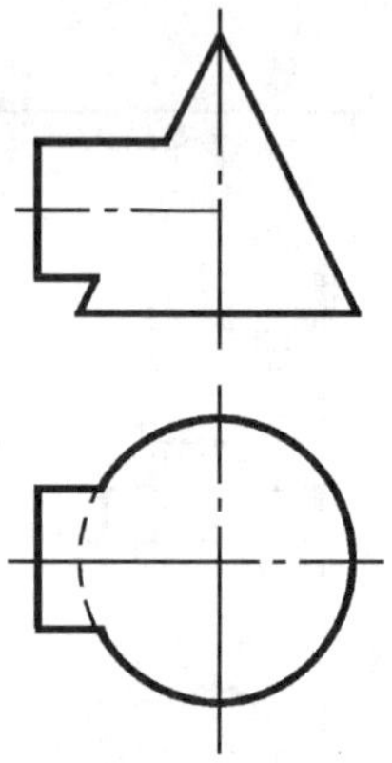 ① 已知条件	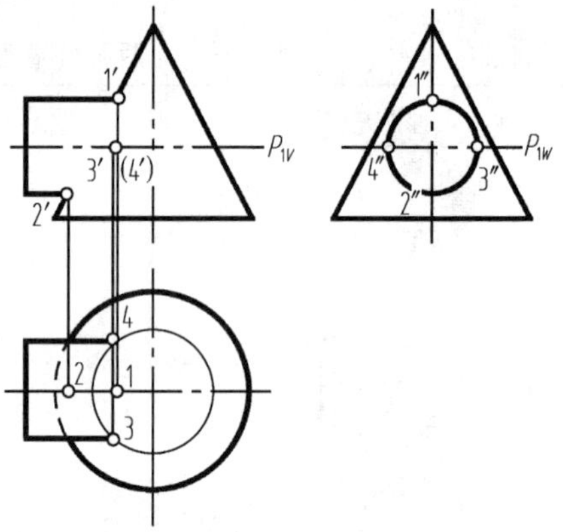 ② 求特殊位置点
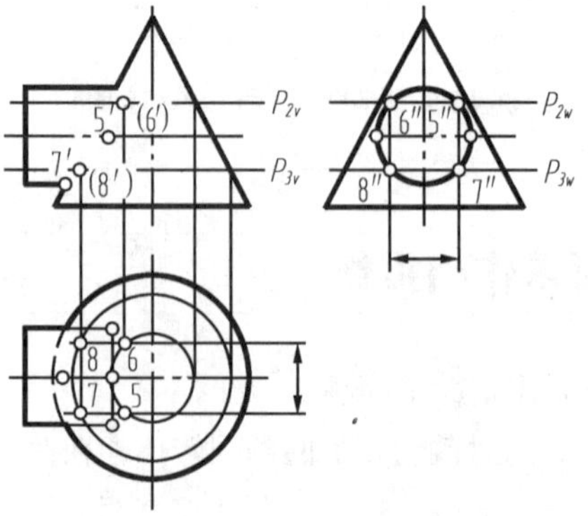 ③ 求一般位置点	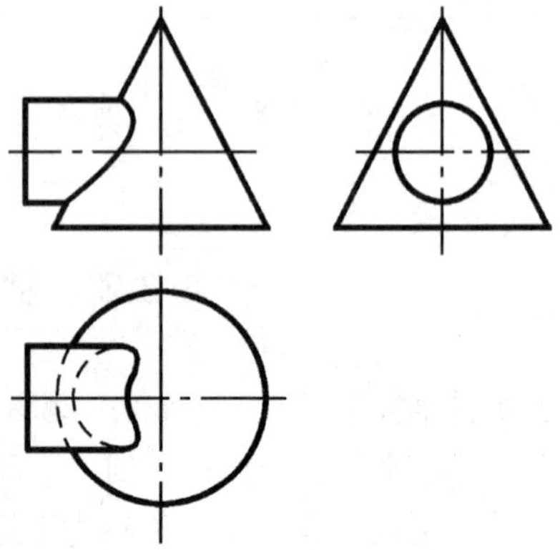 ④ 完成全图

4.2.4 相贯线的特殊情况

两回转体相交，在一般情况下相贯线是空间曲线，但在特殊情况下相贯线也可能是平面曲线或直线。

（1）同轴的两回转体相交，其相贯线为垂直于轴线的圆，如图 4-17 所示。

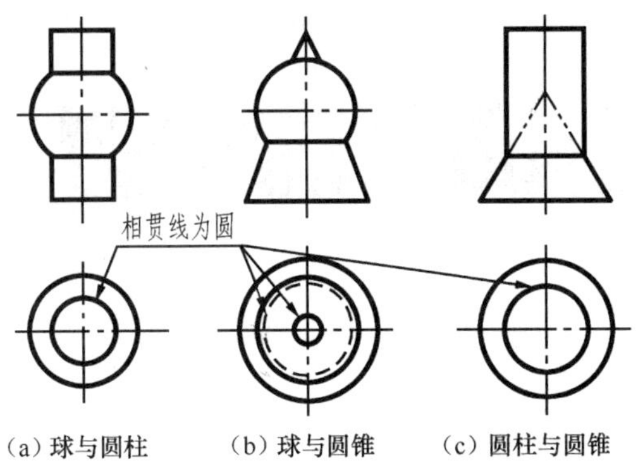

（a）球与圆柱　（b）球与圆锥　（c）圆柱与圆锥

图 4-17　两同轴回转体相交的相贯线

（2）两回转体轴线相交，且公切于圆球时，其相贯线为椭圆，投影为直线、圆或椭圆，如图 4-18 所示。

（3）两圆柱轴线平行或圆锥轴线相交，相贯线为直线，如图 4-19 所示。

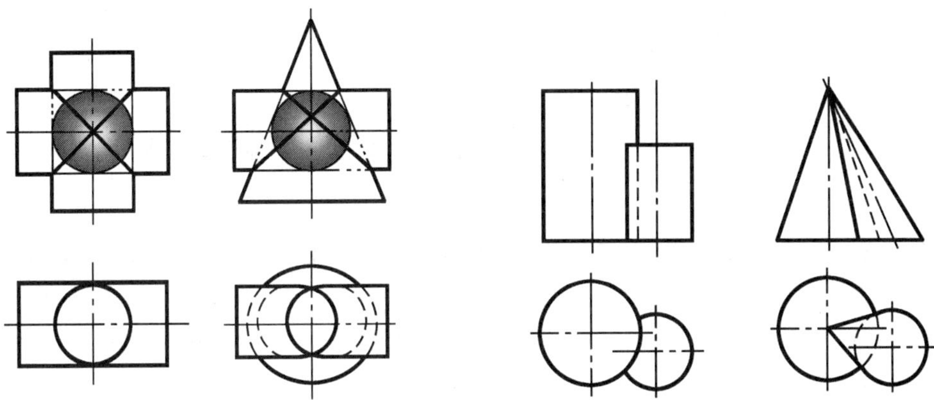

图 4-18　相切于同一球的回转体相交的相贯线　　图 4-19　两轴线平行的圆柱相交和两圆锥轴线相交的相贯线

第5章 组合体视图

【学习目标】

- 掌握形体分析法。
- 根据轴测图，画组合体的三视图。
- 正确、完整、清晰地标注组合体的尺寸。
- 用形体分析法并辅以线面分析法读懂组合体视图。
- 由组合体的两个视图画出第三视图以及补全缺线。

5.1 组合体的形体分析

任何形状复杂的立体，都可以看作是由一些基本几何体按照一定的形式组合而成的。由基本几何体（棱柱、棱锥、圆柱、圆锥、圆球及圆环）通过叠加或切割的方式组合而成的立体，称为组合体。本章将学习各类组合体的画法、尺寸注法和读图方法。对组合体进行形体分析，首先要了解组合体的组合形式。

5.1.1 组合体的组合形式

组合体的组合形式分为 3 种：叠加、切割和综合。

- 叠加式组合体：由若干个基本体叠加而成的组合体称为叠加式组合体，简称叠加体，如图 5-1 所示。
- 切割式组合体：由基本体切割而成的组合体称为切割式组合体，简称切割体，如图 5-2 所示。
- 综合式组合体：既有叠加又有切割的组合体称为综合式组合体，简称综合体，如图 5-3 所示。

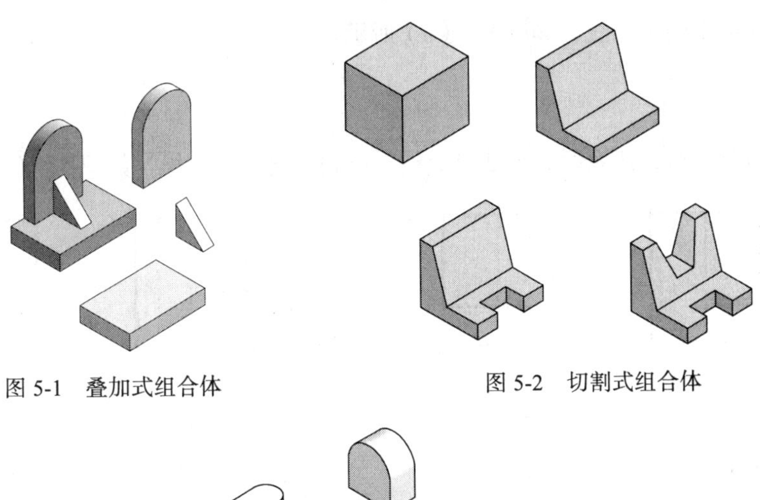

图 5-1 叠加式组合体

图 5-2 切割式组合体

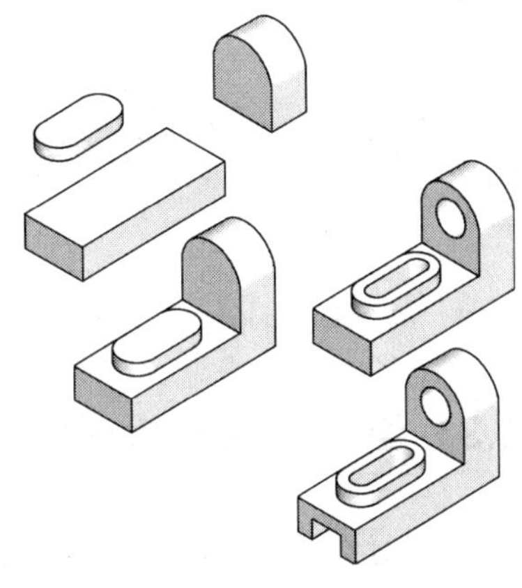

图 5-3 综合式组合体

5.1.2 组合体表面的连接形式

组合体表面的连接形式分为 3 种：平齐、相切和相交。

1. 平齐

若组合体两个形体的表面不平齐，则在视图中两形体之间有分界线，如图 5-4（a）所示。若两个形体的表面平齐，则在视图中两形体之间没有分界线，如图 5-4（b）所示。

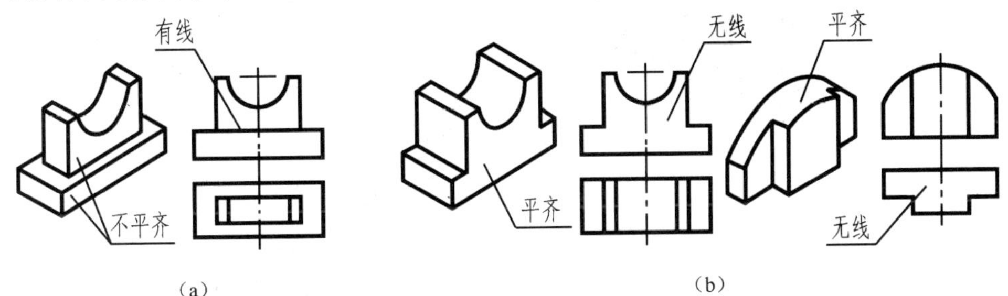

图 5-4 组合体表面平齐、不平齐的画法

2. 相切

相切是指两个形体的相邻表面（平面与曲面或曲面与曲面）光滑过渡，相切处不存在轮廓

线，在视图上一般不画分界线，如图 5-5（a）所示。

3. 相交

两形体表面相交时，两表面交界处有交线，应画出交线的投影，如图 5-5（b）所示。

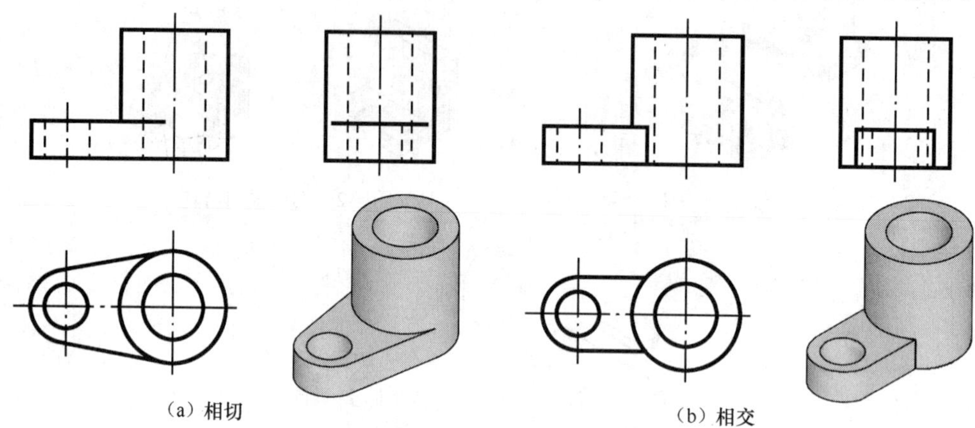

（a）相切　　（b）相交

图 5-5　组合体表面相切和相交的画法

5.1.3　组合体的形体分析法

把组合体分解为若干基本体，分别对它们的形状、相对位置、组合形式及表面间的连接形式进行分析，然后画出三视图，或者读懂三视图、想象其空间形状，这种方法就称为形体分析法。形体分析法是组合体画图、读图及标注尺寸最基本的方法。

图 5-6（a）所示的轴承座可分解为图 5-6（b）所示的 5 个部分，每一部分可看作由一个基本体或由几个基本体组合而成的。

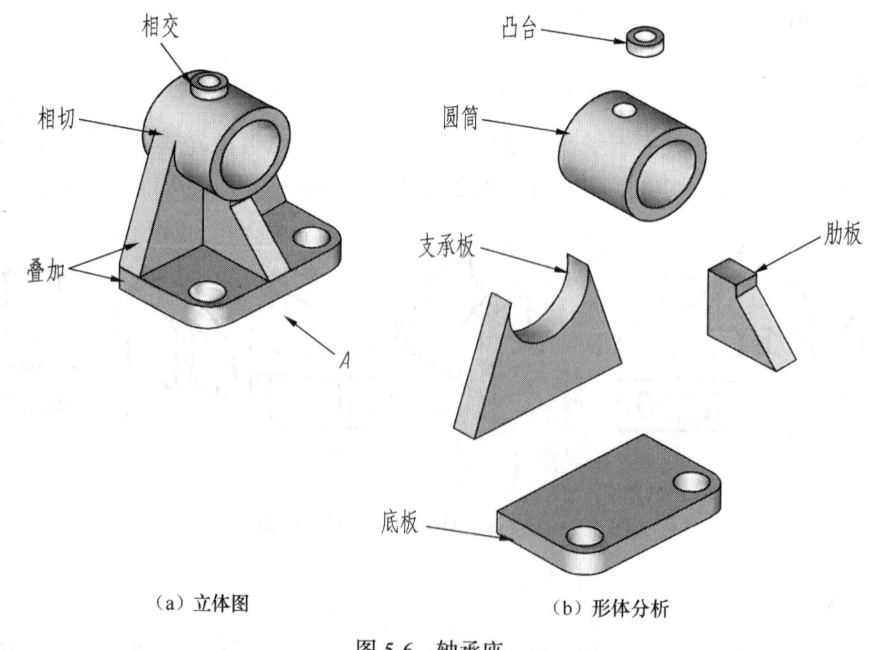

（a）立体图　　（b）形体分析

图 5-6　轴承座

5.2 组合体三视图的画法

下面以图 5-6 所示的轴承座为例，说明用形体分析法画图的方法和步骤。

5.2.1 形体分析

画组合体三视图时，首先要对组合体进行形体分析，即组合体由哪几部分组成，属于哪种组合形式，各形体之间的表面连接关系如何。

该轴承座由凸台、圆筒、支承板、肋板及底板 5 部分组成。支承板和肋板叠加在底板上，上面放圆筒，凸台与圆筒的轴线垂直相交，内外圆柱面都有相贯线，支承板侧面与圆筒相切，肋板的左右两侧面与圆柱相交，交线为两条直线。

5.2.2 确定主视图

主视图是三视图中最重要的视图，主视图确定之后，俯视图和左视图也就随之确定了。选择主视图时要考虑以下两点内容。

（1）组合体的放置位置。一般将组合体自然平稳安放，并使其主要平面或主要轴线平行或垂直于投影面。

（2）主视图的投影方向。投射方向应尽可能多地反映组合体各部分的形状特征和相对位置关系。另外，考虑到图形清晰和看图方便，应尽量使其他视图中的虚线最少。

综上所述，选择轴承座按自然位置安放，以 *A* 向作为主视图的投影方向，如图 5-6（a）所示。

5.2.3 画图步骤

（1）选定比例，确定图幅，布置视图并画出基准线。

（2）画底稿。按形体分析法画图，先画主要形体，后画次要形体；先画具有形状特征的视图，并尽可能将 3 个视图联系起来画。每部分的三视图都必须符合投影规律，注意各部分形体之间表面连接处的画法。底稿线要画得细、轻、准。

（3）检查、加深。底稿完成后，仔细检查各图是否缺少或多余图线，最后按标准线型加深。

确定图幅大小时，除了考虑绘图所需面积外，还要留出标注尺寸和标题栏的位置。

轴承座的具体画法如表 5-1 所示。

表 5-1　　　　轴承座的画法

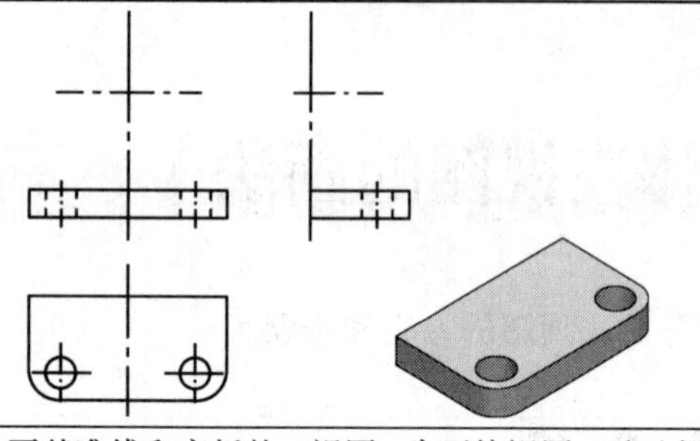

① 画基准线和底板的三视图：先画俯视图，再画主、左视图

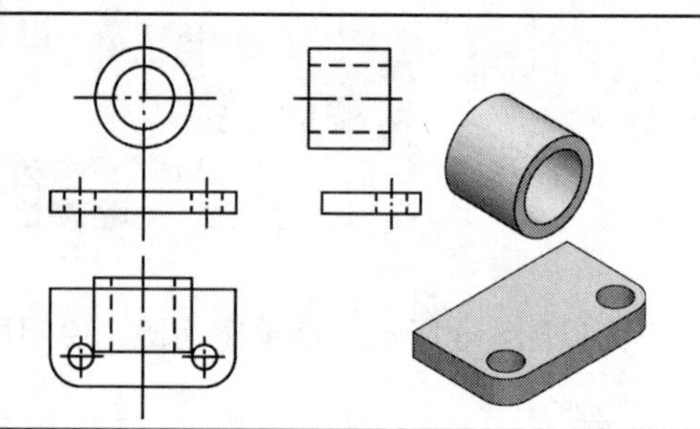

② 画圆筒的三视图：先画投影为圆的主视图，再画俯、左视图

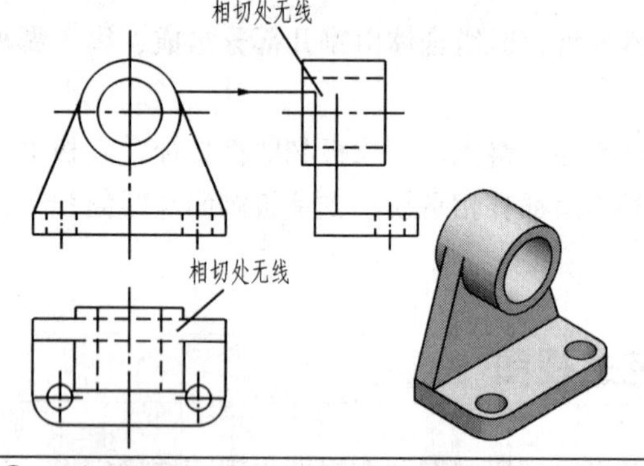

③ 画支承板的三视图：先画反映实形的主视图，再画俯、左视图

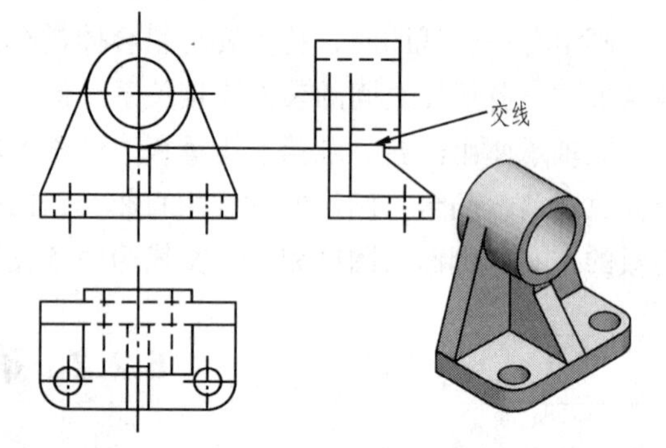

④ 画肋板的三视图：先画主视图，再画俯、左视图

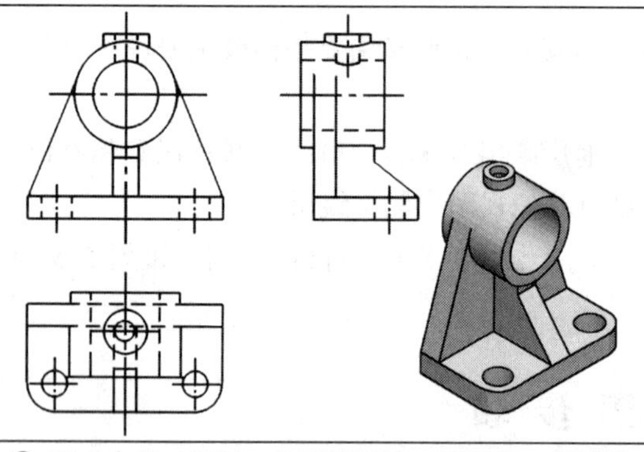

⑤ 画凸台的三视图：先画俯视图，再画主、左视图

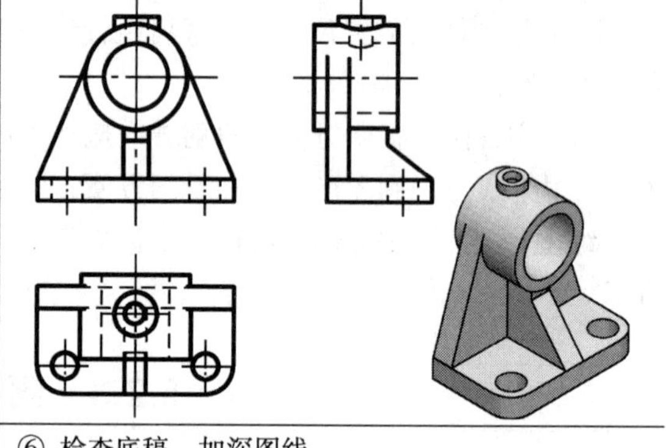

⑥ 检查底稿，加深图线

三视图画法总结：先分析后总结，先基准后轮廓，先关键后其他，三视图一起画。

5.3 组合体的尺寸标注

视图只能表达物体的形状，物体的真实大小由图中标注的尺寸来确定。在图样上标注物体的尺寸时应做到以下几点。

- 正确——尺寸标注要符合国家标准中有关尺寸注法的规定。
- 完整——尺寸标注必须完全确定组合体各部分的形状大小和相对位置，不遗漏、不重复。
- 清晰——尺寸的布置要整齐、清晰，以便于看图。

5.3.1 基本体的尺寸标注

要标注组合体的尺寸，必须先了解基本体的尺寸标注。棱柱、棱锥等平面立体一般要标注长、宽、高 3 个方向的尺寸；圆柱、圆锥、球及环等回转体一般要标注径向和轴向两个方向的尺寸。常见基本体的尺寸标注如图 5-7 所示。

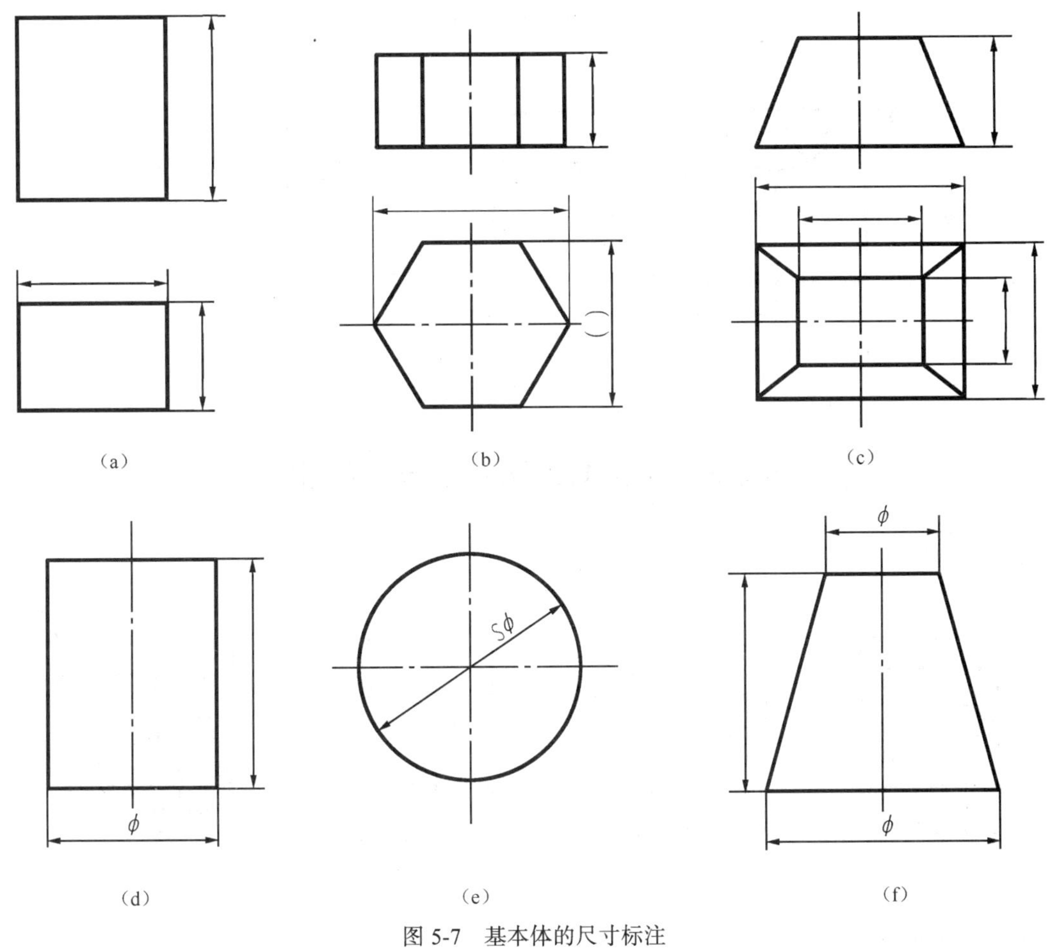

图 5-7 基本体的尺寸标注

5.3.2 截切、相贯体的尺寸标注

视图中不直接标注截交线和相贯线的尺寸。

截交线的形状和大小取决于截平面的位置以及立体的形状和大小，标注截交线部分的尺寸时，只需标注基本体的尺寸和截平面的位置尺寸，如图 5-8 所示。

相贯线的形状和大小取决于相交立体的形状、大小及其相对位置，标注相贯线部分的尺寸时，只需标注参与相贯的各基本体的尺寸及其相对位置尺寸，如图 5-9 所示。

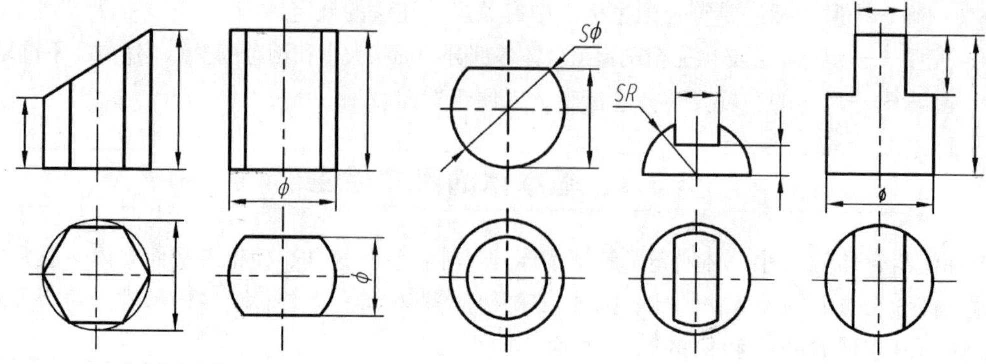

图 5-8　截切体的尺寸注法

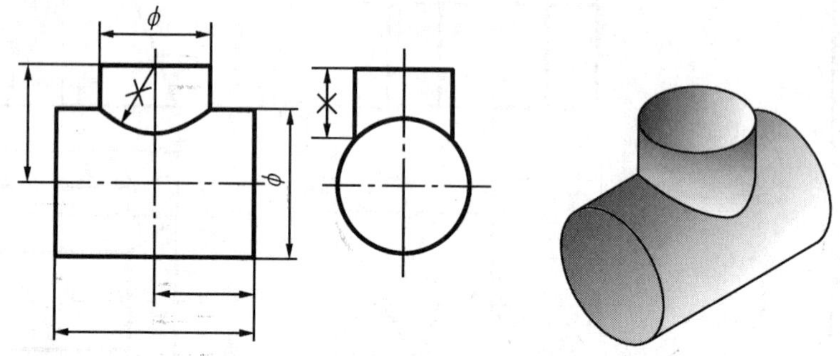

图 5-9　相贯立体的尺寸注法

5.3.3　常见简单形体的尺寸标注

图 5-10 所示为一些常见简单形体的尺寸标注。

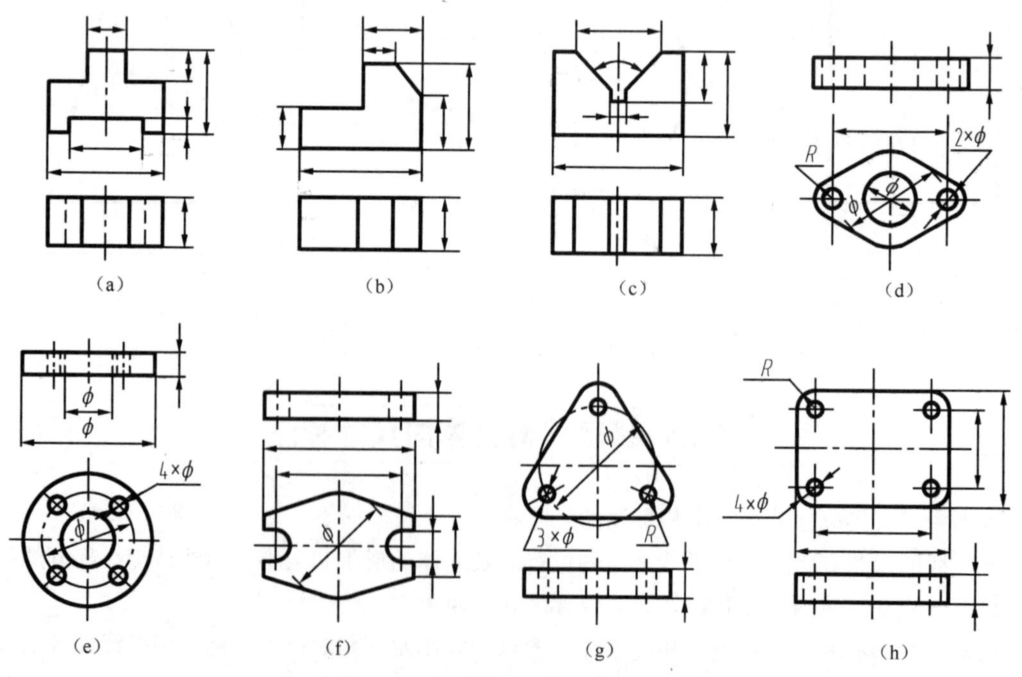

图 5-10　常见简单形体的尺寸标注

5.3.4 组合体的尺寸标注

组合体尺寸标注的基本方法仍是形体分析法。首先注出各基本体的大小尺寸，再确定它们之间的相对位置尺寸，最后根据组合体的结构特点注出总体尺寸。

1. 尺寸分类

- 定形尺寸：确定组合体各部分形状大小的尺寸。
- 定位尺寸：确定组合体各组成部分相对位置的尺寸。
- 总体尺寸：确定组合体总长、总宽、总高的尺寸。

2. 尺寸基准

尺寸基准就是标注尺寸的起点，通常选取组合体的底面、回转体的轴线、对称平面及主要端面作为尺寸基准。组合体有长、宽、高 3 个方向的尺寸，因此，每个方向都有一个尺寸基准。对于比较复杂的形体，在同一方向上除选定一个主要基准外，往往还根据结构特点的需要选定一些辅助基准。主要基准与辅助基准之间应有尺寸联系。

3. 组合体尺寸标注的方法和步骤

下面以图 5-11（a）所示的支架为例，说明组合体尺寸标注的方法和步骤。

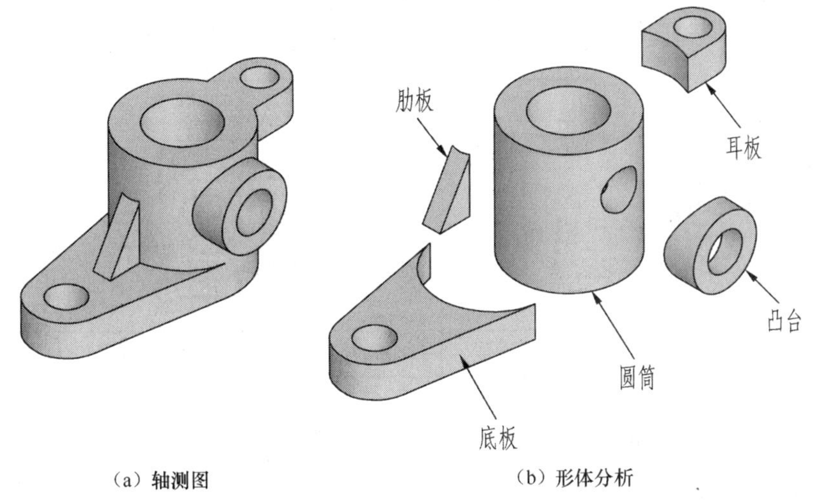

图 5-11 支架

支架尺寸标注的方法如下。

（1）进行形体分析。支架由 5 个基本部分组成：底板、圆筒、凸台、耳板和肋板，如图 5-11（b）所示。

（2）标注各部分的定形尺寸。支架各部分的定形尺寸如图 5-12（a）所示。

（3）选定尺寸基准，标注定位尺寸。支架长、宽、高 3 个方向的尺寸基准及定位尺寸如图 5-12（b）所示。

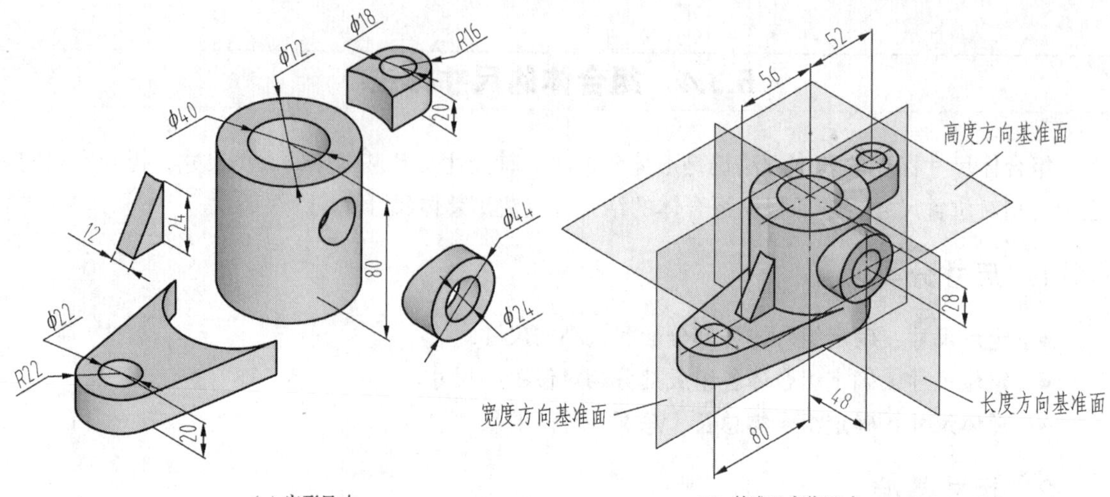

（a）定形尺寸　　（b）基准及定位尺寸

图 5-12　支架各部分的定形尺寸及定位尺寸

（4）标注总体尺寸。

（5）检查尺寸有无重复或遗漏，然后修正、调整。

支架的尺寸标注步骤如表 5-2 所示。

表 5-2　　支架的尺寸标注

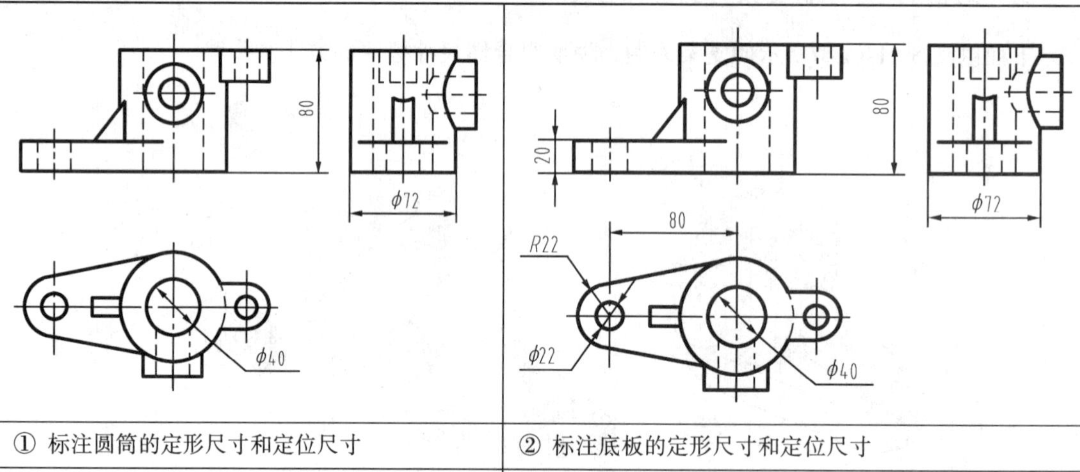	
① 标注圆筒的定形尺寸和定位尺寸	② 标注底板的定形尺寸和定位尺寸
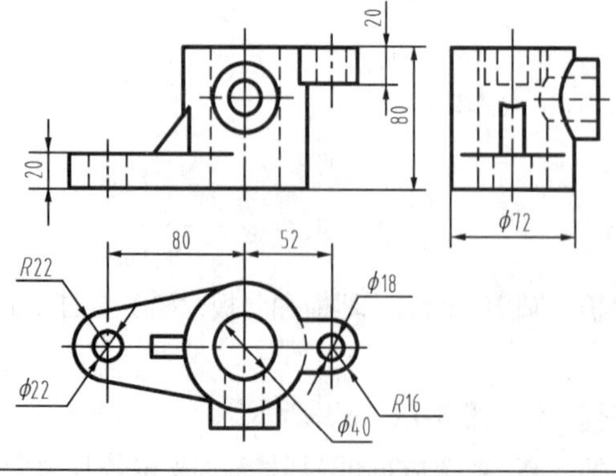	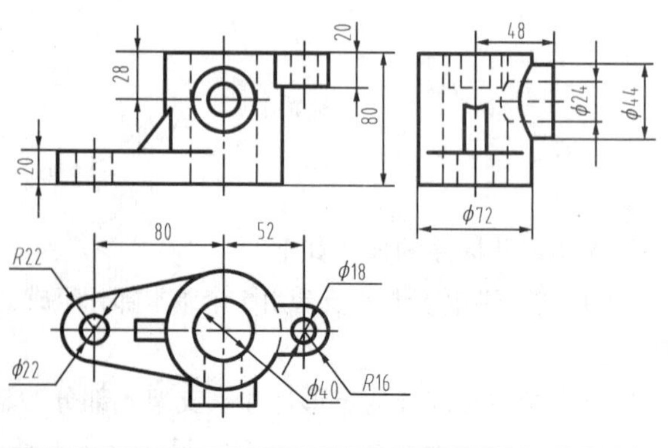
③ 标注耳板的定形尺寸和定位尺寸	④ 标注凸台的定形尺寸和定位尺寸

续表

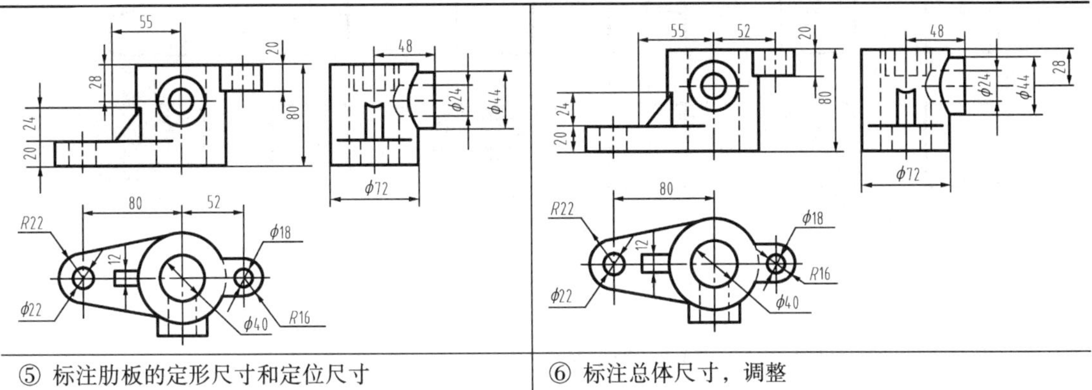

⑤ 标注肋板的定形尺寸和定位尺寸	⑥ 标注总体尺寸，调整

标注尺寸时应注意以下几点。

（1）以形体分析法标注组合体尺寸时，有时会出现重复尺寸，此时只需标注一次。

（2）组合体的一端或两端为回转体时，不直接标注总体尺寸，只是标注回转体的定形尺寸及其定位尺寸。

（3）同一形体的定形尺寸、定位尺寸尽可能集中标注，且标注在表示该形体特征最明显的视图上。

（4）同方向的平行尺寸应使小尺寸靠近视图，大尺寸在小尺寸外面，间距均匀，并且避免尺寸线和尺寸界线相交。

（5）直径尺寸尽量标注在投影为非圆的视图上，而不宜集中标注在投影为圆的视图上。

（6）小于或等于半圆的圆及圆弧应标注半径尺寸，并且要标注在投影为圆弧的视图上。

（7）通常不在虚线上标注尺寸，也不能在截交线和相贯线上直接标注尺寸。

（8）尺寸应尽量标注在视图外面及两视图之间，以保持视图清晰，看图方便。

5.4 读组合体视图

画图和读图是本课程的两个主要任务。画图是用正投影法将空间物体表达在平面上，而读图则是根据已有的视图，运用投影规律，想象出物体空间结构形状的过程，是画图的逆过程。

5.4.1 读图的基本要领

1. 几个视图联系起来读

图 5-13 所示的 3 组图形，其主、俯视图均相同，但表示的却是 3 个不同形状的物体。只有结合它们的左视图，才能判断其真实的形状。由此可见，通常仅由一个甚至两个视图都不能唯一地确定组合体的形状，必须将几个视图联系起来阅读、分析、构思，才能想象出物体的空间形状。

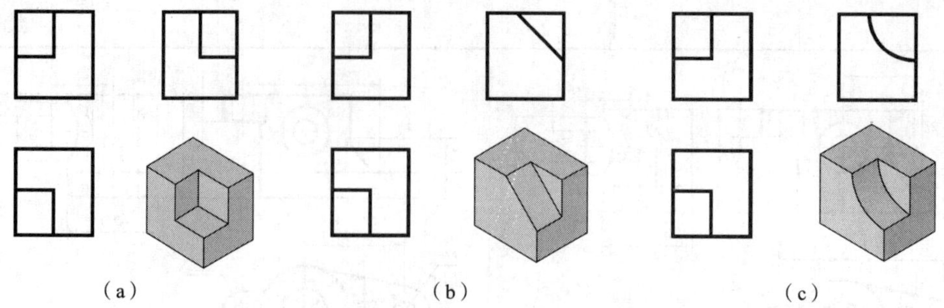

图 5-13　几个视图联系起来读图

2. 明确视图中图线和线框的含义

（1）视图中的图线可能是组合体上以下要素的投影。

- 两表面的交线，如图 5-14 中的 $a'b'$。

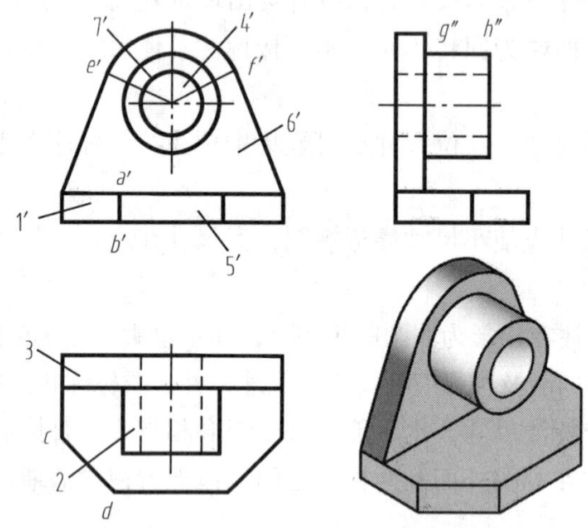

图 5-14　视图中图线和线框

- 表面有积聚性的投影，如图 5-14 中的 cd、$e'f''$。
- 曲面的转向轮廓线，如图 5-14 中的 $g''h''$。

（2）视图中的封闭线框通常是组合体上一个表面或孔的投影。

- 平面，如图 5-14 中的 1′。
- 曲面，如图 5-14 中的 2。
- 曲面及其切面，如图 5-4 中的 3。
- 通孔，如图 5-14 中的 4′。

（3）视图中相邻两封闭线框表示组合体上相交或错开的两个面的投影。图 5-14 中的 1′、6′表示相交的两个面，5′、6′表示错开的两个面。

（4）线框中的线框表示组合体上的凸凹关系或通孔，图 5-14 中的 6′7′表示凸凹关系，4′7′表示有通孔。

5.4.2　读图的方法和步骤

读图的基本方法是形体分析法，但是当某些组合体的形状较复杂或有复杂的结构时，仅用形体分析法是不够的，还须辅以线面分析法。通过对线、面的投影进行分析，也就是分析线及线框，想象出它们所代表的线或面在组合体中的形状和位置。通常这两种方法并用，叠加的结构用形体分析法，细节、切割部分用线面分析法。

1. 形体分析法

与画图一样，形体分析法也是读图的基本方法。从反映物体形状特征比较明显的主视图入手，按线框将组合体划分为几个部分，然后通过投影关系找到各线框在其他视图中的投影，从而分析各部分的形状及其相互位置，最后综合起来想象组合体的整体形状。下面以表 5-3 为例，说明运用形体分析法识读组合体视图的方法和步骤。

表 5-3　　形体分析法读图的方法和步骤

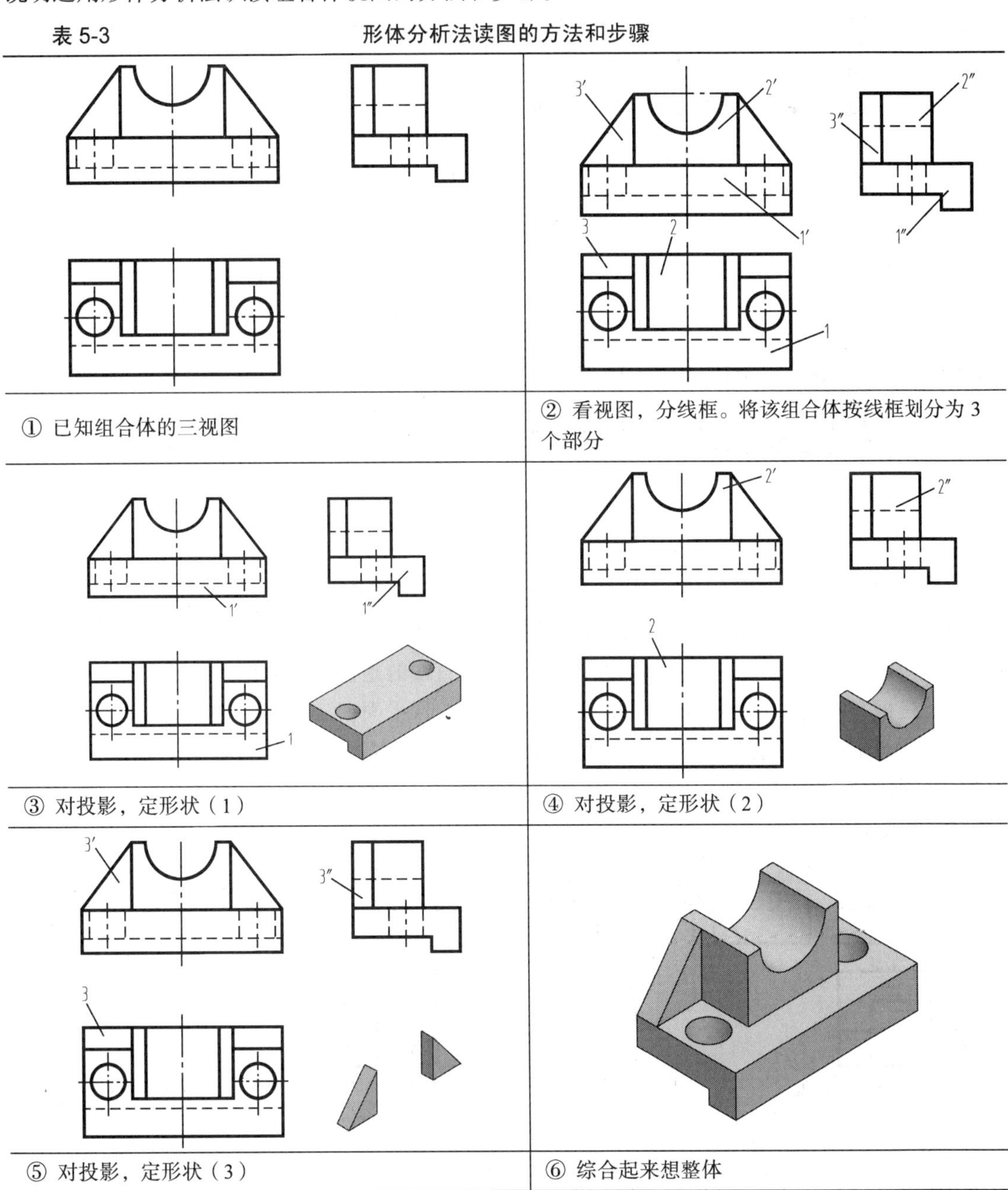

叠加式组合体常用形体分析法来读图。但对于比较复杂的形体，尤其是切割式组合体，往往在形体分析法的基础上还需要用线面分析法来帮助想象物体的形状。

2. 线面分析法

当组合体上某部分的形状与基本体相差较大，用形体分析法难以判断其形状时，可以采用线面分析法来读图。线面分析法就是将物体看作是由若干线和面组成的，通过分析线和面的形状与位置来想象组合体的形状，重点是分析面的形状，即将线框分解为若干个面，根据投影规律逐一找全各面的投影，然后按平面的投影特征判断各面的形状和空间位置，进而综合得出该部分的空间形状。线面分析法适用于切割体及复杂综合体中的切割体部分，一般不独立应用。

（1）分析面的形状：要熟悉各种位置平面的投影特性。

- 当平面图形平行于某投影面时，该投影反映实形。
- 当平面图形垂直于某投影面时，该投影积聚为直线。
- 当平面图形倾斜于某投影面时，该投影是类似形。

图 5-15 所示是投影面倾斜面的投影分析。

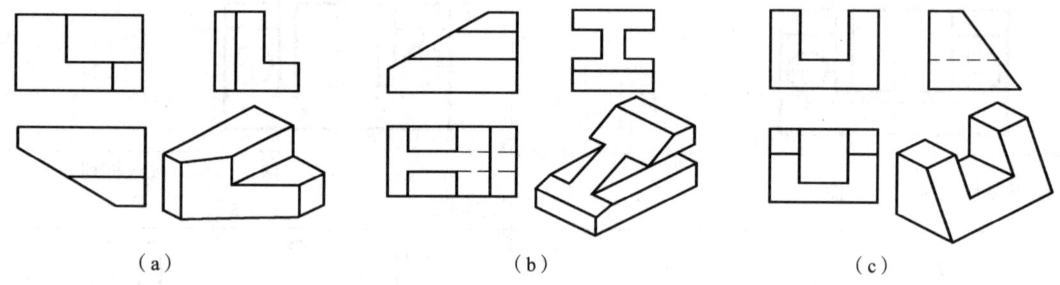

图 5-15 各种位置投影面倾斜面

在三视图中可以根据平面的 3 个投影的形状来判断其空间位置。

- 一框对两线：一投影为平面图形、两投影为直线的是投影面平行面。
- 一线对两框：两投影为平面图形、一投影为直线的是投影面垂直面。
- 三框相对应：三投影均为平面图形的是一般位置平面。

（2）分析面的相对位置：两个相邻的封闭线框是两个面的投影，其相对位置（相交或错开）必须要根据其他视图来判断。面的相对位置分析如图 5-16 所示。

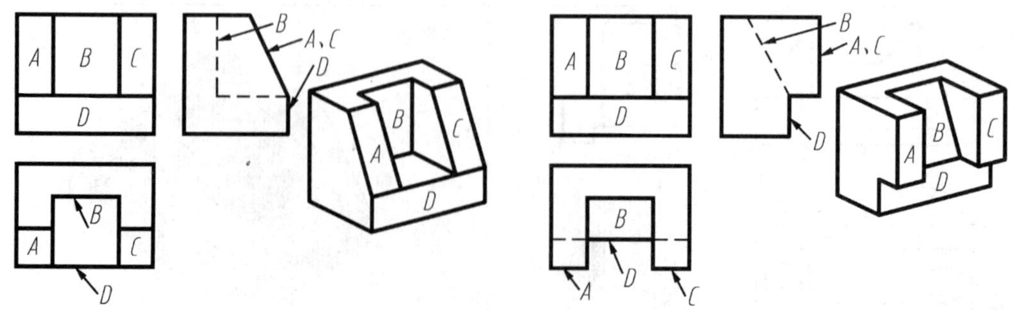

图 5-16 分析面的相对位置

下面以表 5-4 所示的压块为例来说明用线面分析法读图的步骤。

表 5-4 用线面分析法读图

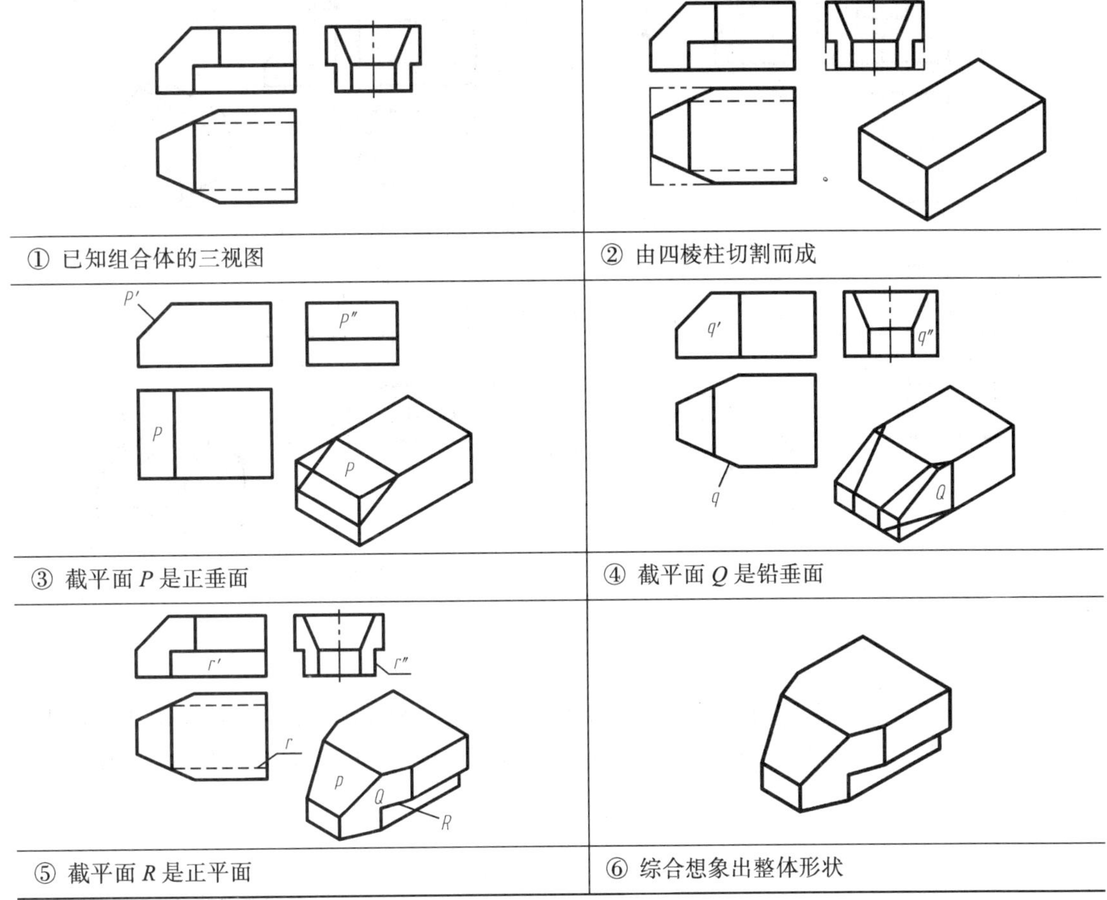

由此总结出读图的步骤如下。

- 抓主：首先从主视图入手得到物体的主要特征。
- 分块：分析组合体由哪些基本体组成或经过几次切割。
- 对应：利用投影规律找出视图中各基本体、线面的相互对应关系。
- 合整：将各个基本体组合起来，最终想象出整个物体的形状。

5.4.3 补画缺线与第三视图

画图和读图是不能截然分开的，补画缺线与第三视图在组合体的练习中非常多见，既训练画图又训练看图。

1. 补画缺线

已知物体的 3 个视图，但其中有缺线，要求补全这些缺线。这类题目一般从反映物体形状和位置特征明显的视图入手，联系其他视图逐个补出缺线。较复杂的物体则要综合运用形体分析法和线面分析法进行分析，通过试补、调整、验证及想象，最终弄清物体的形状。

补画三视图中的缺线，画图步骤如表 5-5 所示。

表 5-5　　补画三视图中的缺线

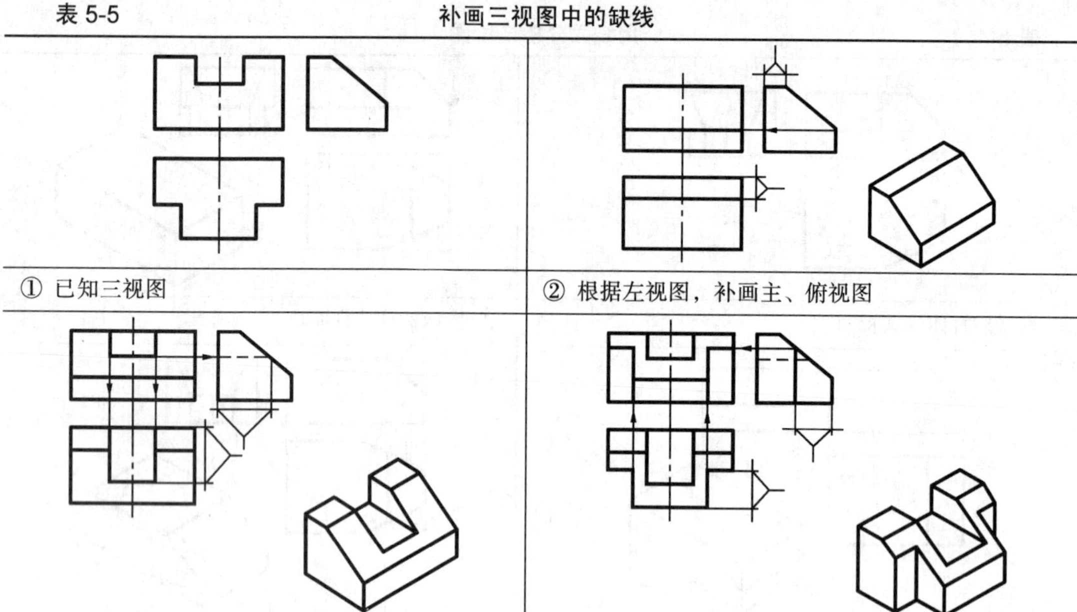

① 已知三视图
② 根据左视图，补画主、俯视图
③ 根据主视图，补画左、俯视图
④ 根据俯视图，补画左、主视图

2. 补画第三视图

根据已知的两个视图，运用形体分析法和线面分析法，想象出组合体的结构形状，并把第三视图补画出来。此时两视图已完全确定了组合体的结构形状，因此第三视图是唯一的。

已知物体的主、俯视图，补画左视图，如表 5-6 所示。

表 5-6　　补画左视图（1）

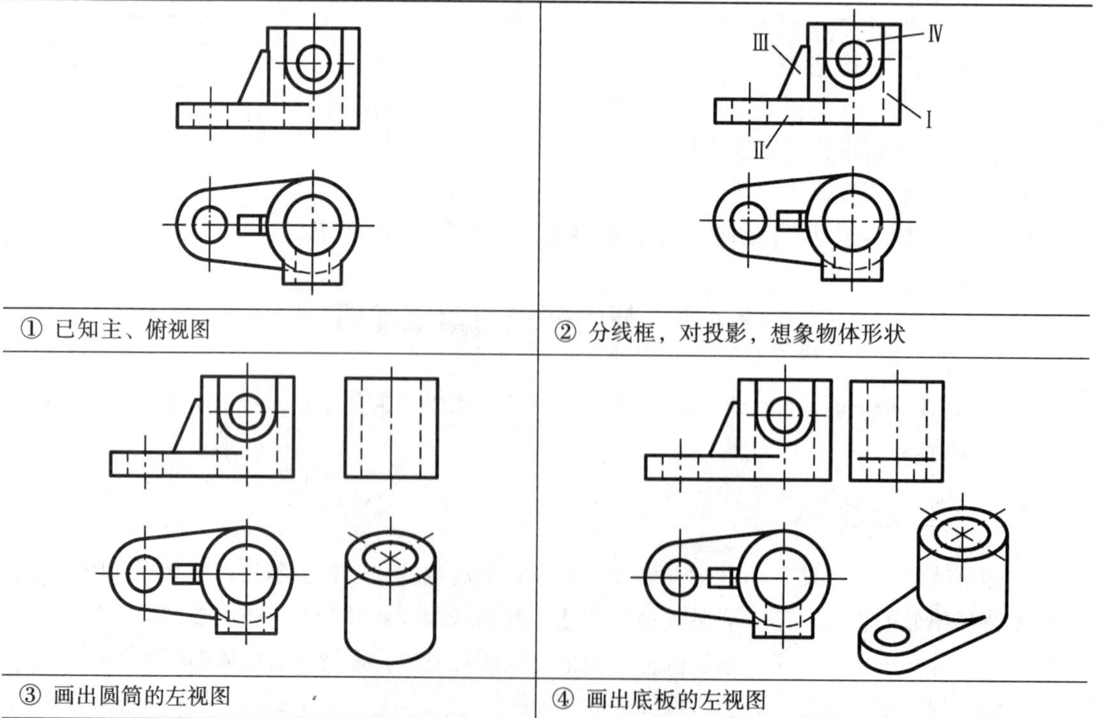

① 已知主、俯视图
② 分线框，对投影，想象物体形状
③ 画出圆筒的左视图
④ 画出底板的左视图

续表

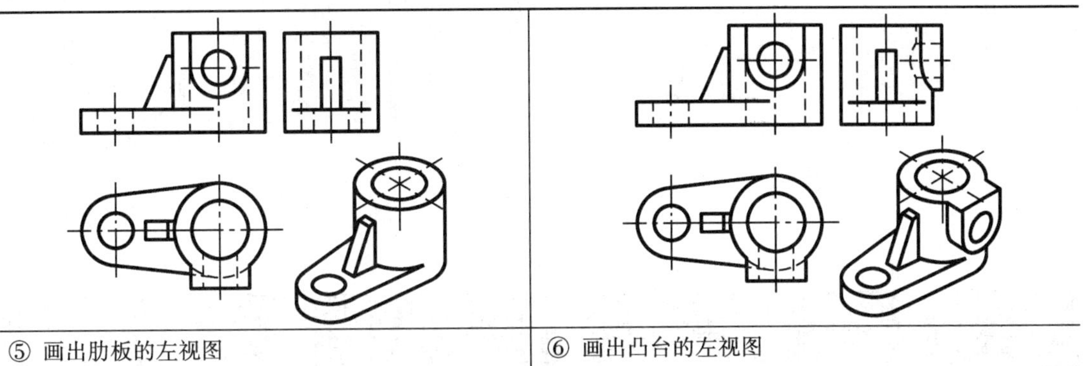

⑤ 画出肋板的左视图	⑥ 画出凸台的左视图

已知物体的主、俯视图，补画左视图，如表 5-7 所示。

表 5-7　　补画左视图（2）

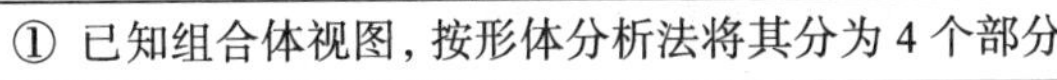

① 已知组合体视图，按形体分析法将其分为 4 个部分	② 画出底板 I 的左视图
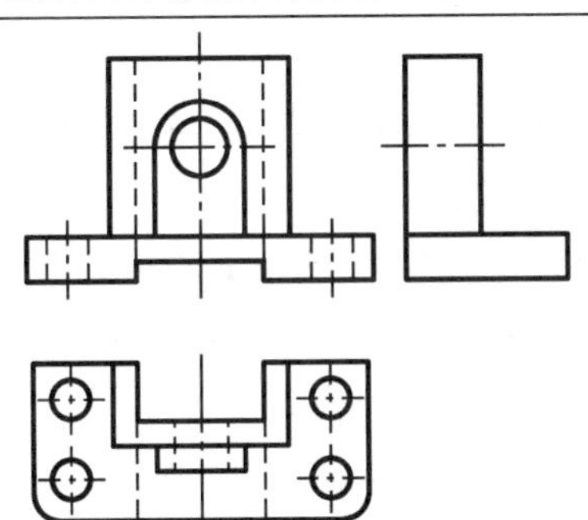	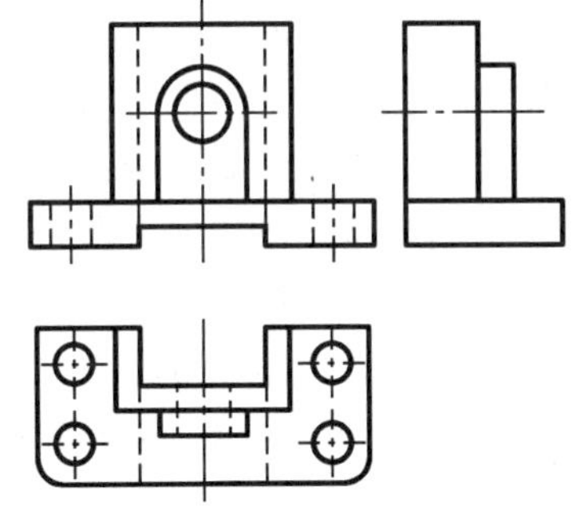
③ 画出后立板 II 的左视图	④ 画出半圆板 III 的左视图
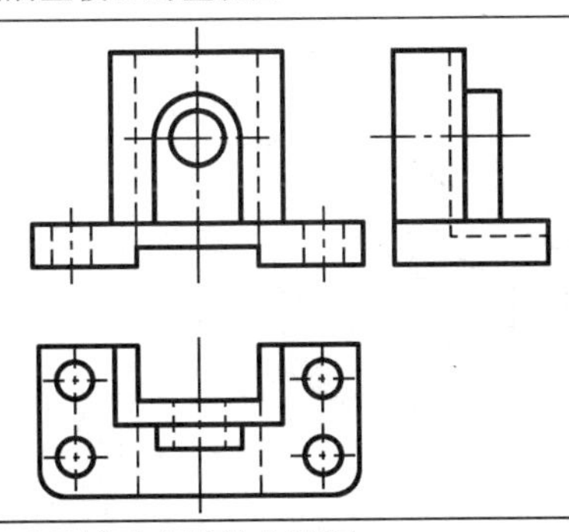	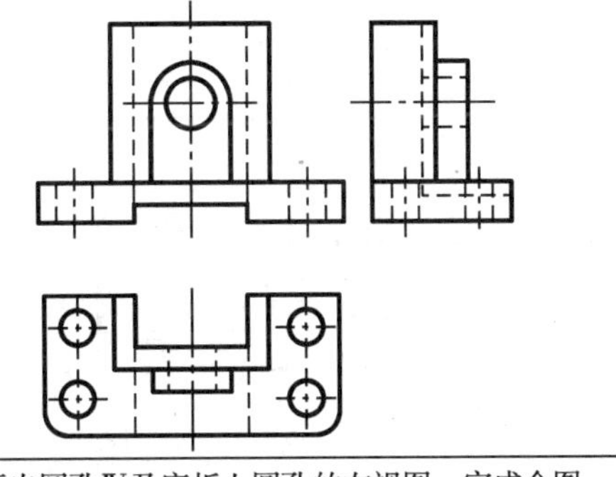
⑤ 画出后通槽及底槽的左视图	⑥ 画出圆孔 IV 及底板上圆孔的左视图，完成全图

第6章 轴测图

【学习目标】

- 了解轴测投影的基本知识。
- 掌握正等轴测图的形成、平面立体及回转体正等测图的画法。
- 掌握斜二测图的形成及画法。

6.1 轴测投影的基本知识

正投影图可以准确完整地表达立体的真实形状和大小，而且作图简便、度量性好，因此在工程上得到了广泛的应用。但是正投影图的立体感差，必须具备一定的图样知识才能看懂。因此，工程上也经常采用轴测图来表达物体。轴测图能在一个投影面上同时反映出物体长、宽、高 3 个方向的形状，立体感好，直观性强，容易看懂。但轴测图一般不能反映物体各表面的真实形状，度量性差，作图麻烦。因此，常用轴测图作为正投影图的辅助图样。

图 6-1（a）所示为立体的正投影图，图 6-1（b）所示为同一立体的轴测图。

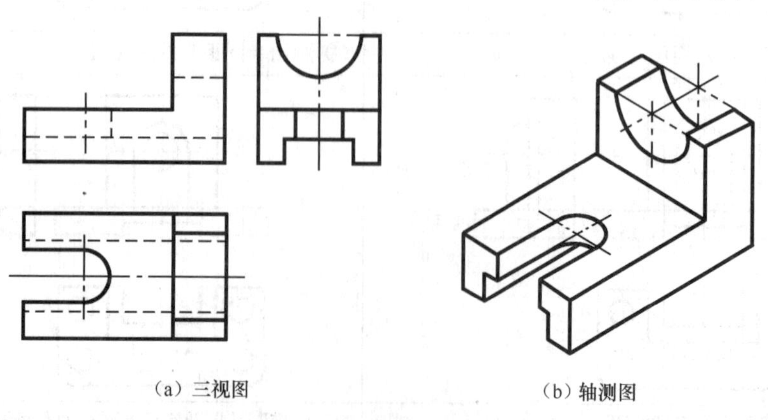

（a）三视图　　（b）轴测图

图 6-1　三视图与轴测图

6.1.1 轴测投影的形成

用平行投影法将物体和确定该物体空间位置的直角坐标系按选定的投影方向 S 一起投射到投影面 P 上，即可得到轴测投影图，简称轴测图，投影面 P 称为轴测投影面，如图 6-2 所示。

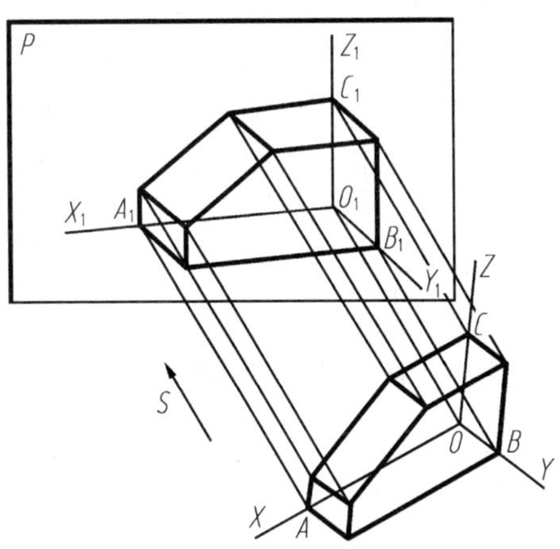

图 6-2　轴测投影的形成

为使轴测图具有较好的直观性，投射方向不应平行于坐标轴和坐标面。选择轴测图的投影方向时一般从两个方面来考虑：一是作图简便，二是直观性好。

6.1.2 轴间角和轴向伸缩系数

物体的参考直角坐标系的坐标轴 OX、OY 和 OZ 在轴测投影面上的投影 O_1X_1、O_1Y_1 和 O_1Z_1 称为轴测轴，两轴测轴间的夹角 $\angle X_1O_1Y_1$、$\angle X_1O_1Z_1$ 和 $\angle Y_1O_1Z_1$ 称为轴间角，如图 6-2 所示。

轴测轴上的单位长度与相应坐标轴上的单位长度的比值，称为轴向伸缩系数，OX、OY、OZ 轴的轴向伸缩系数分别用 p、q、r 表示。

$$p=\frac{O_1A_1}{OA},\quad q=\frac{O_1B_1}{OB},\quad r=\frac{O_1C_1}{OC}$$

6.1.3 轴测投影的特性

由于轴测投影是采用平行投影法，因此具有以下平行投影的性质。

（1）立体上互相平行的线段，其轴测投影也互相平行。

（2）立体上两平行线段长度之比以及点分线段长度之比在轴测图上保持不变。

（3）立体上与空间直角坐标轴平行的线段，其轴测投影必平行于相应的轴测轴，并且轴向伸缩系数与相应轴测轴的相同。

（4）立体上平行于轴测投影面的直线和平面在轴测图上反映实长和实形。

6.1.4 轴测图的分类

根据投射方向与轴测投影面的相对位置不同，轴测图可分为以下两类。

- 正轴测图：投射方向垂直于轴测投影面的轴测图。
- 斜轴测图：投射方向倾斜于轴测投影面的轴测图。

根据轴向伸缩系数的不同，各类轴测图又可以分为以下3种。

正轴测图：
- 正等轴测图：$p=q=r$
- 正二轴测图：$p=q\neq r$，或$p\neq q=r$，或$p=r\neq q$
- 正三轴测图：$p\neq q\neq r$

斜轴测图：
- 斜等轴测图：$p=q=r$
- 斜二轴测图：$p=q\neq r$，或$p\neq q=r$，或$p=r\neq q$
- 斜三轴测图：$p\neq q\neq r$

工程上最常用的是立体感较强、作图较简便的正等轴测图和斜二轴测图。

轴测图中不可见轮廓的投影（虚线）通常不画。

6.2 正等轴测图

当立体上的3根直角坐标轴与轴测投影面倾斜的角度相同时，得到的轴测图称为正等轴测图，简称正等测。

6.2.1 轴间角和轴向伸缩系数

正等测图的轴间角$\angle X_1O_1Y_1=\angle X_1O_1Z_1=\angle Y_1O_1Z_1=120°$，一般使$O_1Z_1$处于铅垂位置，$O_1X_1$、$O_1Y_1$分别与水平线成30°角，如图6-3所示。

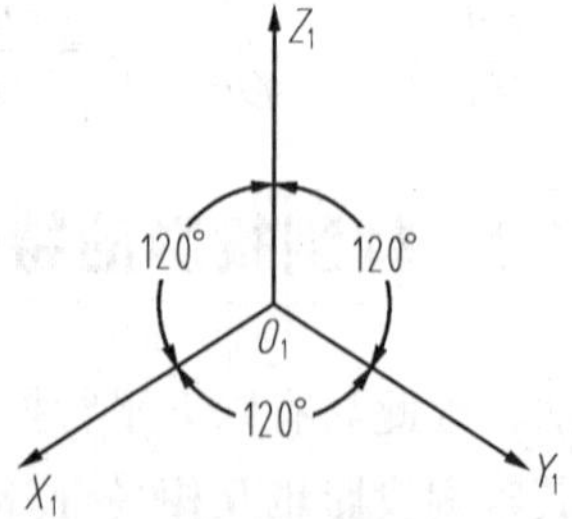

图6-3 正等测图的轴间角

正等测图的轴向伸缩系数$p=q=r=0.82$。为了作图简便，国家标准规定简化的轴向伸缩系数$p=q=r=1$，即凡是平行于坐标轴的线段，均按原尺寸画出，此时的正等测图比实际物体放大了1/0.82倍，约1.22倍，但形状不变，如图6-4所示。

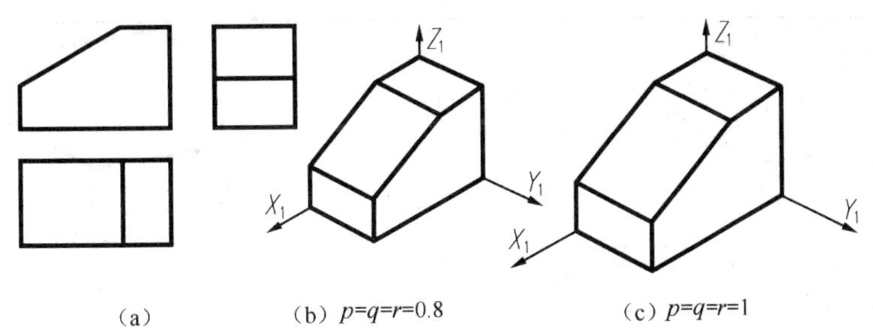

（a）　（b）$p=q=r=0.8$　（c）$p=q=r=1$

图 6-4　不同轴向伸缩系数的正等测图的效果

6.2.2　平面立体正等测图的画法

画平面立体轴测图的基本方法是坐标法，即根据立体表面上各顶点的坐标值作出它们的轴测投影，连接各顶点，完成平面立体的轴测图。立体表面上平行于坐标轴的轮廓线可在该线上直接量取尺寸。根据不同立体的形状特点，还要灵活运用叠加、切割等不同的作图方法。

【案例 6-1】 根据正投影图绘制正六棱柱的正等测图，如图 6-5 所示。

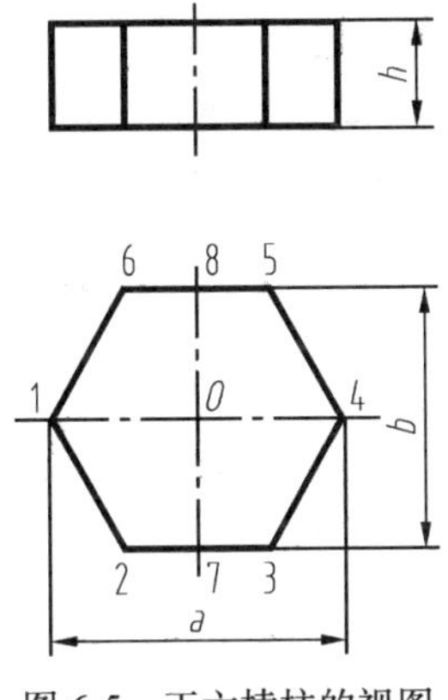

图 6-5　正六棱柱的视图

在正投影图上选定坐标原点和坐标轴，以作图简便为选择原则。如图 6-5 所示，坐标原点选在正六棱柱顶面的中心，绘图步骤如表 6-1 所示。

表 6-1　绘制正六棱柱的正等测图

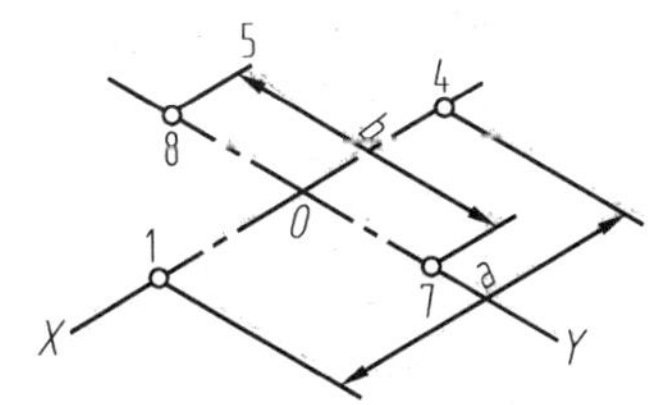	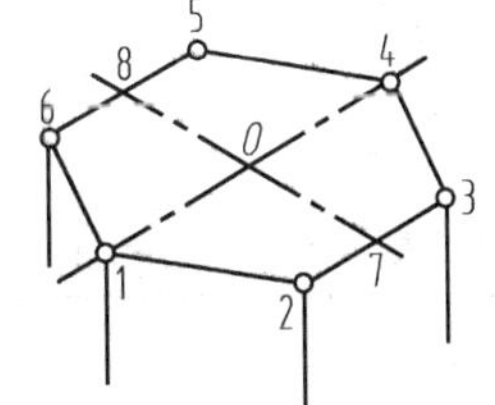
① 画出轴测轴，按坐标尺寸 a 和 b 求得轴测图上的点 1、4 和点 7、8	② 过点 7、8 作 X 轴的平行线，按 x 坐标尺寸求得 2、3、5、6 点，完成正六棱柱顶面的轴测投影

续表

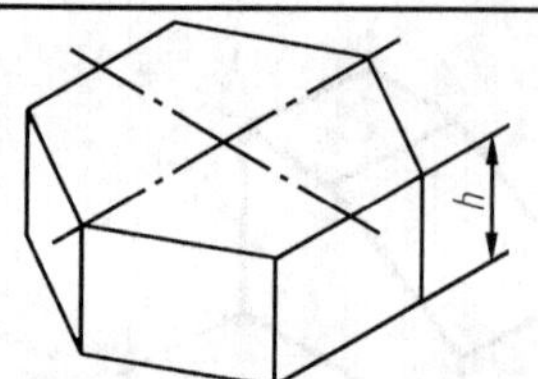 	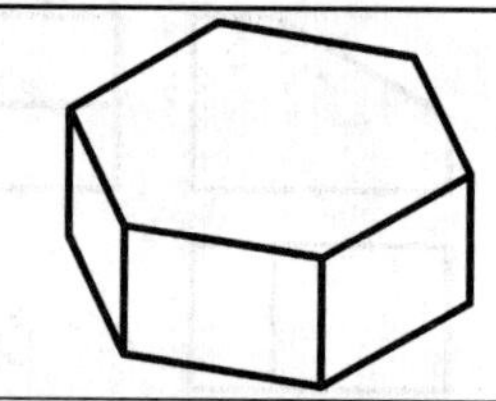
③ 由各顶点向下画出垂直棱线，量取高度 h，连接各点，作出正六棱柱的底面（虚线不画）	④ 擦除多余线条，加深图线，完成作图

【案例 6-2】 画出垫块的正等测图，如图 6-6 所示。

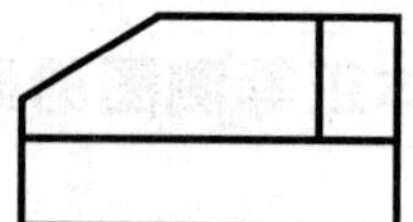
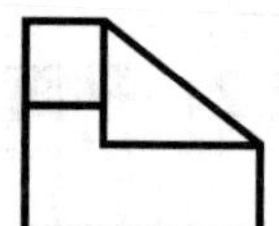
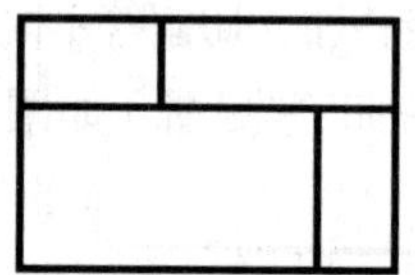

图 6-6 垫块的三视图

垫块正等测图的绘制步骤如表 6-2 所示。

表 6-2 绘制垫块的正等测图

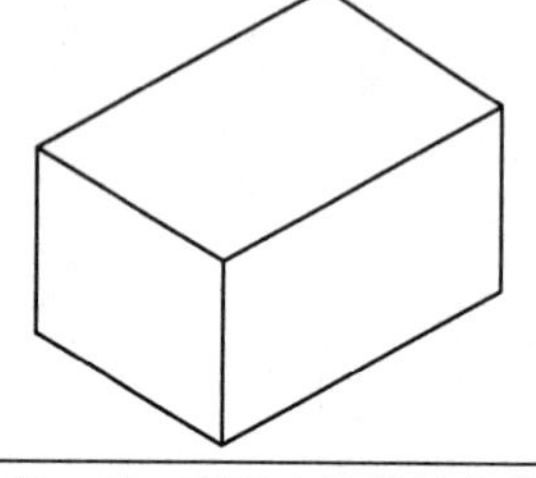	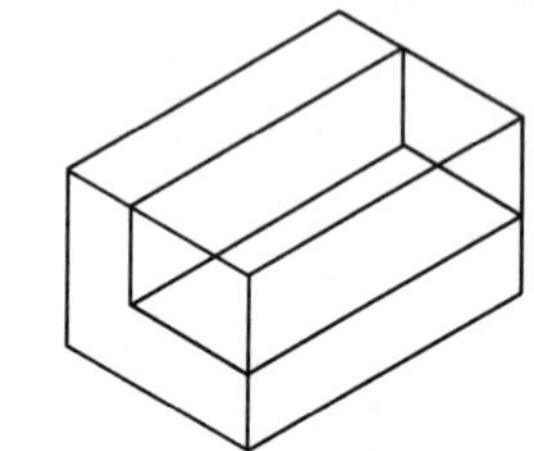
① 按垫块的长、宽、高画出外形长方体的轴测图	② 将长方体切割成 L 形
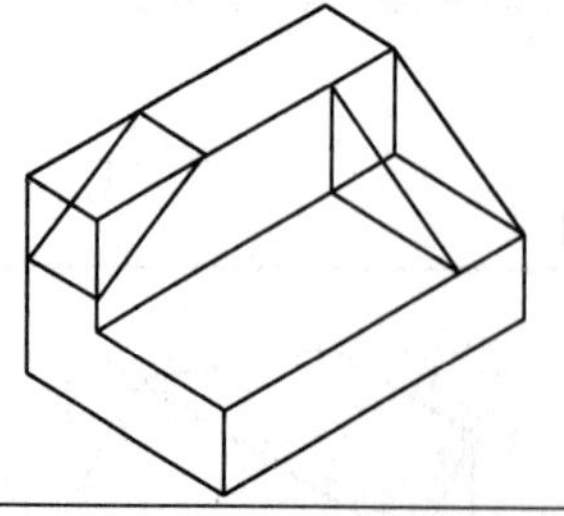	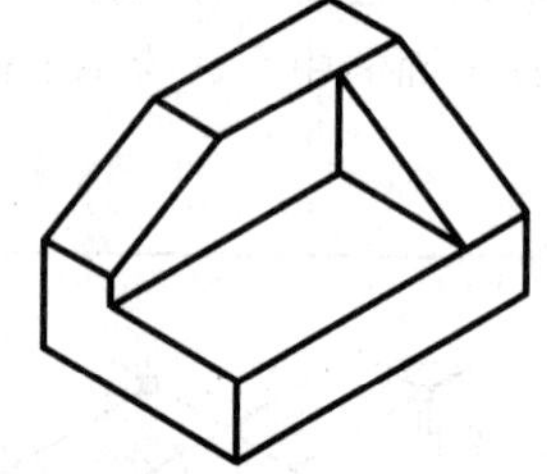
③ 在左上方斜切去一个角，右端再加上一个三角形的肋	④ 擦除多余线条，加深图线，完成作图

6.2.3 回转体正等测图的画法

在学画回转体的正等测图之前，首先要掌握圆的正等测画法。

1. 平行于坐标面的圆的正等测画法

由于正等测投影中各坐标面对轴测投影面都是倾斜的，因此平行于坐标面及其上的圆的正等测投影都是椭圆，椭圆的长轴垂直于与圆平面垂直的轴测轴，短轴与该轴测轴平行，如图 6-7 所示。

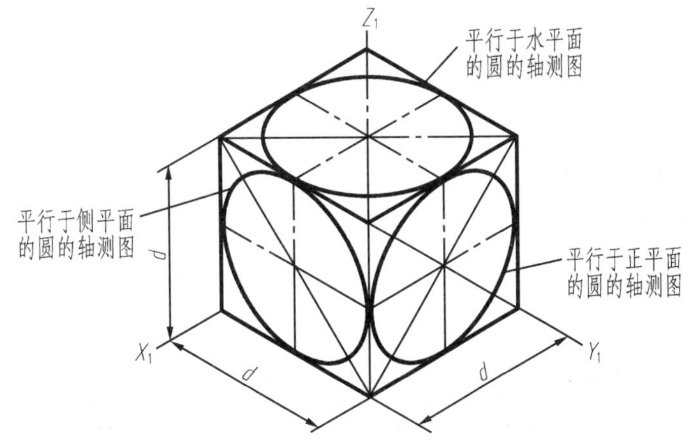

图 6-7 平行于坐标面的圆的正等轴测图画法

为了简化作图，椭圆通常采用近似画法——菱形四心法。现以水平面圆的轴测图为例，介绍用菱形四心法画椭圆的具体步骤，如表 6-3 所示。

表 6-3 菱形四心法画椭圆

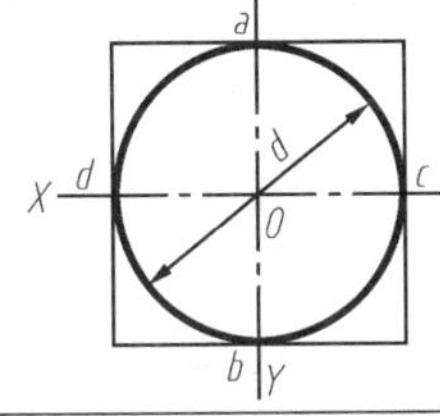	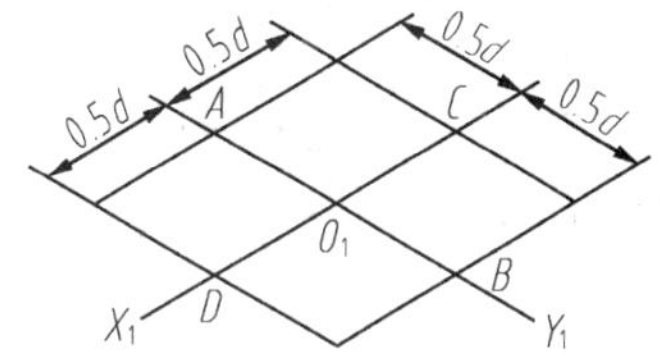
① 在投影图上确定坐标轴，作圆的外切正方形得切点 a、b、c、d	② 作轴测轴 O_1X_1、O_1Y_1，沿轴量取半径，得 A、B、C、D 点，分别过这 4 点作对应坐标轴的平行线，所画的菱形即为外切正方形的轴测投影。菱形的对角线分别为椭圆长、短轴的位置
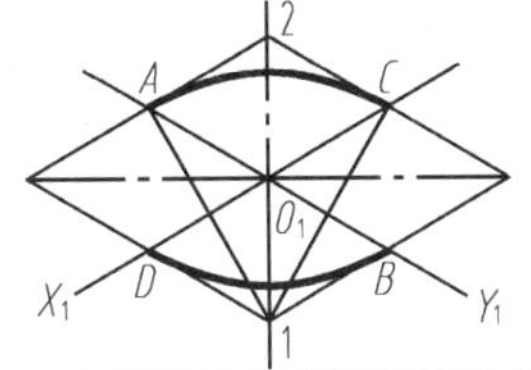	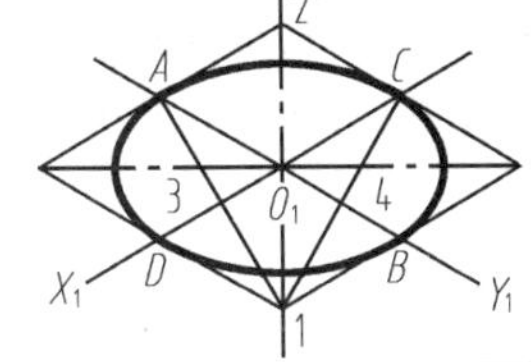
③ 分别以菱形短对角线的顶点 1、2 为圆心，以 1A 为半径作圆弧	④ 连接 1A、1C，交对角线于 3、4 两点，分别以 3、4 为圆心，3A 为半径作圆弧，即得由 4 段圆弧组成的近似椭圆

2. 常见回转体的正等测画法

（1）圆柱体的正等测画法。

表 6-4 列出了轴线为正垂线的圆柱体的正等轴测图画法。

表 6-4　　　　圆柱体的正等轴测图画法

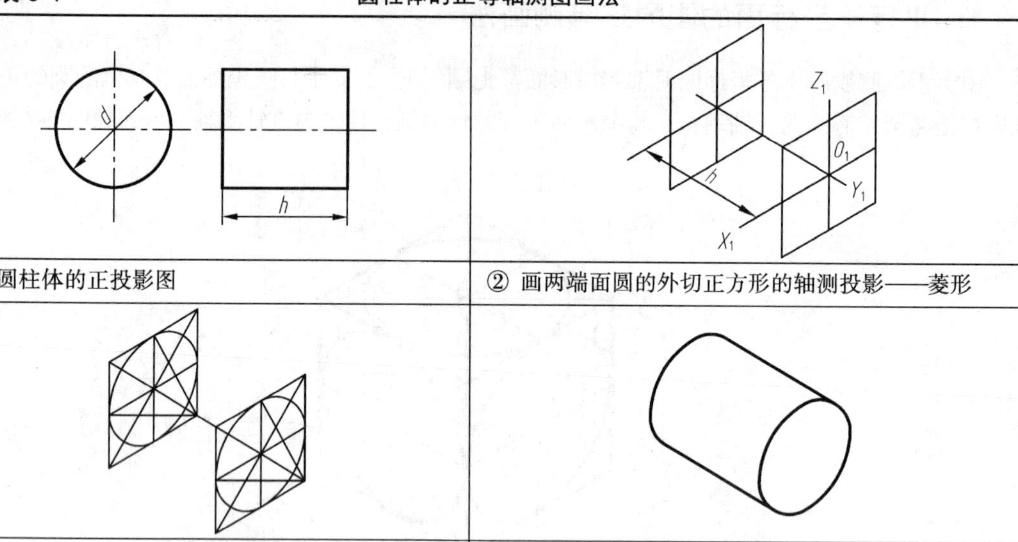

① 圆柱体的正投影图	② 画两端面圆的外切正方形的轴测投影——菱形
③ 用菱形四心法画两端面圆的轴测投影——椭圆	④ 画两椭圆的公切线；擦除多余线条，加深图线

（2）圆台的正等测画法。

圆台的正等测画法和圆柱的正等测画法相同，作图时分别作出其两端面的椭圆，再作公切线即可。表 6-5 所示为轴线是侧垂线的圆台的正等测画法。

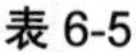

表 6-5　　　　圆台的正等测画法

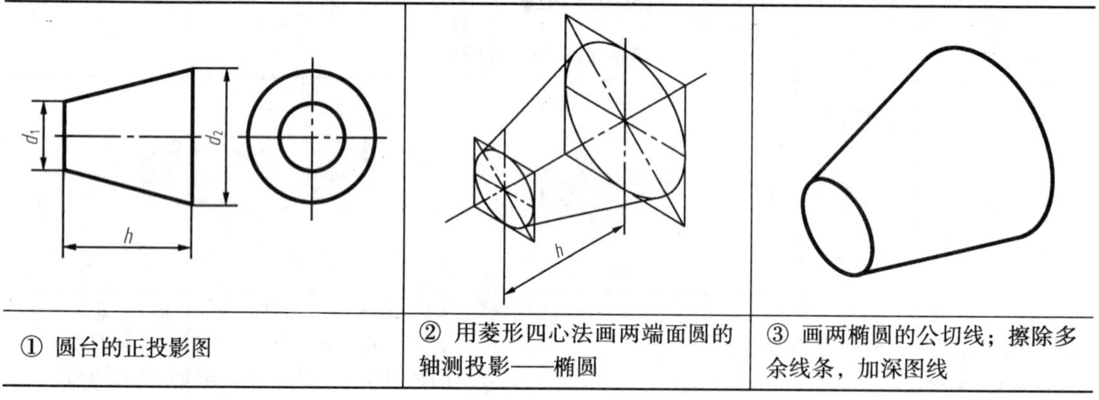

① 圆台的正投影图	② 用菱形四心法画两端面圆的轴测投影——椭圆	③ 画两椭圆的公切线；擦除多余线条，加深图线

（3）圆角的正等测画法。

圆角是圆的四分之一，其正等测画法与圆的正等测画法相同，即作出对应的四分之一菱形，画出近似圆弧。如图 6-8 所示，圆角平板前面的两个圆角为四分之一圆柱面，其轴测图画法如表 6-6 所示。

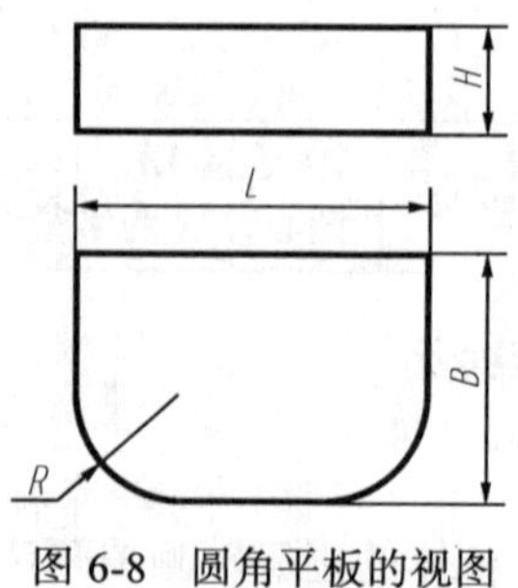

图 6-8　圆角平板的视图

表 6-6　　　　圆角的正等测画法

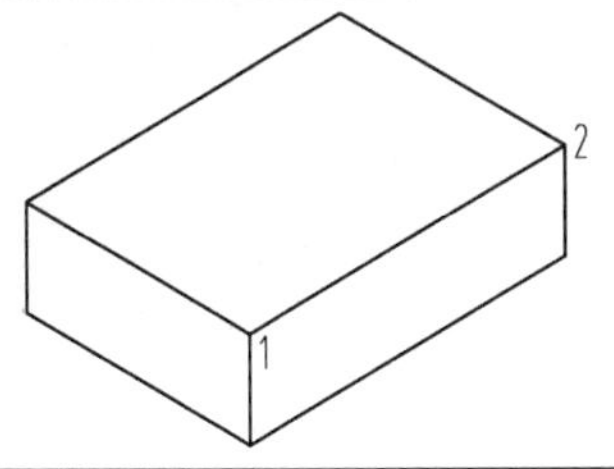	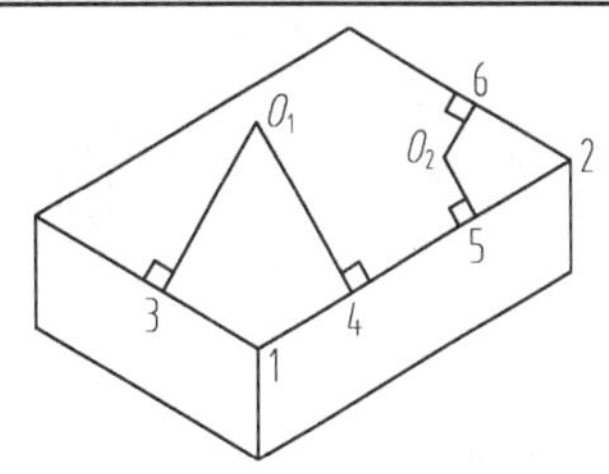
① 作出长方体的正等测图，标出 1、2 两个角点	② 自 1、2 两点沿棱线分别截取半径 R，得 3、4、5、6 这 4 点，过此 4 点分别作各棱线的垂线，得交点 O_1 及 O_2
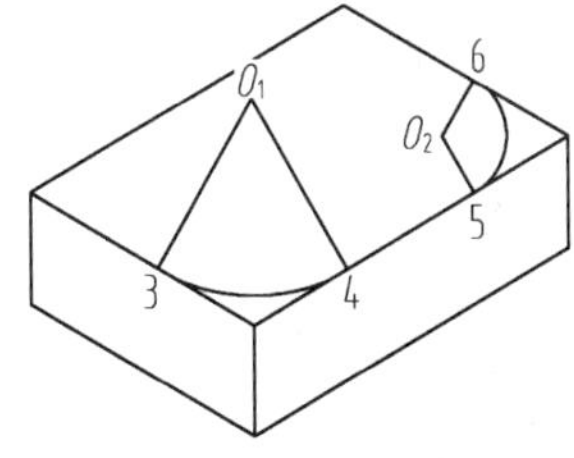	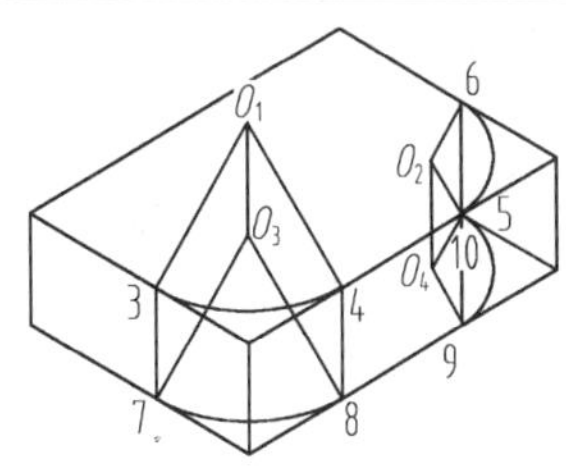
③ 以 O_1 为圆心、$O_1$3 为半径作圆弧 3 4；以 O_2 为圆心、$O_2$5 为半径作圆弧 5 6	④ 将 O_1、3、4 及 O_2、5、6 各点向下平移，高度为板厚 H，作圆弧 7 8 及 9 10
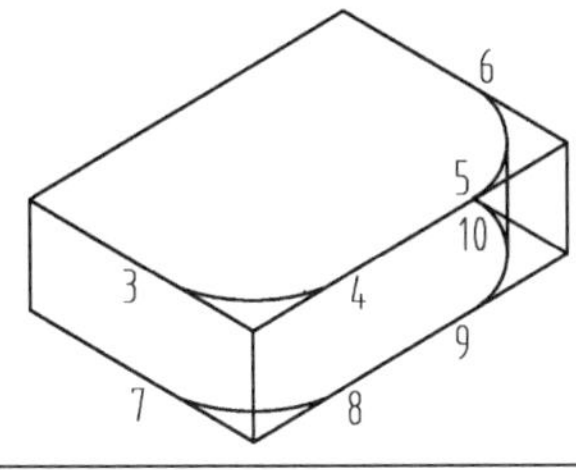	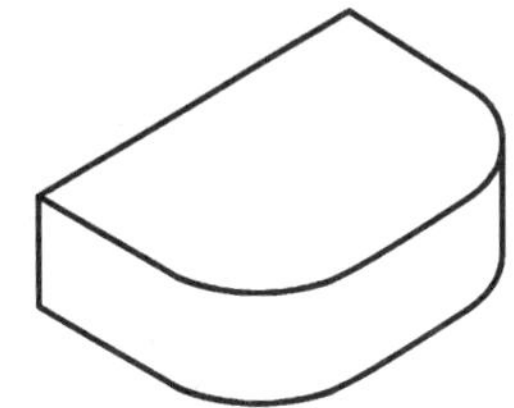
⑤ 作圆弧 5 6 及 9 10 的公切线	⑥ 擦除多余线条，加深图线

6.2.4　组合体正等测图的画法

图 6-9 所示的轴承座可看成由两部分构成：水平的底板和正平的立板。分别绘制底板和立板，并加以叠加，就可以完成其正等轴测图，做图步骤如表 6-7 所示。

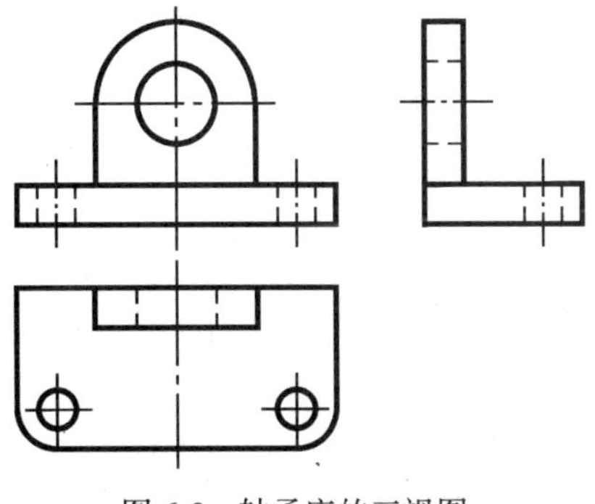

图 6-9　轴承座的三视图

表 6-7　　轴承座正等测图的画法

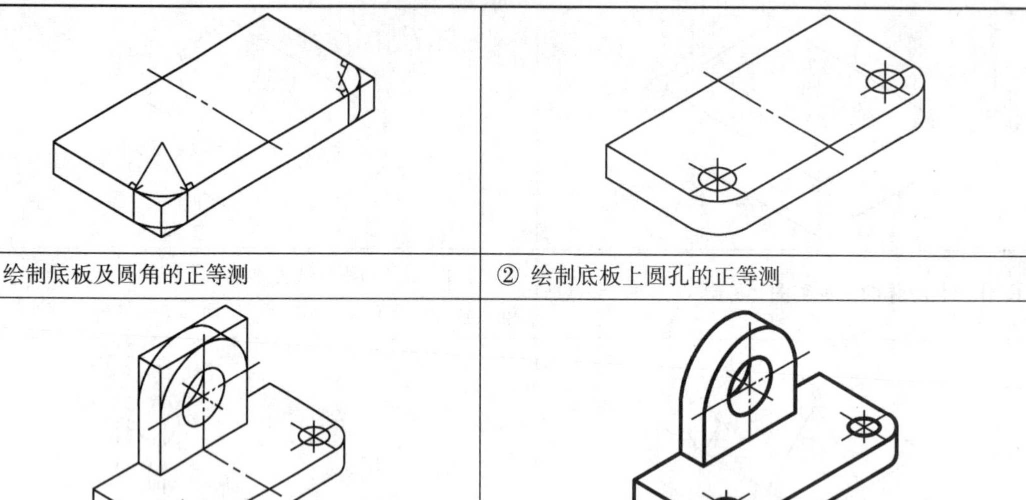

① 绘制底板及圆角的正等测	② 绘制底板上圆孔的正等测
③ 绘制立板的正等测	④ 擦除多余线条，加深图线

6.3 斜二测图

在斜轴测投影中，将物体放正，使 XOZ 坐标面平行于轴测投影面，此时 XOZ 坐标面或其平行面上的任何图形在轴测投影面上的投影都反映实形，这称为正面斜轴测投影，其中最常见的是斜二测，如图 6-10 所示。

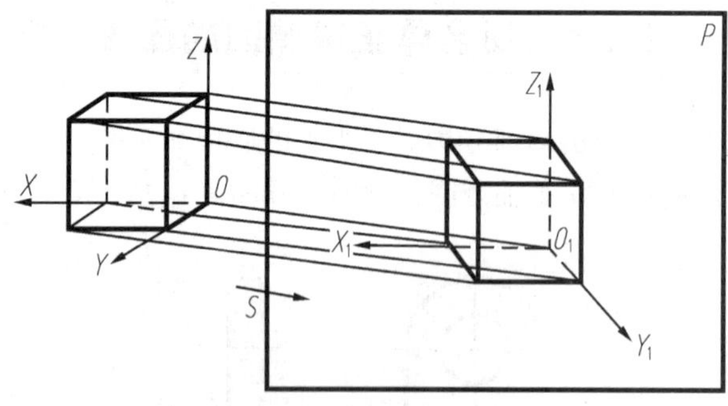

图 6-10　斜二测图的形成

6.3.1　轴间角和轴向伸缩系数

斜二测图的轴间角 $\angle X_1O_1Z_1 = 90°$，$\angle X_1O_1Y_1 = \angle Y_1O_1Z_1 = 135°$；$X$ 轴和 Z 轴的轴向伸缩系数 $p = r = 1$；Y 轴的轴向伸缩系数 $q = 0.5$。作图时，一般使 O_1Z_1 轴处于垂直位置，O_1X_1 轴处于水平位置，O_1Y_1 轴与水平线成 45°，如图 6-11 所示。

画平面立体的斜二测图时，其作图原理及步骤和正等测图的完全相同，只是轴间角和轴向伸缩系数不同。图 6-12 所示为正方体的斜二测图。

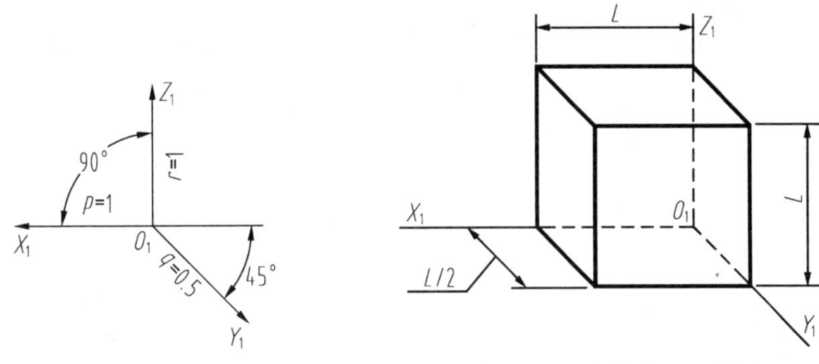

图 6-11 斜二测图的轴间角　　　　图 6-12 正方体的斜二测图

根据斜二测图的特点可知：平行于 *XOZ* 坐标面的圆的斜二测投影反映实形；而平行于 *XOY* 和 *YOZ* 面的圆的斜二测投影为椭圆，作图方法复杂。因此，当立体上只有某个平面（或互相平行的平面）形状复杂或圆较多时，常采用斜二测图来表达。

6.3.2 斜二测图的画法

【案例 6-3】 根据图 6-13 所示支架的视图绘制其斜二测图。

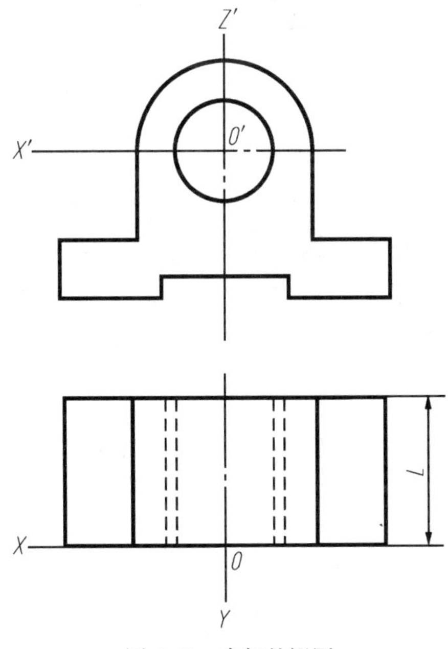

图 6-13 支架的视图

由于平行于 *XOZ* 坐标面的圆或圆弧的斜二测投影仍为圆或圆弧，因此把立体上有圆或圆弧的平面选为 *XOZ* 坐标面，作图就会比较方便。

支架斜二测图的作图步骤如表 6-8 所示。

表 6-8　　支架斜二测图的画法

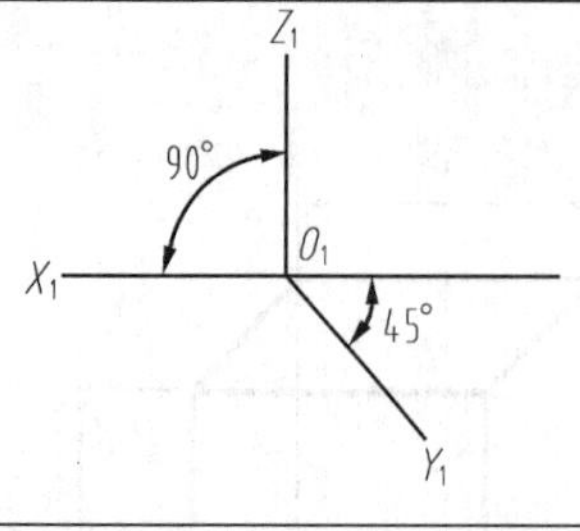	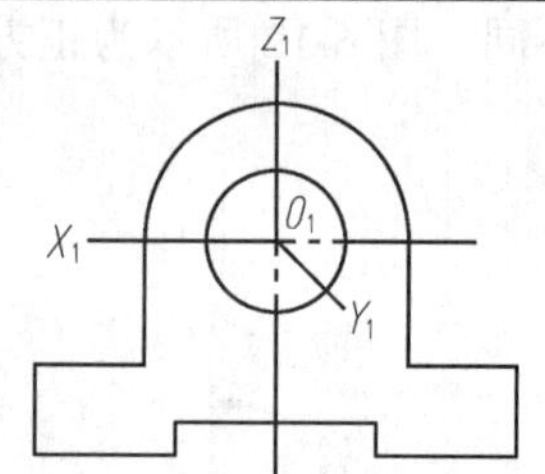
① 在正投影图上确定坐标轴，画出轴测轴	② 画前表面的轴测图
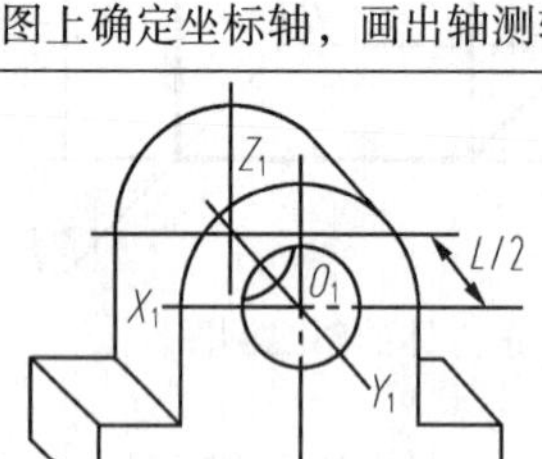	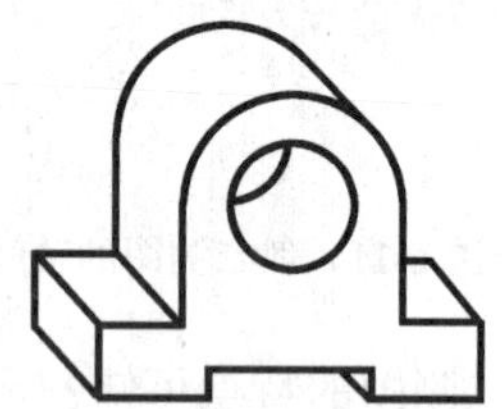
③ 将圆心沿 Y_1 轴向后移 0.5L，画出后表面的可见部分	④ 擦除多余线条，加深图线

适合用斜二测图表达的例子如图 6-14 所示。

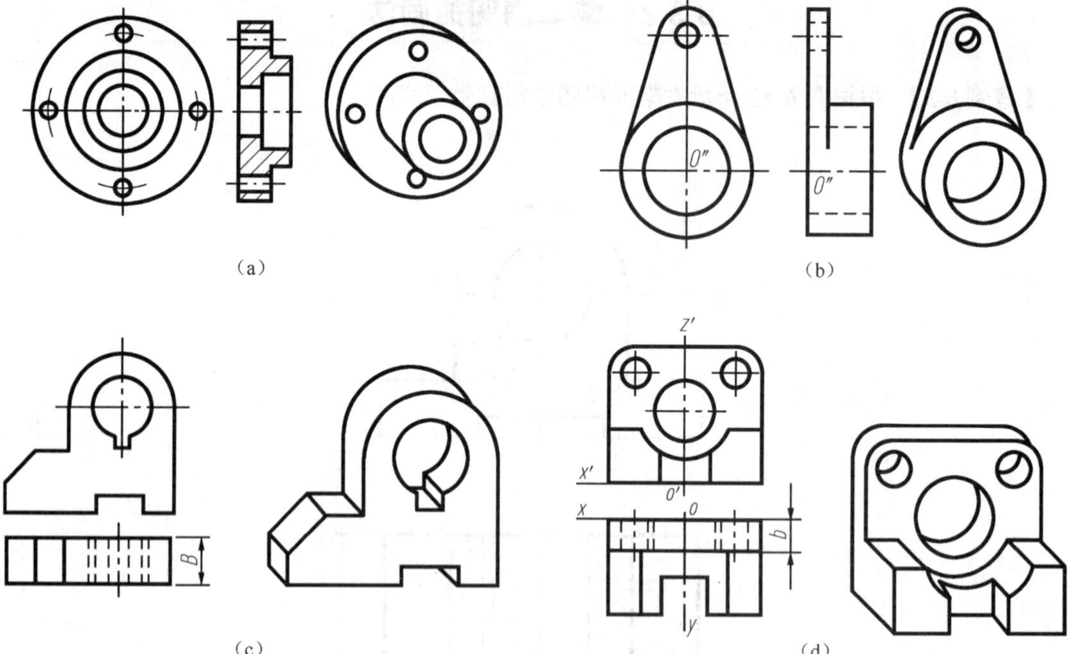

图 6-14　斜二测图例

画斜二测时需要注意以下几点。

（1）Y 轴的轴向伸缩系数 $q = 0.5$，因此宽度方向的尺寸要缩短一半。

（2）平行于 XOZ 坐标面的各平面一般从前往后依次画出，不可见的图线不画。

（3）常将圆心沿轴线方向后移，来画圆柱的后底面。

第7章 机件的基本表示法

【学习目标】

- 掌握视图的概念、分类、画法和标注。
- 掌握各种剖视图的画法和标注。
- 掌握断面图的分类、画法和标注。
- 掌握局部放大图和各种简化画法。
- 了解第三角画法。

7.1 视图

在生产实践中，机件的结构复杂多样，仅用前面所讲的三视图并不能将它们的内外形状完全表达清楚。为此，国家标准规定了机件的基本表示法。.

本章将介绍视图、剖视图、断面图及简化画法等机件的基本表示法。画图时应根据机件的实际结构特点，选用恰当的表达方法，以完整、清晰地表达机件的各部分形状。在方便看图的前提下，还要力求制图简便。下面首先学习视图。

视图是机件向投影面作正投影所得到的图形，主要用于表达机件的外形结构。一般只画机件的可见部分，必要时才画出其不可见部分。视图包括基本视图、向视图、局部视图及斜视图。

7.1.1 基本视图

为了清晰地表达机件上、下、左、右、前、后等方向的形状，在三投影面的基础上再增加3个投影面，即用正六面体的6个面作为基本投影面，将机件放在其中，分别向6个基本投影面投影，投影所得的视图称为基本视图，如图7-1所示。

基本投影面的展开方法如图7-2所示，正投影面不动，其他投影面均按图示方向展开。

展开后各视图的配置如图7-3所示，6个基本视图按展开后的位置配置称为按投影关系配置。基本视图按投影关系配置时一律不标注视图名称。

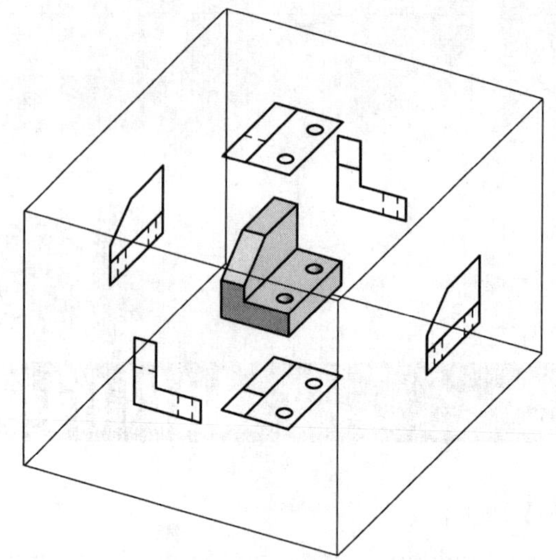
图 7-1　6 个基本视图的形成

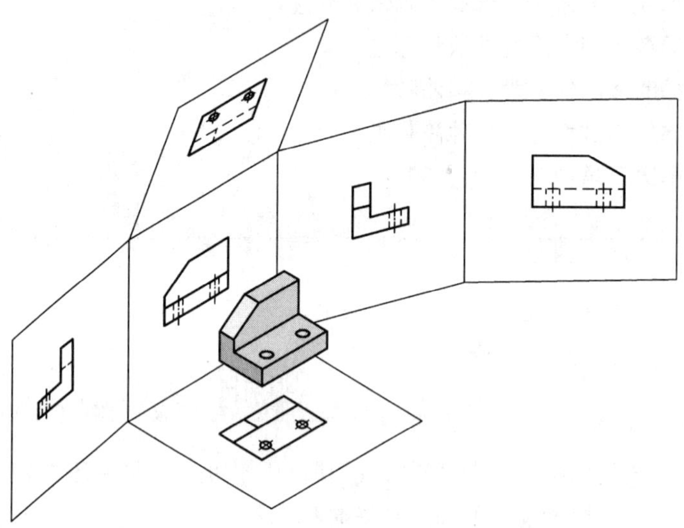
图 7-2　投影面的展开方法

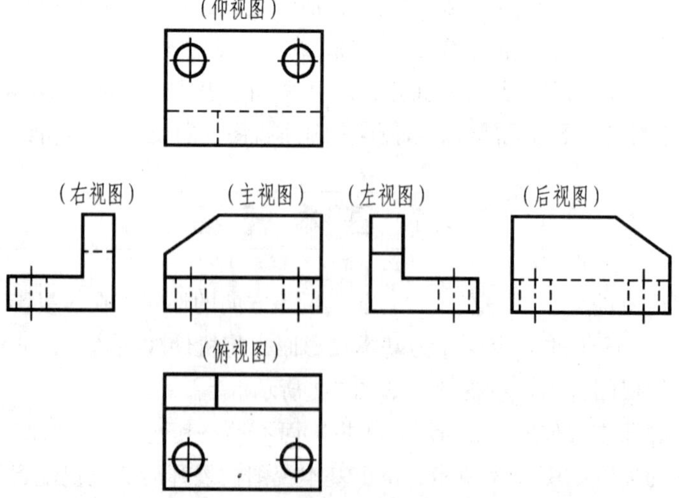

图 7-3　基本视图的配置关系

这6个基本视图分别是：主视图、俯视图、左视图、右视图、仰视图和后视图。除了前面讲过的三视图，增加了以下视图。

- 右视图——从右向左投影。
- 仰视图——从下向上投影。
- 后视图——从后向前投影。

6个基本视图与三视图一样，仍应符合“三等”的投影规律。

- 主、俯、仰、后视图长对正。
- 主、左、右、后视图高平齐。
- 俯、左、仰、右视图宽相等。

其中，除后视图外，其他视图靠近主视图的一边是机件的后面，远离主视图的一边是机件的前面。

主视图和后视图在反映机件上、下位置关系时一致，但左右位置恰好相反。

实际画图时，不需要画出全部6个基本视图，而是根据机件的形状特点选择其中的几个基本视图来表达其形状。通常首先选用主视图，然后是俯视图或左视图，最后根据具体情况选择其他视图。

7.1.2 向 视 图

基本视图若不按展开后的位置配置则称为向视图。向视图是可以自由配置的视图，但必须进行标注。在视图的上方用大写拉丁字母标出视图的名称“×”，在相应的视图附近用箭头指明投影方向，并注上同样的字母，如图7-4所示。

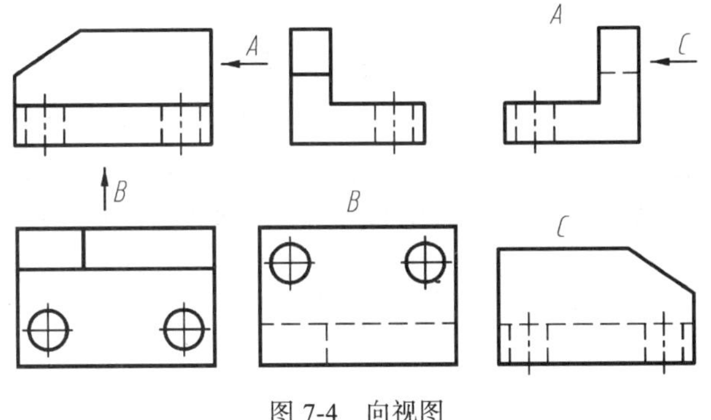

图7-4 向视图

表示投射方向的箭头尽可能配置在主视图上，只是表示后视投射方向的箭头才配置在其他视图上。

7.1.3 局部视图

将机件的某一部分向基本投影面投影所得的视图，称为局部视图。

图7-5（a）所示的机件用主视图、俯视图两个基本视图已把主体结构表达得很清楚。若用局部视图仅画出需要表达的部分，则会更明了。局部视图可认为是不完整的基本视图，采用它可以减少基本视图的数量，补充基本视图没有表达清楚的部分，如图7-5（b）所示。

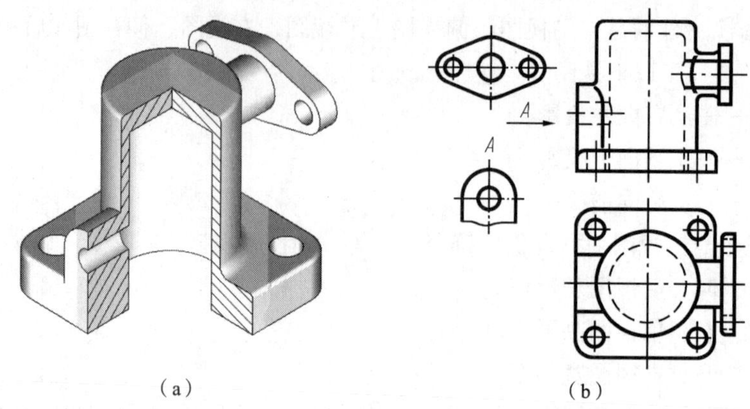

图 7-5　局部视图

画局部视图时应注意以下几点。

（1）局部视图应尽量配置在投影方向上，并且与原视图保持投影关系。当局部视图按投影关系配置，中间又没有其他图形隔开时，可省略标注，如图 7-5（b）中没有标注的局部视图。

（2）为了合理布图，也可将局部视图放置在其他适当的位置。这时应在局部视图上方用大写拉丁字母标出视图的名称“×”，在相应的视图附近用箭头指明投射方向，并注上相同的字母，如图 7-5（b）中的 *A* 向局部视图。

（3）局部视图的断裂边界线用波浪线或双折线表示，如图 7-5（b）中的 *A* 向局部视图。但当所表达的局部结构是完整的且外轮廓又成封闭线框时，波浪线可省略不画，如图 7-5（b）中没有标注的局部视图。

7.1.4　斜　视　图

将机件向不平行于任何基本投影面的平面投射所得的视图，称为斜视图。

如图 7-6 所示，当机件上的某些表面与基本投影面倾斜时，其基本视图不能反映真实形状。为了表达倾斜表面的真实形状，可以选择一个平行于倾斜面并垂直于某一个基本投影面的平面作为投影面，如图中的正垂面 V_1 面，然后将倾斜结构向该投影面进行投影，之后将新投影面旋转到与基本视图重合，最终得到可以反映倾斜表面真实形状的斜视图，如图 7-7 所示。

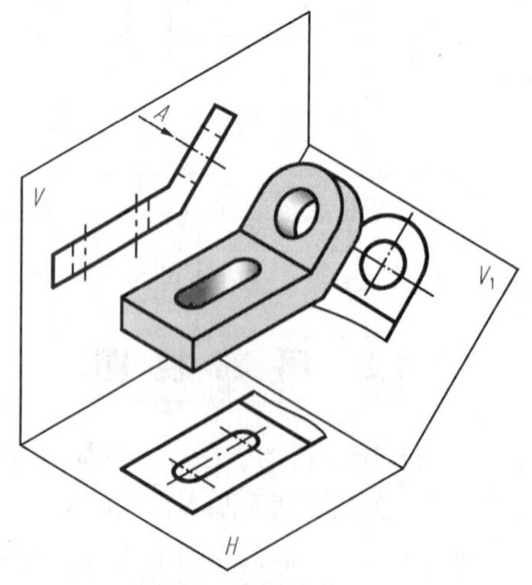

图 7-6　斜视图的形成

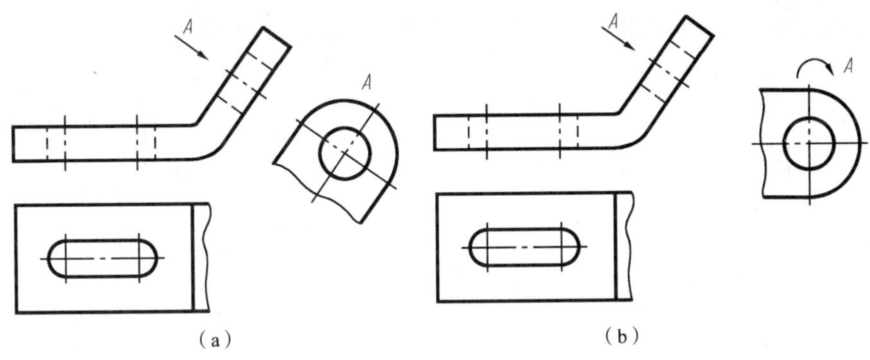

图 7-7 斜视图

画斜视图时应注意以下几点。

(1)斜视图通常按投射方向配置并标注，如图 7-7(a)所示的斜视图 *A*。必要时，也可移到其他地方。为了作图方便，允许将图形旋转，如图 7-7(b)所示的 *A* 向视图旋转配置，旋转符号的箭头应指明旋转方向，表示该视图名称的字母应靠近旋转符号的箭头端，也允许将旋转角度写在字母后。

(2)斜视图只用于表达倾斜结构的形状，其余部分不必画出，用波浪线或双折线断开，如图 7-7 所示的 *A* 向视图。

(3)若斜视图上所表达的结构是完整的且外形轮廓成封闭线框，则波浪线可省略不画。

7.2 剖视图

当机件的内部形状较为复杂时，视图中就会出现很多虚线，它们常常与其他线条相交，这样图形就不够清晰，且不便于读图和标注尺寸，如图 7-8 所示机件的三视图。为了清楚地表达机件的内部形状，国家标准规定了表达机件内部结构的方法——剖视图。

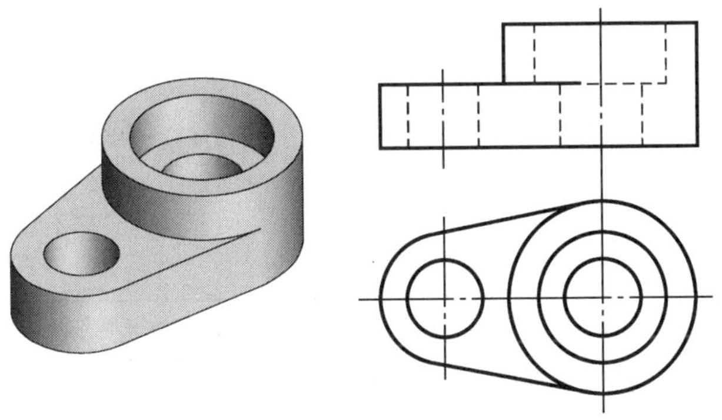

图 7-8 机件及其视图

7.2.1 剖视图的概念和画法

假想用剖切面剖开机件，将处在观察者和剖切面之间的部分移去，而将其余部分向基本投影面投影，这样所得的图形就称为剖视图，简称剖视，如图 7-9 所示。

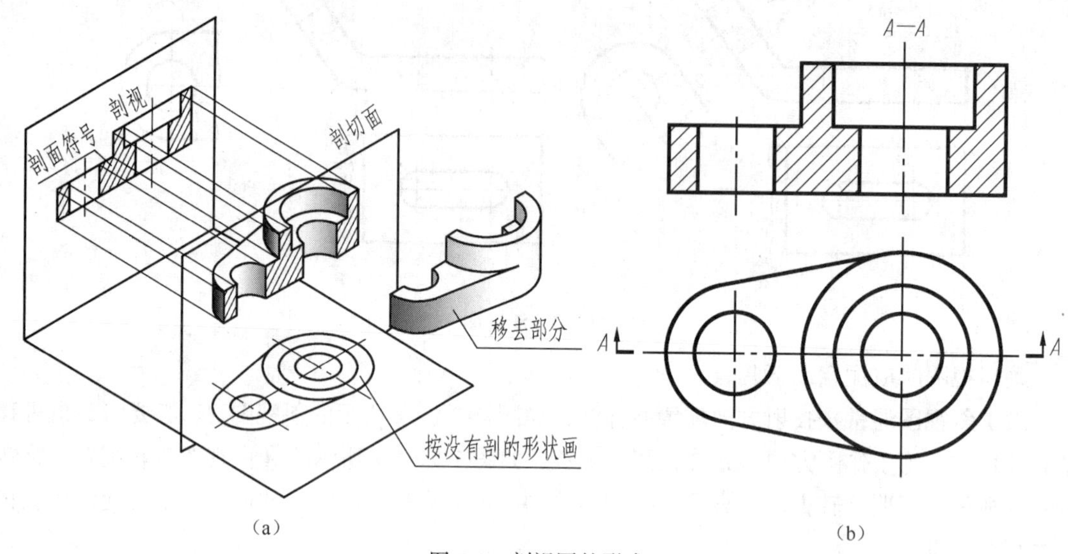

（a）　（b）

图 7-9　剖视图的形成

剖视图中一般不画虚线。但若还有未表示清楚的结构或少量的虚线可以减少视图数量时，可以画出必要的虚线。

1. 剖视图的画法

（1）确定剖切位置。为了表达机件内部结构的真实形状，一般选择平行于投影面、且与机件内部结构的对称面或轴线重合的面作为剖切面。如图 7-9（a）所示的剖切面是通过机件前、后对称平面的正平面。

（2）画剖视图的轮廓线。先画出剖切面与机件接触部分的轮廓线，再画剖切面后的可见轮廓线，它们都用粗实线来表达。

（3）在剖切面与机件接触的断面处画上剖面符号，如图 7-9（b）所示。国家标准规定不同材料要用不同的剖面符号，常用的剖面符号如表 7-1 所示。

如果不需要表示材料的类别，可采用与金属材料相同的通用剖面线来表示。

表 7-1　常用的剖面符号

材料名称	剖面符号	材料名称	剖面符号
金属材料（已有规定剖面符号者除外）		砖	
非金属材料（已有规定剖面符号者除外）		型砂、填砂、粉末冶金，砂轮，陶瓷刀片、硬质合金刀片等	

续表

材料名称		剖面符号	材料名称	剖面符号
线圈绕组件			混凝土	
转子、电枢、变压器和电抗器等的迭钢片			钢筋混凝土	
液体			木质胶合板（不分层数）	
玻璃及供观察用的其他透明材料			基础周围的泥土	
木材	纵剖面		格网（筛网、过滤网等）	
	横剖面			

画金属材料或不需表示材料类别的剖面符号时应遵守以下规定。

- 剖面符号也称剖面线，画成与主要轮廓线或剖面区域的对称线成 45° 角的平行且间隔相等的细实线，如图 7-10 所示。

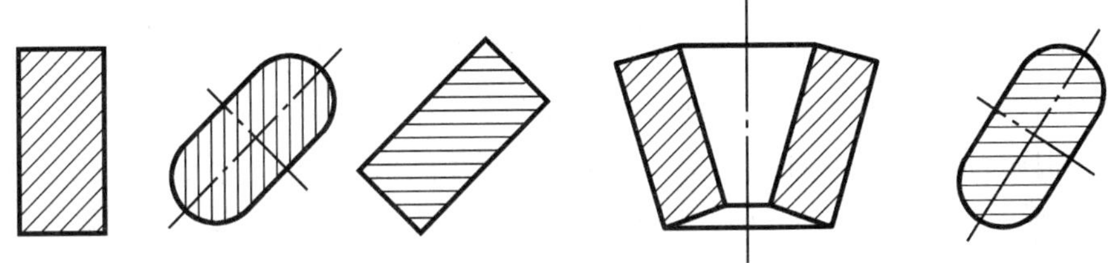

图 7-10　剖面线的画法

- 同一机件所有的剖视图和断面图中的剖面线应方向相同、间隔相等。

2. 剖视图的配置与标注

剖视图一般按投影关系配置，也可根据图面布局配置在其他适当的位置。

剖视图一般应加以标注，表明其与有关视图之间的投影关系，以便于读图。标注应包括剖切位置、投射方向和剖视图的名称，如图 7-9（b）所示。

- 剖切符号：表示剖切位置和投射方向。剖切位置用粗实线绘制，长度约为 5mm。箭头表示剖切后的投影方向，画在剖切位置线的外端并与其垂直。要避免剖切符号与轮廓线相接触。
- 剖切符号的编号：一般在起、止和转折位置的剖切符号外侧标注大写拉丁字母“*X*”。
- 剖视图的名称：在剖视图的上方，写出与剖切符号的编号相对应的两个字母，中间加一条细实线“*X-X*”。字母一律水平书写，字头朝上。

7.2.2 剖视图的种类

按机件内部结构的表达需要及其剖切范围，剖视图可分为全剖视图、半剖视图和局部剖视图。

1. 全剖视图

用剖切平面完全地剖开机件所得的剖视图称为全剖视图，如图 7-11 所示。

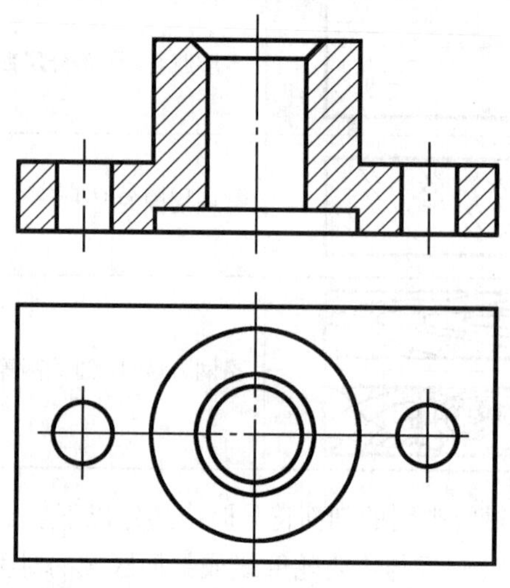

图 7-11 全剖视图

全剖视图一般用于不对称的、内部结构形状较复杂、外形又较简单或外形已在其他视图上表达清楚的机件，主要是为了表达机件的内部结构。

全剖视图应按规定进行标注。当剖视图按基本视图关系配置时，可省略箭头。当剖切平面通过机件的对称面或基本对称面且剖视图按投影关系配置、中间又无其他视图隔开时，可省略标注，图 7-11 所示全剖视图即可省略标注。

2. 半剖视图

具有对称平面的物体在与对称平面垂直的投影面上，可以对称中心线为界，一半画成剖视图，另一半画成视图，这种组合的图形称为半剖视图。图 7-12 所示的主视图即为半剖视图。

画半剖视图应注意以下问题。

（1）半剖视图的标注方法与全剖视图的完全相同。当剖切平面未通过机件的对称平面时，必须标出剖切位置和名称。

（2）在半剖视图中，表示机件外部的半个视图和表示机件内部的半个剖视图的分界线是对称中心线，应画成细点画线。

（3）在半剖视图中，不剖的半个视图中表示内部形状的虚线一般不必画出。

（4）机件的形状接近于对称且不对称的部分已另有图形表达清楚时，也可画成半剖视图。

（5）半剖视图一般画在主、俯视图的右半边，俯、左视图的前半边，主、左视图的上半边。

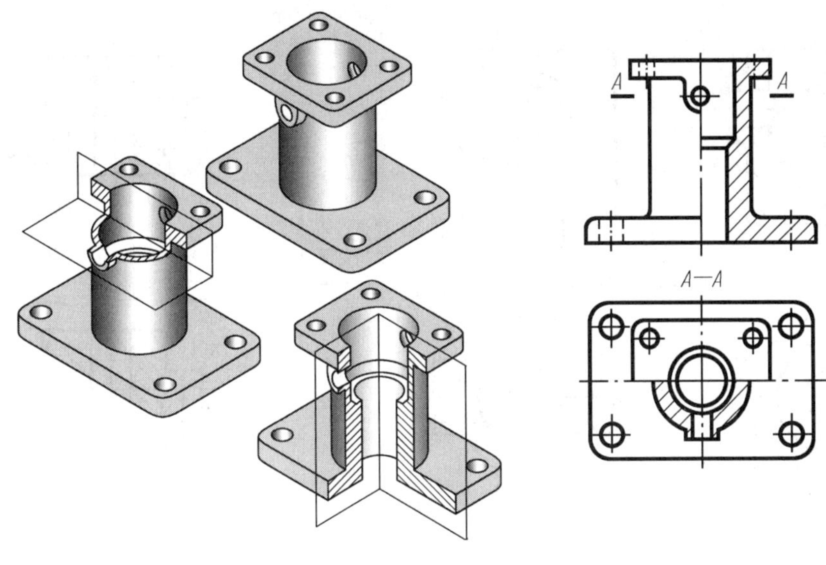

图 7-12　半剖视图

3. 局部剖视图

用剖切平面局部地剖开机件所得的剖视图，称为局部剖视图，如图 7-13 所示。

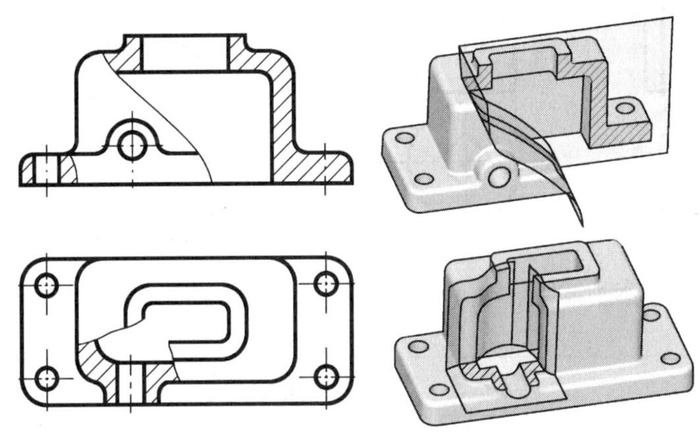

图 7-13　局部剖视图

局部剖视图可以同时表达机件的内、外部结构，不受机件是否对称的条件限制，剖切位置、剖切范围的大小均可根据实际需要而定，是一种比较灵活的表达方法，因此应用广泛。

画局部剖视图应注意以下问题。

（1）局部剖视图的标注方法与全剖视图的相同，剖切位置明显的局部剖视图一般可省略标注。

（2）在一个视图中，选用局部剖的次数不宜过多，否则容易显得零乱，从而影响图形的清晰度。

（3）视图和剖视的分界线用波浪线或双折线区分，不能超出视图的轮廓线，且不应与轮廓线重合或画在其他轮廓线的延长线上，也不能穿过中空处，如图 7-14 所示。

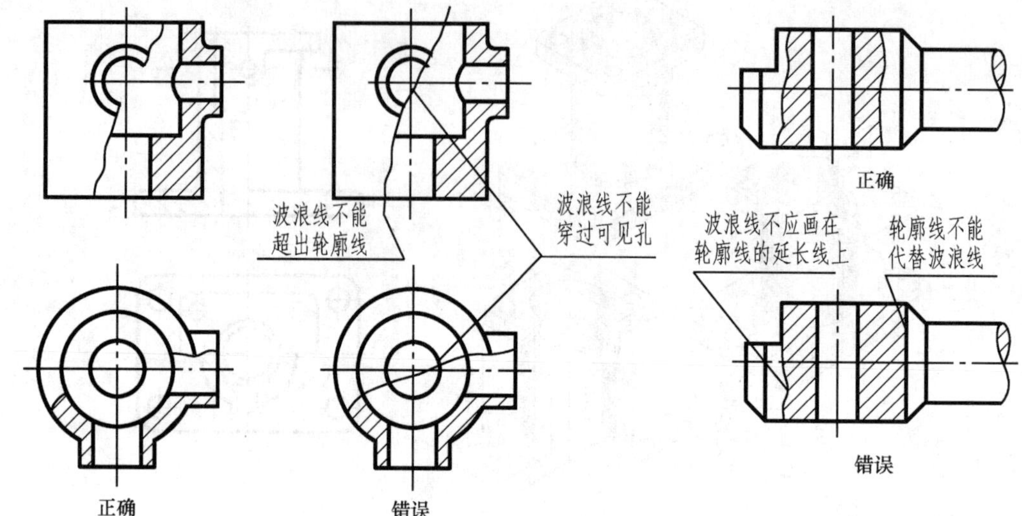

图 7-14　波浪线正误对比

（4）当对称机件的轮廓线与中心线重合时，不宜采用半剖视图，而用局部剖视图，如图 7-15 所示。

（5）当被剖结构为回转体时，允许将其对称中心线作为局部剖的分界线，如图 7-16 所示。

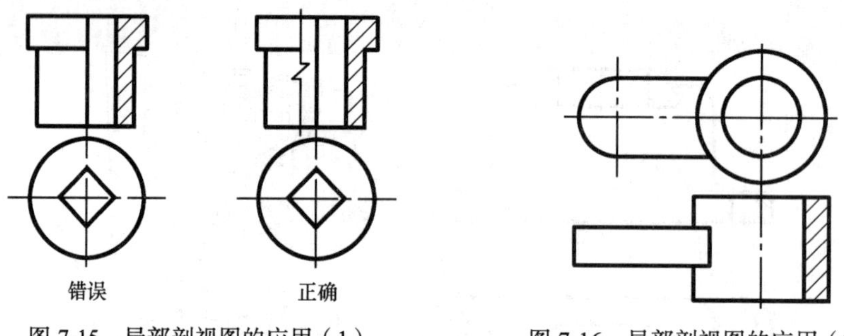

图 7-15　局部剖视图的应用（1）

图 7-16　局部剖视图的应用（2）

7.2.3　剖切面的种类

为了清晰地表达各种机件不同的内部结构，国家标准规定可以选用不同位置和数量的剖切面来剖切机件，常见的剖切平面有以下 5 种。

1．单一剖切面

（1）单一平行剖切平面。

采用与基本投影面平行的单一剖切平面进行剖切，前面所讲的全剖视、半剖视和局部剖视都是采用这种方式。

（2）单一斜剖切平面。

用不平行于任何基本投影面但垂直于某一基本投影面的单一投影面剖切平面的方法，如图 7-17 中的 *A—A*，用来表达机件上倾斜部分的内部结构形状。

画图时应注意以下几点。

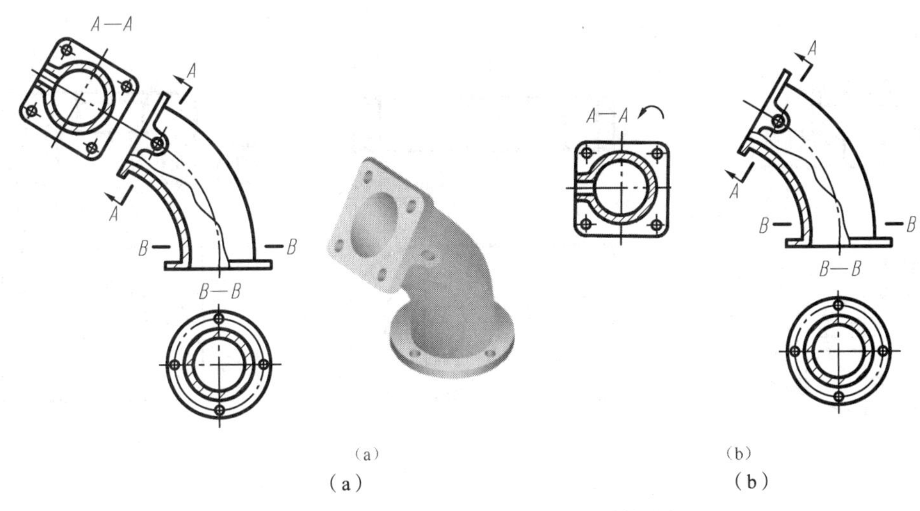

(a)　　(b)

图 7-17　单一斜剖切平面剖得的全剖视图

(1) 单一斜剖切平面剖得的视图一般按投影关系配置，必须标注剖切符号、投影方向和剖视图名称，如图 7-17 (a) 所示。

(2) 为了合理利用图纸，可将剖视图保持原来的倾斜程度，平移到其他适当位置。

(3) 为了画图方便，在不引起误解时还可以将图形旋转，这时必须标注旋转符号和视图名称"*X*—*X*⌒"。其中，箭头所指方向为斜剖视图的旋转方向，视图名称写在箭头一侧，如图 7-17 (b) 所示。

2. 几个平行的剖切平面

用几个相互平行且与基本投影面平行的剖切平面剖切机件，适用于当机件上的孔、槽及空腔等内部结构分布在互相平行的平面上的情况，如图 7-18 所示。

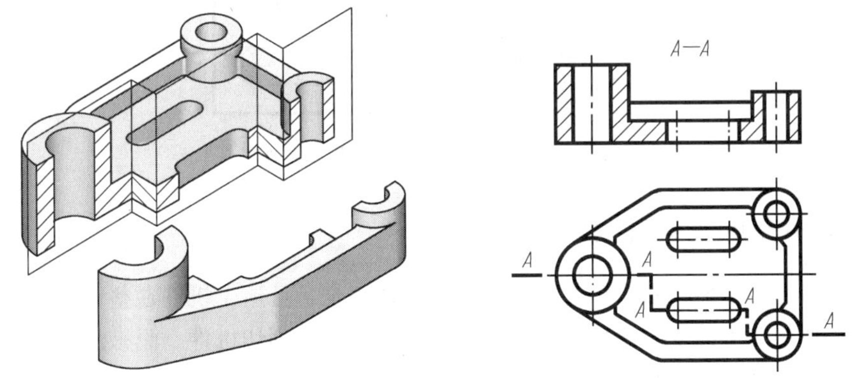

图 7-18　几个平行的剖切平面剖得的全剖视图

画图时应注意以下几点。

(1) 必须进行标注，在剖切平面的起止和转折处画出剖切符号和大写拉丁字母"×"，在所画的剖视图的上方中间位置用相应字母写出其名称"×—×"。若按基本视图关系配置，则可省略箭头，如图 7-18 所示。

(2) 在剖视图内不能出现不完整要素，只有将一个内部结构剖切完整后才能转向下一个内部结构，如图 7-19 (a) 所示。

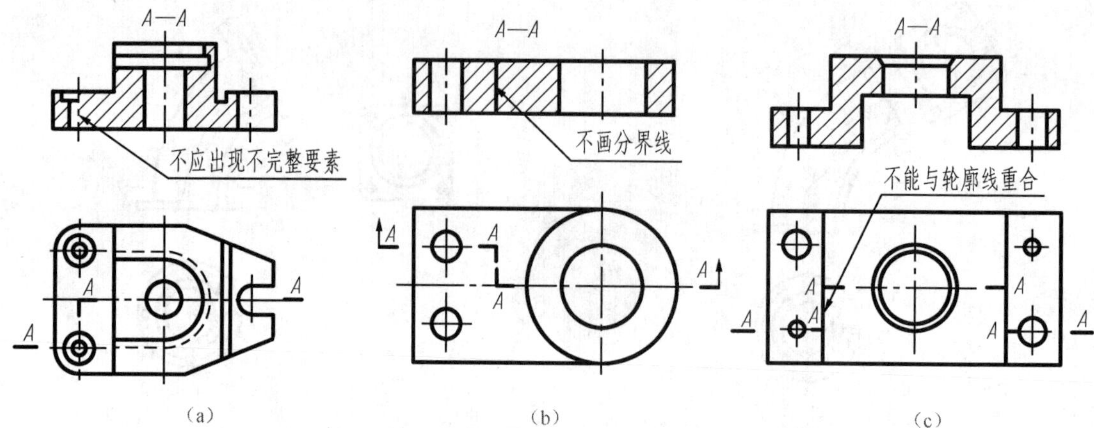

图 7-19　几个平行的剖切平面剖得的视图的常见错误

（3）不应在剖视图中画出各剖切平面的交线，如图 7-19（b）所示。

（4）两剖切平面的转折处不应与图上的轮廓线重合，如图 7-19（c）所示。

（5）当机件上的两个要素在图形上有公共对称中心线或轴线时，应以对称中心线或轴线为界各画一半，如图 7-20 所示。

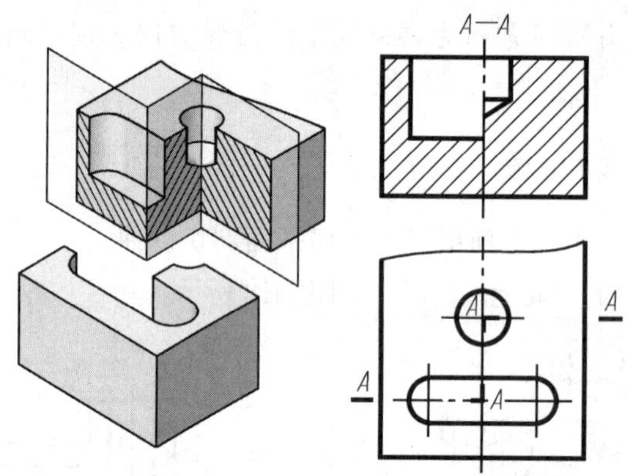

图 7-20　具有公共对称线的剖视图的画法

3. 几个相交的剖切平面

当机件的内部结构形状用一个剖切平面不能表达完全，且这个机件在整体上又具有回转轴时，可采用两个相交平面（交线垂直于某一基本投影面）来剖切机件。画该剖视图时，首先把由倾斜平面剖开的结构连同有关部分旋转到与选定的基本投影面平行的位置，然后再进行投影，图 7-21 所示的俯视图为两个相交平面剖切机件后所画出的全剖视图。

画图时应注意以下几点。

（1）必须进行标注。标注时，在剖切平面的起止和转折处画上剖切符号，且标上同一字母，然后在起止处画出箭头，表示投影方向。在所画的剖视图的上方中间位置用同一字母写出其名称“×—×”，如图 7-21（b）所示。

（2）在剖切平面后的其他结构一般仍按原来位置进行投影，如图 7-21（b）所示的小油孔的水平投影。

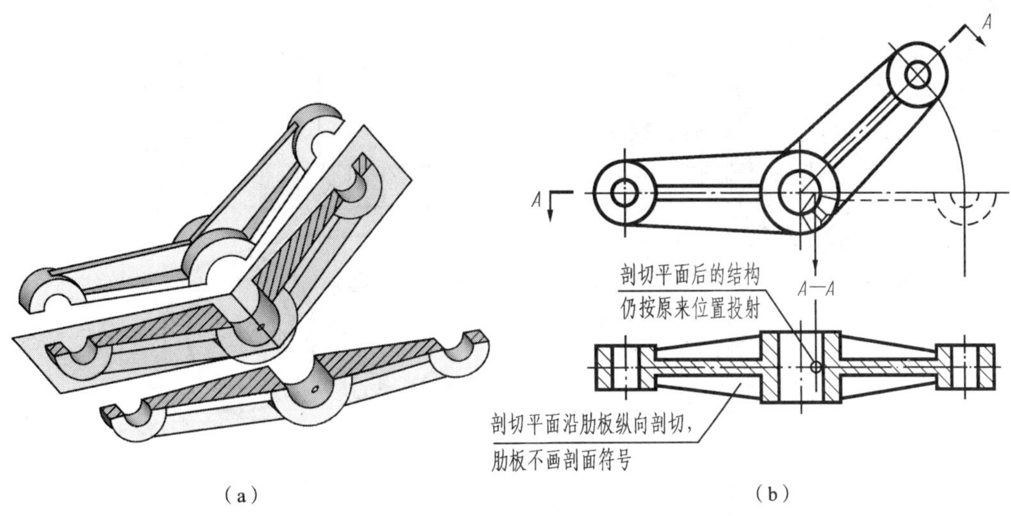

图 7-21　两个相交的剖切平面剖得的全剖视图

（3）当剖切后产生不完整要素时，该部分按不剖画出，如图 7-22 所示。

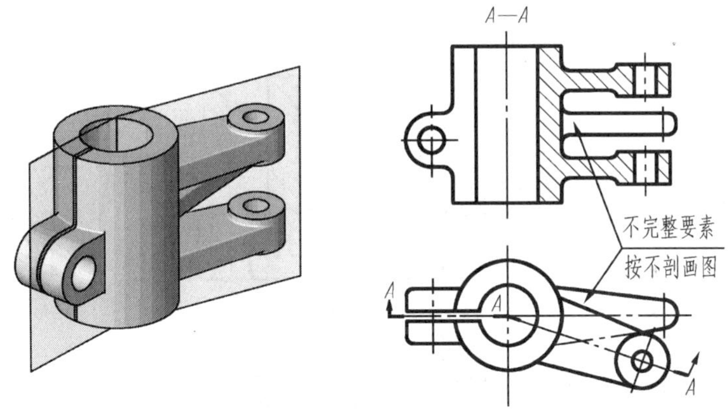

图 7-22　剖切后形成不完整要素的画法

另外，根据机件内部的结构特点还可以用几个相交或平行的剖切平面的组合来剖切机件，如图 7-23、图 7-24 所示。

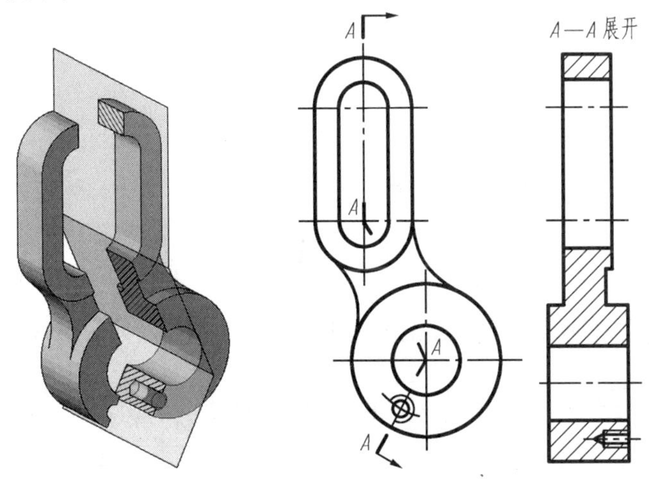

图 7-23　几个相交的剖切面获得的全剖视图

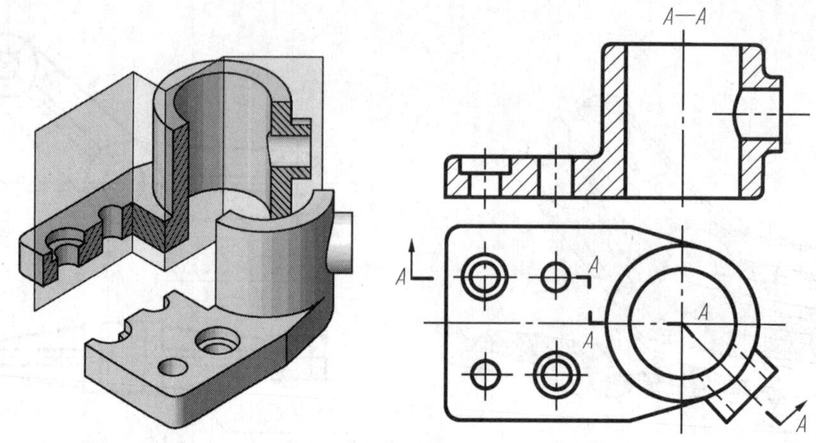

图 7-24　几个平行和相交的剖切面获得的全剖视图

如果需要，还可以在剖视图的剖面区域中再作一次局部剖，此时两个剖面区域的剖面线应同方向、同间隔，但要相互错开。要用引出线标注其名称，剖切位置明显时也可省略标注，如图 7-25 所示。

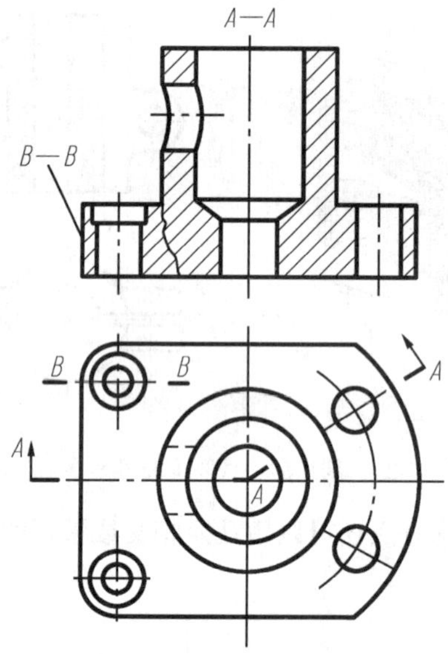

图 7-25　剖视图中再作局部剖

7.3 断面图

断面图也是机件的一种表述方法，主要用来表达机件截断面处的形状。

7.3.1　断面图的概念

假想用剖切面将物体的某处切断，只画出该剖切面与物体接触部分的图形，称为断面图，简称断面，如图 7-26 所示。

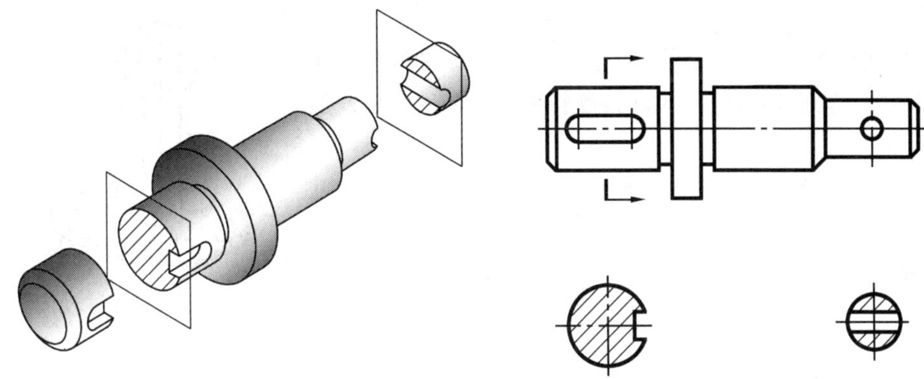

图 7-26　断面图的形成

断面图主要用来表达机件上某些部分的断面形状，如肋、轮辐、键槽、小孔及各种细长杆件和型材的断面形状等。

断面图和剖视图的区别：断面图仅画出机件与剖切面接触部分的图形；而剖视图除需要画出剖切平面与机件接触部分的图形外，还要画出其后的所有可见部分的图形，如图 7-27 所示。

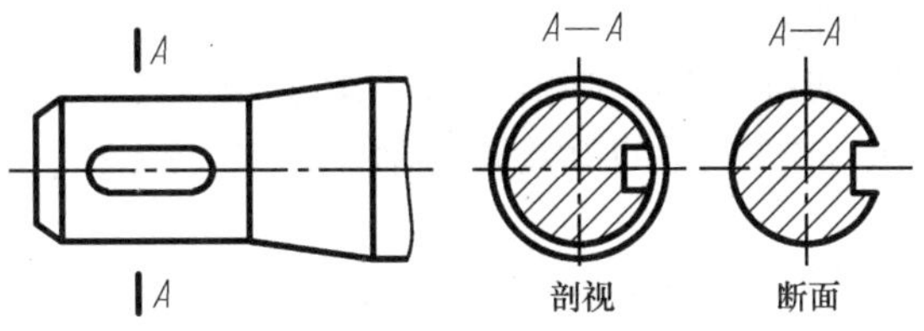

图 7-27　断面图和剖视图的区别

7.3.2　断面图种类

根据画在图上的位置不同，断面图分为移出断面和重合断面两种。

1. 移出断面

画在视图外的断面图称为移出断面，其画法如下。

（1）移出断面的轮廓线用粗实线画在视图之外，尽量配置在剖切线的延长线上，必要时也可配置在其他适当的位置，如图 7-28 所示。

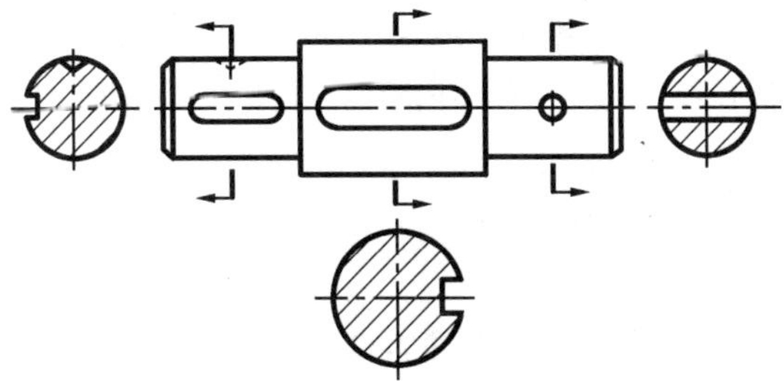

图 7-28　移出断面的画法（1）

（2）剖切平面通过回转面形成的孔或凹坑的轴线时，按剖视画，如图 7-28 所示的左、右两处断面图。

（3）当剖切平面通过非圆孔而导致完全分离的两个断面时，按剖视画。为画图方便，允许将倾斜图形旋转后画出，如图 7-29 所示。

（4）用两个或多个相交的剖切平面剖切得出的移出断面中间一般应断开，如图 7-30 所示。

（5）断面图形对称时，断面也可画在视图的中断处，如图 7-31 所示。

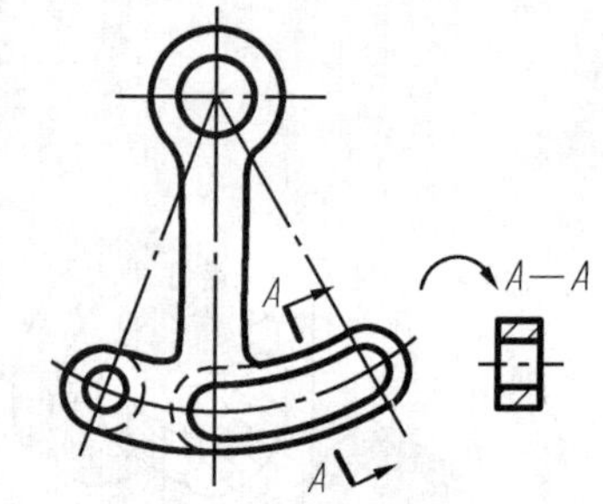

图 7-29　移出断面的画法（2）

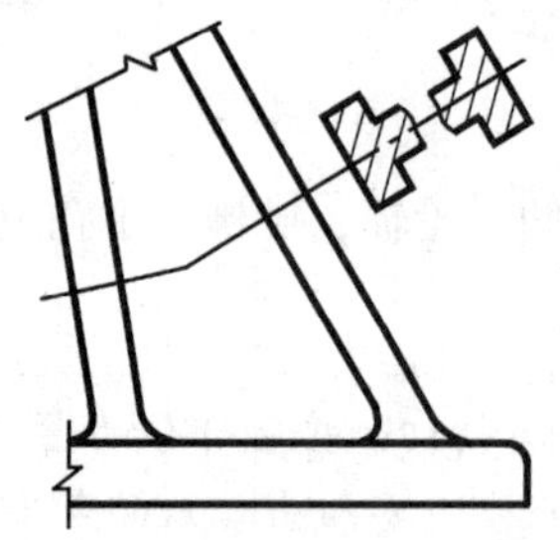

图 7-30　移出断面的画法（3）

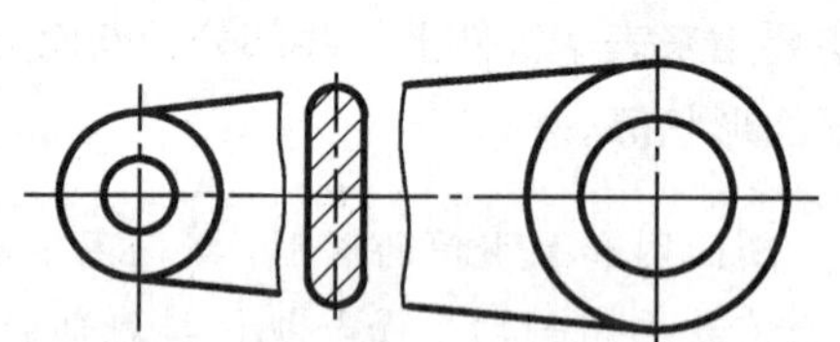

图 7-31　移出断面的画法（4）

移出断面的标注方法如下。

（1）移出断面一般用剖切符号表示剖切位置，用箭头表示投影方向，并标注大写拉丁字母“×”，在断面图上方用同样的字母标出相应的断面图名称“×—×”，如图 7-32 所示。

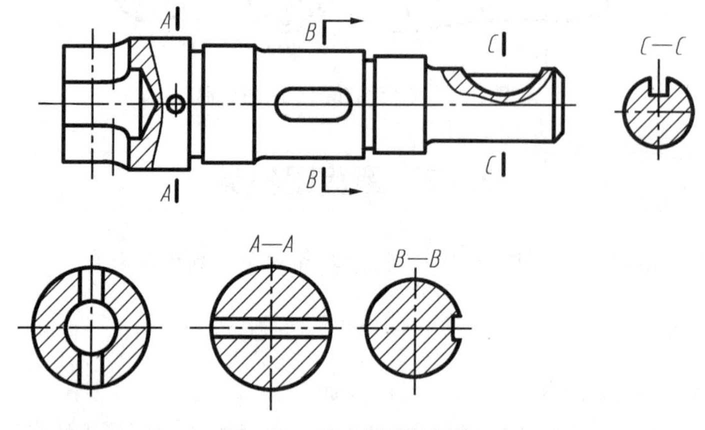

图 7-32　移出断面的标注

（2）配置在剖切符号延长线上的对称移出断面可省略所有标注，如图 7-32 所示。

（3）配置在其他位置的对称移出断面可省略箭头，如图 7-32 所示。

（4）配置在剖切符号延长线上的不对称移出断面或按投影关系配置的移出断面可省略字母，如图 7-28 所示。

2. 重合断面

画在视图之内的断面称为重合断面，如图 7-33 所示。重合断面一般用于断面形状简单又不影响图形清晰的情况。

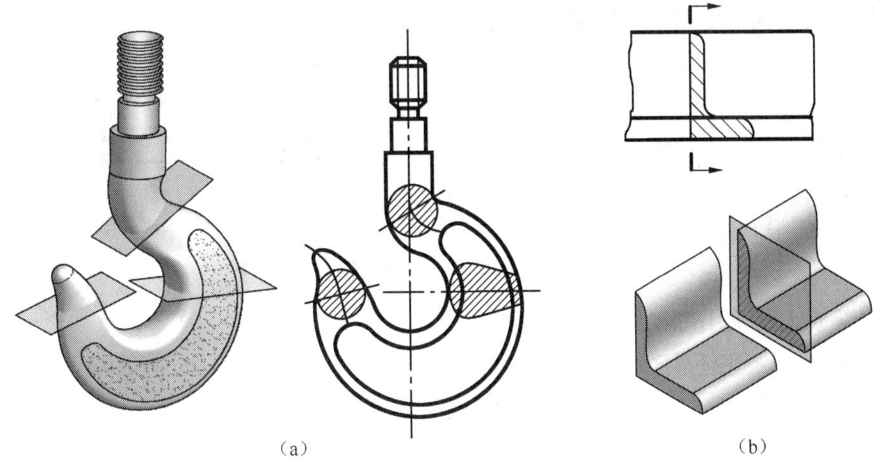

图 7-33　重合断面

重合断面的画法：重合断面的轮廓线用细实线绘制，当视图中的轮廓线与断面图的图线重合时，视图中的轮廓线仍应连续画出。

重合断面的标注：配置在剖切线上的不对称重合断面可省略字母，如图 7-34 所示。对称的重合断面可不标注，如图 7-35 所示。

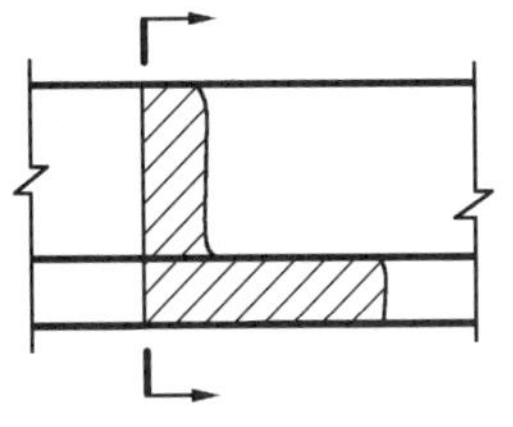
图 7-34　重合断面的标注（1）

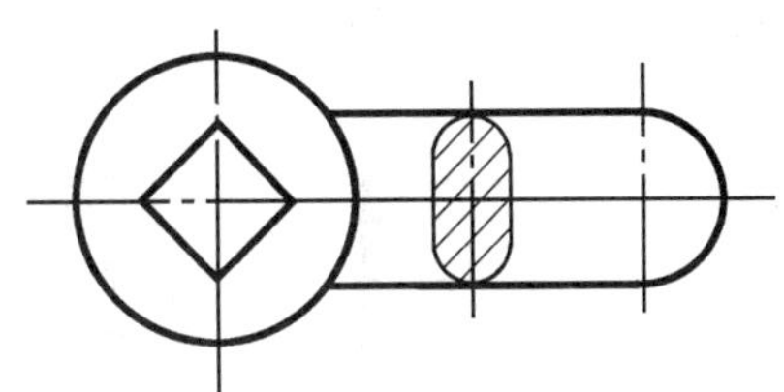
图 7-35　重合断面的标注（2）

7.4 其他表示法

机件的常见表述方法中还有局部放大图和简化画法。

7.4.1　局部放大图

将机件上的部分结构用大于原图形所采用的比例画出的图形称为局部放大图，如图 7-36 所示。当机件上的某些细小工艺结构（如退刀槽、越程槽等）用原图比例画，图形过小而表达不够清楚或标注尺寸困难时，可采用局部放大图。

局部放大图的画法及注意事项如下。

（1）用细实线圆或长圆圈出被放大的部分，在对应的局部放大图的上方注出比例。局部放大图的比例是指放大图与机件对应要素的线性尺寸之比，与被放大部位的原图所采用的比例无关。

（2）如有多处放大部位，则用罗马数字编号，并在相应的放大图的上方用分式表示编号和比例。

（3）局部放大图应尽量配置在被放大部位的附近。

（4）同一机件上的对称图形或不同部位的相同图形只需画出一个局部放大图。

（5）局部放大图可以根据需要画成视图、剖视图或断面图，与被放大部位原图的表达方式无关。

（6）局部放大图采用剖视图和断面图时，其图形按比例放大，但剖面区域中剖面线的间距仍与原图保持一致。

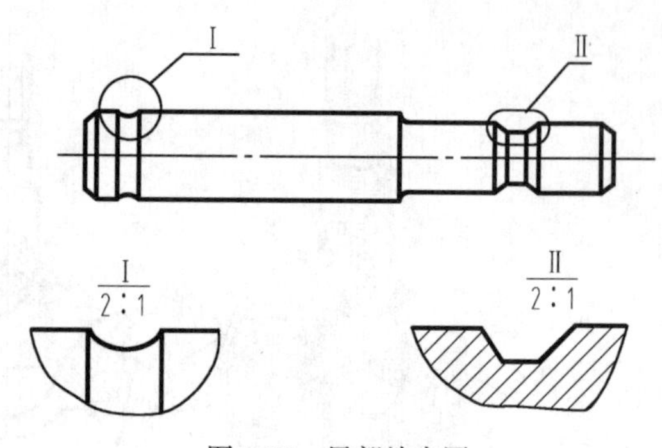

图 7-36　局部放大图

7.4.2　简化画法

在完整和清晰表达机件的前提下，为使画图简便、读图方便，国家标准还制订了一些简化画法。

（1）机件上的肋、轮辐及薄壁的画法：当剖切平面通过轮辐、肋的对称平面或对称中心线（即按纵向剖切）时，轮辐和肋都不画剖面线，而是用粗实线将它们与其相邻部分分开。若按横向剖切，则这些结构都要画上剖面符号，如图 7-37、图 7-38 所示。

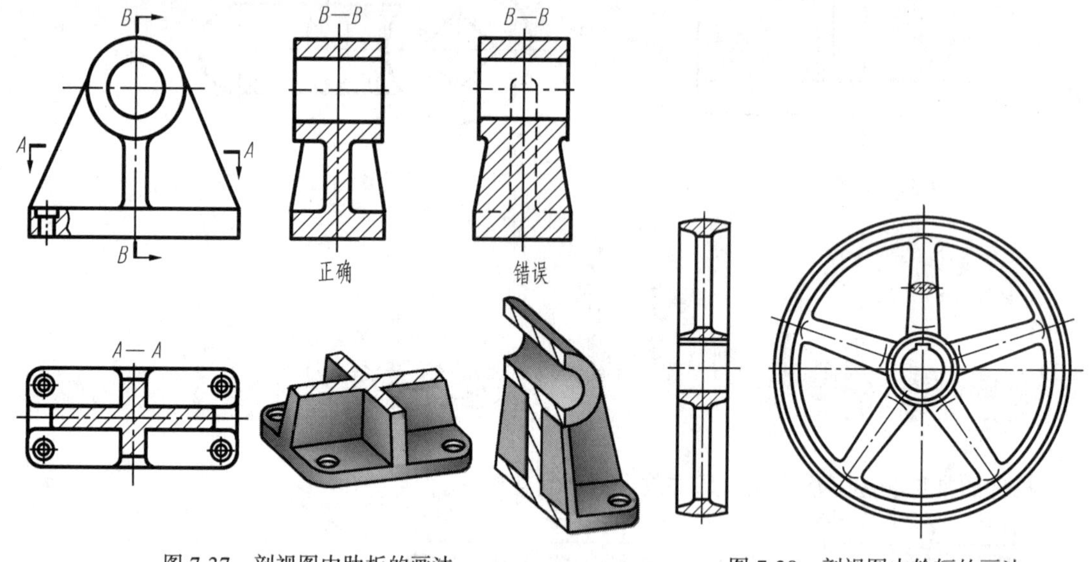

图 7-37　剖视图中肋板的画法

图 7-38　剖视图中轮辐的画法

（2）均匀分布的肋板及孔的画法：当回转体机件上均匀分布的肋、轮辐及孔等结构不处于剖切平面上时，可先将这些结构旋转到剖切平面上，按对称形式画出其剖视图，且不需加任何标注，而其分布情况由垂直于回转轴的视图表达，如图 7-39（a）、图 7-39（b）所示。

（3）断开画法：轴、杆等较长的机件当沿长度方向形状相同或按一定规律变化时，允许断开后缩短画出，断开后的尺寸仍应按实际长度标注。断裂处的边界线用波浪线或双点画线绘制，如图 7-40（a）、图 7-40（b）所示。实心和空心圆柱可按图 7-40（c）所示绘制。较大的零件断裂处可用双折线绘制，如图 7-40（d）所示。

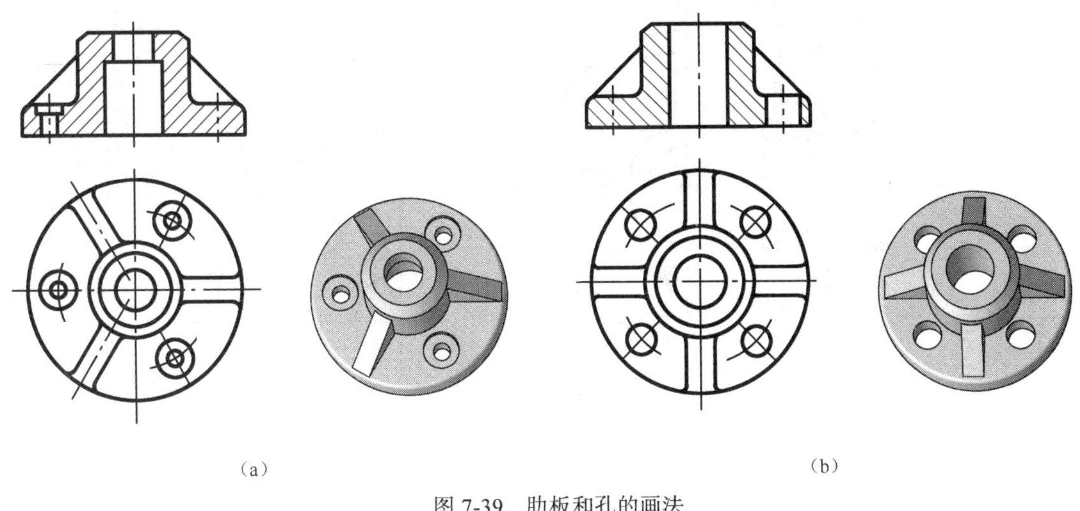

图 7-39　肋板和孔的画法

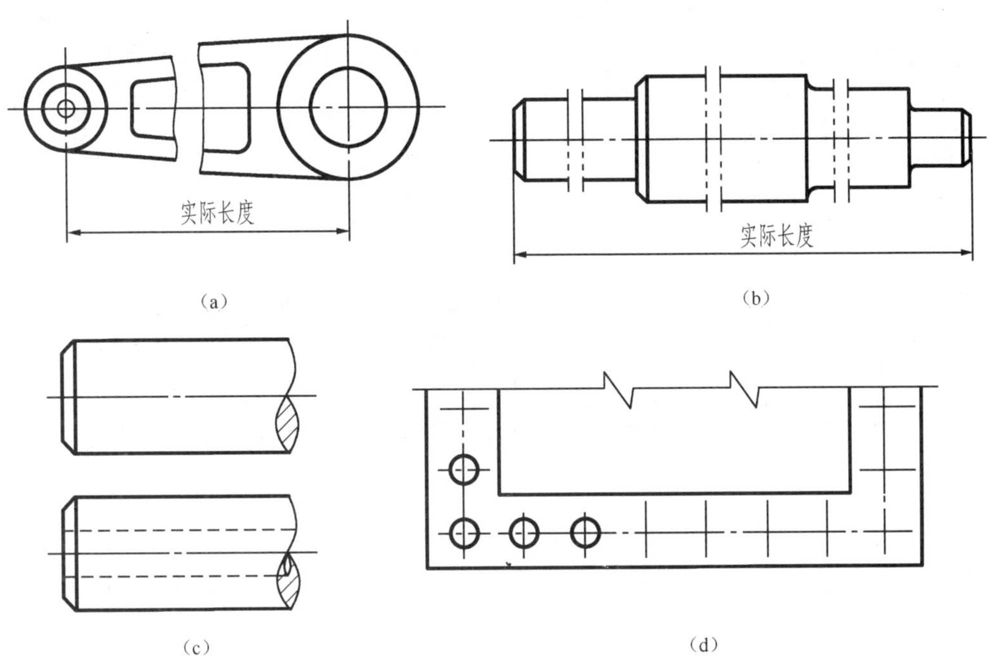

图 7-40　断开画法

（4）对称图形的画法：当图形对称时，在不致引起误解的前提下，可只画一半或四分之一，并在对称中心线的两端画出两条与其垂直的平行细实线，如图 7-41 所示。

（5）机件上小平面的画法：当回转体机件上的平面在图形中不能充分表达时，可用相交的两条细实线表示，如图 7-42 所示。

（6）小结构交线的画法：圆柱体上因钻小孔、铣键槽等出现的交线允许省略，但必须有其他视图清楚地表示了孔、槽的形状，如图 7-43 所示。

（7）相同要素的简化画法：当机件上有若干相同的结构要素并按一定的规律分布时，只需画出几个完整的结构要素，其余的用细实线连接或画出其中心位置即可，如图 7-44 所示。

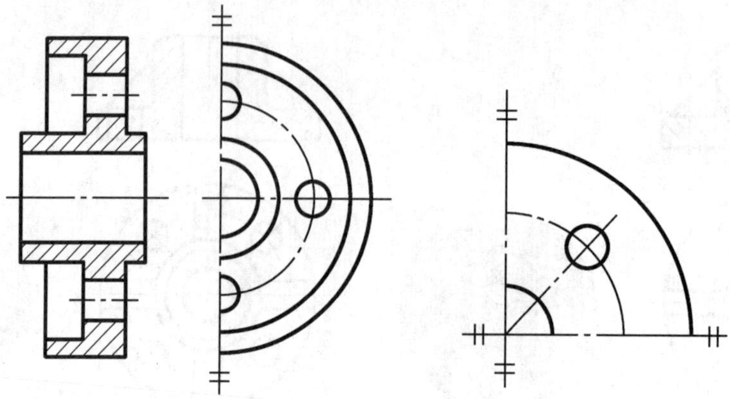

（a）　　（b）

图 7-41　对称图形的画法

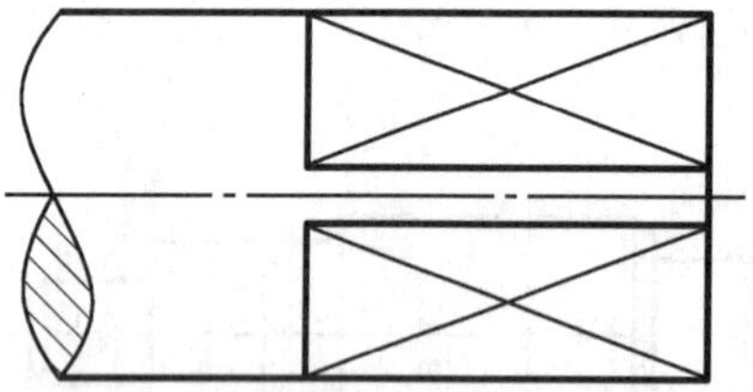

图 7-42　机件上小平面的画法

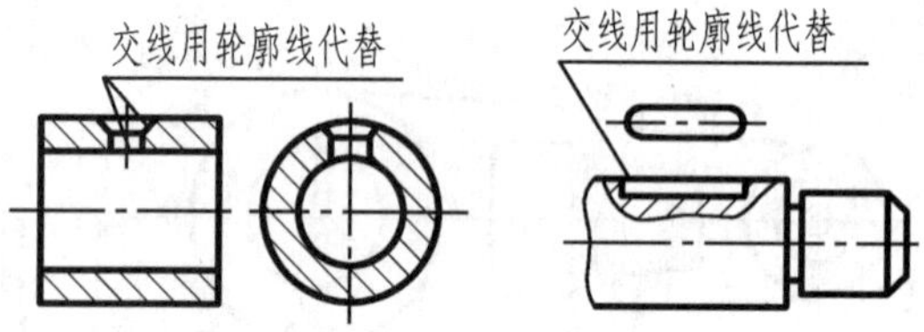

交线用轮廓线代替　　交线用轮廓线代替

图 7-43　小结构交线的画法

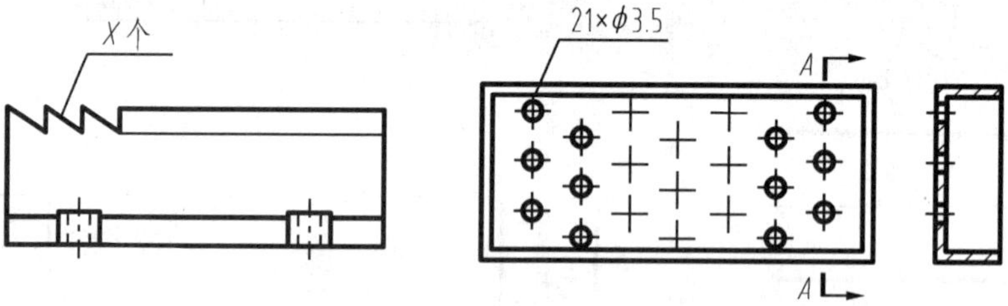

X个　　21×ϕ3.5　　A　　A

（a）　　（b）

图 7-44　相同要素的简化画法

（8）法兰盘上的孔：法兰盘上均匀分布的孔允许按图 7-45 所示的方式表示，只画出孔的位置而将圆盘省略。

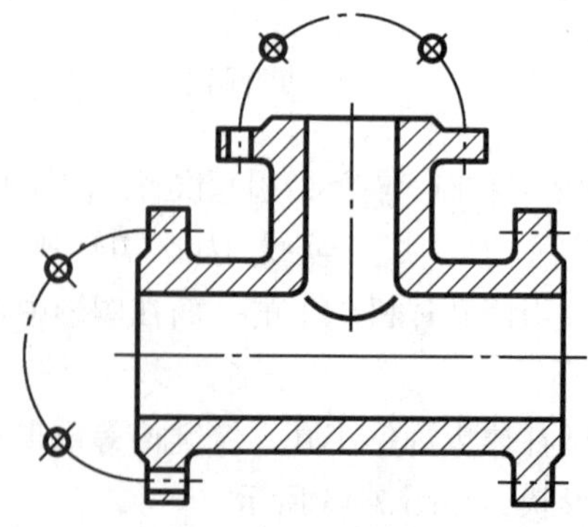

图 7-45　法兰盘上的均布孔的画法

（9）倾斜圆或圆弧的简化画法：与投影面倾斜的角度小于或等于 30° 的圆或圆弧可用圆或圆弧来代替其在投影面上的椭圆或椭圆弧的投影，如图 7-46 所示。

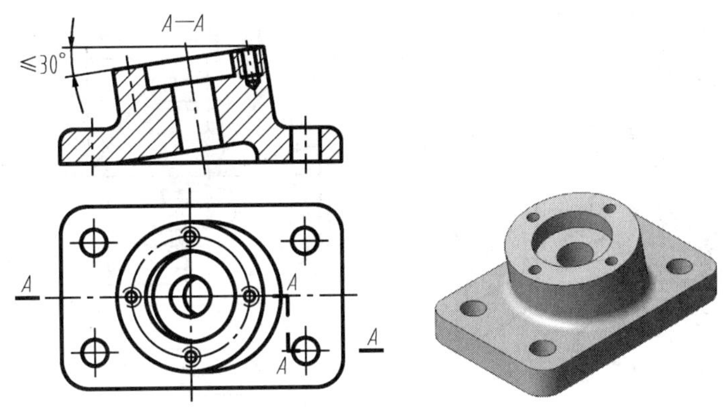

图 7-46　倾斜圆或圆弧的简化画法

（10）网状物、编织物或机件上的滚花：一般在轮廓线附近用细实线局部画出，并注明这些结构的具体要求，如图 7-47 所示。

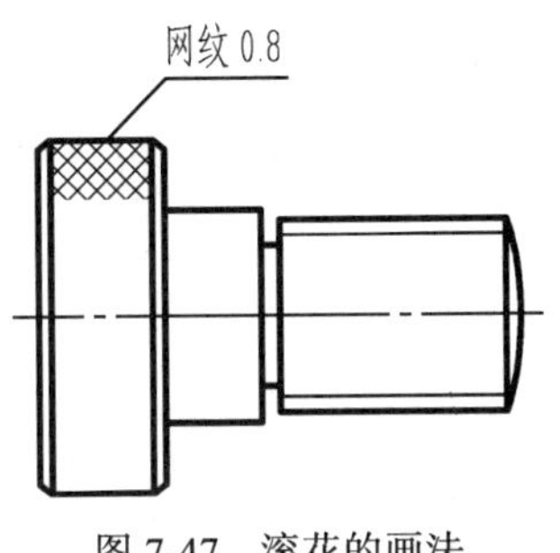

图 7-47　滚花的画法

7.5 第三角画法简介

如图 7-48 所示，3 个互相垂直的投影面把空间分成了 8 个部分，分别称为第Ⅰ、Ⅱ、Ⅲ、Ⅳ…Ⅶ、Ⅷ分角。把机件放在第Ⅰ分角进行投影，称为第一角画法。若将机件放在第Ⅲ分角进行投影，则称为第三角画法。

我国的国家标准规定机械图样优先采用第一角画法，国际上大多数国家也如此。但有些国家（如美国、日本、加拿大等）主要采用第三角画法。随着国际间技术交流和协作的日益增加，要对第三角画法有充分的了解。

将机件放在第Ⅲ分角内，使投影面处于观察者和机件之间，假想投影面是透明的，这样得到正投影的方法就是第三角画法，如图 7-49（b）所示。第三角画法与第一角画法的区别在于：观察者、机件和投影面的位置关系不同。第一角画法是把机件放在观察者与投影面之间，如图 7-49（a）所示。

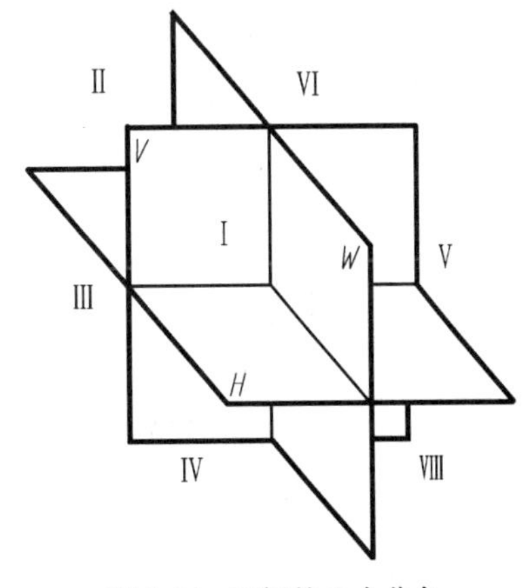

图 7-48　空间的八个分角

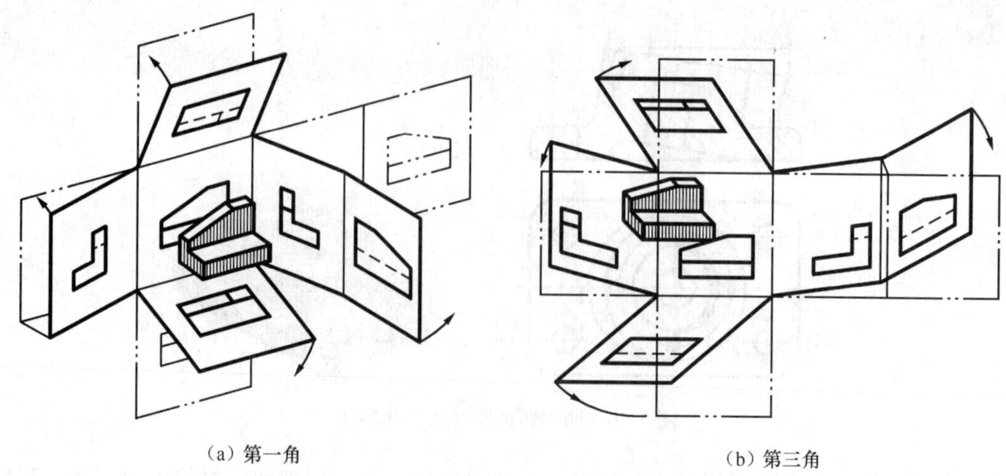
（a）第一角　　（b）第三角

图 7-49　第一角和第三角投影的形成

将机件分别从 6 个方向向各投影面进行投影，令 *V* 面不动，*H* 面向上、*W* 面向右各旋转 90°与 *V* 面重合，即得到第三角投影的 6 个基本视图，其配置如图 7-50（b）所示。视图之间的关系同样符合“长对正，高平齐，宽相等”的投影规律，可对照第一角画法，如图 7-50（a）所示。

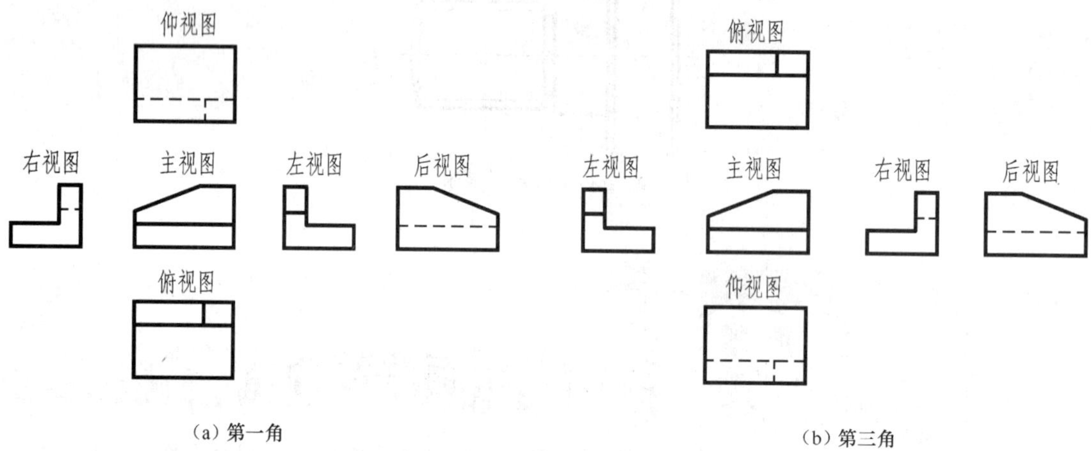

（a）第一角　　（b）第三角

图 7-50　第一角和第三角画法的基本视图

为了区分第三角画法与第一角画法，国家标准规定了相应的识别符号，如图 7-51 所示。该符号一般标注在图纸标题栏的上方或专设的格内。采用第三角画法时，必须在图样中画出识别符号。

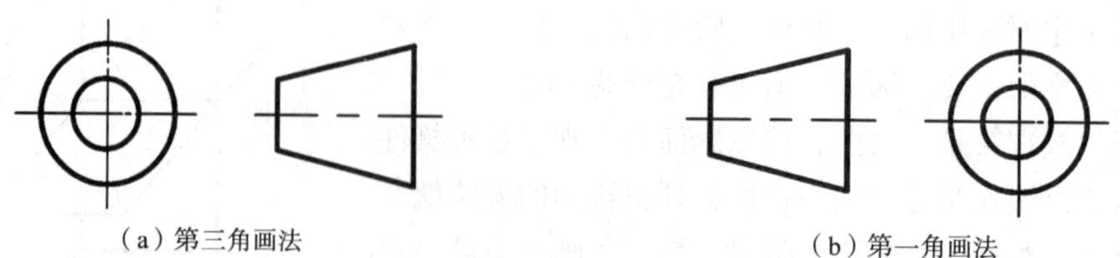
（a）第三角画法　　（b）第一角画法

图 7-51　第三角与第一角画法的识别符号

第8章 标准件与常用件

【学习目标】

- 掌握螺纹的规定画法。
- 掌握螺纹紧固件连接的画法。
- 掌握键、销连接的规定画法。
- 掌握直齿圆柱齿轮的规定画法。
- 掌握滚动轴承的规定画法。

机械设备中广泛使用的螺栓、螺母、螺柱、螺钉、垫圈、键、销及滚动轴承等零部件，其结构、尺寸等各方面都已标准化，称为标准件。齿轮、弹簧等部分结构和尺寸标准化的零部件称为常用件。本章主要介绍标准件和常用件的基本知识、规定画法、标注和查表方法。

8.1 螺纹

螺纹是指在圆柱或圆锥表面上沿着螺旋线所形成的具有相同轴向剖面的连续凸起和沟槽，它有外螺纹与内螺纹两种。在圆柱或圆锥外表面上形成的螺纹称为外螺纹，在圆柱或圆锥内表面上形成的螺纹称为内螺纹。相互旋合的一对内、外螺纹称为螺纹副。

8.1.1 螺纹的形成

形成螺纹的方法很多，图 8-1（a）所示为车削外螺纹的情况，工件绕轴线作等速回转运动，刀具沿轴线作直线移动，刀尖相对于工件作螺旋运动。刀刃的形状不同，加工出的螺纹也不同。图 8-1（b）所示为车削内螺纹的情况。

直径较小的外螺纹可用板牙加工，如图 8-2（a）所示。直径较小的内螺纹可先用钻头钻出光孔，再用丝锥攻丝，如图 8-2（b）所示。

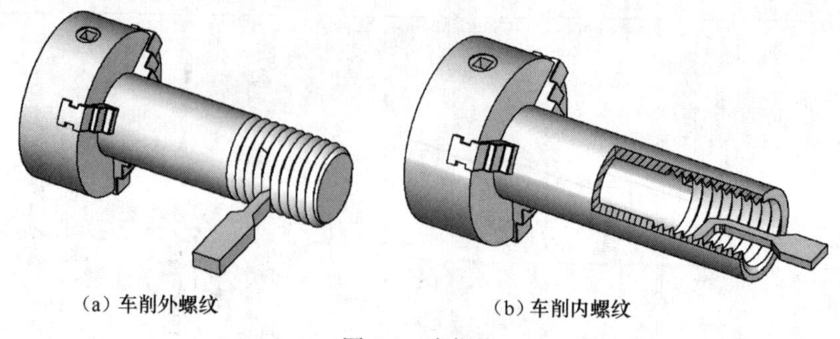

（a）车削外螺纹　　（b）车削内螺纹

图 8-1　车螺纹

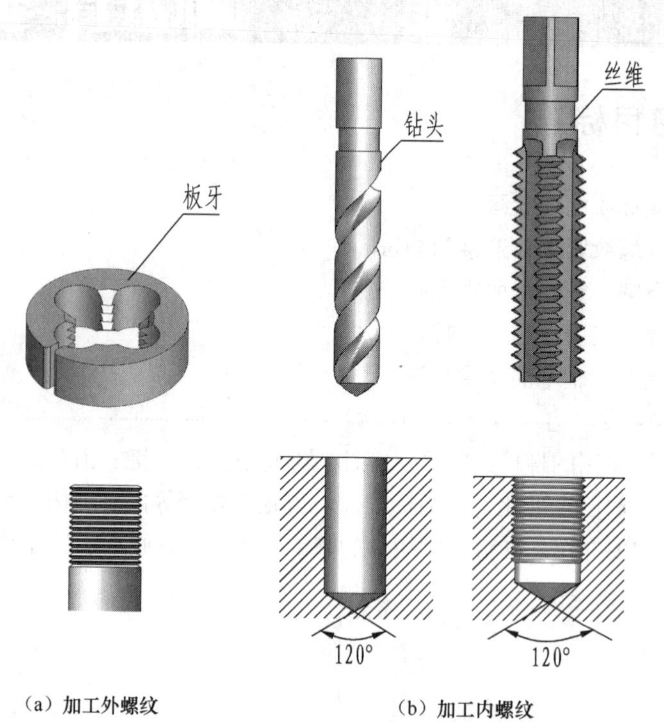

（a）加工外螺纹　　（b）加工内螺纹

图 8-2　板牙、丝锥加工螺纹

8.1.2　螺纹的基本要素

螺纹的基本要素包括牙型、公称直径、螺距、线数及旋向，统称为螺纹五要素。当内、外螺纹旋合时，五要素必须相同。

1. 螺纹牙型

在通过螺纹轴线的剖面上，螺纹的轮廓形状称为牙型。常见的标准牙型如图 8-3 所示。

2. 螺纹的直径

螺纹的直径有 3 个：大径、小径和中径。

大径（D 或 d）是指与外螺纹牙顶或内螺纹牙底相重合的假想圆柱面直径，又称为公称直径。内螺纹用大写字母表示，外螺纹用小写字母表示。

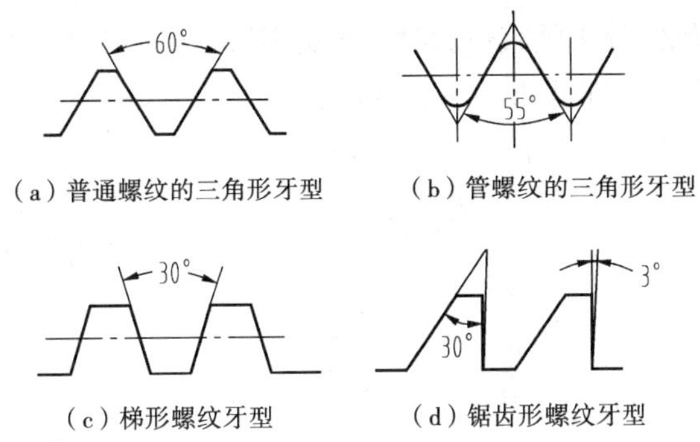

（a）普通螺纹的三角形牙型　（b）管螺纹的三角形牙型

（c）梯形螺纹牙型　（d）锯齿形螺纹牙型

图 8-3　常见的标准牙型

小径（D_1或 d_1）是指与外螺纹牙底或内螺纹牙顶相重合的假想圆柱面直径。

中径（D_2或 d_2）在大径与小径圆柱之间的一个假想圆柱面直径，在其母线上牙型的沟槽和凸起宽度相等。中径是用于控制螺纹精度的主要参数之一，如图 8-4 所示。

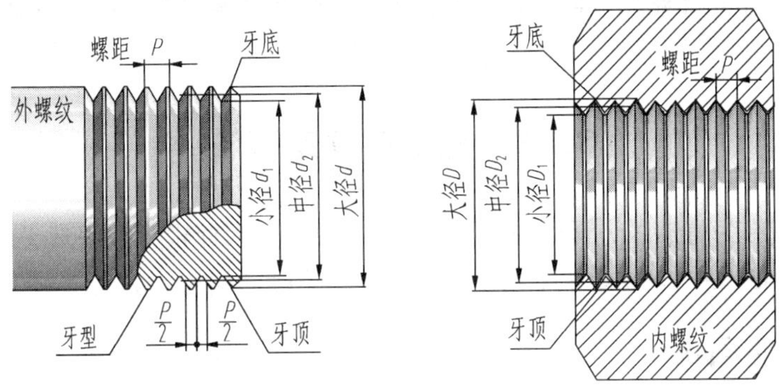

图 8-4　螺纹直径

3. 螺纹的线数（n）

螺纹的线数是指形成螺纹的螺旋线的条数，有单线与多线两种。沿一条螺旋线形成的螺纹称为单线螺纹。沿两条或两条以上且在轴向等距分布的螺旋线形成的螺纹称为多线螺纹。

图 8-5 所示是用粗绳绕一圆棒来说明形成单头和双头螺纹的情形。双头螺纹的两个起始点在一直径的两端。

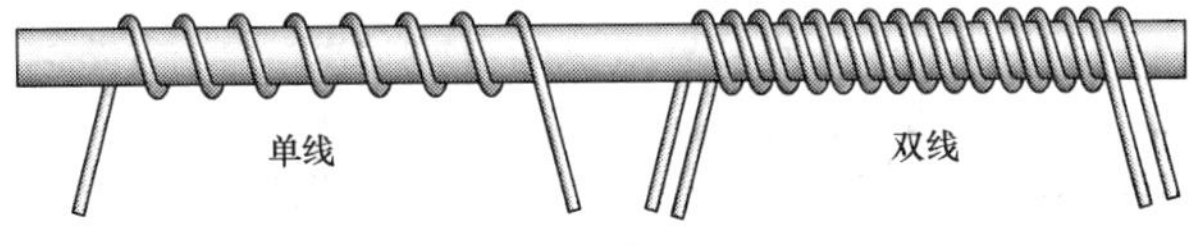

图 8-5　螺纹线数

4. 螺距 P 和导程 P_h

螺距是指相邻两牙在中径线上对应两点间的轴向距离。

导程是指同一条螺旋线上的相邻两牙在中径线上对应两点间的轴向距离。单线螺纹的导程等于螺距，多线螺纹的导程 $P_h=nP$，如图 8-6 所示。

5. 旋向

螺旋线有左旋和右旋之分。顺时针方向旋进的螺纹称为右旋螺纹，逆时针方向旋进的螺纹称为左旋螺纹。当螺纹轴线处于竖直位置时，左旋螺纹总是向左上方倾斜，而右旋螺纹总是向右上方倾斜，如图 8-7 所示。工程上多用右旋螺纹。

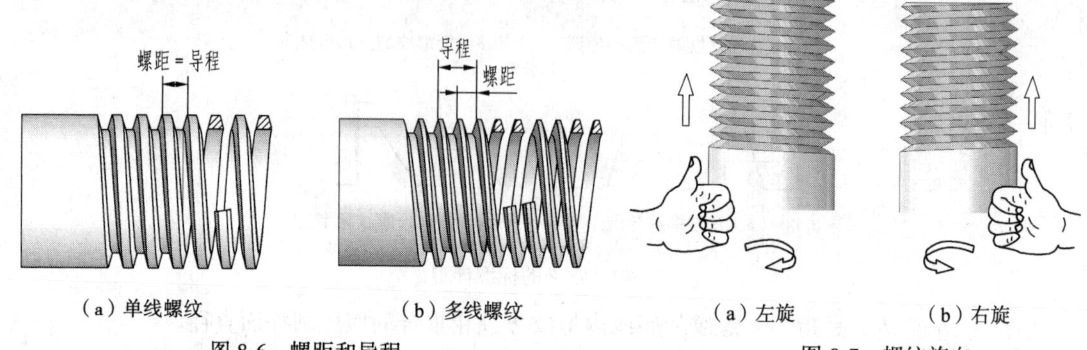

（a）单线螺纹　（b）多线螺纹

图 8-6　螺距和导程

（a）左旋　（b）右旋

图 8-7　螺纹旋向

内、外螺纹旋合的条件是牙型、大径、线数、螺距和旋向 5 个要素必须相同。

8.1.3　螺纹的规定画法

螺纹的真实投影为螺旋线，画这些曲线既费时又繁琐，因此很少采用真实画法。《机械制图国家标准》GB/T4459.1—1995 规定了内、外螺纹及其连接的画法。

1. 外螺纹的画法

螺纹的牙顶（大径）和螺纹终止线用粗实线绘制，牙底（小径）用细实线绘制，并应画入倒角内，小径为大径的 0.85 倍。在投影为圆的视图中，牙顶圆画成粗实线，表示牙底的细实线圆只画约 3/4 圈，倒角圆省略不画。

外螺纹画法如图 8-8 所示。

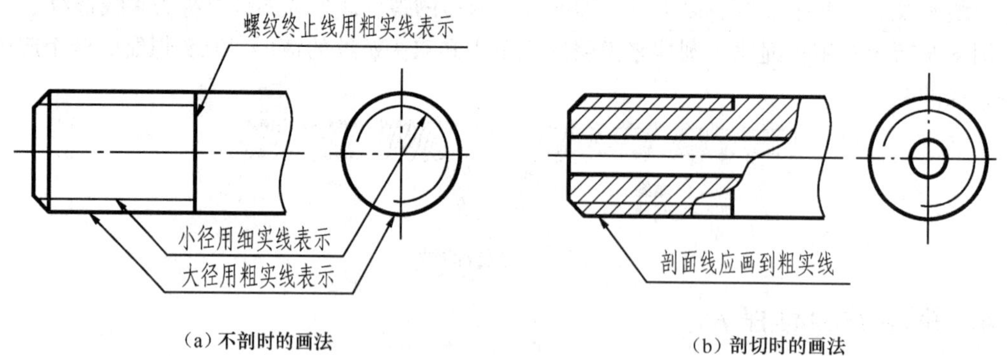

（a）不剖时的画法　（b）剖切时的画法

图 8-8　外螺纹画法

2. 内螺纹的画法

在对螺孔作剖视的图中，牙顶（小径）和螺纹终止线用粗实线绘制，牙底（大径）用细实线绘制。在投影为圆的视图中，牙顶圆用粗实线绘制，牙底圆用 3/4 圈细实线绘制，倒角圆省略不画，大径与小径之间按 $d_1=0.85d$ 的关系画出。不通的螺纹孔钻孔深应大于螺孔深，通常取

0.5d，钻孔底部锥角应画成 120°，如图 8-9（a）所示。不剖时，牙顶、牙底及螺纹终止线均用虚线表示，如图 8-9（b）所示。螺孔相贯线画法见图 8-10。

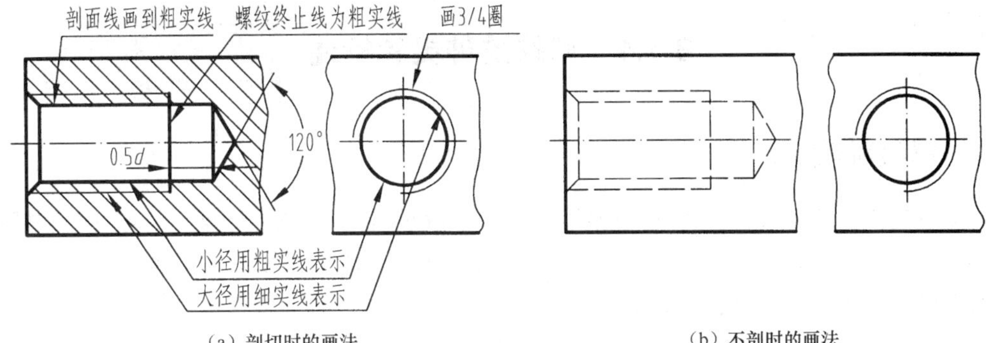

（a）剖切时的画法　　（b）不剖时的画法

图 8-9　内螺纹规定画法

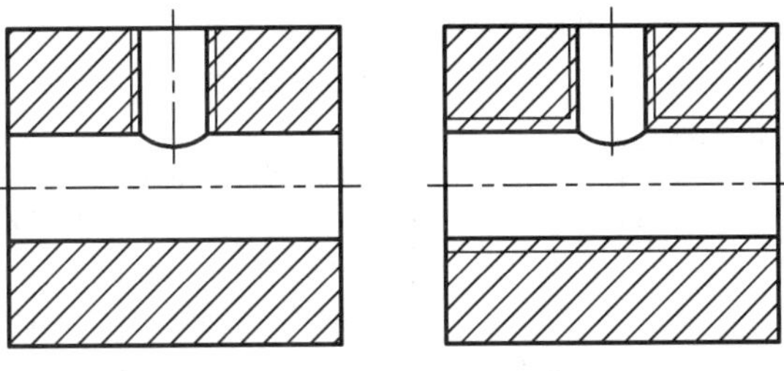

（a）螺纹孔与通孔相交　　（b）螺纹孔与螺纹孔相交

图 8-10　螺孔相贯线画法

内螺纹画法：牙顶线与螺纹终止线画成粗实线，牙底线画成细实线，牙顶圆画成粗实线整圆，牙底圆画成 3/4 圈细实线圆，倒角圆不画。

3. 内外螺纹旋合的画法

在用剖视画法表示内、外螺纹的连接时，其旋合部分应按外螺纹的画法绘制，其余部分仍按各自的规定画法绘制。注意，内、外螺纹的大小径线分别对齐，剖面线应画到牙顶线，如图 8-11 所示。

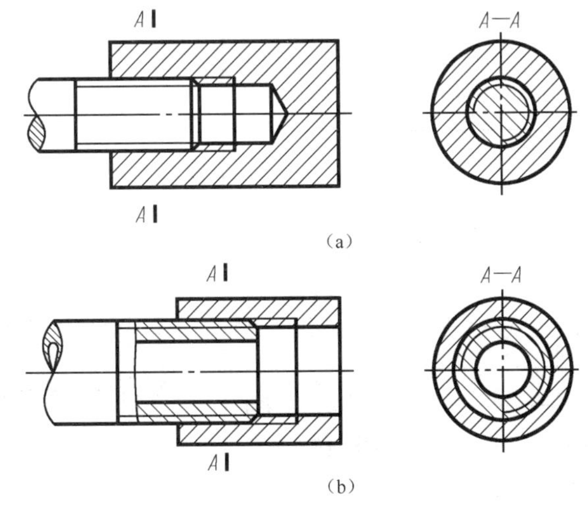

（a）

（b）

图 8-11　螺纹连接的画法

当用剖视图表示内、外螺纹连接时，规定外螺纹实心杆件按不剖绘制，如图 8-11（a）所示。图 8-11（b）所示为管螺纹的旋合画法。

8.1.4 螺纹的种类和标注

1. 螺纹种类

按螺纹要素是否标准可分为标准螺纹、非标准螺纹及特殊螺纹。牙型、公称直径和螺距均符合国家标准的螺纹称为标准螺纹；牙型不符合国家标准的螺纹，如矩形，称为非标准螺纹。牙型符合国家标准，公称直径和螺距不符合国家标准的螺纹，称为特殊螺纹。

螺纹按用途可分为连接螺纹和传动螺纹，如图 8-12 所示。

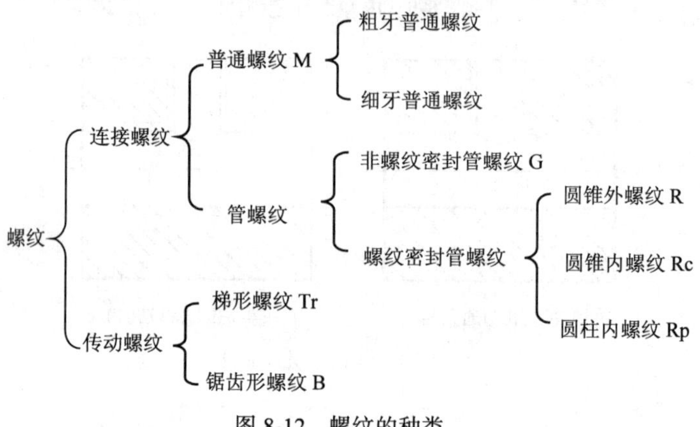

图 8-12　螺纹的种类

2. 螺纹标记及图样标注

由于螺纹采用了统一的规定画法，为此应在图样上按规定格式标注螺纹的标记，以区别螺纹的种类。表 8-1 所示为标准螺纹的标记及其标注图例。

表 8-1　常用标准螺纹的标记方式及标记图例

螺纹种类	标准号	特征代号	标记方法	标记图例	说明
普通螺纹	GB/T197—2003	M	M20×2—5H—S—LH 左旋 短旋合长度 中、顶径公差代号 螺距 公称直径（大径） 螺纹特征代号	M20×2—5H—S—LH	1. 粗牙不注螺距 2. 右旋不注 LH 3. 中等公差精度不注公差代号 4. 中等旋合长度不注 N 5. 螺纹副的标记示例 M20-6H/6g

续表

螺纹种类	标准号	特征代号	标记方法	标记示例	说明
普通螺纹	GB/T197—2003	M	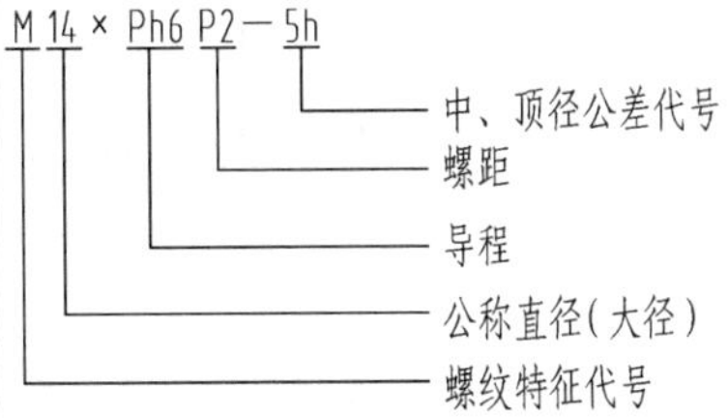 M 14 × Ph6 P2 — 5h 中、顶径公差代号 螺距 导程 公称直径(大径) 螺纹特征代号	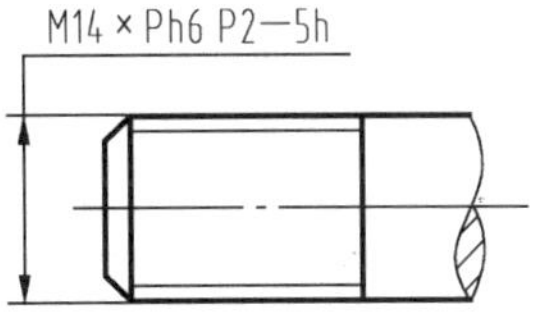 M14 × Ph6 P2—5h	1. 粗牙不注螺距 2. 右旋不注LH 3. 中等公差精度不注公差代号 4. 中等旋合长度不注 N 5. 螺纹副的标记示例 M20-6H/6g
梯形螺纹	GB/T5796.4—2005	Tr	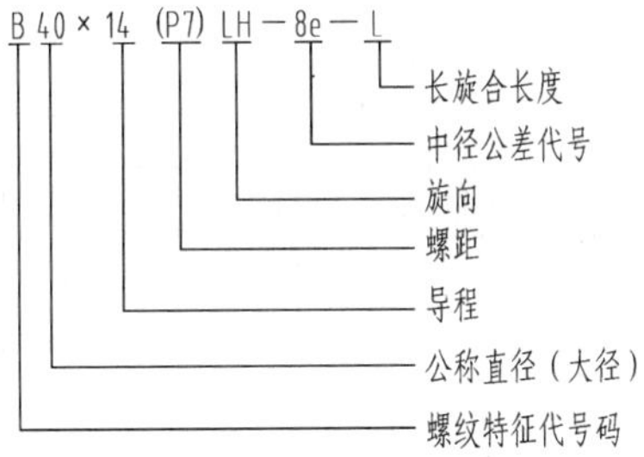 B 40 × 14 (P7) LH — 8e — L 长旋合长度 中径公差代号 旋向 螺距 导程 公称直径（大径） 螺纹特征代号码	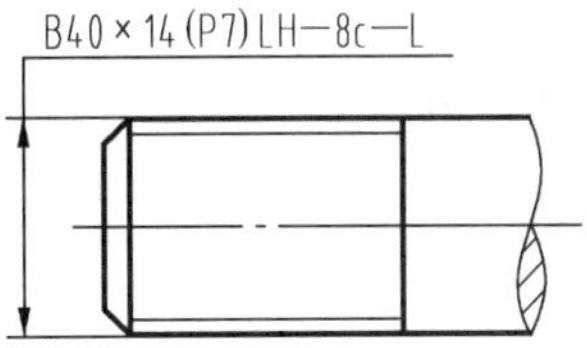 B40 × 14 (P7) LH—8c—L	1. 单线螺纹不注导程 2. 右旋不注LH 3. 只注中径公差带代号 4. 无短旋合长度 5. 螺纹副的标记 Tr40 × 7-7H/7e
锯齿形螺纹	GB/T135765—1992	B	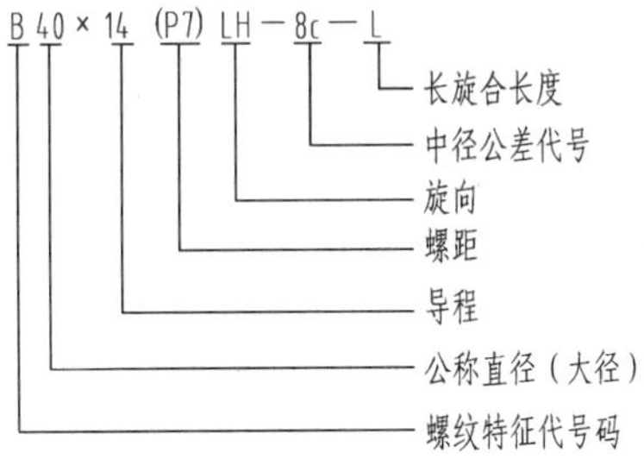 B 40 × 14 (P7) LH — 8c — L 长旋合长度 中径公差代号 旋向 螺距 导程 公称直径（大径） 螺纹特征代号码	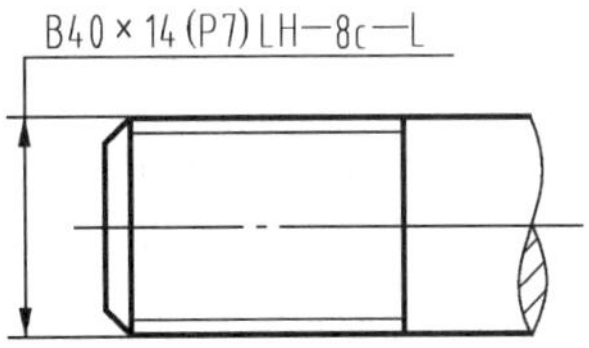 B40 × 14 (P7) LH—8c—L	1. 标注方法同梯形螺纹 2. 螺纹副 B40 × 7-7A/7e
非密封管螺纹	GB/T7307—2001	G	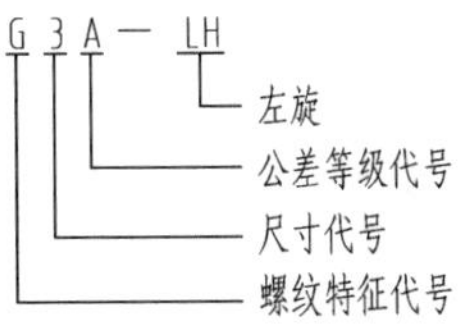 G 3 A — LH 左旋 公差等级代号 尺寸代号 螺纹特征代号	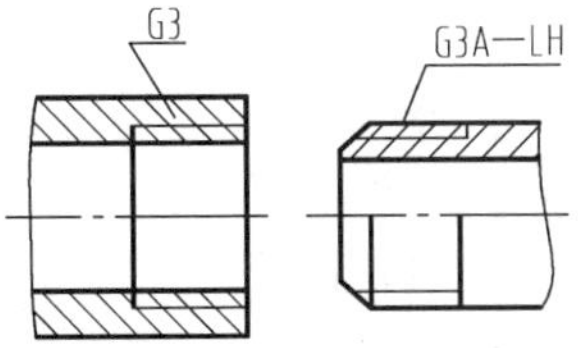 G3 G3A—LH	1. 外螺纹公差 A、B 两级标注；内螺纹不标注 2. 右旋不注LH 3. 螺纹副仅需要标注外螺纹标记

续表

螺纹种类	标准号	特征代号	标记方法	标记示例	说明
密封管螺纹	GB/T7306.1—2003	Rp	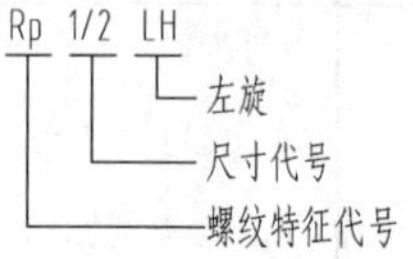 Rp 1/2 LH 左旋 尺寸代号 螺纹特征代号	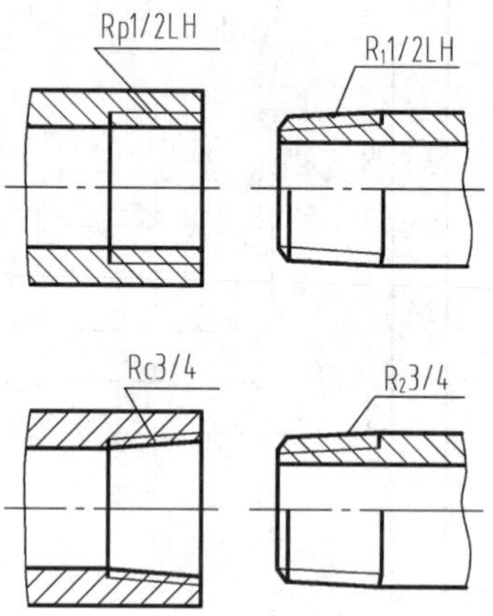 Rp1/2LH $R_1$1/2LH	1. R_1 表示与圆柱内螺纹配合的圆锥外螺纹；R_2 表示与圆锥内螺纹配合的圆锥外螺纹 2. 右旋不注 LH 3. 不注公差等级代号
		Rc	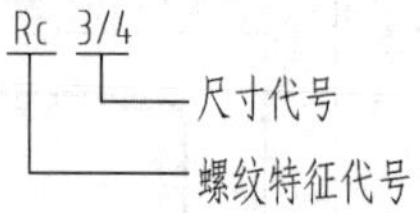 Rc 3/4 尺寸代号 螺纹特征代号		
		R_1 R_2	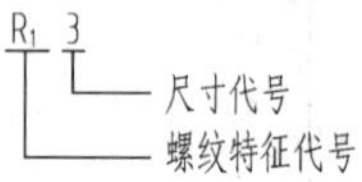 R_1 3 尺寸代号 螺纹特征代号	Rc3/4 $R_2$3/4	

（1）普通螺纹的标注。

普通螺纹的标记格式为：

螺纹特征代号 尺寸代号—公差带代号—旋合长度代号—旋向代号

上述标注内容说明如下。

- 螺纹特征代号：普通螺纹为 M。
- 尺寸代号。

单线：公称直径 × 螺距（粗牙不注螺距）。

多线：公称直径 × 导程 P_h（P 螺距）。

- 公差带代号：包括中径、顶径公差带代号。中径公差带代号在前。当二者相同时只注一个代号。公差带代号由表示公差等级的数值和表示公差带位置的字母组成（大写字母代表内螺纹，小写字母代表外螺纹）。如内螺纹：6H；外螺纹：5g。
- 旋合长度代号：内外螺纹的旋合长度分为长（L）、短（S）、中等（N），中等旋合时一般不标注。
- 旋向代号：左旋时应注写旋向代号 LH，右旋时可省略标注。

（2）梯形螺纹的标注。

梯形螺纹完整标记的各部分内容顺序如下：

螺纹特征代号 尺寸代号—旋向代号—公差带代号—旋合长度代号

上述内容说明如下。

- 螺纹特征代号 Tr。
- 尺寸代号。

单线：公称直径 × 螺距 P。

多线：公称直径 × 导程 P_h（螺距 P）。

- 旋向代号：左旋时应注写旋向代号 LH，右旋时可省略标注。

● 公差带代号：梯形螺纹的公差带代号只标注中径公差带，中径公差等级为 7、8、9 级。如内螺纹：7H；外螺纹：8e。

● 旋合长度代号：梯形螺纹的旋合长度只有长（L）、中等（N）。

普通螺纹、梯形螺纹和锯齿形螺纹的标注是将规定标记注写在尺寸线或尺寸线的延长线上，尺寸线箭头指在螺纹大径上。

（3）管螺纹的标注。

管螺纹的标注顺序如下：

螺纹特征代号 | 尺寸代号 | 旋向代号 | 公差等级代号

上述内容说明如下。

● 螺纹特征代号：55° 非密封管螺纹的内外螺纹均为 G。55° 密封管螺纹分为 3 类：圆柱内螺纹为 Rp；圆锥内螺纹为 Rc；与圆柱内螺纹旋合的圆锥外螺纹为 R_1，与圆锥内螺纹旋合的圆锥外螺纹为 R_2。

● 尺寸代号：管螺纹来源于英制，因此它的尺寸代号是用一个无单位的数字代号来表示，只是定性而不是定量地表征管螺纹的大小，并不等于管螺纹的大径，所以不能称为公称直径。

● 旋向代号：左旋时，55° 非密封管螺纹的外螺纹应在公差等级后加注 LH，其余的左旋管螺纹均应在其尺寸代号后加注 LH。右旋时省略标注。

● 公差等级代号：55° 非密封管螺纹的外螺纹有 A、B 两种公差等级，应注上。而其余的管螺纹只有一种公差等级，故不必标注。

（4）锯齿形螺纹的标注。

锯齿形螺纹的标注方法与梯形螺纹相同。标注示例见表 8-1。

普通螺纹、梯形螺纹和锯齿形螺纹的标注是将规定标记注写在尺寸线或尺寸线的延长线上，尺寸线箭头指在螺纹大径上。

管螺纹的尺寸代号不是指螺纹大径，而是指管子通孔尺寸的近似大小。管螺纹尺寸代号必须从螺纹大径引出标注。

（5）特殊螺纹和非标准螺纹的标注。

特殊螺纹需要在螺纹标记前加“特”字。例如，特 Tr50 × 5，如图 8-13 所示。

图 8-13 特殊螺纹的画法

非标准螺纹应画出牙型并注上尺寸及技术要求，如图 8-14 所示。

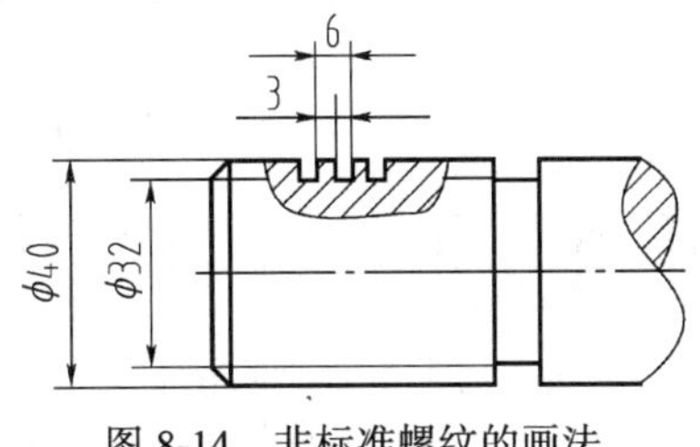

图 8-14 非标准螺纹的画法

8.2 螺纹紧固件

运用内、外螺纹的旋合起连接紧固作用的零件，称为螺纹紧固件。

8.2.1 螺纹紧固件及其标记

螺纹紧固件种类很多，常用的有螺栓、螺柱、螺母、垫圈及螺钉等，如图 8-15 所示。

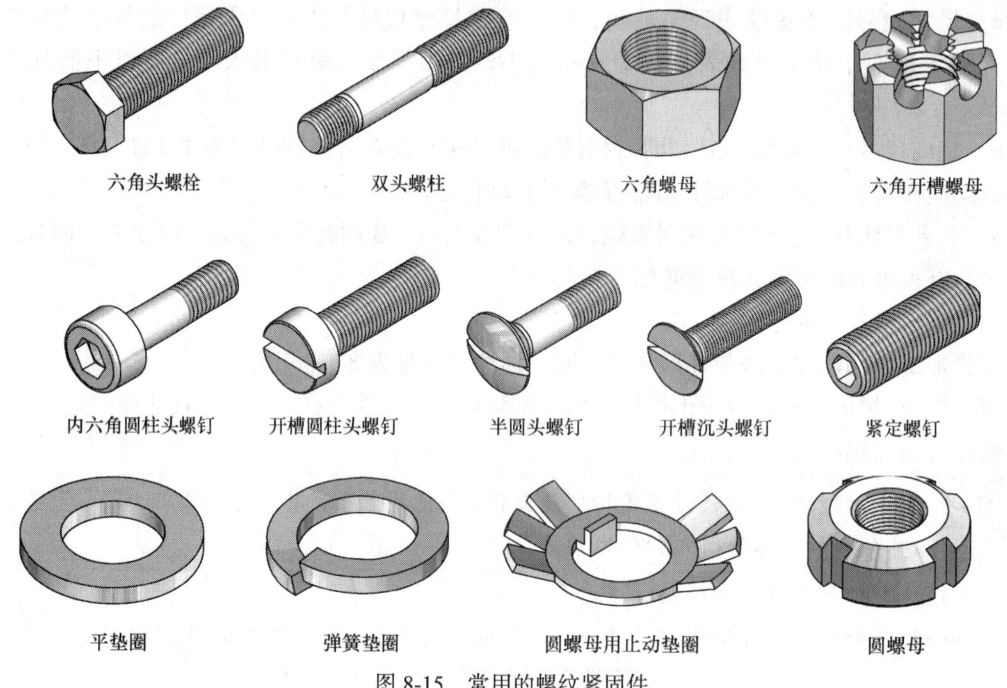

图 8-15 常用的螺纹紧固件

表 8-2 所列为常用紧固件及其标记，需要时可由标记从标准中查得各部分尺寸。

表 8-2 常见螺纹紧固件的规定标记

六角头螺栓A和B级 GB/T 5782—2000	M16 60	规定标记：螺栓 GB/T 5782—2000 M16×60 表示 A 级六角头螺栓，螺纹规格 d = M16，公称长度 L = 60 mm
双头螺柱（b_m = 1.25） GB/T 898—1988	M16 b_m 40	规定标记：螺柱 GB/T 898—1988 M16×40 双头螺柱，螺纹规格 d = M16，公称长度 L = 40 mm

续表

开槽圆柱头螺钉 GB/T 65—2000		规定标记：螺钉 GB/T 65—2000 M10×45 开槽圆柱头螺钉，螺纹规格 d=M10，公称长度 L=45 mm
一字槽沉头螺钉 GB/T 68—2000		规定标记：螺钉 GB/T 68—2000 M10×50 开槽沉头螺钉，螺纹规格 d=M10，公称长度 L=50 mm
十字槽沉头螺钉 GB/T 819.1—2000		规定标记：螺钉 GB/T 819.1—2000 M10×50 十字槽沉头螺钉，螺纹规格 d=M10，公称长度 L=50 mm
开槽锥端紧定螺钉 GB/T71—1985		规定标记：螺钉 GB/T 71—1985 M6×20 开槽锥端紧定螺钉，螺纹规格 d=M6，公称长度 L=20 mm
六角螺母 GB/T 1670—2000		规定标记：螺母 GB/T 6170—2000 M16 六角螺母，螺纹规格 d=M16
平垫圈 GB/T 97.1—2002		规定标记：垫圈 GB/T 97.1—2002 16—140 HV A 级平垫圈，螺纹规格 d=M16，性能等级为140 HV

8.2.2 螺纹紧固件的画法

画螺纹紧固件视图，可先从标准中查出各部分尺寸，然后按规定画出。但为提高作图速度，通常按螺纹的公称直径 d 的一定比例绘制。表 8-3 列出了常见紧固件的比例画法。

表 8-3　　螺栓、螺母、垫圈、螺钉的比例画法

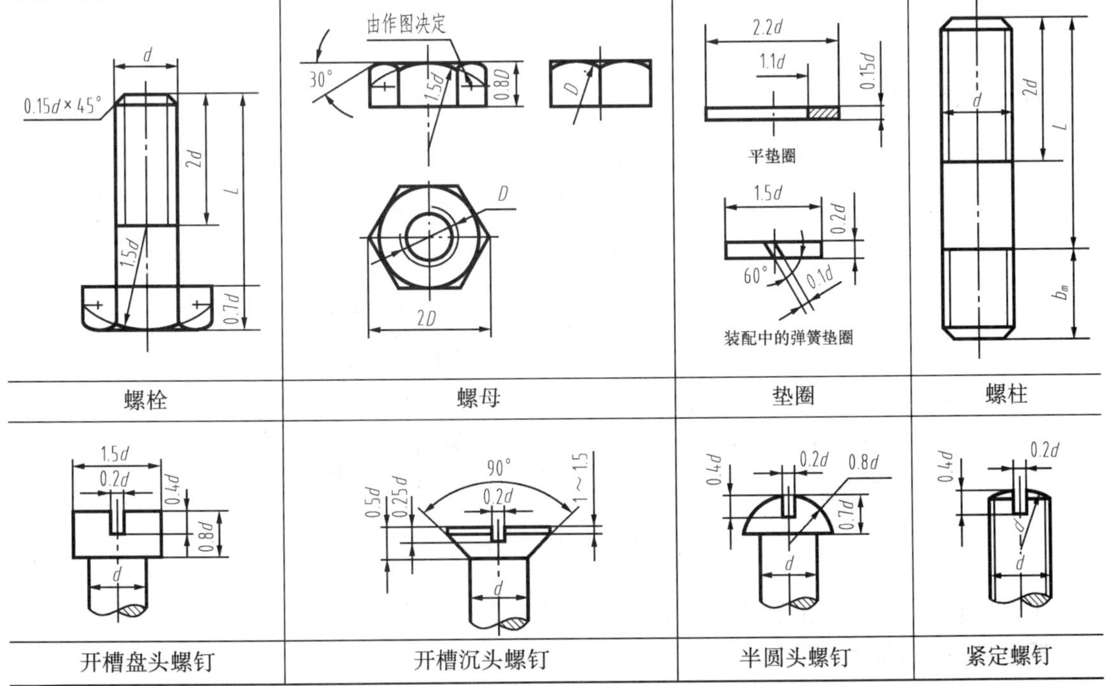

螺栓、螺母及垫圈的视图表达如图 8-16 所示。

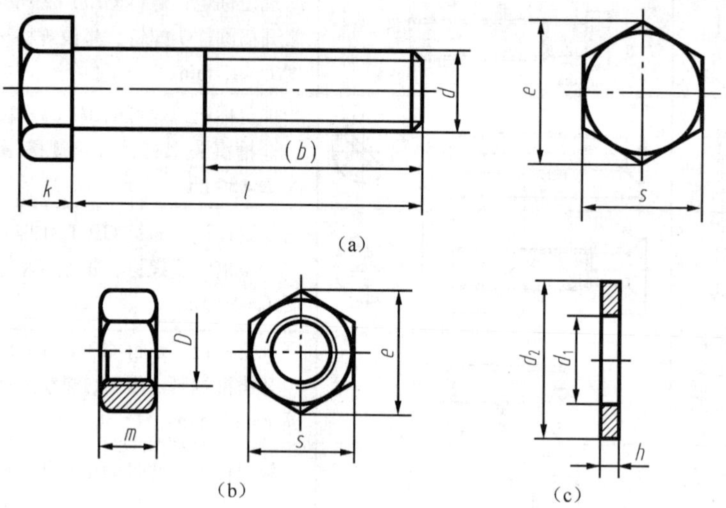

图 8-16　螺栓、螺母及垫圈的视图表达

8.2.3　螺纹紧固件的连接画法

画螺纹紧固件连接图时，应遵守以下规定。

- 两个机件的接触表面只画一条粗实线，不接触表面为表示其间隙画两条粗实线，被遮住的轮廓线不画。
- 当剖切平面通过螺纹紧固件的轴线时，这些零件按不剖绘制。
- 在剖视图中，相邻零件的剖面线方向应相反或者同向而间隔不同，且同一零件在各剖视图中的剖面线方向、间隔应相同。

螺纹紧固件的连接方式有螺栓连接、螺柱连接和螺钉连接 3 种。

1. 螺栓连接

螺栓连接适用于两个较薄零件并允许钻通孔的情况。如图 8-17 所示。先在被连接件上钻通孔，直径为 1.1d（d 为螺栓公称直径），再将螺栓插入孔中，最后在螺栓的另一端装上垫圈，拧紧螺母，完成螺栓连接。

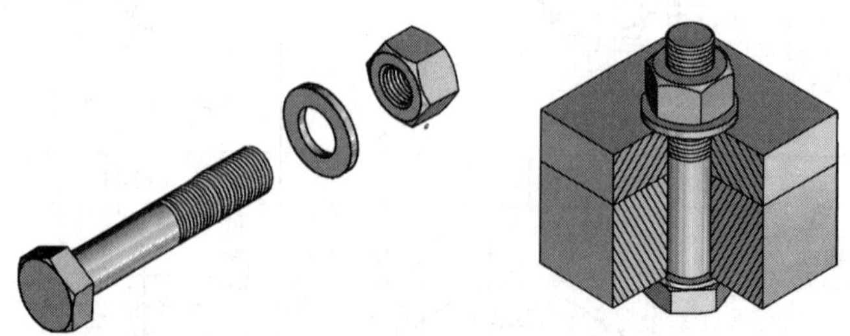

图 8-17　螺栓连接

在装配图中，螺栓连接常采用比例画法或简化画法，如图 8-18、图 8-19 所示。

螺栓的公称长度 L 可按下式计算：

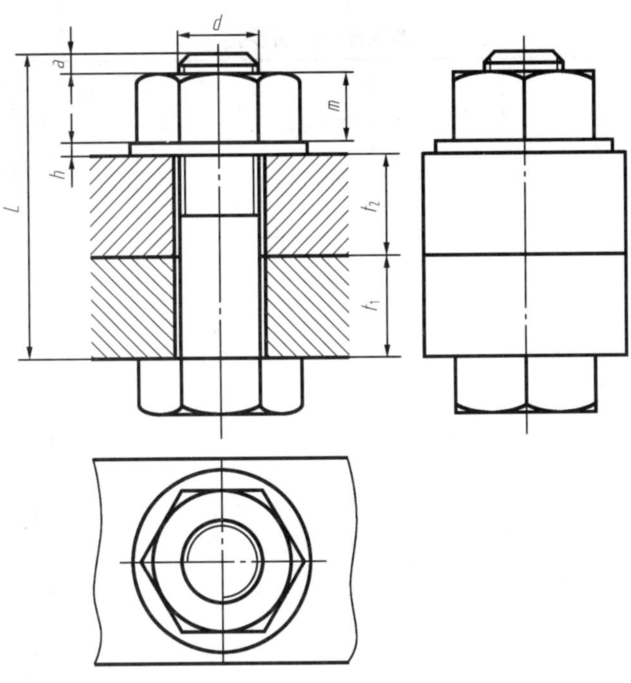

图 8-18　螺栓连接的比例画法

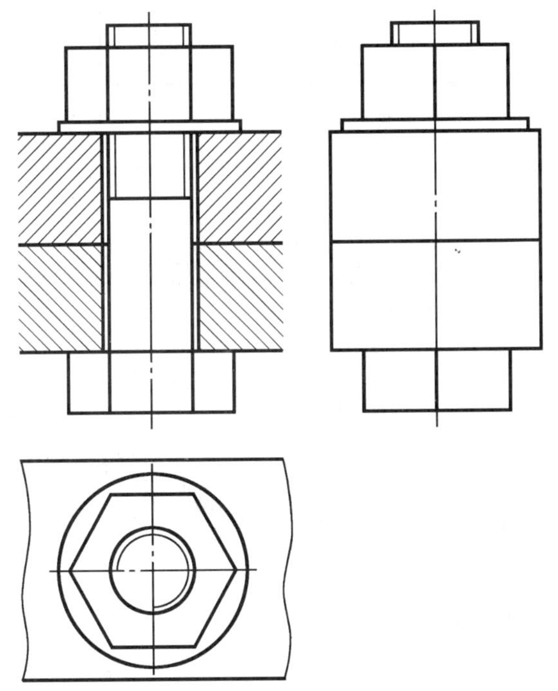

图 8-19　螺栓连接的简化画法

$$L \geqslant t_1 + t_2 + h + m + a$$

式中，t_1、t_2 为被连接零件的厚度；h 为垫圈的厚度，对于平垫圈 $h = 0.15d$；m 为螺母的厚度，$m = 0.85d$；a 为螺栓伸出螺母的长度，$a \approx (0.2 \sim 0.3) d$。计算出 L 后还需从螺栓的标准长度系列中选取与 L 相近的标准值。

螺栓连接比例画法的画图步骤如表 8-4 所示。

表 8-4　　　　螺栓连接画图步骤

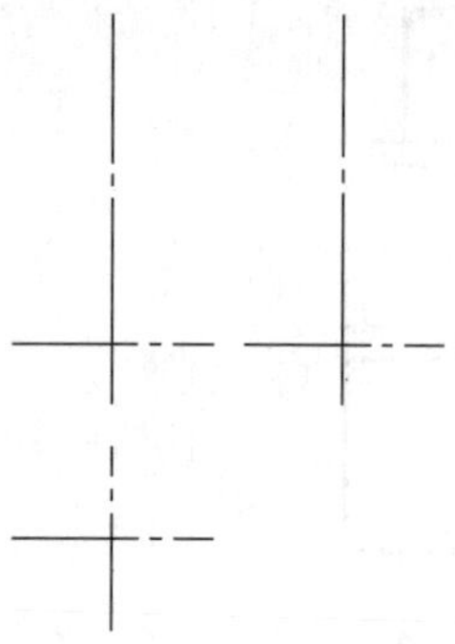 ① 画基准线	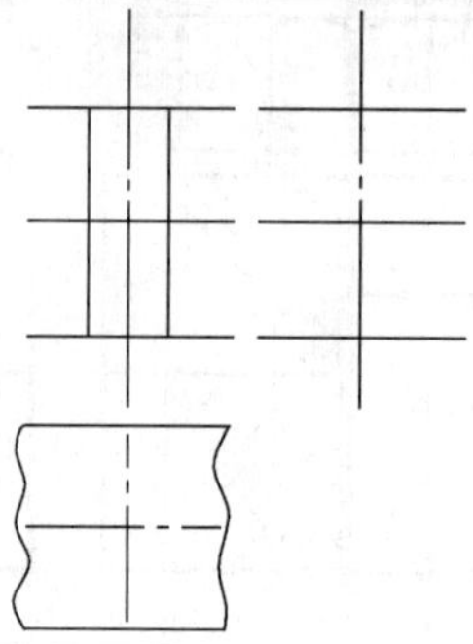 ② 画被连接件	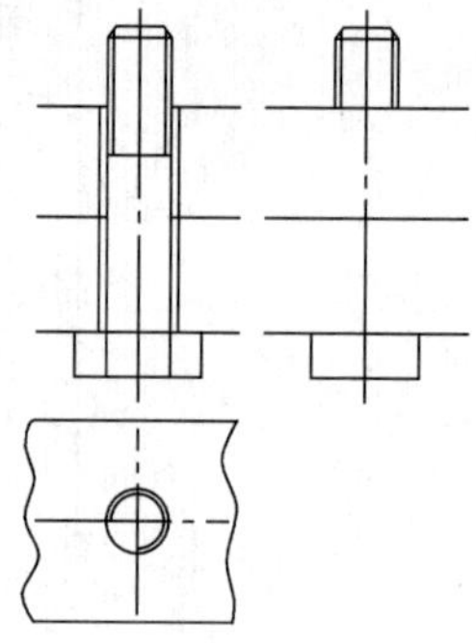 ③ 画螺栓三视图
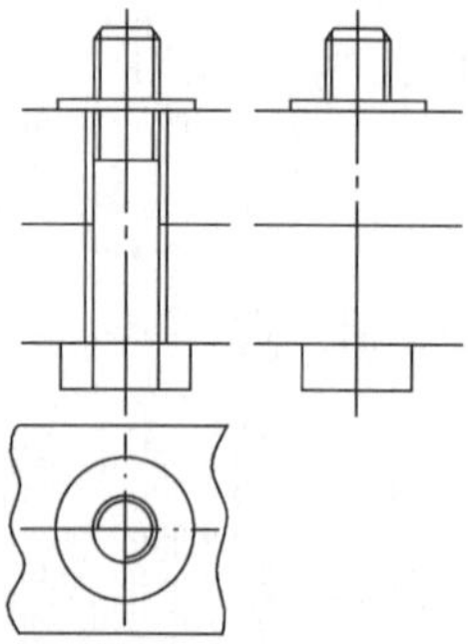 ④ 画垫圈三视图	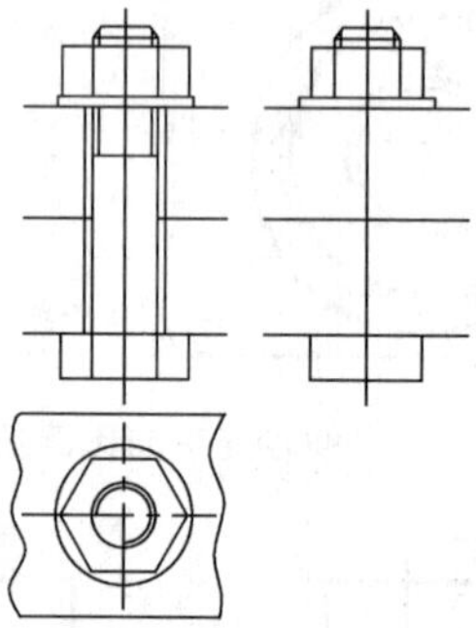 ⑤ 画螺母三视图	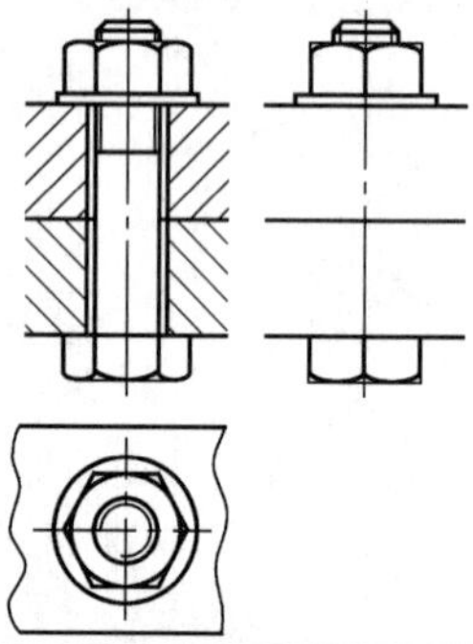 ⑥ 画头部曲线、剖面线，检查加深图线

2. 螺柱连接

当两被紧固件之一较厚，不允许钻成通孔而难于采用螺栓连接时，或者因拆装频繁而不宜采用螺钉连接时，可采用螺柱连接，如图 8-20 所示。

连接前，先在较厚的零件上加工出螺孔，在较薄的零件上加工出通孔（孔径≈1.1d）。连接时，将双头螺柱的一端（旋入端）全部旋入较厚零件的螺孔，再将通孔零件穿过螺纹的另一端（紧固端），然后套上垫圈，旋紧螺母，即把两个零件连接起来。

与螺栓连接相同，螺柱连接画法也有比例画法与简化画法两种。

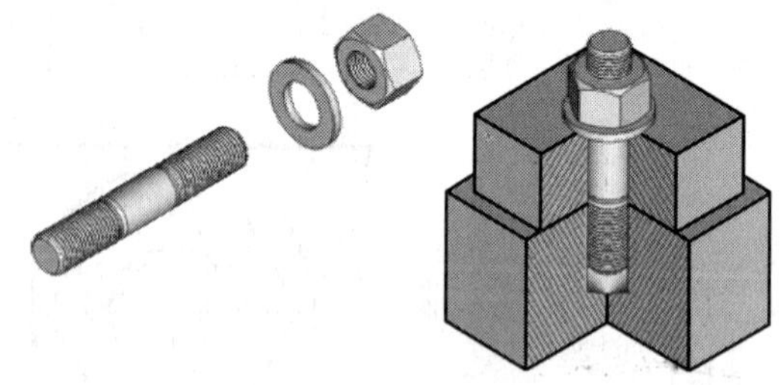

图 8-20　螺柱连接

螺柱连接的比例画法如图 8-21 所示。螺柱连接的简化画法如图 8-22 所示，所有倒角等细小结构及钻孔的深度均可省略不画。

螺柱的公称长度可通过计算选定：

$$L \geqslant t + h + m + a$$

式中，t 为通孔零件厚度；h 为垫圈厚度；m 为螺母厚度；a 为螺柱伸出螺母的长度，取 $a \approx (0.2\sim0.3)d$。根据上式计算出的螺柱长度 L 还需根据螺柱的标准长度系列选用与它相近的标准值。

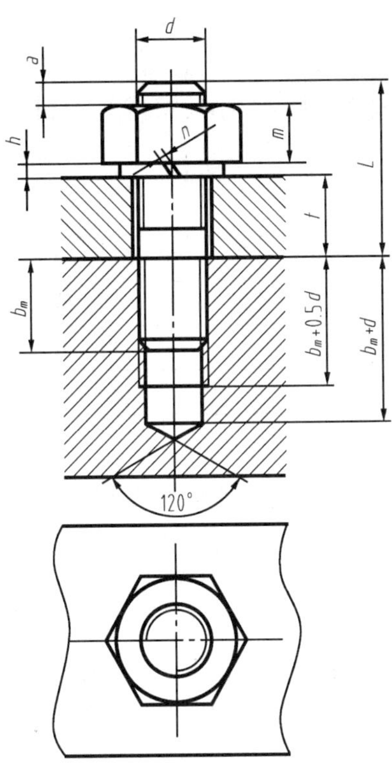

图 8-21　螺柱连接比例画法

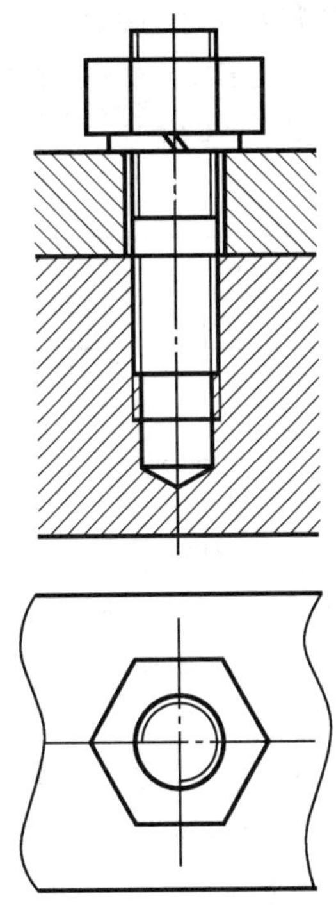
图 8-22　螺柱连接简化画法

螺柱连接的具体画图步骤如表 8-5 所示。

表 8-5　**螺柱连接画图步骤**

① 画基准线	② 画被连接件	③ 画螺柱投影图
④ 画垫圈	⑤ 画螺母	⑥ 画头部曲线、剖面线，检查无误后加深图线

螺柱连接的几点说明如下。

（1）双头螺柱旋入端螺纹长度。

为保证连接牢固，双头螺柱旋入端的螺纹长度 b_m 随被旋入零件（机体）的材料不同，分为以下 4 种，如表 8-6 所示。

表 8-6　双头螺柱旋入端螺纹长度

$b_m=1d$	GB/T897—1988	用于钢或青铜
$b_m=1.25d$	GB/T898—1988	用于铸铁
$b_m=1.5d$	GB/T899—1988	用于铸铁
$b_m=2d$	GB/T900—1988	用于铝合金

（2）螺孔与钻孔深度。

机体上螺孔的深度应大于螺柱旋入端螺纹长度 b_m，一般取 b_m+0.5d，钻孔深度取 b_m+d。

螺柱连接的注意事项如下。

（1）连接图中，螺柱旋入端的螺纹终止线应与两零件的结合面对齐，表示旋入端全部旋入，足够拧紧。

（2）弹簧垫圈用于防松，外径比普通垫圈小，以保证紧压在螺母底面范围之内。弹簧垫圈的开槽方向应是阻止螺母松动的方向，在图中应画成与垫圈端面线成 60°～80° 且向左上倾斜的两条线，两线之间的距离 $n=0.1d$（d 为螺纹大径）。

3. 螺钉连接

螺钉按用途可以分为连接螺钉和紧定螺钉两类。连接螺钉一般用于受力不大而又不需要经常拆卸的场合。较厚的零件加工出螺孔，较薄的零件加工出通孔，如图 8-23（a）所示。

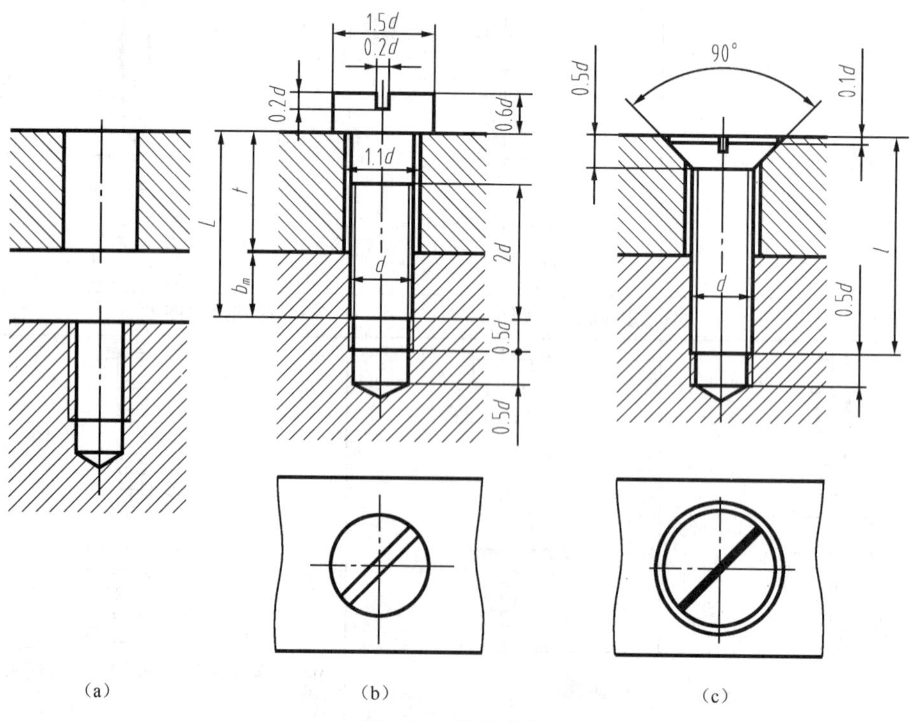

图 8-23　螺钉连接

螺钉旋入螺孔一端的画法同螺柱连接，其穿过通孔端的画法与螺栓连接画法类似。

螺钉的公称长度：

$$l \geqslant t + b_m$$

式中，b_m 为螺钉旋入螺孔的深度，b_m 的值由被连接零件（机件）的材料决定，与双头螺柱连接相同；t 为通孔零件的厚度。

螺钉连接的注意事项如下。

（1）螺纹终止线应高于螺孔的端面，表示螺钉有拧紧余地，以保证连接紧固。

（2）螺钉头部螺丝刀槽画法规定：主视图画在中间位置，俯视图中画成与水平线成 45° 倾斜角，如图 8-23（b）所示。槽宽可用加粗的粗实线 2b（b 表示粗实线宽度）表示，如图 8-23（c）所示。

紧固定螺钉连接的画法如图 8-24 所示。

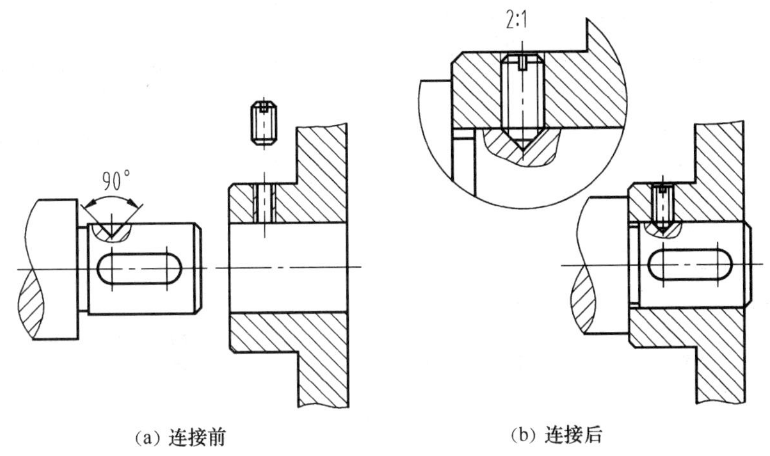

(a) 连接前　　(b) 连接后

图 8-24　紧固螺钉连接

8.3 键、销连接

键和销都是标准件，键连接和销连接是工程上常用的可拆连接。

8.3.1　键及键连接

键用于连接轴和装在轴上的齿轮、带轮等传动零件，起传递转矩的作用。

1. 键的种类及标记

常用的键有普通平键、半圆键及钩头楔键等，其中普通平键应用最广，按其形状不同又分为 A 型、B 型和 C 型 3 种，如图 8-25 所示。

键的标记如表 8-7 所示。

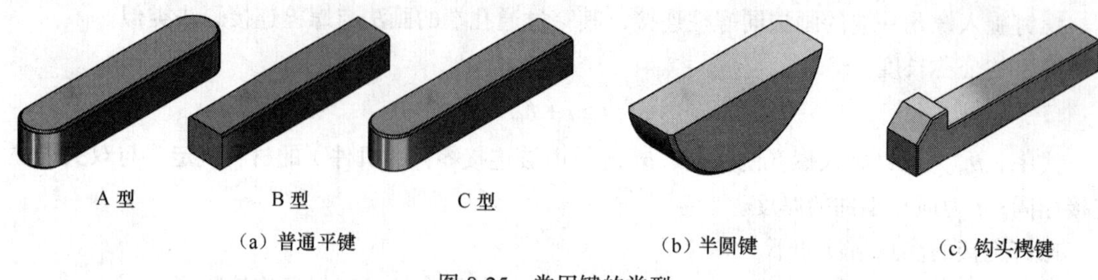

图 8-25　常用键的类型

表 8-7　键的形式和标记图例

名　称	图　例	标记示例
普通平键	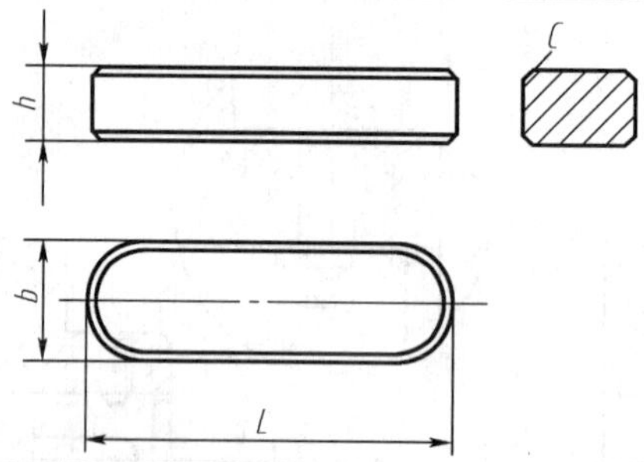	$b = 16\text{mm}$，$h = 10\text{mm}$，$L = 50\text{mm}$ 方头普通平键（B 型）： 键 B16 × 50　GB/T 1096—2003 （A 型普通平键可不标出 A）
半圆键	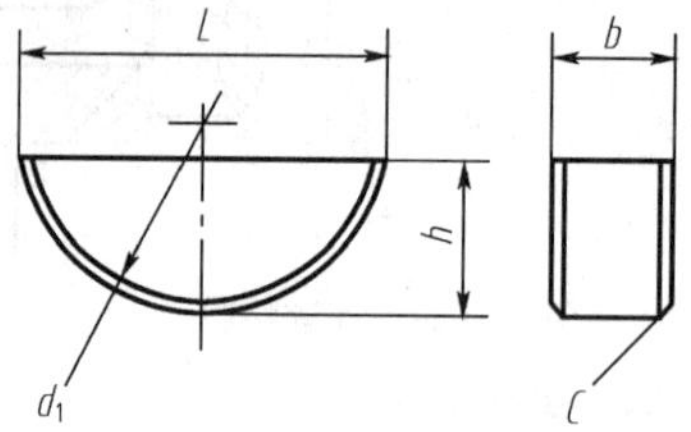	$b = 6\text{mm}$，$h = 10\text{mm}$，$d_1 = 25\text{mm}$，$L = 24.54\text{mm}$ 半圆键： 键 6 × 25　GB/T 1099.1—2003
钩头楔键	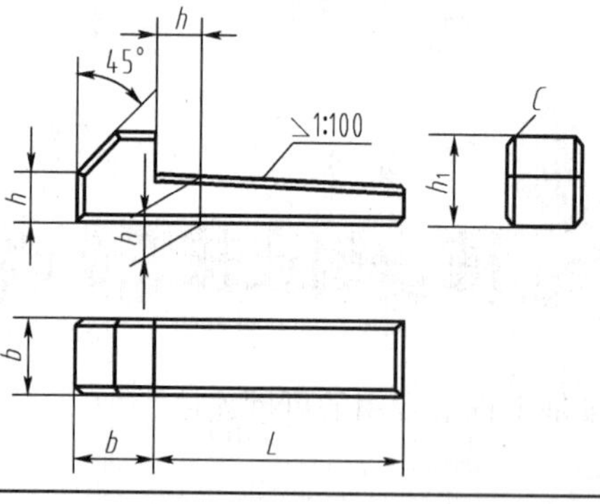	$b = 18\text{mm}$，$h = 11\text{mm}$，$L = 100\text{mm}$ 钩头楔键： 键 18 × 100　GB/T 1565—2003

2. 键槽的画法及其尺寸标注

用上述 3 种键连接轴和轮，必须先在轴和轮上加工出键槽。

键槽的尺寸可根据轴的直径从国标中查出。图 8-26 所示为采用普通平键连接时轴和轮上键槽的画法及尺寸标注。图 8-27 所示为采用半圆键连接时轴和轮上键槽的画法及尺寸标注。

3. 键连接的装配图画法

键连接的画法如表 8-8 所示。

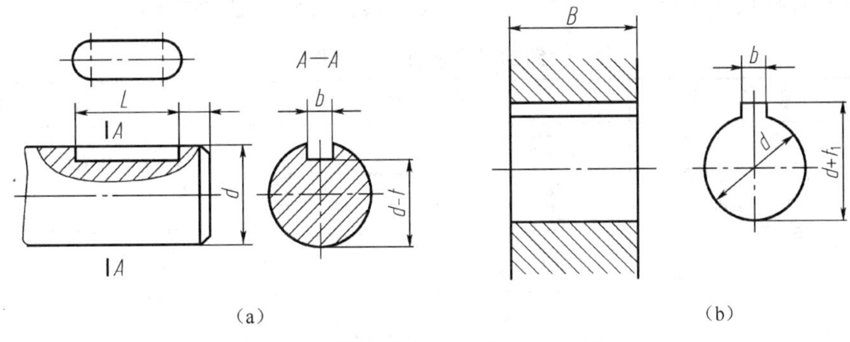

图 8-26　平键键槽的图形表示和尺寸标注

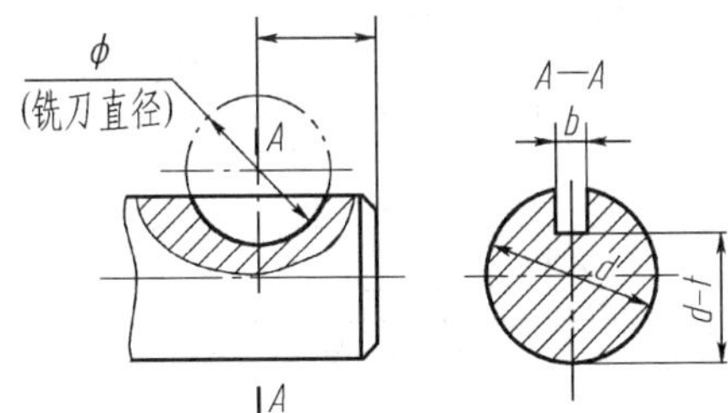

图 8-27　半圆键键槽的图形表示及尺寸标注

表 8-8　　键连接的画法

名　称	连接的画法	说　明
普通平键		键的侧面接触 顶面有一定间隙，键的倒角或倒圆可省略不画
半圆键		键的侧面接触 顶面有一定间隙，键的倒角或倒圆可省略不画
钩头楔键	∠1:100　h　h	键与槽在顶面、底面接触

8.3.2　销及销连接

销主要用于机器零件之间的连接与定位。常用的销有圆柱销、圆锥销和开口销等，它们都是标准件。销的结构尺寸和标记可查阅标准（参看附录）。

圆锥销和圆柱销的规格尺寸均为直径和长度，其形式和标记示例见表 8-9。

表 8-9　　销的形式及其标记示例

名称	标准号	图例	标记示例
圆锥销	GB/T 117—2000	$R_1 \approx d$　$R_2 \approx d+(L-2a)/50$	直径 d = 10mm，长度 L = 100mm，材料 35 钢，热处理硬度 28～38HRC，表面氧化处理的圆锥销 销 GB/T 117—2000 A10×100 圆锥销的公称尺寸是指小端直径
圆柱销	GB/T 119.1—2000		直径 d = 10mm，公差为 m6，长度 L = 80mm，材料为钢，不经表面处理 销 GB/T 119.1—2000 10m6 × 80
开口销	GB/T 91—2000		公称直径 d = 4mm（指销孔直径），L = 20mm，材料为低碳钢不经表面处理 销 GB/T 91—2000 4 × 20

销连接的画法如图 8-28 所示。

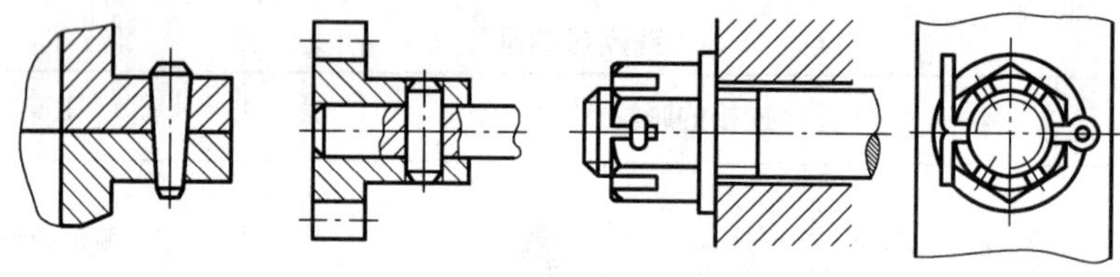

图 8-28　销连接画法

8.4 齿轮

齿轮主要作用是传递动力、改变运动速度和方向。常见的齿轮传动形式有以下 3 种。

- 圆柱齿轮用于两平行轴之间的传动，如图 8-29（a）所示。

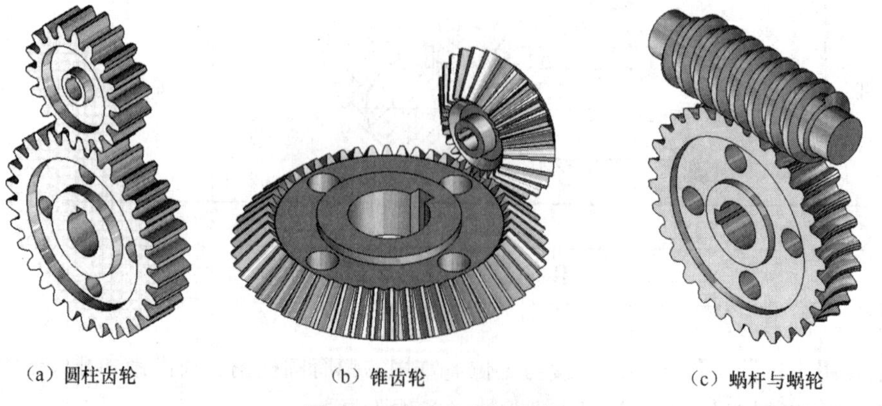

（a）圆柱齿轮　（b）锥齿轮　（c）蜗杆与蜗轮

图 8-29　常见的齿轮传动

- 圆锥齿轮用于两相交轴之间的传动，如图 8-29（b）所示。
- 蜗轮蜗杆用于两交叉轴之间的传动，如图 8-29（c）所示。

8.4.1 直齿圆柱齿轮

圆柱齿轮的轮齿有直齿、斜齿、人字齿 3 种，其中最常用的是直齿圆柱齿轮。轮齿又分为标准齿与非标准齿。采用标准参数的齿轮称为标准齿轮。本书主要介绍具有渐开线齿形的标准直齿圆柱齿轮的有关知识和规定画法。

1. 直齿圆柱齿轮各部分名称、代号及尺寸计算

图 8-30（a）为单个直齿圆柱齿轮的直观图，图 8-30（b）为两个直齿圆柱齿轮啮合的示意图，图中表示了其各部分的名称和代号。

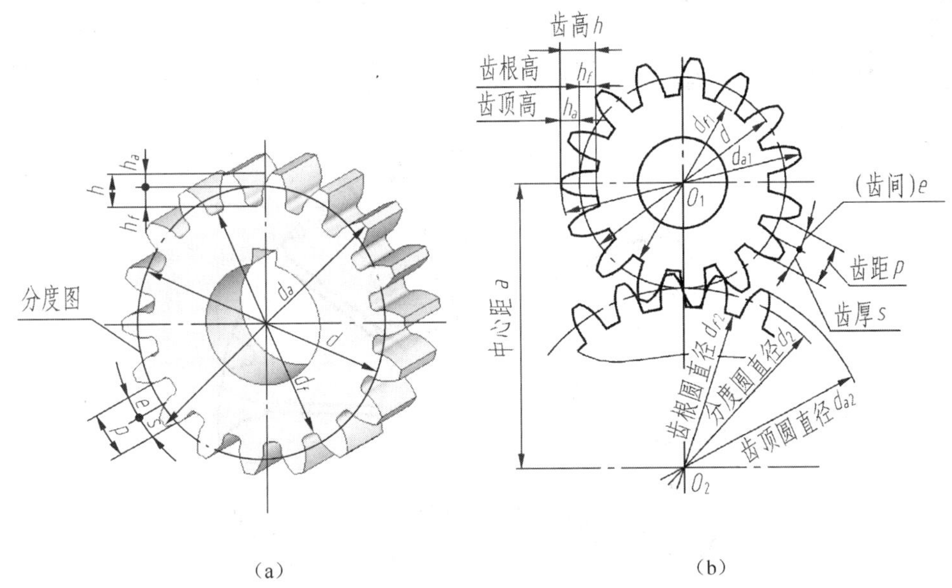

图 8-30 直齿圆柱齿轮各部分名称及代号

- 齿顶圆 d_a：通过轮齿顶部的圆。
- 齿根圆 d_f：通过轮齿根部的圆。
- 分度圆 d：制造时用于分度的圆。
- 节圆 d'：一对啮合轮齿的齿廓在中心连线 O_1O_2 上的啮合接触点 P 称为节点，过节点 P 的两个圆称为节圆。节圆是两齿轮上做无滑动纯滚动的圆。一对正确安装的标准齿轮节圆与分度圆重合，即 $d'=d$。
- 齿高 h：齿顶圆和齿根圆之间的径向距离。
- 齿顶高 h_a：齿顶圆与分度圆之间的径向距离。
- 齿根高 h_f：齿根圆与分度圆之间的径向距离。

$h=h_a+h_f$。

- 齿距 p：分度圆上相邻两齿廓对应点之间的弧长称为齿距。

- 齿厚 s：一个齿廓在分度圆上的弧长。
- 齿间 e：分度圆上两相邻齿之间的弧长。
- 标准齿轮，$s=e=p/2$，$p=s+e$。
- 齿数 z：齿轮轮齿的数目叫齿数。
- 模数 m：由于分度圆周长 $pz=\pi d$，所以 $d=pz/\pi$，令 $m=p/\pi$，则 $d=mz$。式中 m 称为齿轮的模数，它等于齿距 p 与圆周率的比值。模数以毫米为单位。为了便于齿轮的设计和制造，齿轮的模数已经标准化，如表 8-10 所示。相互啮合的齿轮，模数应相等。在标准齿轮中，$h_a=m$，$h_f=1.25m$，从图 8-31 可以看出，模数增大，齿顶高和齿根高也随之增大，即模数越大，轮齿越大，齿轮承载能力越高。

表 8-10　渐开线圆柱齿轮标准模数（摘自 GB/T1357—1987）

第一系列	1，1.25，1.5，2，2.5，3，4，5，6，8，10，12，16，20，25，32，40
第二系列	1.75，2.25，2.75，(3.25)，3.5，(3.75)，4.5，5，(6.5)，7，9，(11)，14，18，22

注：选用时应优先选用第一系列，其次选用第二系列，括号内的模数尽可能不选用。

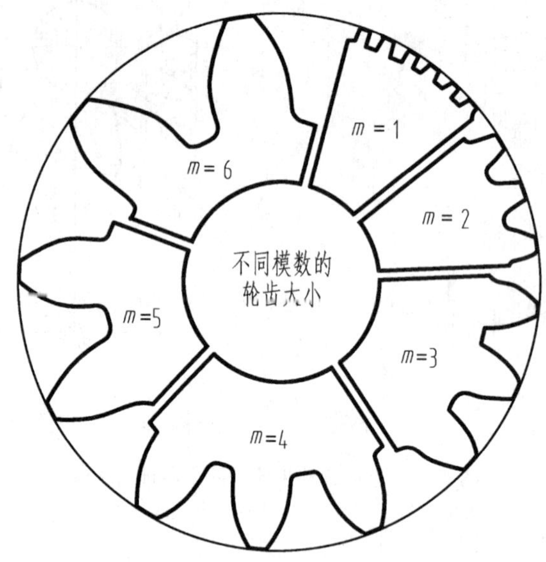

图 8-31　模数对轮齿大小的影响

- 压力角（又称为齿形角）：分度圆上接触点的受力方向和该点的瞬时运动方向的夹角，称为压力角，以 α 表示。国家标准规定标准齿轮的齿形角为 20°。
- 中心距 a：两圆柱齿轮轴线之间的最短距离称为中心距。
- 传动比 i：主动齿轮转速 n_1（r/min）与从动齿轮转速 n_2（r/min）之比，也是从动齿轮齿数 z_2 与主动齿轮齿数 z_1 之比，即 $i=n_1/n_2=z_2/z_1$。

2. 直齿圆柱齿轮各基本尺寸计算

直齿圆柱齿轮各部分尺寸均与模数有关，其计算公式如表 8-11 所示。

表 8-11　　直齿标准圆柱齿轮各部分尺寸计算公式

名　称	代　号	计 算 公 式	名　称	代　号	计 算 公 式
模数	m	$m=p/\pi$	分度圆直径	d	$d=mz$
齿顶高	h_a	$h_a=m$	齿顶圆直径	d_a	$d_a=m(z+2)$
齿根高	h_f	$h_f=1.25m$	齿根圆直径	d_f	$d_f=m(z-2.5)$
齿高	h	$h=h_a+h_f$	中心距	a	$a=(d_1+d_2)/2=m(z_1+z_2)/2$

3. 直齿圆柱齿轮的规定画法

齿轮的轮齿属多次重复出现的结构要素，为简化制图，国家标准（GB/T4459.2—2003）对其规定了特殊表示法。

（1）单个圆柱齿轮的画法。

国家标准规定齿顶圆和齿顶线画成粗实线，分度圆和分度线画成点画线，齿根圆和齿根线画成细实线，也可省略不画。在剖视图中，当剖切面通过齿轮轴线时，剖视图上的轮齿部分按不剖绘制，齿根线画成粗实线，如图 8-32 所示。

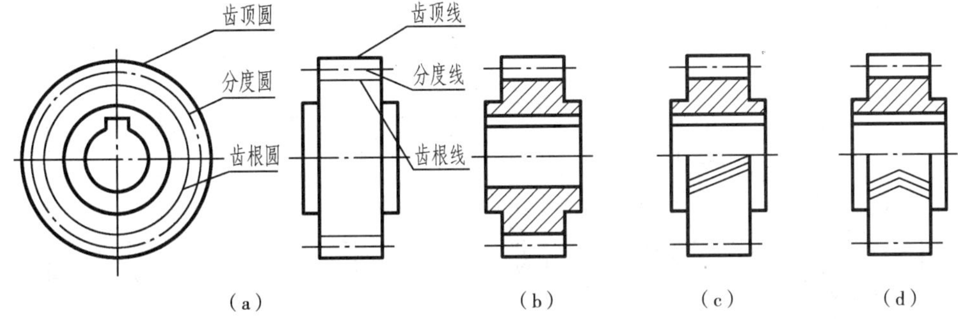

图 8-32　圆柱齿轮的规定画法

斜齿、人字齿在非圆外形视图上用三根与齿向相一致的细实线表示，如图 8-32（c）、图 8-32（d）所示。单个齿轮一般用两个视图表示，主视图轴线水平放置，也可用主视图加局部视图表示圆孔和键槽。

（2）圆柱齿轮啮合的画法。

表达两齿轮啮合一般用两个视图。两齿轮啮合时，除啮合区外，其余部分均按单个齿轮绘制。在反映为圆的视图中，啮合区内的两节圆相切，齿顶圆均用粗实线绘制，如图 8-33（a）所示，也

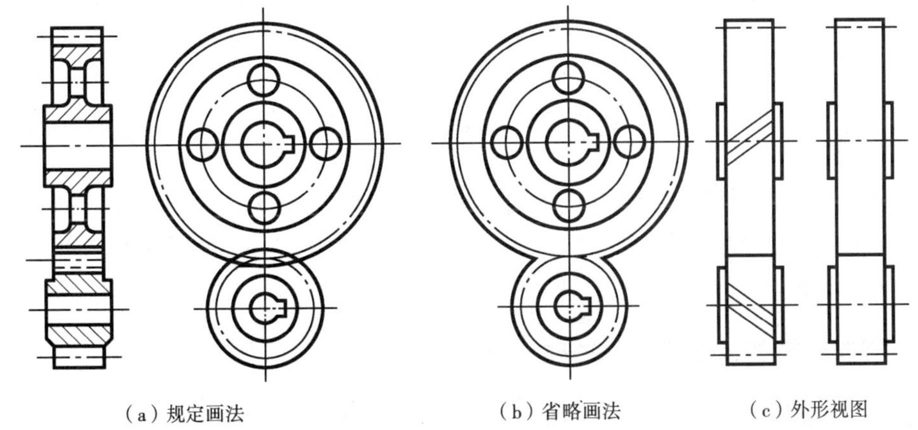

图 8-33　圆柱齿轮啮合的规定画法

可省略不画，如图 8-33（b）所示。在通过轴线的剖视图中，啮合区内，一个齿轮的轮齿用粗实线绘制，另一个齿轮的轮齿被遮挡的部分用细虚线绘制，也可省略不画，如图 8-33（a）所示。在投影为非圆的外形视图中，啮合区内的齿顶线不需要画出，节线用粗实线绘制，如图 8-33（c）所示。剖视图中啮合区内，一个齿轮的齿顶与另一个齿的齿根之间的间隙为 0.25m，如图 8-34 所示。

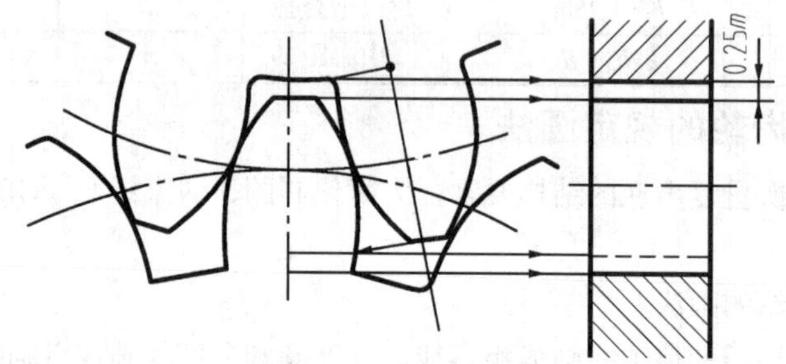

图 8-34　啮合齿轮的间隙

图 8-35 所示为直齿圆柱齿轮工作图。

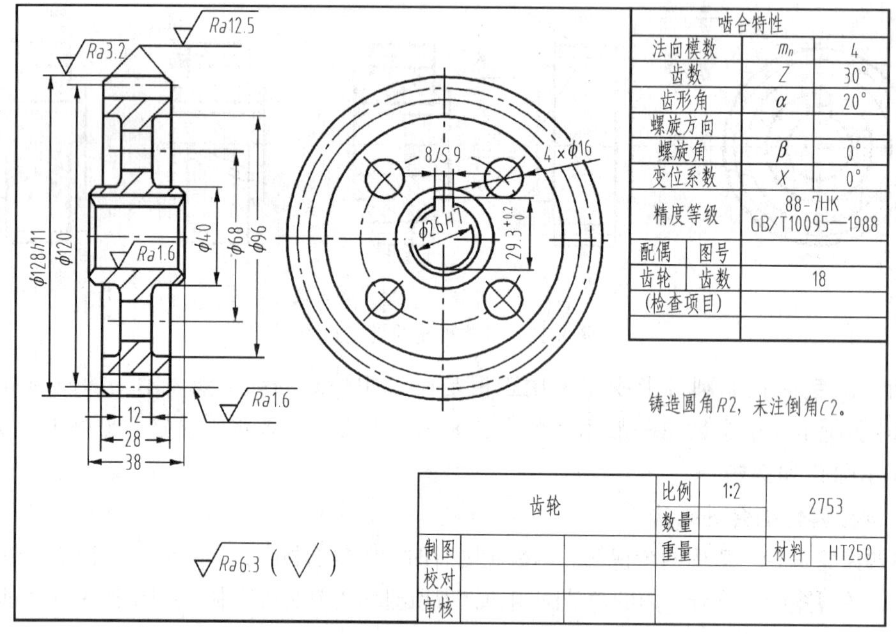

啮合特性		
法向模数	m_n	4
齿数	Z	30°
齿形角	α	20°
螺旋方向		
螺旋角	β	0°
变位系数	X	0°
精度等级	88-7HK GB/T10095—1988	
配偶齿轮 图号		
配偶齿轮 齿数		18
（检查项目）		

齿轮		比例	1:2	2753
		数量		
制图		重量		材料 HT250
校对				
审核				

图 8-35　直齿圆柱齿轮工作图

8.4.2　直齿圆锥齿轮

圆锥齿轮的轮齿是制作在圆锥面上，因而其轮齿沿着圆锥素线方向的大小不同，模数、齿高及齿厚也随之变化。为了设计、制造方便，国标规定以大端模数为标准模数，并按大端模数计算各部分的尺寸。

1. 圆锥齿轮轮齿各部分名称、代号

圆锥齿轮轮齿各部分几何要素的名称如图 8-36 所示。

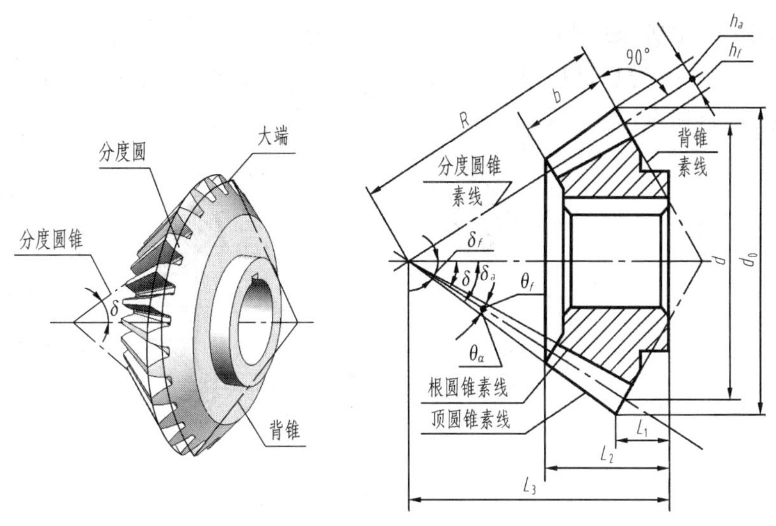

图 8-36 圆锥齿轮的各部分名称及代号

2. 圆锥齿轮的规定画法

（1）单个直齿圆锥齿轮的画法。

主视图画成剖视图，轮齿按不剖处理。左视图中，用粗实线绘制大端和小端齿顶圆，大端分度圆用点画线绘制，大、小端的齿根圆均不画，其余按投影关系绘制。画图步骤如图 8-37 所示。

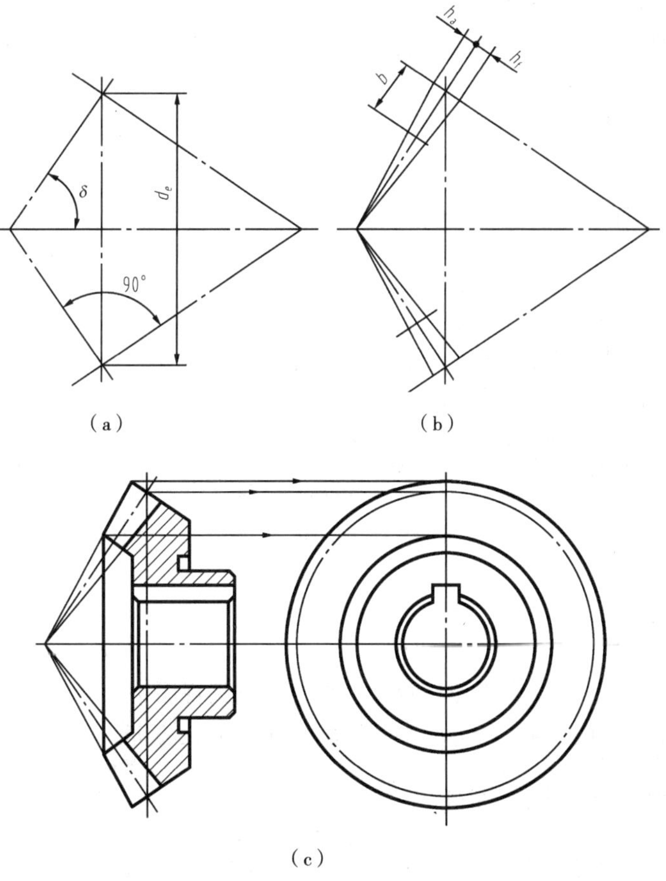

图 8-37 单个圆锥齿轮的画图步骤

（2）直齿圆锥齿轮啮合的画法。

两锥齿轮啮合时，两分度锥相切，锥顶交于一点。主视图多采用剖视图。直齿圆锥齿轮啮合的画图步骤如图 8-38 所示。

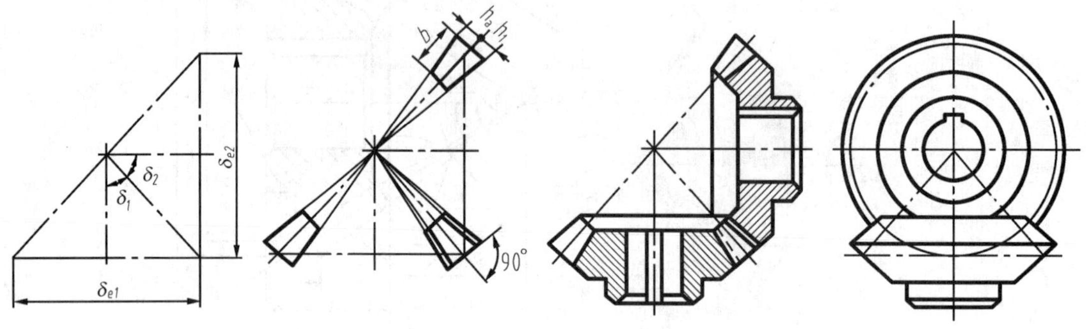

图 8-38　圆锥齿轮啮合的画图步骤

8.4.3　蜗 轮 蜗 杆

在蜗轮蜗杆传动中，蜗杆是主动件，蜗轮是从动件，因此可实现较大的传动比。蜗轮蜗杆的齿向是螺旋形，蜗轮的轮齿顶面制成环面，以增加与蜗杆的接触面。蜗杆蜗轮的主要参数是在通过蜗杆轴线并垂直于蜗轮轴线的平面内决定的。在此平面内，蜗轮的模数称为端面模数，蜗杆模数称为轴向模数，相啮合的蜗轮蜗杆，蜗轮的端面模数与蜗杆的轴向模数相等。

1. 蜗杆的画法

如图 8-39 所示，齿顶圆（齿顶线）用粗实线绘制，分度圆（分度线）用点画线绘制，齿根圆（齿根线）用细实线绘制或省略不画。

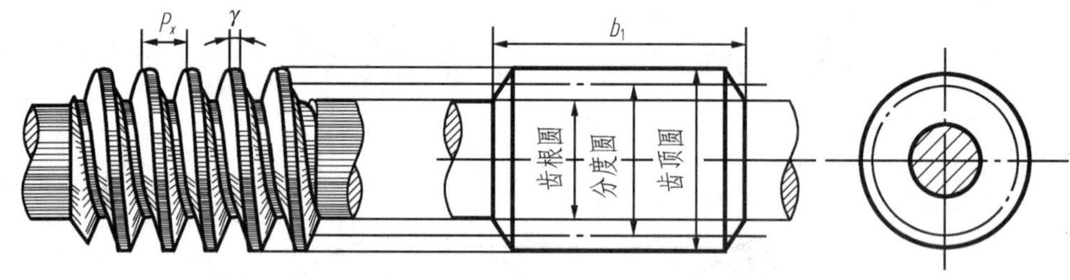

图 8-39　蜗杆的规定画法

2. 蜗轮的画法

一般采用两个视图，且主视图作剖视。在投影为圆的视图中，只画分度圆和外圆，齿顶圆和齿根圆不必画出。剖视图中，轮齿按不剖绘制，如图 8-40 所示。

3. 蜗轮与蜗杆的啮合画法

在外形视图中，在蜗杆投影为圆的视图上，蜗轮与蜗杆投影重合的部分只画蜗杆不画蜗轮；在蜗轮投影为圆的视图上，蜗轮与蜗杆的齿顶圆都用粗实线绘制，如图 8-41（a）所示。

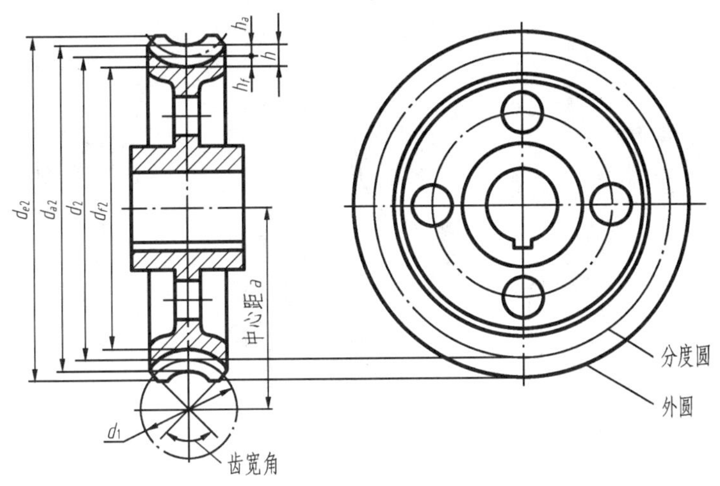

图 8-40 蜗轮的规定画法

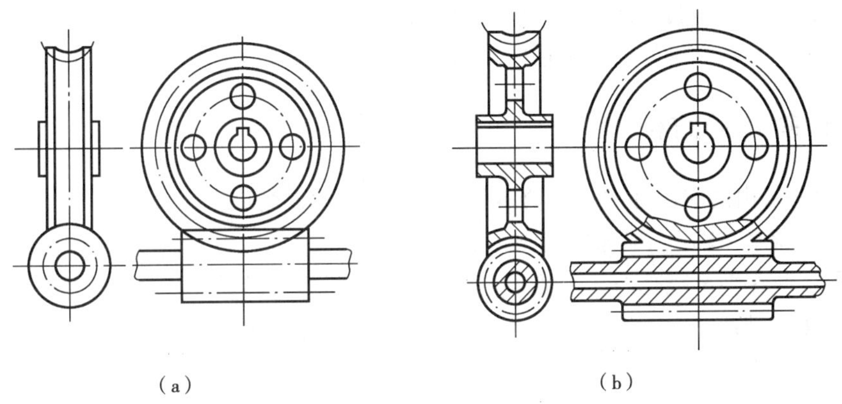

图 8-41 蜗杆蜗轮啮合的规定画法

在剖视图中，在蜗轮投影为圆的视图上，啮合部分用局部剖表示，如图 8-41（b）所示。

8.5 滚动轴承

滚动轴承是支持轴旋转的组件，它具有摩擦阻力小，结构紧凑等优点，在机械、仪表和设备中应用广泛。

8.5.1 滚动轴承的结构和类型

滚动轴承的结构与类型如图 8-42 所示。

1. 滚动轴承的分类

滚动轴承按受力方向可分为以下 3 类。

- 向心轴承：主要承受径向力，如深沟球轴承。

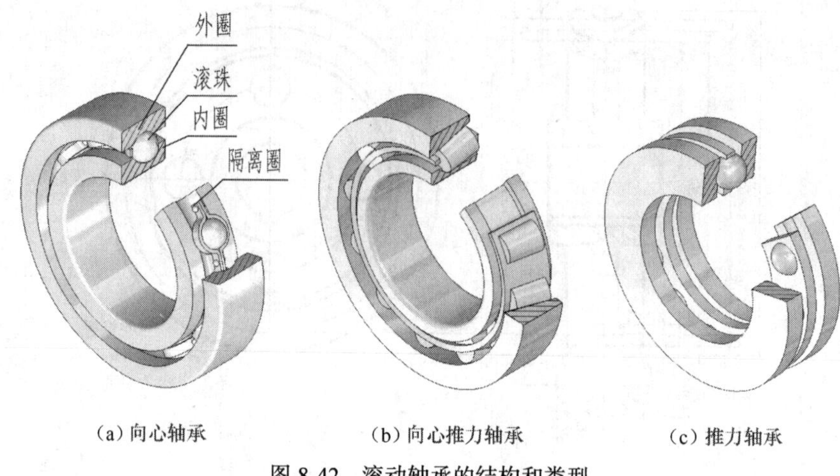

图 8-42　滚动轴承的结构和类型

- 推力轴承：只承受轴向力，如推力球轴承。
- 向心推力轴承：可同时承受径向力和轴向力，如圆锥滚子轴承。

2. 滚动轴承的结构

滚动轴承一般由内圈、外圈、滚动体和保持架 4 种元件组成。

- 内圈：紧套在轴上，随轴一起转动。
- 外圈：装在轴承座孔内，一般固定不动或偶尔做少许转动。
- 滚动体：排列在内、外圈滚道之间。其按形状可分为圆球、圆柱、圆锥和滚针等。
- 保持架：用来把滚动体均匀分开，又称为隔离圈。

3. 滚动轴承代号和标记

滚动轴承代号可查阅 GB/T271—1997、GB/T272—1993。代号主要由基本代号、前置代号和后置代号构成，其排列次序如图 8-43 所示。

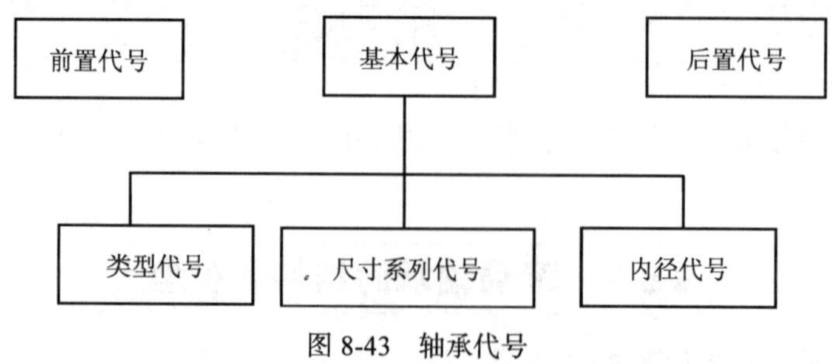

图 8-43　轴承代号

基本代号表示轴承的基本类型、结构和尺寸，是轴承代号的基础，它由轴承类型代号、尺寸系列代号及内径代号构成。

- 类型代号：由数字或字母组成，如表 8-12 所示。

表 8-12　　轴承类型代号（摘自 GB/T 272—1993）

代号	0	1	2		3	4	5	6	7	8	N	U	QJ
轴承类型	双列角接触球轴承	调心球轴承	调心滚子轴承	推力调心滚子轴承	圆锥滚子轴承	双列深沟球轴承	推力球轴承	深沟球轴承	角接触球轴承	推力圆柱滚子轴承	圆柱滚子轴承	外球面球轴承	四点接触球轴承

● 尺寸系列代号：由两位数字组成。前一位数字代表宽度系列（向心轴承）或高度系列（推力轴承），后一位数字代表直径系列。尺寸系列表示内径相同的轴承可具有不同的外径，而同样的外径又有不同的宽度（或高度），用以满足各种不同要求的承载能力。

● 内径代号：表示轴承的内径，由后两位数字表示。代号 00、01、02、03 分别表示内径为 10mm、12mm、15mm、17mm。数字大于 04 号时，数字乘以 5，即为内径 *d*。

前置、后置代号是轴承在结构形状、尺寸、公差和技术要求有变化时，在其基本代号前后添加的补充代号，一般不标注。

8.5.2　滚动轴承表示法

国家标准规定，滚动轴承在装配图中有简化画法（通用画法和特征画法）和规定画法两种表示方法。表 8-13 列举了 3 类轴承对应的表示法。

表 8-13　　轴承的特征画法和规定画法（摘自 GB/T 4459.7—1998）

名称和标准号	查表主要数据	特 征 画 法	规 定 画 法	装 配 画 法
深沟球轴承 60000 型 GB/T 276—1994	*D* *d* *B*	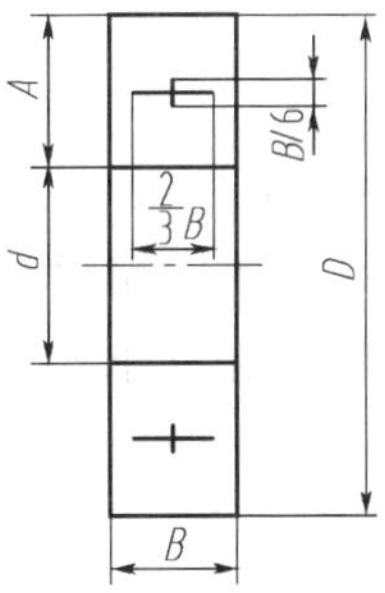	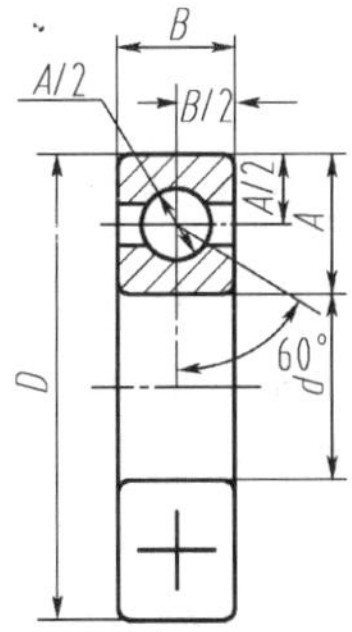	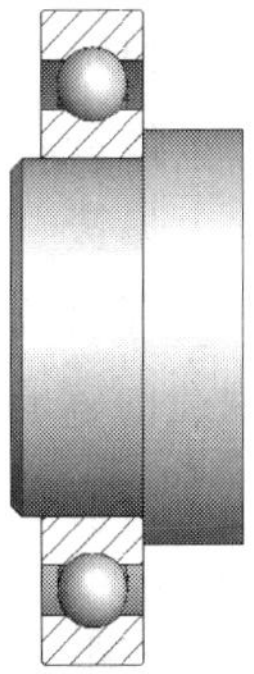
圆锥滚子轴承 30000 型 GB/T 297—1994	*D* *d* *B* *T* *C*	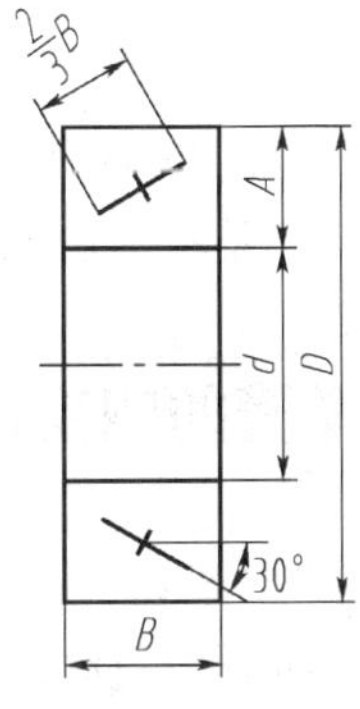	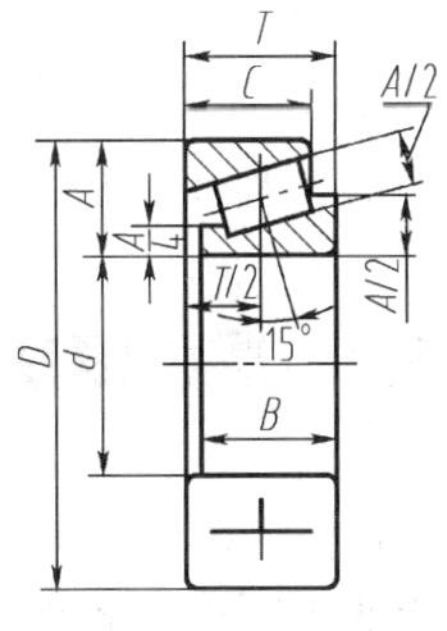	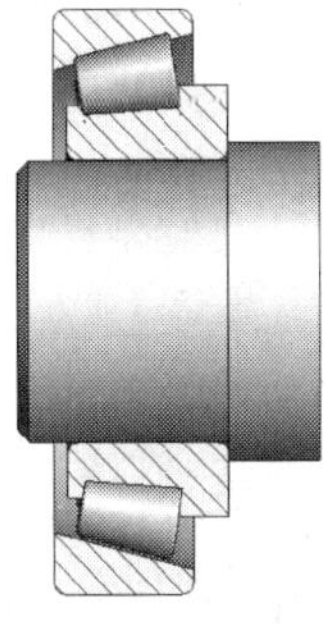

续表

名称和标准号	查表主要数据	特征画法	规定画法	装配画法
推力球轴承 50000型 GB/T 301—1995	D d T	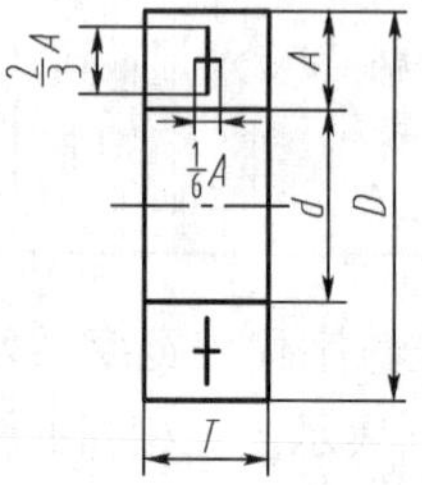	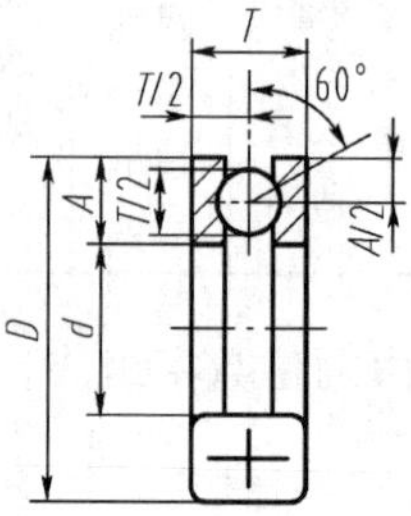	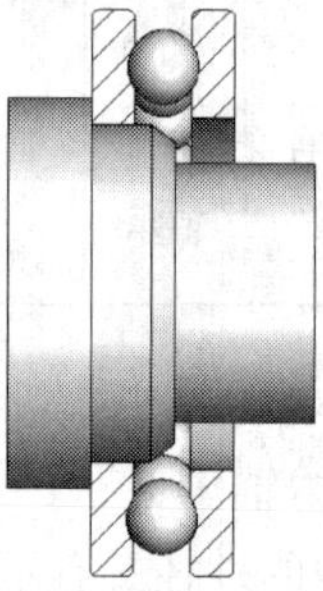

8.6 弹簧

弹簧在机械中主要用来减振、夹紧、储存能量及测力等。弹簧种类繁多，有螺旋弹簧、涡卷弹簧、板簧及碟形弹簧等，本书主要介绍螺旋压缩弹簧的尺寸计算和画法。

8.6.1 圆柱螺旋压缩弹簧各部分名称及尺寸关系

（1）弹簧丝直径 d：制造弹簧的钢丝直径。

（2）弹簧外径 D_2：弹簧的最大直径。

（3）弹簧内径 D_1：弹簧的最小直径，$D_1 = D_2 - 2d$。

（4）弹簧中径 D：弹簧的平均直径，$D = (D_2 + D_1)/2 = D_1 + d = D_2 - d$。

（5）有效圈数 n、支承圈数 n_0、总圈数 n_1：为了使压缩弹簧工作时受力均匀，平稳性好，制造时需将弹簧两端并紧、磨平。这部分圈数仅起支承作用，称为支承圈。支承圈有1.5、2和2.5圈3种，其中常见的是2.5圈。除支承圈外，其余的圈称为有效圈，总圈数 $n_1 = n + n_0$。

（6）节距 t：除支承圈外，相邻两圈间的轴向距离。

（7）自由高度 H_0：弹簧在不受外力时的高度，$H_0 = nt + (n_0 - 0.5)d$。

（8）弹簧展开长 L：制造时簧丝的下料长度：$L \approx n_1\sqrt{(\pi D)^2 + t^2}$。

计算后取标准中的相近值，圆柱螺旋压缩弹簧尺寸及参数由GB/T2089—1994规定。

8.6.2 圆柱螺旋压缩弹簧的规定画法

GB/T 4459.4—2003中规定了螺旋弹簧的画法，如图8-44所示。

（1）在平行于弹簧轴线的视图中，各圈的轮廓线应画成直线。

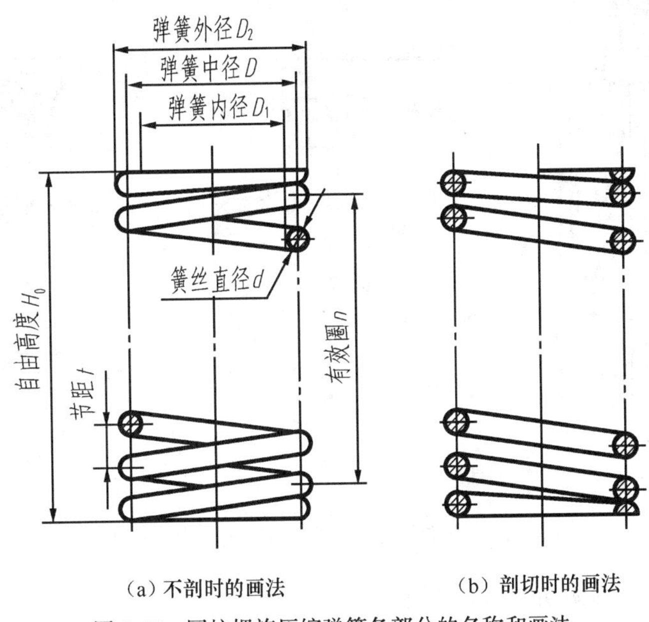

（a）不剖时的画法　　（b）剖切时的画法

图 8-44　圆柱螺旋压缩弹簧各部分的名称和画法

（2）左旋和右旋弹簧均可画成右旋，但必须保证的旋向要求应在“技术要求”中注明。

（3）有效圈数在 4 圈以上的弹簧，中间部分可省略，并允许适当缩短其图形的长度。

圆柱螺旋压缩弹簧的画图步骤见表 8-14。

表 8-14　圆柱螺旋压缩弹簧的画图步骤

① 以自由高度 H_0 和中径 D 作矩形	② 根据簧丝直径 d 画出支承圈	③ 根据节距 t 画出有效圈	④ 按右旋作簧丝剖面的切线，校核，加深，画剖面线

8.6.3　圆柱螺旋压缩弹簧在装配图中的画法

在装配图中，弹簧后面被遮挡的结构一般不画，可见部分从弹簧的外轮廓线或簧丝的断面中心线画起，如图 8-45（a）所示。当簧丝直径小于 2mm 时，其断面可用涂黑表示，如图 8-45（b）所示。当簧丝直径小于 1mm 时，可用示意画法，如图 8-45（c）所示。

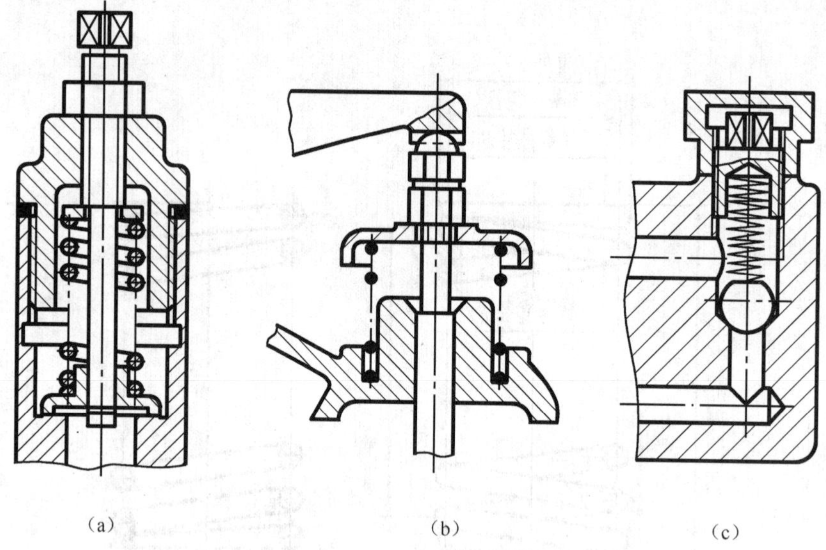

图 8-45　圆柱螺旋压缩弹簧在装配图中的画法

螺旋压缩弹簧的零件图如图 8-46 所示。

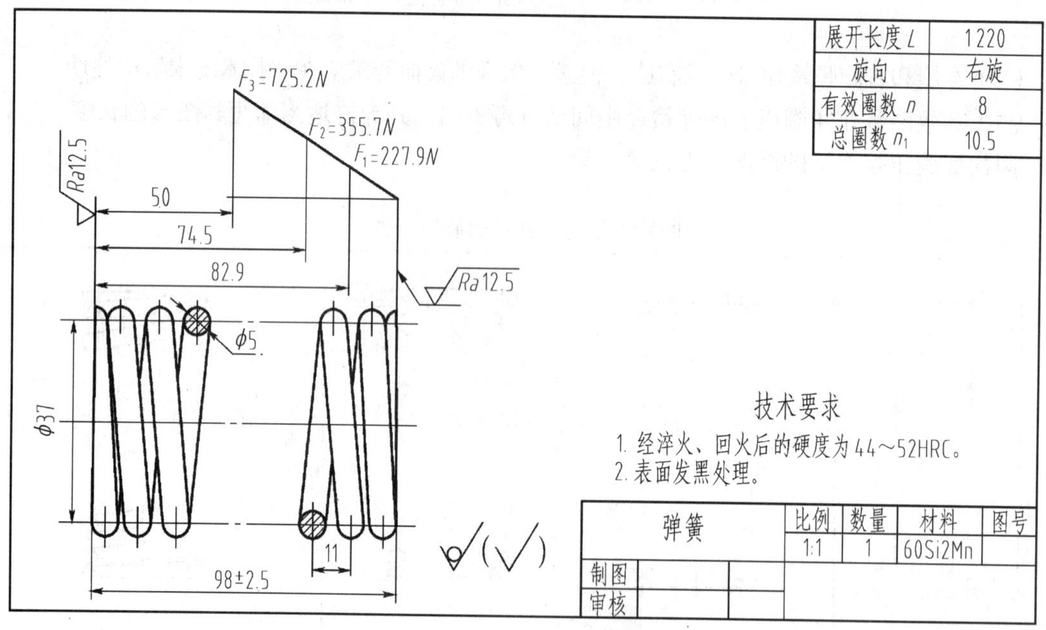

图 8-46　螺旋压缩弹簧的零件图

第9章 零件图

【学习目标】

- 掌握零件图的视图选择原则和典型零件的表达方法。
- 掌握极限与配合、表面结构要求的选择与标注以及零件图的尺寸标注。
- 掌握读零件图的方法与步骤。
- 掌握测绘零件的方法与步骤。

机器或部件都是由零件按一定的装配关系装配而成的。图 9-1 所示的铣刀头是专用铣床上的一个部件，它是由左边的 *V* 型带轮通过键连接，把动力传给阶梯轴，带动右边的铣刀盘进行切削。图 9-2 所示为该部件的轴测分解图，从图中可以看出铣刀头是由阶梯轴、座体、端盖等零件组成。

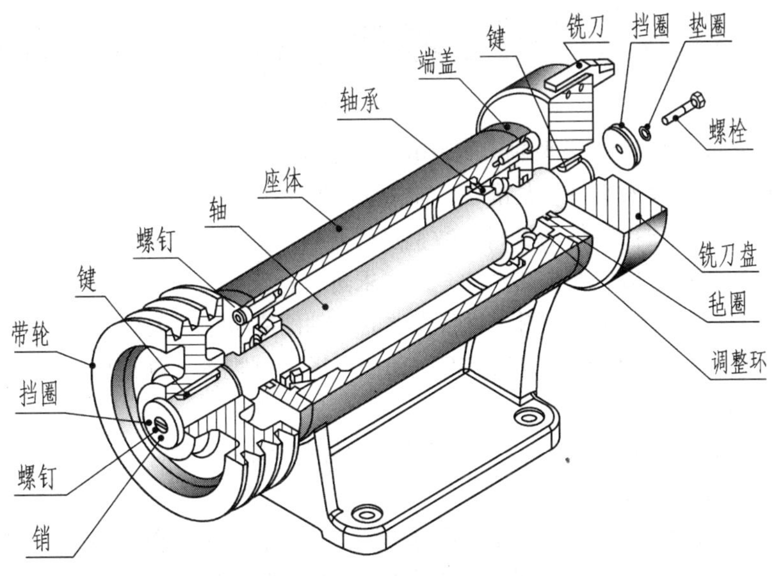

图 9-1　铣刀头装配轴测图

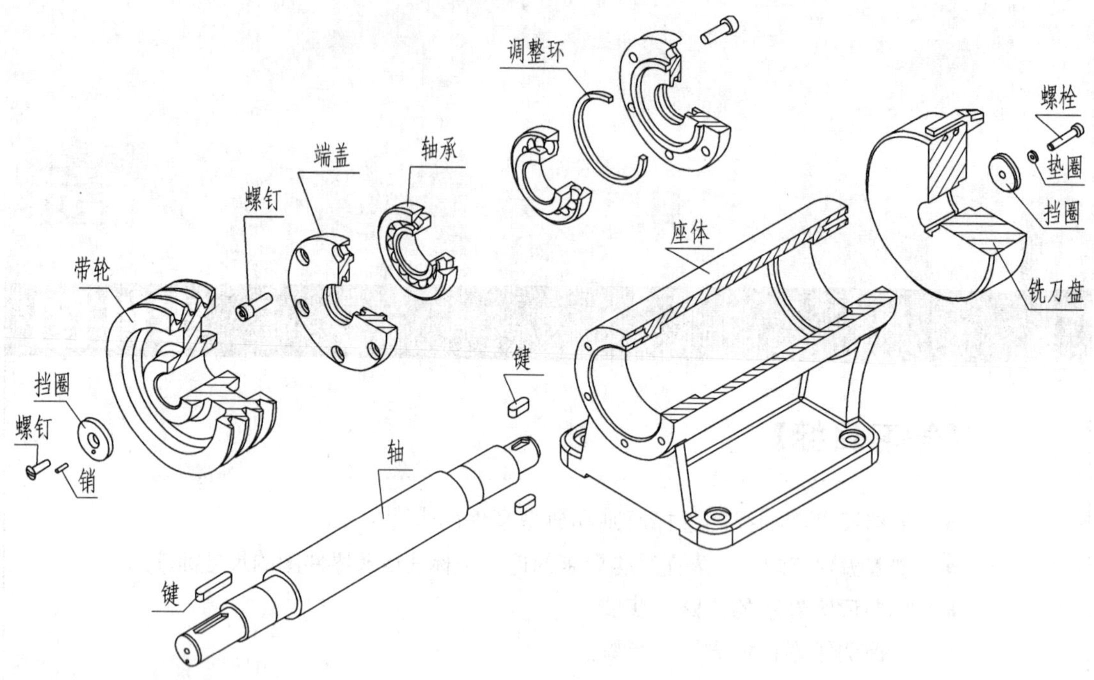

图 9-2　铣刀头轴测分解图

9.1 零件图的作用与内容

零件是构成机器或部件的基本单元。表示零件结构、大小和技术要求的图样称为零件图，零件图是生产中重要的技术文件，是准备、制造及检验零件的依据。

在生产过程中，先根据零件的材料和数量进行备料，然后按图纸中所表达的零件形状、尺寸和技术要求进行加工，最后根据图纸的全部要求进行检验。

图 9-3 所示为铣刀头轴的零件图。一张完整的零件图应包括下列内容。

- 一组图形：根据机械制图国家标准，采用视图、剖视图、断面图和局部放大图等方法表示零件的结构形状。
- 足够的尺寸：正确、完整、清晰并尽可能合理地确定出零件各部分结构形状的大小及其相对位置。
- 技术要求：用规定的代号、数字、字母或另加文字注释说明零件在制造、检验时应达到的各项质量指标，如表面结构、尺寸偏差、几何公差及热处理要求等。
- 标题栏：说明零件的名称、件数、材料、比例、图号及设计、制图、校核人员的签名、日期等各项内容。

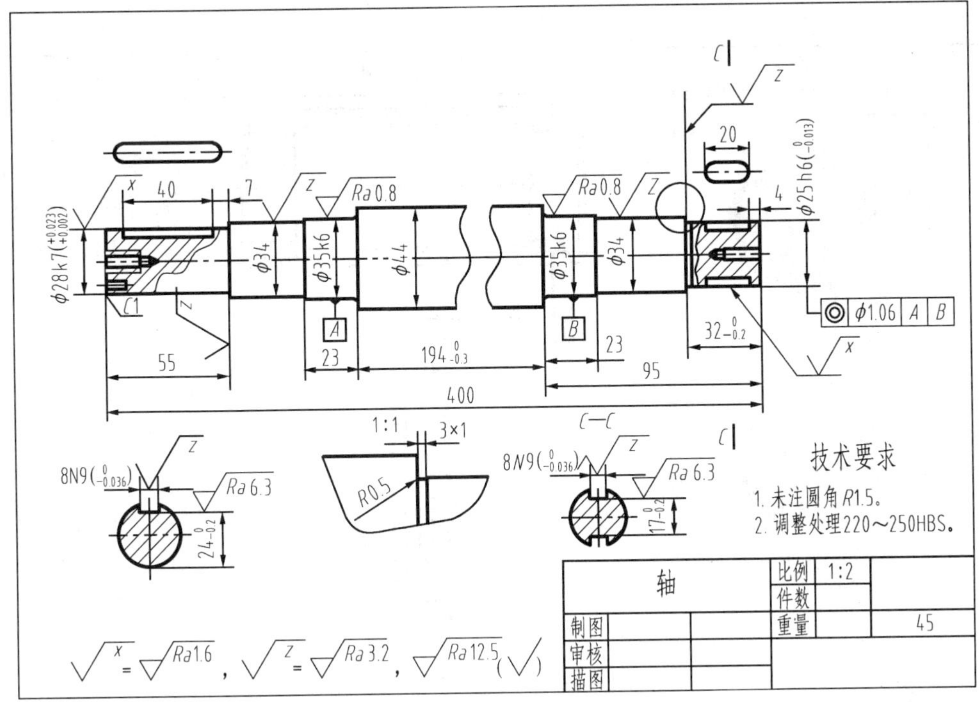

图 9-3 铣刀头轴的零件图

9.2 零件的视图选择

零件图视图的选择原则：在考虑看图方便的前提下，根据零件的结构特点采用适当的表示方法，以完整、清晰地表示出零件各部分的结构形状和相对位置，并力求画图简便。

9.2.1 主视图的选择

主视图是表达零件结构和形状的最重要的视图，选择主视图要考虑安放位置和投射方向，因此在选择时需遵循以下原则。

1. 形状特征原则

以最能反映零件形状特征的方向进行投影。表 9-1 所示为主视方向的选择示例。

表 9-1 主视图选择示例

主 视 方 向	主 视 图	符 合
主视方向		形状特征原则 加工位置原则 工作位置原则

续表

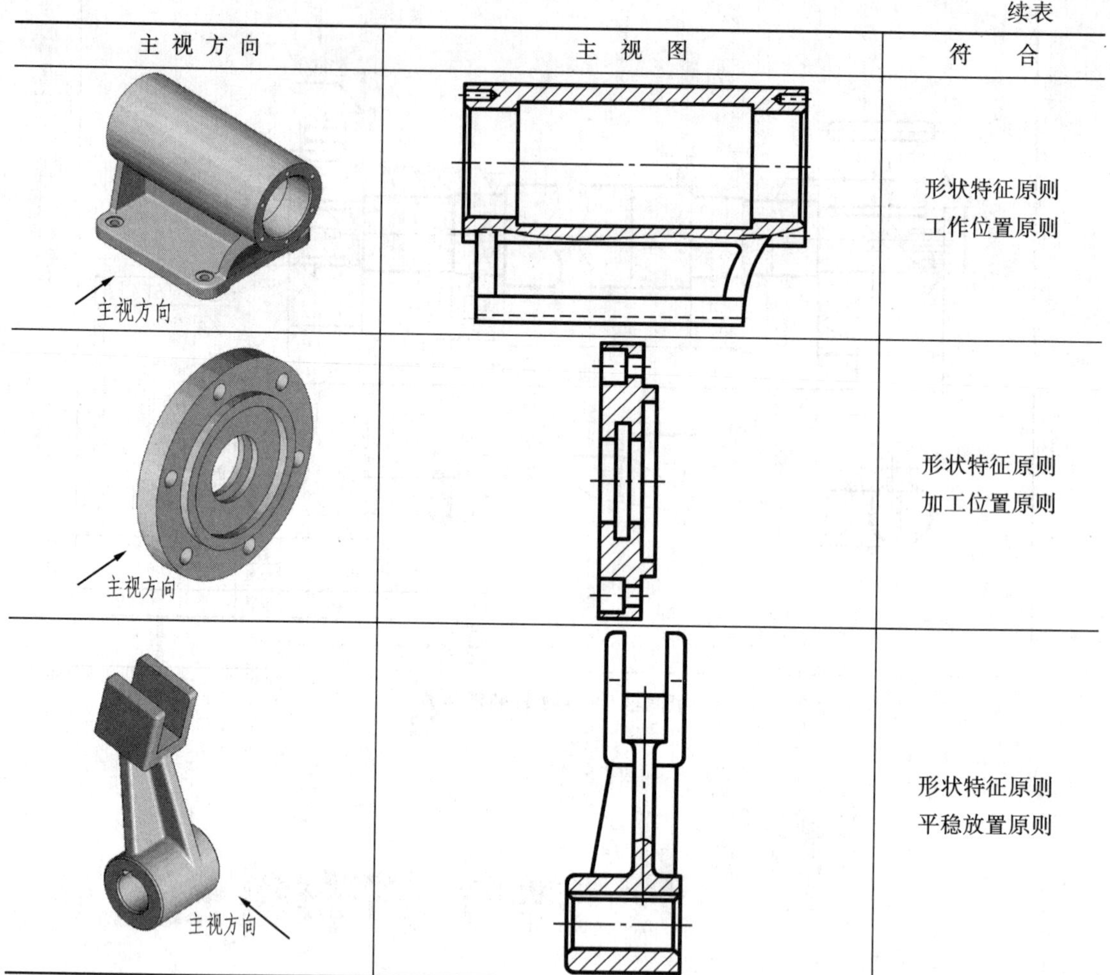

主视方向	主视图	符合
主视方向		形状特征原则 工作位置原则
主视方向		形状特征原则 加工位置原则
主视方向		形状特征原则 平稳放置原则

2. 加工位置原则

主视图应尽量表示零件在加工时所处的位置，以便于工人加工时看图。轴套类、盘盖类等主要由回转体组成的零件其主要加工方法为车削和磨削，加工时工件轴线多处于水平位置，所以画这类零件时主视图通常将轴线水平放置，如图 9-3 所示。

3. 工作位置原则

主视图应尽量表示零件在机器中的工作位置或安装位置。某些零件（如叉架类、箱体类零件）的形状比较复杂、加工工序较多、加工位置多变，一般按工作位置放置，并按形状特征原则选择主视方向。按工作位置画图时，便于想像零件的工作情况。图 9-4 所示铣刀头座体的主视图就是按工作位置画的。

4. 平稳放置原则

如果零件的工作位置是倾斜的或者在机器中是运动的，无固定的工作位置，且加工工序较多，很难满足工作位置和加工位置原则，则将其平稳放置，并遵循形状特征原则选择主视图，如图 9-5 所示。

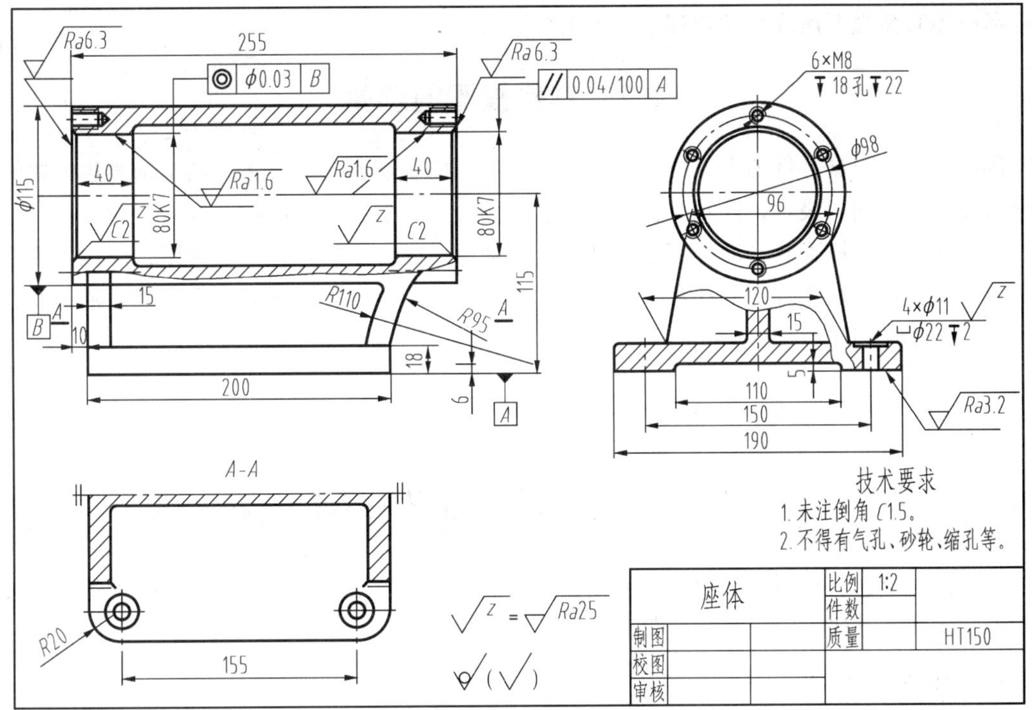

图 9-4　铣刀头座体零件图

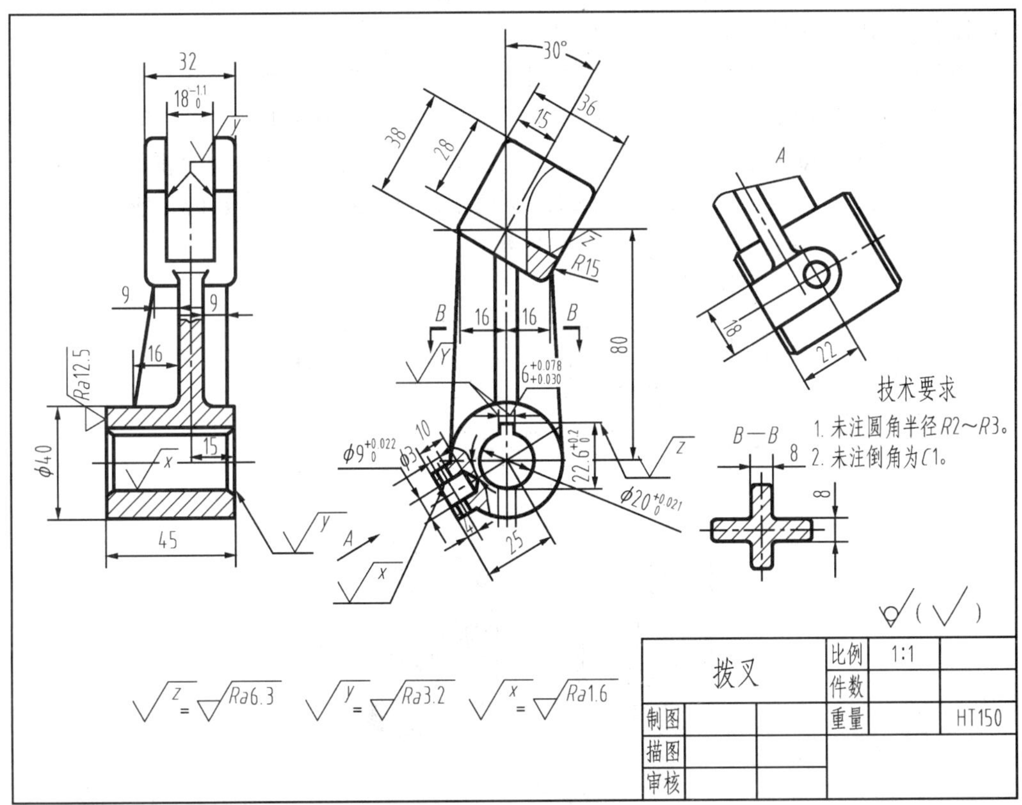

图 9-5　拨叉零件图

总之，选择主视图时，应首先考虑形状特征原则，其次考虑加工位置和工作位置原则，同时应考虑使其他视图虚线少和合理地利用图纸幅面。

9.2.2 其他视图的选择

其他视图要根据零件的内、外形状特征及主视图的表达而定。将主视图上未表达清楚的部分分散在其他视图中表达，使每个视图都有表达的重点，各视图之间相互补充、相互配合，并在充分表达零件结构形状的前提下尽量减少视图数量。图 9-5 所示拨叉零件图，确定了主视图后可以用左视图反映零件下部孔和上端平面的形状，使用 *A* 向视图表达下孔和凸台的形状，使用 *B*—*B* 移出断面图表达筋板的形状。

9.3 典型零件的视图选择

零件按照形状、作用的不同可分为轴套类、盘盖类、叉架类和箱体类等，由于各类零件的形状特征及加工方法不同，因此视图选择也有所不同。

1. 轴套类零件

轴套类零件包括各种轴、套和衬套等，用于支承传动零件并传递运动和动力。套类零件一般装在轴上，起轴向定位、传动和连接作用。

轴类零件通常由各段不同直径的圆柱或圆锥组成，其上多有键槽、销孔、退刀槽、砂轮越程槽、倒角、倒圆及螺纹等工艺结构。此类零件主要在车床、磨床上加工，一般采用一个基本视图表示各轴段的长度及结构。轴线水平放置，便于工人看图。用移出断面表示键槽深度并标注尺寸，用局部放大图表示局部结构，对轴套可采用剖视图表达。图 9-6（a）所示为铣刀头轴的视图表达，图 9-6（b）所示为调整套的视图表达。

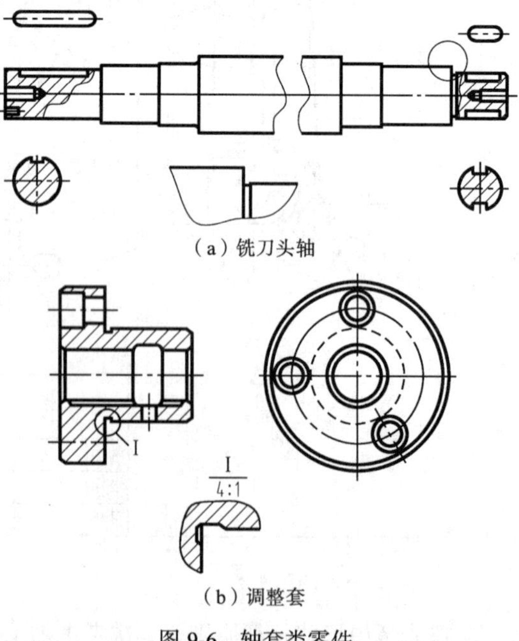

（a）铣刀头轴

（b）调整套

图 9-6 轴套类零件

2. 轮盘类零件

轮盘类零件包括有端盖、法兰及手轮等，主要用于传递扭矩、连接支承及定位、密封等。

轮盘类零件一般为扁平的、圆形的或方形的，常带有沉孔、止口、凸台及轮辐等。

此类零件的主要表面多在车床上加工，因此按加工位置和形状特征选择主视图，并多用剖视图来表达机件的内部结构。一般需采用两个基本视图，另一视图多为外形视图，如结构对称可只画一半。

图 9-7 所示为泵盖的零件图，将轴线水平放置位置作主视图，并用剖切表示内部形状，左视图主要表达左端面的孔，右视图表示右端面的孔和端面形状。

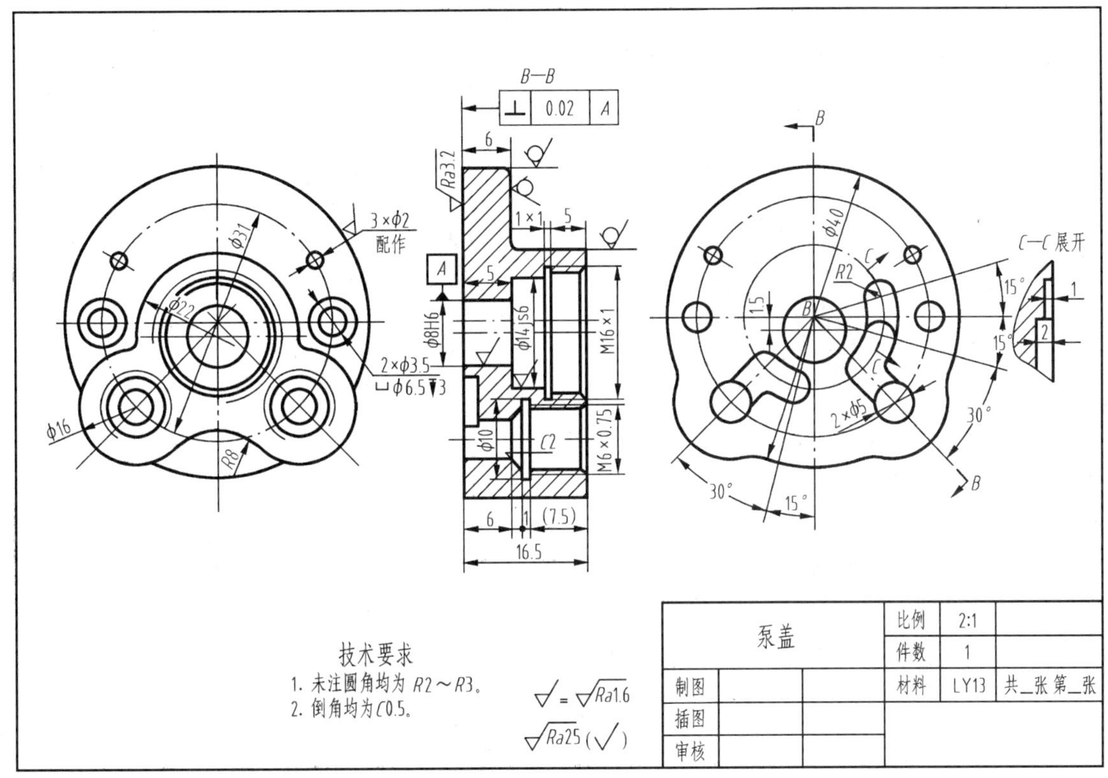

图 9-7　泵盖的视图与表达

3. 箱体类零件

箱体类零件结构比较复杂，一般为机器或部件的主体，用于容纳、支承和保护运动零件或其他零件，也起定位和密封的作用。箱体有较大的空腔。箱壁上常有轴承孔，有安装底板、凸台、凹坑等结构。

箱体类零件的结构形状和加工情况比较复杂，一般需要两个以上的基本视图，并根据需要选择合适的视图、剖视图、剖面来表达其复杂的外部、内部结构。

一般按工作位置和形状特征原则选择主视图。图 9-8 所示为阀体的视图选择。

由于左视图内、外形状表达发生冲突，因此增加了一个 *D* 向视图用以表达方形端面外形及其上连接孔的分布。为表达法兰的形状特征，增加了一个 *C*—*C* 剖视图。

4. 叉架类零件

叉架类零件一般包括拨叉、连杆、支座、摇臂及杠杆等，用于传动、连接及支承等。

叉架类零件主要由支承部分、工作部分和连接部分组成。连接部分一般为肋板，支承部分和工作部分一般带有圆孔、螺孔、油孔、凸台及凹坑等结构。这类零件通常不规则，加工位置多变，有的甚至没有确定的工作位置，一般为铸件或锻件，加工时要经过车、铣、刨等多道工序。

一般按工作位置和形状特征原则画主视图，大多采用局部剖视图，表达内、外结构形状，倾斜结构往往采用斜视图、斜剖视图及断面图来表示。图 9-5 所示为拨叉的视图选择。图中采用了主、左两个基本视图来表达并作局部剖视，表达了主体结构形状，*A* 向斜视图和 *B*—*B* 移出断面图分别表达圆筒上面拱形凸台的形状及肋板的断面。

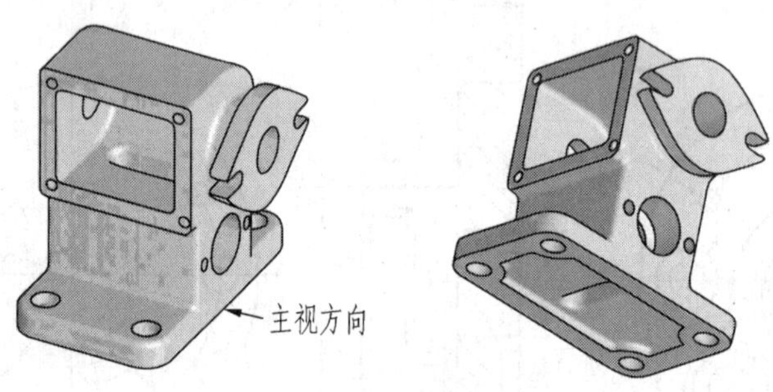

（a）阀体直观图

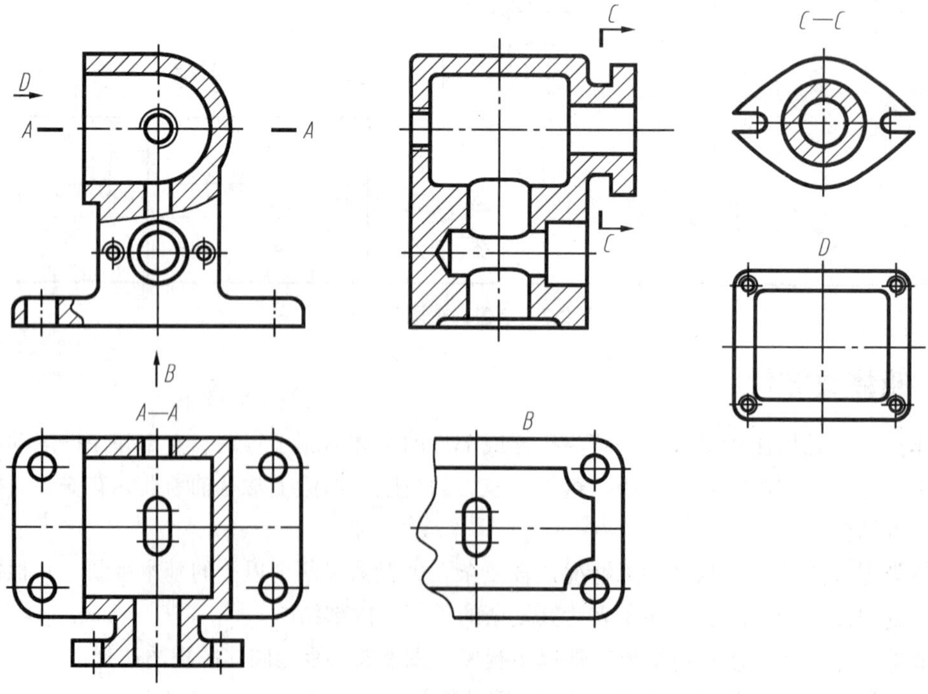

（b）投影图

图 9-8　阀体的视图与表达

9.4 零件图的尺寸标注

尺寸是加工与检验零件的依据，零件图中的尺寸应满足正确、完整、清晰、合理的要求。前 3 项已做过介绍，本节重点介绍如何合理标注尺寸。合理即零件的尺寸既要满足设计要求，又要方便制造和检验。尺寸合理标注涉及设计和工艺知识，这里仅介绍一般知识。

9.4.1 尺寸基准

尺寸基准是标注尺寸的起点。基准是指零件在设计、制造和测量时，用以确定其位置的几何元素（点、线、面）。必须考虑零件在机器中的作用、装配关系及零件的加工、测量方法等因素，才能正确地确定尺寸基准。

常用的尺寸基准如下。

- 基准面，如底板的安装面、重要的端面、装配结合面、零件的对称面等。
- 基准线，如回转体的轴线。
- 基准点，如球心、圆心等。

按用途不同，基准可分为设计基准和工艺基准。

- 设计基准：是设计时用以保证零件功能及其在机器中的工作位置所选择的基准。图 9-9 所示的轴承座的底面为安装面，轴承孔的中心根据此平面确定，所以它是高度方向的设计基准。
- 工艺基准：是加工时为保证零件质量，有利于零件的加工、测量所选择的基准。如图 9-9 所示，轴承座上螺纹孔 M10-7H 的深度尺寸，应以凸台端面为基准测量，故凸台端面是高度方向的工艺基准。标注尺寸时应尽量使设计基准与工艺基准重合，这样既能满足设计要求又能满足工艺要求，如不能保证两者重合，就优先保证设计要求。

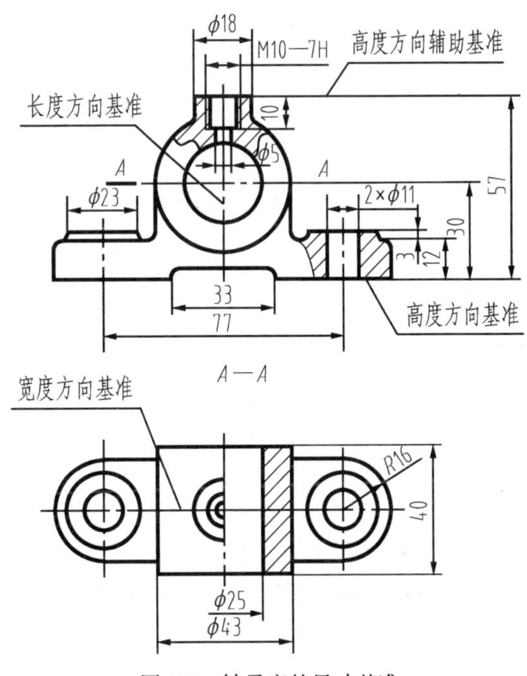

图 9-9 轴承座的尺寸基准

按作用不同，基准分为主要基准和辅助基准。零件有长、宽、高 3 个方向的尺寸，因而每个方向至少有一个主要基准，一般 3 个方向上各选一个设计基准为主要基准，其余尺寸基准是辅助基准，即工艺基准。如图 9-9 所示的轴承座，主要基准与辅助基准之间要有尺寸联系，如尺寸 57。

9.4.2 尺寸标注形式

根据尺寸在图样上的布置特点，尺寸标注形式可分为 3 类。

（1）链式：把同一方向的一组尺寸依次首尾相接，如图 9-10（a）所示。

优点：能保证每一段尺寸的精度要求，前一段尺寸的加工误差不影响后一段。

缺点：各段的尺寸误差累计在总体尺寸上，总体尺寸的精度得不到保证。

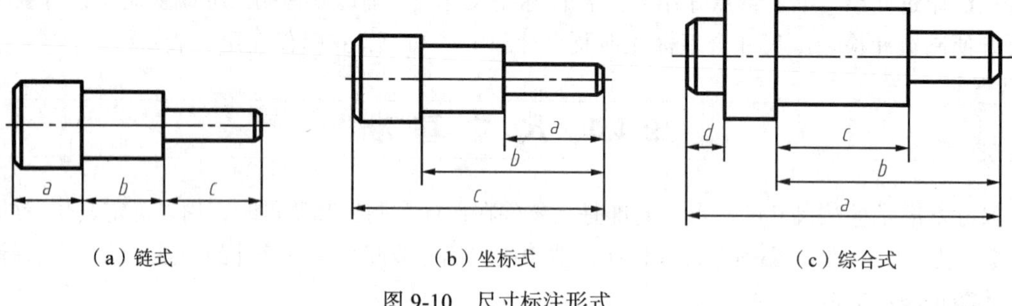

（a）链式　　（b）坐标式　　（c）综合式

图 9-10　尺寸标注形式

在机械制造业中，链式常用于标注中心之间的距离、阶梯状零件中尺寸要求十分精确的各段及用组合刀具加工的零件。

（2）坐标式：同一方向的一组尺寸从同一基准出发进行标注，如图 9-10（b）所示。

优点：各段尺寸的加工精度只取决于本段的加工误差，不会产生累计误差。

当需要从一个基准定出一组精确的尺寸时经常采用这种方法。

（3）综合式：具有链式和坐标式的优点，能适应零件的设计要求和工艺要求，是最常用的一种标注形式，如图 9-10（c）所示。

9.4.3 合理标注尺寸应注意的问题

1. 主要尺寸应直接注出

凡影响部件或机器性能的尺寸、有配合要求的尺寸、确定零件在部件中准确位置的尺寸、重要的结构尺寸、安装尺寸及影响零件的互换性和工作精度的尺寸均属于主要尺寸。如图 9-11 所示，中心距、中心高是主要尺寸，不能由计算间接得到，否则会产生累积误差。

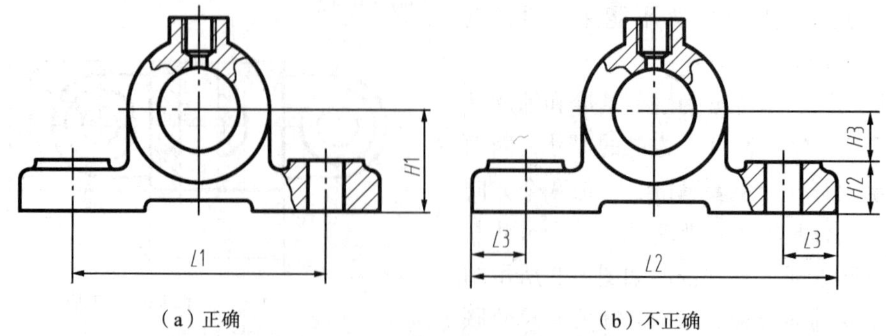

（a）正确　　（b）不正确

图 9-11　主要尺寸应直接注出

2. 非主要尺寸的注法要符合制造工艺要求

用来满足机械性能、结构形状和工艺要求等方面的尺寸均属于非主要尺寸，如外轮廓尺寸、非配合要求的尺寸等。

（1）尽量按加工顺序标注尺寸。

轴套类零件的主要尺寸直接注出，其他尺寸按加工顺序标注，如图 9-12 所示。

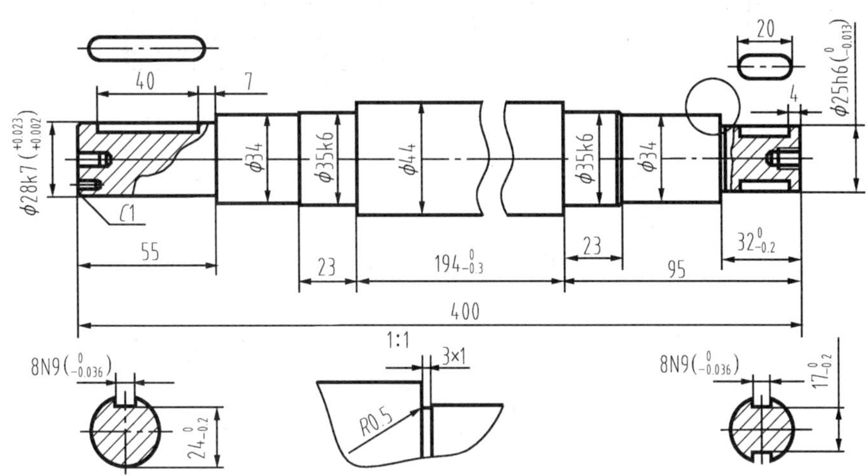

图 9-12　铣刀头轴的尺寸标注

表 9-2 所示为铣刀头轴的加工顺序及尺寸标注。每一工序所需的尺寸都直接注出来了。长为 194 轴段的左、右端面为轴向设计基准，194、55、32、23 均为设计要求的主要尺寸。

表 9-2　铣刀头轴的加工顺序及尺寸标注

序号	说明	简图	序号	说明	简图
1	车外圆 ϕ44 长 400	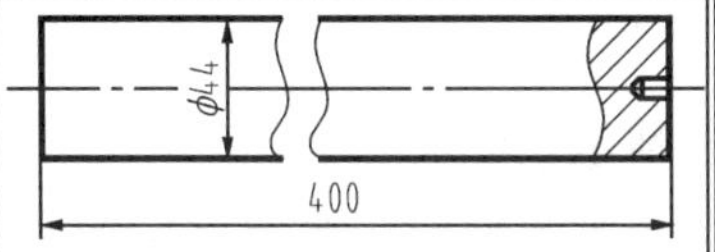	5	调头车 ϕ35，保证尺寸 194	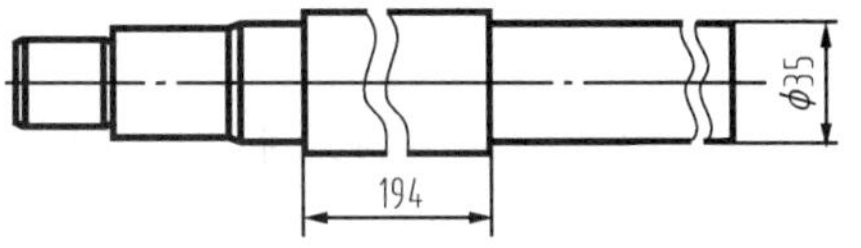
2	车外圆 ϕ35，长 95	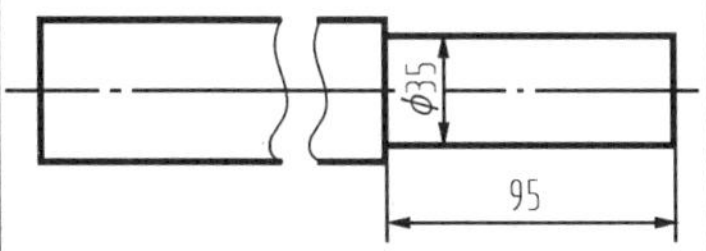	6	车外圆 ϕ34，保证尺寸 23	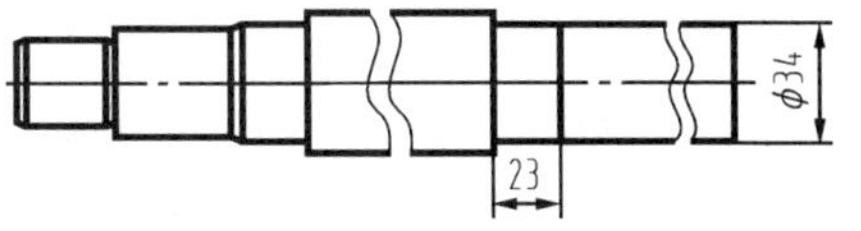
3	车外圆 ϕ34，保证尺寸 23	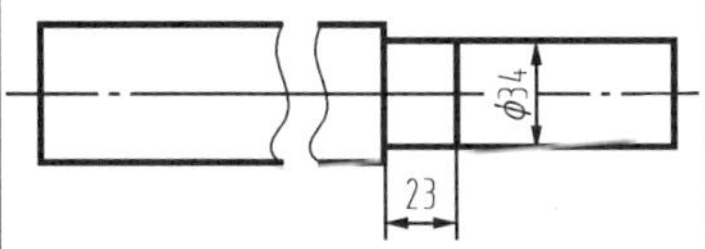	7	车外圆 ϕ28，长度 55，并倒角	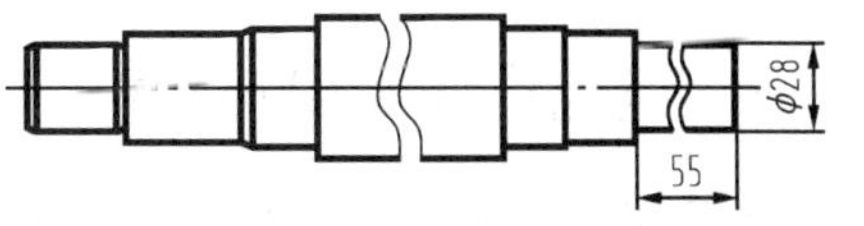
4	车外圆 ϕ25，长度 32，并倒角	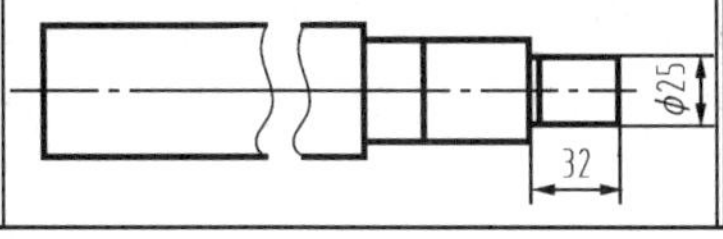	8	铣键槽	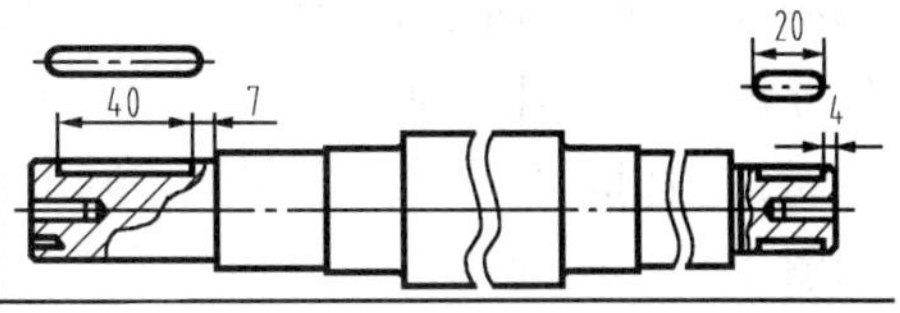

（2）要便于检验和测量。

加工阶梯孔时，一般从端面按相应的深度先做成小孔，再依次加工出大孔。因此，阶梯孔的轴向尺寸应从端面标注大孔的深度，以方便测量。图 9-13（a）、图 9-13（b）所示为阶梯孔合理与不合理标注的对比。图 9-14（a）、图 9-14（b）所示为深度尺寸的合理与不合理标注对比。

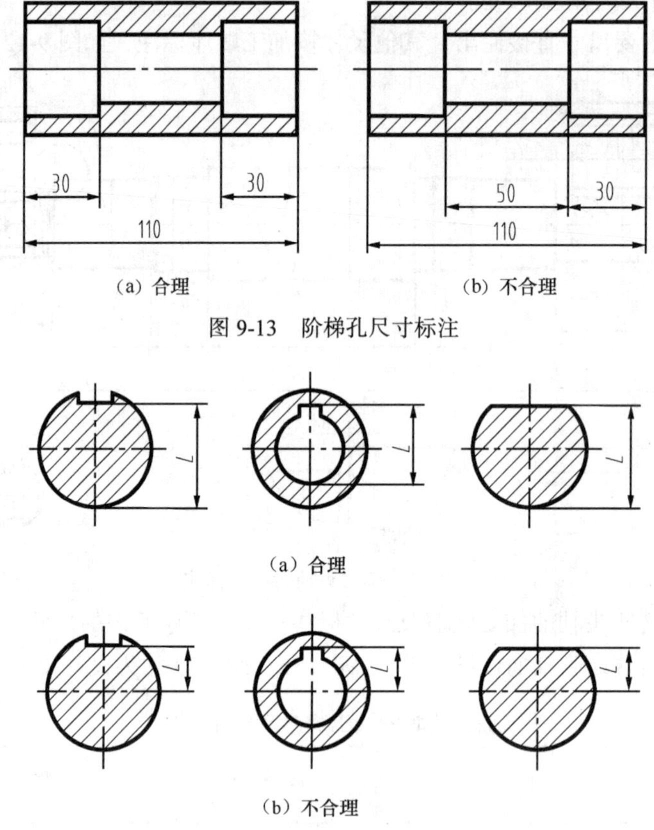

（a）合理　　（b）不合理

图 9-13　阶梯孔尺寸标注

（a）合理

（b）不合理

图 9-14　键槽深度尺寸标注

（3）用木模造型的铸件，尺寸标注要符合木模制造工艺要求。

用木模造型的铸件按形体分析法进行标注，符合木模制造工艺要求。如图 9-15 所示，轴承座的非主要尺寸是按形体进行标注的。例如，圆柱尺寸 ϕ43、ϕ40，凸台尺寸 ϕ23、高度 3 等。

（4）毛坯面与加工面之间只能有一个尺寸联系。

毛坯面与加工面应按两个系统分别进行尺寸标注，它们之间只能有一个尺寸联系，如图 9-16 所示，*A* 为毛坯面与加工面的尺寸联系。

3. 避免注成封闭尺寸链

封闭尺寸链是指尺寸线首尾相接，绕成一整圈的一组尺寸。尺寸链的组成尺寸称为环。如图 9-17（a）所示的阶梯轴，总长尺寸 *A* 与各轴段的长度尺寸 *B*、*C*、*D*，即构成一个封闭尺寸链。标注时不应该都标注，因为欲同时满足各环的尺寸精度要求是不可能的。因此在标注时，应选取一个不重要的轴段空出不标注（该环称为开口环），以保证其他重要尺寸的精度，如图 9-17（b）所示。

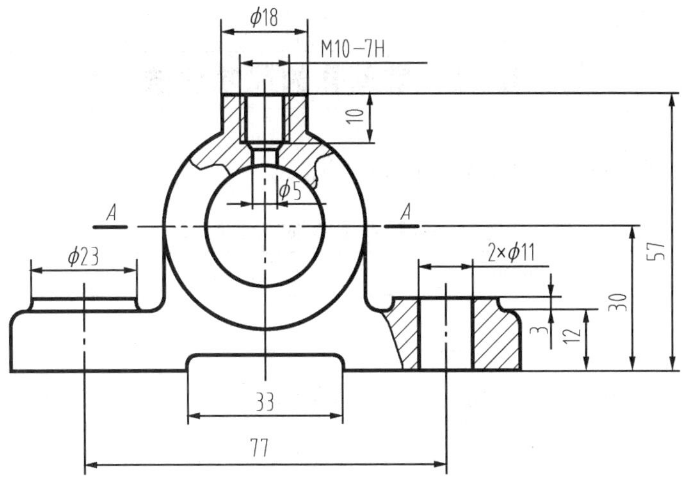

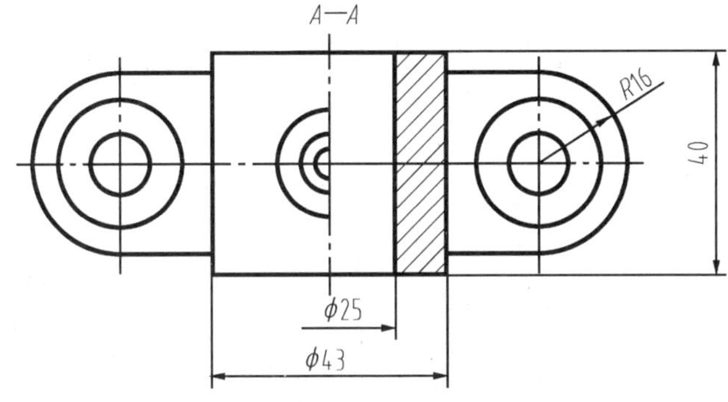

图 9-15　轴承座尺寸标注

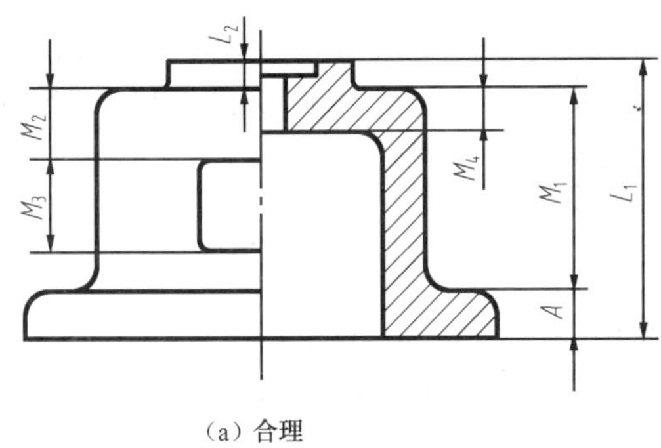

（a）合理

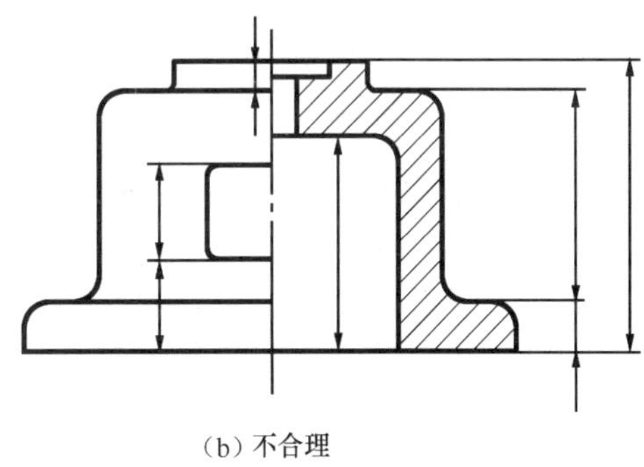

（b）不合理

图 9-16　毛坯面尺寸注法

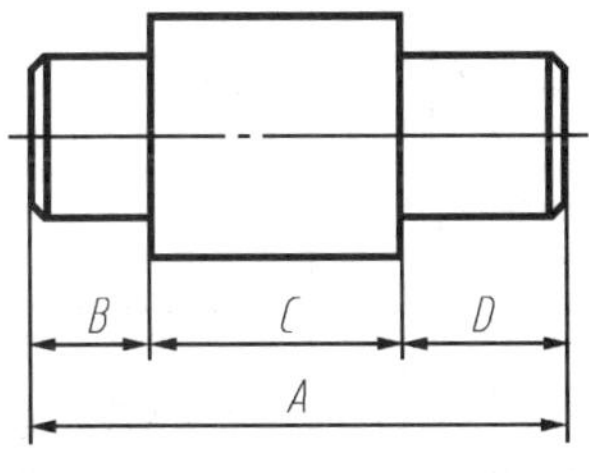

（a）封闭尺寸链

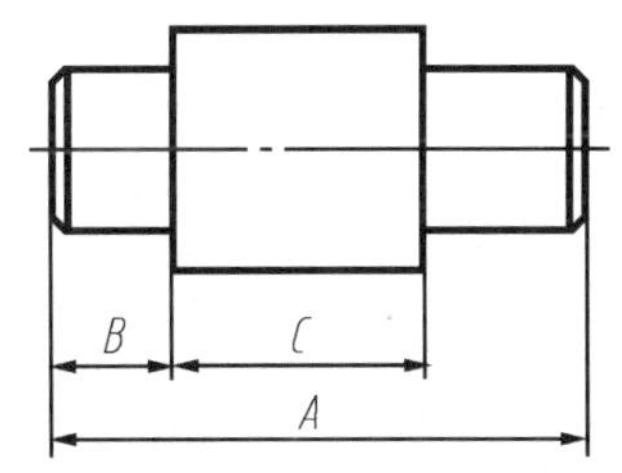

（b）有开环的尺寸链

图 9-17　避免注成封闭尺寸链

9.4.4 常见孔的尺寸注法

零件上常见典型结构的尺寸注法如表 9-3 所示。

表 9-3　　　　零件上常见典型结构的尺寸注法

零件结构类型		简化注法	一般注法	说明
光孔	一般孔	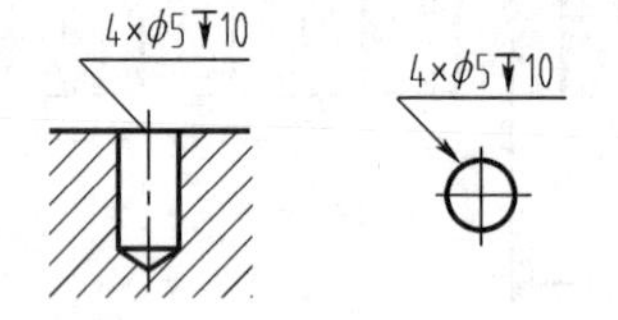 4×φ5↧10　4×φ5↧10	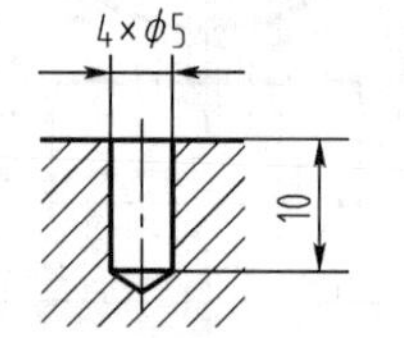 4×φ5　10	↧深度符号 4× $\phi5$ 表示直径为 5 的均布的 4 个光孔。孔深与孔径连注，也可分别注出
光孔	精加工孔	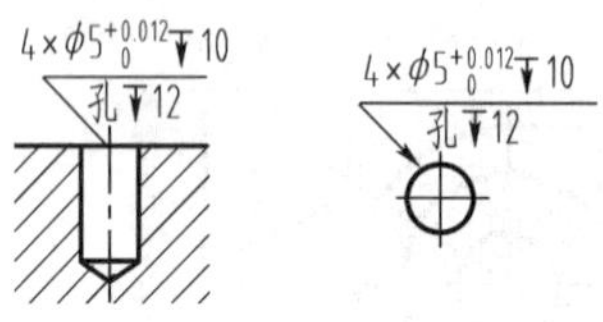 $4\times\phi5^{+0.012}_{0}$↧10 孔↧12　$4\times\phi5^{+0.012}_{0}$↧10 孔↧12	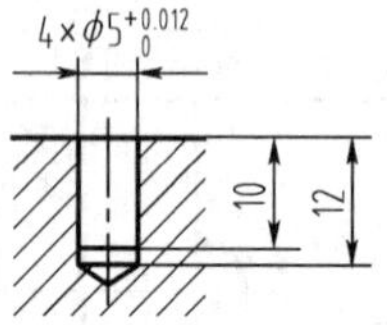 $4\times\phi5^{+0.012}_{0}$　10　12	光孔深度为 12，钻孔后需精加工至 $\phi5^{+0.012}_{0}$，深度为 10
光孔	锥孔	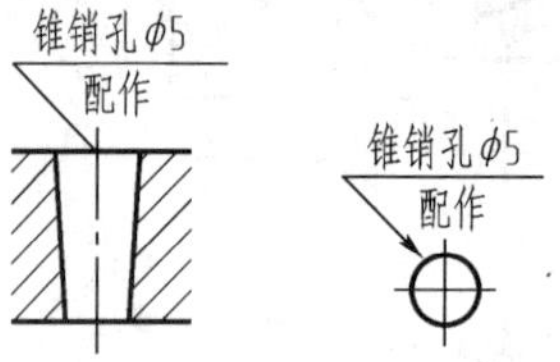 锥销孔φ5 配作　锥销孔φ5 配作	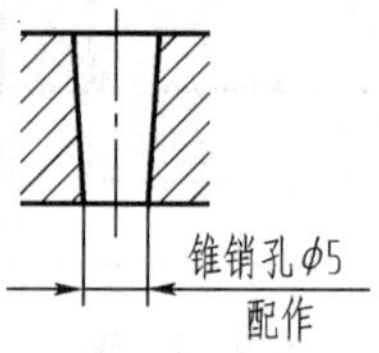 锥销孔φ5 配作	$\phi5$ 为与锥销孔相配的圆锥销小头直径（公称直径）。锥销孔通常是两零件装在一起后加工的
沉孔	锥形沉孔	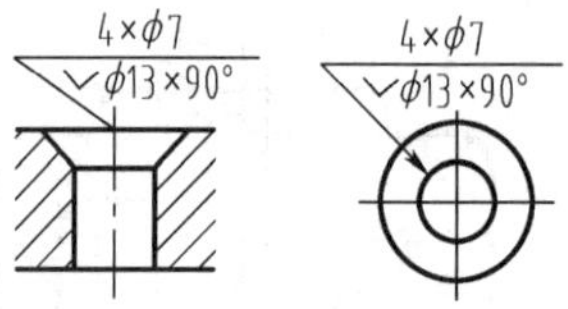 4×φ7 ⌵φ13×90°　4×φ7 ⌵φ13×90°	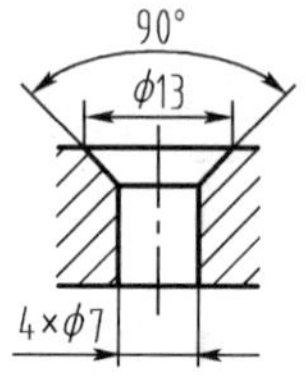 90°　φ13　4×φ7	4 × $\phi7$ 表示直径为 7 的均布的 4 个孔，锥形沉孔可以旁注，也可直接注出
沉孔	柱形沉孔	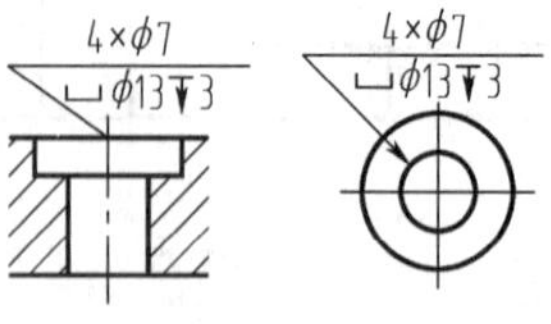 4×φ7 ⌴φ13↧3　4×φ7 ⌴φ13↧3	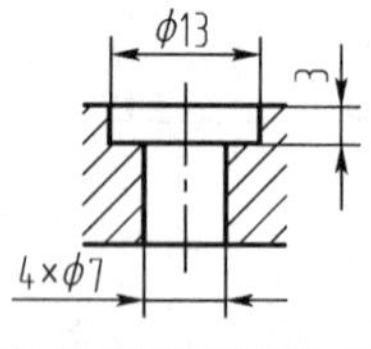 φ13　3　4×φ7	柱形沉孔的小直径为 7、大直径为 13、深度为 3，均需标注
沉孔	锪平沉孔	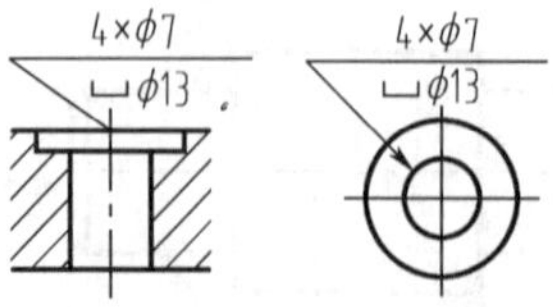 4×φ7 ⌴φ13　4×φ7 ⌴φ13	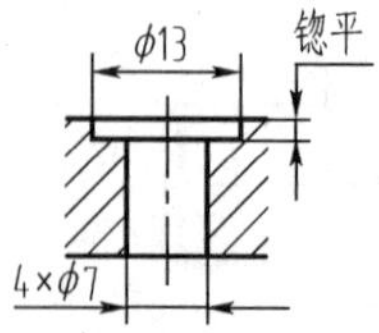 φ13　锪平　4×φ7	锪平面 $\phi13$ 的深度不必标注，一般锪平到不出现毛面为止
螺孔	通孔	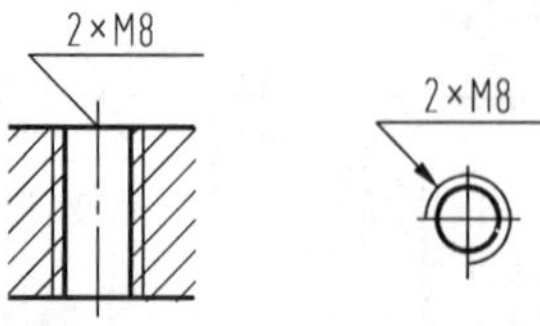 2×M8　2×M8	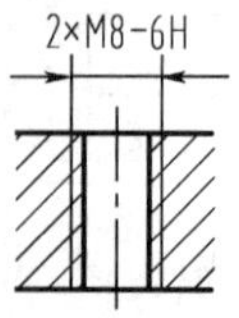 2×M8-6H	2 × M18 表示公称直径为 8 的两螺孔（中径和顶径公差带代号 6H 不注），可以旁注，也可直接注出

续表

零件结构类型		简化注法	一般注法	说明
螺孔	不通孔	2×M8↧10 孔↧12；2×M8↧10 孔↧12	2×M8-6H；10；12	一般应分别注出螺纹和钻孔的深度尺寸（中径和顶径的公差带代号 6H 不注）

9.5 典型零件的尺寸标注

【案例 9-1】 从动轴的尺寸注法，如图 9-18 所示。

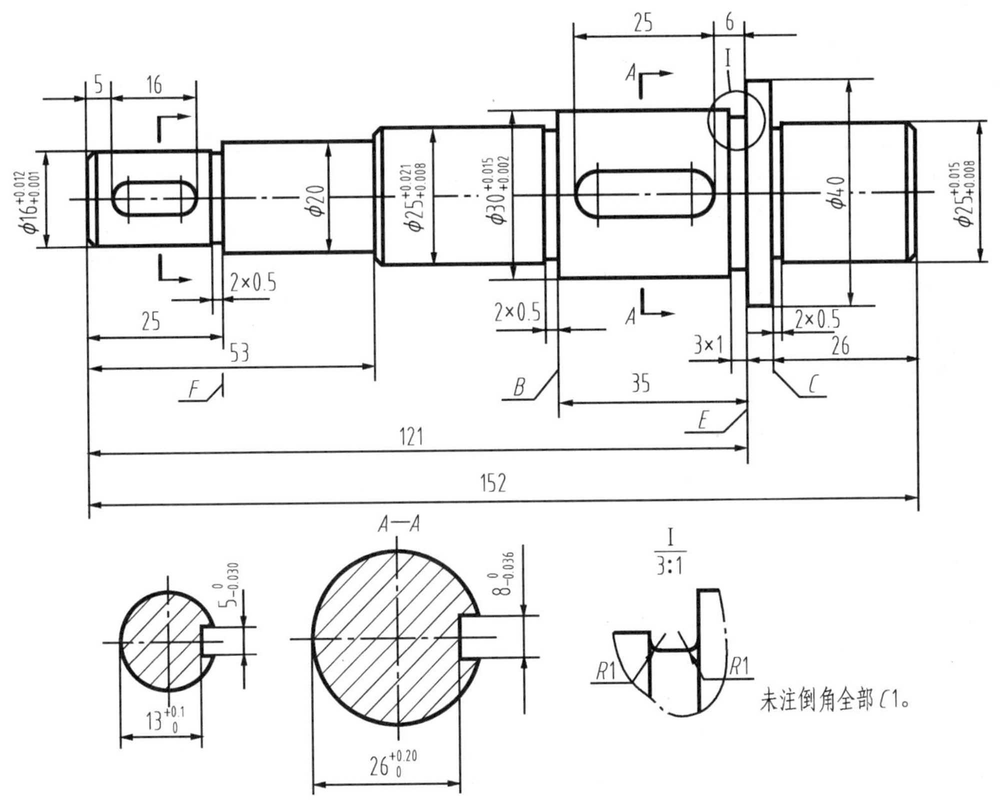

图 9-18 铣刀头轴的尺寸注法

轴类零件的尺寸分径向尺寸和轴向尺寸两种。轴线作为径向基准，各轴段的直径都是以轴线为基准进行标注的，如图中各轴段的直径尺寸。轴向尺寸的标注要符合轴向安装各零件的装配要求，需要选择设计基准和工艺基准。重要结构尺寸要从设计基准出发标注。轴上有两处键槽，用于安装齿轮，大齿轮右端面与轴肩 E 靠紧，固定位置。轴径 $\phi16$ 处键槽安装输出端齿轮，齿轮右端面与轴径 $\phi20$ 的左端面 F 靠紧，固定位置。轴径 $\phi25$、长 31 和 $\phi25$、长 26 两处是安装滚动轴承的轴段，轴承的轴向定位靠轴肩端面 *B*、*C*。安装齿轮和滚动轴承处的径向尺寸精度较高，均有公差要求。键槽宽度尺寸以径向对称面为基准标注；为方便测量，标注键槽深度尺寸 13、26。

由上述分析可知，轴的径向尺寸以轴线作为基准，轴向尺寸以 *E* 端面作为主要基准，*F* 端面和 *C* 端面为辅助基准。

【案例 9-2】 铣刀头座体尺寸注法，如图 9-19 所示。

高度方向主要尺寸基准为底面，中心高 115 为高度方向的主要尺寸。以座孔轴线为径向基准标注阶梯孔的直径，ϕ80K7 为径向主要尺寸。长度方向以右端面为主要基准，长度方向主要尺寸为 255。

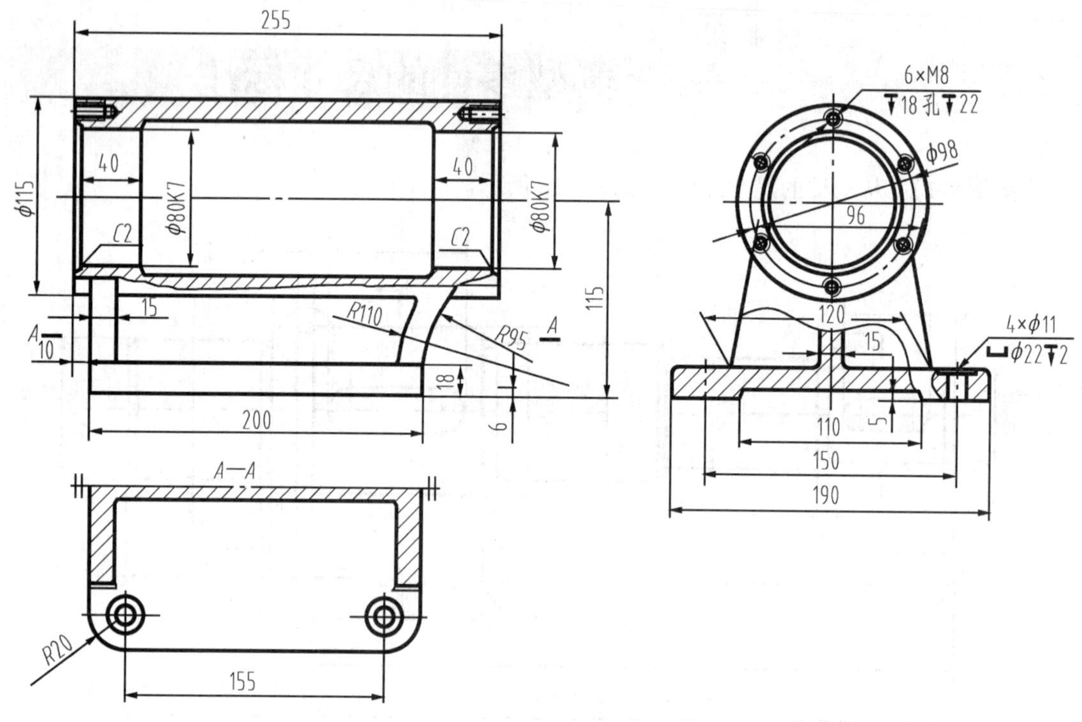

图 9-19　铣刀头座体尺寸注法

【案例 9-3】 齿轮泵体的尺寸注法，如图 9-20 所示。

泵体是齿轮泵的主体结构，其他零件都直接或间接地安装在它里面。从图中可看出，泵体前后对称，因此宽度尺寸 60、80、90 及 120 等均为对称尺寸，前后对称面是宽度方向的尺寸基准。

长度方向以泵体的左端面为主要基准，泵体的左端面是与泵盖的结合面。长度方向的主要尺寸 $30^{+0.021}_{0}$ 是与齿轮端面相配合的尺寸。

高度方向有两个主要尺寸 $85^{-0.12}_{-0.35}$、40 ± 0.02。$85^{-0.12}_{-0.35}$是主动轴线距底面的高度，属于齿轮油泵的规格尺寸，它是以底面为基准的，底面既是设计基准又是工艺基准，也是安装时的基准面，因此，高度方向以底面为主要基准注出 $85^{-0.12}_{-0.35}$。尺寸 40 ± 0.02 是两啮合齿轮的中心距，是设计尺寸，标注该尺寸必须以上轴孔的轴线为基准往下标注，所以上轴孔轴线是高度方向尺寸 40 ± 0.02 的辅助基准。然后从基准出发标注其他尺寸，如 ϕ48、ϕ15、ϕ45、*R*30 等。

需要注意的是，泵体上的有关尺寸应与相配合的零件和相结合的零件的尺寸相对应。

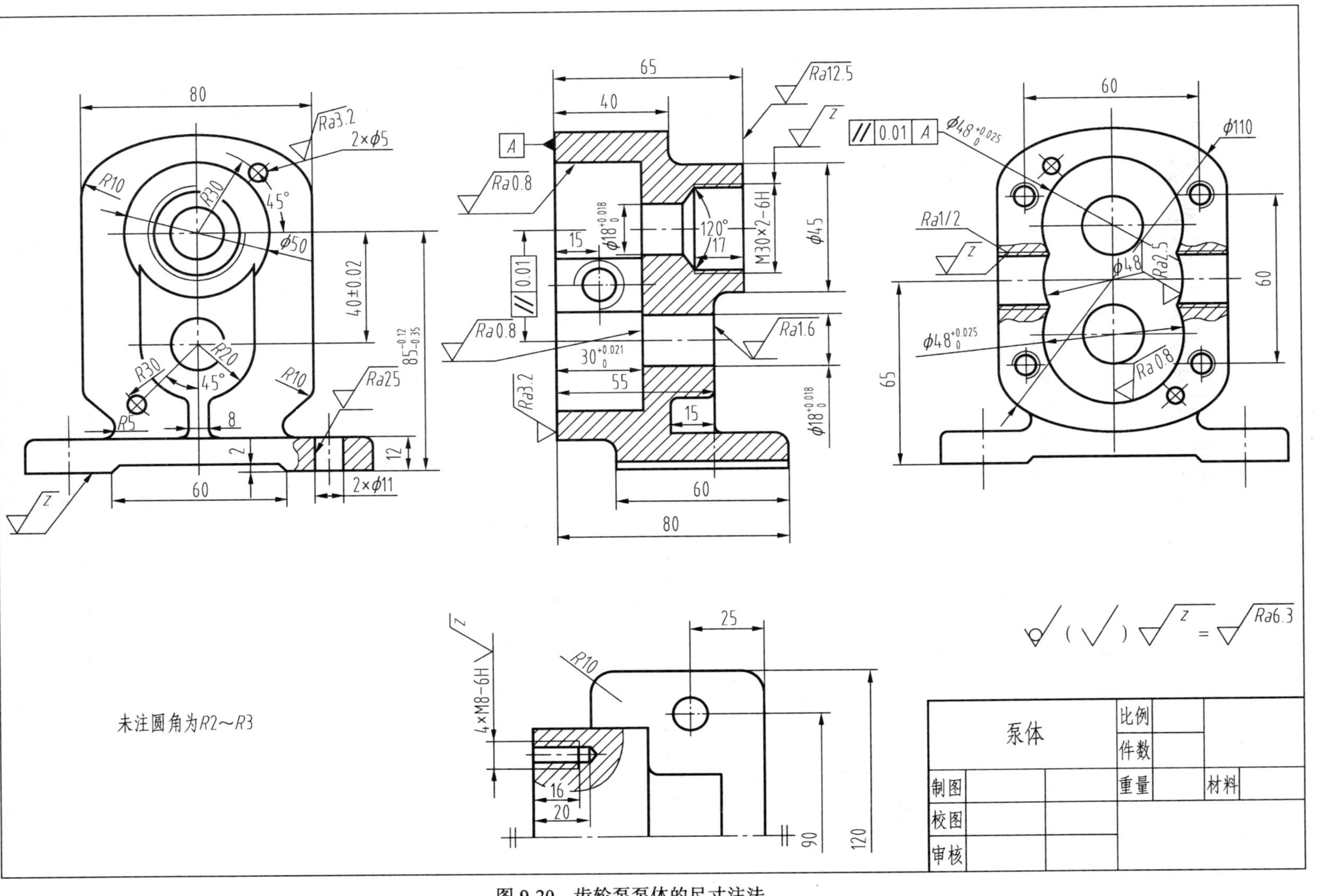

图 9-20 齿轮泵泵体的尺寸注法

9.6 零件图上的技术要求

零件图上的技术要求主要包括表面结构、极限与配合、几何公差、热处理及表面处理等内容。

9.6.1 表面结构表示法

零件加工时，由于零件和刀具间的运动和摩擦、机床的振动以及零件的塑性变形等各种原因，常导致零件的表面存在着许多微观高低不平的峰和谷，如图 9-21 所示。

表面结构要求包括粗糙度、波纹度、原始轮廓等参数。国家标准 GB/T 131—2006、GB/T 3505—2000 等规定了零件表面结构的表示法，涉及表面结构的轮廓参数是 *R* 轮廓（粗糙度参数）、*W* 轮廓（波纹度参数）和 *P* 轮廓（原始轮廓参数）。

表面结构对零件的配合、耐磨性、抗腐蚀性、密封性和外观都有影响。应根据机器的性能要求，恰当地选择表面结构参数及数值。

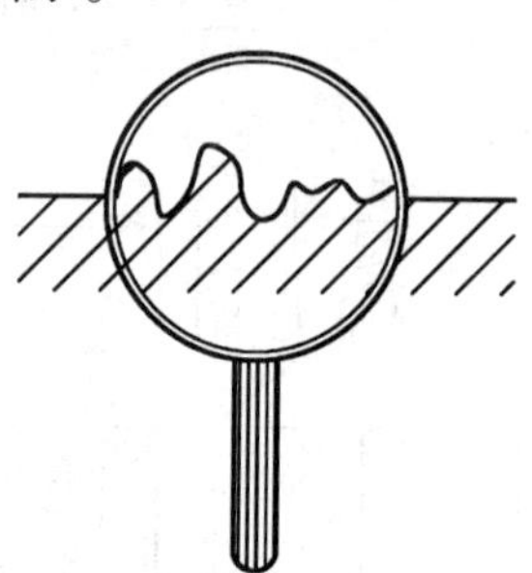

图 9-21 零件表面的峰谷

1. 表面结构的 *R* 轮廓参数简介

表面结构的 *R* 轮廓参数名称及代号如表 9-4 所示。

表 9-4 表面结构的 *R* 轮廓参数名称及代号

参数		代号	参数		代号
峰谷值	最大轮廓峰高	*Rp*	平均值	评定轮廓的算术平均偏差	*Ra*
	最大轮廓谷深	*Rv*		评定轮廓的均方根偏差	*Rq*
	轮廓的最大高度	*Rz*		评定轮廓的偏斜度	*Rsk*
	轮廓单元的平均线高度	*Rc*		评定轮廓的陡度	*Rku*
	轮廓的总高度	*Rt*			

生产中常用的评定参数为 Ra（轮廓算术平均偏差），*Rz*（轮廓的最大高度），数值愈小，表面愈平整光滑，反之，则愈粗糙。表 9-5 列出了 *Ra* 数值及对应的加工方法。

表 9-5 *Ra* 数值及应用

Ra	加工方法	应用举例
50	粗车、粗铣、粗刨及钻孔等	不重要的接触面或不接触面，如凸台顶面、穿入螺纹紧固件的光孔表面
25		
12.5		
6.3	精车、精铣、精刨及铰钻等	较重要的接触面、转动和滑动速度不高的配合面和接触面，如轴套、齿轮端面、键及键槽工作面
3.2		
1.6		
0.8	精铰、磨削及抛光等	要求较高的接触面、转动和滑动速度较高的配合面和接触面，如齿轮工作面、导轨表面、主轴轴颈表面及销孔表面
0.4		
0.2		

续表

Ra	加 工 方 法	应 用 举 例
0.1	研磨、超级精密加工等	要求密封性能较好的表面、转动和滑动速度极高的表面，如精密量具表面、汽缸内表面、活塞环表面及精密机床的主轴轴颈表面等
0.05		
0.025		
0.012		
0.008		

2. 表面结构的图形符号与代号

在产品的技术文件中对表面结构的要求可用几种不同的图形符号表示，每种符号都有特定的意义。

（1）表面结构的图形符号。

基本图形符号由两条不等长的与标注面成 60° 夹角的线段构成，仅用于简化代号的标注，其画法如图 9-22（a）所示。图 9-22（b）所示符号水平线的长度取决于其上下所标注内容的长度。图形符号和附加标注的尺寸如表 9-6 所示。图形符号的名称和含义如表 9-7 所示。

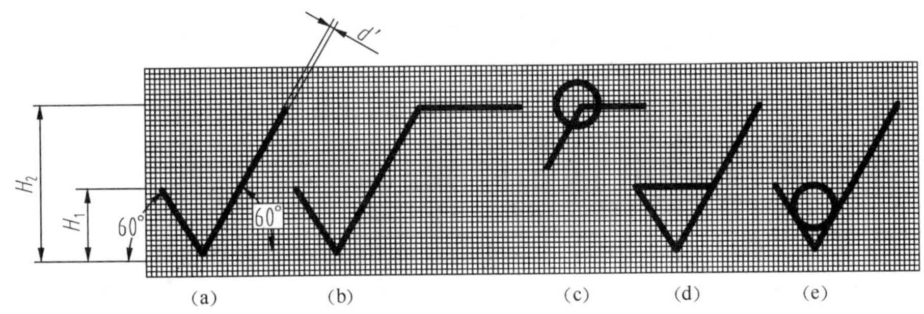

图 9-22 基本图形符号及其附加部分的画法

表 9-6　　表面结构图形符号的尺寸

数字与字母的高度 *h*	2.5	3.5	5	7	10	14	20
符号宽度 *d'* 字母线宽	0.25	0.35	0.5	0.7	1	1.4	2
高度 H_1	3.5	5	7	10	14	20	28
高度 H_2（最小值）	7.5	10.5	15	21	30	42	60

表 9-7　　表面结构的图形符号的名称及含义

符　　号	名　　称	含　　义
	基本图形符号	未指定加工方法的表面，当通过注释时可以单独使用
	扩展图形符号	用去除材料的方法获得的表面，仅当其含义为“被加工表面”时可单独使用
		用不去除材料的方法获得的表面，也可用于保持上道工序形成的表面，不管这种状况是通过去除材料或不去除材料形成的

续表

符　号	名　称	含　义
	完整图形符号	对基本符号和扩展符号的扩充，用于对表面结构有补充要求的标注
		表示在图样某个视图上构成封闭轮廓的各表面有相同的表面结构要求
c a e d b	补充要求的注写	位置 *a*：注写表面结构的单一要求 位置 *a* 和 *b*：注写两个或多个要求 位置 *c*：注写加工方法 位置 *d*：注写表面纹理和方向 位置 *e*：注写加工余量

（2）表面结构代号。

表面结构代号包括图形符号、参数代号及相应的数值等其他有关规定。表面结构代号的标注示例及其含义如表 9-8 所示。

表 9-8　　表面结构代号的标注示例及含义

代号示例	含　义
Ra 0.8	表示去除材料，单向上限值，默认传输带，*R* 轮廓，评定长度为 5 个取样长度（默认 5×λc），“16%规则”（默认），算术平均偏差 0.8μm，没有纹理要求
Rz 0.4	表示不允许去除材料，单向上限值，默认传输带，*R* 轮廓，评定长度为 5 个取样长度（默认 5×λc），“16%规则”（默认），粗糙度最大高度 0.4μm
0.008-0.8/*Ra* 3.2	表示去除材料，单向上限值，传输带 0.008～0.8mm，*R* 轮廓，评定长度为 3 个取样长度，“16%规则”，算术平均偏差 3.2μm
U *Ra* max3.2 L *Ra* 0.8	表示不允许去除材料，双向极限值，两极限值均使用默认传输带，*R* 轮廓。上限值：算术平均偏差 3.2μm，评定长度为 5 个取样长度（默认 5×λc），“最大规则”。下限值：算术平均偏差 0.8μm，评定长度为 5 个取样长度（默认 5×λc），“16%规则”（默认）
铣 0.008-4/*Ra* 50 C 0.008-4/*Ra* 6.3	表示去除材料，双向极限值，两极限值传输带均为 0.008～4mm，*R* 轮廓。上限值：算术平均偏差 50μm。下限值：算术平均偏差 6.3μm，评定长度为 5 个取样长度（默认 5×λc），均为“16%规则”，表面纹理呈近似同心圆且圆心与表面中心相关，加工方法为铣
W 1	表示去除材料，单向上限值，传输带 *A*＝0.5mm（默认），*B*＝2.5mm（默认），波纹度图形参数，评定长度 16mm（默认），“16%规则”（默认），波纹度图形平均深度 1mm
0.8-25/*Wz*3 10	表示去除材料，单向上限值，传输带 0.8～25mm，*W* 轮廓，评定长度为 3 个取样长度，“16%规则”（默认），波纹度最大高度 10μm
0.008-/*Pt* max25	表示去除材料，单向上限值，无长滤波器，传输带 λs＝0.008mm，*P* 轮廓，评定长度等于工件长度（默认），“最大规则”，轮廓总高 25μm
-0.3/6/*AR* 0.09	表示任意加工方法，单向上限值，默认传输带 λs＝0.008mm，*A*＝0.3mm（默认）粗糙度图形参数，评定长度为 6mm，“16%规则”，粗糙度图形平均间距 0.09mm
Fe/Ep·Ni10bCr0.3r -0.8/*Ra* 1.6 U-2.5/*Rz* 12.5 L-2.5/*Rz* 3.2	表示去除材料，单向上限值和一个双向极限值，单向：传输带-0.8，*R* 轮廓，评定长度为 5×0.8＝4mm，“16%规则”（默认），算术平均偏差 1.6μm，双向：上下极限传输带均为-2.5mm，*R* 轮廓，上下极限评定长度为 5×2.5＝12.5，“16%规则”（默认），粗糙度最大高度上限值为 12.5μm，下限值为 3.2μm

3. 表面结构的文本表示

文本中用图形符号表示表面结构比较麻烦，因此，国家标准规定允许用文字的方式表示表面结构要求，如表 9-9 所示。

表 9-9　　表面结构的文本表示

序　号	代　号	含　义	标 注 示 例
1	APA	允许用任何工艺获得	APA*Ra*0.8
2	MRR	允许用去除材料的方法获得	MRR*Ra*0.8
3	NMR	用不去除材料的方法获得	NMR*Ra*0.8

4. 表面结构要求在图样上的标注

要求一个表面一般只标注一次，并尽可能注在相应的尺寸及其公差的同一视图上。除非另有说明，所标注的表面结构要求是对完工零件表面的要求。标注示例如表 9-10 所示。

表 9-10　　表面结构要求标注示例

序号	标 注 规 则	标 注 示 例
1	表面结构的注写和读取方向与尺寸的注写和读取方向一致	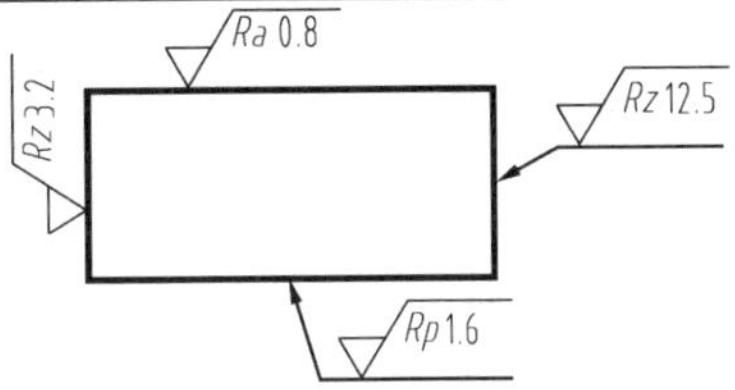 *Ra* 0.8　*Rz* 3.2　*Rz* 12.5　*Rp* 1.6
2	表面结构要求可标注在轮廓线上，其符号应从材料外指向并接触材料表面	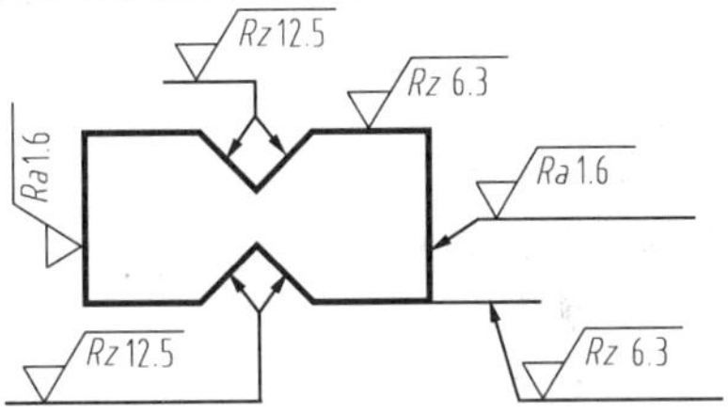 *Rz* 12.5　*Rz* 6.3　*Ra* 1.6　*Ra* 1.6　*Rz* 12.5　*Rz* 6.3
3	可用带箭头或黑点的指引线引出标注	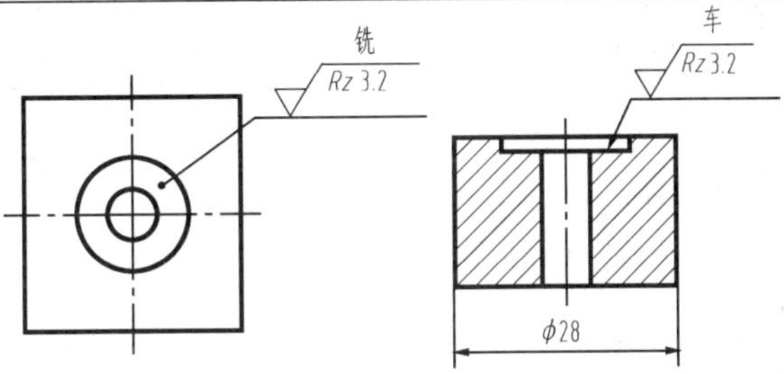 铣 *Rz* 3.2　车 *Rz* 3.2　ϕ28
4	在不致引起误解时，表面结构要求可以标注在给定的尺寸线上	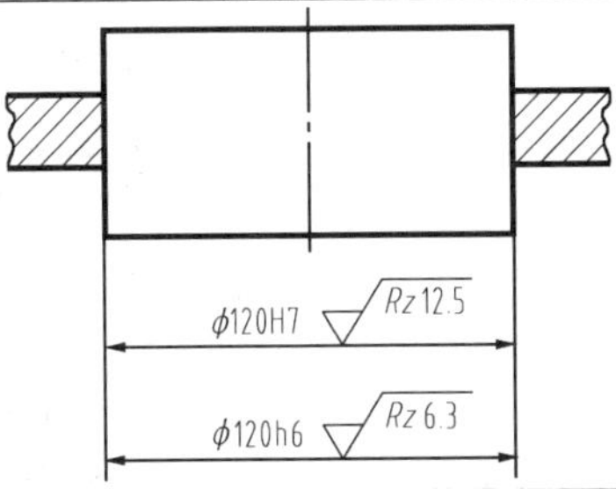 ϕ120H7 *Rz* 12.5　ϕ120h6 *Rz* 6.3
5	表面结构要求可标注在几何公差框格的上方	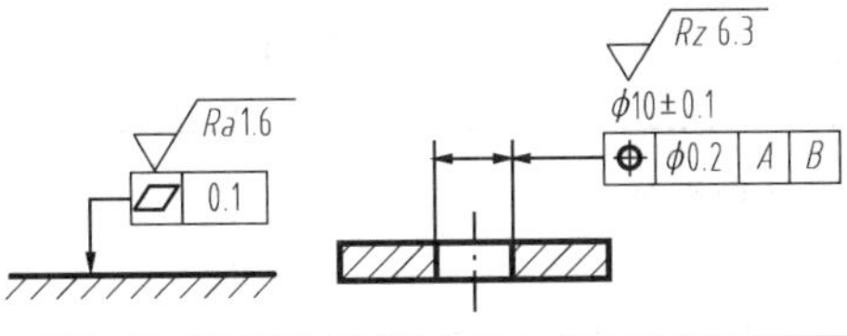 *Ra* 1.6　0.1　*Rz* 6.3　ϕ10±0.1　ϕ0.2 *A* *B*

续表

序号	标注规则	标注示例
6	表面结构要求可以直接标注在延长线上	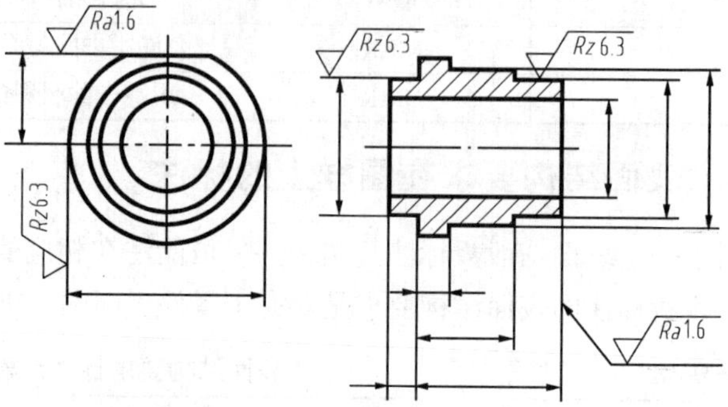 Ra1.6　Rz6.3　Rz6.3　Rz6.3　Ra1.6
7	圆柱和棱柱的表面结构要求只标注一次，当每个棱柱表面有不同要求时，应分别单独标注	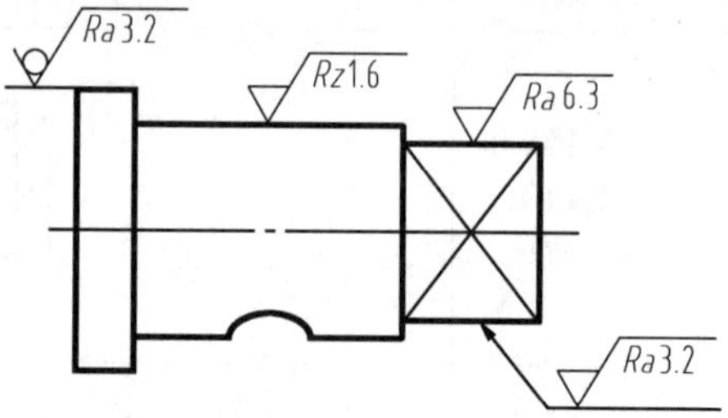 Ra3.2　Rz1.6　Ra6.3　Ra3.2
8	有相同表面结构要求的简化注法：如果工件的多数（包括全部）表面有相同的表面结构要求，则其要求可统一标注在图样的标题栏附近（除全部表面有相同要求的情况外）。此时，表面结构要求的符号后面应有以下内容。 ①在圆括号内给出无任何其他标注的基本符号	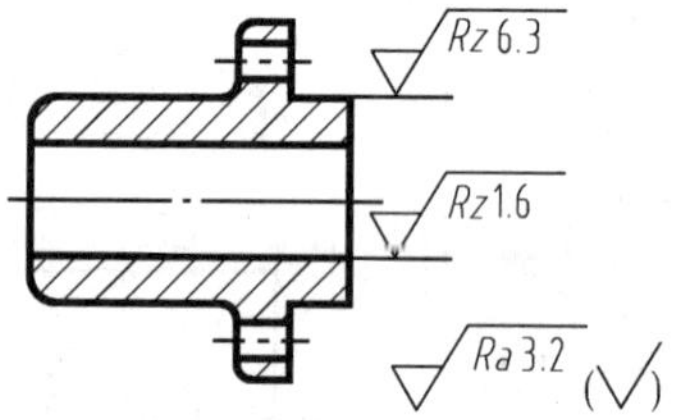 Rz6.3　Rz1.6　Ra3.2（√）
	②在圆括号内给出不同的表面结构要求	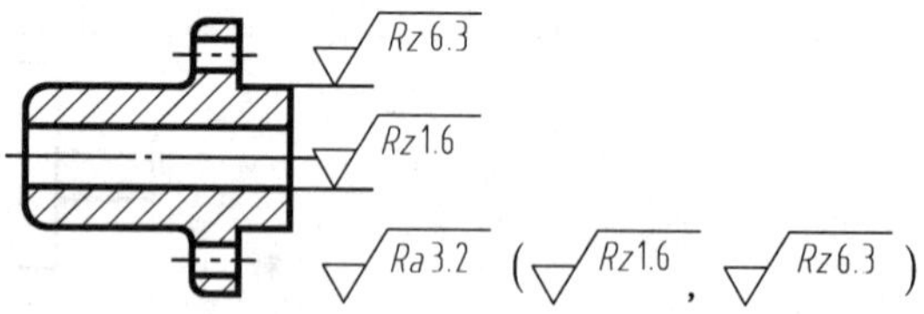 Rz6.3　Rz1.6　Ra3.2（Rz1.6，Rz6.3）
9	多个表面有共同要求的注法： ①用带字母的完整符号的简化注法	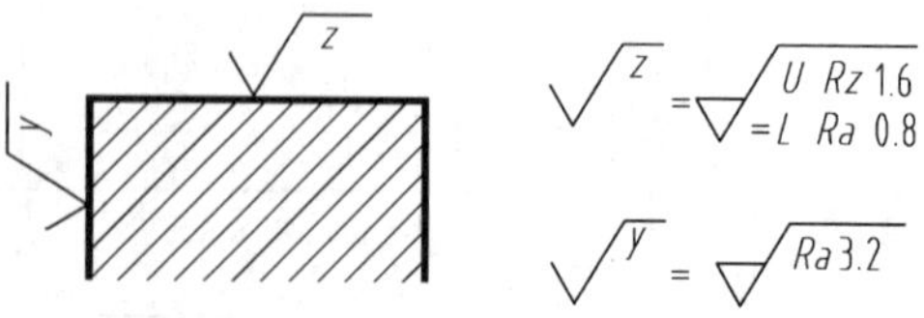 z　y　z = U Rz1.6 / L Ra0.8　y = Ra3.2
	②只用表面结构符号的简化注法	 = Ra3.2（a）　= Ra3.2（b）　= Ra3.2（c）

续表

序号	标 注 规 则	标 注 示 例
10	由几种不同的工艺方法获得的同一表面当需要指出每种工艺的表面结构时，可将不同工艺的表面结构分别进行标注，图中给出了镀涂前后的表面结构要求	

9.6.2 极限与配合

极限与配合是零件图和装配图中的一项重要的技术要求，也是产品检验的技术指标。它们的应用几乎涉及国民经济的各个部门，对机械工业更具有重要的作用。

1. 零件的互换性

从一批相同的零件中任取一件，不经修配就能立即装到机器上并能保证使用要求，这种性质称为互换性。显然，机械零件具有互换性，既能满足各生产部门广泛协作的要求，又能进行高效率的专业化生产。

2. 极限与配合的基本概念

现以图 9-23 为例，介绍极限与配合的基本概念。

- 基本尺寸：由设计计算（强度、刚度、结构）确定的尺寸，如图 9-23 中的尺寸 ϕ50。
- 实际尺寸：零件加工后通过测量得到的尺寸。
- 极限尺寸：允许尺寸变化的两个界限值，上限称为最大极限尺寸，如图 9-23 中孔的尺寸 ϕ50.007、轴的尺寸 ϕ50。下限称为最小极限尺寸，如图 9-23 中孔的尺寸 ϕ49.982、轴的尺寸 ϕ49.984。实际尺寸位于两极限尺寸之间（包含极限尺寸）就为合格。
- 尺寸偏差（简称偏差）：某一尺寸减其基本尺寸所得的代数差。两极限偏差为上偏差和下偏差。

上偏差 = 最大极限尺寸 − 基本尺寸。孔的上偏差代号为 ES，轴的上偏差代号为 es。在图 9-23 中，ES = 50.007 − 50 = 0.007，es = 50 − 50 = 0。

下偏差 = 最小极限尺寸 − 基本尺寸。孔的下偏差代号为 EI，轴的下偏差代号为 ei。在图 9-23 中，EI = 49.982 − 50 = −0.018，ei = 49.984 − 50 = −0.016。

偏差可以为正、负或零。

- 尺寸公差：允许尺寸的变动量。公差 = 最大极限尺寸 − 最小极限尺寸 = 上偏差 − 下偏差。
- 零线：在极限与配合图解（简称公差带图）中，偏差为零的一条基准直线，零线表示基本尺寸。零线之上偏差为正，零线之下偏差为负，如图 9-24 所示。

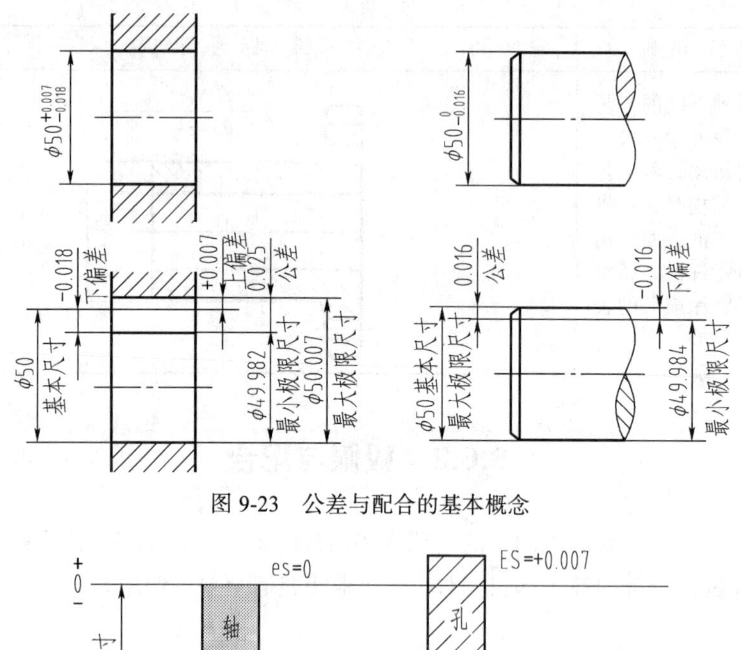

图 9-23　公差与配合的基本概念

+
0
-
基本尺寸
es=0
轴
ei=-0.016
ES=+0.007
孔
EI=-0.018

图 9-24　公差带图

- 公差带：将尺寸公差与基本尺寸的关系按放大比例画成简图，称为公差带图。在公差带图中，由代表上、下偏差的两条直线所限定的区域，称为公差带。它反映了公差大小和相对于零线的位置。

3. 标准公差和基本偏差

公差带的大小和位置在国家标准《极限与配合》中已予以标准化，这就是标准公差和基本偏差。

（1）标准公差。

标准公差是国家标准所列的用以确定公差带大小的任一公差。其数值由基本尺寸和公差等级确定。国家标准（GB/T 1800）将标准公差分为 20 个等级，即 IT01、IT0、IT1…IT18。其中，IT 表示标准公差，数字表示公差等级，从 IT01 至 IT18，精度等级依次降低。IT01～IT12 用于配合尺寸，其余级别用于非配合尺寸。各等级标准公差的数值可查阅附录 A 附表 A-1。

（2）基本偏差。

基本偏差是用以确定公差带相对于零线位置的上偏差或下偏差，一般为靠近零线的那个偏差。国家标准分别对孔和轴规定了 28 种基本偏差，如图 9-25 所示。

从图中可以看出：

孔的基本偏差 A～H 为下偏差，J～ZC 为上偏差，JS 的上、下偏差分别为 $\pm\frac{IT}{2}$。

轴的基本偏差 a～h 为上偏差，j～zc 为下偏差，js 的上、下偏差分别为 $\pm\frac{IT}{2}$。

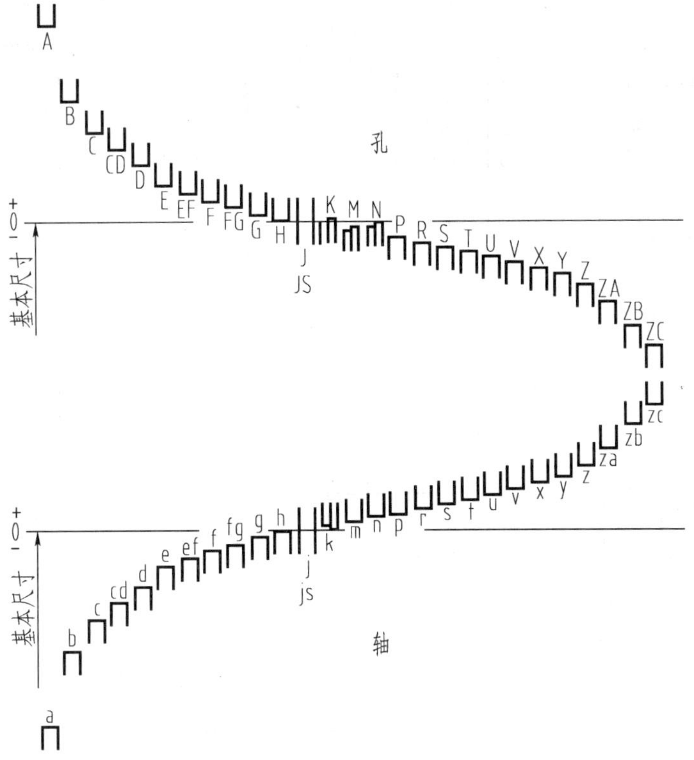

图 9-25 基本偏差系列图

基本偏差只代表公差带相对于零线的位置，不表示公差带的大小，因此，图中仅画出了属于基本偏差的一端，另一端是开口的，欲使其封闭，取决于它与某一标准公差的组合。因此孔、轴公差带代号形式为基本尺寸 基本偏差代号 标准公差等级。

例如：基本尺寸为 $\phi30$ 的孔，基本偏差为 H，公差等级为 7，孔的公差带代号可写成 $\phi30$H7。基本尺寸为 $\phi30$ 的轴，基本偏差为 k，公差等级为 6，轴的公差带代号可写成 $\phi30$k6。

4. 配合

基本尺寸相同的相互结合的孔和轴之间的关系，称为配合。

（1）间隙和过盈。

在机器装配时，相配合的孔与轴之间可能会有间隙或过盈。间隙或过盈量为孔的尺寸减去轴的尺寸所得的代数差，此值为正时是间隙，为负时是过盈。

（2）配合种类。

配合依其性质不同分为 3 类：间隙配合、过盈配合、过渡配合。

- 间隙配合：任取其中一对孔和轴相配合，都具有间隙（包括最小间隙为零）的配合。间隙配合时，孔的公差带总是位于轴的公差带的上方。
- 过盈配合：任取其中一对孔和轴相配合，都具有过盈（包括最小过盈为零）的配合。过盈配合时，孔的公差带总是位于轴的公差带的下方。
- 过渡配合：任取其中一对孔和轴相配合，可能有间隙或过盈的配合。过渡配合时，孔的公差带总是与轴的公差带有重合部分。

图 9-26 所示为 3 种配合时孔、轴公差带之间的关系。

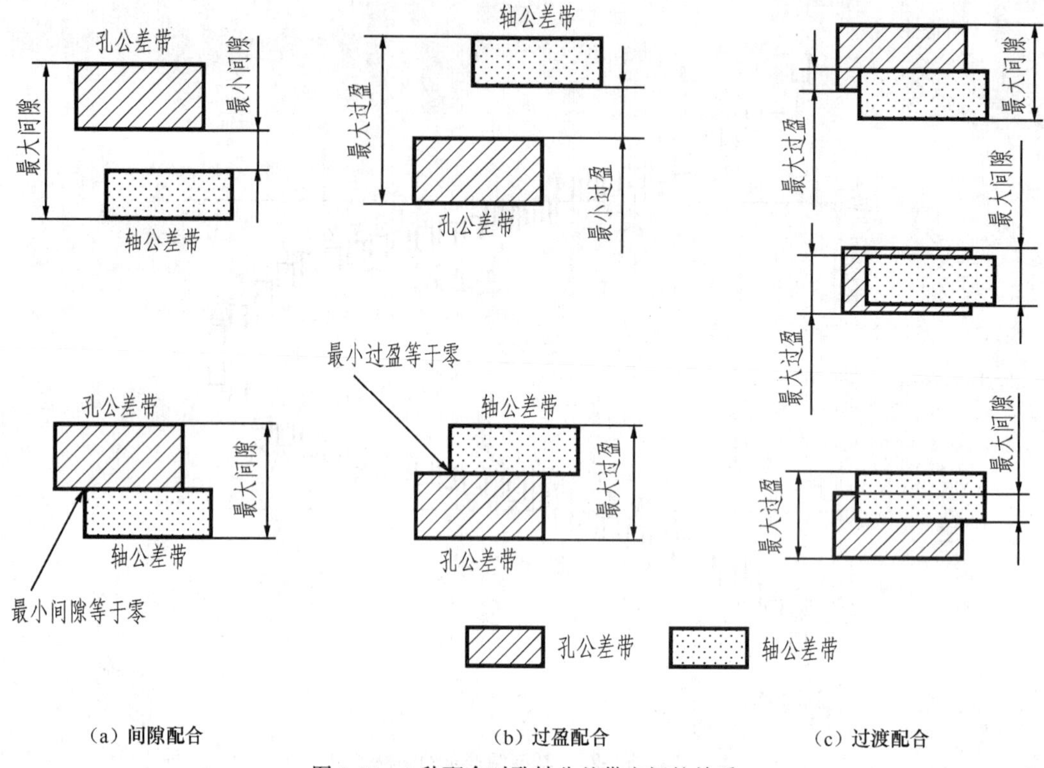

（a）间隙配合　（b）过盈配合　（c）过渡配合

图 9-26　3 种配合时孔轴公差带之间的关系

5. 基准制

配合是相结合的孔、轴之间的关系。若两者位置都不固定，则变化很多，因此，国家标准规定了两种基准制，即基轴制和基孔制。

（1）基孔制。

基孔制是基本偏差为一定的孔的公差带与不同基本偏差的轴的公差带形成各种配合的一种制度。基孔制的孔为基准孔，基本偏差代号为 H，图 9-27 所示为采用基孔制所得到的各种配合。

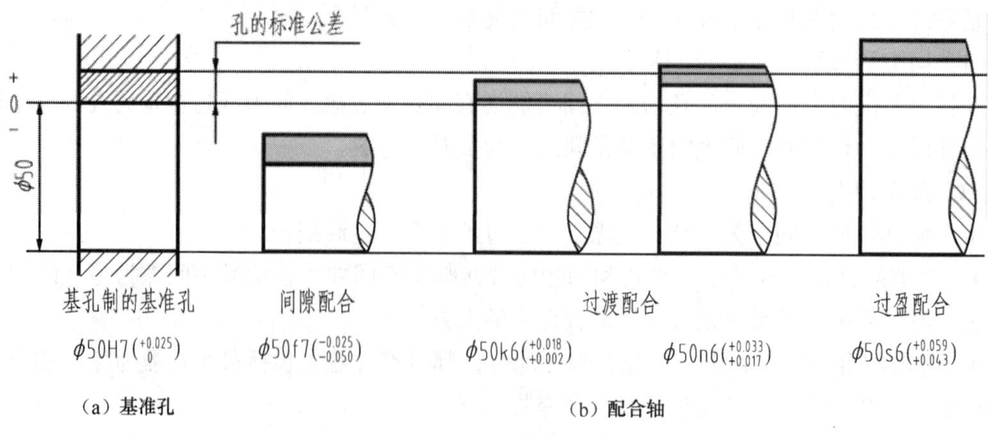

（a）基准孔　（b）配合轴

图 9-27　基孔制配合

（2）基轴制。

基轴制是基本偏差为一定的轴的公差带与不同基本偏差的孔的公差带形成各种配合的一种

制度。基轴制的轴为基准轴，基本偏差代号为 h，图 9-28 所示为采用基轴制所得到的各种配合。

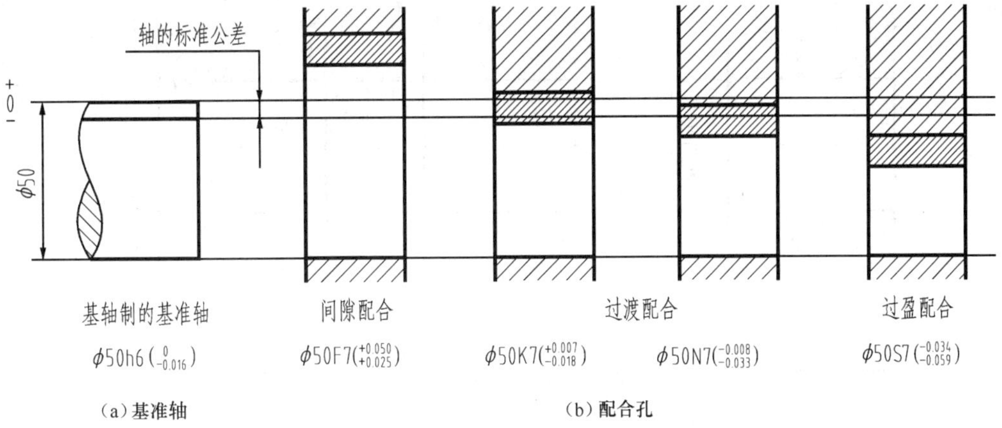

（a）基准轴　　（b）配合孔

图 9-28　基轴制配合

一般情况下，优先选用基孔制配合，因为在同一公差等级下，加工孔比加工轴要困难些。只有在会带来明显的经济效益时，才采用基轴制。不过，当同一轴径的不同位置上有不同的配合要求时，也选用基轴制。

6. 配合代号及其在图样上的标注

在装配图上常需要标注配合代号。配合代号由形成配合的孔、轴公差带代号组成，在基本尺寸右边写成分数的形式，分子为孔的公差带代号，分母为轴的公差带代号，其注写形式如图 9-29（a）、图 9-29（b）、图 9-29（c）所示。有时也采用极限偏差的形式标注，如图 9-29（d）所示。与轴承相配合的轴承的内、外圈公差带代号不写，标注如图 9-29（e）所示。

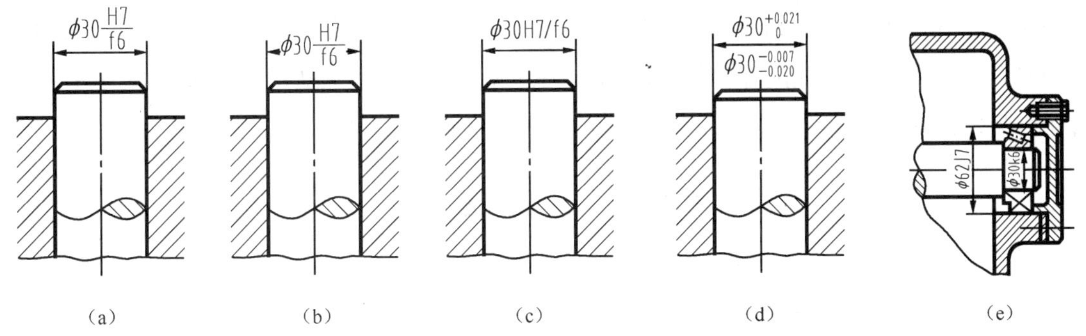

图 9-29　配合代号在图样上的标注

7. 优先配合与常用配合

为利于生产制造，国家标准规定了基孔制和基轴制常用配合 59 种，其中优先配合 13 种，可查阅 GB/T 1801—1999。

8. 尺寸公差在零件图中的标注

尺寸公差在零件图中的标注有 3 种形式，如图 9-30 所示。

（1）注出尺寸和公差带代号，例如图 9-30（a）中 ϕ30H8、ϕ30f7，适用于大批量生产。

（2）注出基本尺寸及上、下偏差，例如图 9-30（b）中 $\phi30^{+0.033}_{0}$ 、$\phi30^{+0.020}_{-0.041}$ ，适用于单件小

批生产。

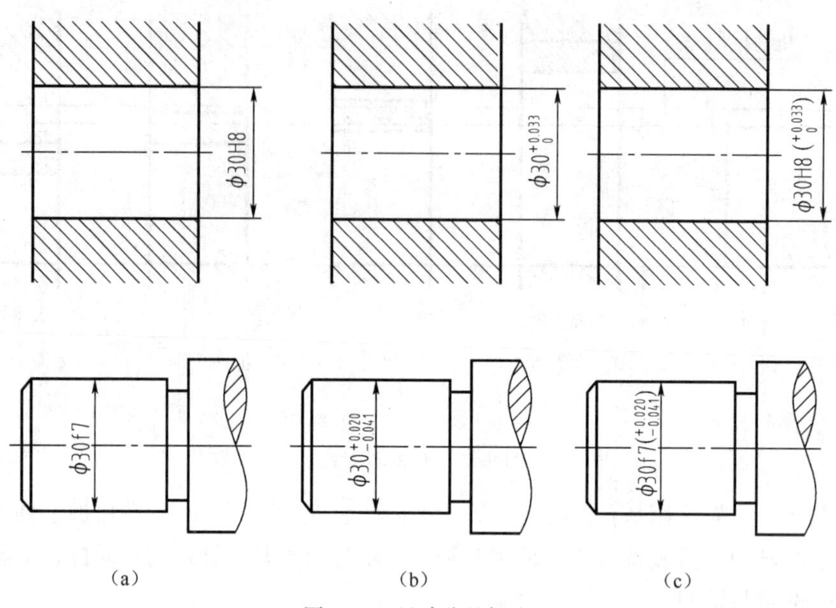

图 9-30 尺寸公差标注

（3）注出基本尺寸，同时注出公差带代号及上下偏差，偏差数值注在尺寸公差带代号之后，并加圆括号。例如图 9-30（c）中 $\phi30\text{H8}\left(^{+0.033}_{0}\right)$、$\phi30\text{f}7\left(^{-0.020}_{-0.041}\right)$，适用于批量不定的情况。

【案例 9-4】 查表确定配合代号 $\phi30\dfrac{\text{H8}}{\text{K7}}$ 的极限偏差值。

H8 为孔的公差带代号，k7 为轴的公差带代号。查优先配合中孔的极限偏差表（见附录 A 附表 A-3），在基本尺寸 ">24～30" 行中，与公差带 H8 列得到下偏差为 $^{+33}_{0}$（μm），即得孔的极限偏差为 $\phi30^{+0.033}_{0}$。查优先配合中轴的极限偏差表（见附录 A 附表 A-2），在基本尺寸 ">24～30" 行中，与公差带 k7 列得 $^{+23}_{+2}$（μm），即得轴的极限偏差为 $\phi30^{+0.023}_{+0.002}$。

9.6.3 几何公差

1. 几何公差的概念

在机器中对某些精度要求较高的零件不仅须保证其尺寸公差，还要保证其几何公差。

几何公差包括形状公差、方向公差、位置公差和跳动公差。国家标准 GB/T1182—2008 规定了几何公差的标注。

几何公差特征、符号如表 9-11 所示。

表 9-11 几何特征、符号

公差分类	几何特征	符号	有无基准
形状公差	直线度	—	无
	平面度	▱	无
	圆度	○	无

续表

公差分类	几何特征	符号	有无基准
	圆柱度	⌭	无
	线轮廓度	⌒	无
	面轮廓度	⌓	无
方向公差	平行度	//	有
	垂直度	⊥	有
	倾斜度	∠	有
	线轮廓度	⌒	有
	面轮廓度	⌓	有
位置公差	位置度	⌖	有或无
	同心度（用于中心点）	◎	有
	同轴度（用于轴线）	◎	有
	对称度	⌯	有
	线轮廓度	⌒	有
	面轮廓度	⌓	有
跳动公差	圆跳动	↗	有
	全跳动	⌰	有

2. 几何公差标注

（1）几何公差框格。

几何公差要求注写在划分成两格或多格的矩形框内。各格自左至右依次标注以下内容。

- 几何特征符号。
- 公差值。如果公差带为圆形或圆柱形，公差值前应加注符号“ϕ”；如果公差带为圆球形，公差值前应加注“$S\phi$”。
- 基准，用一个字母或用几个字母表示基准体系或公共基准。

图 9-31 所示为框格的几种情况。

—	0.1

//	0.1	A

⌖	ϕ0.1	A	C	B

⌖	Sϕ0.1	A	B	C

◎	ϕ0.1	A—B

图 9-31　公差框格

（2）框格画法。

形位公差框格用细实线绘制，可画两格或多格，要水平（或垂直）放置，框格的高度是图样中尺寸数字高度的两倍，框格的长度根据需要而定。框格中的数字、字母、符号与图样中的数字同高，如图 9-32 所示。

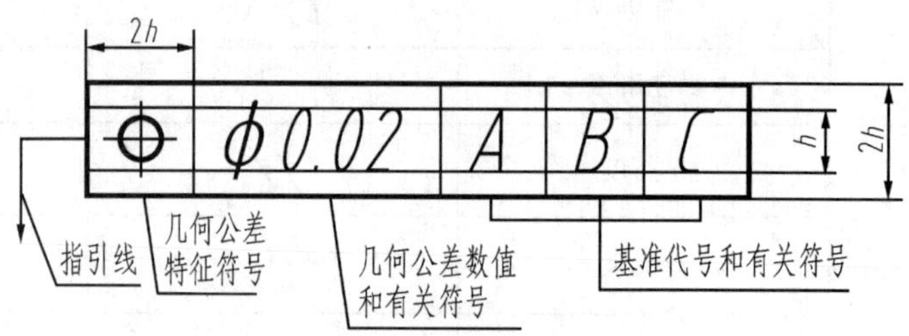

图 9-32　几何公差框格画法

（3）被测要素。

当被测要素为线或表面时，指引线应指在该要素的轮廓线或其引出线上，并应明显地与该要素的尺寸线错开，如图 9-33 所示。

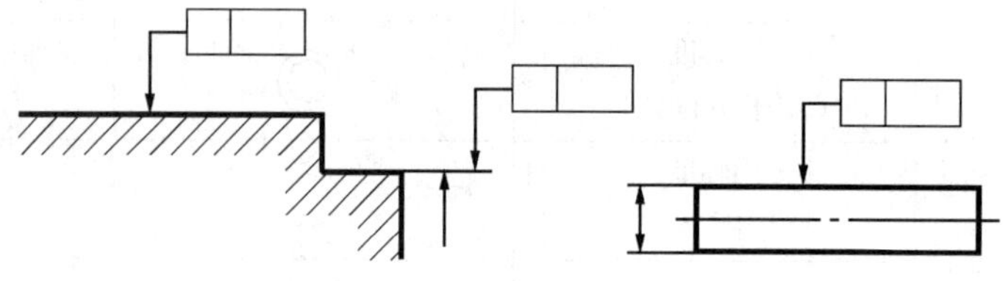

图 9-33　被测要素为线或表面

当被测要素为轴线、球心或中心平面时，指引线箭头应与该要素的尺寸线对齐，如图 9-34 所示。

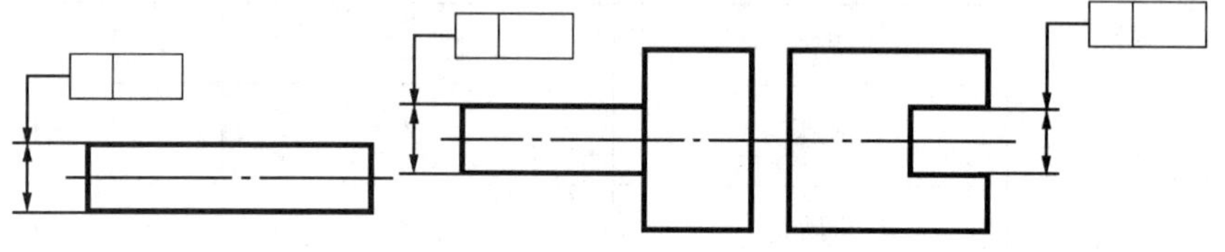

图 9-34　被测要素为轴线或中心平面时

当被测要素相同且有不同公差项目时，可以把框格叠加在一起，如图 9-35 所示。

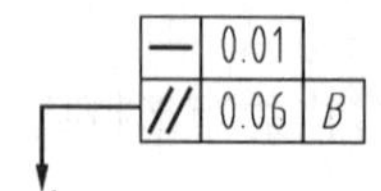

图 9-35　同一表面有不同的几何公差要求

（4）基准要素的标注。

基准要素用基准符号表示，GB/T 1182—2008 规定的基准符号的画法如图 9-36 所示。

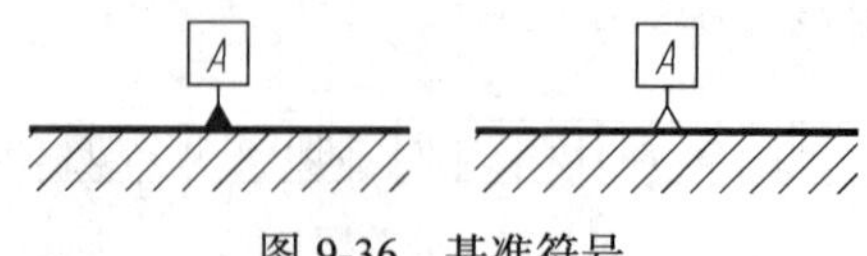

图 9-36　基准符号

当基准要素是轮廓线或轮廓面时，基准三角形放置在要素的轮廓线或其延长线上，与尺寸线明显错开，如图 9-37（a）所示。基准三角形也可放置在该轮廓面引出线的水平线上，如图 9-37（b）所示。

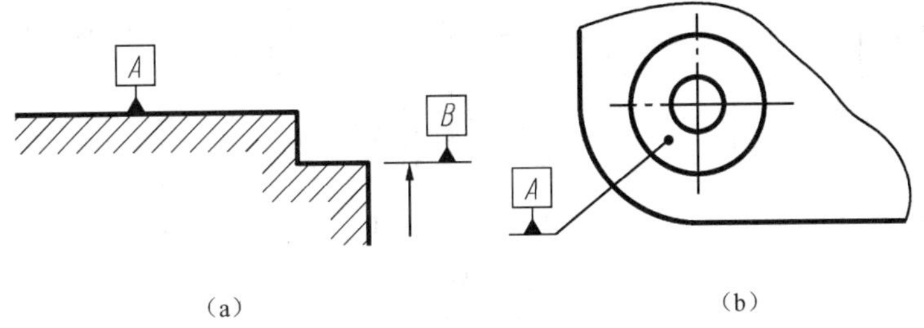

图 9-37　基准为轮廓线或轮廓面

当基准要素是确定的轴线、中心平面或中心点时，基准三角形应放置在该尺寸线的延长线上，如图 9-38 所示，如果没有足够的位置标注基准要素的两个尺寸箭头，则其中一个箭头可用基准三角形代替。

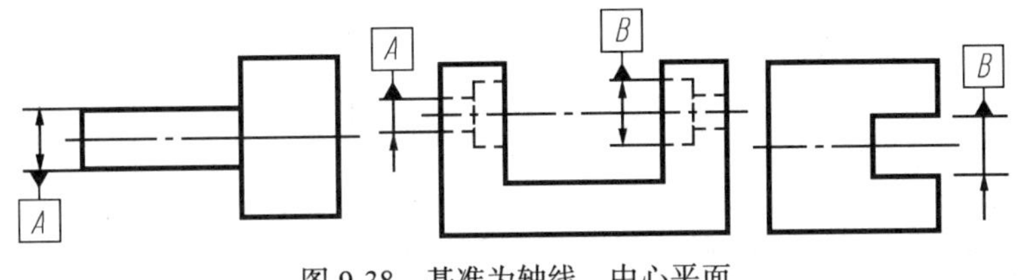

图 9-38　基准为轴线、中心平面

如果给定的公差仅适合于要素的某一指定局部，则应用粗点画线表示出该局部的范围，并加注尺寸，如图 9-39 所示。

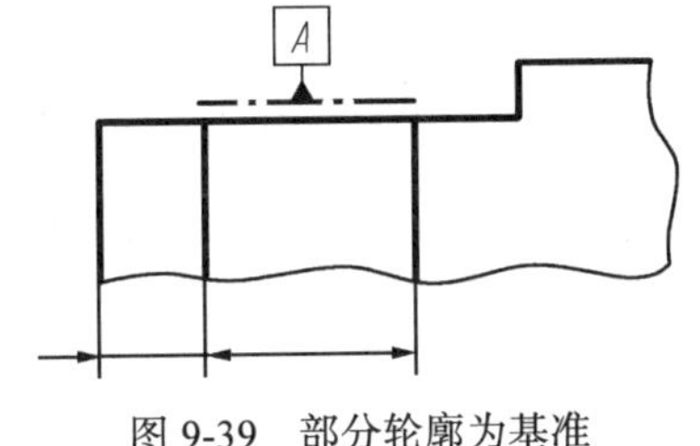

图 9-39　部分轮廓为基准

由两个要素组成的公共基准在框格中用由横线隔开的大写字母表示。由两个或 3 个要素组成的基准体系（如多基准组合）表示基准的大写字母应按基准的优先次序从左至右分别置于各格中，如图 9-40 所示。

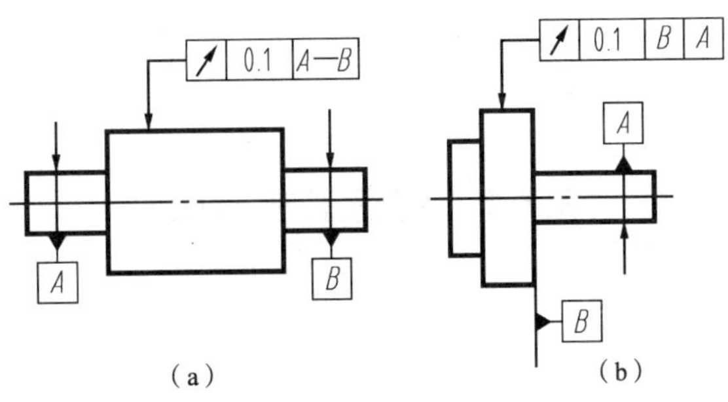

图 9-40　公共基准与基准体系

【案例 9-5】 识读图 9-41 中各几何公差的含义。

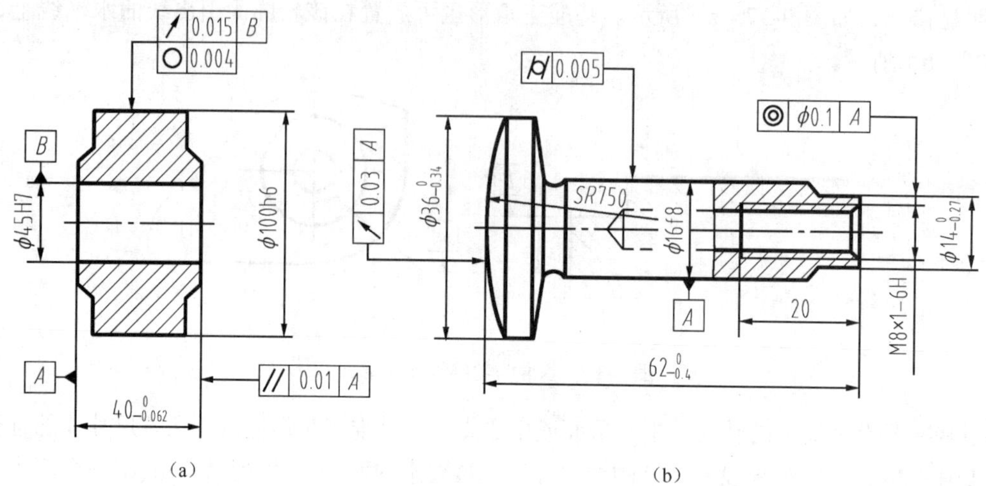

(a)　　(b)

图 9-41　几何公差读图示例

图 9-41 中几何公差的含义如表 9-12 所示。

表 9-12　　综合标注示例说明

标 注 代 号	含 义 说 明
↗ 0.015 B	表示 ϕ100h6 外圆柱面对 ϕ45H7 孔的轴心线的圆跳动公差为 0.015
○ 0.004	表示 ϕ100h6 外圆柱面的圆度公差为 0.004
// 0.01 A	表示机件两端面之间平行度公差为 0.01
⌭ 0.005	表示 ϕ16f8 圆柱面的圆柱度公差为 0.005
◎ ϕ0.1 A	表示 M8×1 螺孔的轴心线对 ϕ16f8 轴线的同轴度公差为 ϕ0.1
↗ 0.02 A	表示 *SR*750 的球面对 ϕ16f8 轴线的圆跳动公差为 0.03

9.7 零件工艺结构

零件的结构形状主要是由它在部件中的作用决定的，不过制造工艺对零件结构也有某些要求。下面介绍几种常见的工艺结构。

9.7.1 铸造工艺结构

1. 拔模斜度

为起模方便，铸件的内、外壁沿起模方向应带有斜度，一般为 1∶5～1∶20。斜度较小时，在图样上可以不必画出。若斜度较大，则仍应画出，如图 9-42 所示。

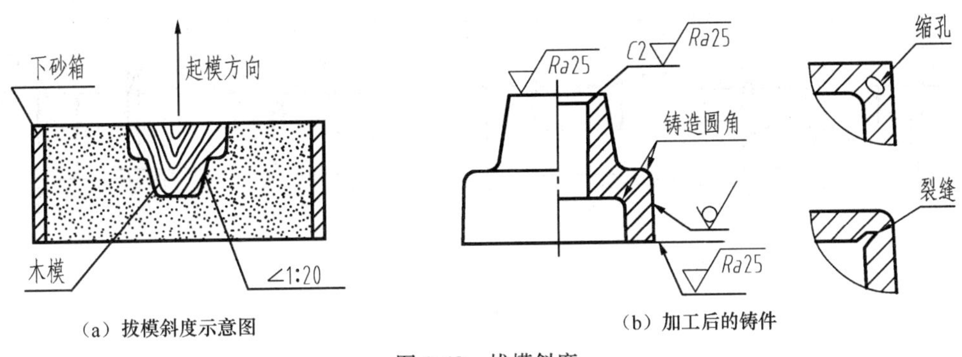

（a）拔模斜度示意图

（b）加工后的铸件

图 9-42 拔模斜度

2. 铸造圆角

铸件各转角处应当做成圆角，如图 9-43 所示，它可以防止砂型在转角处落砂，还可避免铸件在冷却时产生裂纹和缩孔。铸造圆角半径在视图上一般不注出，而是写在技术要求中。

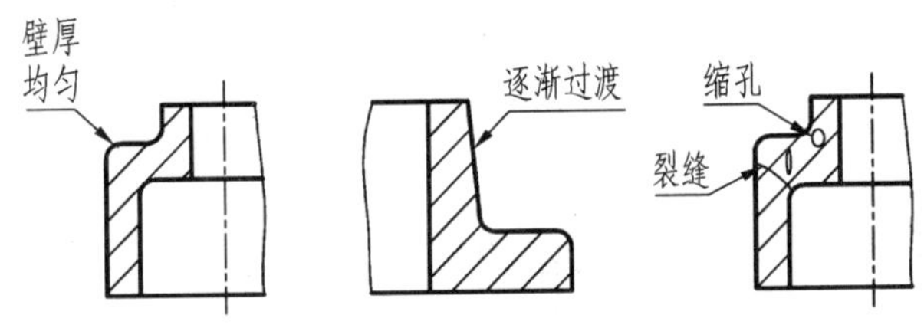

图 9-43 铸件壁厚要均匀

3. 铸件壁厚

为避免浇注零件时各部分因冷却速度不同而产生缩孔或裂纹，铸件的壁厚应保持均匀或逐渐变化，如图 9-43 所示。

4. 铸件各部分形状应尽量简化

为了便于制造模型、清理和去除浇冒口、机械加工，铸件的外形应尽可能平直，内壁也应减少凸起或分支部分。

9.7.2 机械加工工艺结构

1. 倒角和圆角

为了便于装配和去毛刺、锐边，在轴和孔的端部一般都加工成倒角。为了避免因应力集中而产生裂纹，在轴肩处加工成圆角。倒角和圆角的画法及尺寸注法如图 9-44 所示。

2. 退刀槽和越程槽

在切削加工过程中，特别是在车螺纹和磨削时，为了便于退出刀具或使砂轮可以稍稍越过加工面，通常在零件待加工面的末端先车出螺纹退刀槽或砂轮越程槽，如图 9-45 所示。

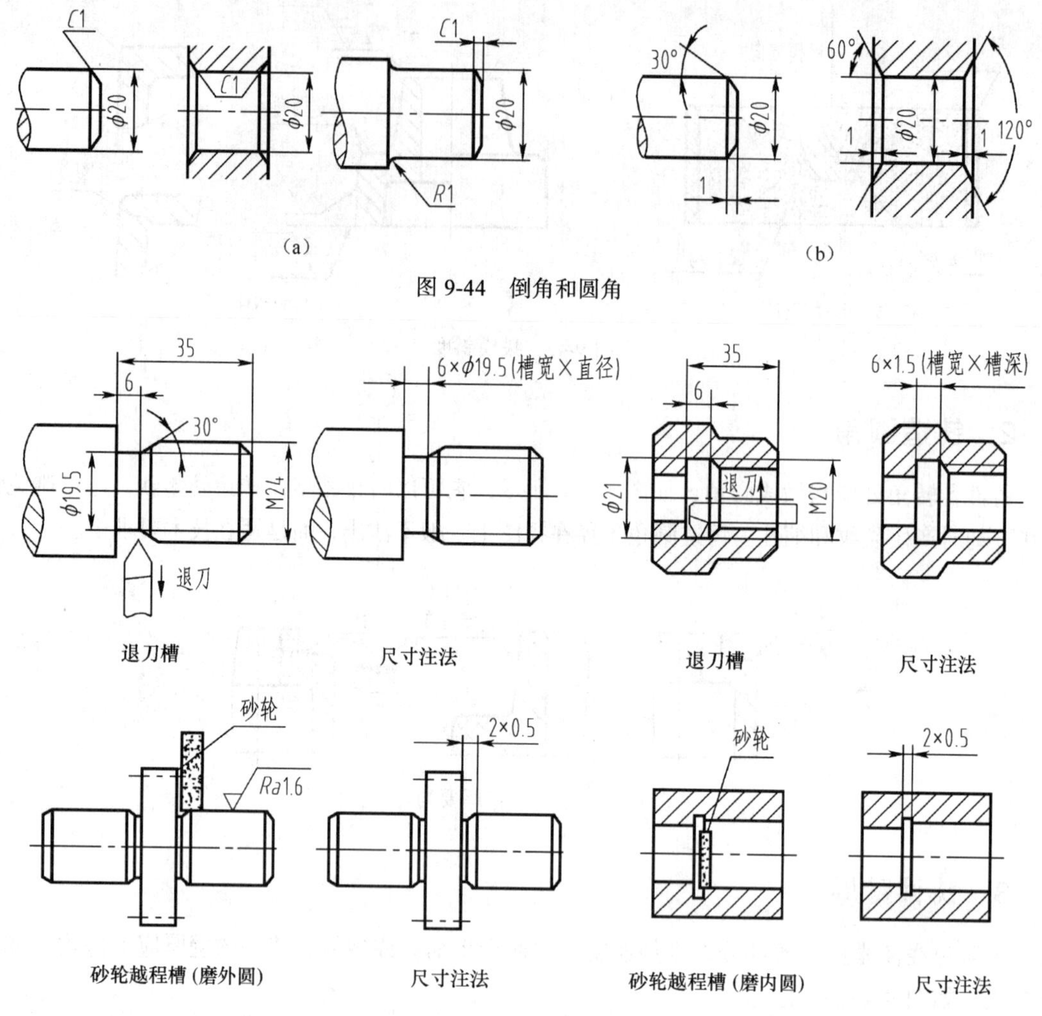

（a）

（b）

图 9-44　倒角和圆角

退刀槽　尺寸注法　退刀槽　尺寸注法

砂轮越程槽 (磨外圆)　尺寸注法　砂轮越程槽 (磨内圆)　尺寸注法

图 9-45　退刀槽和越程槽

螺纹退刀槽和砂轮越程槽的结构尺寸系列，退刀槽查阅 GB/T3—1997，砂轮越程槽查阅 GB6403.5—96。

3. 凸台和凹坑

零件的接触面一般都要进行切削加工，为减少加工面、节约工时和减少刀具磨损，通常在被加工面上做出凸台和凹坑或凹槽，如图 9-46 所示，这样也可减少接触面积和增加装配时的稳定性。

4. 钻孔结构

用钻头钻出的不通孔在底部有一个 120° 的锥顶角，钻孔深度指的是圆柱部分的深度，不包括锥坑。在阶梯形钻孔的过渡处也存在 120° 的钻头角，其画法如图 9-47（a）所示。

用钻头钻孔时，要求钻头尽量垂直于被钻孔的端面，以保证钻孔准确和避免钻头折断，如图 9-47（b）所示。

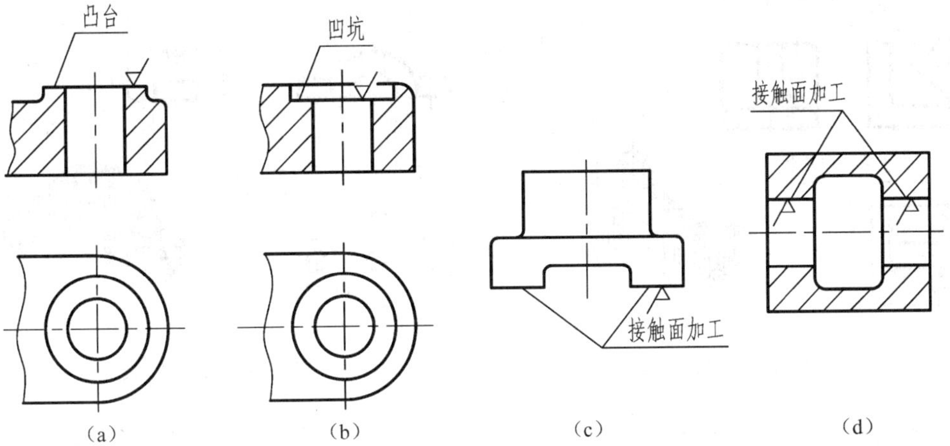

凸台
凹坑
接触面加工
接触面加工
(a)
(b)
(c)
(d)

图 9-46　凸台和凹坑

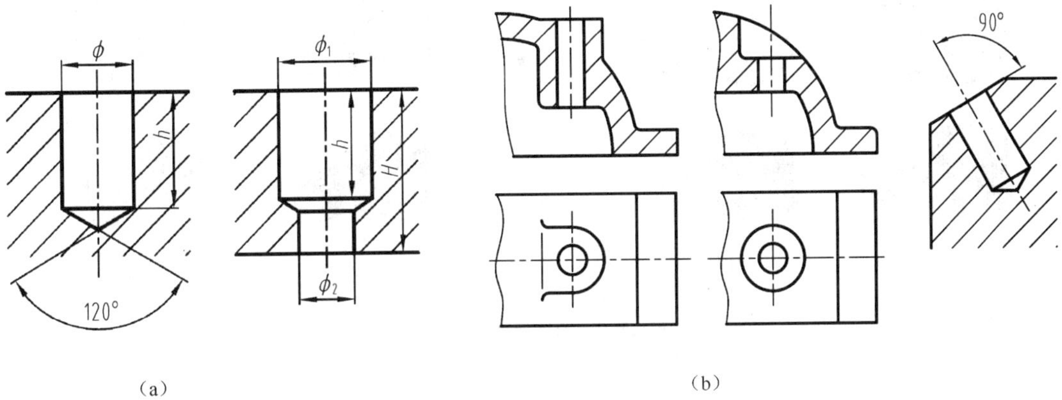

120°
90°
(a)
(b)

图 9-47　钻孔结构

9.7.3　零件图上圆角过渡的画法

铸件和锻件两表面之间常有圆角过渡，使得两表面的交线变得不够明显。为了使看图者容易分清形体的界限，在图上仍画出交线的投影，但两端空出，不与轮廓相接，这种交线称为过渡线。零件的结构、尺寸或组合形式不同，过渡线也不同。图 9-48 列出了几种常见结构的过渡线的画法。

不与圆角轮廓接触
切点附近断开

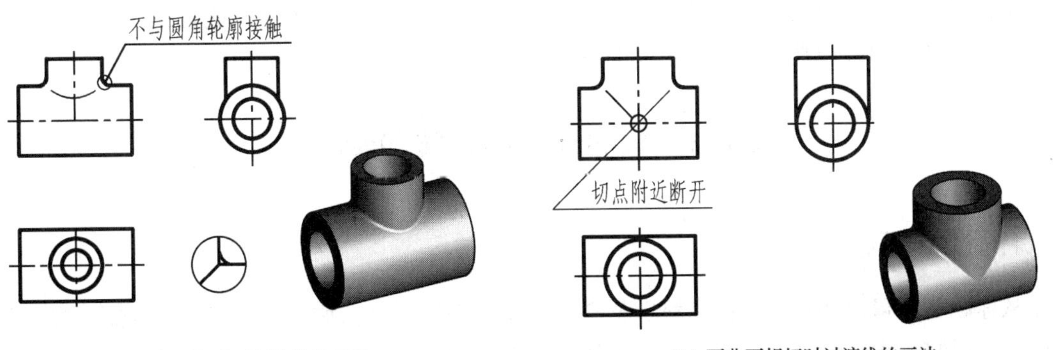

（a）两曲面相交时过渡线的画法　　（b）两曲面相切时过渡线的画法

图 9-48　过渡线的画法

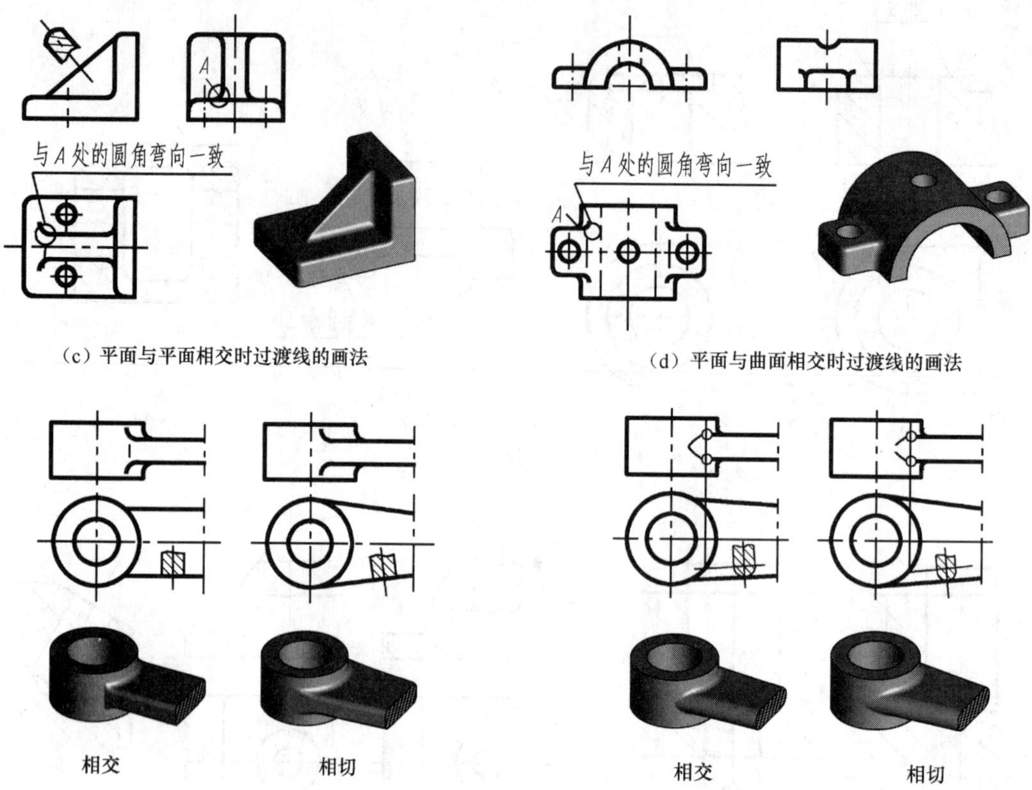

（c）平面与平面相交时过渡线的画法

（d）平面与曲面相交时过渡线的画法

（e）肋板与圆柱组合时的过渡线的画法

图 9-48　过渡线的画法（续）

9.8 读零件图

在生产中读零件图就是要在了解零件在机器中的作用和装配关系的基础上弄清零件的材料、结构形状、尺寸及技术要求等，以便在制造时采用恰当的加工方法，或者在此基础上进一步研究零件结构的合理性，以得到不断的改进和创新。

9.8.1 读零件图的方法和步骤

1. 读标题栏

从标题栏中可以知道零件的名称、材料及作图比例等。从名称可判断出该零件属于哪一类零件，从材料可大致了解其加工方法，如铸造、型材加工等，然后由装配图或其他资料了解该零件在机器或部件上的作用及与其他零件的关系。

2. 分析表达方法

首先找出主视图，然后阅读其他基本视图和辅助视图，分析各视图之间的投影关系，从而了解绘图者画每个视图及采用某一表示方法的目的。

3. 分析形体和结构

应用投影规律，结合形体分析法和线面分析法以及对零件常见结构的了解，逐个弄清各部分的结构，然后想象出整个零件的形状。

4. 分析尺寸和技术要求

首先找出长、宽、高 3 个方向的主要基准，分清设计基准和工艺基准，然后找出主要尺寸和主要的加工面，这有助于识别零件的形状。分析时也可联系与之有关的装配图、零件图，以便于更深入地了解尺寸之间的关系。

分析技术要求就是要了解零件的尺寸公差、表面结构及几何公差要求等。先了解配合面或主要加工面的加工精度，明确代号含义，再了解其他表面相应的要求，了解材料的热处理、表面处理及修饰、检验等要求。

5. 综合归纳

把零件的形状结构、尺寸标注及技术要求等内容综合起来，全面考虑各部分表达是否合理、清楚，各部分结构设计是否符合要求，视图表达是否充分，尺寸基准的选择是否合理，主要尺寸是否明确指出，尺寸是否有遗漏或重复，公差、配合、表面结构要求和几何公差等考虑是否恰当。经过综合分析才能对零件图达到较深入的理解。

9.8.2 看图举例

【案例 9-6】 读图 9-49 所示的壳体零件图。

1. 读标题栏

零件的名称是壳体，属于箱体类零件，材料 ZL102 从附录可知是铸造铝合金，因此该零件是铸件，其结构必须要满足铸造工艺要求，比例为 1∶2。

2. 分析视图

该壳体零件共用了 3 个基本视图和一个辅助视图来表达。主视图按工作位置放置，采用单一正平面剖切后所得的 *A—A* 全剖视图来表达内部形状。俯视图采用 *B—B* 阶梯剖后的全剖视图，同时表达底板和内部形状。采用局部剖视的左视图及 *C* 向局部视图主要表达外形及顶面形状。

3. 分析形体和结构

由形体分析可知，壳体除左面凸块外，主要由回转体组成。

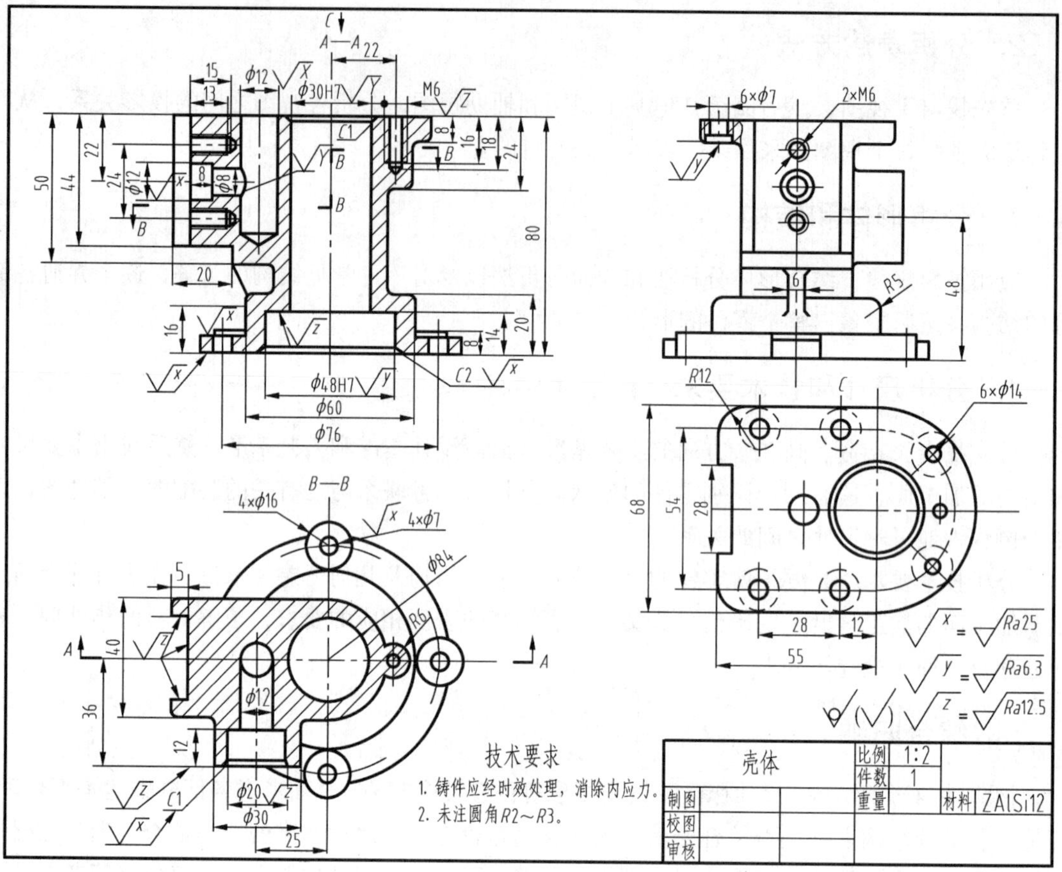

技术要求

1. 铸件应经时效处理，消除内应力。
2. 未注圆角R2～R3。

壳体	比例	1:2	
	件数	1	
制图	重量		材料 ZAlSi12
校图			
审核			

图 9-49　壳体零件图

内部结构：顶部有 ϕ30H7 的通孔、ϕ12 的盲孔、M6 的螺纹孔，底部有 ϕ48H7 的台阶孔，它与主体上 ϕ30H7 的孔相通，底板上还锪平 4 × ϕ16 的安装孔 4 × ϕ7。左侧 T 形凸块上开有凹槽，凹槽的左端面上有 ϕ12、ϕ8 的阶梯孔与顶部 ϕ12 的盲孔相通，在阶梯孔上方和下方各有一个螺孔 M6。在凸块前方的圆柱形凸缘上有 ϕ20、ϕ12 的阶梯孔，向后也与顶部 ϕ12 的圆柱孔贯通。从作局部剖的左视图和 *C* 向局部视图可看出顶部有 6 个安装孔 ϕ7，并在它们的下端分别锪平成 ϕ14 的平面。

通过由内到外的分析，壳体的内、外形状就清楚了，其直观图如图 9-50 所示。

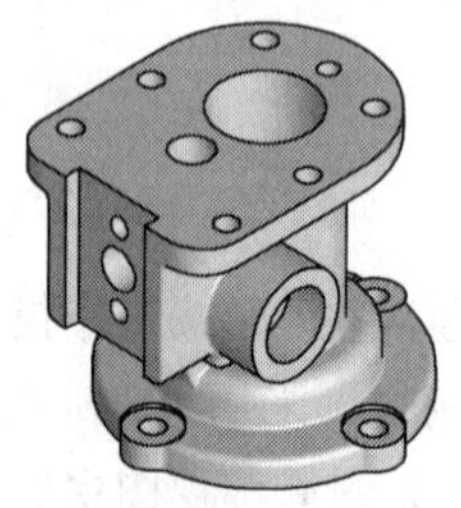
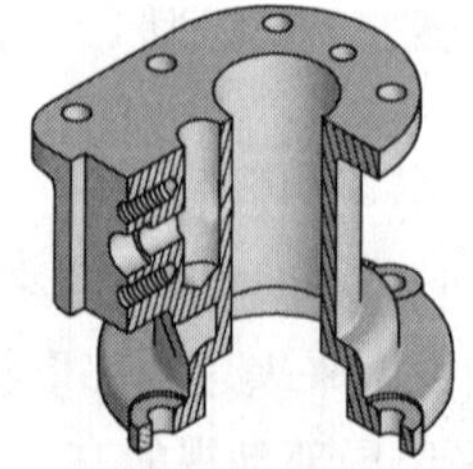
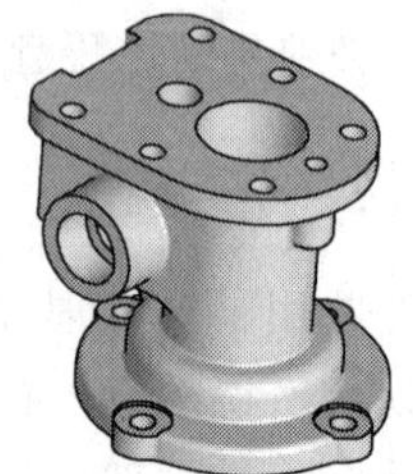

图 9-50　壳体直观图

4. 分析尺寸和技术要求

通过形体分析和尺寸分析后看出，长度基准和宽度基准分别是通过回转体轴线的侧平面和正平面，高度基准是底板的底面。由基准出发，逐一看懂各部分的定形尺寸和定位尺寸，就可以完全读懂壳体的形状和大小。

在顶板和安装板中相连通的台阶孔 ϕ48H7、ϕ30H7 都有公差要求，它们是壳体的主要尺寸，其偏差数值可由公差带代号查表确定。

读表面结构要求，除主要孔 30H7、48H7 为 *Ra*6.3 外，其他加工表面大多为 *Ra*25，少数是 *Ra*12.5，其余为铸件表面，由此可知，该零件的表面结构要求不高。

文字叙述的技术要求为：铸件经时效处理后进行加工，未注铸造圆角均为 *R*2～*R*3。

把上述内容综合起来，就能得出对于该壳体零件的总体概念。

9.9 零件测绘

对现有零件进行绘图、测量并确定技术要求的过程，称为零件测绘。零件测绘广泛应用于零件的仿制、修配过程中。

1. 零件测绘的方法和步骤

现以图 9-51 所示铣刀头端盖为例说明零件测绘的方法和步骤。

（1）了解测绘对象。

首先了解被测绘零件的名称、材料，在机器中的位置、作用及与相邻零件的关系，然后分析零件的结构形状。

铣刀头端盖是用螺钉安装在铣刀头座体上，其作用是密封及对轴承轴向定位。端盖上有密封槽用于安装密封毡圈。

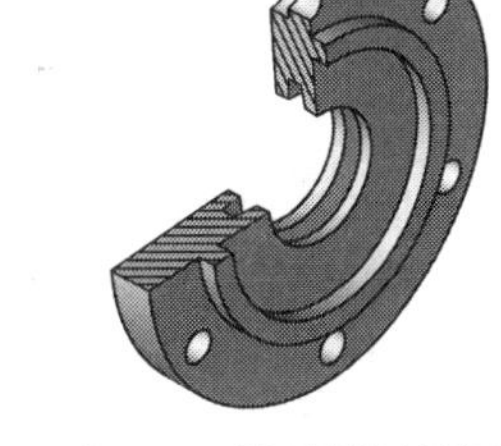

图 9-51 端盖轴测剖视图

（2）选定视图表达方案。

首先要根据零件的结构形状特征、工作位置及加工位置等情况选择主视图，然后选择其他视图，要以完整、清晰地表达零件结构形状为原则。图 9-51 所示端盖，按加工位置原则并结合形状特征原则选择主视图，并作全剖视，它表达了端盖轴向厚度、端盖深度、6 个圆柱沉头孔等内外结构形状。选择左视图，表达端盖的外形及其上 6 个圆柱形沉头孔的分布，因结构对称，左视图只画出一半。端盖的视图表达见图 9-52（d）。

（3）画零件草图。

零件测绘工作一般多在生产现场进行，因此不便用绘图工具和仪器画图，多以草图形式绘图。以目测估计图形与实物的比例，按一定画法要求徒手（或部分使用绘图仪器）绘制的图样，称为草图。零件草图是绘制零件图的依据，必要时还可以直接应用于生产，因此它必须包含零件图的全部内容。草图绝没有潦草之意。

画草图的要求：视图和尺寸完整、图线清晰、字体工整，并注写必要的技术要求。

具体步骤如下。

① 选比例定图幅，画基准线。布图时，留出标注尺寸的位置，如图 9-52（a）所示。

② 徒手以目测比例画出图形。先画主要轮廓，再画细部，如图 9-52（b）所示。

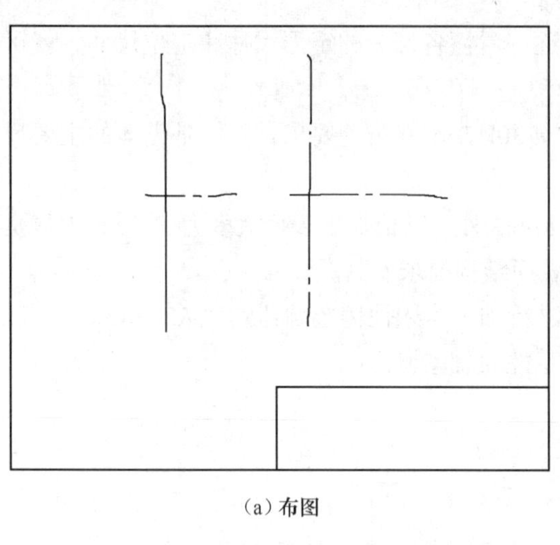

（a）布图

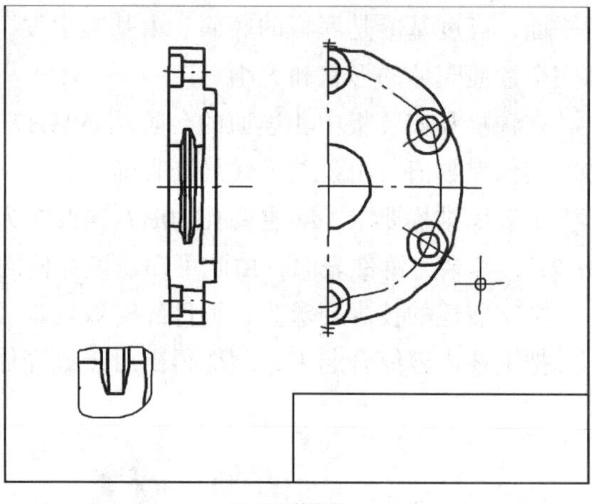

（b）画图形

（c）画尺寸线、尺寸界线、箭头

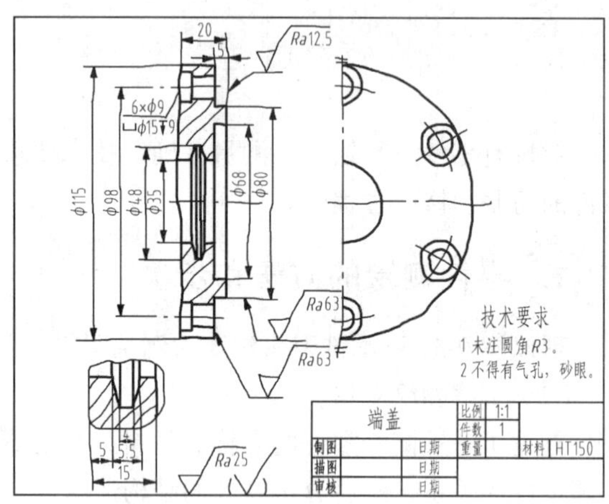

（d）标注尺寸，书写技术要求，加深完成草图

图 9-52　画端盖草图的步骤

③ 检查、整理、描深，画剖面线，确定尺寸基准，绘出尺寸界线、尺寸线、箭头及表面结构要求，如图 9-52（c）所示。

④ 测量尺寸，填写尺寸数值，注写技术要求，填写标题栏，结果如图 9-52（d）所示。

绘制草图时要注意以下问题。

- 零件上的工艺结构（如倒角、倒圆、退刀槽等）应按规定画法表达出来。
- 制造缺陷不应画出。
- 标准结构要素（如螺纹、键槽等）的尺寸测量后，要查阅手册，调整到尺寸符合标准值。

（4）画零件工作图。

复核整理零件草图，再根据零件草图绘制端盖的零件工作图。

2. 零件尺寸的测量方法

测量零件是零件测绘过程中的重要步骤，并应集中进行，这样既可以提高工作效率，又可以避免错误和遗漏。常用的测量工具有钢尺，内、外卡钳，螺纹规，圆角规等。较精密的量具有游标卡尺、千分尺。测量时应根据尺寸的精度选用相应的量具。表 9-13 列出了几种常见尺寸的测量方法。

表 9-13　　常见尺寸测量方法

<table>
<tr><td colspan="2">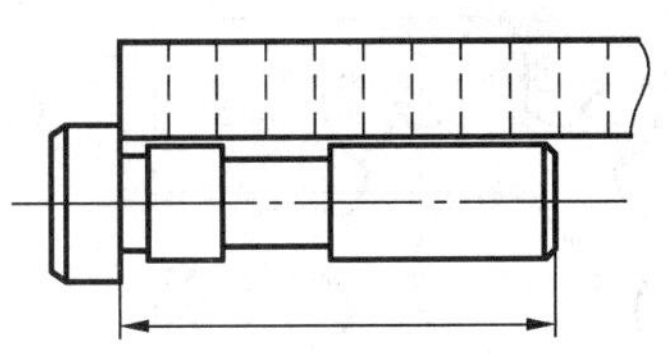 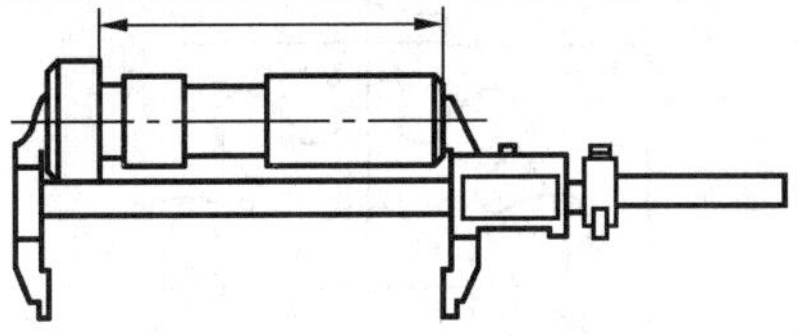</td></tr>
<tr><td colspan="2">测线性尺寸</td></tr>
<tr><td colspan="2">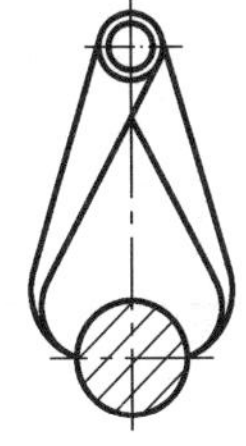 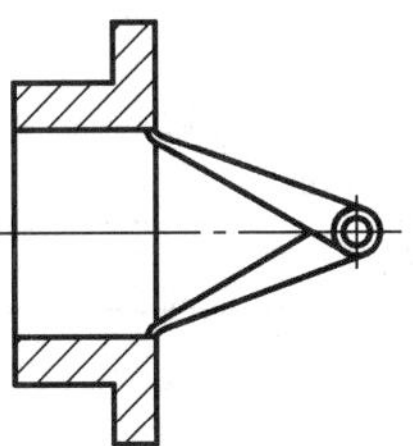 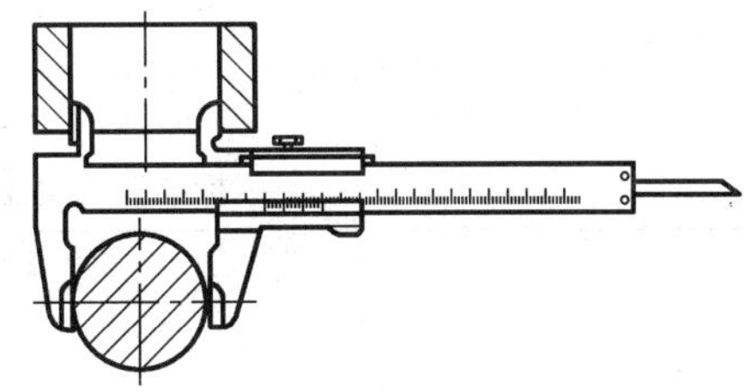</td></tr>
<tr><td colspan="2">测量直径</td></tr>
<tr><td colspan="2">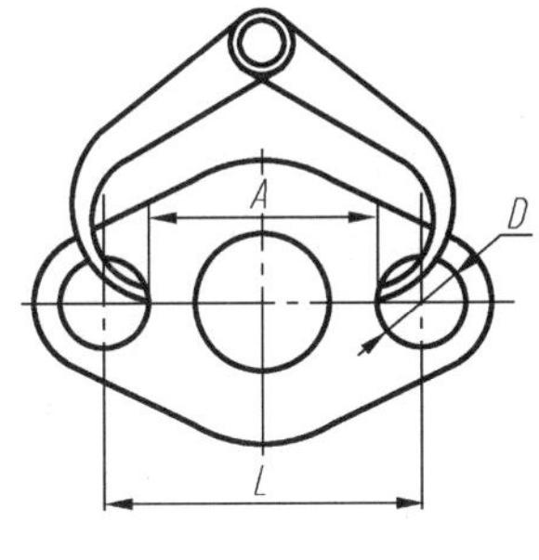
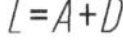
$L=A+D$
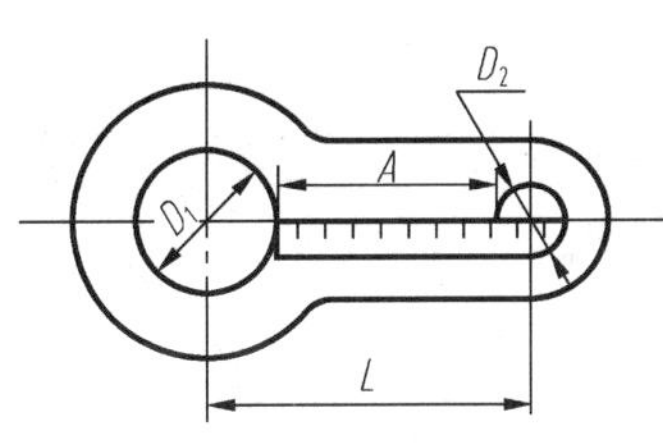
$L=A+D_1/2+D_2/2$</td></tr>
<tr><td colspan="2">测中心距</td></tr>
<tr><td>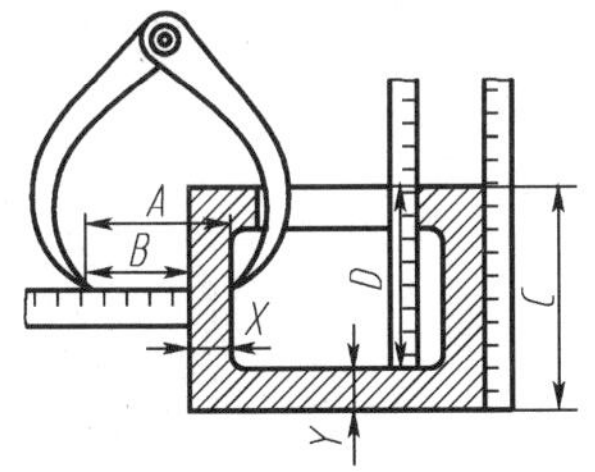
$X=A-B,Y=C-D$</td><td>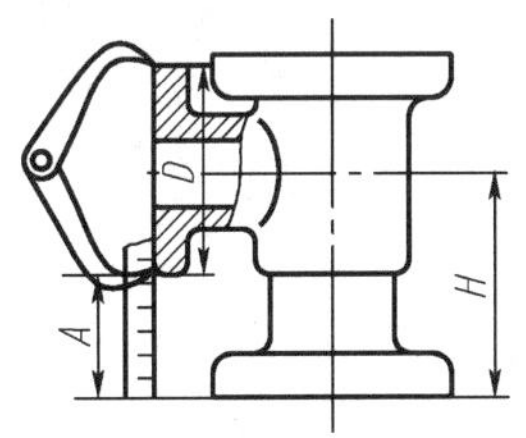
中心高 $H=A+D/2$</td></tr>
<tr><td>测壁厚</td><td>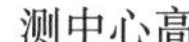测中心高</td></tr>
<tr><td>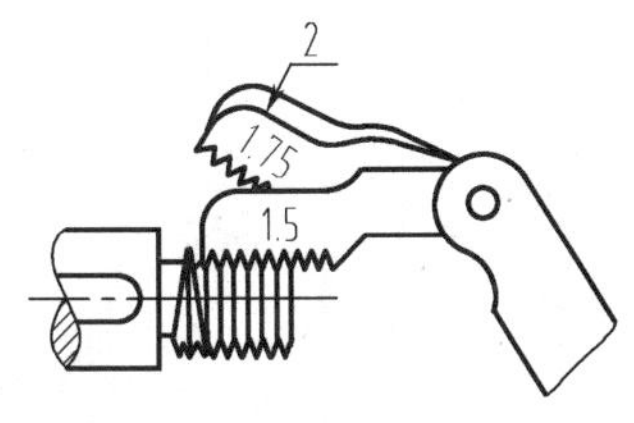</td><td>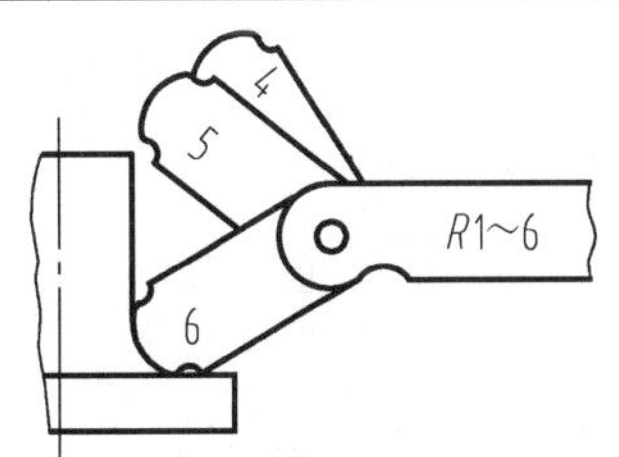</td></tr>
<tr><td>测螺距</td><td>测圆角</td></tr>
</table>

续表

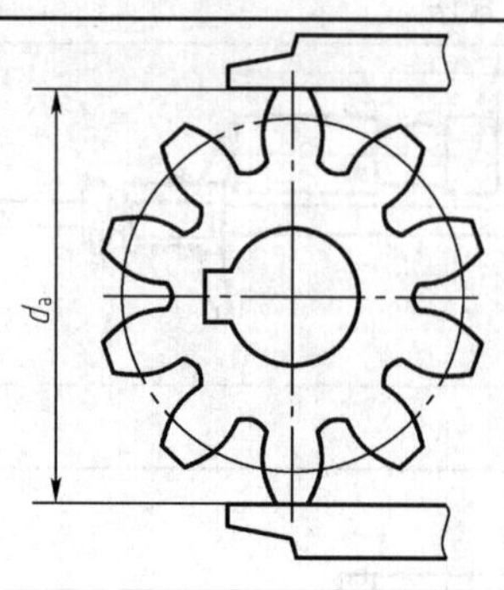 （a）偶数齿：d_a 直接量出 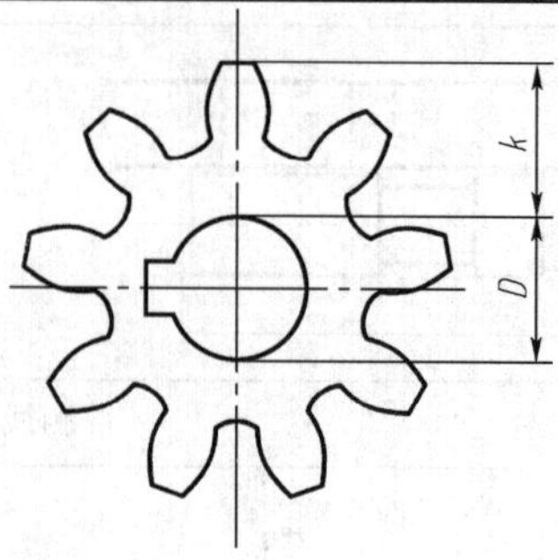 （b）奇数齿：$d_a=2k+D$ $m = d_a/(z + 2)$取标准值
标准直齿圆柱齿轮的测绘

第10章 装配图

【学习目标】

- 了解装配图的作用和内容，掌握装配图的表达方法。
- 了解装配结构的合理性，掌握装配图的尺寸标注。
- 熟练掌握装配图绘制的方法和步骤。
- 掌握读装配图的方法和步骤。
- 掌握部件测绘的方法和步骤。

机器或部件都是由一定数量的零件根据机器的性能和工作原理按一定的技术要求装配在一起的。这些零件之间具有一定的相对位置、连接方式、配合性质和装拆顺序等关系，这些关系统称为装配关系。按装配关系装配成的机器或部件统称为装配体。用来表达装配体结构的图样称为装配图。

10.1 装配图的作用与内容

装配图是生产中的重要技术文件，绘制和阅读装配图是工程技术人员必备的能力之一。在绘制或阅读装配图之前，必须首先了解装配图的作用和内容。

10.1.1 装配图的作用

在设计产品时，一般先画出装配图，然后根据装配图设计零件图。制造部门要根据零件图进行零件的制造，零件制成后，再根据装配图进行组装、检验和调试。在使用阶段，零件可根据装配图进行维修。总之，在设计、制造、装配、调试、检验、安装、使用及维修时，都需要装配图。因此，装配图是工业生产中的重要技术依据。

10.1.2 装配图的内容

图 10-1 所示为铣刀头的装配图，从该装配图中可以看到一张完整的装配图应包括以下 4 方

面的内容。

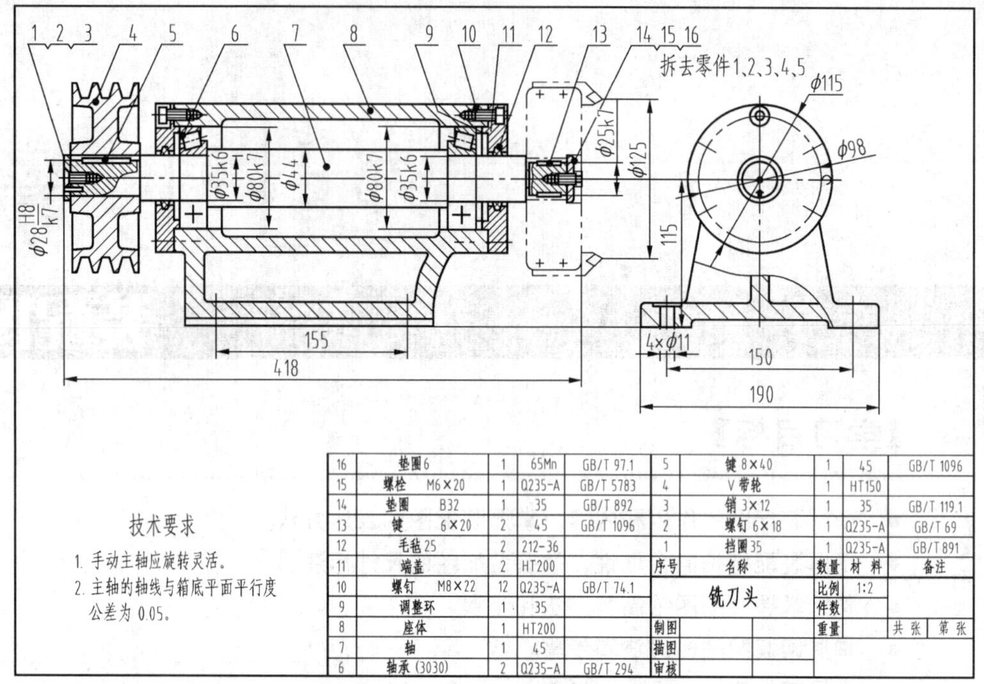

16	垫圈6	1	65Mn	GB/T 97.1	5	键 8×40	1	45	GB/T 1096
15	螺栓 M6×20	1	Q235-A	GB/T 5783	4	V带轮	1	HT150	
14	垫圈 B32	1	35	GB/T 892	3	销 3×12	1	35	GB/T 119.1
13	键 6×20	2	45	GB/T 1096	2	螺钉 6×18	1	Q235-A	GB/T 69
12	毛毡25	2	212-36		1	挡圈35	1	Q235-A	GB/T 891
11	端盖	2	HT200		序号	名称	数量	材 料	备注
10	螺钉 M8×22	12	Q235-A	GB/T 74.1	铣刀头		比例	1:2	
9	调整环	1	35				件数		
8	座体	1	HT200		制图		重量		共 张 第 张
7	轴	1	45		描图				
6	轴承 (3030)	2	Q235-A	GB/T 294	审核				

图 10-1 铣刀头装配图

1. 一组图形

用一组图形正确、完整、清晰、简便地表达装配体的工作原理、零件间的装配、连接关系及主要零件的结构形状。

2. 必要的尺寸

用以表明装配体的规格、性能、外形及装配、检验、安装和运输时所需要的尺寸。

3. 技术要求

用文字或符号说明对装配体的性能、装配、检验、调试及使用等方面的要求。

4. 序号、明细栏和标题栏

在装配图中，必须对每个零件编写序号，并在明细栏中依次列出零件序号、名称、数量、材料等。标题栏中写明装配体名称、图号、绘图比例以及设计、制图、审核人员的签名和日期等。

10.2 装配图的表达方法

前面介绍的各种零件表达方法均适用于装配体的表达，除此之外，装配体由于表达的重点与零件图不同，因此装配图还有规定画法、特殊画法及简化画法等。

10.2.1 装配图的规定画法

装配图的规定画法如下。

- 相邻零件的接触面或配合面规定只画一条线，不接触表面无论间隙大小均应画两条线，如图 10-2 所示。图 10-1 中，轴的外圆 ϕ35k6 与轴承内孔为配合表面，画一条线。挡圈与带轮端面接触画一条线。端盖内孔与轴的外圆不接触，画成两条线。

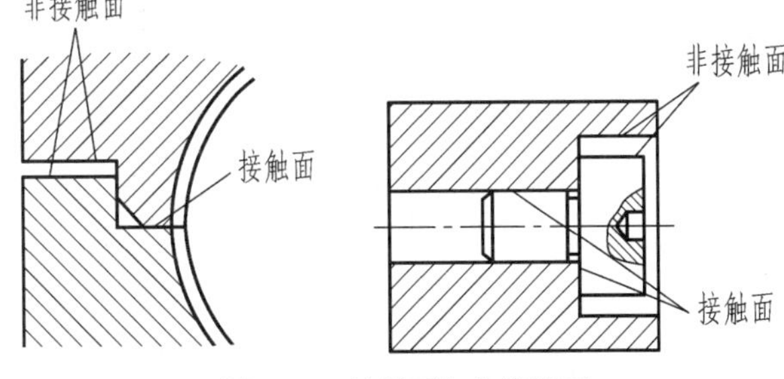

图 10-2 接触面与非接触面

- 相邻两零件的剖面线应方向相反或方向相同而间隔不等，但同一零件各视图中的剖面线应一致，如图 10-3 所示。当断面厚度小于 2mm 时，允许以涂黑代替剖面线。
- 若紧固件和实心杆件（如螺钉、螺栓、键、销、球及轴等）的剖切平面通过它们的基本轴线，则这些零件均按不剖绘制，仍画外形，需要时可采用局部剖视。如图 10-1 中的件 2、3、5、7、13 及 14 等，图 10-3 中的键、螺钉、轴、球及螺母等。

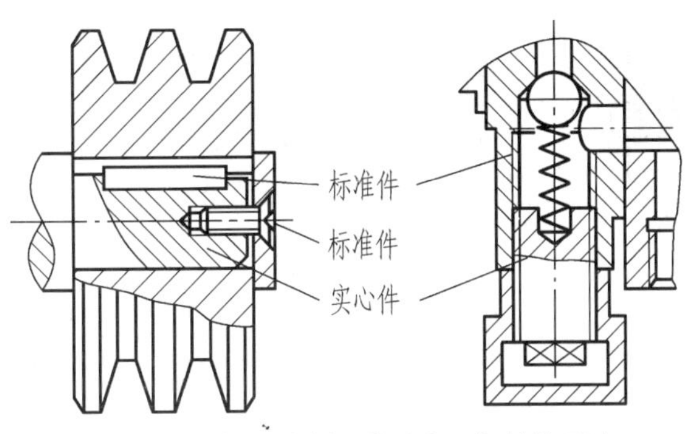

图 10-3 装配图中剖面线及实心杆件的画法

10.2.2 装配图的特殊画法

1. 拆卸画法

在装配图中，沿某一方向出现零、部件重叠影响表达效果时，比如某几个零件遮挡了欲表达的结构和装配关系，可假想将那几个零件拆卸掉，直接画出需要表达的部分，并标注“拆去××”字样。图 10-1 所示铣刀头装配图中的左视图就是拆去件 1、2、3、4、5 后画出的。

2. 沿结合面剖切画法

假想沿某些零件的结合面剖切，画出剖视图以表达机件的内部结构，此时零件的结合面不画剖面线。图 10-4 所示正滑动轴承装配图中俯视图的剖视部分采用了沿结合面剖切的画法，结合面不画剖面线，而剖到的螺钉断面应画剖面线。图 10-5 所示为滑动轴承的分解轴测图。

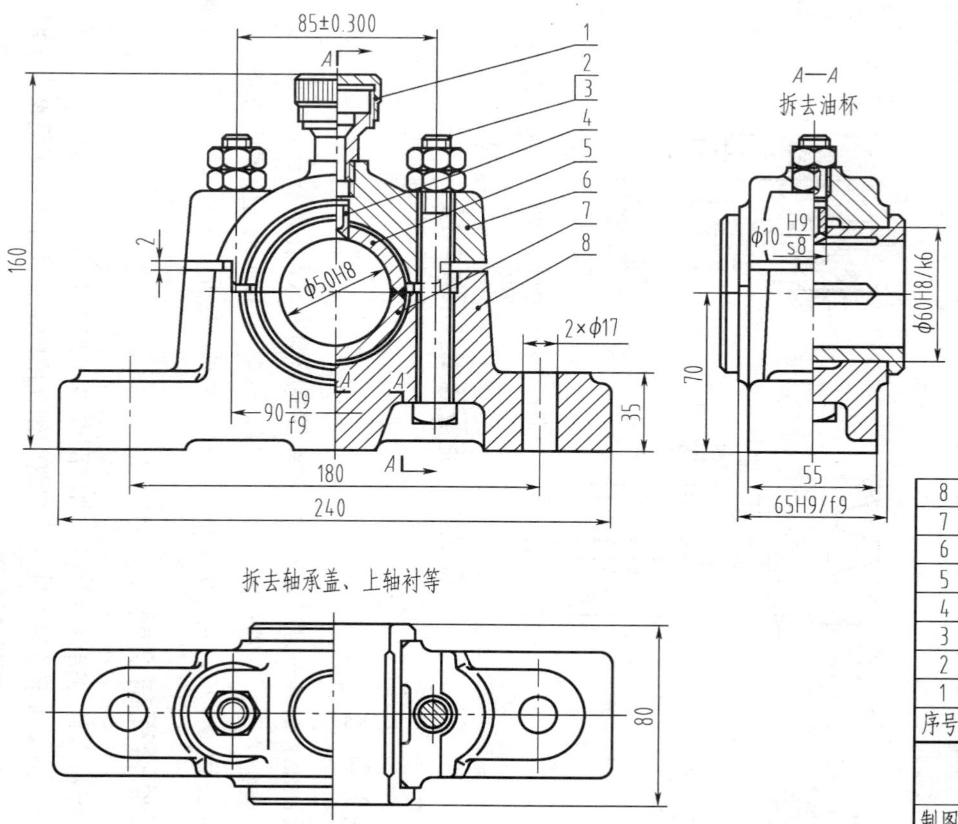

技术要求

1. 轴衬与轴承座、轴承盖间用着色法检查接触情况。下轴衬与轴承座接触面不得小于50%；上轴衬与轴承盖接触面不得小于40%。
2. 装配时，轴承盖与轴承座间加垫片调整，保证轴与轴衬间隙为0.05～0.06mm，接触面积在25mm²内不少于5～25点。
3. 轴承装配达到上述要求后，加工油孔和油槽。
4. 轴承最大单位压力p≤29.4MPa。

序号	名称	数量	材料	备注
8	轴承座	1	HT150	
7	下轴衬	1	ZCuAl10Fe3	
6	轴承盖	1	HT150	
5	上轴衬	1	ZCuAl10Fe3	
4	轴衬固定套	1	Q235-A	
3	螺栓M12×130	2		GB/T8—2000
2	螺母 M12	4		GB/T6170—2000
1	油杯12	1		GB/T1154—1989

正滑动轴承		比例	1:1	01	
		件数			
制图		重量		共 张	第 张
设计					
审核					

图 10-4 正滑动轴承装配图

3. 假想画法

假想画法用双点画线画出。假想画法有两个主要应用：一是用来表示运动零件的运动范围和极限位置，如图 10-6 所示；二是用来表示与本装配体有装配或安装关系而又不属于本装配体的相邻零、部件，如图 10-1 中的铣刀盘。

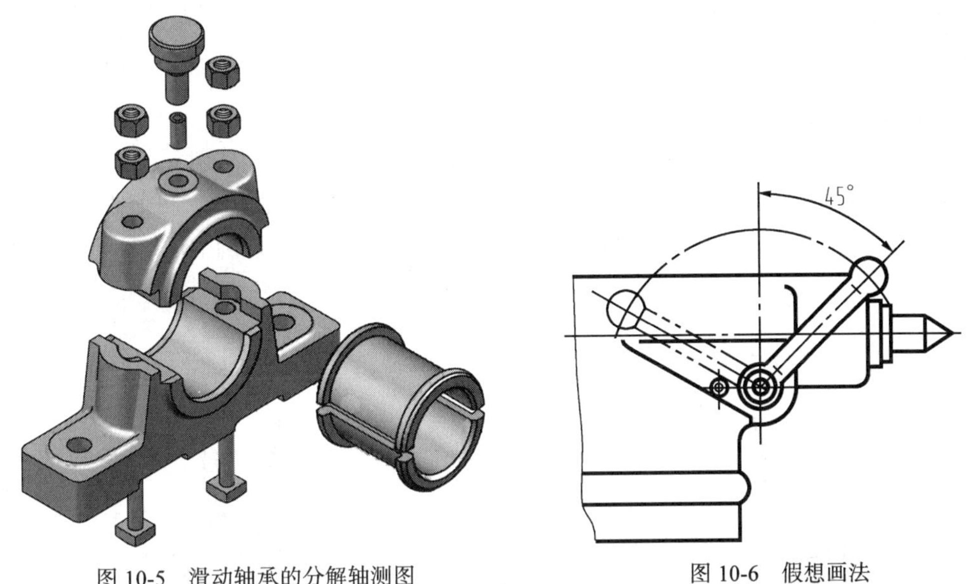

图 10-5　滑动轴承的分解轴测图

图 10-6　假想画法

4. 夸大画法

在装配图中，薄片零件、细丝弹簧、微小间隙以及较小的锥度、斜度等若按它们的实际尺寸很难画出或难以明确表示时，均可不按比例而将其适当夸大画出。如图 10-7 中的垫片画法。

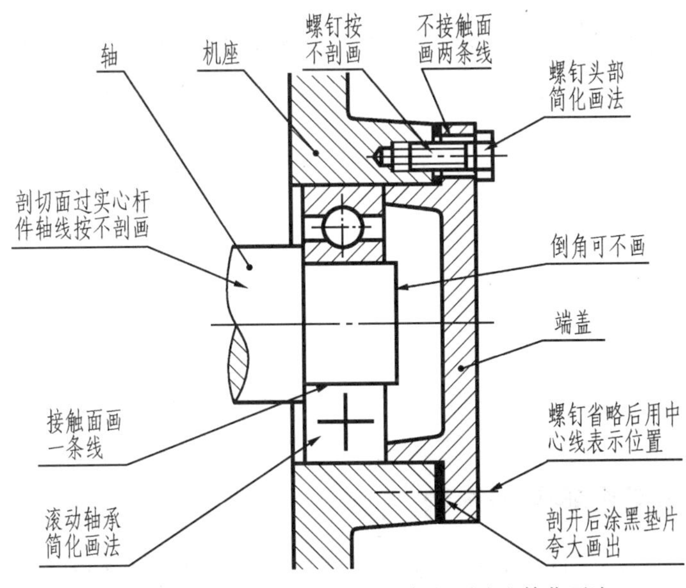

图 10-7　规定画法、夸大画法、假想画法和简化画法

5. 简化画法

- 装配图上若干个相同的零、部件组（如螺栓、螺钉连接等）允许较详细地画出一处，其余只要用中心线表示其位置即可，如图 10-7 所示。
- 装配图上零件部分工艺结构（如倒角、倒圆、退刀槽、螺栓与螺母上的倒角曲线）也允许省略不画，如图 10-7 所示。
- 在装配图中，对薄的垫片等不易画出的零件可将其涂黑，如图 10-7 所示。

6. 展开画法

当轮系的各轴线不在同一平面内时，为了表示传动路线和装配关系，可假想沿传动路线上各轴线顺序剖切，然后展开在一个平面上，画出其剖视图，并在剖视图上注“×—×展开”，如图 10-8 所示。

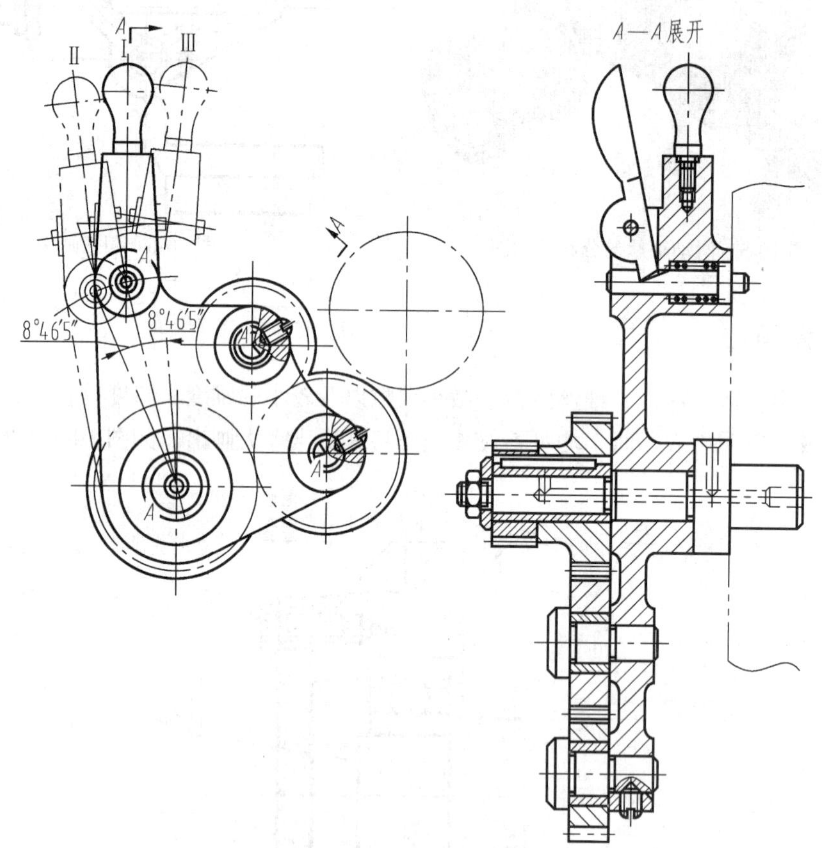

图 10-8　挂轮架展开画法

7. 单独表示某个零件的画法

在装配图中，当某个零件的形状未表达清楚而影响对部件的工作情况、装配关系等问题的理解时，可单独画出该零件的视图，但必须在该视图的上方注出视图名称，并在相应视图的附近用箭头指明投影方向，注上相同的字母。如图 10-9 所示，“泵盖 *B*”或标注“件 × *B*”。“×”表示件的序号。

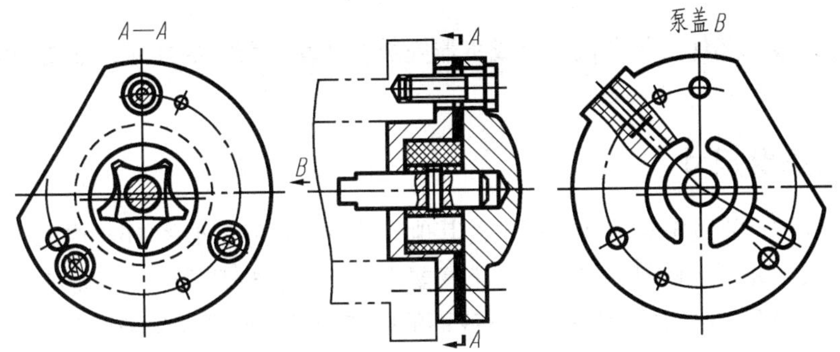

图 10-9 单独表示某个零件的画法

10.3 装配图的尺寸和技术要求

装配图不是制造零件的依据，因此装配图中不必注出零件的所有尺寸，而只是标注一些与装配有关的几类尺寸。

10.3.1 尺寸标注

在装配图中，通常应标注以下几类尺寸。

1. 性能（规格）尺寸

性能（规格）尺寸是表示装配体的性能或规格的尺寸，是设计和使用部件（或机器）的依据。如图 10-1 中铣刀头的中心高 115 及铣刀盘直径 ϕ125，图 10-4 中滑动轴承的孔尺寸 ϕ50H8、中心高 70。

2. 装配尺寸

装配尺寸由配合尺寸和相对位置尺寸组成。

- 配合尺寸：表示零件间配合性质的尺寸，如图 10-1 中轴承内、外圈上所注的尺寸 ϕ35k6、ϕ80K7 及配合尺寸 ϕ28H8/f7 等。
- 相对位置尺寸：表示零件间或部件间比较重要的相对位置，是装配时必须保证的尺寸，如图 10-4 中两螺栓中心距 85 ± 0.300。

3. 外形尺寸

外形尺寸是表示部件或机器总长、总宽、总高等的尺寸，是包装、运输、安装及厂房设计的依据，如图 10-4 中的滑动轴承总长 240、总宽 80、总高 160。

4. 安装尺寸

安装尺寸是表示部件安装在机器上或机器安装在地基上所需的尺寸，如图 10-1 中的 155、150，图 10-4 中尺寸 180、2 × ϕ17。

5. 其他重要尺寸

在设计中经过计算或根据需要而确定的其他一些重要尺寸，如图 10-1 中的 ϕ44。

以上 5 类尺寸并不是任何一张装配图上都要全部标注，要看具体情况而定。有些尺寸可能具有多种含义，如图 10-1 中铣刀盘中心到底面的距离既是规格尺寸又是相对位置尺寸。

10.3.2 技术要求

装配图中用来说明装配体的性能、装配、检验和使用等方面的技术指标，统称为装配体的技术要求，一般包括以下几方面内容。

- 装配要求：装配体在装配过程中需注意的事项，装配后应达到的指标，如准确度、装配间隙、润滑要求等。
- 使用要求：对装配体的规格、参数及维护、保养的要求以及操作时的注意事项等。
- 检验要求：对装配体基本性能的检验、试验及操作时的要求。

以上内容应根据装配体的具体情况而定，必要时也可参照类似产品确定。技术要求用文字注写在明细表上方或图下空白处，如图 10-4 所示。

10.4 装配图中零、部件序号和明细栏

为了便于读图和管理图样，装配图中的每种零、部件都必须编写序号，并填写明细栏。

10.4.1 装配图的零、部件序号

装配图中的每种零件或组件都要编号，并与明细栏中的序号一致。形状、尺寸完全相同的零件只编一个序号，数量填写在明细表内，形状相同尺寸不同的零件要分别编号。滚动轴承、油杯、电动机等标准组件只编一个序号。

装配图中序号的表示方法如图 10-10 所示。

（1）在指引线的水平细实线上或细实线圆内注写序号，序号字高比该图中所注尺寸的数字大一号或两号，如图 10-10（a）所示。也可直接写在指引线附近，此时，序号字高应比该装配图中所注尺寸的数字大两号，如图 10-10（b）所示。

（2）指引线应从所指部分的可见轮廓内引出，并在末端画一小圆点。对于涂黑的剖面可画

成箭头。如图 10-10（c）所示。

（3）指引线相互不能相交，不能与轮廓线或剖面线平行，必要时可画成折线，但只可转折一次，如图 10-10（d）所示。

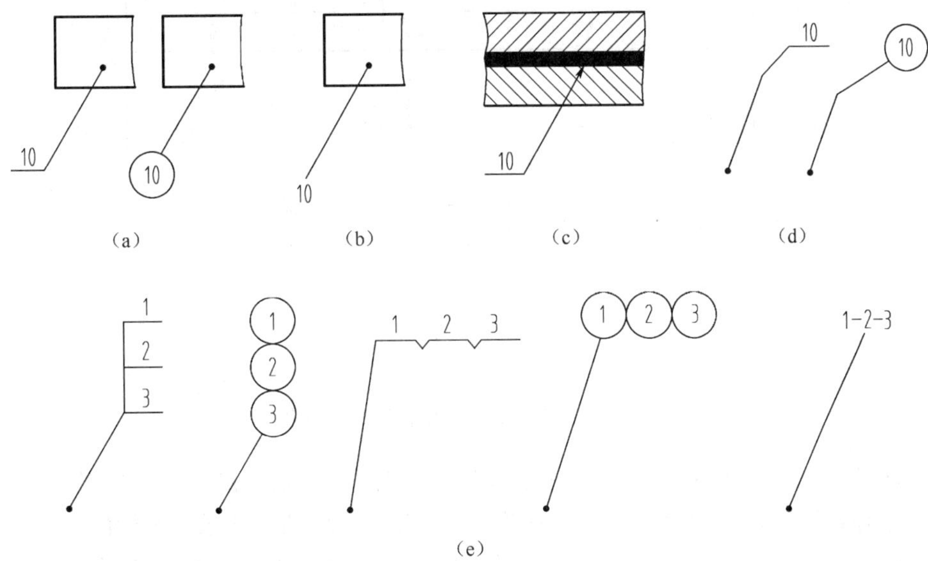

图 10-10　序号的表示方法

（4）一组紧固件或装配关系清楚的零件组可采用公共指引线，如图 10-10（e）所示。

（5）序号应按水平或竖直方向排列整齐，并按顺时针或逆时针方向排序，并尽量使序号间隔相等，如图 10-11 所示。

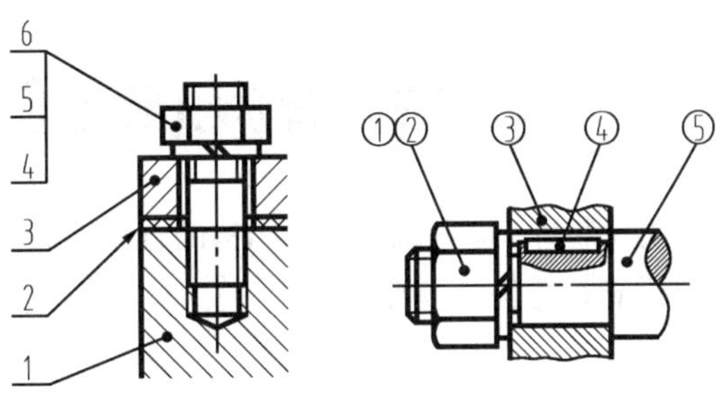

图 10-11　序号排列

同一装配图中的序号编排形式应一致。

10.4.2　装配图的明细栏

每张图样都需画出标题栏，标题栏的格式和尺寸在国标中都有规定。制图作业中推荐采用图 10-12 所示的标题栏和明细栏格式。

明细栏一般配置在标题栏上方，零、部件序号自下而上填写，如果上方位置不够，可将明细栏画在标题栏左边。

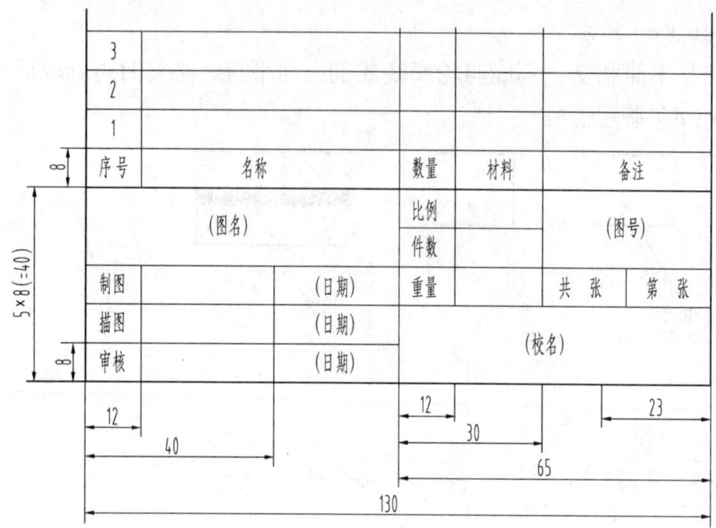

图 10-12　推荐学校用明细栏格式和内容

在“名称”栏内，标准件还应写出其标记中除编号以外的其余内容，例如“螺栓 M6 × 20”，齿轮、非标准弹簧等具有重要参数的零件还应将它们的参数（如模数、齿数、压力角，弹簧的直径、中径、节距、自由高度、旋向、有效圈数及总圈数等）写入，也可以将这些参数写在备注栏内。

在“材料”栏内填写制造该零件所用材料的名称或牌号。

在“备注”栏内填写标准件的国标号及零件的热处理和表面处理要求等。

10.5 装配结构的合理性

为保证部件的装配质量、便于装拆，应考虑到装配结构的合理性。装配合理的基本要求如下。

- 零件的接合处应精确可靠，能保证装配质量。
- 便于装配与拆卸。
- 零件的结构简单，加工工艺性好。

10.5.1 接触处结构

1. 接触面的数量

一般情况下，两零件在同一方向的接触面或配合面只应有一对，否则保证不了装配质量或者会给零件的制造增加困难，如图 10-13 所示。

2. 接触面转折处结构

当要求两个零件在两个方向同时接触时，两零件接触面的转折处应做出倒角、圆角、退刀槽和凹槽，以保证接触的可靠性，如图 10-14 所示。

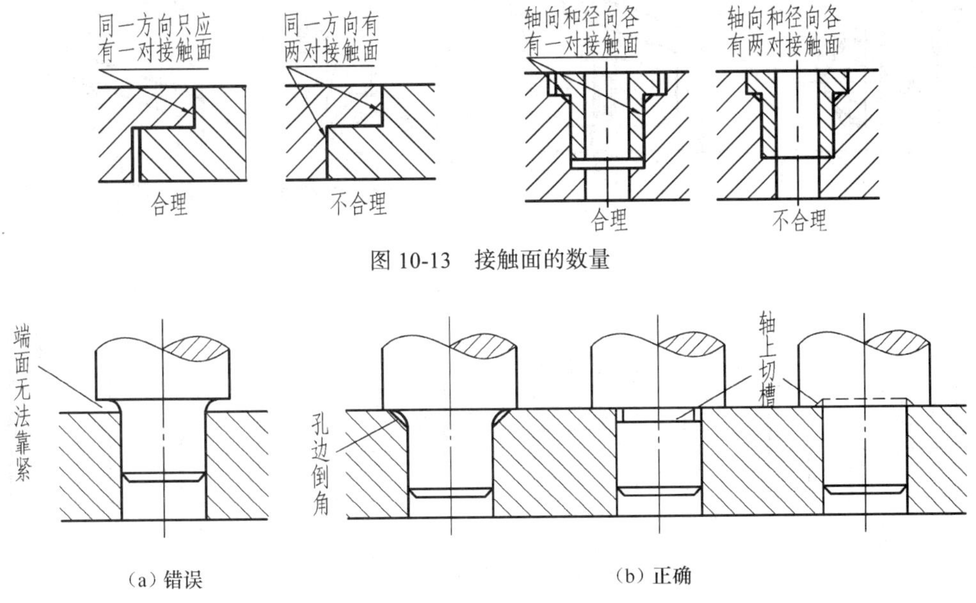

图 10-13　接触面的数量

（a）错误

（b）正确

图 10-14　接触面转折处的结构

3. 锥面接触

由于锥面配合同时确定了轴向和径向两个方向的位置，因此要根据接触面数量的要求考虑其结构，如图 10-15 所示。

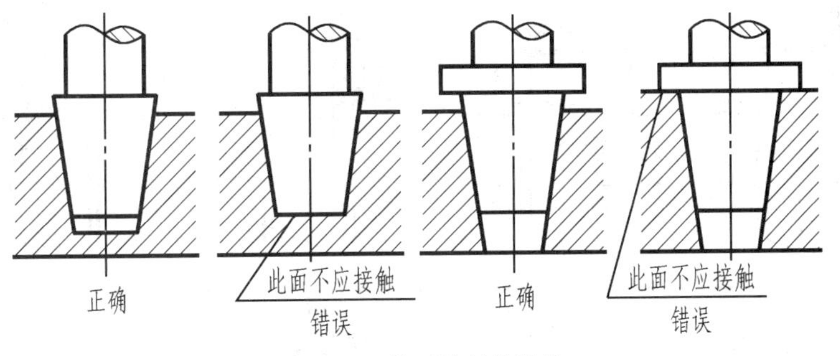

图 10-15　锥面接触的结构

10.5.2　便于装配、拆卸的合理结构

（1）为了装拆方便，需要留有相应空间。例如，在设计螺栓和螺钉的位置时，应考虑扳手的活动范围和螺钉放入时所需要的空间，如图 10-16 所示。

（2）滚动轴承或衬套拆卸的合理结构。如图 10-17 所示，用轴肩定位轴承时，轴肩高度须小于轴承的内圈高度，孔肩的高度须小于轴承外圈的高度，以便于轴承的拆卸。在装有衬套的壳体左端加工出螺孔，换套时，拧入螺钉或用冲子冲，就比较容易将衬套卸出。

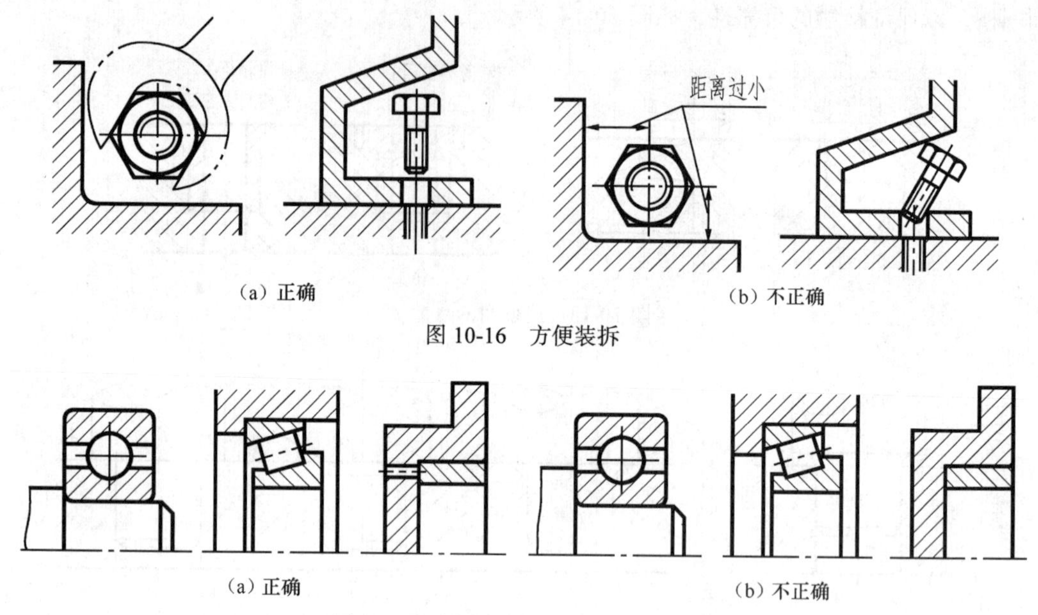

(a) 正确　　(b) 不正确

图 10-16　方便装拆

(a) 正确　　(b) 不正确

图 10-17　轴承定位和衬套的合理结构

10.5.3 防松结构

机器上的螺钉、螺母等，会因机器的振动而逐渐松动，以致影响机器正常工作。为防止螺母、螺钉等松动，常采用如图 10-18 所示的一些防松结构。

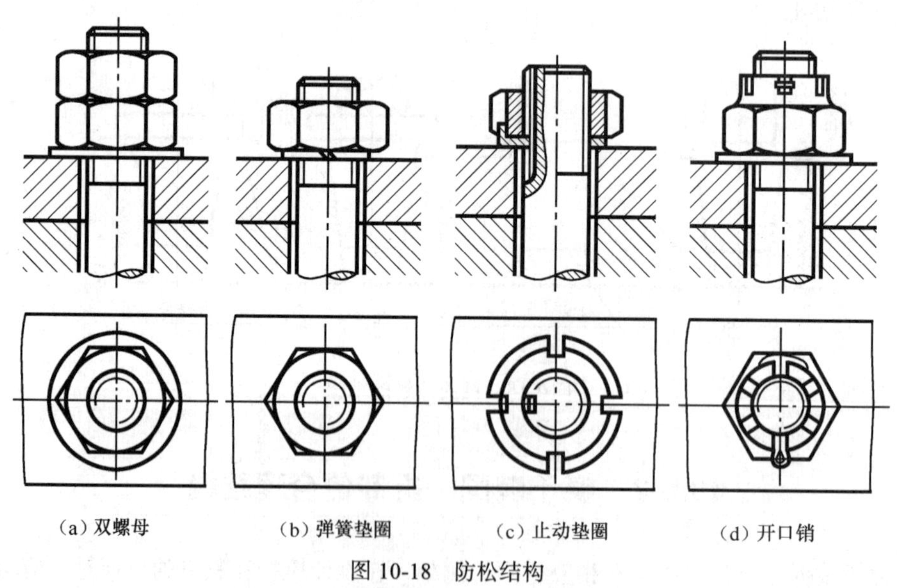

(a) 双螺母　　(b) 弹簧垫圈　　(c) 止动垫圈　　(d) 开口销

图 10-18　防松结构

10.5.4 密封装置

对于要求密闭的机器、部件，如闭式减速器、气动或液压系统中的泵、阀、汽缸、油缸等，为防止内部流体漏出或外部灰尘、杂质侵入，均需要采取恰当的密封措施。常用的密封装置如

图 10-19 所示。其中除密封垫片的形状没有统一规定外，其余各种密封装置的结构形状和尺寸均以标准化了，可由手册中查到。

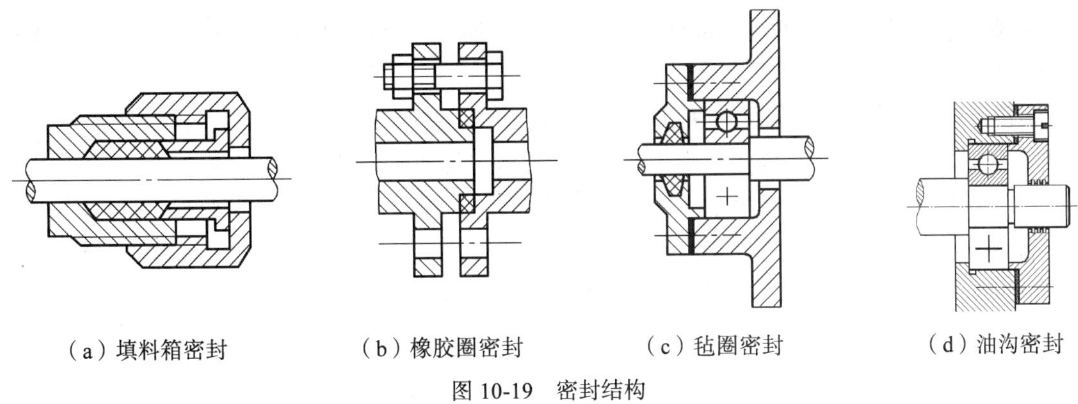

（a）填料箱密封　（b）橡胶圈密封　（c）毡圈密封　（d）油沟密封

图 10-19　密封结构

10.5.5 其他结构

滚动轴承的轴向固定是为了防止滚动轴承工作时发生轴向窜动，常采用轴肩、孔肩、端盖、轴端挡圈、圆螺母、止动垫圈及弹簧挡圈等结构。考虑到工作温度的变化会导致滚动轴承工作时卡死，所以应留有一定的轴向间隙。如图 10-20 所示，右端轴承内、外圈均做了固定，左端轴承只固定了内圈。

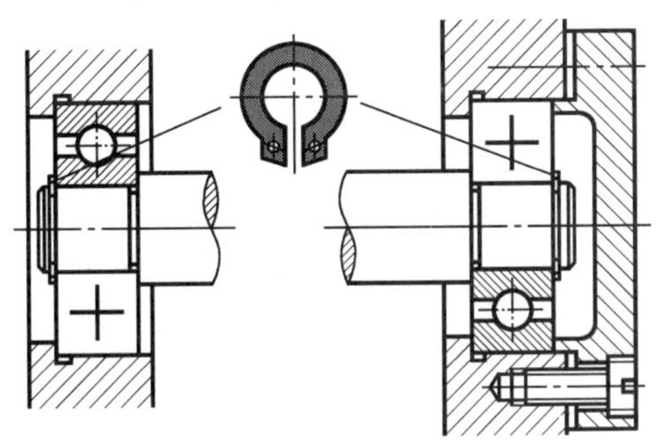

图 10-20　轴承的固定

10.6 画装配图的方法与步骤

设计新零件或部件时，首先要画出装配图。画装配图与画零件图的方法步骤类似。首先要了解装配体的工作原理和装配关系，其次是要了解每种零件的数量及其在装配体中的功用及与其他零件之间的装配关系等，并且要熟悉每个零件的结构，想象出零件的投影视图。

下面以铣刀头为例说明画装配图的方法和步骤。

10.6.1 了解和分析装配体

画装配图之前，应对装配体的性能、用途、工作原理、结构特征及零件之间的装配关系做透彻的分析和充分的了解。

图 10-21 所示为铣刀头轴测剖视图。铣刀头是安装在铣床上的一个部件，其作用是安装铣刀，铣削零件。该部件由 16 种零件组成，铣刀盘通过双键与轴连接，动力由带轮输入，经键传递到轴从而带动铣刀盘运动。轴上装有一对圆锥滚子轴承，用端盖和调整环调节轴承间隙，端盖与座体采用螺钉连接，端盖内装有毡圈，起防尘与密封的作用。带轮轴向一侧靠轴肩定位，另一侧以挡圈、螺钉、销子定位。铣刀盘轴向一侧由轴肩定位，另一侧由挡圈、螺栓、垫圈定位。

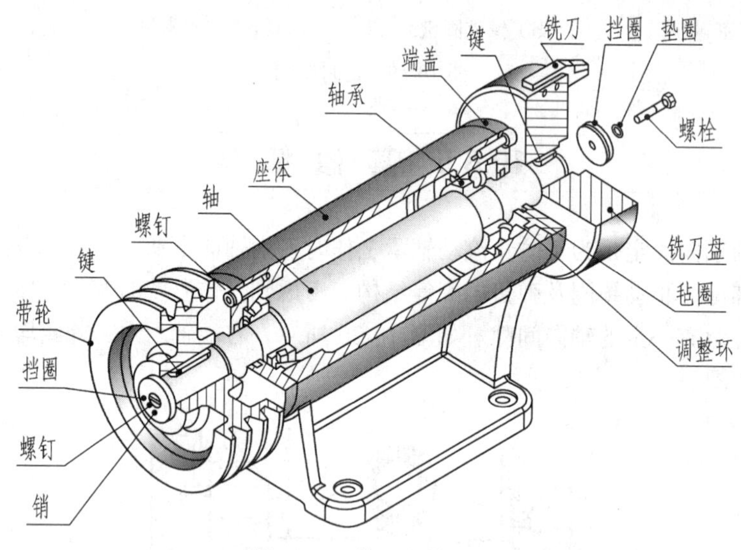

图 10-21 铣刀头轴测图

一般采用装配示意图来表示装配体的工作原理和装配关系，即用简单的线条画出主要零件的轮廓线，并用符号表示一些常用件和标准件，供拼画装配图时参考，如图 10-22 所示。

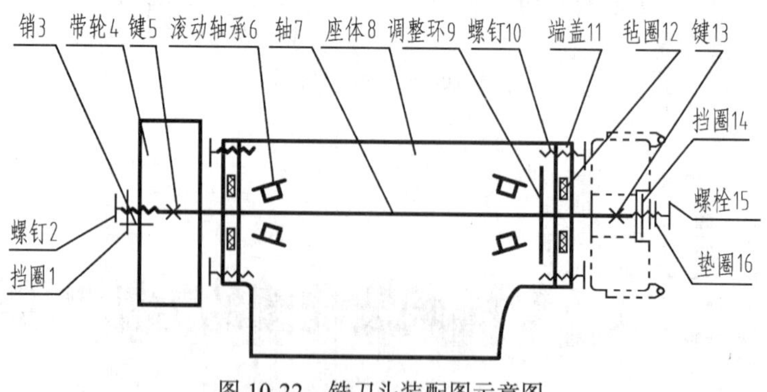

图 10-22 铣刀头装配图示意图

10.6.2 分析和想象零件图，确定表达方案

对部件装配图视图选择的基本要求是：必须清楚地表达部件的工作原理、各零件的相对位

置和装配连接关系。因此，在选择表达方案之前，必须详细了解部件的工作原理和装配关系，在选择表达方案时，首先选好主视图，然后配合主视图选择其他视图。

（1）主视图的选择。

主视图一般应满足下列要求。

- 按工作位置放置，当工作位置倾斜时，将部件放正，使其主要装配干线、安装面等处于特殊位置。
- 应较好地表达部件的工作原理和形状特征。
- 应较好地表达主要零件的相对位置和装配连接关系。

如图 10-1 所示，铣刀头座体水平放置，符合工作位置，主视图是采用了过轴的轴线的全剖视图，在轴的两端做局部剖视图，表达了铣刀头的主要的装配干线。

（2）其他视图选择。

装配图的重点是表示工作原理、装配关系及主要零件的形状，没有必要把每个零件的结构都表示清楚，但每种零件至少应在某个视图中出现一次。按此要求，补充主视图上没有表示出来或没有表示清楚而又必须表示的内容，所选视图要重点突出、互相配合，且要避免不必要的重复。

图 10-1 中用局部剖视的左视图补充表达了座体及其底板上的安装孔的位置，为突出座体的主要形状特征，左视图还采用了拆卸画法。

10.6.3 画装配图的一般步骤

依据所确定的表达方案及部件的总体尺寸，结合考虑标注尺寸、序号、标题栏、明细栏和注写技术要求所应占的位置，选比例、定图幅，按下列步骤绘图。

（1）画图框和标题栏、明细栏外框。

（2）布图。从装配干线入手，以点画线或细线布置各视图的位置。布图时注意留足标注尺寸、编写序号及标题栏与明细栏的位置。

（3）画底稿，一般从主视图入手，几个视图结合起来画。一般先大后小，先主后次。

画剖视图时，围绕装配干线进行装配，由内向外画出零件的投影，也可由外向内，或者内外结合，视作图方便而定。

（4）校核、修正、加深，画剖面线。

（5）标注尺寸，编写序号，填写明细栏、标题栏并注写技术要求。

铣刀头的画图步骤如表 10-1 所示，完成后的装配图如图 10-1 所示。

表 10-1　　铣刀头装配图底稿的画图步骤

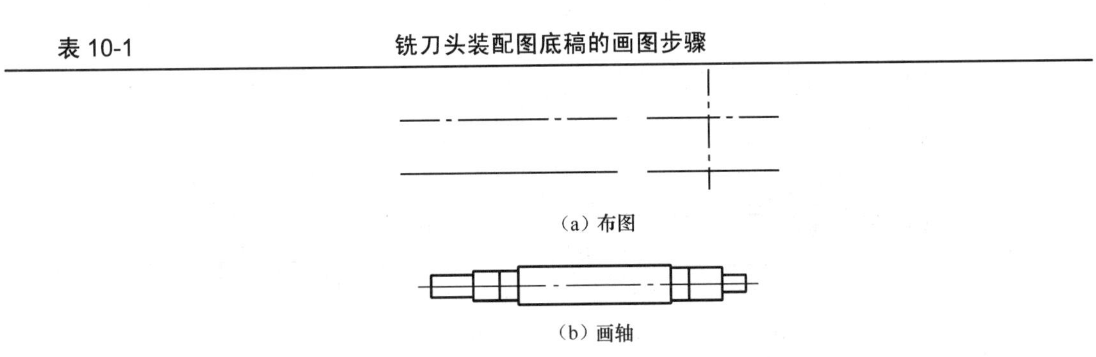

（a）布图

（b）画轴

续表

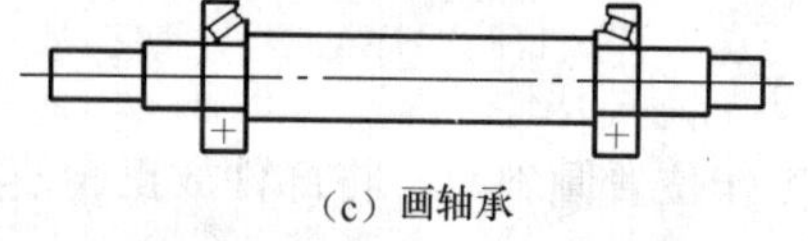

(c) 画轴承

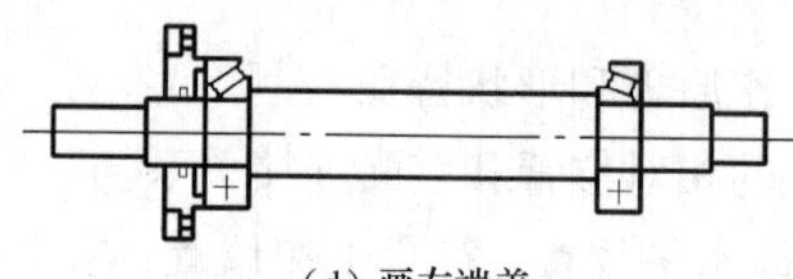

(d) 画左端盖

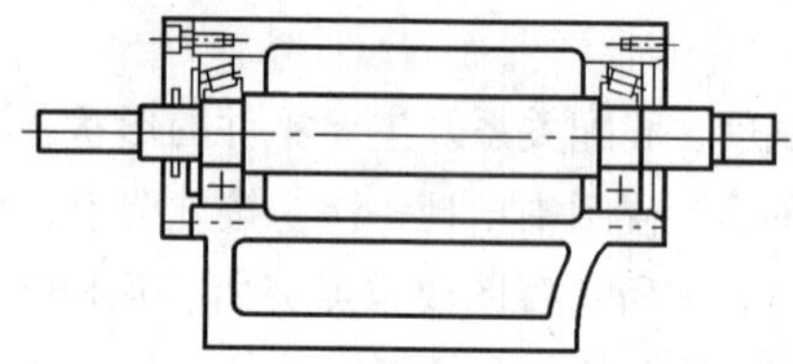

(e) 画座体

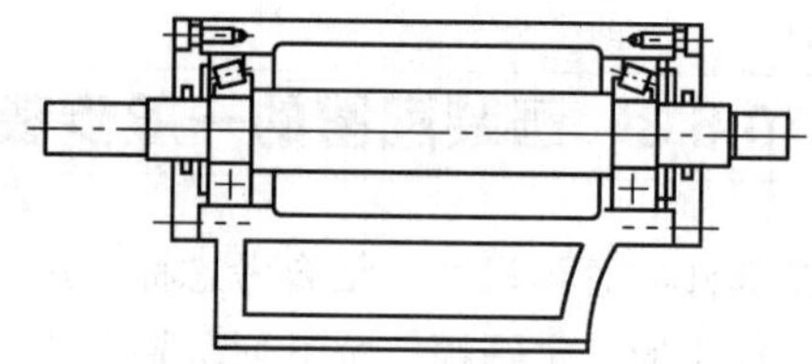

(f) 画右端盖、调整环

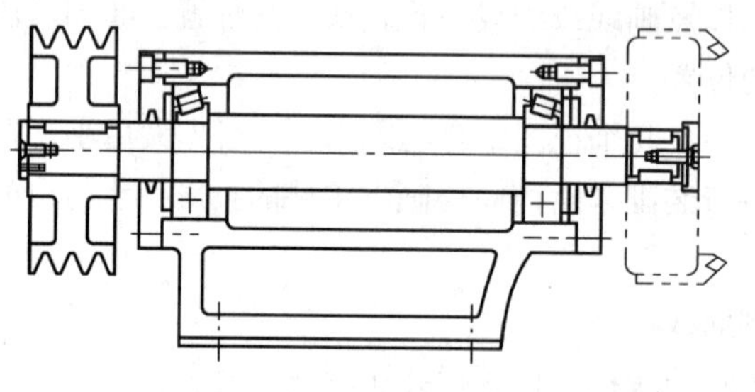

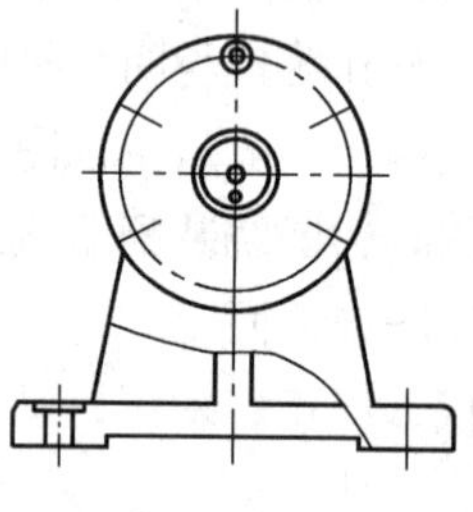

(g) 画带轮、铣刀盘及其他

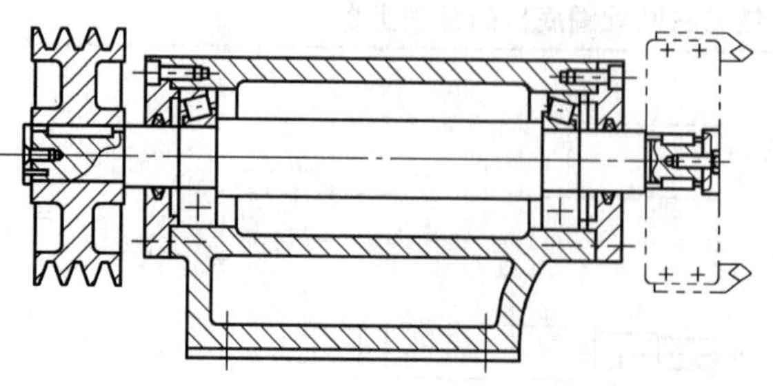

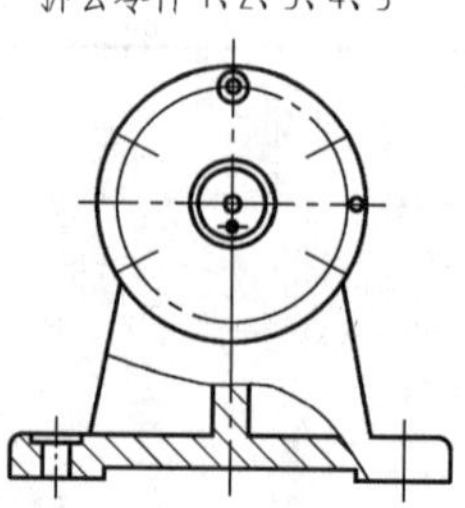

(h) 画剖面线

续表

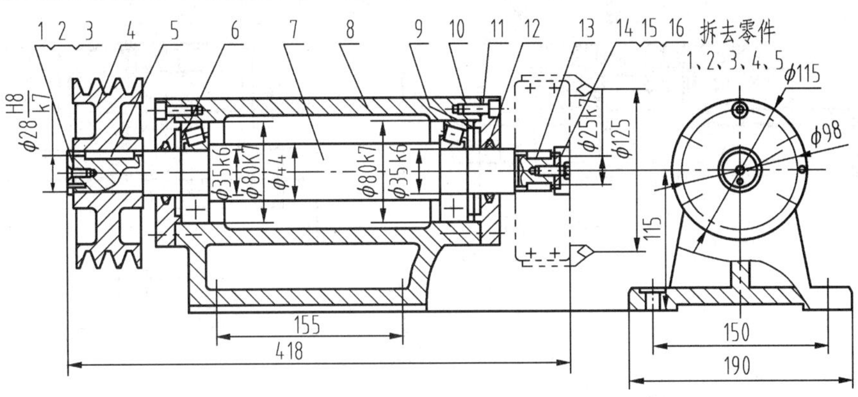

（i）标注尺寸及注写序号

（j）填写标题栏及明细栏，结果见图 10-1

10.7 读装配图

在生产实际中，无论是设计机器、装配产品或从事设备的安装、检修及进行技术交流等，都需要读装配图。因此，工程技术人员必须具备读装配图的能力。

10.7.1 读装配图的基本要求

（1）了解装配体的名称、用途、工作原理及结构特点。

（2）弄清各零件的相互位置、装配关系、连接方式及装拆顺序。

（3）弄清各零件的结构形状和作用。

10.7.2 读装配图的方法和步骤

现以图 10-23 所示的机用虎钳装配图为例介绍装配图的读图。

（1）概括了解。

首先从标题栏和明细栏入手，了解机器或部件的名称、用途等。要仔细阅读技术要求和使用说明书，为深入了解做好准备。从标题栏可以看出，部件名称为机用虎钳，它主要用于夹紧工件。由明细表可看出，该部件由 11 种零件组成，其中标准件两种，属于中等复杂程度的装配体。由总体尺寸可知，该部件体积不大。

（2）分析视图，明确各视图表达的重点。

机用虎钳装配图采用了 3 个基本视图，零件 2 的 *A* 向视图，一个局部放大图，一个移出断面图。

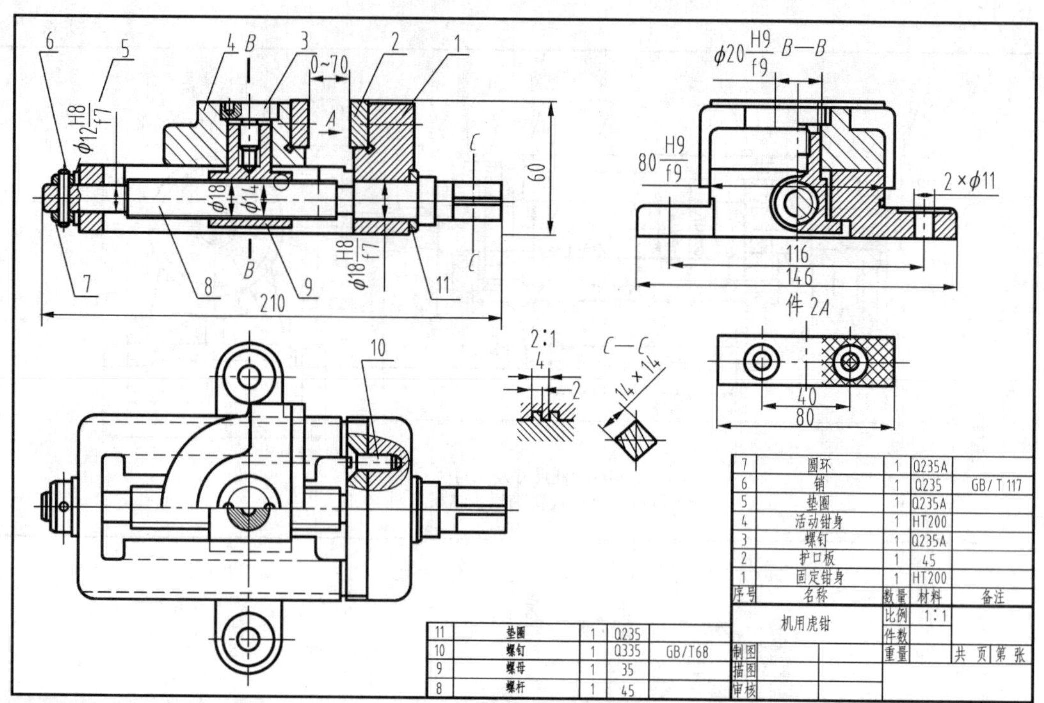

序号	名称	数量	材料	备注
11	垫圈	1	Q235	
10	螺钉	1	Q335	GB/T68
9	螺母	1	35	
8	螺杆	1	45	
7	圆环	1	Q235A	
6	销	1	Q235	GB/T 117
5	垫圈	1	Q235A	
4	活动钳身	1	HT200	
3	螺钉	1	Q235A	
2	护口板	1	45	
1	固定钳身	1	HT200	

机用虎钳	比例	1:1	
	件数		
制图	重量		共 页 第 张
描图			
审核			

图 10-23　机用虎钳装配图

主视图为过对称平面的全剖视图，剖切平面通过部件的主要装配干线——螺杆轴线，表达了部件的工作原理、装配关系以及各主要零件的用途和结构特征。

俯视图中采用了沿活动钳身结合面剖切的画法，清楚地反映了固定钳身的结构形状和螺杆与螺母的连接关系，俯视图中的局部剖视表达了用螺钉连接钳口板与固定钳身的情况。

左视图采用半剖视图，其剖切位置通过螺母的轴线，反映了固定钳身、活动钳身、螺母及螺杆之间的接触配合情况。

“件 2A”表示了钳口板上螺钉孔的位置及防滑网纹等，局部放大图表示了螺杆的牙型，移出断面图表示了螺杆头部的方形断面。

（3）分析零件，进一步了解工作原理和装配关系。

分析零件的目的是要搞清楚每个零件的结构形状和相互关系。相邻零件可根据剖面线来区分。标准件和常用件因其结构和作用都已清楚，所以很容易区分。这里分析的重点是一般件，可由配合代号了解零件间的配合关系，由序号和明细表了解零件的名称、数量、材料及规格等。

固定钳身是各零件的装配基础，螺母 9 与活动钳身用螺钉 3 连接在一起，螺母与螺杆旋合。螺杆支承在固定钳身孔内，并采用了基孔制间隙配合。由于两端均被固定（左端环 7 通过销 6 与螺杆固定，右端用垫圈与轴肩实现轴向固定），所以当螺杆转动时，螺母与活动钳身一起做轴向移动，从而实现夹紧工件的目的。

（4）分析拆装顺序。

机用虎钳的拆卸顺序为：拆下销 6→取下环 7、垫圈 5→旋出螺杆 8、取下垫圈 11→旋出螺钉 3→取下螺母 9→卸下活动钳身→分别拆下固定钳身、活动钳身上的钳口板。

装配顺序与拆卸顺序相反。图 10-24 为机用虎钳轴测图及装配示意图。

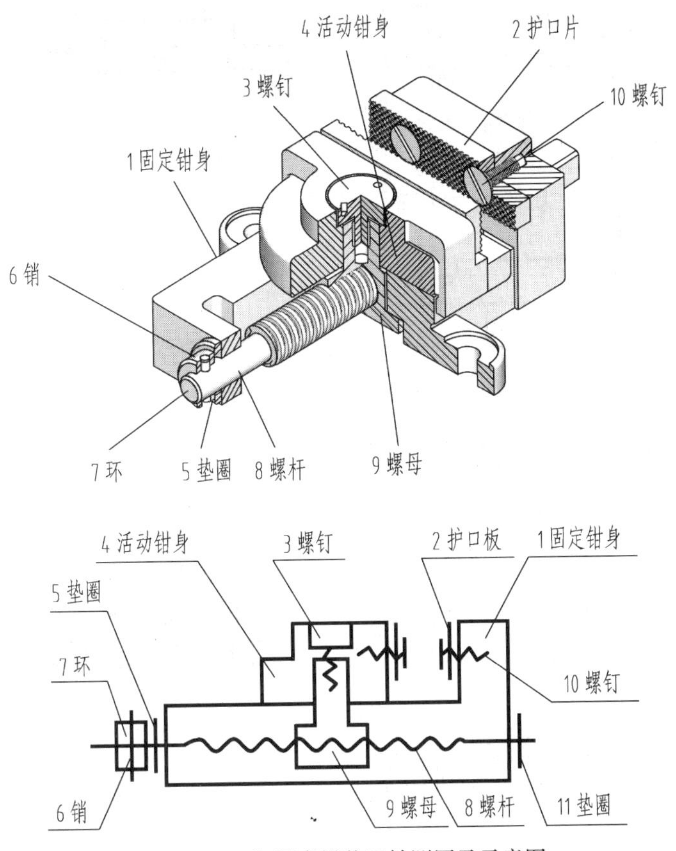

图 10-24　机用虎钳装配轴测图及示意图

10.8 由装配图拆画零件图

由装配图拆画零件图是设计过程中的重要环节，也是检验看装配图和画零件图能力的一种常用方法。拆画零件图前，应对所拆零件的作用进行分析，然后把该零件从与其组装的其他零件中分离出来。有时，还需要根据零件的表达要求重新选择主视图和其他视图。选定或画出视图后，采用抄注、查取、计算的方法标注零件图上的尺寸，并根据零件的功用注写技术要求，最后填写标题栏。

下面以拆画固定钳身为例进行介绍。

1. 分离出零件轮廓

根据零件的序号、投影关系、剖面线等从装配图的各个视图中找出固定钳身的投影，如图 10-25 所示。

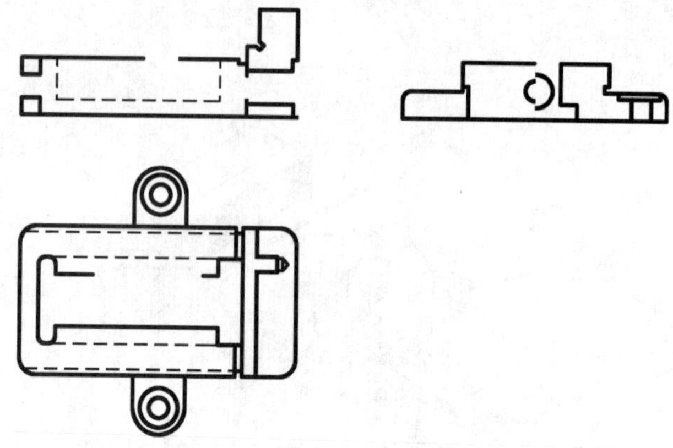

图 10-25　分离固定钳身

2. 补齐被其他零件遮住的轮廓线

补齐轮廓线以后的结果如图 10-26 所示。

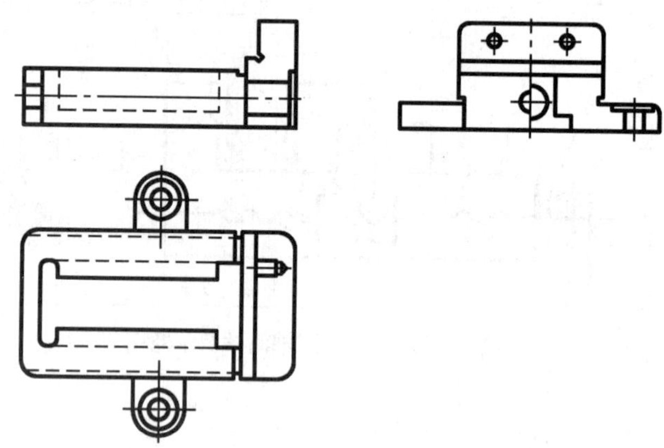

图 10-26　补齐被遮挡的轮廓线

3. 补齐工艺结构

如果画装配图时省略了零件的工艺结构，应补齐，标准结构应查表。

4. 重新选择表达方案

由于装配图和零件图的表达重点不一样，所以拆画零件时需根据零件的类型选择视图，有时需要重新安排视图。固定钳身属于箱体类零件，是虎钳的基础零件，其视图表达可以与装配图一致。

5. 尺寸来源

由于装配图上一般只注 5 类尺寸，所以拆画时应予以补充。

（1）抄注尺寸。

装配图上已注出的尺寸多为重要尺寸，与所拆画零件有关的尺寸直接抄注，如 ϕ12H8，并将其转换为极限偏差的形式，如图 10-27 所示。

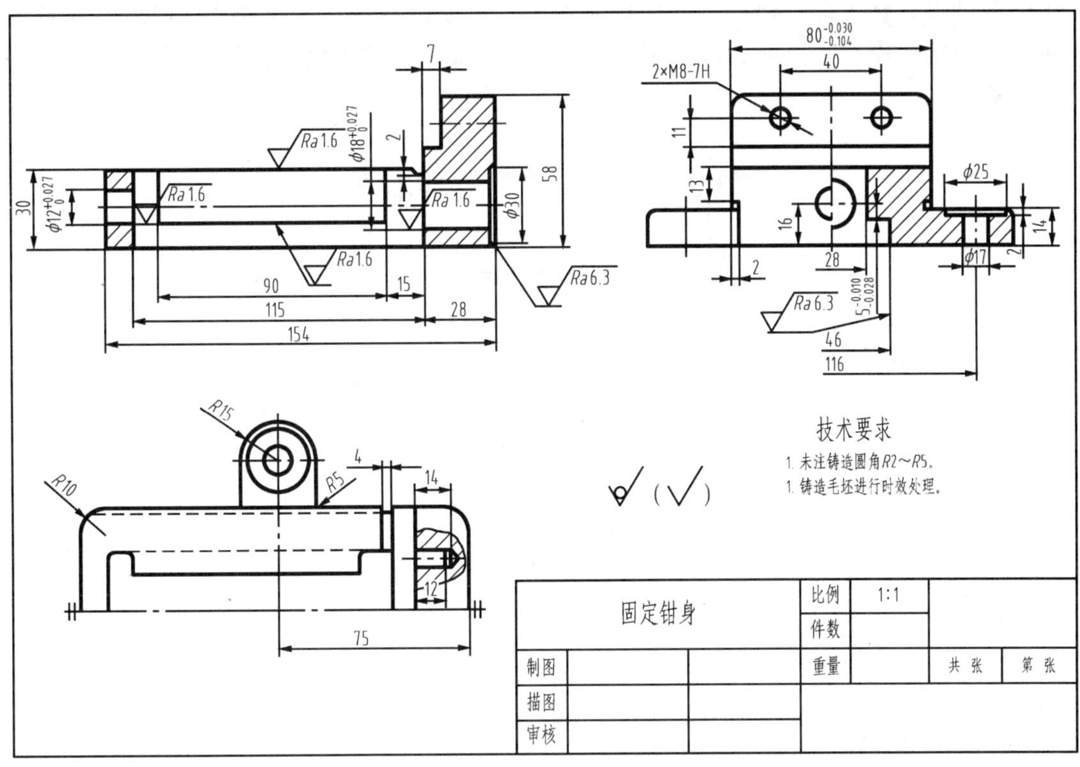

图 10-27　固定钳身零件图

（2）查找尺寸。

常见标准结构的尺寸数值应从明细栏或有关手册查得，如倒角、倒圆、键槽等。

（3）计算尺寸。

某些尺寸数值应根据装配图所给的尺寸通过计算而定，如齿轮分度圆、齿顶圆等。

（4）量取尺寸。

装配图上没有标注的尺寸可按装配图的画图比例在图中量取，如零件的外形尺寸等。

6. 技术要求

根据零件的加工、检验、装配及使用中的要求查阅相关资料来制定技术要求，或者参照同类产品采用类比法制定。

7. 填写标题栏

图 10-27 为从机用虎钳装配图中拆画出来的固定钳身零件图。

10.9 部件测绘

对现有部件或机器进行分析、拆卸、测量并绘出零件草图，然后画出装配图和零件工作图的过程，称为部件测绘。在生产实践中，对原机器进行维修和技术改造，或者设计新产品和仿造原有设备时，经常需要进行部件测绘。这种测绘技能是工程技术人员必须具备的。

10.9.1 测绘前工具的准备

测绘部件之前，应根据部件的复杂程度制定测绘进程计划，并准备拆卸用品和工具，如扳手、螺丝刀、手锤、铜锤、测量用钢尺、内外卡钳及游标卡尺以及其他用品等（如细铁丝、标签、绘图用品和相关手册）。

10.9.2 了解测绘对象

测绘前要对测绘的部件进行认真的分析研究，了解其用途、性能、工作原理、结构特点、各零件的装配关系、相对位置关系以及加工方法等，其过程如下。

（1）参考有关资料、说明书以及对同类产品加以分析。

（2）通过拆卸对零、部件进行全面分析。

（3）到工作现场参观学习，以了解情况。

齿轮油泵是用于机床润滑系统的供油泵，如图 10-28 所示，该部件由 15 种零件组成，主体为泵体、泵盖、主动轴、从动轴及齿轮等。

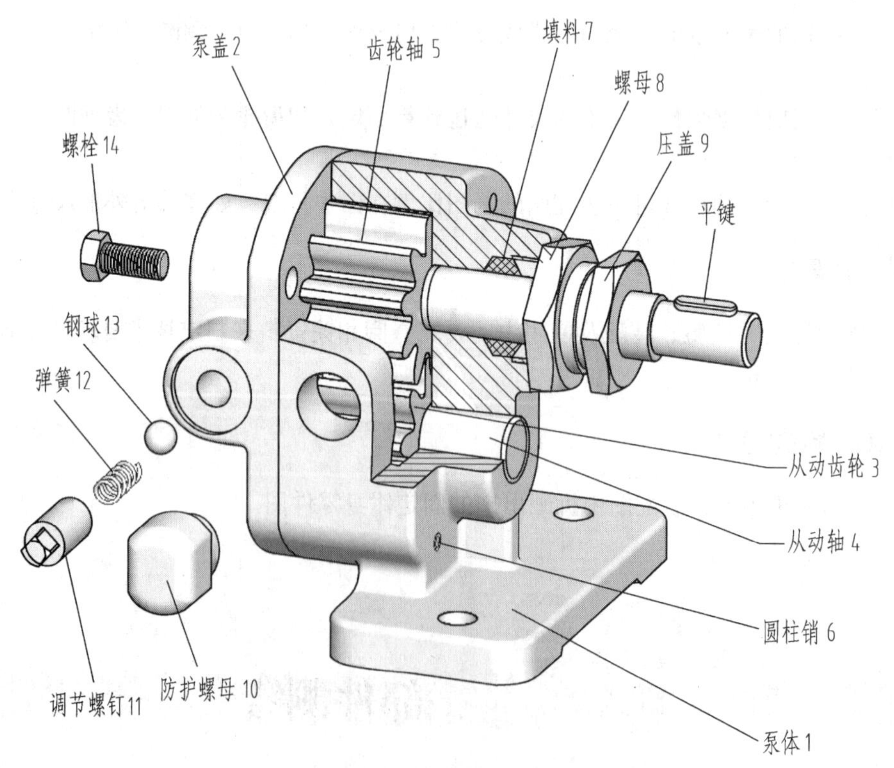

图 10-28　齿轮油泵装配轴测图

泵体内装有一对齿轮，相互啮合。动力从主动轴输入，带动主动齿轮旋转，从而带动从动齿轮旋转。两齿轮转动时，在入口处形成负压，在大气压的作用下，油从入口吸入，随着齿轮的转动，充满齿间的油被带到出油口挤压出去，输送到需要润滑的部位，如图 10-29 所示。

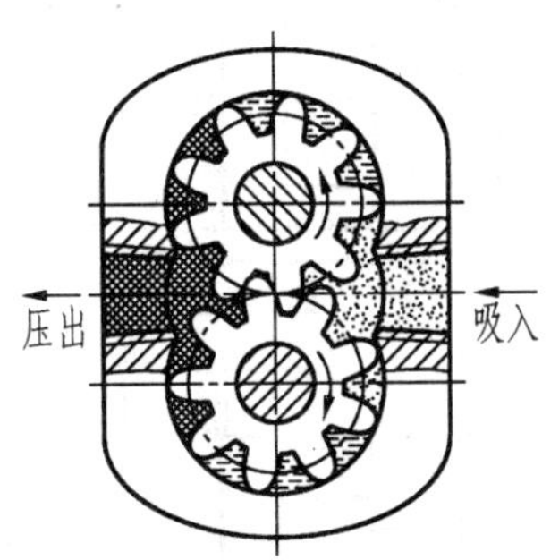

图 10-29 齿轮油泵工作示意图

为保证油泵正常工作，在泵盖上装有保险装置。为避免润滑油沿齿轮轴渗出，泵体上有密封装置。

保险装置由钢球、弹簧、调节螺钉及防护螺母等零件组成，通过调节螺钉，弹簧压迫钢球调节到一定的压力（保证正常工作所需要的油压），一旦出油路的压力超过调压阀的调压数值时，钢球就会被推开，使出油路的高压油流回进油路，从而降低了油压，以免润滑油路的损坏。

10.9.3 拆卸零件和画装配示意图

1. 拆卸零件时的注意事项

（1）在零件拆卸前，应先测量一些重要的装配关系尺寸，如相对位置尺寸、极限尺寸、装配间隙等，以便校核图样和装配部件。

（2）拆卸时要用相应的拆卸工具，以保证顺利拆卸，不损坏零件。

（3）按一定的顺序拆卸。过盈配合的零件原则上不拆卸，若不影响零件的测量工作，过渡配合的零件一般不拆卸。

（4）将拆卸的零件进行编号和登记，加上标签，妥善保管。要防止零件碰伤、生锈和丢失。

（5）对零件较多的装配体，为了便于拆卸后重新装配，需要绘制装配示意图。

2. 装配示意图

装配示意图是用简明的符号和线条表示部件中各零件的相互位置、装配关系以及部件的工作情况、传动路线等。画装配示意图时，有些零件应按国家标准《机构运动件图符号》（GB/T4460—1984）绘制。图 10-30 所示为齿轮油泵的装配示意图。

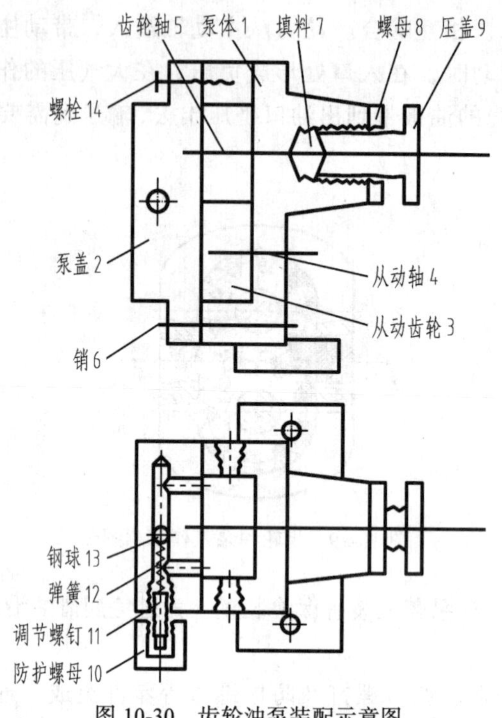

图 10-30　齿轮油泵装配示意图

10.9.4　绘制零件草图

在画零件草图时需注意以下几点。

（1）标准件可不画草图，但要测出其结构上的主要数据（如螺纹大径、螺距，键的长、宽、高等），然后查找有关标准，确定其标记代号，登记在明细栏内。

（2）画草图时应先画视图，再引尺寸线，然后逐一测量并填写尺寸。

（3）零件间有配合、定位或连接关系的尺寸要协调一致，如尺寸基准要统一，两零件相配合的部分基本尺寸要相同。标注时可成对地在两零件的草图上同时进行尺寸标注。

绘制零件草图的方法步骤已在零件测绘中介绍过，这里不再赘述。

10.9.5　画 装 配 图

根据零件草图和装配示意图画装配图，在画装配图时，如发现零件草图中有错误要及时纠正，一定要按准确的尺寸画出装配图。装配图的绘图步骤详见 10.6 节。

在画装配图时，应注意以下几点。

（1）零件之间的装配关系是否准确无误。

（2）装配图上有无遗漏零件，将拆卸的零件数与装配图所画的零件数目对照。

（3）除去标准件，检查数据是否对应。

（4）检查尺寸标注是否有误，特别是装配尺寸。装配在一起的零件较多时，需对照零件图重新校对。

（5）技术要求有无遗漏，是否合理。

图 10-31 为齿轮油泵装配图。

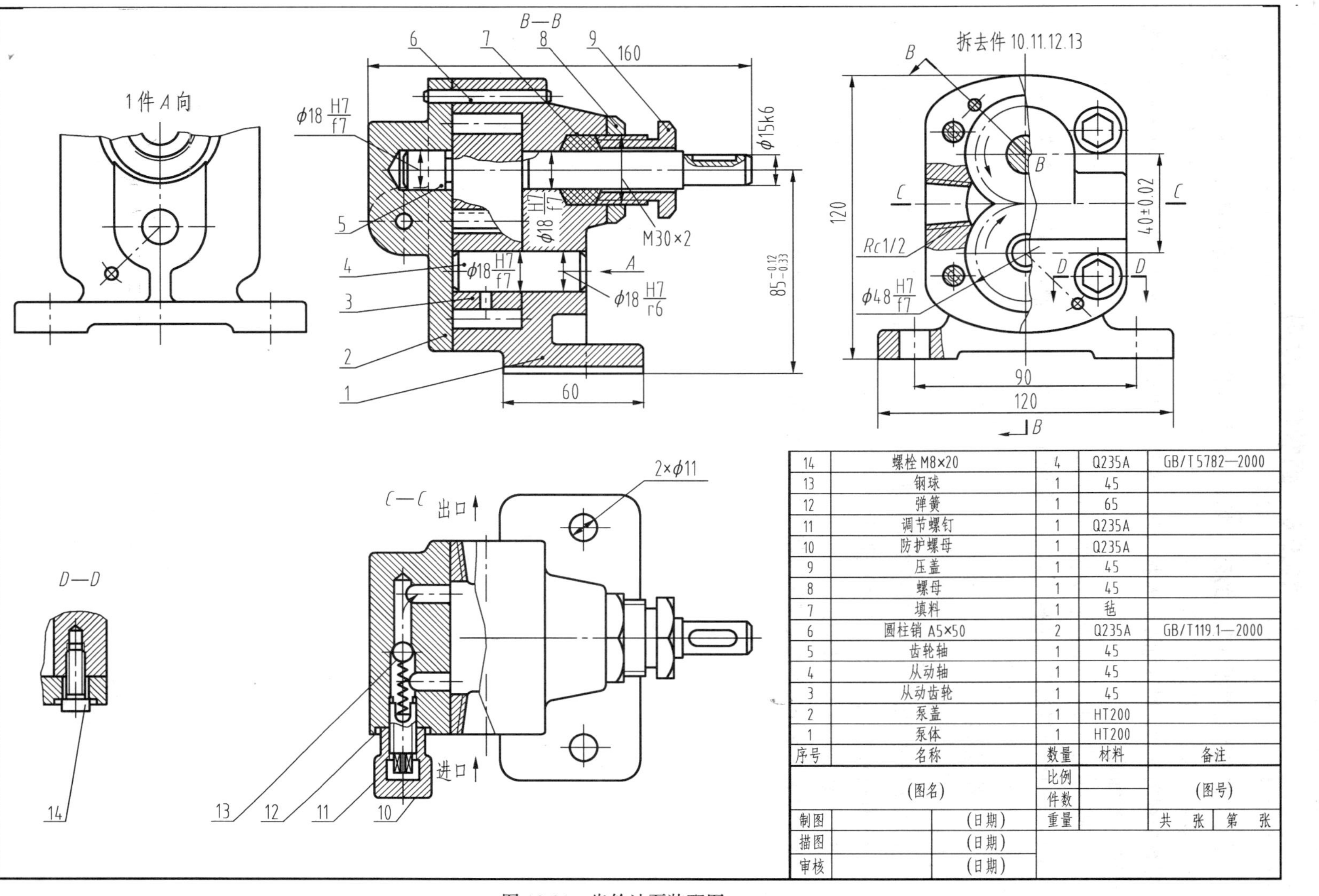

序号	名称	数量	材料	备注
14	螺栓 M8×20	4	Q235A	GB/T5782—2000
13	钢球	1	45	
12	弹簧	1	65	
11	调节螺钉	1	Q235A	
10	防护螺母	1	Q235A	
9	压盖	1	45	
8	螺母	1	45	
7	填料	1	毡	
6	圆柱销 A5×50	2	Q235A	GB/T119.1—2000
5	齿轮轴	1	45	
4	从动轴	1	45	
3	从动齿轮	1	45	
2	泵盖	1	HT200	
1	泵体	1	HT200	

图 10-31 齿轮油泵装配图

10.9.6 画零件工作图

零件工作图不是对零件草图的简单抄画，而是根据装配图，以零件草图为基础，调整表示方案，规划画法的设计制图过程。零件工作图是制造零件的依据，因此在零件草图和装配图中对零件的视图表达、尺寸标注以及技术要求等不合理或不完整之处，在绘制零件工作图时都必须进行完整和修正。

在画零件工作图时，需注意以下几个问题。

（1）图中被省略的工艺结构（如零件的倒角、圆角、退刀槽及砂轮越程槽等）在画零件图时应予以表示。

（2）零件的表达方案（如主视图的投射方向、零件的安放位置等）不一定照搬装配图上的表达方案，而是应根据零件的表达需要进行必要的调整。

（3）装配图中注出的尺寸一般应注在相应的零件图中，其他尺寸在装配图中按比例量取。

（4）有极限配合的零件，检查极限配合要求是否一致，公差数值是否有错。

（5）表面结构要求不要漏注。

齿轮油泵的零件工作图见《机械制图与计算机绘图习题集》附录。

第11章 其他图样

【学习目标】

- 掌握典型立体表面展开图的画法。
- 了解焊缝的图示方法。
- 理解焊缝符号在图样上的标注。
- 掌握焊接图的读图方法。

展开图和焊接图是生产中比较常见的机械图样，本章将对这两种图样进行简要介绍。

11.1 展开图

在工业生产中，经常需要用金属板材制作零部件或设备，如分离器、通气管道、化工容器、吸尘罩、热风炉及船体等，如图 11-1 所示。制造这类板件时，应先在金属薄板上画出放样图，然后经下料加工成型，最后经焊接或铆接制作而成。

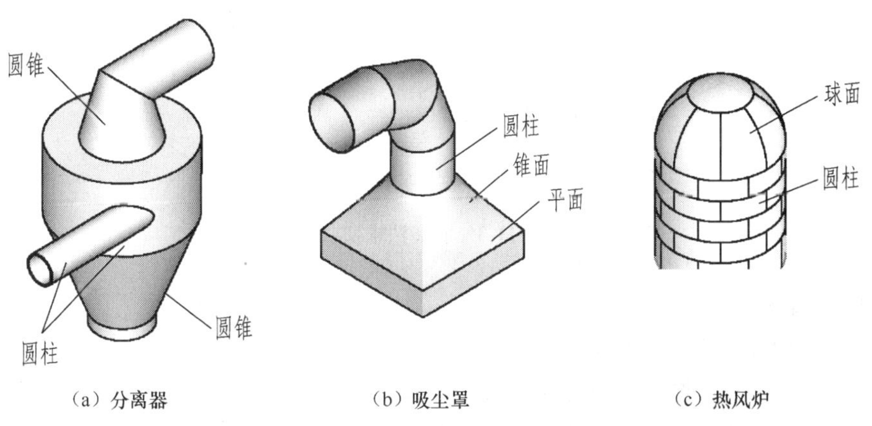

（a）分离器　（b）吸尘罩　（c）热风炉

图 11-1　薄板零件

将制件各表面按其实际形状和大小依次毗连地画在一个平面上所得的图形，称为表面展开图，简称展开图。图 11-2（a）所示是圆管的投影图，图 11-2（b）所示是其展开图。

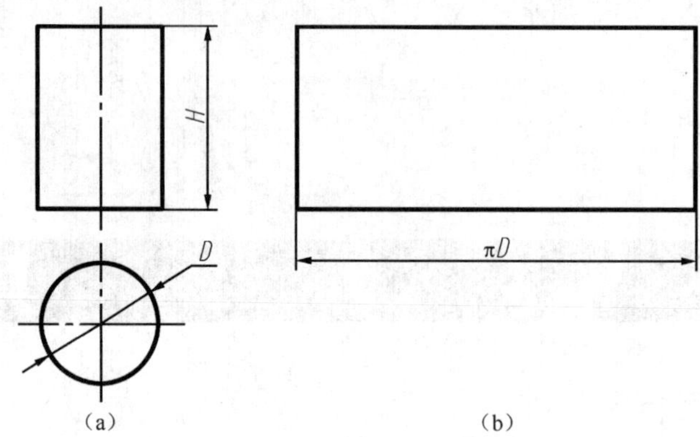

图 11-2　圆管投影图及展开图

根据立体表面是否能准确地展开到一个平面上，可以分为可展表面与不可展表面。平面立体的表面是可展表面，曲面立体表面上的平面及相邻两素线互相平行或相交的直纹曲面均属于可展表面，其余的均为不可展表面，如球面、环面等只能用近似方法展开。

画展开图时，首先要解决求线段实长问题，前面已介绍过用直角三角形法、换面法求线段实长，此外，用旋转法求线段实长也经常用到，下面介绍旋转法。

旋转法是将投影面保持不动，而把空间几何元素绕着某一根选定的轴线（这里只介绍轴线垂直于投影面的情况）旋转到有利于解题的位置。

如图 11-3 所示，线段 AB 为一般位置直线，以过 A 点垂直于 H 面的铅垂线为轴线，将 AB 绕该轴线旋转到平行于正立投影面的位置，得 AB_1，其新的正面投影 $a'b_1'$反映实长。

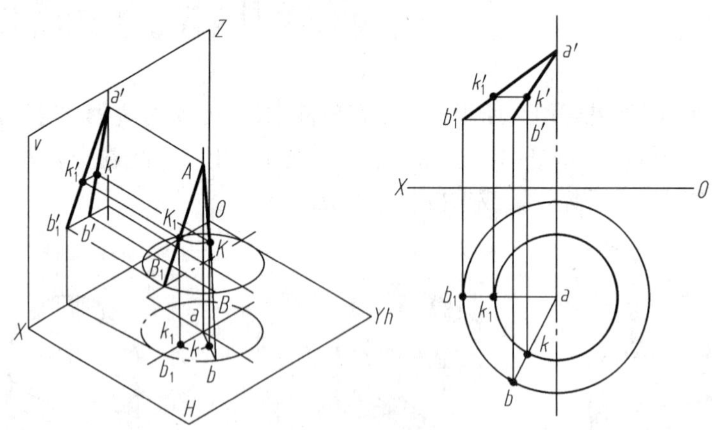

图 11-3　旋转法求实长

作图步骤如下。

1. 过 a'作轴线垂直于 H 面。
2. 在 H 面上以 a 为圆心，以 ab 为半径画圆弧，使 $ab_1 /\!/ X$ 轴，得 b_1。
3. 过 b'作水平线，求得 b_1'，连 $a'b_1'$，即为线段 AB 的实长。

4. 若线段上有一点 K，则 K 点随 AB 一起旋转，k_1、k_1'求法与 b_1、b_1'相同。

由此可知，点绕投影面垂直线作旋转运动时，其投影特性为：在垂直于轴线的投影面上的投影作圆周运动，圆心即旋转轴在该投影面上的投影；在另一投影面上，点的投影作与投影轴平行的直线运动。

11.1.1 平面立体的表面展开

平面立体的表面展开就是将各表面的实形依次求作在一个平面上。

1. 棱柱管的表面展开

图 11-4 所示的斜口四棱柱管，前、后表面为梯形，左、右两表面为矩形，各边实长均可从图中量取，依次画出 4 个平面的实形，即得到该棱柱管的展开图。

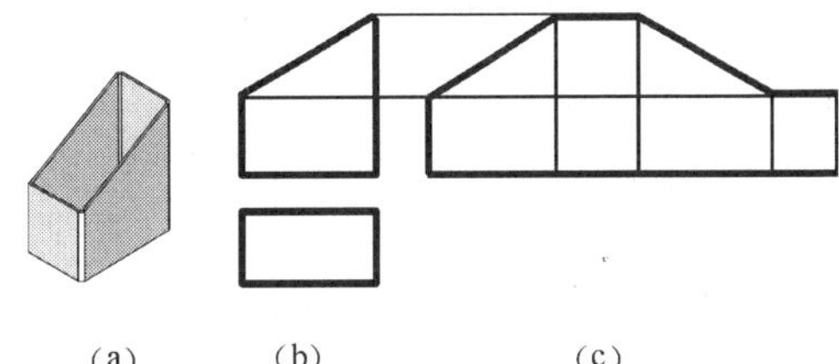

图 11-4 斜口棱柱管的表面展开

2. 棱锥管的表面展开

图 11-5（a）所示的斜口棱锥管展开时可设想它是由一完整四棱锥截切而成，即把斜口四棱锥的各四边形侧面看作为一个大三角形截去一个小三角形。

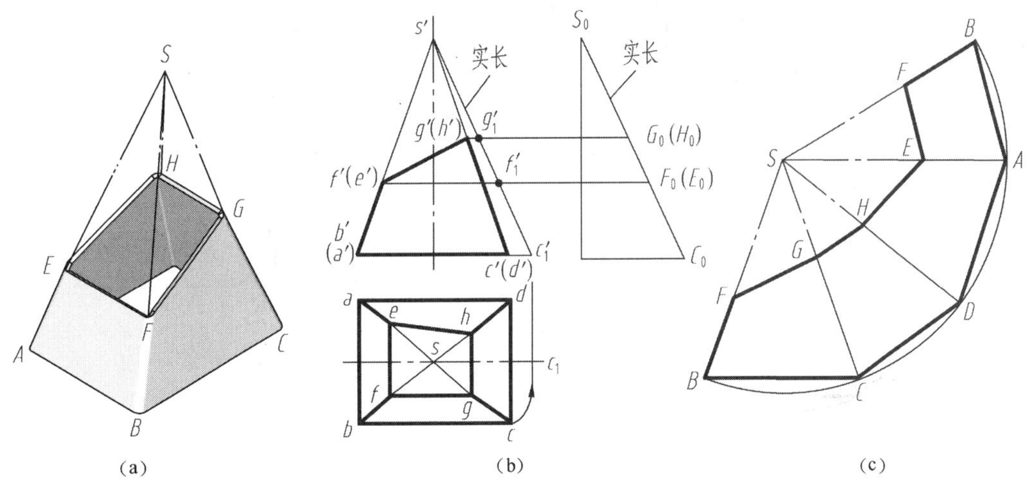

图 11-5 斜口棱锥管的表面展开

作图步骤如下。

1. 延长各棱线交于锥顶 S（s、s'）。

2. 利用旋转法求得侧棱的实长 $s'c_1'$，或者用直角三角形法求侧棱实长 S_0C_0，过 f'（e'）、g'（h'）作水平线交 $s'c_1'$或 S_0C_0，得梯形侧棱实长。如图 11-5（b）图所示。

3. 以 S 为顶点，依次作出各棱面三角形实形。

4. 在各棱线上截取 F、G、H、E、F，并依次连接各点，即得到斜口四棱锥的展开图，如图 11-5（c）所示。

11.1.2 可展曲面的表面展开

相邻两素线相互平行或相交的直纹曲面是可展曲面，圆柱、圆锥表面是最常见的可展曲面。

1. 斜切圆柱管的表面展开

圆柱面可看作是无穷多棱的棱柱。斜口圆柱管的表面素线实长不同，但互相平行，因此圆管制件的展开方法又称为平行线法。

图 11-6（a）所示的斜切圆柱管的素线为铅垂线，其正面投影反映实长。

作图步骤如下。

1. 将底圆周分成若干等份（这里分为 12 等份），并过各等分点画出圆柱的素线，如图 11-6（b）所示。

2. 作出与圆柱底圆等高的水平线，并将其等分，使等分间距等于底圆上相邻两等分点的弧长。过各等分点作水平线的垂线，在垂线上量取相应素线的实长，依次光滑连接，即得所要求的斜切圆柱管表面展开图，如图 11-6（c）所示。

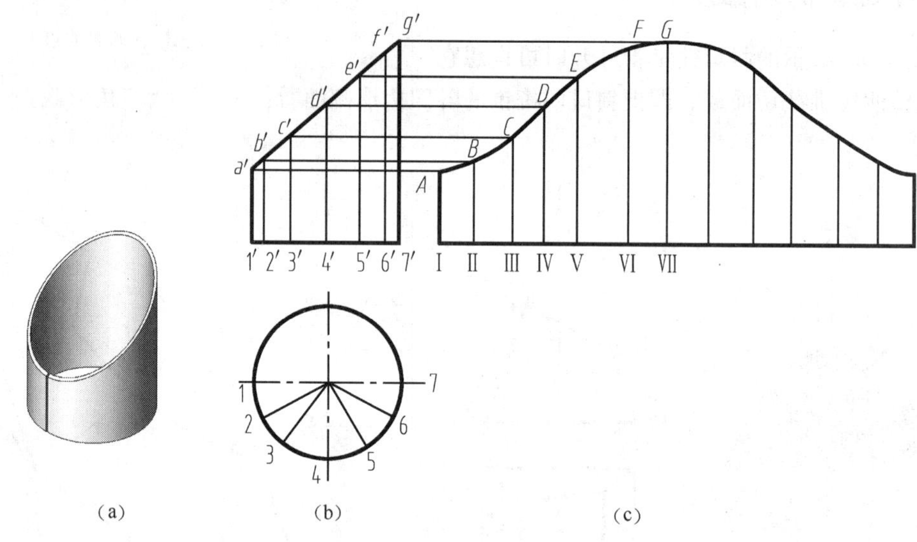

图 11-6 斜切圆柱管的表面展开

2. 圆锥管制件的表面展开

圆锥管制件与棱锥制件相似，因此，圆锥管制件的展开方法与棱锥的展开方法相同，即在锥面上作一系列呈放射状的素线，将锥面分成若干三角形，然后分别求出其实形，由于素线通过锥顶，展开后素线仍呈放射状，因此这种方法称为放射线法。

（1）圆锥管展开。

如图 11-7（a）所示，正圆锥面展开图为一扇形，半径 R 为素线长，弧长等于底圆周长，扇形的中心角为：

$$\alpha = 180° \frac{d}{R}$$

图 11-7（b）所示为用作图法展开圆锥面，是以内接正棱锥的三角形棱面代替相邻两素线间所夹的锥面，依次展开得到。

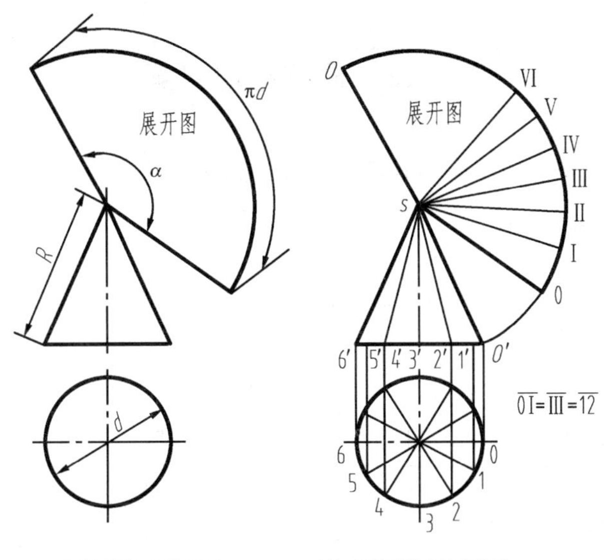

（a）用计算法画展开图　　（b）用作图法画展开图

图 11-7　圆锥管展开

（2）斜口锥管的展开。

图 11-8 所示为斜切圆锥管的表面展开。可先按正圆锥进行展开，然后再截去斜口部分，作图步骤如下。

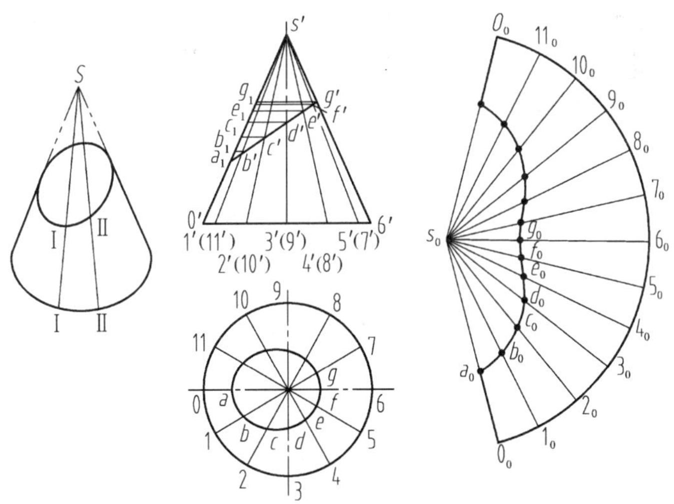

图 11-8　斜切圆锥管的表面展开

1. 等分底圆周（12 等份），由于前后对称，故只需作出前半个锥面的展开图即可。作出这些等分点的 H 投影 0、1、2、3、4、5、6，V 面投影 0′、1′、2′、3′、4′、5′、6′，并与锥顶连成放射状素线。

2. 用旋转法求出各素线截去部分的实长 $s'a_1$、$s'b_1$、$s'c_1$、$s'd_1$、$s'e_1$、$s'f_1$、$s'g_1$。

3. 将圆锥面展成扇形，作出各等分素线。

4. 过 S_0 点量取 $S_0a_0 = s'a_1$、$S_0g_0 = s'g_1$ 等。

光滑连接各点即得到斜口圆锥展开图。

11.1.3 展开应用举例

异径三通管、方圆接头、直角弯管是比较常见的钣金件，下面介绍这 3 种钣金件的展开图画法。

1. 异径三通管的展开

图 11-9 所示为异径三通管的两面投影。在画展开图之前必须先作出相贯线的投影，然后分别求出小圆管和大圆管的展开图。

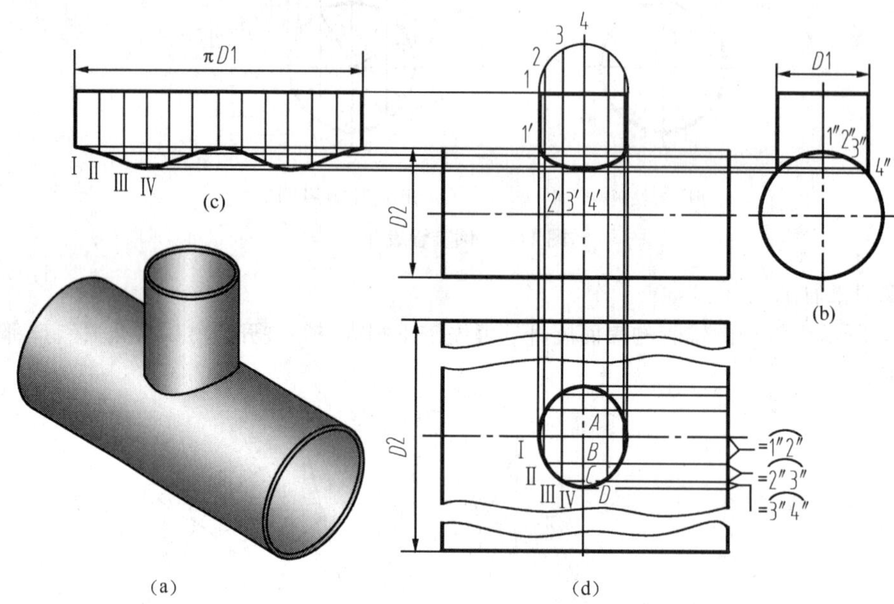

图 11-9 圆柱异径三通管展开

作图步骤如下。

1. 小圆柱管展开，与前例斜口圆管展开方法相同。

2. 大圆柱管展开，主要是求出相贯线展开后的图形。

先将大圆柱管展成矩形，量取 $AB = 1''2''$、$BC = 2''3''$、$CD = 3''4''$（以弦长代弧长），过 A、B、C、D 各点引水平线，与过 1′、2′、3′、4′各点向下引的铅垂线相交得相应素线的交点Ⅰ、Ⅱ、Ⅲ、Ⅳ及其对称点。

3. 光滑连接点Ⅰ、Ⅱ、Ⅲ、Ⅳ及其对称点，即得相贯线展开后的图形，如图 11-9（d）所示。

2. 直角等径弯管的表面展开

在通风管道中，如要垂直地改变风道方向，多用图 11-10（a）所示的直角弯管，它由几节等径圆柱管组成，中间为两个全节，两端为两个半节，它们的展开方法与图 11-6 所示的斜口圆柱管类似。

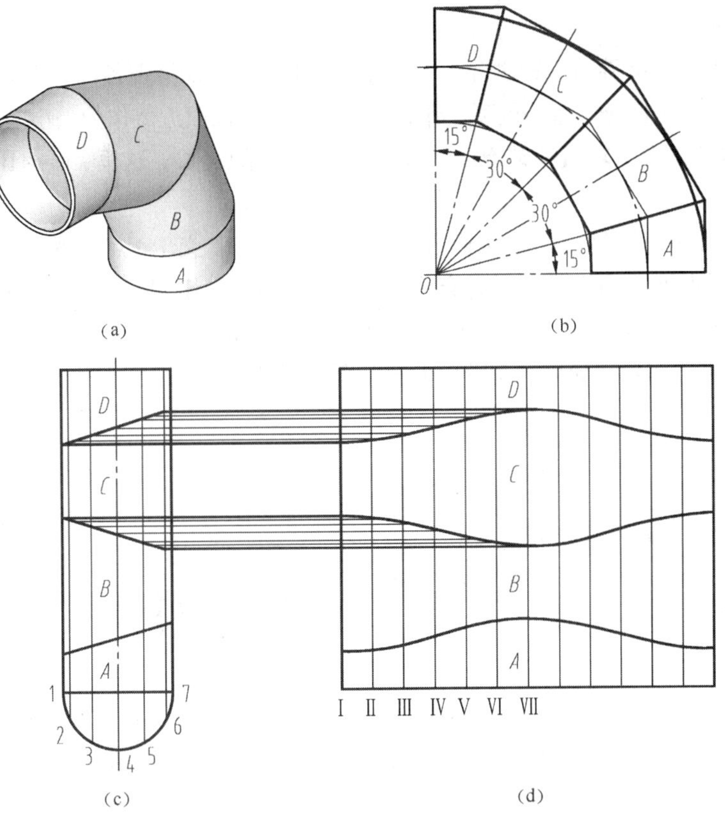

(a) (b) (c) (d)

图 11-10　直角弯管的展开

在弯管各节圆柱斜口倾斜角相同的条件下，如果把各节圆柱每隔一节颠倒一下位置，则可接成一个完整的圆柱管，如图 11-10（c）所示。因此各节展开图可按图 11-10（d）的方法排列。这种展开方法作图简便，排料合理，下料也方便。

3. 方圆接头的表面展开

方圆接头一般用于连接两形状不同的管道，通过形状逐渐变化，以减小过渡处的阻力。图 11-11（a）、图 11-11（b）所示的方圆接头由 4 个等腰三角形和 4 个部分锥面组成，将这些组成部分的实形顺次画在同一平面上，即得方圆接头的展开图。

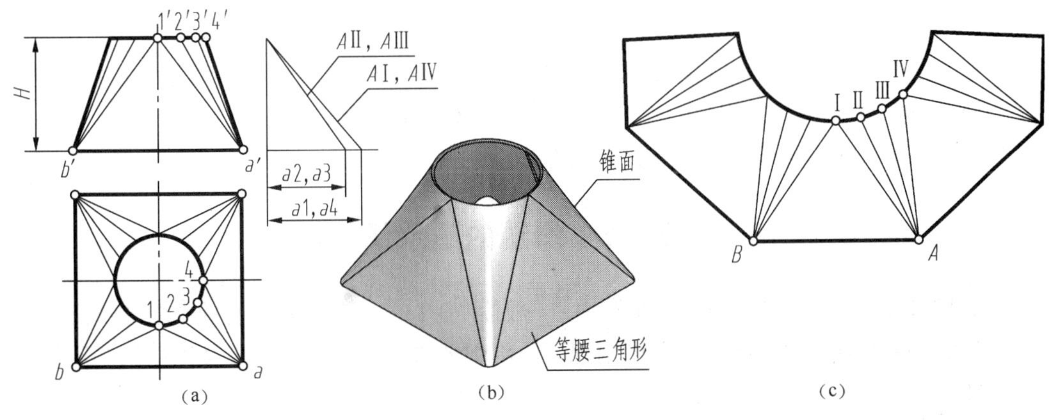

(a) (b) (c)

图 11-11　方圆接头的表面展开

作图步骤如下。

1. 将俯视图上 1/4 圆口进行 3 等分，得等分点 1、2、3、4，把各点与矩形口的顶点 *A* 相连，把锥面ⅠAⅣ分成 3 个部分，每一段弧当作弦，每一小部分锥面近似作为一小三角形。

2. 用直角三角形法求出斜圆锥面上素线 *A*Ⅰ、*A*Ⅱ的实长。这里 *A*Ⅰ = *A*Ⅳ，*A*Ⅱ = *A*Ⅲ，如图 11-11（a）所示。

3. 取 *AB* = *ab*，分别以 *A*、*B* 为圆心、*A*Ⅰ为半径画弧，交于Ⅰ点，得 Δ*AB*Ⅰ。再以 *A* 和Ⅰ为圆心，分别以 *A*Ⅱ和Ⅰ2 为半径画弧，交于Ⅱ点，得 Δ*A*ⅠⅡ，用同样方法依次作出其他三角形。

4. 光滑连接Ⅰ、Ⅱ、Ⅲ、Ⅳ各点，即可得一等腰三角形和一局部斜锥面的展开图。

5. 用同样的方法依次作出其余部分的展开图，即可得到方圆接头的展开图，如图 11-11（c）所示。

11.2 焊接图

焊接是将两个被连接的金属件永久性地连接在一起。目前普遍采用的两种焊接为熔焊和电阻焊。

熔焊需要把要焊的材料加热至熔化状态，并用另一种熔化金属来连接它们。最常用的熔焊形式有电弧焊和气焊。

进行电阻焊时，在某种压力下将两金属件紧贴在一起，并通以大量电流，金属对通过电流的电阻作用，使两零件接合处产生大量的热，从而导致两金属件焊合。电阻焊的两种基本形式是点焊和缝焊。

按照两零件被连接的位置，焊接接头可分为 4 种基本形式：对接接头、角接接头、T 形接头和搭接接头，如图 11-12 所示。

（a）对接接头

（b）角接接头

（c）T 形接头

（d）搭接接头

图 11-12　焊接接头形式

焊接图是供焊接用的图样，它除了将焊接件的结构表达清楚以外，还应将焊接的有关内容表示清楚。为此，国家标准规定了焊缝的画法、符号、尺寸标注方法及焊接方法的表示代号。

本节主要介绍常见的焊缝符号及其标注方法。

11.2.1　焊缝的图示法

焊接时的熔合处称为焊缝。在技术图样中，一般按 GB/T12212—1990 规定的焊缝符号表示焊缝。

如需在图样中简易地绘制焊缝，可用视图、剖视图或断面图表示，也可以用轴测图示意表示，如图 11-13 所示。

视图中，焊缝用一系列细实线短划（允许徒手绘制）表示，如图 11-13（a）所示，也可用粗实线表示焊缝，该粗实线的宽度为轮廓线宽度的 2～3 倍，如图 11-13（b）所示。但在同一图样中，只允许采用一种画法。在剖视图或断面图上，焊缝的金属熔焊区一般应涂黑表示，必要时可采用局部放大图表示焊缝，如图 11-13（c）所示。

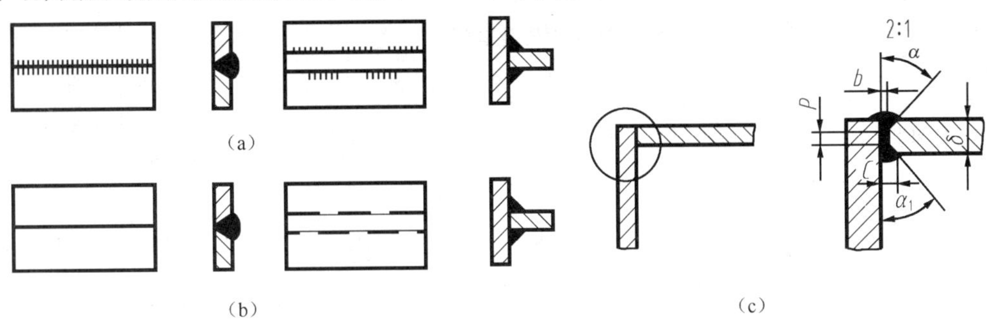

图 11-13 焊缝的规定画法

11.2.2 焊缝符号

当焊缝分布比较简单时，可不必画出焊缝，只需在焊缝处标注焊缝符号。一般采用标准规定的焊缝符号来表示对焊缝的要求。

焊缝符号一般由基本符号和指引线组成，必要时还可加上辅助符号、补充符号和焊缝尺寸符号。

（1）基本符号。

基本符号是表示焊缝横截面形状的符号，采用近似于焊缝横截面形状的符号表示，如表 11-1 所示。

表 11-1 常见焊缝的基本符号（摘自 GB/T324—1988）

名 称	符 号	焊 缝 形 式	标 注 示 例
I 形焊缝			
V 形焊缝			
带钝边 U 形焊缝			
带钝边单边 V 形焊缝			
角焊缝			
点焊缝			

（2）辅助符号。

辅助符号是表示焊缝表面特征的符号，如表 11-2 所示。当不需要确切地说明焊缝表面形状时，可不加注此符号。

表 11-2 辅助符号及其标注方法

名　称	示　意　图	符　号	标　注　法	说　明
平面符号		—		焊缝表面齐平（一般通过加工）
凹面符号	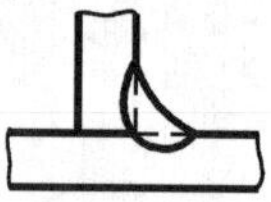	⌣		焊缝表面凹陷
凸面符号		 ⌢		焊缝表面凸起

（3）补充符号。

补充符号是补充说明焊缝的某些特征而采用的符号，如表 11-3 所示。

表 11-3 补充符号及标注方法

名　称	示　意　图	符　号	标　注　法	说　明
带垫板符号	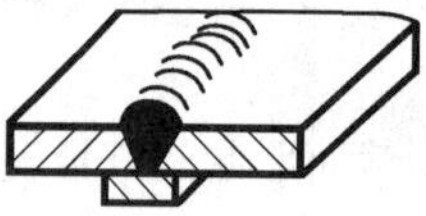	 ▭	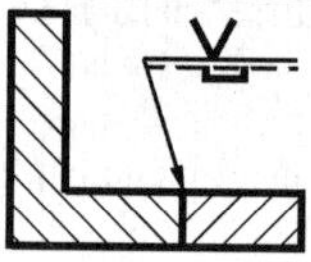	表示焊缝底部有垫板
三面焊缝符号	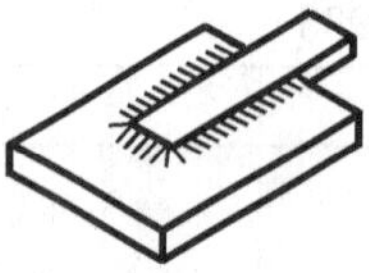	⊏	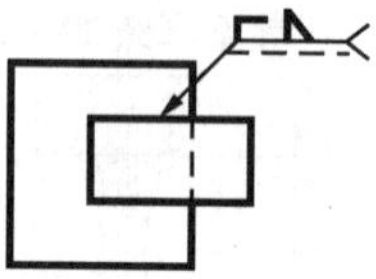	表示三面带有焊缝
周围焊缝符号	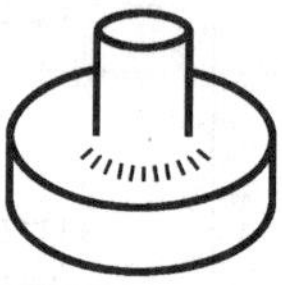	 ○	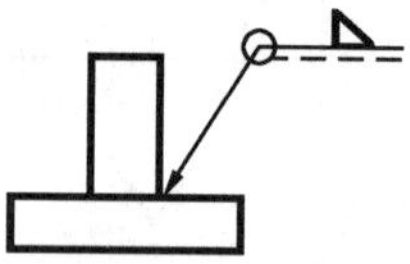	表示环绕工件周围焊缝
现场符号			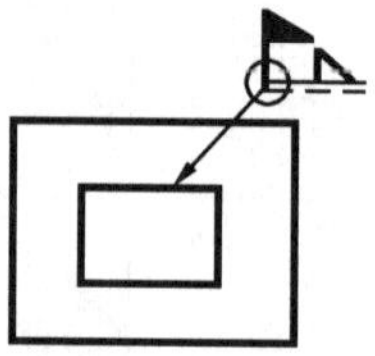	表示在现场或工地上进行焊接
尾部符号		 <	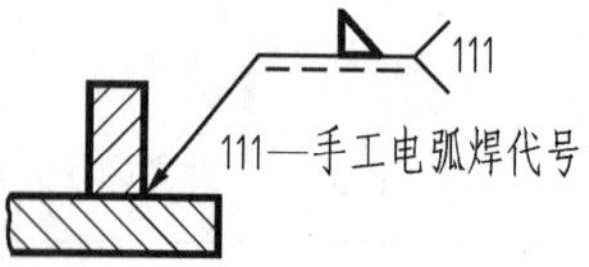 111 111—手工电弧焊代号	参照GB/T 5185标注工艺内容
交错断续符号		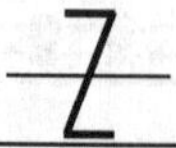 Z		交错断续角焊

（4）指引线。

指引线由带箭头的细实线和两条基准线（一条细实线和一条虚线）组成，如图 11-14 所示。

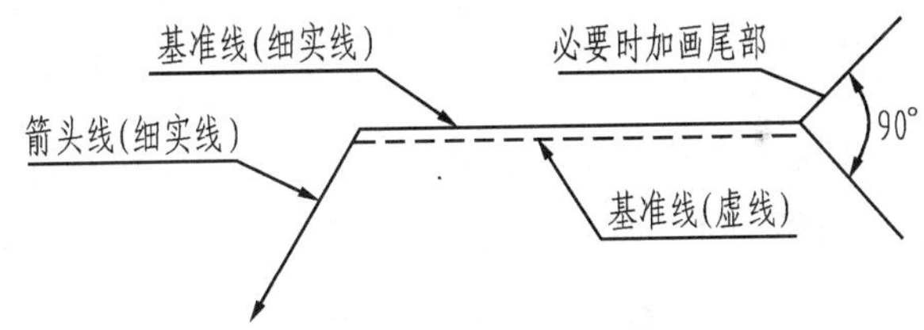

图 11-14　指引线

基准线的上方和下方用来标注各种符号和尺寸，基准线的虚线可以画在基准线实线的上侧或下侧。基准线一般与图样中标题栏的长边平行，特殊情况下也可与标题栏的长边垂直。

箭头指向有关的焊缝处，必要时允许箭头线折弯一次。当需要说明焊接方法时，可在基准线末端增加尾部符号。

（5）焊缝尺寸符号。

焊缝尺寸符号是表明焊缝截面、长度、数量及坡口等有关尺寸的符号。焊缝尺寸一般不标注，需注明时可用焊缝尺寸符号（字母）表示对焊缝的尺寸要求。常见的焊缝尺寸符号如表 11-4 所示。

表 11-4　常见焊缝尺寸符号

符号	名　称	示　意　图	符号	名　称	示　意　图
δ	工件厚度		e	焊缝间距	
α	坡口角度		K	焊角尺寸	
b	根部间隙		d	熔核直径	
p	钝边高度		s	焊缝有效厚度	
c	焊缝宽度		N	相同焊缝数量符号	N=3
R	根部半径		H	坡口深度	
l	焊缝长度		h	余高	
n	焊缝段数	n=2	β	坡口面角度	

在图样中，焊缝符号的线宽，焊缝符号中字体的字形、字高和字体笔画宽度应与图样中其他符号（如尺寸符号、表面结构符号、几何公差符号）的线宽、尺寸字体的字形、字高和笔画宽度相同。

（6）焊接方法及其数字代号。

焊接的方法很多，可用文字在技术要求中注明，也可用数字代号直接注写在引线的尾部，常用焊接方法及其数字代号如表 11-5 所示。

表 11-5　焊接方法及其数字代号

焊接方法	数字代号	焊接方法	数字代号
手工电弧焊	111	激光焊	751
埋弧焊	12	氧—乙炔焊	311
电渣焊	72	硬钎焊	91
电子束焊	76	点焊	21

11.2.3　焊缝的标注方法

标注焊缝符号时，指引线的箭头应指向接头，可以指向焊缝的正面或反面，如图 11-15（a）、图 11-15（b）所示。

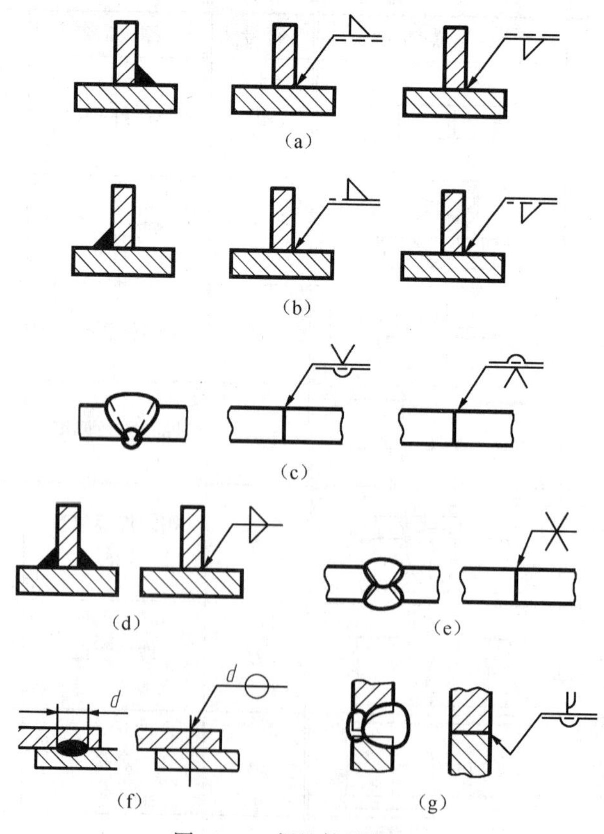

图 11-15　焊缝符号的标注

基本符号相对于基准线的位置规定如下。

- 如果基本符号在基准线的实线一侧，就必须在连接的箭头侧施焊，如图 11-15（a）、图 11-15（c）所示。
- 如果基本符号在基准线的虚线一侧，就必须在连接的远离箭头侧（或称非箭头侧）施焊，如图 11-15（b）所示。
- 标注对称焊缝或双面焊时，虚线可省略，如图 11-15（d）、图 11-15（e）所示。
- 点焊缝和缝焊缝位于中心位置时，基本符号的中心应定在基准线上，如图 11-15（f）所示。
- 对单边 V 形焊缝或 J 形焊缝，应将箭头指向要削斜或开坡口的构件，如图 11-15（g）所示。必要时，允许箭头线曲折一次。

焊缝尺寸的标注方法规定如下。

焊缝横断面上的尺寸标在基本符号的左侧，焊缝长度方向的尺寸标在基本符号的右侧，坡口角度、坡口面角度、根部间隙等尺寸标在基本符号的上侧或下侧，相同焊缝数量（N）及焊接方法代号标在尾部。当需要标注的尺寸数量较多又不容易分辨时，可在数据前增加相应的尺寸符号。

各焊缝尺寸在焊缝符号中的位置如图 11-16 所示。

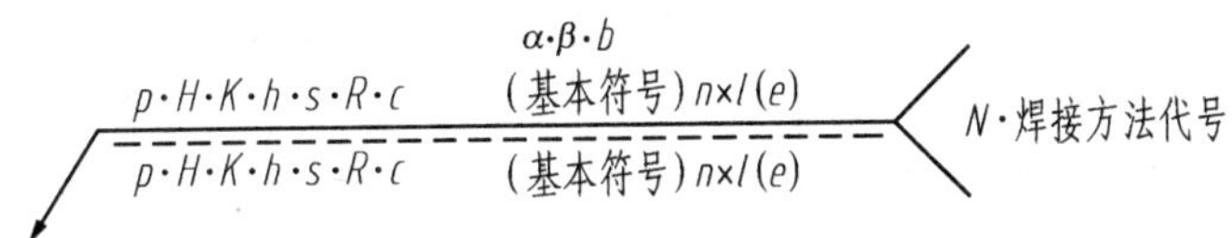

图 11-16　焊缝尺寸标注

在基本符号右侧无任何标注又无其他说明时，表明焊缝在整个工件的长度方向上是连续的。在基本符号左侧无任何标注又无其他说明时，表明对接焊缝要完全焊透。

焊缝标注示例如表 11-6 所示。

表 11-6　焊缝标注示例

焊缝画法及焊缝结构	标注格式	标注示例	说明
			①用埋弧焊形成的带钝边V形连续焊缝（表面平齐）在箭头侧。钝边 $p=2$mm，根部间隙 $b=2$mm，坡口角度 $\alpha=60°$ ②用手工电弧焊形成的连续、对称角焊缝（表面凸起）。焊角尺寸 $K=3$mm
			表示用埋弧焊形成的带钝边单边V形焊缝在箭头侧。钝边 p=2mm，坡口面角度 $\beta=45°$，焊缝是连续的

续表

焊缝画法及焊缝结构	标注格式	标注示例	说明
	s‖n×l(e)	4‖4×6(4)	表示断续I形焊缝在箭头侧。焊缝段数 $n=4$，每段焊缝长度 $l=6$mm，焊缝间距 $e=4$mm，焊缝有效厚度 $s=4$mm
	K◺ l	3 ◺ 250	表示 3 条相同的角焊缝在箭头侧，焊缝长度小于整个工件长度。焊角尺寸 $K=3$mm，焊缝长度 $l=250$mm。箭头线允许折一次

11.2.4 焊接图示例

图 11-17 所示为轴承挂架的焊接图。由图可知，该焊接件由 4 个构件焊接而成，构件 1 为竖板，构件 2 为横板，构件 3 为肋板，构件 4 为圆筒。

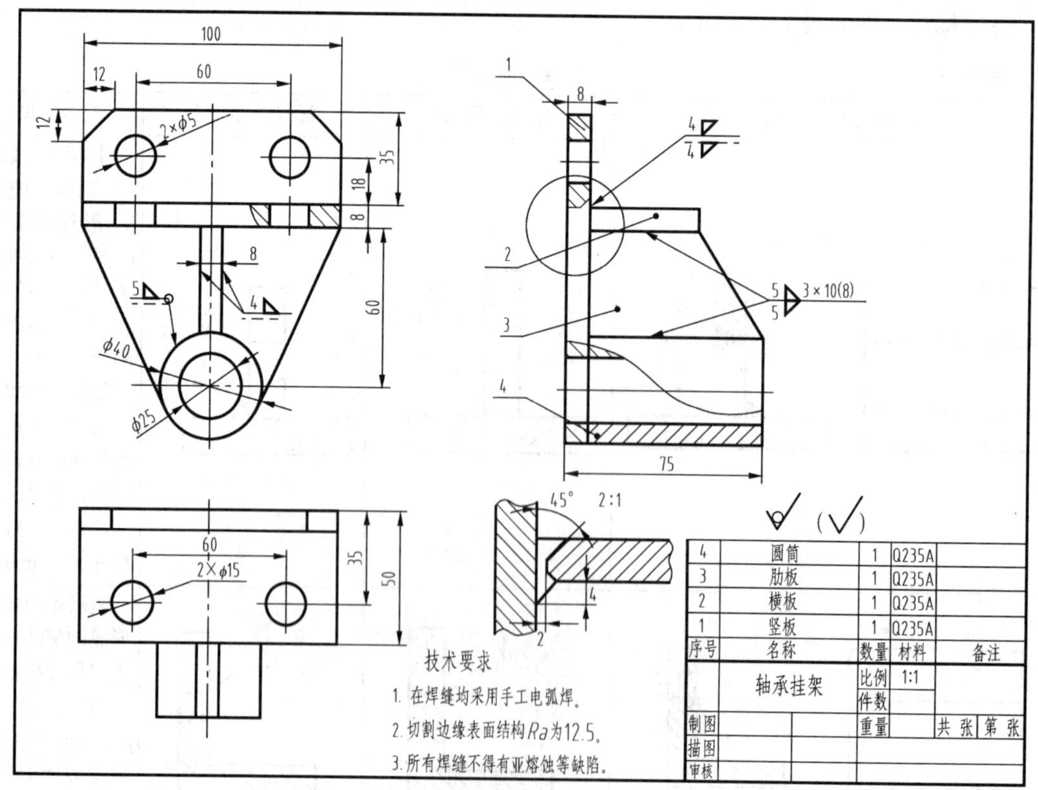

图 11-17 轴承挂架的焊接图

从图上所标的焊接符号可知，主视图上有两处焊缝代号：表示肋板与竖板采用焊角高为 4 的双面角焊缝，表示圆筒与竖板采用焊角高为 5 的周围角焊缝。左视图上有两处焊缝代号：表示竖板与横板采用双面焊接，上面为单边 V 形平口焊缝，钝边高为 4，坡口角度为 45°，根部间隙为 2；下面为角焊缝，焊角高为 4（见局部放大图）。表示肋板与横板及圆筒采用双面断续角焊缝，焊角高 5，焊缝长 10，焊缝间距 8，焊缝段数为 3。

焊接图与零件图的不同在于：各相邻零件剖面线的方向不同，且在焊接件中需对各构件进行编号，并需要填写明细栏。这样，焊接图从形式上很像装配图，但与装配图又有所不同，因为装配图表达的是部件，而焊接图表达的仅仅是零件（焊接件），因此，通常说焊接图是装配图的形式、零件图的内容。

复杂的焊接构件应单独画出主要构件的零件图，由钣料弯曲卷成的构件可以画出展开图，个别小构件可附于结构总图上。

在大型焊接结构总图中应画出各构成件的零件图。

下　篇

计算机绘图

第12章 AutoCAD绘图环境及基本操作

【学习目标】

- AutoCAD 2009 用户界面的组成。
- 调用 AutoCAD 命令的方法。
- 选择对象的常用方法。
- 快速缩放、移动图形及全部显示图形。
- 重复命令和取消已执行的操作。
- 图层、线型及线宽等。

通过本章的学习，使读者熟悉 AutoCAD 2009 的用户界面及掌握一些基本操作。

12.1 了解用户界面及学习基本操作

本节将介绍 AutoCAD 用户界面的组成，并介绍常用的一些基本操作。

12.1.1 AutoCAD 用户界面

启动 AutoCAD 2009 后，其用户界面如图 12-1 所示，主要由菜单浏览器、快速访问工具栏、功能区、绘图窗口、滚动条、命令提示窗口和状态栏等部分组成。

下面通过操作练习来熟悉 AutoCAD 用户界面。

【案例 12-1】 熟悉 AutoCAD 2009 用户界面。

1. 单击菜单浏览器图标，选择菜单命令【工具】/【选项板】/【功能区】，关闭功能区。
2. 再次打开菜单浏览器，选择菜单命令【工具】/【选项板】/【功能区】，打开功能区。
3. 单击功能区中【常用】选项卡【绘图】面板上的按钮，展开该面板，再单击按钮，固定面板。

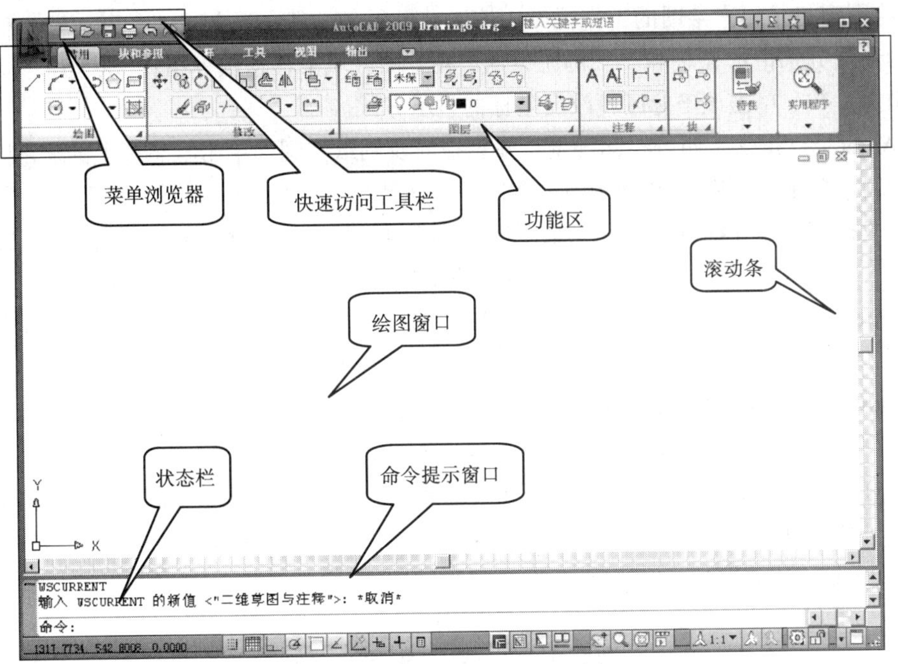

图 12-1　AutoCAD 2009 用户界面

4. 将鼠标指针移动到快速访问工具栏的任一按钮上，单击鼠标右键，选择【工具栏】/【AutoCAD】/【绘图】命令，打开【绘图】工具栏，如图 12-2 所示。用户可移动工具栏或改变工具栏的形状。将鼠标指针移动到工具栏边缘处，按住鼠标左键并移动鼠标指针，工具栏就随鼠标指针移动。将鼠标指针移动到拖出工具栏的边缘，当鼠标指针变成双面箭头时，按住鼠标左键，拖动鼠标指针，工具栏的形状就发生变化。

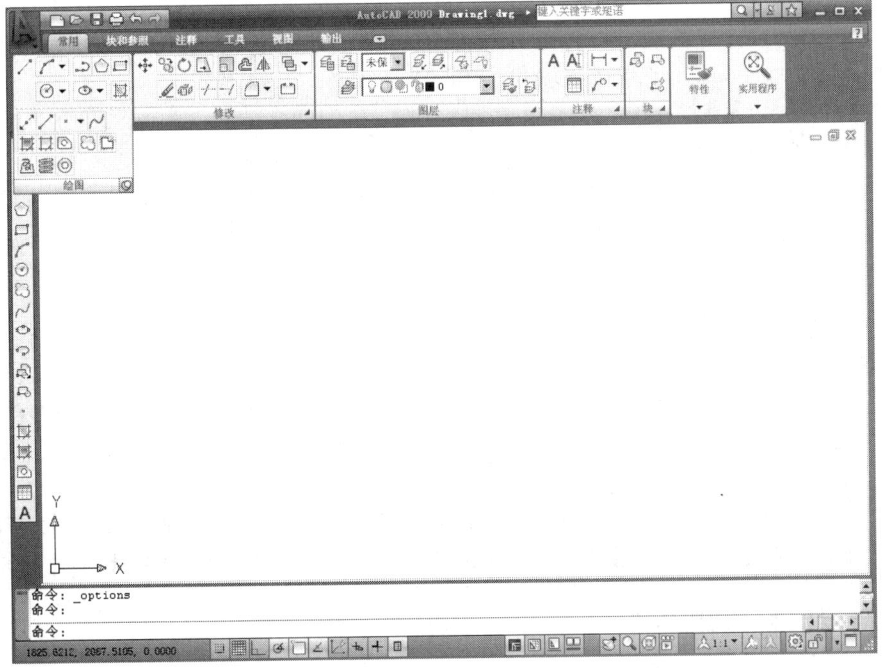

图 12-2　打开【绘图】工具栏

5. 绘图窗口是用户绘图的工作区域，该区域无限大，其左下方有一个表示坐标系的图标，图标中的箭头分别指示 *X* 轴和 *Y* 轴的正方向。在绘图区域中移动鼠标指针，状态栏上将显示光标点的坐标读数。单击该坐标区可改变坐标的显示方式。

6. AutoCAD 提供了两种绘图环境：模型空间及图纸空间。单击状态栏上的按钮，切换到图纸空间。单击按钮，切换到模型空间。默认情况下，AutoCAD 的绘图环境是模型空间，用户在这里按实际尺寸绘制二维或三维图形。图纸空间提供了一张虚拟图纸（与手工绘图时的图纸类似），用户可在这张图纸上将模型空间的图样按不同的缩放比例布置在图纸上。

7. AutoCAD 绘图环境的组成一般称为工作空间，单击状态栏上的按钮，弹出快捷菜单，该菜单【二维草图与注释】被选中，表明现在处于“二维草图与注释”工作空间。选择该菜单上的【AutoCAD 经典】选项，切换至以前版本的默认工作空间。

8. 命令提示窗口位于 AutoCAD 程序窗口的底部，用户输入的命令、系统的提示信息等都反映在此窗口中。将鼠标指针移动到窗口的上边缘，当鼠标指针变成双面箭头时，按住鼠标左键向上拖动鼠标指针，就可以增加命令提示窗口显示的行数。按 F2 键将打开命令提示窗口，再次按 F2 键就关闭此窗口。

12.1.2 调 用 命 令

启动 AutoCAD 命令的方法一般有两种：一种是在命令行中输入命令全称或简称，另一种是用鼠标指针选择一个菜单命令或单击工具栏上的命令按钮。

1. 使用键盘发出命令

在命令行中输入命令全称或简称就可以使系统执行相应的命令。

一个典型的命令执行过程如下。

```
命令: circle                                   //输入命令全称 CIRCLE 或简称 C，按 Enter 键
指定圆的圆心或 [三点(3P)/两点(2P)/相切、相切、半径(T)]:   90,100
                                               //输入圆心的 x、y 坐标，按 Enter 键
指定圆的半径或 [直径(D)] <50.7720>: 70          //输入圆半径，按 Enter 键
```

（1）方括弧“[]”中以“/”隔开的内容表示各个选项。若要选择某个选项，则需输入圆括号中的字母和数字，字母可以是大写形式，也可以是小写形式。例如，想通过 3 点画圆，就输入“3*P*”。

（2）尖括号“<>”中的内容是当前默认值。

AutoCAD 的命令执行过程是交互式的。当用户输入命令后，需按 Enter 键确认，系统才执行该命令。而执行过程中，系统有时要等待用户输入必要的绘图参数，如输入命令选项、点的坐标或其他几何数据等，输入完成后，也要按 Enter 键，系统才能继续执行下一步操作。

当使用某一命令时按 F1 键，AutoCAD 将显示该命令的帮助信息。也可将鼠标指针在命令按钮上放置片刻，则 AutoCAD 在按钮附近显示该命令的简要提示信息。

2. 利用鼠标发出命令

用鼠标选择主菜单中的命令选项或单击工具栏上的命令按钮，系统就执行相应的命令。此外，

用户也可在命令启动前或执行过程中，单击鼠标右键，通过快捷菜单来启动命令。利用 AutoCAD 绘图时，用户多数情况下是通过鼠标发出命令的。鼠标各按键定义如下。

- 左键：拾取键，用于单击工具栏按钮及选取菜单选项以发出命令，也可在绘图过程中指定点和选择图形对象等。
- 右键：一般作为回车键，命令执行完成后，常单击右键来结束命令。在有些情况下，单击右键将弹出快捷菜单，该菜单上有【确认】命令。
- 滚轮：转动滚轮，将放大或缩小图形。默认情况下，缩放增量为 10%。按住滚轮并拖拽鼠标指针，则平移图形。

12.1.3 选择对象的常用方法

用户在使用编辑命令时，选择的多个对象将构成一个选择集。系统提供了多种构造选择集的方法。默认情况下，用户可以逐个拾取对象或者利用矩形、交叉窗口一次选取多个对象。

1. 用矩形窗口选择对象

当系统提示选择要编辑的对象时，用户在图形元素的左上角或左下角单击一点，然后向右拖动鼠标指针，AutoCAD 显示一个实线矩形窗口，让此窗口完全包含要编辑的图形实体，再单击一点，则矩形窗口中的所有对象（不包括与矩形边相交的对象）被选中，被选中的对象将以虚线形式表示出来。

2. 用交叉窗口选择对象

当 AutoCAD 提示“选择对象”时，在要编辑的图形元素右上角或右下角单击一点，然后向左拖拽鼠标指针，此时出现一个虚线矩形框，使该矩形框包含被编辑对象的一部分，而让其余部分与矩形框边相交，再单击一点，则框内的对象和与框边相交的对象全部被选中。

3. 给选择集添加或去除对象

编辑过程中，用户构造选择集常常不能一次完成，需向选择集中添加或从选择集中删除对象。在添加对象时，可直接选取或利用矩形窗口、交叉窗口选择要加入的图形元素。若要删除对象，可先按住 Shift 键，再从选择集中选择要清除的多个图形元素。

12.1.4 删 除 对 象

ERASE 命令用来删除图形对象，该命令没有任何选项。要删除一个对象，用户可以用鼠标指针先选择该对象，然后单击【修改】面板上的按钮，或者输入命令 ERASE（命令简称 *E*）。用户也可先发出删除命令，再选择要删除的对象。

12.1.5 撤销和重复命令

发出某个命令后，用户可随时按 Esc 键终止该命令。此时，系统又返回到命令行。

用户经常遇到的一个情况是在图形区域内偶然选择了图形对象，该对象上出现了一些高亮度的小框，这些小框被称为关键点。关键点可用于编辑对象。要取消这些关键点，按 Esc 键即可。

在绘图过程中，用户会经常重复使用某个命令，重复刚使用过的命令的方法是直接按 Enter 键。

12.1.6 取消已执行的操作

用 AutoCAD 绘图时，难免会出现各种各样的错误。要修正这些错误，可使用 UNDO 命令或快速访问工具栏上的按钮。如果想要取消前面执行的多个操作，可反复使用 UNDO 命令或反复单击按钮。

当取消一个或多个操作后，若又想恢复原来的效果，可使用 MREDO 命令或单击快速访问工具栏上的按钮。

12.1.7 快速缩放及移动图形

AutoCAD 的图形缩放及移动功能是很完备的，使用起来也很方便。绘图时，经常通过状态栏上的、按钮来完成这两项功能。

1. 通过按钮缩放图形

单击按钮，AutoCAD 进入实时缩放状态，鼠标指针变成放大镜形状，此时按住鼠标左键，向上拖动鼠标指针，就可以放大视图，向下拖动鼠标指针就缩小视图。要退出实时缩放状态，可按 Esc 键、Enter 键或单击鼠标右键打开快捷菜单，然后选择【退出】命令。

2. 通过按钮平移图形

单击按钮，AutoCAD 进入实时平移状态，鼠标指针变成手的形状，此时按住鼠标左键并拖动鼠标指针，就可以平移视图。要退出实时平移状态，可按 Esc 键、Enter 键或单击鼠标右键打开快捷菜单，然后选择【退出】命令。

12.1.8 窗口放大图形、全部显示图形及返回上一次的显示

在绘图过程中，用户经常要将图形的局部区域放大，以方便绘图。绘制完成后，又要返回上一次的显示或者将图形全部显示在程序窗口中，以观察绘图效果。利用【实用程序】面板上的、及按钮可以实现这 3 项功能。

- 单击【实用程序】面板上的按钮，指定矩形窗口的第一个角点，再指定另一角点，系统将尽可能地把矩形内的图形放大以充满整个程序窗口。
- 单击【实用程序】面板上的按钮，或者选择菜单命令【视图】/【缩放】/【范围】，则全部图形充满整个程序窗口显示出来。
- 单击【实用程序】面板上的按钮，返回上一次的显示。
- 单击鼠标右键，选择【缩放】命令，再次单击鼠标右键，弹出快捷菜单，该菜单上有【窗口缩放】、【缩放为原窗口】及【范围缩放】等命令。

12.1.9 设定绘图区域大小

AutoCAD 的绘图空间是无限大的，但用户可以设定程序窗口中显示出的绘图区域的大小。作图时，事先对绘图区大小进行设定，将有助于用户了解图形分布的范围。当然，用户也可在绘图过程中随时缩放（使用🔍按钮）图形以控制其在屏幕上的显示范围。

设定绘图区域大小有以下两种方法。

（1）将一个圆充满整个程序窗口显示出来，依据圆的尺寸就能轻易地估计出当前绘图区的大小了。

【案例 12-2】 设定绘图区域大小。

1. 单击【绘图】面板上的⊙按钮，AutoCAD 提示：

```
命令: _circle 指定圆的圆心或 [三点(3P)/两点(2P)/相切、相切、半径(T)]:
                                          //在屏幕的适当位置单击一点
指定圆的半径或 [直径(D)]: 50               //输入圆半径
```

2. 选择菜单命令【视图】/【缩放】/【范围】，直径为 ϕ100 的圆就充满整个程序窗口显示出来，如图 12-3 所示。

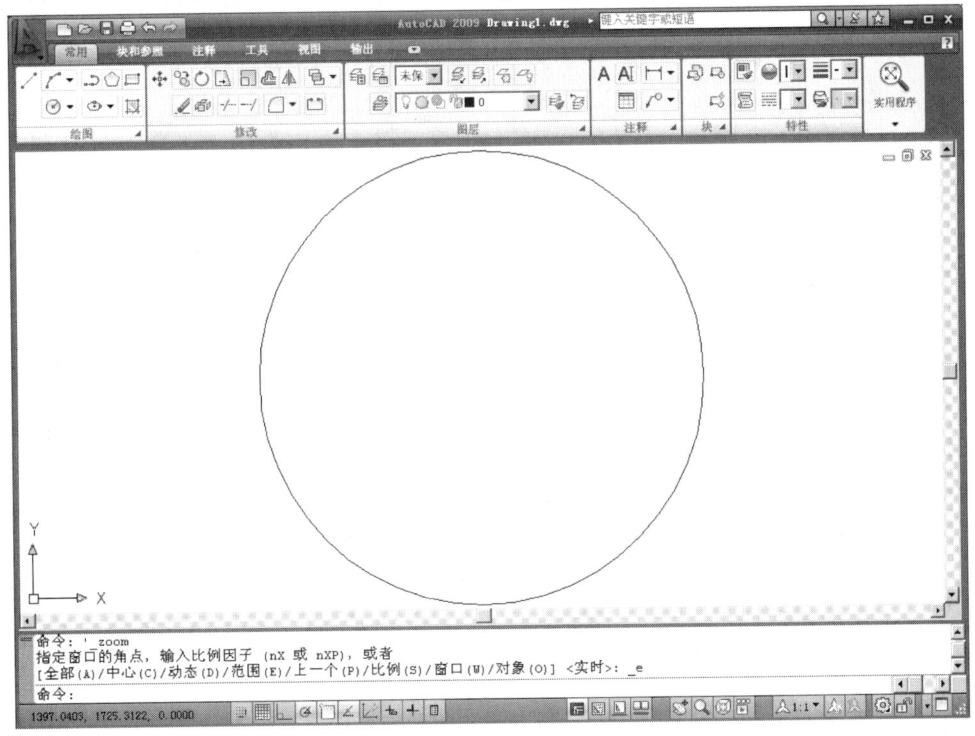

图 12-3 设定绘图区域大小（1）

（2）用 LIMITS 命令设定绘图区域大小，该命令可以改变栅格的长宽尺寸及位置。所谓栅格是点在矩形区域中按行、列形式分布形成的图案，如图 12-4 所示。当栅格在程序窗口中显示出来后，用户就可根据栅格分布的范围估算出当前绘图区域的大小了。

【案例 12-3】 用 LIMITS 命令设定绘图区域大小。

1. 选择菜单命令【格式】/【图形界限】，AutoCAD 提示：

```
命令: '_limits
指定左下角点或 [开(ON)/关(OFF)] <0.0000,0.0000>:100,80
                    //输入 A 点的 x、y 坐标值，或任意单击一点，如图 12-4 所示
指定右上角点 <420.0000,297.0000>: @150,200
                    //输入 B 点相对于 A 点的坐标，按 Enter 键
```

2. 将鼠标指针移动到程序窗口下方的▦按钮上，单击鼠标右键，选择【设置】命令，打开【草图设置】对话框，取消对【显示超出界线的栅格】复选项的选择。

3. 关闭【草图设置】对话框，单击▦按钮，打开栅格显示，再选择菜单命令【视图】/【缩放】/【范围】，使矩形栅格充满整个程序窗口。

4. 选择菜单命令【视图】/【缩放】/【实时】，按住鼠标左键向下拖动鼠标指针，使矩形栅格缩小，如图 12-4 所示。该栅格的长宽尺寸是 150 × 200，且左下角点的 x、y 坐标为（100,80）。

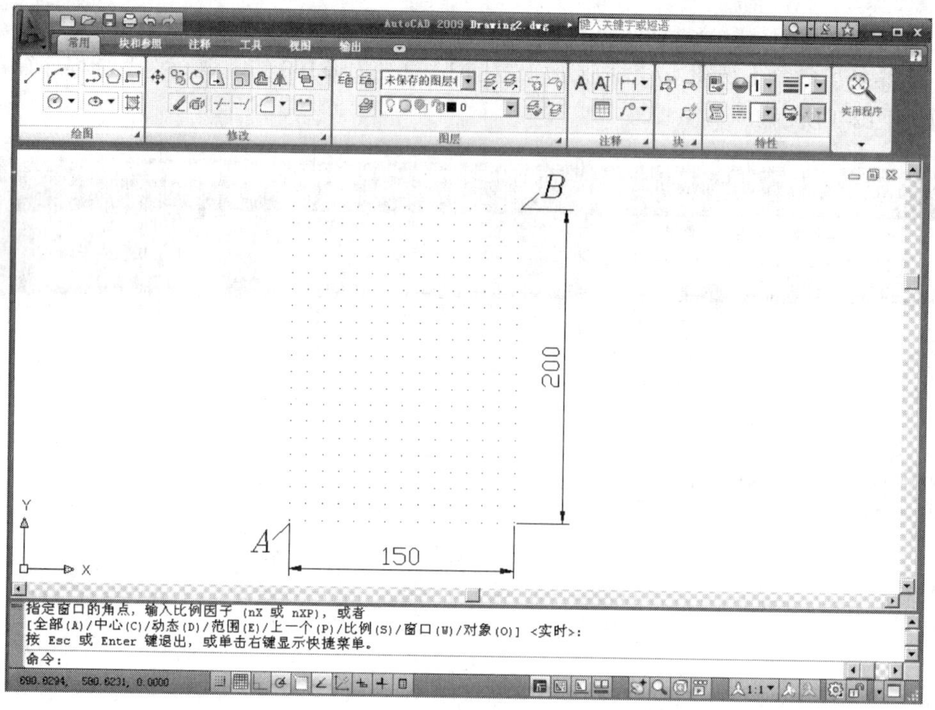

图 12-4 设定绘图区域大小（2）

12.2 设置图层、线型、线宽及颜色

可以将 AutoCAD 图层想象成透明胶片，用户把各种类型的图形元素画在这些胶片上，AutoCAD 将这些胶片叠加在一起显示出来，如图 12-5 所示。在图层 A 上绘制了挡板，图层 B 上绘制了支架，图层 C 上绘制了螺钉，最终显示结果是各层内容叠加后的效果。

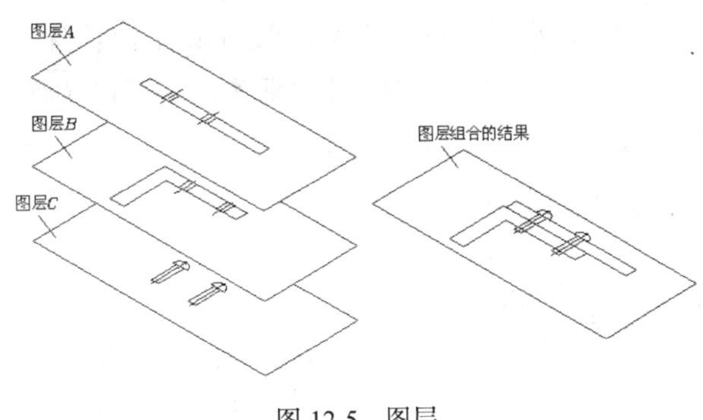

图 12-5 图层

12.2.1 创建及设置机械图的图层

AutoCAD 的图形对象总是位于某个图层上。默认情况下，当前层是 0 层，此时所画图形对象均在 0 层上。每个图层都有与其相关联的颜色、线型及线宽等属性信息，用户可以对这些信息进行设定或修改。

【案例 12-4】 创建以下图层并设置图层的线型、线宽及颜色。

名称	颜色	线型	线宽
轮廓线层	白色	Continuous	0.5
中心线层	红色	CENTER	默认
虚线层	黄色	DASHED	默认
剖面线层	绿色	Continuous	默认
尺寸标注层	绿色	Continuous	默认
文字说明层	绿色	Continuous	默认

1. 单击【图层】面板上的按钮，打开【图层特性管理器】对话框，再单击按钮，列表框显示出名称为“图层 1”的图层，直接输入“轮廓线层”，按 Enter 键结束。

2. 再次按 Enter 键，又创建新图层。总共创建 6 个图层，结果如图 12-6 所示。图层“0”前有绿色标记“√”，表示该图层是当前层。

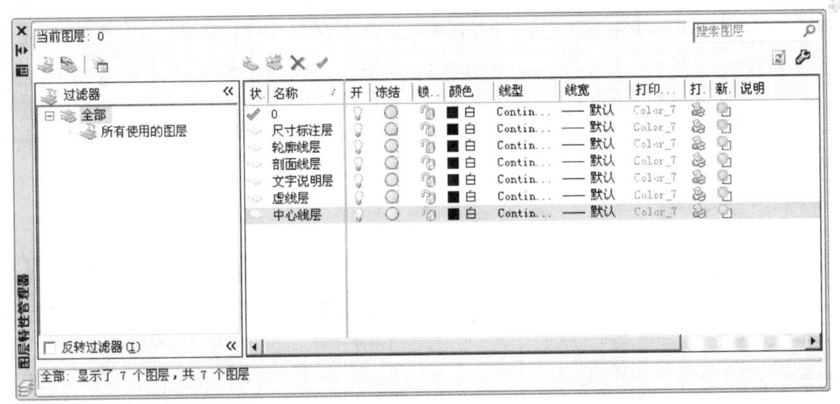

图 12-6 创建图层

3. 指定图层颜色。选中“中心线层”，单击与所选图层关联的图标■白色，打开【选择颜色】对话框，选择红色，如图 12-7 所示。再设置其他图层的颜色。

4. 给图层分配线型。默认情况下，图层线型是“Continuous”。选中“中心线层”，单击与所选图层关联的“Continuous”，打开【选择线型】对话框，如图 12-8 所示，通过此对话框用户可以选择一种线型或从线型库文件中加载更多线型。

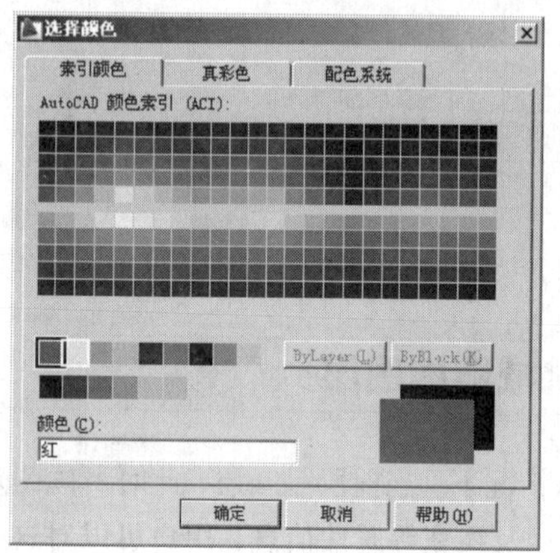

图 12-7 【选择颜色】对话框

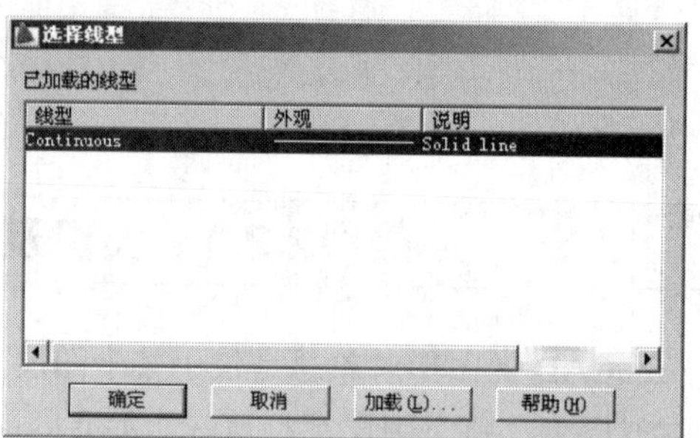

图 12-8 【选择线型】对话框

5. 单击加载(L)...按钮，打开【加载或重载线型】对话框，如图 12-9 所示。选择线型“CENTER”及“DASHED”，再单击确定按钮，这些线型就被加载到系统中。当前线型库文件是“acadiso.lin”，单击文件(F)...按钮，可选择其他的线型库文件。

6. 返回【选择线型】对话框，选择“CENTER”，单击确定按钮，该线型就分配给“中心线层”。用相同的方法将“DASHED”线型分配给“虚线层”。

7. 设定线宽。选中“轮廓线层”，单击与所选图层关联的图标——默认，打开【线宽】对话框，指定线宽为“0.50 毫米”，如图 12-10 所示，

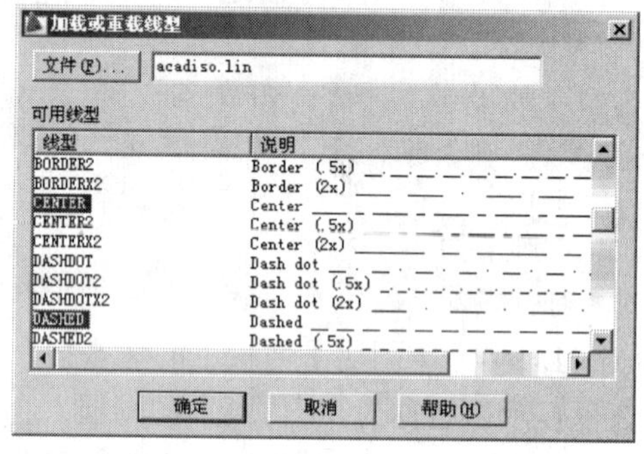

图 12-9 【加载或重载线型】对话框

如果要使图形对象的线宽在模型空间中显示得更宽或更窄一些，可以调整线宽比例。在状态栏的+按钮上单击鼠标右键，弹出快捷菜单，选择【设置】命令，打开【线宽设置】对话框，如图 12-11 所示，在【调整显示比例】分组框中移动滑块来改变显示比例值。

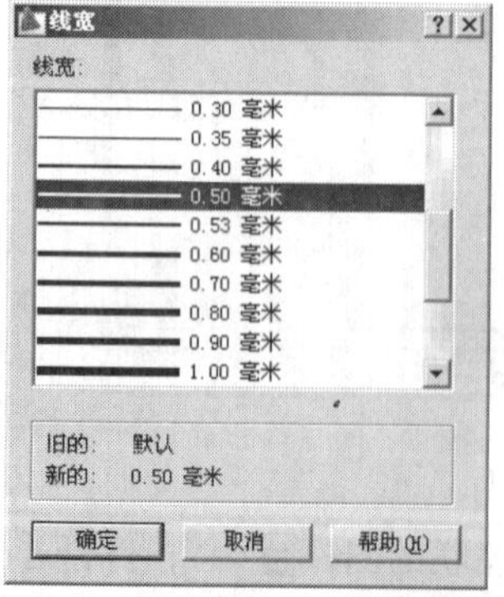

图 12-10 【线宽】对话框

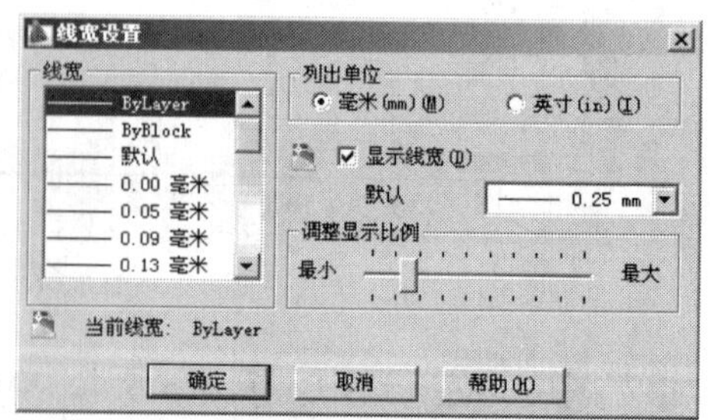

图 12-11 【线宽设置】对话框

8. 指定当前层。选中“轮廓线层”，单击按钮，图层前出现绿色标记“√”，说明“轮廓线层”变为当前层。

9. 关闭【图层特性管理器】对话框，单击【绘图】面板上的按钮，绘制任意几条线段，这些线条的颜色为白色，线宽为 0.5 毫米。单击状态栏上的按钮，使这些线条显示出线宽。

10. 设定“中心线层”或“虚线层”为当前层，绘制线段，观察效果。

中心线及虚线中的短划线及空格大小可通过线型全局比例因子（LTSCALE）调整，详见 12.2.4 小节。

12.2.2 控制图层状态

每个图层都具有打开与关闭、冻结与解冻、锁定与解锁、打印与不打印等状态，通过改变图层状态，就能控制图层上对象的可见性及可编辑性等。用户可利用【图层特性管理器】对话框或【图层】面板上的【图层控制】下拉列表对图层状态进行控制，如图 12-12 所示。

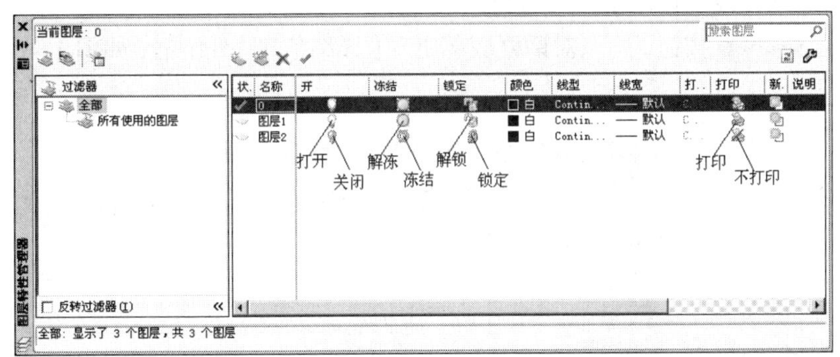

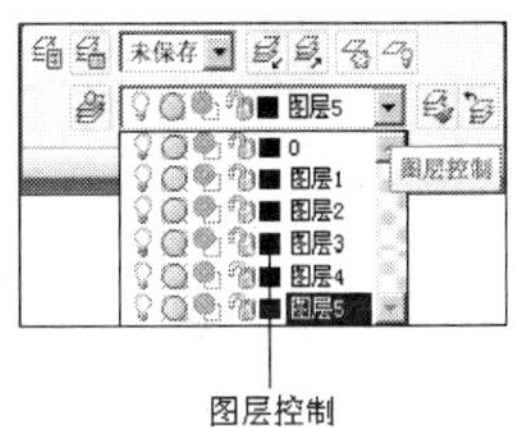

图 12-12 图层状态

下面对图层状态做简要说明。

- 打开/关闭：单击图标，将关闭或打开某一图层。打开的图层是可见的，而关闭的图层不可见，也不能被打印。当图形重新生成时，被关闭的层将一起被生成。
- 解冻/冻结：单击图标，将冻结或解冻某一图层。解冻的图层是可见的，而冻结的图层为不可见，也不能被打印。当重新生成图形时，系统不再重新生成该层上的对象，因而冻结一些图层后，可以加快许多操作的速度。
- 解锁/锁定：单击图标，将锁定或解锁图层。被锁定的图层是可见的，但图层上的对象不能被编辑。
- 打印/不打印：单击图标，就可设定图层是否被打印。

12.2.3 修改对象图层、颜色、线型和线宽

用户通过【特性】面板上的【颜色控制】、【线型控制】和【线宽控制】下拉列表可以方便地修改或设置对象的颜色、线型及线宽等属性，如图 12-13 所示。默认情况下，这 3 个列表框中显示“Bylayer”。“Bylayer”的意思是所绘对象的颜色、线型及线宽等属性与当前层所设定的

完全相同。

当要设置将要绘制的对象的颜色、线型及线宽等属性时，用户可直接在【颜色控制】、【线型控制】和【线宽控制】下拉列表中选择相应选项。

若要修改已有对象的颜色、线型及线宽等属性，可先选择对象，然后在【颜色控制】、【线型控制】和【线宽控制】下拉列表中选择新的颜色、线型及线宽。

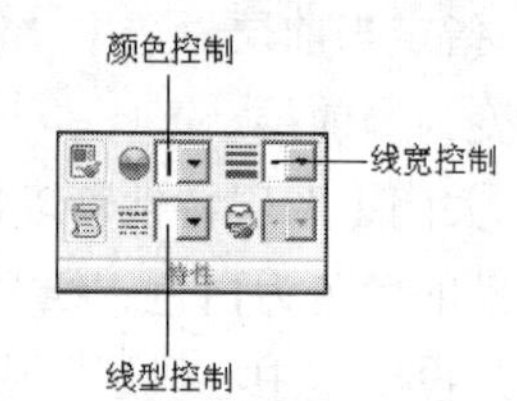

图 12-13 【颜色控制】、【线型控制】和【线宽控制】下拉列表

12.2.4 修改非连续线的外观

LTSCALE 是控制线型外观的全局比例因子，它将影响图样中所有非连续线型的外观，其值增加时，将使非连续线中短横线及空格加长，否则，会使它们缩短。图 12-14 显示了使用不同比例因子时虚线及点画线的外观。

【案例 12-5】 改变线型全局比例因子。

1. 打开【特性】面板上的【线型控制】下拉列表，在列表中选择“其他”选项，打开【线型管理器】对话框，再单击 显示细节(D) 按钮，则该对话框底部出现【详细信息】分组框，如图 12-15 所示。

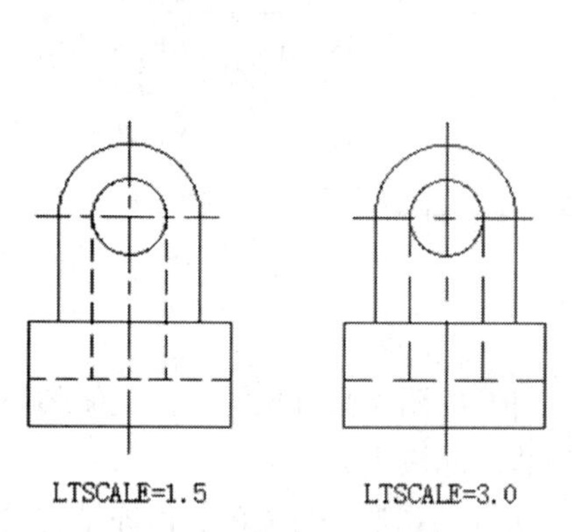

图 12-14 全局线型比例因子对非连续线外观的影响

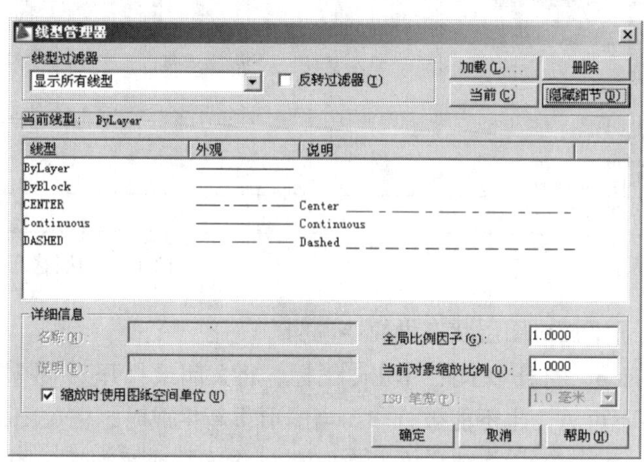

图 12-15 【线型管理器】对话框

2. 在【详细信息】分组框的【全局比例因子】文本框中输入新的比例值。

第 13 章 绘制和编辑线段、平行线及圆

【学习目标】

- 输入点的绝对坐标或相对坐标画线。
- 结合对象捕捉、极轴追踪及自动追踪功能画线。
- 绘制平行线及任意角度斜线。
- 修剪、打断线条及调整线条长度。
- 画圆、圆弧连接及圆的切线。
- 移动、复制及旋转对象。

通过本章的学习，使读者掌握绘制线段、斜线、平行线、圆及圆弧连接的方法，并能够灵活运用相应的命令绘制简单图形。

13.1 绘制线段的方法（一）

本节主要内容包括输入相对坐标画线、捕捉几何点、修剪线条及延伸线条等。

13.1.1 输入点的坐标绘制线段

LINE 命令可在二维或三维空间中创建线段。发出命令后，用户通过鼠标指定线段的端点或利用键盘输入端点坐标，AutoCAD 就将这些点连接成线段。

常用的点坐标形式如下。

- 绝对直角坐标或相对直角坐标。绝对直角坐标的输入格式为“*X,Y*”，相对直角坐标的输入格式为“@*X,Y*”。*X* 表示点的 *x* 坐标值，*Y* 表示点的 *y* 坐标值，两坐标值之间用“,”分隔开。例如：(–60,30)、(40,70) 分别表示图 13-1 中的 *A*、*B* 点。
- 绝对极坐标或相对极坐标。绝对极坐标的输入格式为“*R*<*α*”，相对极坐标的输入格式为“@*R*<*α*”。*R* 表示点到原点的距离，*α*表示极轴方向与 *x* 轴正向间的夹角。若从 *x* 轴正向逆

时针旋转到极轴方向，则α角为正；否则，α角为负。例如：(70<120)、(50<-30)分别表示图13-1中的C、D点。

● 画线时若只输入“<α”，而不输入“R”，则表示沿α角度方向绘制任意长度的直线，这种画线方式称为角度覆盖方式。

【案例13-1】 图形左下角点的绝对坐标及图形尺寸如图13-2所示，下面用LINE命令绘制此图形。

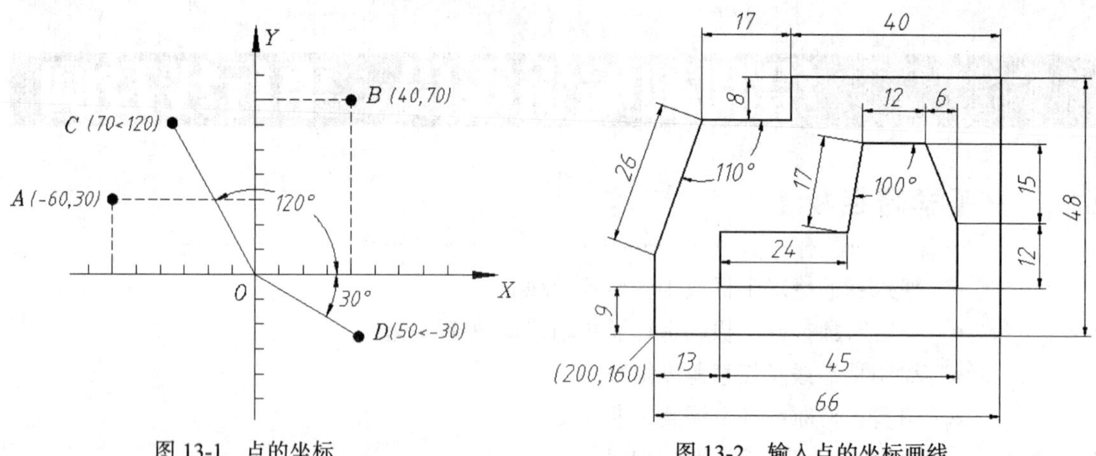

图13-1 点的坐标　　　　图13-2 输入点的坐标画线

1. 设定绘图区域大小为80×80，该区域左下角点的坐标为(190,150)，右上角点的相对坐标为(@80,80)。单击【实用程序】面板上的按钮，使绘图区域充满整个图形窗口显示出来。

2. 单击【绘图】面板上的按钮或输入命令代号LINE，启动画线命令。

```
命令: _line 指定第一点: 200,160                  //输入A点的绝对直角坐标，如图13-3所示
指定下一点或 [放弃(U)]: @66,0                     //输入B点的相对直角坐标
指定下一点或 [放弃(U)]: @0,48                     //输入C点的相对直角坐标
指定下一点或 [闭合(C)/放弃(U)]: @-40,0            //输入D点的相对直角坐标
指定下一点或 [闭合(C)/放弃(U)]: @0,-8             //输入E点的相对直角坐标
指定下一点或 [闭合(C)/放弃(U)]: @-17,0            //输入F点的相对直角坐标
指定下一点或 [闭合(C)/放弃(U)]: @26<-110          //输入G点的相对极坐标
指定下一点或 [闭合(C)/放弃(U)]: c                 //使线框闭合
```

结果如图13-3所示。

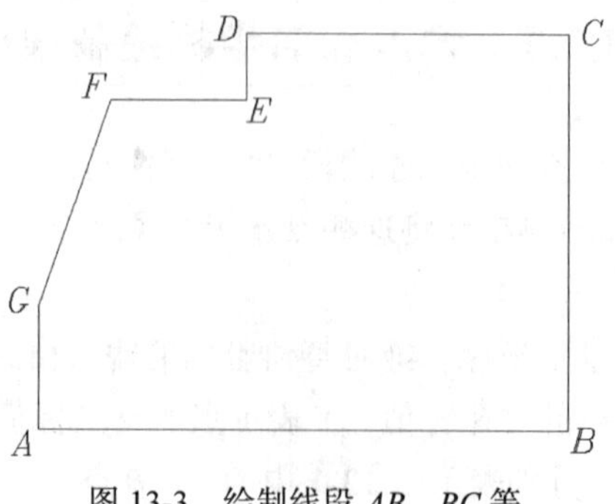

图13-3 绘制线段AB、BC等

3. 绘制图形的其余部分。

13.1.2 使用对象捕捉精确绘制线段

用 LINE 命令绘制线的过程中，可启动对象捕捉功能，以拾取一些特殊的几何点，如端点、圆心及切点等。【对象捕捉】工具栏中包含了各种对象捕捉工具，其中常用捕捉工具的功能及命令代号如表 13-1 所示。

表 13-1　　对象捕捉工具及代号

捕捉按钮	代　号	功　能
	FROM	正交偏移捕捉。先指定基点，再输入相对坐标来确定新点
	END	捕捉端点
	MID	捕捉中点
	INT	捕捉交点
	EXT	捕捉延伸点。从线段端点开始沿线段方向捕捉一点
	CEN	捕捉圆、圆弧及椭圆的中心
	QUA	捕捉圆、椭圆的 0°、90°、180°或 270°处的点——象限点
	TAN	捕捉切点
	PER	捕捉垂足
	PAR	平行捕捉。先指定线段起点，再利用平行捕捉绘制平行线
无	M2P	捕捉两点间连线的中点

【案例 13-2】 打开素材文件"dwg\第 13 章\13-2.dwg"，如图 13-4 左图所示，使用 LINE 命令将左图修改为右图。

1. 单击状态栏上的□按钮，打开自动捕捉方式，然后在此按钮上单击鼠标右键，选择【设置】命令，打开【草图设置】对话框，在该对话框的【对象捕捉】选项卡中设置自动捕捉类型为【端点】、【中点】及【交点】，如图 13-5 所示。

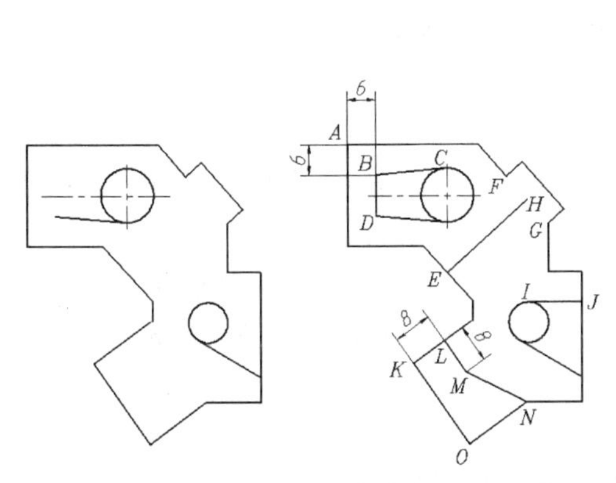

图 13-4　捕捉几何点

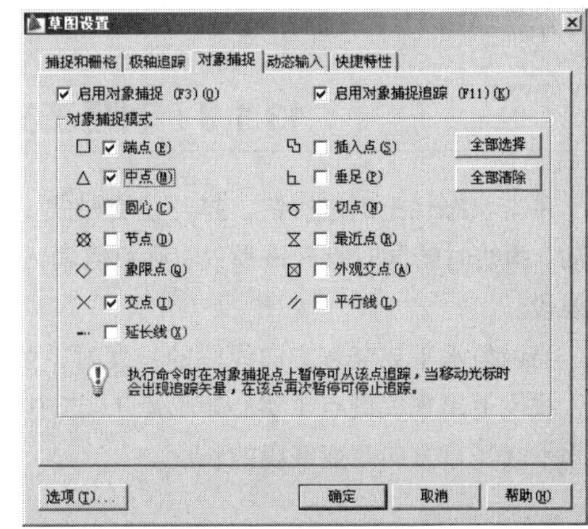

图 13-5　【草图设置】对话框

2. 绘制线段 *BC*、*BD*。*B* 点的位置用正交偏移捕捉确定，如图 13-4 右图所示。

```
命令: _line 指定第一点: from //输入正交偏移捕捉代号"FROM"，按Enter键
```

```
基点:                        //将鼠标指针移动到 A 点处，AutoCAD 自动捕捉该点，单击鼠标左键确认
<偏移>: @6,-6                //输入 B 点的相对坐标
指定下一点或 [放弃(U)]: tan 到//输入切点捕捉代号“TAN”并按 Enter 键，捕捉切点 C
指定下一点或 [放弃(U)]:      //按 Enter 键结束
命令:                        //重复命令
LINE 指定第一点:             //自动捕捉端点 B
指定下一点或 [放弃(U)]:      //自动捕捉端点 D
指定下一点或 [放弃(U)]:      //按 Enter 键结束
```

结果如图 13-4 右图所示。

3. 绘制线段 *EH*、*IJ*，如图 13-4 右图所示。

```
命令: _line 指定第一点:              //自动捕捉中点 E
指定下一点或 [放弃(U)]: m2p          //输入捕捉代号“M2P”，按 Enter 键
中点的第一点:                        //自动捕捉端点 F
中点的第二点:                        //自动捕捉端点 G
指定下一点或 [放弃(U)]:              //按 Enter 键结束
命令:                                //重复命令
LINE 指定第一点: qua 于              //输入象限点捕捉代号“QUA”，捕捉象限点 I
指定下一点或 [放弃(U)]: per 到       //输入垂足捕捉代号“PER”，捕捉垂足 J
指定下一点或 [放弃(U)]:              //按 Enter 键结束
```

结果如图 13-4 右图所示。

4. 绘制线段 *LM*、*MN*，如图 13-4 右图所示。

```
命令: _line 指定第一点: EXT          //输入延伸点捕捉代号“EXT”并按 Enter 键
于 8                                 //从 K 点开始沿线段进行追踪，输入 L 点与 K 点的距离
指定下一点或 [放弃(U)]: PAR          //输入平行偏移捕捉代号“PAR”并按 Enter 键
到 8                                 //将鼠标指针从线段 KO 处移动到 LM 处，再输入 LM 线段的长度
指定下一点或 [放弃(U)]:              //自动捕捉端点 N
指定下一点或 [闭合(C)/放弃(U)]:      //按 Enter 键结束
```

结果如图 13-4 右图所示。

13.1.3 利用正交模式辅助绘制线段

单击状态栏上的按钮，打开正交模式。在正交模式下，鼠标指针只能沿水平或竖直方向移动。画线时若同时打开该模式，则只需输入线段的长度值，AutoCAD 就自动绘制出水平或竖直线段。

当调整水平或竖直方向线段的长度时，可利用正交模式限制鼠标指针的移动方向。选择线段，线段上出现关键点（实心矩形点），选中端点处的关键点后，移动鼠标指针，AutoCAD 就沿水平或竖直方向改变线段的长度。

13.1.4 剪断线条

使用 TRIM 命令可将多余线条修剪掉。启动该命令后，用户首先指定一个或几个对象作为剪切边（可以想象为剪刀），然后选择被修剪的部分。

【案例 13-3】 练习 TRIM 命令。

1. 打开素材文件“dwg\第 13 章\13-3.dwg”，如图 13-6 左图所示，用 TRIM 命令将左图修改为右图。

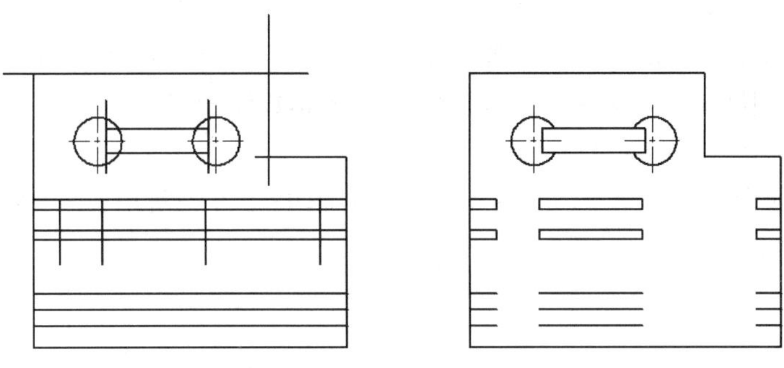

图 13-6 练习 TRIM 命令

2. 单击【修改】面板上的 按钮或输入命令代号 TRIM，启动修剪命令。

```
命令: _trim
选择对象或 <全部选择>: 找到 1 个                          //选择剪切边 A，如图 13-7 左图所示
选择对象:                                                 //按 Enter 键
选择要修剪的对象，或按住 Shift 键选择要延伸的对象，或
[栏选(F)/窗交(C)/投影(P)/边(E)/删除(R)/放弃(U)]:          //在 B 点处选择要修剪的多余线条
选择要修剪的对象，或按住 Shift 键选择要延伸的对象，或
[栏选(F)/窗交(C)/投影(P)/边(E)/删除(R)/放弃(U)]:          //按 Enter 键结束
命令:TRIM                                                 //重复命令
选择对象:总计 2 个                                        //选择剪切边 C、D
选择对象:                                                 //按 Enter 键
选择要修剪的对象或[/边(E)]: e                             //选择“边(E)”选项
输入隐含边延伸模式 [延伸(E)/不延伸(N)] <不延伸>: e         //选择“延伸(E)”选项
选择要修剪的对象:                                         //在 E、F 及 G 点处选择要修剪的部分
选择要修剪的对象:                                         //按 Enter 键结束
```

结果如图 13-7 右图所示。

为简化说明，仅将第 2 个 TRIM 命令的与当前操作相关的提示信息罗列出来，而将其他信息省略，这种讲解方式在后续的例题中也将采用。

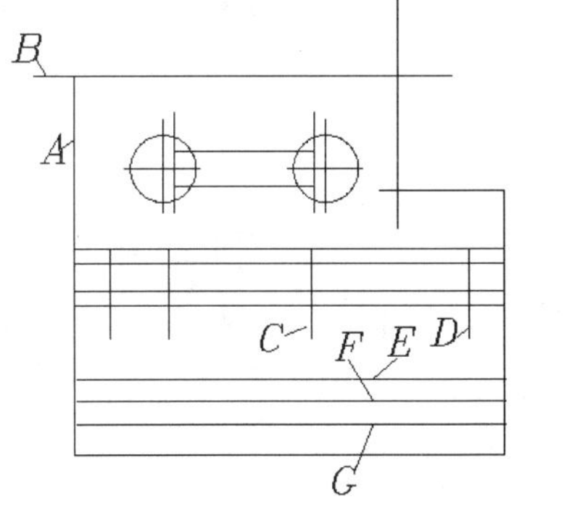

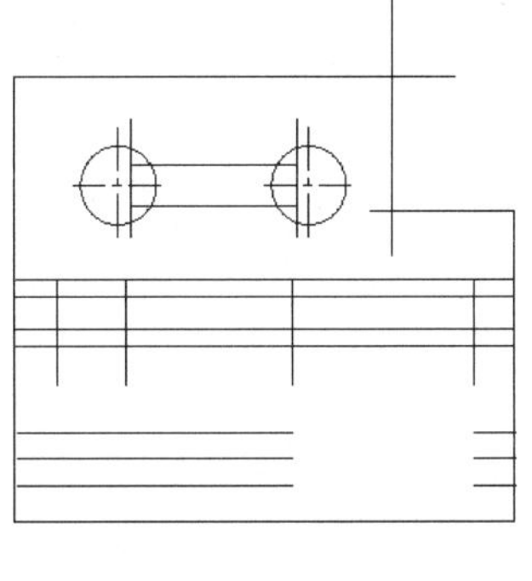

图 13-7 修剪对象

3. 利用 TRIM 命令修剪图中的其他多余线条。

13.1.5 延伸线条

利用 EXTEND 命令可以将线段、曲线等对象延伸到一个边界对象，使其与边界对象相交。有时对象延伸后并不与边界直接相交，而是与边界的延长线相交。

【案例 13-4】 练习 EXTEND 命令。

1. 打开素材文件“dwg\第 13 章\13-4.dwg”，如图 13-8 左图所示，用 EXTEND 及 TRIM 命令将左图修改为右图。

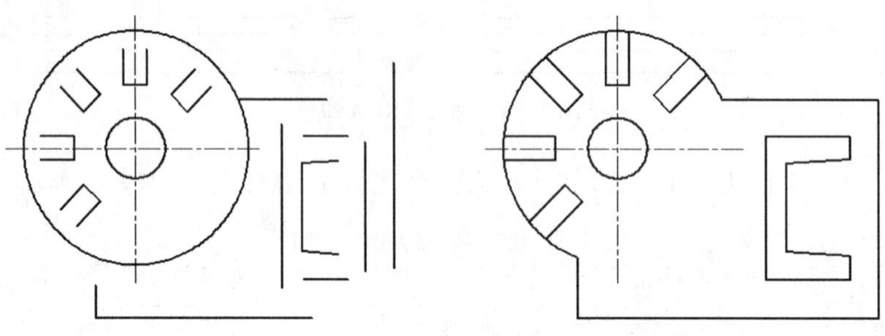

图 13-8 练习 EXTEND 命令

2. 单击【修改】面板上的按钮或输入命令代号 EXTEND，启动延伸命令。

```
命令: _extend
选择对象或 <全部选择>:  找到 1 个                   //选择边界线段A，如图13-9左图所示
选择对象:                                          //按Enter键
选择要延伸的对象，或按住 Shift 键选择要修剪的对象，或
[栏选(F)/窗交(C)/投影(P)/边(E)/放弃(U)]:           //选择要延伸的线段 B
选择要延伸的对象，或按住 Shift 键选择要修剪的对象，或
[栏选(F)/窗交(C)/投影(P)/边(E)/放弃(U)]:           //按Enter键结束
命令:EXTEND                                        //重复命令
选择对象:总计 2 个                                  //选择边界线段A、C
选择对象:                                          //按Enter键
选择要延伸的对象或[/边(E)]:  e                      //选择“边(E)”选项
输入隐含边延伸模式 [延伸(E)/不延伸(N)] <不延伸>: e//选择“延伸(E)”选项
选择要延伸的对象:                                   //选择要延伸的线段A、C
选择要延伸的对象:                                   //按Enter键结束
```

结果如图 13-9 右图所示。

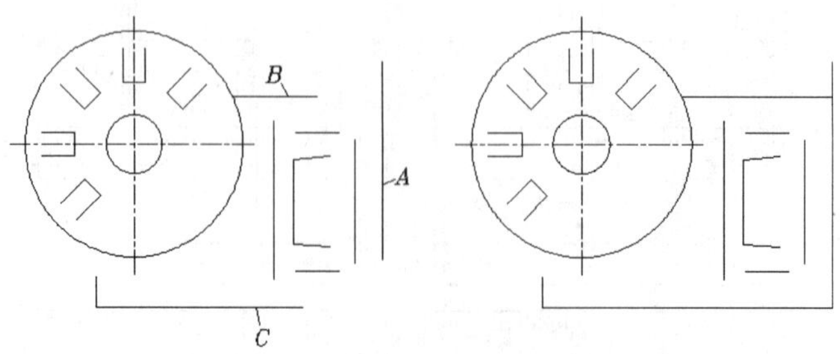

图 13-9 延伸线条

3. 利用 EXTEND 及 TRIM 命令继续修改图形中的其他部分。

13.1.6 上机练习——输入点的坐标及利用对象捕捉绘制线段

【案例 13-5】 利用 LINE 及 TRIM 等命令绘制平面图形，如图 13-10 所示。

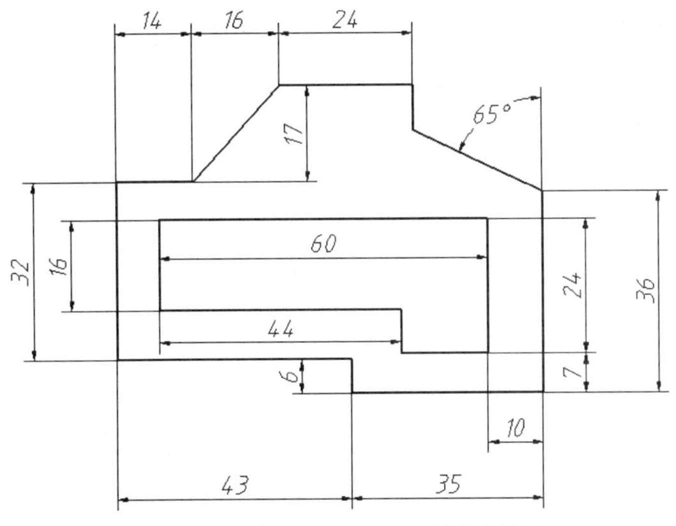

图 13-10 利用 LINE、TRIM 等命令绘图

13.2 绘制线段的方法（二）

本节主要内容包括极轴追踪、自动追踪、绘制平行线及改变线条长度等。

13.2.1 结合对象捕捉、极轴追踪及自动追踪功能绘制线段

首先简要说明 AutoCAD 极轴追踪及自动追踪功能，然后通过练习掌握它们。

1. 极轴追踪

打开极轴追踪功能并启动 LINE 命令后，鼠标指针就沿用户设定的极轴方向移动，AutoCAD 在该方向上显示一条追踪辅助线及光标点的极坐标值，如图 13-11 所示。输入线段的长度后，按 Enter 键，就绘制出指定长度的线段。

2. 自动追踪

自动追踪是指 AutoCAD 从一点开始自动沿某一方向进行追踪，追踪方向上将显示一条追踪辅助线及光标点的极坐标值。输入追踪距离，按 Enter 键，就确定新的点。在使用自动追踪功能时，必须打开对象捕捉。AutoCAD 首先捕捉一个几何点作为追踪参考点，然后沿水平方向、

竖直方向或设定的极轴方向进行追踪，如图 13-12 所示。

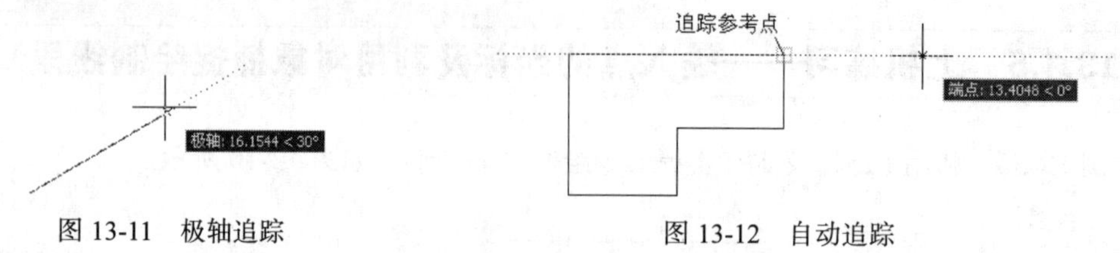

图 13-11 极轴追踪　　图 13-12 自动追踪

【案例 13-6】 打开素材文件“dwg\第 13 章\13-6.dwg”，如图 13-13 左图所示，用 LINE 命令并结合极轴追踪、对象捕捉及自动追踪功能将左图修改为右图。

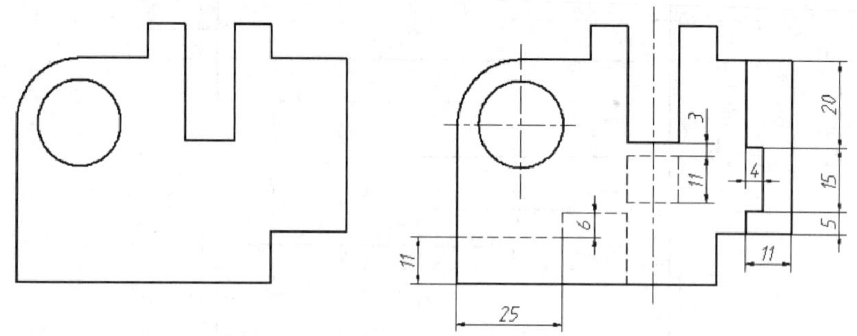

图 13-13 利用极轴追踪、对象捕捉及自动追踪功能画线

1. 打开对象捕捉，设置自动捕捉类型为【端点】、【中点】、【圆心】及【交点】，再设定线型全局比例因子为“0.2”。

2. 在状态栏的按钮上单击鼠标右键，在弹出的快捷菜单中选择【设置】命令，打开【草图设置】对话框，进入【极轴追踪】选项卡，在该选项卡的【增量角】下拉列表中设定极轴角增量为“90”，如图 13-14 所示。此后，若用户打开极轴追踪画线，则鼠标指针将自动沿 0°、90°、180° 及 270° 方向进行追踪，再输入线段长度值，AutoCAD 就在该方向上画出线段。最后单击 确定 按钮，关闭【草图设置】对话框。

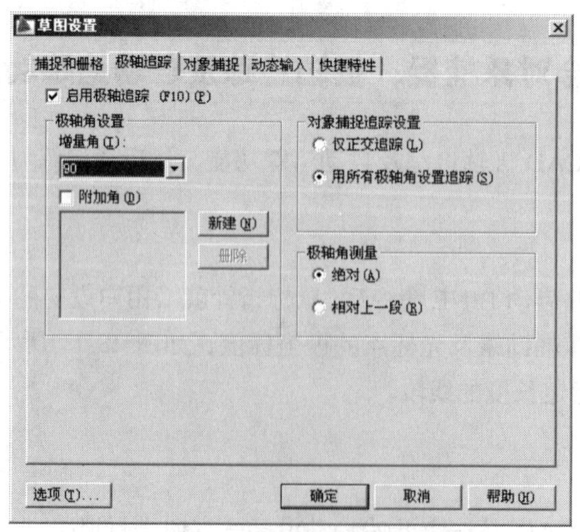

图 13-14 【草图设置】对话框

3. 单击状态栏上的、及按钮，打开极轴追踪、对象捕捉及自动追踪功能。

4. 切换到轮廓线层，绘制线段 *BC*、*EF* 等，如图 13-15 所示。

```
命令: _line 指定第一点:                    //从中点 A 向上追踪到 B 点
指定下一点或 [放弃(U)]:                    //从 B 点向下追踪到 C 点
指定下一点或 [放弃(U)]:                    //按 Enter 键结束
命令:                                      //重复命令
LINE 指定第一点: 11                        //从 D 点向上追踪并输入追踪距离
指定下一点或 [放弃(U)]: 25                 //从 E 点向右追踪并输入追踪距离
指定下一点或 [放弃(U)]: 6                  //从 F 点向上追踪并输入追踪距离
指定下一点或 [闭合(C)/放弃(U)]:            //从 G 点向右追踪并以 I 点为追踪参考点确定 H 点
指定下一点或 [闭合(C)/放弃(U)]:            //从 H 点向下追踪并捕捉交点 J
指定下一点或 [闭合(C)/放弃(U)]:            //按 Enter 键结束
```

结果如图 13-15 所示。

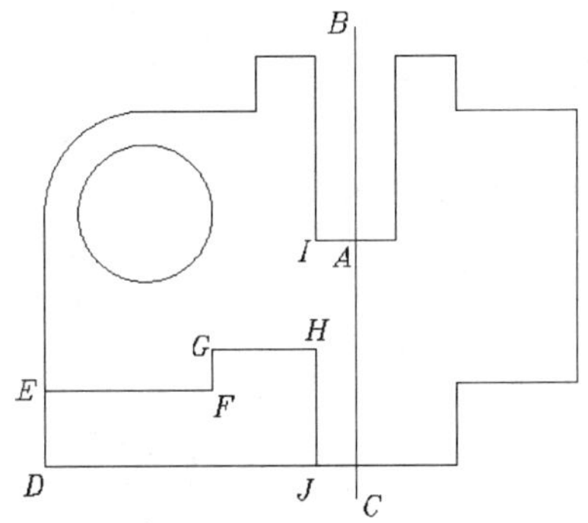

图 13-15　绘制线段 *BC*、*EF* 等

5. 绘制图形的其余部分，然后修改某些对象所在的图层。

13.2.2　绘制平行线

OFFSET 命令可将对象偏移指定的距离，创建一个与原对象类似的新对象。使用该命令时，用户可以通过两种方式创建平行对象，一种是输入平行线间的距离，另一种是指定新平行线通过的点。

【案例 13-7】 打开素材文件“dwg\第 13 章\13-7.dwg”，如图 13-16 左图所示，用 OFFSET、EXTEND 及 TRIM 等命令将左图修改为右图。

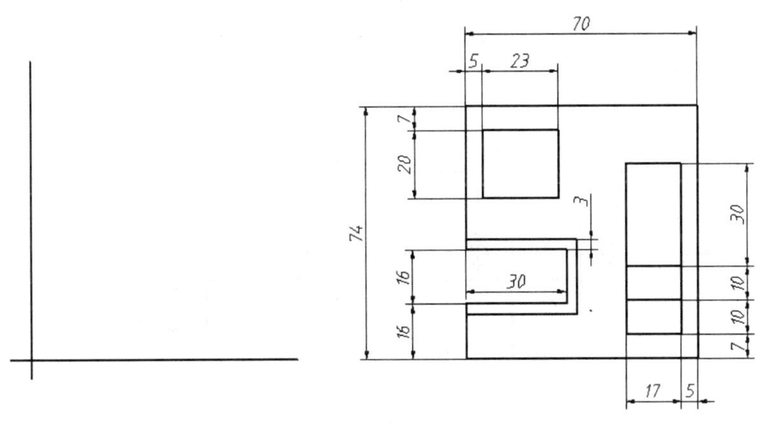

图 13-16　绘制平行线

1. 用 OFFSET 命令偏移线段 *A*、*B*，得到平行线 *C*、*D*，如图 13-17 所示。

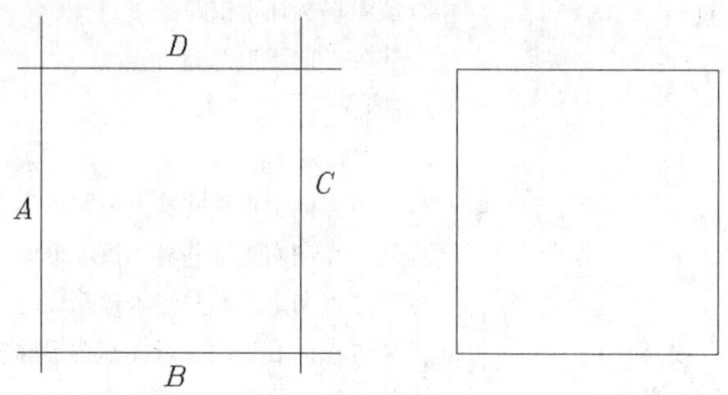

图 13-17 绘制平行线及修剪多余线条

单击【修改】面板上的按钮，启动 OFFSET 命令。

```
命令: _offset
指定偏移距离或 [通过(T)/删除(E)/图层(L)] <10.0000>: 70
                                               //输入偏移距离
选择要偏移的对象，或 [退出(E)/放弃(U)] <退出>:   //选择线段 A
指定要偏移的那一侧上的点，或 [退出(E)/多个(M)/放弃(U)] <退出>:
                                               //在线段 A 的右边单击一点
选择要偏移的对象，或 [退出(E)/放弃(U)] <退出>:   //按 Enter 键结束
命令:OFFSET                                    //重复命令
指定偏移距离或 <70.0000>: 74                    //输入偏移距离
选择要偏移的对象，或 <退出>:                     //选择线段 B
指定要偏移的那一侧上的点:                        //在线段 B 的上边单击一点
选择要偏移的对象，或 <退出>:                     //按 Enter 键结束
```

结果如图 13 17 左图所示。用 TRIM 命令修剪多余线条，结果如图 13-17 右图所示。

2. 用 OFFSET、EXTEND 及 TRIM 命令绘制图形的其余部分。

13.2.3 打断线条

BREAK 命令可以删除对象的一部分，常用于打断线段、圆、圆弧及椭圆等。此命令既可以在一个点处打断对象，也可以在指定的两点间打断对象。

【案例 13-8】 打开素材文件“dwg\第 13 章\13-8.dwg”，如图 13-18 左图所示，用 BREAK 等命令将左图修改为右图。

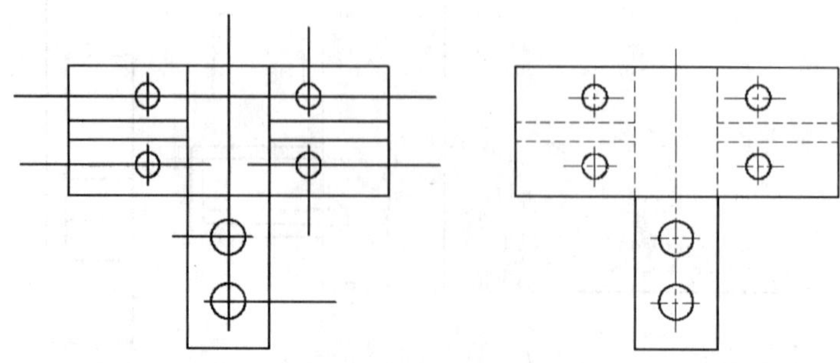

图 13-18 打断线条

1. 用 BREAK 命令打断线条，如图 13-19 所示。

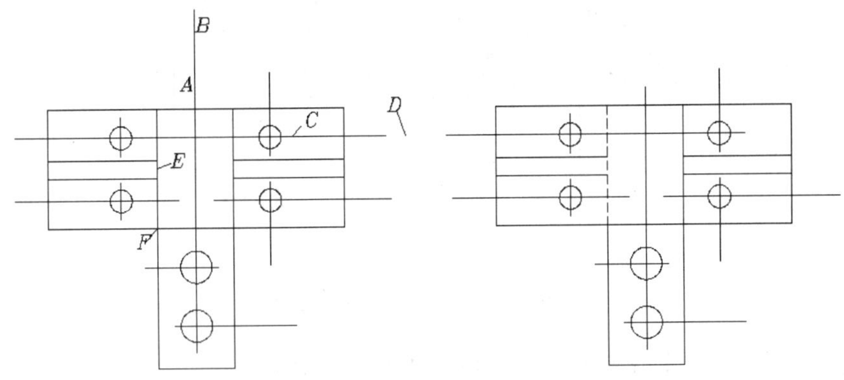

图 13-19　打断线条及改变对象所在的图层

单击【修改】面板上的按钮，启动 BREAK 命令。

```
命令: _break 选择对象:                  //在 A 点处选择对象，如图 13-19 左图所示
指定第二个打断点 或 [第一点(F)]:         //在 B 点处选择对象
命令:                                   //重复命令
BREAK 选择对象:                         //在 C 点处选择对象
指定第二个打断点 或 [第一点(F)]:         //在 D 点处选择对象
命令:                                   //重复命令
BREAK 选择对象:                         //选择线段 E
指定第二个打断点 或 [第一点(F)]: f       //使用选项“第一点(F)”
指定第一个打断点: int 于                 //捕捉交点 F
指定第二个打断点: @                      //输入相对坐标符号，按 Enter 键，在同一点打断对象
```

再将线段 *E* 修改到虚线层上，结果如图 13-19 右图所示。

2. 用 BREAK 等命令修改图形的其他部分。

13.2.4　调整线条长度

LENGTHEN 命令可一次改变线段、圆弧及椭圆弧等多个对象的长度。使用此命令时，经常采用的选项是“动态”，即直观地拖动对象来改变其长度。

【案例 13-9】打开素材文件“dwg\第 13 章\13-9.dwg”，如图 13-20 左图所示，用 LENGTHEN 等命令将左图修改为右图。

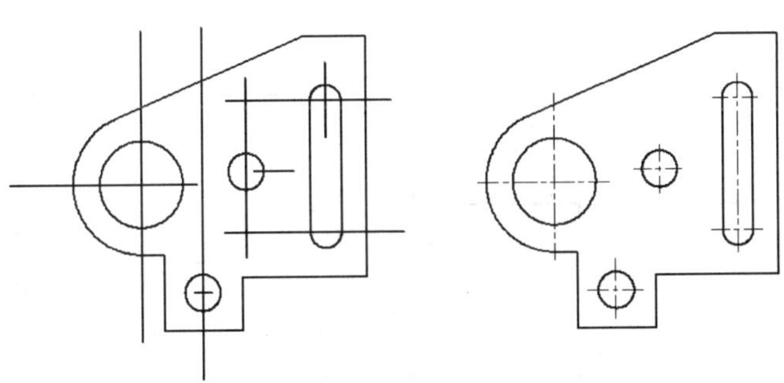

图 13-20　调整线条长度

1．用 LENGTHEN 命令调整线段 *A*、*B* 的长度，如图 13-21 所示。

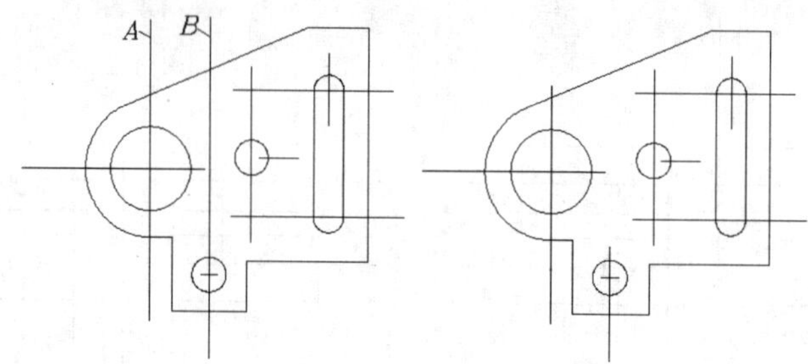

图 13-21　调整线段 *A*、*B* 的长度

选择菜单命令【修改】/【拉长】，启动 LENGTHEN 命令。

```
命令: _lengthen
选择对象或 [增量(DE)/百分数(P)/全部(T)/动态(DY)]: dy
                                        //使用"动态(DY)"选项
选择要修改的对象或 [放弃(U)]:           //在线段 A 的上端选中对象
指定新端点:                             //向下移动鼠标指针，单击一点
选择要修改的对象或 [放弃(U)]:           //在线段 B 的上端选中对象
指定新端点:                             //向下移动鼠标指针，单击一点
选择要修改的对象或 [放弃(U)]:           //按 Enter 键结束
```

结果如图 13-21 右图所示。

2．用 LENGTHEN 命令调整其他定位线的长度，然后将定位线修改到中心线层上。

13.2.5　上机练习——用 LINE、OFFSET 及 TRIM 命令绘图

【案例 13-10】 利用 LINE、OFFSET 及 TRIM 等命令绘制平面图形，如图 13-22 所示。

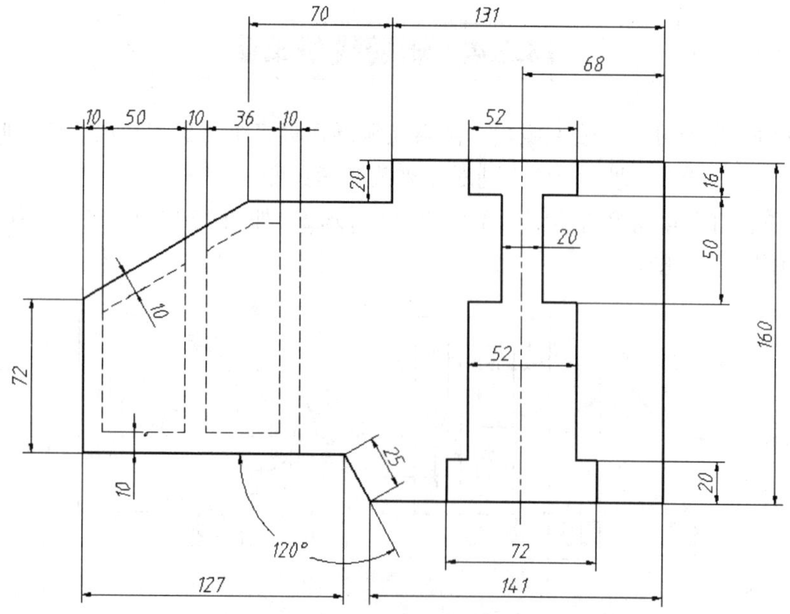

图 13-22　用 LINE、OFFSET、TRIM 等命令绘图

主要作图步骤如图 13-23 所示。

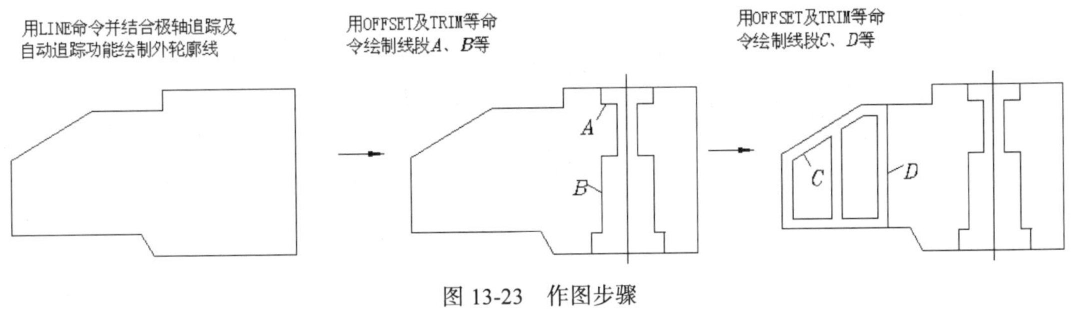

图 13-23 作图步骤

13.3 绘制斜线、切线、圆及圆弧连接

本节主要内容包括绘制垂线、斜线、切线、圆及圆弧连接等。

13.3.1 用 LINE 及 XLINE 命令绘制任意角度斜线

用户可以用以下两种方法绘制倾斜线段。

（1）用 LINE 命令沿某一方向绘制任意长度的线段。启动该命令，当 AutoCAD 提示输入点时，输入一个小于号“<”及角度值，该角度表明了绘制线的方向，AutoCAD 将把鼠标指针锁定在此方向上。移动鼠标指针，线段的长度就发生变化，获取适当长度后，单击鼠标左键结束，这种画线方式称为角度覆盖。

（2）用 XLINE 命令绘制任意角度斜线。XLINE 命令可以绘制无限长的构造线，利用它能直接绘制出水平方向、竖直方向及倾斜方向的直线。作图过程中采用此命令绘制定位线或绘图辅助线是很方便的。

【案例 13-11】 打开素材文件“dwg\第 13 章\13-11.dwg”，如图 13-24 左图所示，用 LINE、XLINE 及 TRIM 等命令将左图修改为右图。

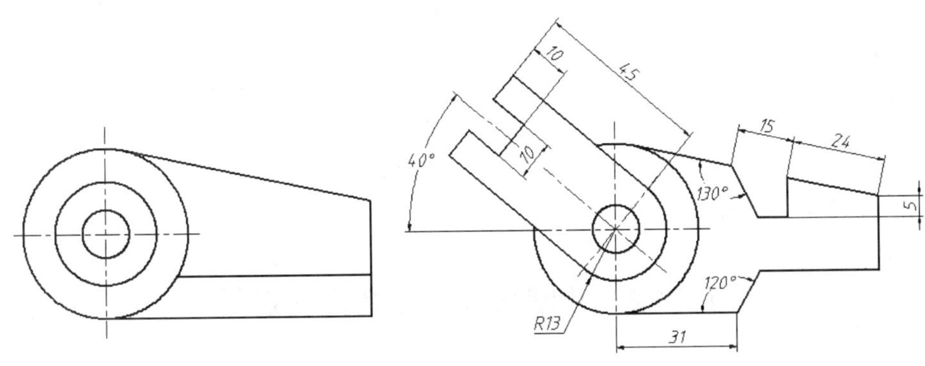

图 13-24 绘制任意角度斜线

1. 用 XLINE 命令绘制直线 G、H、I，用 LINE 命令绘制斜线 J，如图 13-25 左图所示。

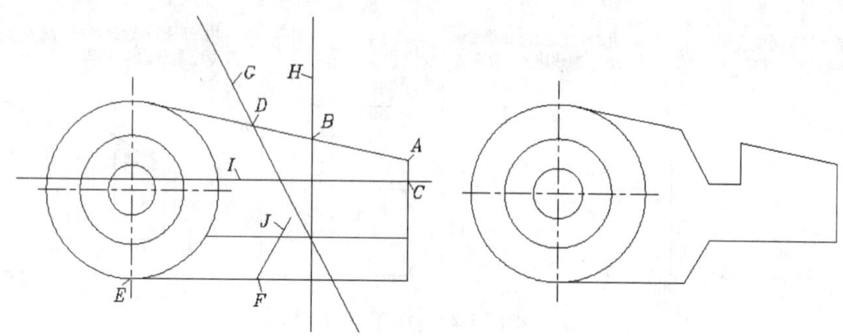

图 13-25 绘制斜线及修剪线条

单击【绘图】面板上的按钮，启动 XLINE 命令。

```
命令: _xline 指定点或 [水平(H)/垂直(V)/角度(A)/二等分(B)/偏移(O)]: v
                                        //使用“垂直(V)”选项
指定通过点: ext                          //捕捉延伸点 B
于 24                                    //输入 B 点与 A 点的距离
指定通过点:                              //按 Enter 键结束
命令:                                    //重复命令
XLINE 指定点或 [水平(H)/垂直(V)/角度(A)/二等分(B)/偏移(O)]: h
                                        //使用“水平(H)”选项
指定通过点: ext                          //捕捉延伸点 C
于 5                                     //输入 C 点与 A 点的距离
指定通过点:                              //按 Enter 键结束
命令:                                    //重复命令
XLINE 指定点或 [水平(H)/垂直(V)/角度(A)/二等分(B)/偏移(O)]: a
                                        //使用“角度(A)”选项
输入构造线的角度 (0) 或 [参照(R)]: r      //使用“参照(R)”选项
选择直线对象:                            //选择线段 AB
输入构造线的角度 <0>: 130                //输入构造线与线段 AB 的夹角
指定通过点: ext                          //捕捉延伸点 D
于 39                                    //输入 D 点与 A 点的距离
指定通过点:                              //按 Enter 键结束
命令: _line 指定第一点: ext              //捕捉延伸点 F
于 31                                    //输入 F 点与 E 点的距离
指定下一点或 [放弃(U)]: <60              //设定画线的角度
指定下一点或 [放弃(U)]:                  //沿 60°方向移动鼠标指针
指定下一点或 [放弃(U)]:                  //单击一点结束
```

结果如图 13-25 左图所示。修剪多余线条，结果如图 13-25 右图所示。

2. 用 XLINE、OFFSET 及 TRIM 等命令绘制图形的其余部分。

13.3.2 绘制切线、圆及圆弧连接

用户可利用 LINE 命令并结合切点捕捉“TAN”来绘制切线。

用户可用 CIRCLE 命令绘制圆及圆弧连接。默认的绘制圆的方法是指定圆心和半径，此外，还可通过两点或 3 点来绘制圆。

【案例 13-12】 打开素材文件“dwg\第 13 章\13-12.dwg”，如图 13-26 左图所示，用 LINE、CIRCLE 等命令将左图修改为右图。

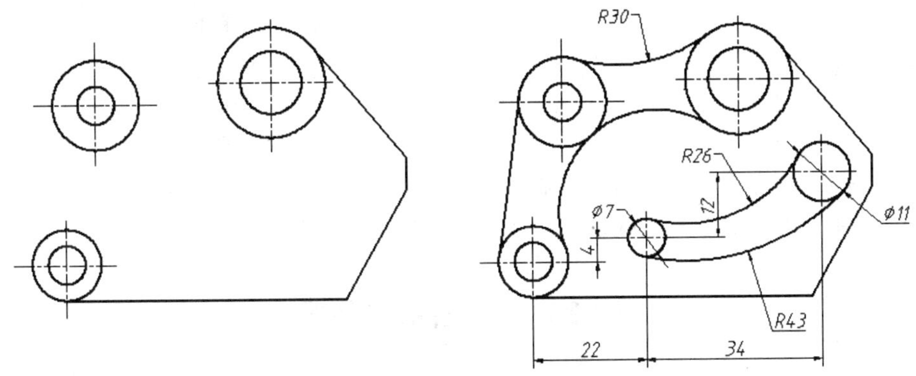

图 13-26　绘制圆及过渡圆弧

1. 绘制切线及过渡圆弧，如图 13-27 所示。

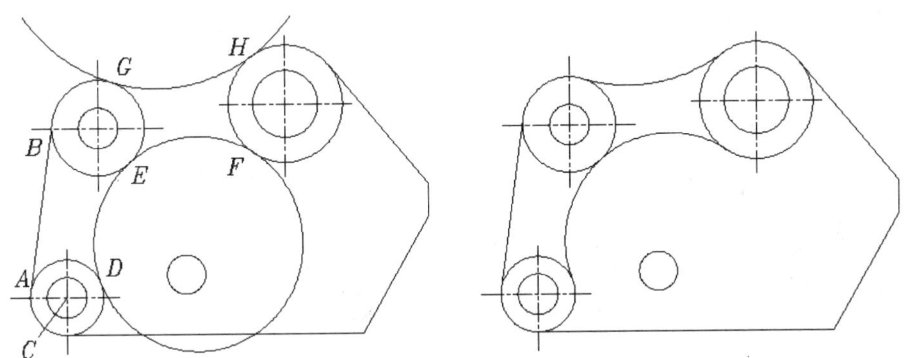

图 13-27　绘制切线及过渡圆弧

单击【绘图】面板上的按钮，启动 CIRCLE 命令。

```
命令: _line 指定第一点: tan 到                          //捕捉切点 A
指定下一点或 [放弃(U)]: tan 到                          //捕捉切点 B
指定下一点或 [放弃(U)]:                                //按 Enter 键结束
```

单击【绘图】面板上的按钮，启动 CIRCLE 命令。

```
命令: _circle 指定圆的圆心或 [三点(3P)/两点(2P)/相切、相切、半径(T)]: 3p
                                                      //使用“三点(3P)”选项
指定圆上的第一点: tan 到                                //捕捉切点 D
指定圆上的第二点: tan 到                                //捕捉切点 E
指定圆上的第三点: tan 到                                //捕捉切点 F
命令:                                                 //重复命令
CIRCLE 指定圆的圆心或 [三点(3P)/两点(2P)/相切、相切、半径(T)]: t
                                                      //利用“相切、相切、半径(T)”选项
```

```
指定对象与圆的第一个切点:                                  //捕捉切点 G
指定对象与圆的第二个切点:                                  //捕捉切点 H
指定圆的半径 <10.8258>:30                                  //输入圆半径
命令:                                                      //重复命令
命令: CIRCLE 指定圆的圆心或 [三点(3P)/两点(2P)/相切、相切、半径(T)]: from
                                                           //使用正交偏移捕捉
基点: int 于                                               //捕捉交点 C
<偏移>: @22,4                                              //输入相对坐标
指定圆的半径或 [直径(D)] <30.0000>: 3.5                    //输入圆半径
```

结果如图 13-27 左图所示。修剪多余线条，结果如图 13-27 右图所示。

2. 用 LINE、CIRCLE 及 TRIM 等命令绘制图形的其余部分。

13.3.3 倒圆角及倒角

FILLET 命令用于倒圆角，操作的对象包括直线、多段线、样条线、圆及圆弧等。

CHAMFER 命令用于倒角，倒角时用户可以输入每条边的倒角距离，也可以指定某条边上倒角的长度及与此边的夹角。

【案例 13-13】 打开素材文件"dwg\第 13 章\13-13.dwg"，如图 13-28 左图所示，用 FILLET 及 CHAMFER 命令将左图修改为右图。

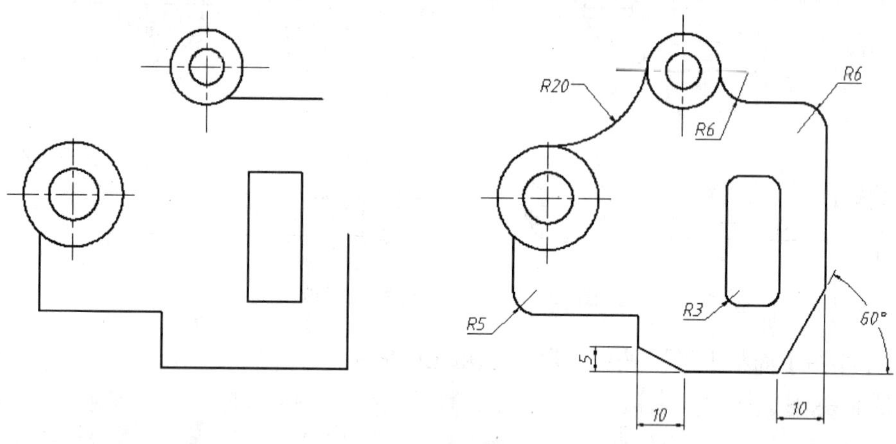

图 13-28 倒圆角及倒角

1. 倒圆角，如图 13-29 所示。

单击【修改】面板上的▢按钮，启动 FILLET 命令。

```
命令: _fillet
选择第一个对象或 [放弃(U)/多段线(P)/半径(R)/修剪(T)/多个(M)]: r
                                                         //使用"半径(R)"选项
指定圆角半径 <3.0000>: 5                                 //输入圆角半径值
选择第一个对象或 [放弃(U)/多段线(P)/半径(R)/修剪(T)/多个(M)]:
                                                         //选择线段 A
选择第二个对象，或按住 Shift 键选择要应用角点的对象:
                                                         //选择线段 B
```

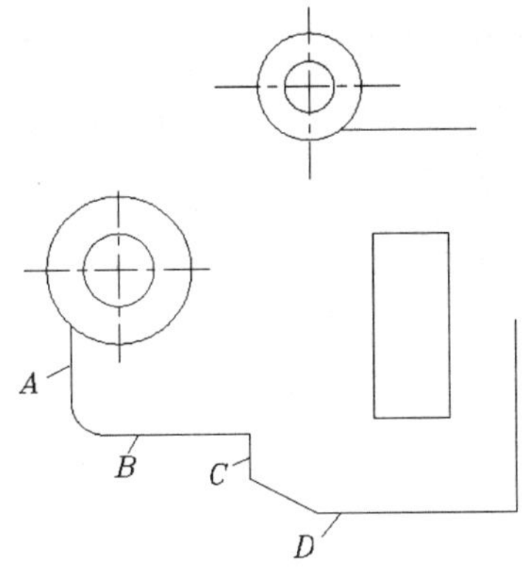

图 13-29 倒圆角及倒角

结果如图 13-29 所示。

2. 倒角，如图 13-29 所示。

单击【修改】面板上的按钮，启动 CHAMFER 命令。

```
命令: _chamfer
选择第一条直线[放弃(U)/多段线(P)/距离(D)/角度(A)/修剪(T)/方式(E)/多个(M)]: d
                                                  //使用"距离(D)"选项
指定第一个倒角距离 <3.0000>: 5                    //输入第一个边的倒角距离
指定第二个倒角距离 <5.0000>: 10                   //输入第二个边的倒角距离
选择第一条直线或 [放弃(U)/多段线(P)/距离(D)/角度(A)/修剪(T)/方式(E)/多个(M)]:
                                                  //选择线段 C
选择第二条直线，或按住 Shift 键选择要应用角点的直线:  //选择线段 D
```

结果如图 13-29 所示。

3. 创建其余圆角及斜角。

13.3.4 移动及复制对象

移动及复制图形的命令分别是 MOVE 和 COPY，这两个命令的使用方法相似。启动 MOVE 或 COPY 命令后，首先选择要移动或复制的对象，然后通过两点或直接输入位移值指定对象移动或复制的距离和方向，AutoCAD 就将图形元素从原位置移动或复制到新位置。

【案例 13-14】 打开素材文件“dwg\第 13 章\13-14.dwg”，如图 13-30 左图所示，用 MOVE 及 COPY 等命令将左图修改为右图。

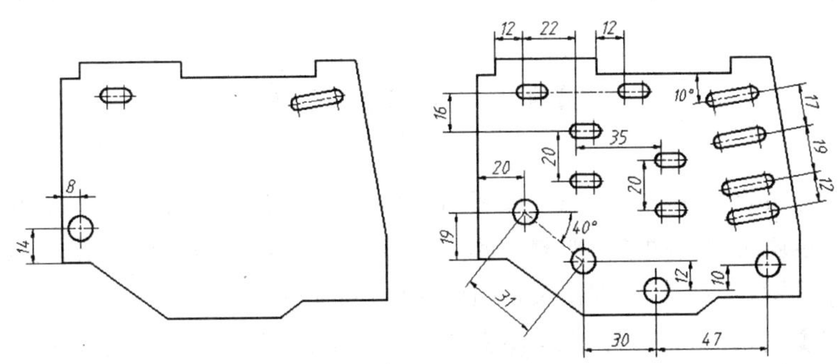

图 13-30 移动及复制对象

1. 移动及复制对象，如图 13-31 所示。

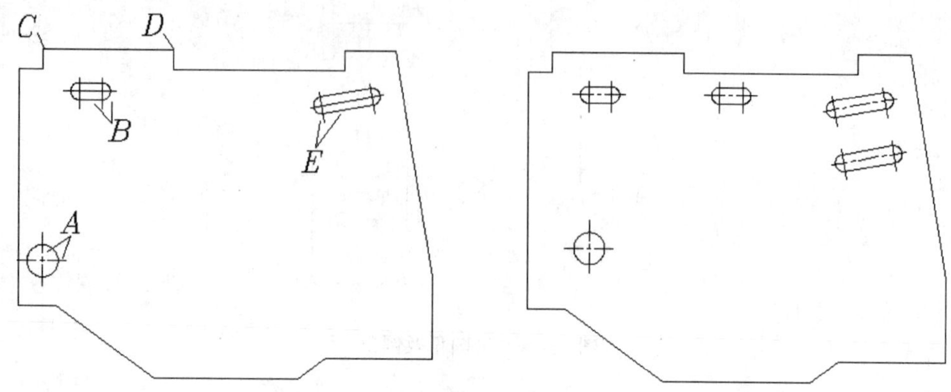

图 13-31 移动对象 *A* 及复制对象 *B*、*E*

单击【修改】面板上的按钮，启动 MOVE 命令。

```
命令: _move                                      //启动移动命令
选择对象: 指定对角点: 找到 3 个                    //选择对象 A
选择对象:                                          //按 Enter 键确认
指定基点或 [位移(D)] <位移>: 12,5                 //输入沿 x、y 轴移动的距离
指定第二个点或 <使用第一个点作为位移>:              //按 Enter 键结束
```

单击【修改】面板上的按钮，启动 COPY 命令。

```
命令: _copy                                      //启动复制命令
选择对象: 指定对角点: 找到 7 个                    //选择对象 B
选择对象:                                          //按 Enter 键确认
指定基点或 [位移(D)/模式(O)] <位移>:              //捕捉交点 C
指定第二个点或 <使用第一个点作为位移>:              //捕捉交点 D
指定第二个点或 [退出(E)/放弃(U)] <退出>:          //按 Enter 键结束
命令: _copy                                      //重复命令
选择对象: 指定对角点: 找到 7 个                    //选择对象 E
选择对象:                                          //按 Enter 键
指定基点或 [位移(D)/模式(O)] <位移>: 17<-80       //指定复制的距离及方向
指定第二个点或 <使用第一个点作为位移>:              //按 Enter 键结束
```

结果如图 13-31 右图所示。

2. 绘制图形的其余部分。

13.3.5 旋转对象

ROTATE 命令可以旋转图形对象，改变图形对象的方向。使用此命令时，用户指定旋转基点并输入旋转角度就可以转动图形对象，此外，用户也可以选取某个方位作为参照位置，然后选择一个新对象或输入一个新角度值来指明要旋转到的位置。

【案例 13-15】 打开素材文件“dwg\第 13 章\13-15.dwg”，如图 13-32 左图所示，用 LINE、CIRCLE 及 ROTATE 等命令将左图修改为右图。

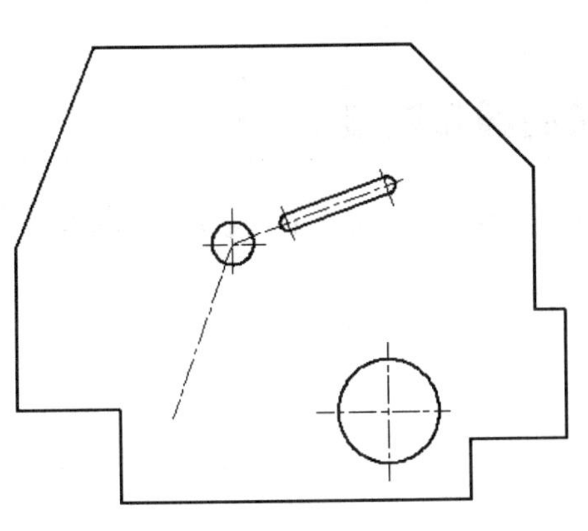

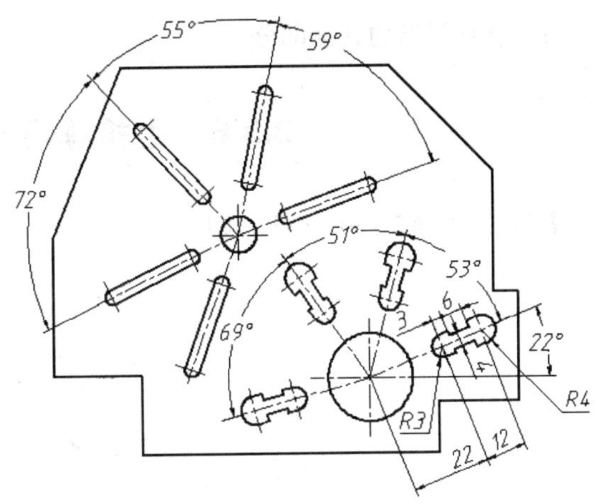

图 13-32　旋转对象

1. 用 ROTATE 命令旋转对象 *A*，如图 13-33 所示。

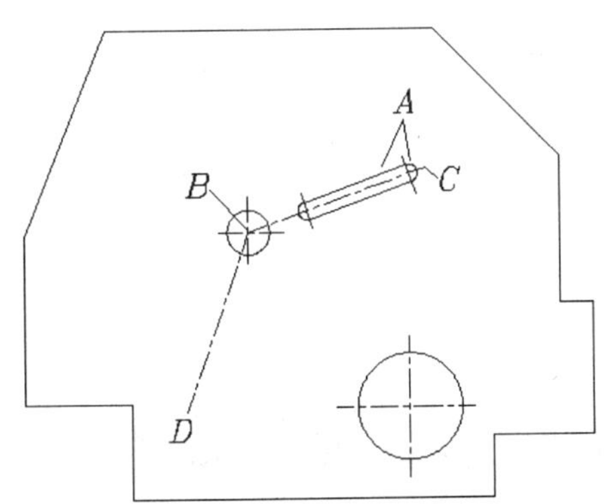

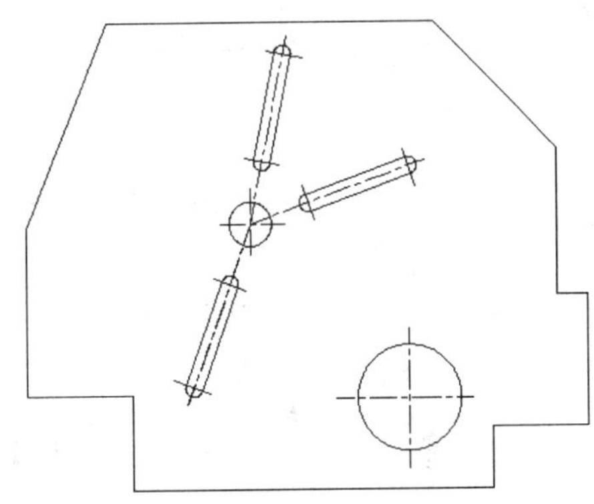

图 13-33　旋转对象 *A*

单击【修改】面板上的按钮，启动 ROTATE 命令。

```
命令: _rotate
选择对象: 指定对角点: 找到 7 个                              //选择图形对象 A，如图 13-40 左图所示
选择对象:                                                   //按 Enter 键
指定基点:                                                   //捕捉圆心 B
指定旋转角度，或 [复制(C)/参照(R)] <70>:  c                  //使用选项“复制(C)”
指定旋转角度，或 [复制(C)/参照(R)] <70>:  59                 //输入旋转角度
命令:ROTATE                                                 //重复命令
选择对象: 指定对角点: 找到 7 个                              //选择图形对象 A
选择对象:                                                   //按 Enter 键
指定基点:                                                   //捕捉圆心 B
指定旋转角度，或 [复制(C)/参照(R)] <59>:  c                  //使用选项“复制(C)”
指定旋转角度，或 [复制(C)/参照(R)] <59>:  r                  //使用选项“参照(R)”
指定参照角 <0>:                                             //捕捉 B 点
指定第二点:                                                 //捕捉 C 点
指定新角度或 [点(P)] <0>:                                   //捕捉 D 点
```

结果如图 13-33 右图所示。

2. 绘制图形的其余部分。

13.3.6 上机练习——绘制圆弧连接

【案例 13-16】 用 LINE、CIRCLE、OFFSET 及 TRIM 等命令绘制图 13-34 所示的图形。

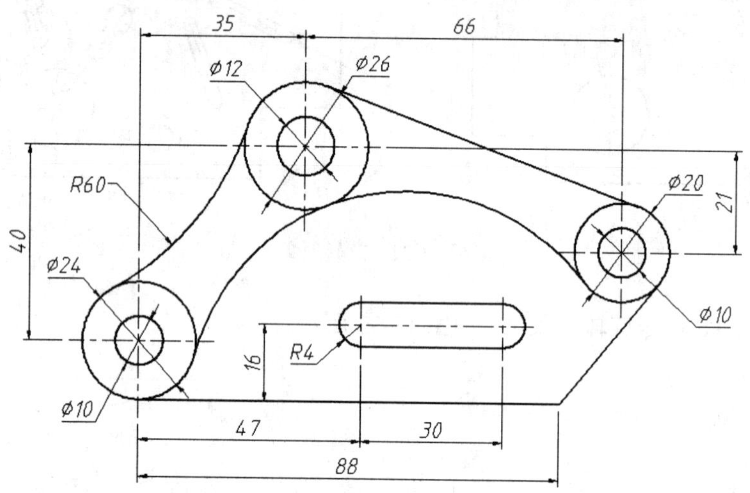

图 13-34 用 LINE、CIRCLE 等命令绘图

13.4 综合训练——绘制三视图

【案例 13-17】 根据轴测图及视图轮廓绘制完整视图，如图 13-35 所示。

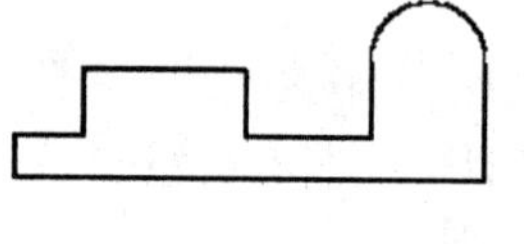

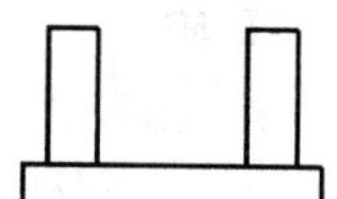

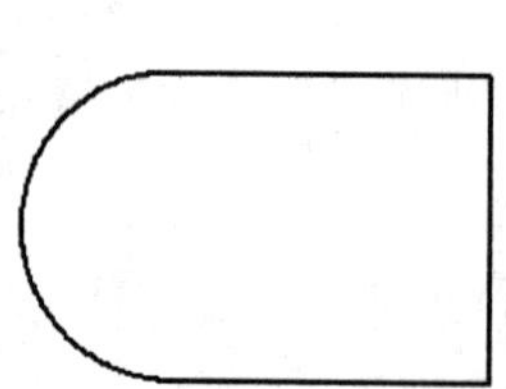

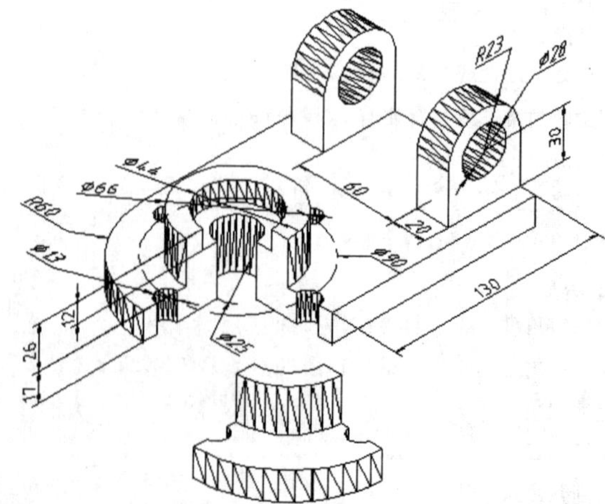

图 13-35 绘制三视图

绘制主视图及俯视图后，可将俯视图复制到新位置并旋转 90°，如图 13-36 所示，然后用 XLINE 命令绘制水平及竖直投影线，利用这些线条形成左视图的主要轮廓。

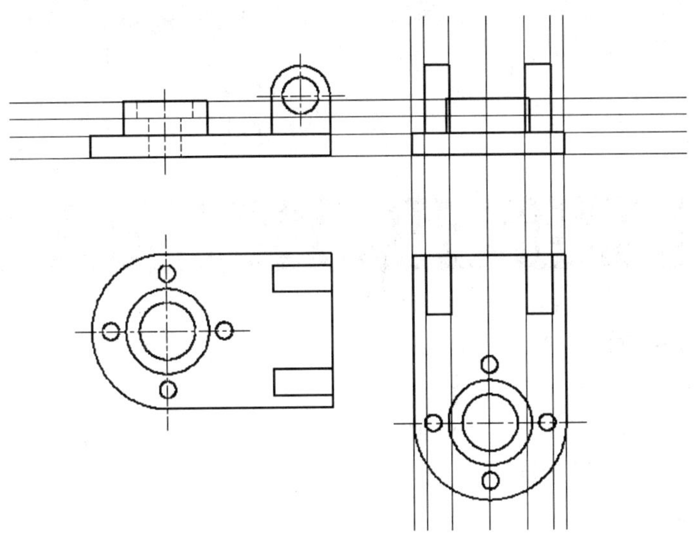

图 13-36　绘制水平及竖直投影线

【案例 13-18】 根据轴测图及视图轮廓绘制完整视图，如图 13-37 所示。

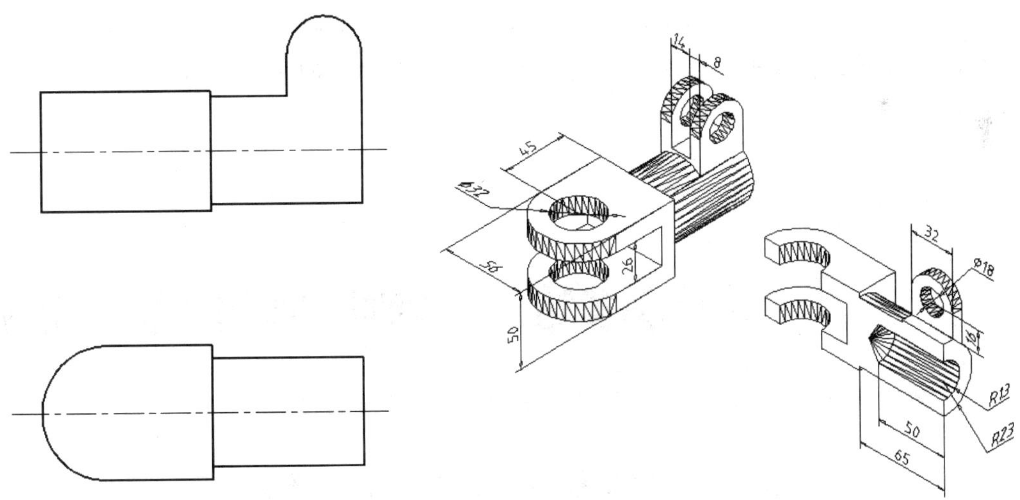

图 13-37　绘制视图

第14章 绘制及编辑多边形、椭圆及剖面图案

【学习目标】

- 绘制矩形、正多边形及椭圆。
- 创建矩形及环形阵列。
- 镜像对象。
- 对齐及拉伸图形。
- 按比例缩放图形。
- 绘制断裂线及填充剖面图案。

通过本章的学习，使读者学会如何绘制多边形、椭圆、断裂线及填充剖面图案，掌握阵列和镜像对象的方法，并能够灵活运用相应命令绘制简单图形。

14.1 绘制多边形、椭圆、阵列及镜像对象

本节主要内容包括绘制矩形、正多边形、椭圆、阵列及镜像对象等。

14.1.1 绘制矩形、正多边形及椭圆

RECTANG 命令用于绘制矩形，启动该命令后，用户指定矩形对角线的两个端点或输入矩形的长、宽尺寸就能画出矩形。绘制时，可设置矩形边线的宽度，还能指定顶点处的倒角距离及圆角半径。

POLYGON 命令用于绘制正多边形。可根据外接圆生成多边形，或是根据内切圆生成多边形。多边形的边数可以从 3 到 1 024。

正多边形有两种画法：

（1）指定多边形边数及多边形中心；

（2）指定多边形边数及某一边的两个端点。

RECTANG 及 POLYGON 命令生成的矩形及正多边形，其各边不是单独的直线对象，而是构成一个完整的对象，称为闭合多段线。可用 EXPLODE 命令分解多段线，使多段线各边变为独立对象。

ELLIPSE 命令用于绘制椭圆。绘制椭圆的默认方法是指定椭圆第一根轴线的两个端点及另一轴长度的一半，另外，也可通过指定椭圆中心、第一轴的端点及另一轴线的半轴长度来绘制椭圆。

【案例 14-1】 用 LINE、RECTANG、POLYGON 及 ELLIPSE 等命令绘制平面图形，如图 14-1 所示。

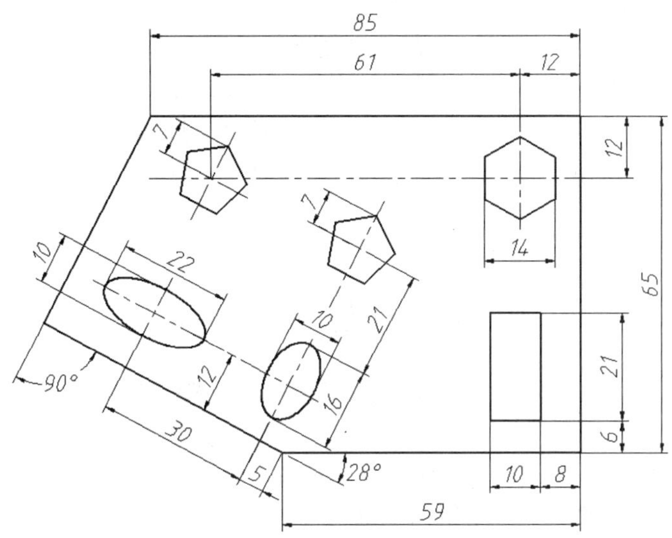

图 14-1　绘制矩形、正多边形及椭圆

1. 打开极轴追踪、对象捕捉及自动追踪功能。设置极轴追踪角度增量为“90”，设置对象捕捉方式为【端点】、【交点】。

2. 用 OFFSET、LINE 及 LENGTHEN 等命令形成正多边形及椭圆的定位线，如图 14-2 左图所示。

3. 绘制矩形、五边形及椭圆，如图 14-2 右图所示。

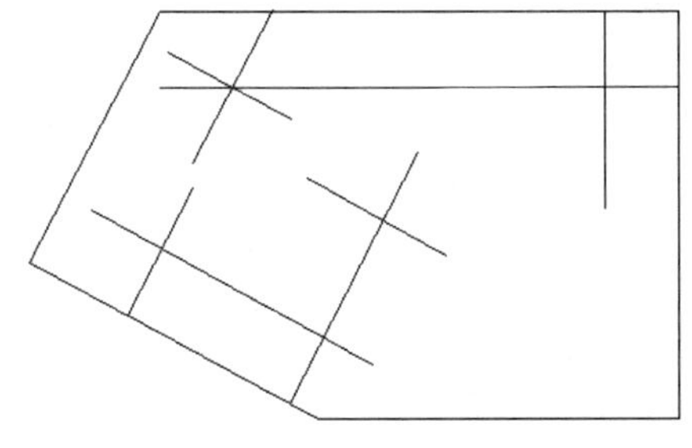

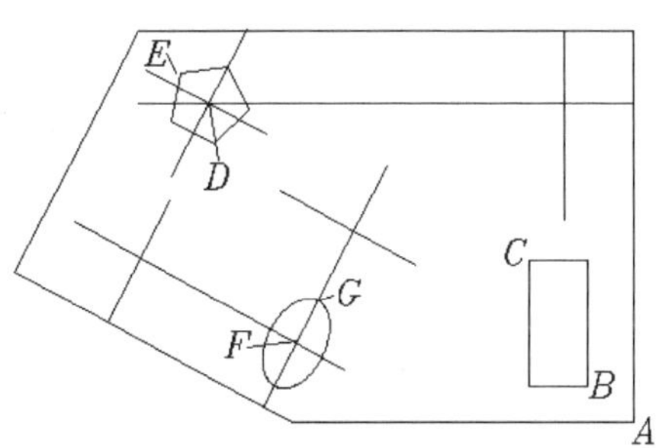

图 14-2　绘制矩形、五边形及椭圆

单击【绘图】面板上的□按钮，启动 RECTANG 命令。

```
命令: _rectang                                    //绘制矩形
指定第一个角点或 [倒角(C)/标高(E)/圆角(F)/厚度(T)/宽度(W)]: from
```

```
                                           //使用正交偏移捕捉
基点:                                      //捕捉交点 A
<偏移>: @-8,6                              //输入 B 点的相对坐标
指定另一个角点或 [面积(A)/尺寸(D)/旋转(R)]: @-10,21
                                           //输入 C 点的相对坐标
```

单击【绘图】面板上的按钮，启动 POLYGON 命令。

```
命令: _polygon 输入边的数目 <4>: 5          //输入多边形的边数
指定正多边形的中心点或 [边(E)]:             //捕捉交点 D
输入选项 [内接于圆(I)/外切于圆(C)] <I>: I   //按内接于圆的方式画多边形
指定圆的半径: @7<62                        //输入 E 点的相对坐标
```

单击【绘图】面板上的按钮，启动 ELLIPSE 命令。

```
命令: _ellipse                             //绘制椭圆
指定椭圆的轴端点或 [圆弧(A)/中心点(C)]: c    //使用"中心点(C)"选项
指定椭圆的中心点:                           //捕捉 F 点
指定轴的端点: @8<62                         //输入 G 点的相对坐标
指定另一条半轴长度或 [旋转(R)]: 5            //输入另一半轴长度
```

结果如图 14-2 右图所示。

4. 绘制图形的其余部分，然后修改定位线所在的图层。

14.1.2 矩形阵列对象

ARRAY 命令用于创建矩形阵列。矩形阵列是指将对象按行、列方式进行排列。操作时，用户一般应提供阵列的行数、列数、行间距及列间距等，如果要沿倾斜方向生成矩形阵列，还应输入阵列的倾斜角度。

【案例 14-2】 打开素材文件“dwg\第 14 章\14-2.dwg”，如图 14-3 左图所示，用 ARRAY 命令将左图修改为右图。

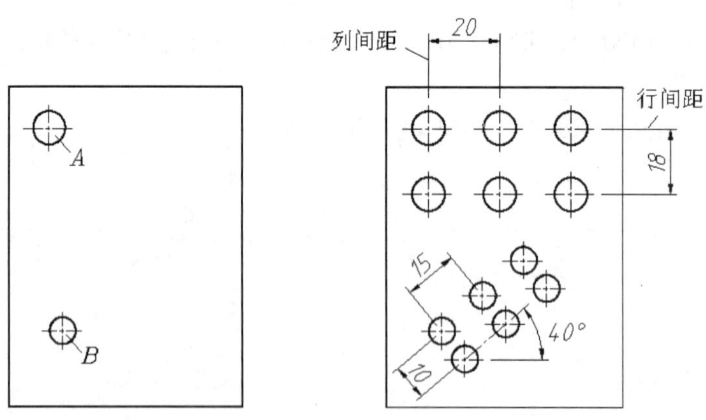

图 14-3 创建矩形阵列

1. 单击【修改】面板上的按钮，启动阵列命令，系统弹出【阵列】对话框，在该对话框中选择【矩形阵列】单选项，如图 14-4 所示。

2. 单击按钮，AutoCAD 提示“选择对象”，选择要阵列的图形对象 *A*，如图 14-3 所示。

3. 分别在【行数】、【列数】文本框中输入阵列的行数及列数，如图 14-4 所示。“行”的方

向与坐标系的 *x* 轴平行，“列”的方向与 *y* 轴平行。

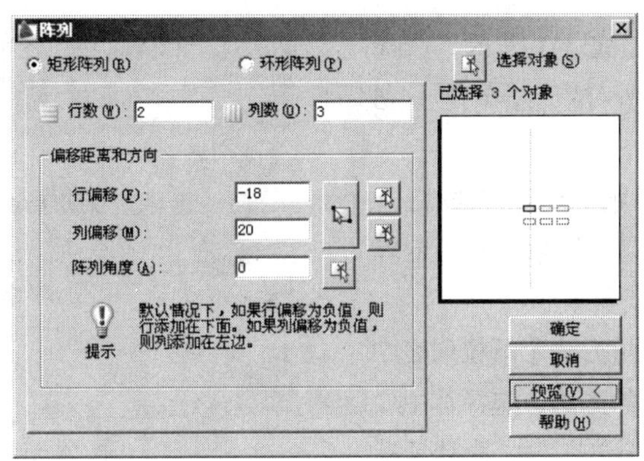

图 14-4 【阵列】对话框（1）

4. 分别在【行偏移】、【列偏移】文本框中输入行间距及列间距，如图 14-4 所示。行、列间距的数值可为正或负。若是正值，则 AutoCAD 沿 *x*、*y* 轴的正方向形成阵列；否则，沿负方向形成阵列。

5. 在【阵列角度】文本框中输入阵列方向与 *x* 轴的夹角，如图 14-4 所示。该角度逆时针为正，顺时针为负。

6. 利用 预览(V) < 按钮，用户可预览阵列效果。单击此按钮，AutoCAD 返回绘图窗口，并按设定的参数显示出矩形阵列。

7. 单击鼠标右键，结果如图 14-3 右图所示。

8. 再沿倾斜方向创建对象 *B* 的矩形阵列，如图 14-3 右图所示。阵列参数为行数“2”、列数“3”、行间距“−10”、列间距“15”及阵列角度“40”。

14.1.3 环形阵列对象

ARRAY 命令除可用于创建矩形阵列外，还能用于创建环形阵列。环形阵列是指把对象绕阵列中心等角度均匀分布。决定环形阵列的主要参数有阵列中心、阵列总角度及阵列数目。此外，用户也可通过输入阵列总数及每个对象间的夹角来生成环形阵列。

【案例 14-3】 打开素材文件“dwg\第 14 章\14-3.dwg”，如图 14-5 左图所示，用 ARRAY 命令将左图修改为右图。

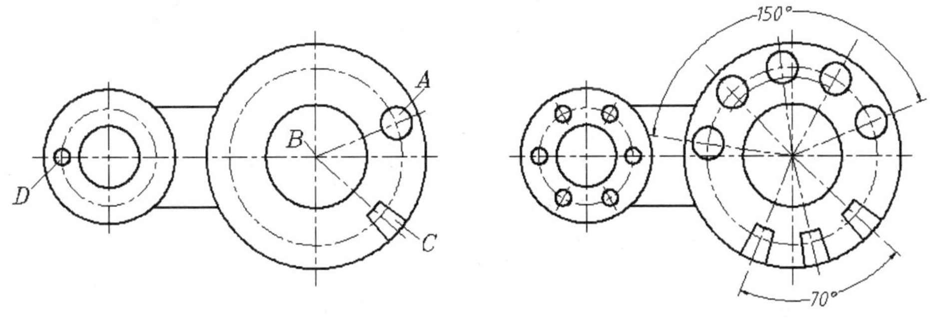

图 14-5 创建环形阵列

1. 启动阵列命令，系统弹出【阵列】对话框，在该对话框中选择【环形阵列】单选项，如图 14-6 所示。

2. 单击按钮，AutoCAD 提示“选择对象”，选择要阵列的图形对象 *A*，如图 14-5 所示。

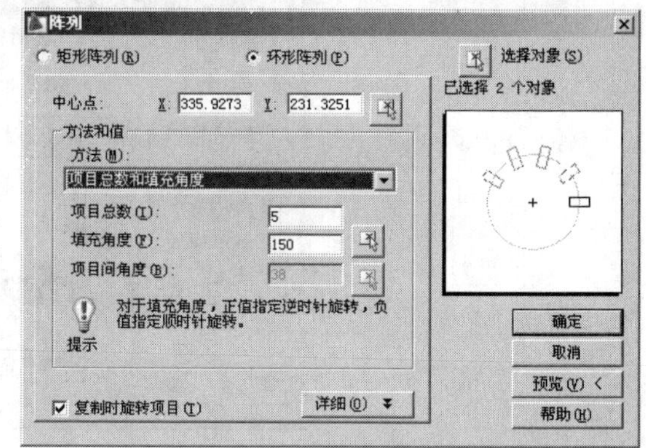

图 14-6 【阵列】对话框（2）

3. 在【中心点】区域中单击按钮，AutoCAD 切换到绘图窗口，在屏幕上指定阵列中心点 *B*，如图 14-5 所示。

4.【阵列】对话框的【方法】下拉列表中提供了 3 种创建环形阵列的方法，选择其中一种，AutoCAD 就列出需设定的参数。默认情况下，“项目总数和填充角度”是当前选项，此时，用户需输入的参数有项目总数和填充角度。

5. 在【项目总数】文本框中输入环形阵列的总数目，在【填充角度】文本框中输入阵列分布的总角度值，如图 14-6 所示。若阵列角度为正，则 AutoCAD 沿逆时针方向创建阵列；否则，沿顺时针方向创建阵列。

6. 单击 预览(V) < 按钮，预览阵列效果。

7. 单击鼠标右键，完成环形阵列的创建。

8. 继续创建对象 *C*、*D* 的环形阵列，结果如图 14-5 右图所示。

14.1.4 镜像对象

对于对称图形，用户只需画出图形的一半，另一半可由 MIRROR 命令镜像出来。操作时，用户需先提供要对哪些对象进行镜像，然后再指定镜像线的位置。

【案例 14-4】 打开素材文件“dwg\第 14 章\14-4.dwg”，如图 14-7 左图所示，用 MIRROR 命令将左图修改为中图。

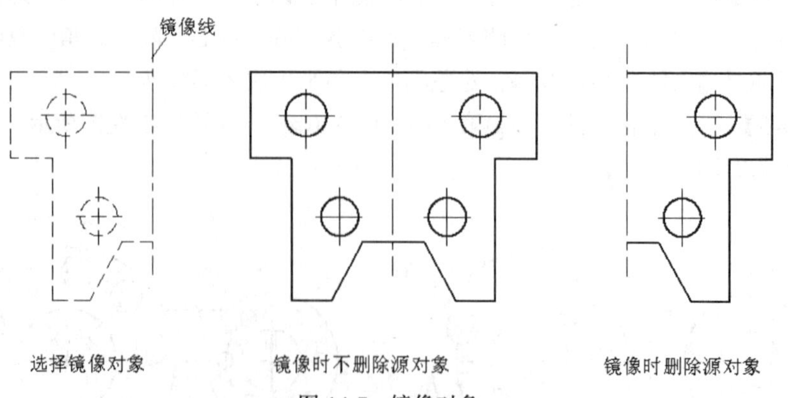

图 14-7 镜像对象

单击【修改】面板上的按钮，启动 MIRROR 命令。

```
命令: _mirror                               //启动镜像命令
选择对象: 指定对角点: 找到 13 个              //选择镜像对象
```

```
选择对象:                                    //按Enter键
指定镜像线的第一点:                            //拾取镜像线上的第一点
指定镜像线的第二点:                            //拾取镜像线上的第二点
要删除源对象吗? [是(Y)/否(N)] <N>:             //按Enter键, 默认镜像时不删除源对象
```

结果如图 14-7 中图所示。如果删除源对象，则结果如图 14-7 右图所示。

14.1.5 上机练习——绘制对称图形

【案例 14-5】 利用 LINE、OFFSET、ARRAY 及 MIRROR 等命令绘制平面图形，如图 14-8 所示。

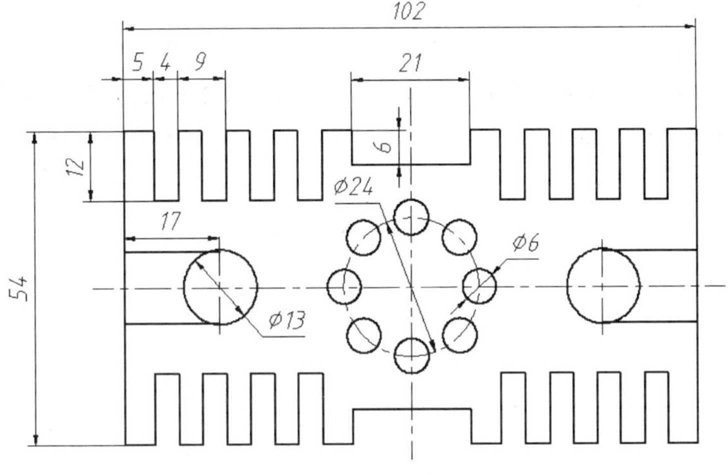

图 14-8　绘制对称图形

【案例 14-6】 利用 LINE、OFFSET、ARRAY 及 MIRROR 等命令绘制平面图形，如图 14-9 所示。

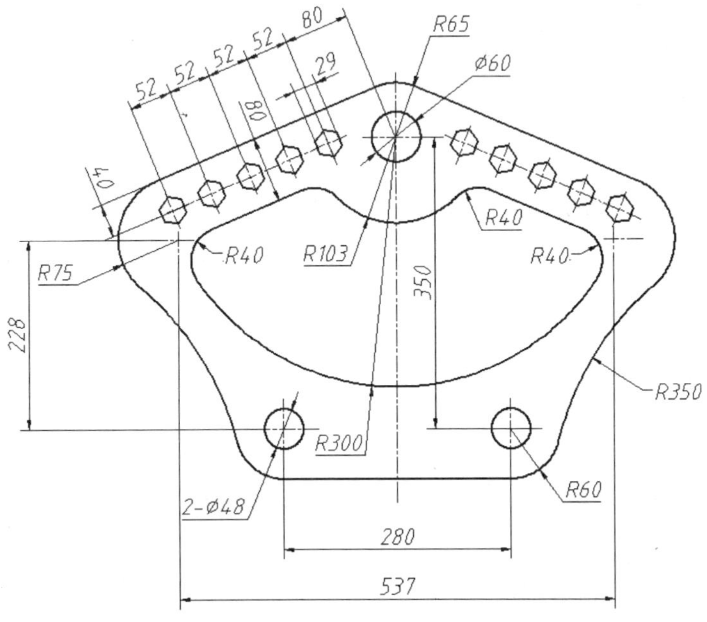

图 14-9　绘制对称图形

14.2 对齐、拉伸及缩放对象

本节主要内容包括对齐、拉伸及比例缩放对象。

14.2.1 对齐对象

使用 ALIGN 命令可以同时移动、旋转一个对象使之与另一对象对齐。例如，用户可以使图形对象中的某点、某条直线或某一个面（三维实体）与另一实体的点、线或面对齐。操作过程中，用户只需按照系统提示指定源对象与目标对象的 1 点、两点或 3 点对齐就可以了。

【案例 14-7】 用 LINE、CIRCLE 及 ALIGN 等命令绘制平面图形，如图 14-10 所示。

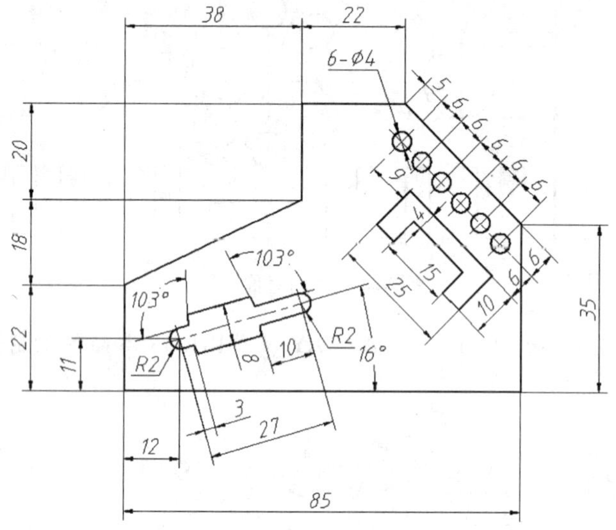

图 14-10 对齐图形

1. 绘制轮廓线及图形 E，再用 XLINE 命令绘制定位线 C、D，如图 14-11 左图所示，然后用 ALIGN 命令将图形 E 定位到正确的位置，如图 14-11 右图所示。

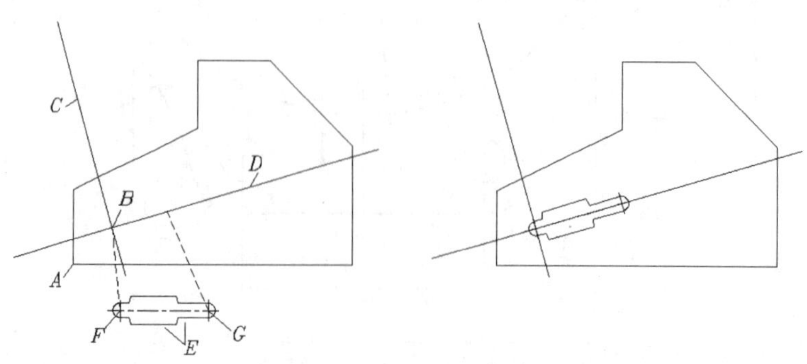

图 14-11 对齐图形 E

```
命令: _xline 指定点或 [水平(H)/垂直(V)/角度(A)/二等分(B)/偏移(O)]: from
                                                  //使用正交偏移捕捉
基点:                                              //捕捉基点 A
<偏移>: @12,11                                     //输入 B 点的相对坐标
指定通过点: <16                                     //设定画线 D 的角度
指定通过点:                                         //单击一点
指定通过点: <106                                    //设定画线 C 的角度
指定通过点:                                         //单击一点
指定通过点:                                         //按 Enter 键结束
```

选择菜单选项【修改】/【三维操作】/【对齐】，启动 ALIGN 命令。

```
命令: align                                        //启动对齐命令
选择对象: 指定对角点: 找到 15 个                      //选择图形 E
选择对象:                                           //按 Enter 键
指定第一个源点:                                      //捕捉第一个源点 F
指定第一个目标点:                                    //捕捉第一个目标点 B
指定第二个源点:                                      //捕捉第二个源点 G
指定第二个目标点: nea 到                              //在直线 D 上捕捉一点
指定第三个源点或 <继续>:                              //按 Enter 键
是否基于对齐点缩放对象? [是(Y)/否(N)] <否>:             //按 Enter 键不缩放源对象
```

结果如图 14-11 右图所示。

2. 绘制定位线 *H*、*I* 及图形 *J*，如图 14-12 左图所示。用 ALIGN 命令将图形 *J* 定位到正确的位置，结果如图 14-12 右图所示。

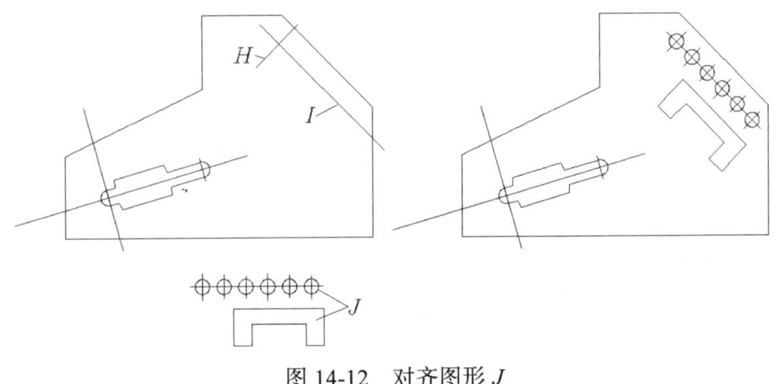

图 14-12 对齐图形 *J*

14.2.2 拉 伸 图 形

利用 STRETCH 命令可以一次将多个图形对象沿指定的方向进行拉伸。编辑过程中必须用交叉窗口选择对象，除被选中的对象外，其他图元的大小及相互间的几何关系将保持不变。

【案例 14-8】 打开素材文件“dwg\第 14 章\14-8.dwg”，如图 14-13 左图所示，用 STRETCH 命令将左图修改为右图。

1. 打开极轴追踪、对象捕捉及自动追踪功能。

2. 调整槽 *A* 的宽度及槽 *D* 的深度，如图 14-14 所示。

选择【修改】面板上的按钮，启动 STRETCH 命令。

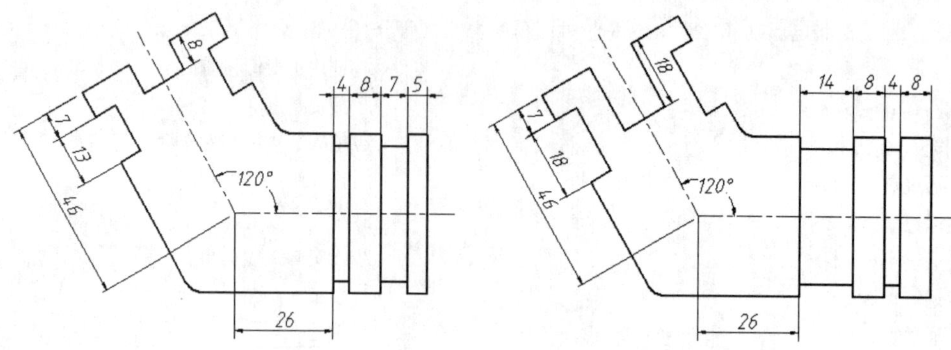

图 14-13　拉伸图形

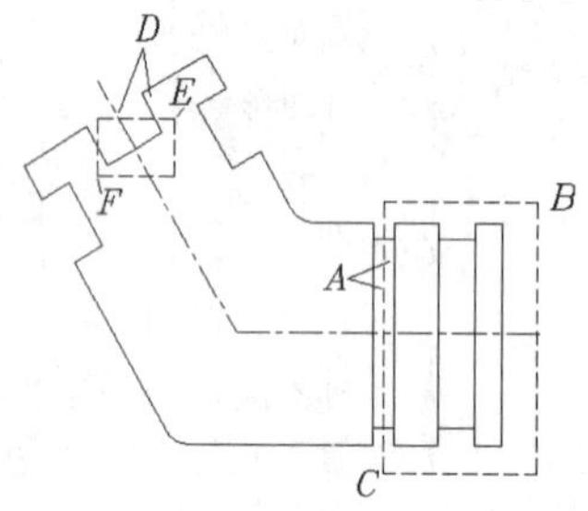

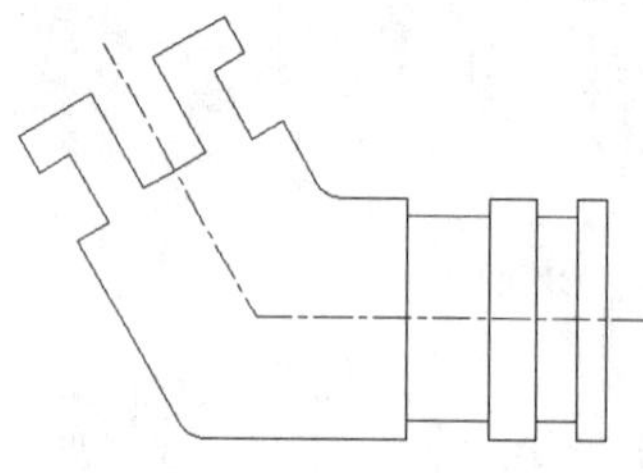

图 14-14　拉伸对象

```
命令: _stretch                                  //启动拉伸命令
选择对象:                                       //单击 B 点，如图 14-14 左图所示
指定对角点: 找到 17 个                          //单击 C 点
选择对象:                                       //按 Enter 键
指定基点或 [位移(D)] <位移>:                    //单击一点
指定第二个点或 <使用第一个点作位移>: 10         //向右追踪并输入追踪距离
命令: STRETCH                                   //重复命令
选择对象:                                       //单击 E 点，如图 14-17 左图所示
指定对角点: 找到 5 个                           //单击 F 点
选择对象:                                       //按 Enter 键
指定基点或 [位移(D)] <位移>: 10<-60             //输入拉伸的距离及方向
指定第二个点或 <使用第一个点作为位移>:          //按 Enter 键结束
```

结果如图 14-14 右图所示。

3. 用 STRETCH 命令修改图形的其他部分。

14.2.3　按比例缩放图形

SCALE 命令可将对象按指定的比例因子相对于基点放大或缩小，也可把对象缩放到指定的尺寸。

【案例 14-9】 打开素材文件“dwg\第 14 章\14-9.dwg”，如图 14-15 左图所示，用 SCALE 命令将左图修改为右图。

单击【修改】面板上的□按钮，启动 SCALE 命令。

```
命令: _scale                  //启动比例缩放命令
选择对象: 找到 1 个           //选择矩形 A，如图 14-15 左图所示
选择对象:                     //按 Enter 键
```

```
指定基点:                                          //捕捉交点 C
指定比例因子或[复制(C)/参照(R)] <1.0000>: 2        //输入缩放比例因子
命令: _SCALE                                       //重复命令
选择对象: 找到 4 个                                //选择线框 B
选择对象:                                          //按 Enter 键
指定基点:                                          //捕捉交点 D
指定比例因子或 [复制(C)/参照(R)] <2.0000>: r       //使用"参照(R)"选项
指定参照长度 <1.0000>:                             //捕捉交点 D
指定第二点:                                        //捕捉交点 E
指定新的长度或 [点(P)] <1.0000>:                   //捕捉交点 F
```

结果如图 14-15 右图所示。

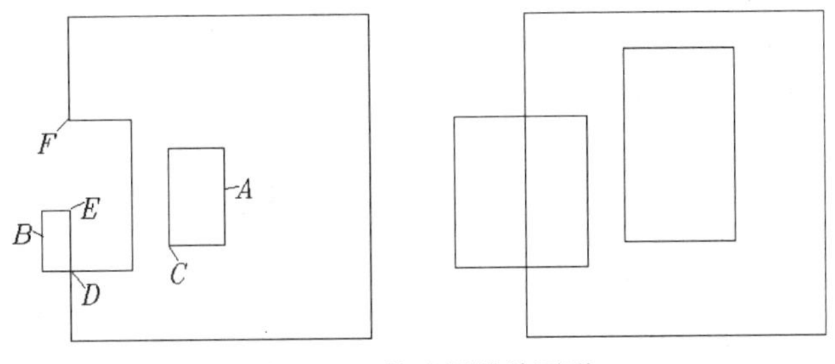

图 14-15　按比例缩放图形

14.2.4　上机练习——利用旋转及对齐命令绘图

【案例 14-10】 利用 LINE、CIRCLE、COPY、ROTATE 及 ALIGN 等命令绘制平面图形，如图 14-16 所示。

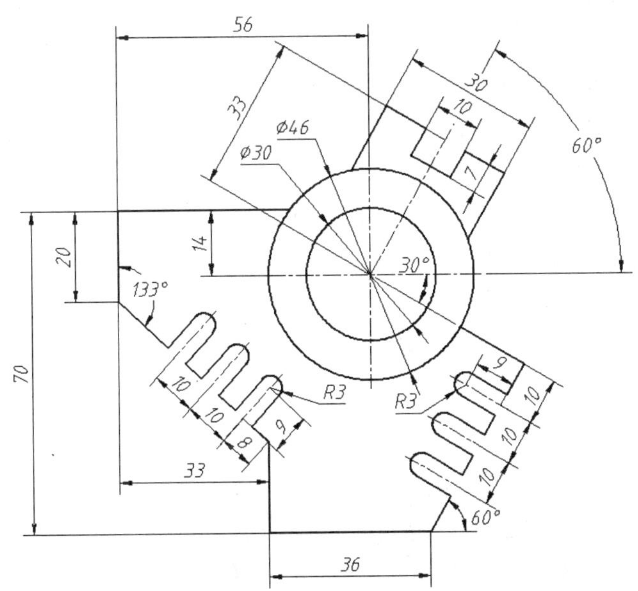

图 14-16　利用 COPY、ROTATE 及 ALIGN 等命令绘图

主要作图步骤如图 14-17 所示。

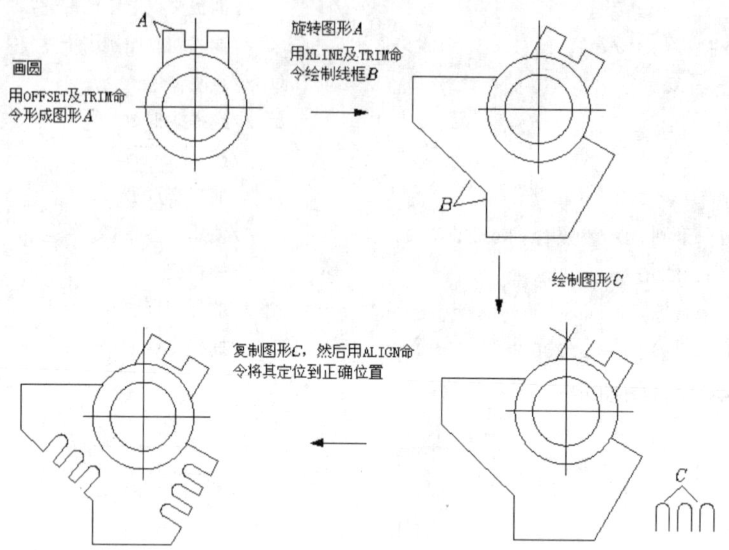

图 14-17　主要作图步骤

14.3 画断裂线及填充剖面图案

用户可用 SPLINE 命令绘制光滑曲线，该线是样条线，AutoCAD 通过拟合给定的一系列数据点形成这条曲线。绘制机械图时，可利用 SPLINE 命令形成断裂线。

BHATCH 命令可在闭合的区域内生成填充图案。启动该命令后，用户选择图案类型，再指定填充比例、图案旋转角度及填充区域，就可生成图案填充。

HATCHEDIT 命令用于编辑填充图案，如改变图案的角度、比例或用其他样式的图案填充图形等，其用法与 BHATCH 命令类似。

【案例 14-11】 打开素材文件"dwg\第 14 章\14-11.dwg"，如图 14-18 左图所示，用 SPLINE、BHATCH 等命令将左图修改为右图。

1. 绘制断裂线，如图 14-19 所示。

单击【绘图】面板上的~按钮，启动 SPLINE 命令。

```
命令: _spline                                            //绘制样条曲线
指定第一个点或 [对象(O)]:                                  //单击 A 点
指定下一点:                                              //单击 B 点
指定下一点或 [闭合(C)/拟合公差(F)] <起点切向>:              //单击 C 点
指定下一点或 [闭合(C)/拟合公差(F)] <起点切向>:              //单击 D 点
指定下一点或 [闭合(C)/拟合公差(F)] <起点切向>:              //按 Enter 键
指定起点切向:                                            //移动鼠标指针调整起点切线方向，按 Enter 键
指定端点切向:                                            //移动鼠标指针调整终点切线方向，按 Enter 键
```

修剪多余线条，结果如图 14-19 右图所示。

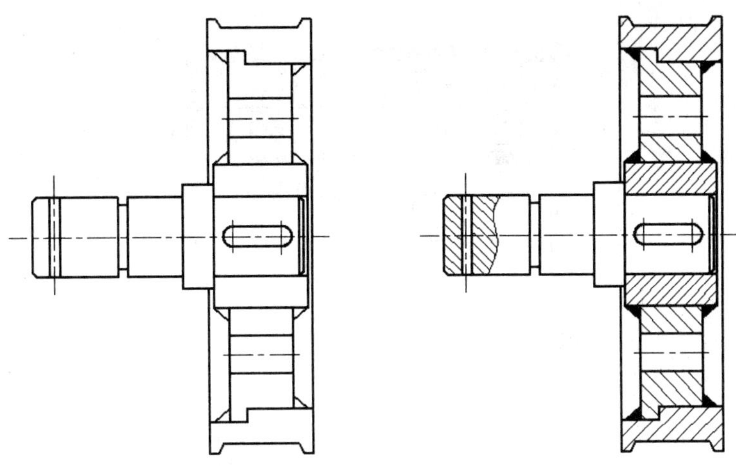

图 14-18　绘制断裂线及填充剖面图案

2. 单击【绘图】面板上的▨按钮，启动图案填充命令，打开【图案填充和渐变色】对话框，如图 14-20 所示。

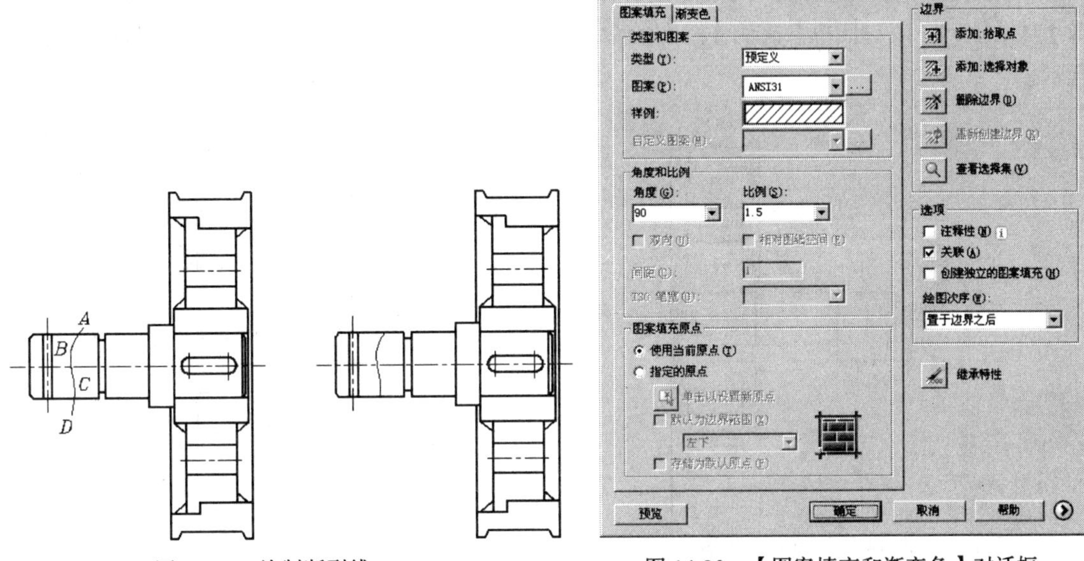

图 14-19　绘制断裂线　　图 14-20　【图案填充和渐变色】对话框

3. 单击【图案】下拉列表右边的…按钮，打开【填充图案选项板】对话框，进入【ANSI】选项卡，选择剖面图案“ANSI31”，如图 14-21 所示。

4. 在【图案填充和渐变色】对话框的【角度】栏中输入图案旋转角度值“90”，在【比例】栏中输入数值“1.5”，单击【边界】分组框中的▨按钮（拾取点），AutoCAD 提示“拾取内部点”，在想要填充的区域内单击 *E*、*F*、*G* 及 *H* 点，如图 14-22 所示，然后按 Enter 键。

在【图案填充和渐变色】对话框的【角度】栏中输入的数值并不是剖面线与 *x* 轴的倾斜角度，而是剖面线以初始方向为起始位置的转动角度。该值可正、可负，若是正值，则剖面线沿逆时针方向转动，否则，按顺时针方向转动。对于“ANSI31”图案，当分别输入角度值–45°、90°、15° 时，剖面线与 *x* 轴的夹角分别是 0°、135°、60°。

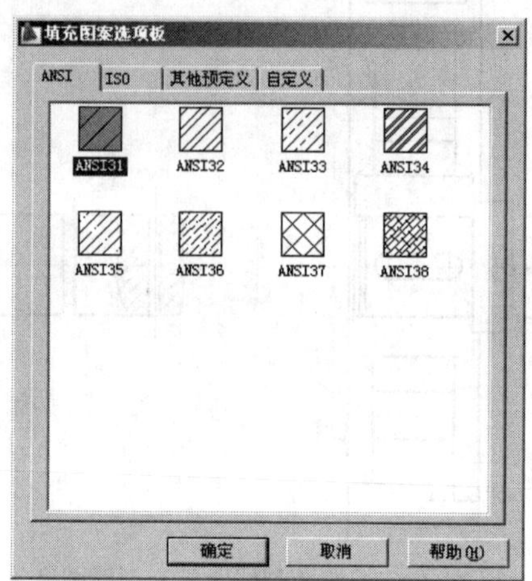

图 14-21 【填充图案选项板】对话框

5. 单击 预览(W) 按钮，观察填充的预览图。

6. 单击鼠标右键，接受填充剖面图案，结果如图 14-22 所示。

7. 编辑剖面图案。选择剖面图案，单击【修改】面板上的按钮，打开【图案填充编辑】对话框，将该对话框【比例】栏中的数值改为“0.5”。单击 确定 按钮，结果如图 14-23 所示。

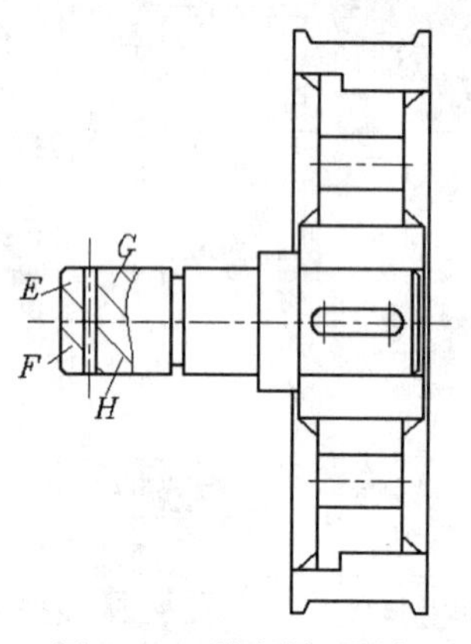

图 14-22 填充剖面图案

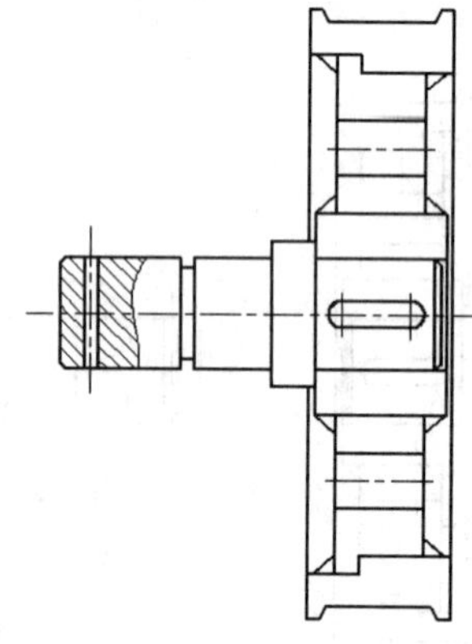

图 14-23 修改剖面图案

8. 创建其余填充图案。

14.4 关键点编辑方式

关键点编辑方式是一种集成的编辑模式，该模式包含了以下 5 种编辑方法。

- 拉伸。
- 移动。

- 旋转。
- 比例缩放。
- 镜像。

默认情况下，AutoCAD 的关键点编辑方式是开启的。当用户选择实体后，实体上将出现若干方框，这些方框被称为关键点。把鼠标指针靠近并捕捉关键点，然后单击鼠标左键，激活关键点编辑状态，此时，AutoCAD 自动进入拉伸编辑方式，连续按下 Enter 键，就可以在所有的编辑方式间切换。此外，用户也可在激活关键点后，单击鼠标右键，弹出快捷菜单，如图 14-24 所示，通过此快捷菜单选择某种编辑方法。

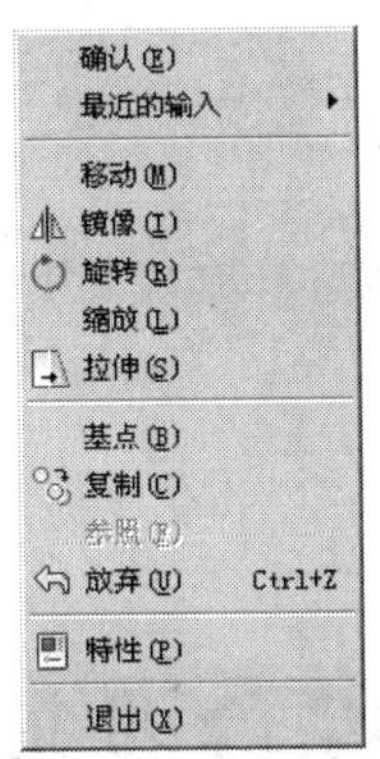

图 14-24 快捷菜单

【案例 14-12】 打开素材文件“dwg\第 14 章\14-12.dwg”，如图 14-25 左图所示，利用关键点编辑方式将左图修改为右图。

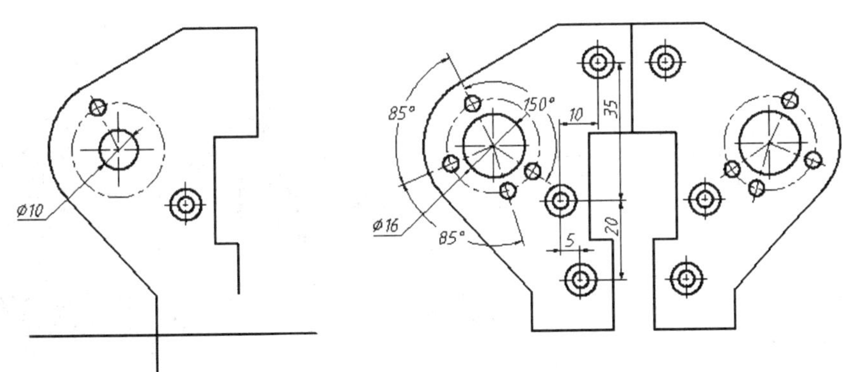

图 14-25 利用关键点编辑方式修改图形

14.5 综合训练——利用编辑命令绘图

【案例 14-13】 利用 LINE、CIRCLE 及 ARRAY 等命令绘制平面图形，如图 14-26 所示。

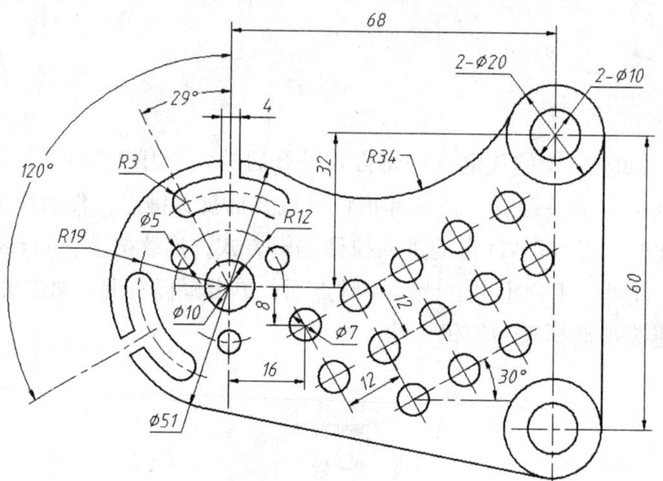

图 14-26　利用 LINE、CIRCLE、及 ARRAY 等命令绘图

14.6 综合训练——绘制剖视图

【案例 14-14】 根据轴测图及视图轮廓绘制视图及剖视图，如图 14-27 所示。主视图采用全剖方式。

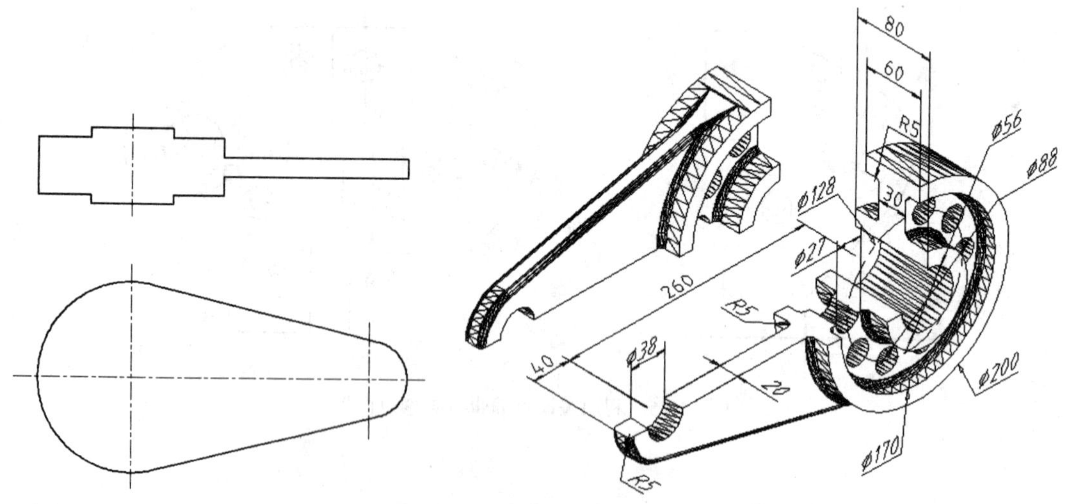

图 14-27　绘制视图及剖视图

第15章 书写文字及标注尺寸

【学习目标】

- 创建文字样式。
- 书写单行和多行文字。
- 编辑文字内容和属性。
- 创建标注样式。
- 标注直线型、角度型、直径及半径型尺寸等。
- 标注尺寸公差和几何公差。
- 编辑尺寸文字和调整标注位置。

通过本章的学习，使读者了解文字样式和尺寸样式的基本概念，学会如何创建单行文字和多行文字，并掌握标注各类尺寸的方法等。

15.1 书写文字的方法

在 AutoCAD 中有两类文字对象，一类是单行文字，另一类是多行文字，它们分别由 DTEXT 和 MTEXT 命令来创建。一般来讲，比较简短的文字项目（如标题栏信息、尺寸标注说明等）常常采用单行文字，而对带有段落格式的信息（如工艺流程、技术条件等）常采用多行文字。

AutoCAD 生成的文字对象，其外观由与它关联的文字样式决定。默认情况下，Standard 文字样式是当前样式，用户也可根据需要创建新的文字样式。

本节主要内容包括创建文字样式，书写单行和多行文字等。

15.1.1 创建国标文字样式及书写单行文字

文字样式主要是控制与文本连接的字体文件、字符宽度、文字倾斜角度及高度等项目。用户可以针对每一种不同风格的文字创建对应的文字样式，这样在输入文本时就可用相应的文字样式来控制文本的外观。例如，用户可建立专门用于控制尺寸标注文字和设计说明文字外观的文字样式。

DTEXT 命令用于创建单行文字对象。发出此命令后，用户不仅可以设定文本的对齐方式和文字的倾斜角度，还能用十字光标在不同的地方选取点以定位文本的位置（系统变量 DTEXTED 不等于 0），该特性使用户只发出一次命令就能在图形的多个区域放置文本。

【案例 15-1】 创建国标文字样式及添加单行文字。

1. 打开素材文件“dwg\第 15 章\15-1.dwg”。

2. 选择菜单命令【格式】/【文字样式】，或者单击【注释】面板上的 文字样式 按钮，打开【文字样式】对话框，如图 15-1 所示。

3. 单击 新建(N)... 按钮，打开【新建文字样式】对话框，如图 15-2 所示，在【样式名】文本框中输入文字样式的名称“工程文字”。

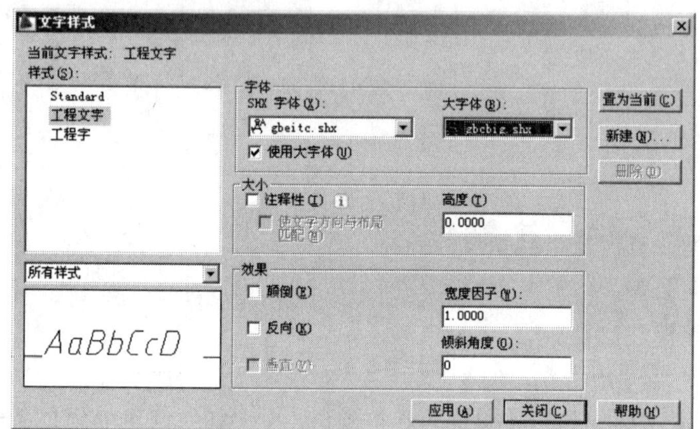

图 15-1 【文字样式】对话框

图 15-2 【新建文字样式】对话框

4. 单击 确定 按钮，返回【文字样式】对话框，在【SHX 字体】下拉列表中选择“gbeitc.shx”，再选择【使用大字体】复选项，然后在【大字体】下拉列表中选择“gbcbig.shx”，如图 15-1 所示。

AutoCAD 提供了符合国标的字体文件。在工程图中，中文字体采用“gbcbig.shx”，该字体文件包含了长仿宋字。西文字体采用“gbeitc.shx”或“gbenor.shx”，前者是斜体西文，后者是直体。

5. 单击 应用(A) 按钮，然后关闭【文字样式】对话框。

6. 用 DTEXT 命令创建单行文字，如图 15-3 所示。

单击【注释】面板上的 A 按钮或输入命令代号 DTEXT，启动创建单行文字命令。

```
命令: dtext
指定文字的起点或 [对正(J)/样式(S)]:          //单击 A 点，如图 15-3 所示
指定高度 <3.0000>: 5                          //输入文字高度
指定文字的旋转角度 <0>:                       //按 Enter 键
横臂升降机构                                   //输入文字
行走轮                                         //在 B 点处单击一点，并输入文字
行走轨道                                       //在 C 点处单击一点，并输入文字
```

```
行走台车                                    //在 D 点处单击一点，输入文字并按 Enter 键
台车行走速度 5.72 米/分                      //输入文字并按 Enter 键
台车行走电机功率 3kW                         //输入文字
立架                                        //在 E 点处单击一点，并输入文字
配重系统                                    //在 F 点处单击一点，输入文字并按 Enter 键
                                           //按 Enter 键结束
命令:DTEXT                                  //重复命令
指定文字的起点或 [对正(J)/样式(S)]:          //单击 G 点
指定高度 <5.0000>:                          //按 Enter 键
指定文字的旋转角度 <0>: 90                   //输入文字旋转角度
设备总高 5500                               //输入文字并按 Enter 键
                                           //按 Enter 键结束
```

再在 *H* 点处输入“横臂升降行程 1 500”，结果如图 15-3 所示。

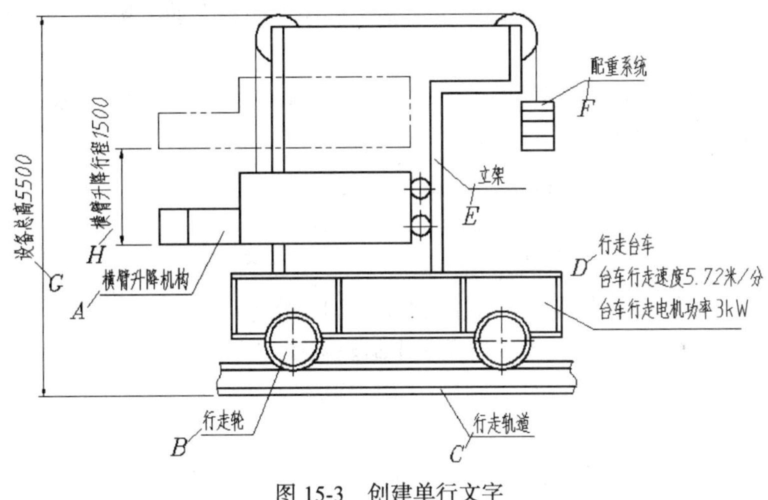

图 15-3　创建单行文字

15.1.2　在单行文字中加入特殊符号

工程图中用到的许多符号都不能通过标准键盘直接输入，如文字的下划线、直径代号等。当用户利用 DTEXT 命令创建文字注释时，必须输入特殊的代码来产生特定的字符，这些代码及对应的特殊符号如表 15-1 所示。

表 15-1　特殊字符的代码

代　码	字　符
%%o	文字的上划线
%%u	文字的下划线
%%d	角度的度符号
%%p	表示“±”
%%c	直径代号

使用表中代码生成特殊字符的样例如图 15-4 所示。

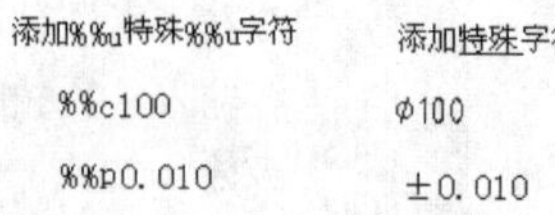

添加%%u特殊%%u字符
%%c100
%%p0.010
添加特殊字符
ϕ100
±0.010

图 15-4　创建特殊字符

15.1.3　创建多行文字

MTEXT 命令可以创建复杂的文字说明。用 MTEXT 命令生成的文字段落称为多行文字，它可由任意数目的文字行组成，所有的文字构成一个单独的实体。使用 MTEXT 命令时，用户可以指定文本分布的宽度，但文字沿竖直方向可无限延伸。另外，用户还能设置多行文字中单个字符或某一部分文字的属性（包括文本的字体、倾斜角度和高度等）。

【案例 15-2】 用 MTEXT 命令创建多行文字，文字内容如图 15-5 所示。

1. 设定绘图区域大小为 80 × 80，单击【实用程序】面板上的按钮，使绘图区域充满整个图形窗口显示出来。

2. 创建新文字样式，并使该样式成为当前样式。新样式名称为“文字样式-1”，与其相连的字体文件是“gbeitc.shx”和“gbcbig.shx”。

3. 单击【注释】面板上的A按钮，AutoCAD 提示：

```
指定第一角点：                    //在 A 点处单击一点，如图 15-5 所示
指定对角点：                      //在 B 点处单击一点
```

4. 系统弹出【多行文字】选项卡及【在位文字】编辑器。在【样式】面板的【文字高度】文本框中输入数值“3.5”，然后在【在位文字】编辑器中键入文字，如图 15-6 所示。

【在位文字】编辑器顶部带标尺，利用标尺用户可设置首行文字及段落文字的缩进，还可设置制表位，操作方法如下。

- 拖动标尺上第一行的缩进滑块可改变所选段落第一行的缩进位置。
- 拖动标尺上第二行的缩进滑块可改变所选段落其余行的缩进位置。
- 标尺上显示了默认的制表位，要设置新的制表位，可用鼠标指针单击标尺。要删除创建的制表位，可用鼠标指针按住制表位，将其拖出标尺。

A
技术要求
1. 调质处理HB220-240。
2. 未注尺寸公差按IT12。
B

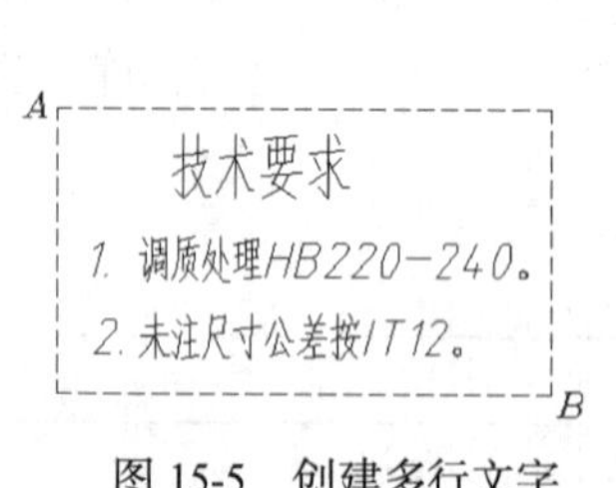

图 15-5　创建多行文字

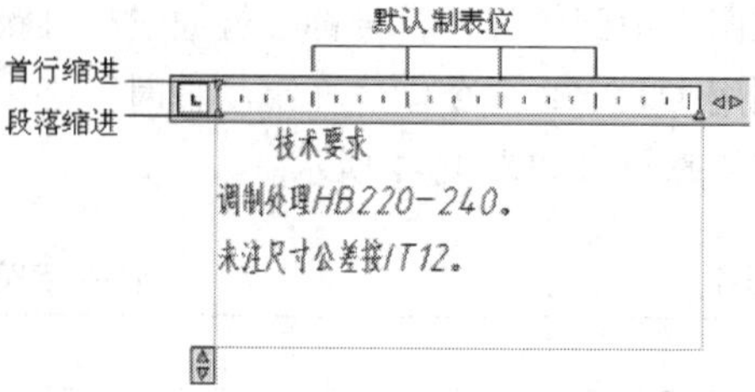

默认制表位
首行缩进
段落缩进
技术要求
调制处理HB220-240。
未注尺寸公差按IT12。

图 15-6　输入文字

5. 选中文字“技术要求”，然后在【文字高度】文本框中输入数值“5”，按 Enter 键，结果如图 15-7 所示。

6. 选中其他文字，单击【段落】面板上的按钮，选择【以数字标记】选项，再利用标尺上第二行的缩进滑块调整标记数字与文字间的距离，结果如图 15-8 所示。

7. 单击【关闭】面板上的按钮，结果如图 15-5 所示。

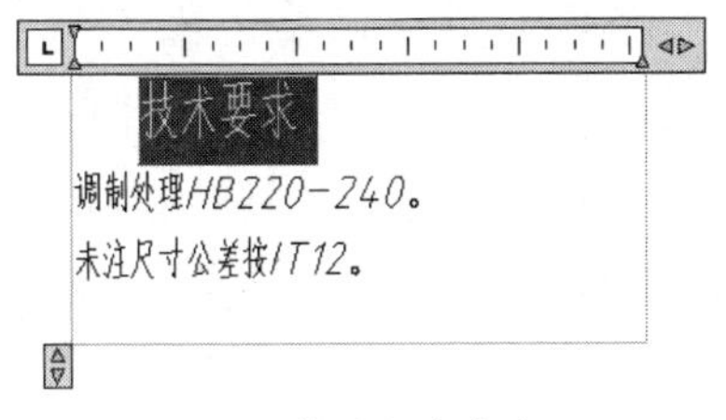

图 15-7　修改文字高度

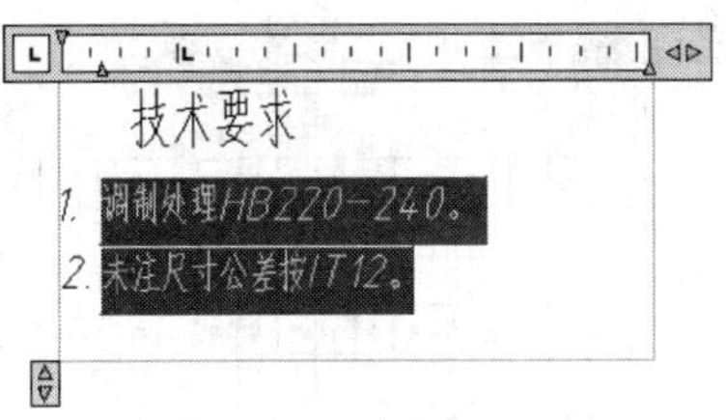

图 15-8　添加数字编号

15.1.4　添加特殊字符

以下过程演示了如何在多行文字中加入特殊字符，文字内容如下。

```
蜗轮分度圆直径 = φ100
蜗轮蜗杆传动箱钢板厚度≥5
```

【案例 15-3】 添加特殊字符。

1. 设定绘图区域大小为 50 × 50，单击【实用程序】面板上的按钮，使绘图区域充满整个图形窗口显示出来。

2. 创建新文字样式，并使该样式成为当前样式。新样式名称为“文字样式-1”，与其相连的字体文件是“gbeitc.shx”和“gbcbig.shx”。

3. 单击【注释】面板上的A按钮，再指定文字分布宽度，AutoCAD 打开【在位文字】编辑器，在【设置格式】面板的【字体】下拉列表中选择“gbeitc,gbcbig”，在【样式】面板的【字体高度】文本框中输入数值“3.5”，然后键入文字，如图 15-9 所示。

4. 在要插入直径符号的地方单击鼠标左键，然后单击鼠标右键，弹出快捷菜单，选择【符号】/【直径】，结果如图 15-10 所示。

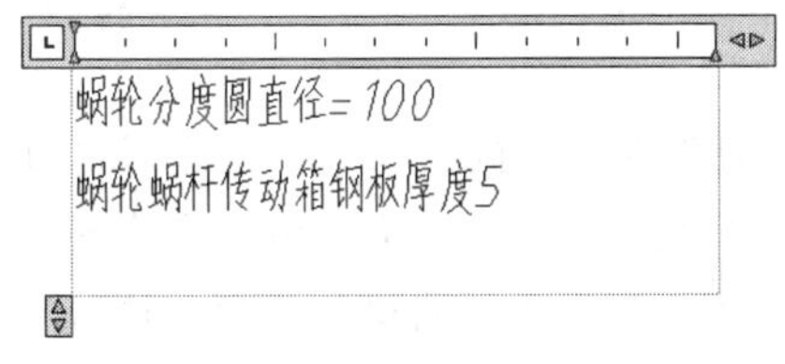

图 15-9　输入文字

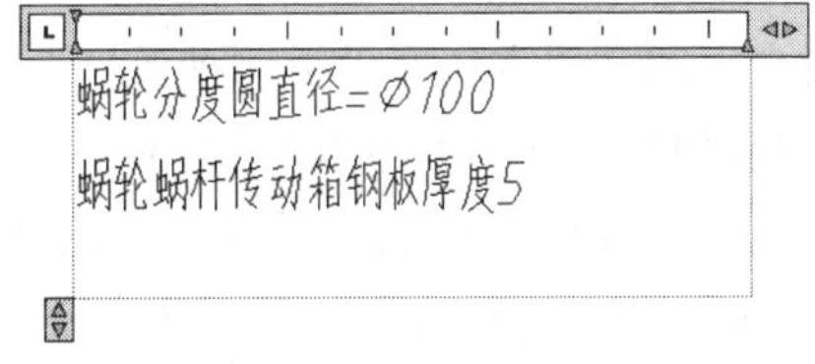

图 15-10　插入直径符号

5. 在文本输入窗口中单击鼠标右键，弹出快捷菜单，选择【符号】/【其他】，打开【字符映射表】对话框，如图 15-11 所示。

6. 在对话框的【字体】下拉列表中选择“Symbol”字体，然后选取需要的字符“≥”，如图 15-11 所示。

7. 单击 选择(S) 按钮，再单击 复制(C) 按钮。

8. 返回【在位文字】编辑器，在需要插入“≥”符号的地方单击鼠标左键，然后单击鼠标右键，弹出快捷菜单，选择【粘贴】命令，结果如图 15-12 所示。

粘贴“≥”符号后，AutoCAD 将自动回车。

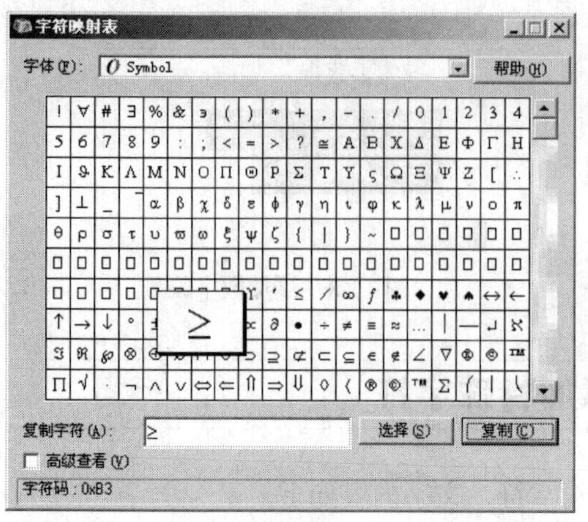

图 15-11 【字符映射表】对话框

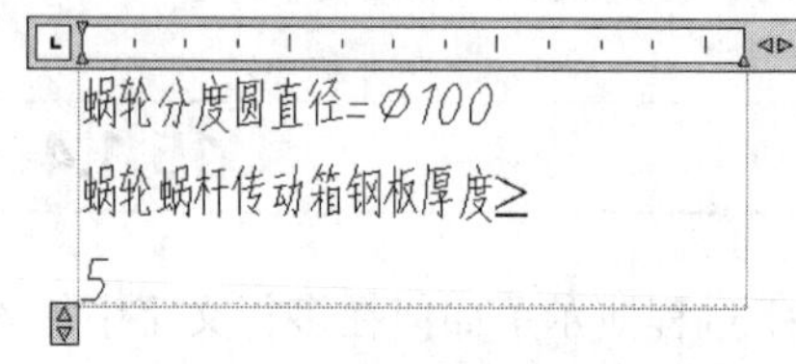

图 15-12 插入“≥”符号

9. 把“≥”符号的高度修改为 3.5，再将鼠标指针放置在此符号的后面，按 Delete 键，结果如图 15-13 所示。

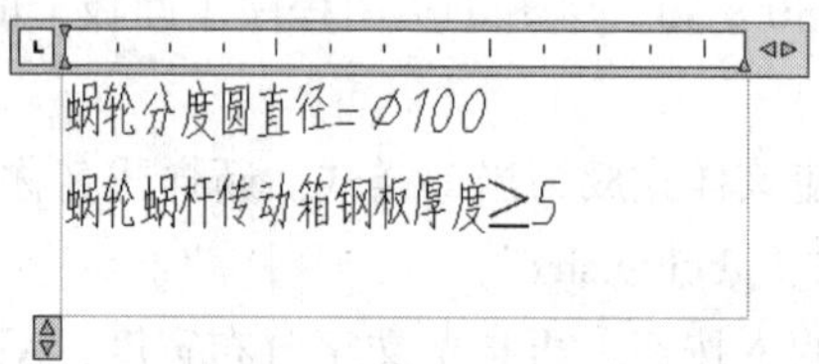

图 15-13 修改字符的高度

10. 单击【关闭】面板上的按钮完成特殊字符的添加。

15.1.5 编辑文字

编辑文字的常用方法有以下两种。

（1）使用 DDEDIT 命令编辑单行或多行文字。选择的对象不同，系统将打开不同的对话框。对于单行文字，系统显示文本编辑框；对于多行文字，系统则打开【在位文字】编辑器。用 DDEDIT 命令编辑文本的优点是：此命令连续地提示用户选择要编辑的对象，因而只要发出 DDEDIT 命令就能一次修改许多文字对象。

（2）用 PROPERTIES 命令修改文本。选择要修改的文字后，单击鼠标右键，选择【特性】命令，启动 PROPERTIES 命令，打开【特性】对话框。在此对话框中用户不仅能修改文本的内容，还能编辑文本的其他许多属性，如倾斜角度、对齐方式、高度及文字样式等。

15.2 标注尺寸的方法

AutoCAD 的尺寸标注命令很丰富，利用它可以轻松地创建出各种类型的尺寸。所有尺寸与尺寸样式关联，通过调整尺寸样式，就能控制与该样式关联的尺寸标注的外观。下面通过一个实例介绍创建尺寸样式的方法和 AutoCAD 的尺寸标注命令。

【案例 15-4】 打开素材文件“dwg\第 15 章\15-14.dwg”，创建尺寸样式并标注尺寸，如图 15-14 所示。

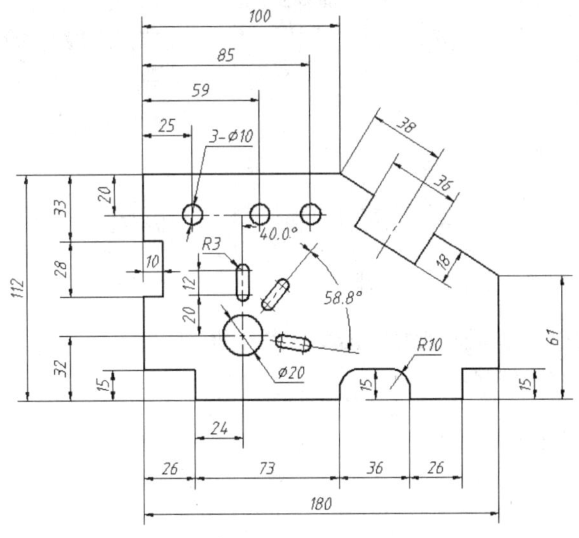

图 15-14　标注尺寸

15.2.1　创建国标尺寸样式

在标注尺寸前，用户一般都要创建尺寸样式，否则，AutoCAD 将使用默认样式 ISO-25 来生成尺寸标注。在 AutoCAD 中可以定义多种不同的标注样式并为之命名，标注时，用户只需指定某个样式为当前样式，就能创建相应的标注形式。

建立符合国标规定的尺寸样式

1. 建立新文字样式，样式名为“工程文字”，与该样式相连的字体文件是“gbeitc.shx”（或“gbenor.shx”）和“gbcbig.shx”。

2. 单击【注释】面板上的 标注样式 按钮或选择菜单命令【格式】/【标注样式】，打开【标注样式管理器】对话框，如图 15-15 所示。通过该对话框可以命名新的尺寸样式或修改样式中的尺寸变量。

3. 单击 新建(N)... 按钮，打开【创建新标注样式】对话框，如图 15-16 所示。在该对话框的【新样式名】文本框中输入新的样式名称“工程标注”，在【基础样式】下拉列表中指定某个尺寸样式作为新样式的基础样式，则新样式将包含基础样式的所有设置。此外，用户还可在【用于】下拉列表中设定新样式对某一种类尺寸的特殊控制。默认情况下，【用于】下拉列表的选项是“所有标注”，是指新样式将控制所有的类型尺寸。

4. 单击 继续 按钮，打开【新建标注样式：工程标注】对话框，如图 15-17 所示。

5. 在【线】选项卡的【基线间距】、【超出尺寸线】和【起点偏移量】文本框中分别输入“7”、“2”和“0”。

- 【基线间距】：此选项决定了平行尺寸线间的距离。例如，当创建基线型尺寸标注时，相邻尺寸线间的距离由该选项控制，如图 15-18 所示。

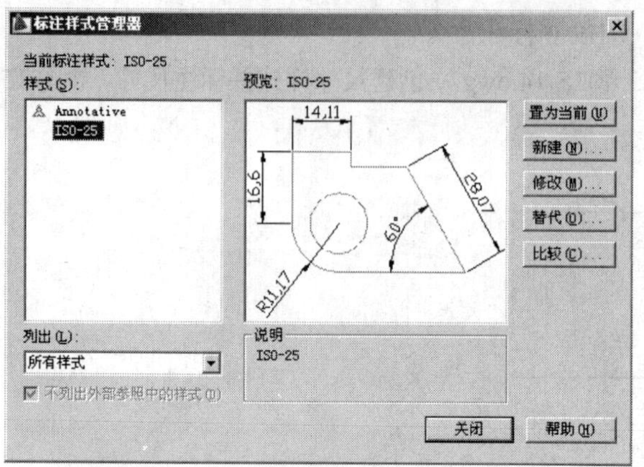

图 15-15 【标注样式管理器】对话框

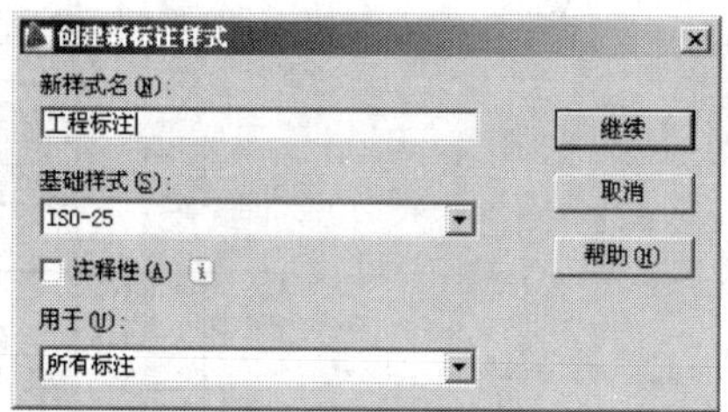

图 15-16 【创建新标注样式】对话框

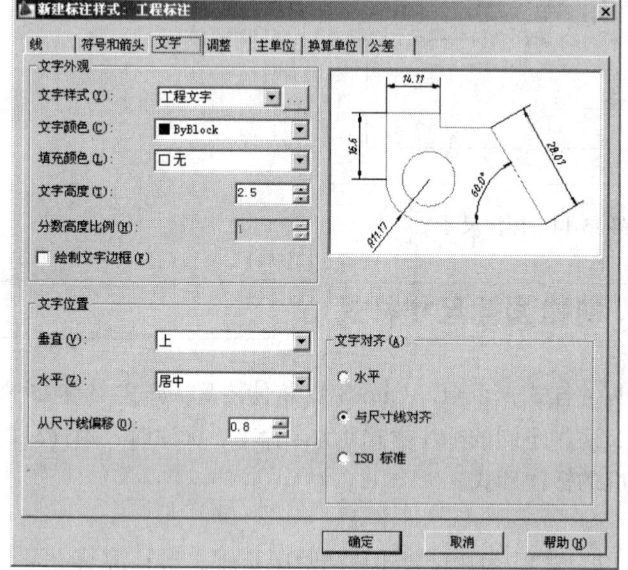

图 15-17 【新建标注样式：工程标注】对话框

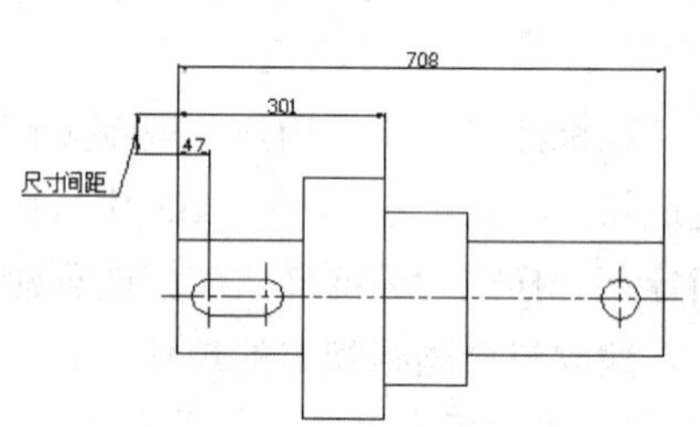

图 15-18 控制尺寸线间的距离

- 【超出尺寸线】：控制尺寸界线超出尺寸线的距离，如图 15-19 所示。国标中规定，尺寸界线一般超出尺寸线 2～3mm。
- 【起点偏移量】：控制尺寸界线起点与标注对象端点间的距离，如图 15-20 所示。

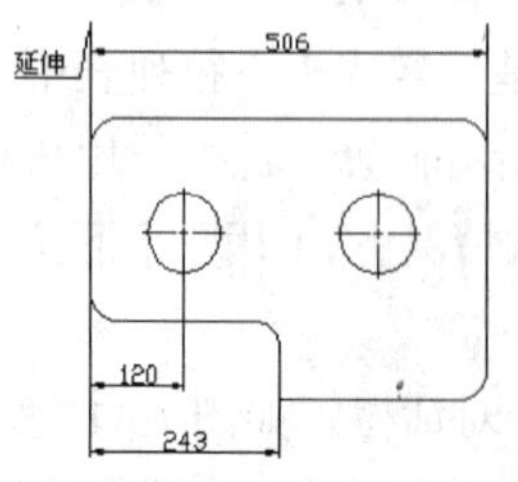

图 15-19 设定尺寸界线超出尺寸线的长度

图 15-20 控制尺寸界线起点与标注对象间的距离

6. 在【符号和箭头】选项卡的【第一个】下拉列表中选择“实心闭合”，在【箭头大小】栏中输入“2”，该值用于设定箭头的长度。

7. 在【文字】选项卡的【文字样式】下拉列表中选择“工程文字”，在【文字高度】、【从尺寸线偏移】文本框中分别输入“2.5”和“0.8”，在【文字对齐】分组框中选择【与尺寸线对齐】单选项。

- 【文字样式】：在此下拉列表中选择文字样式或单击其右边的...按钮，打开【文字样式】对话框，利用该对话框创建新的文字样式。
- 【从尺寸线偏移】：用于设定标注文字与尺寸线间的距离。
- 【与尺寸线对齐】：使标注文本与尺寸线对齐。对于符合国标的标注，应选择此选项。

8. 在【调整】选项卡的【使用全局比例】栏中输入“2”，该比例值将影响尺寸标注所有组成元素的大小，如标注文字和尺寸箭头等，如图 15-21 所示。当用户欲以 1∶2 的比例将图样打印在标准幅面的图纸上时，为保证尺寸外观合适，应设定标注的全局比例为打印比例的倒数，即 2。

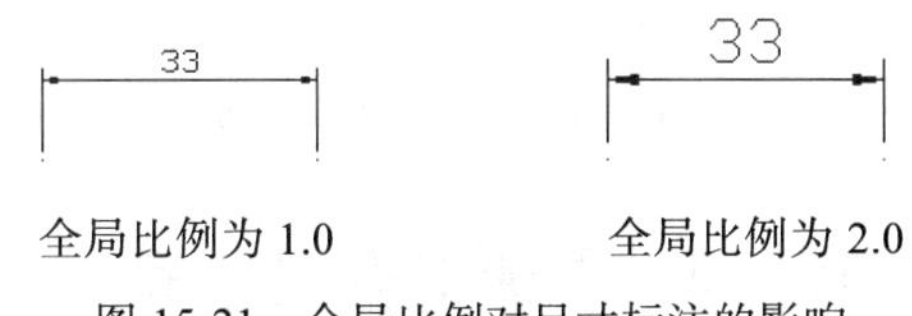

图 15-21　全局比例对尺寸标注的影响

9. 进入【主单位】选项卡，在【线性标注】分组框的【单位格式】、【精度】和【小数分隔符】下拉列表中分别选择“小数”、“0.00”和“句点”，在【角度标注】分组框的【单位格式】和【精度】下拉列表中分别选择“十进制度数”、“0.0”。

10. 最后单击 确定 按钮，得到一个新的尺寸样式，再单击 置为当前(U) 按钮，使新样式成为当前样式。

15.2.2　创建长度型尺寸

标注长度尺寸一般可使用以下两种方法。

- 通过在标注对象上指定尺寸线起始点及终止点来创建尺寸标注；
- 直接选取要标注的对象。

DIMLINEAR 命令可以用于标注水平、竖直及倾斜方向的尺寸。标注时，若要使尺寸线倾斜，则输入“R”选项，然后输入尺寸线倾角即可。

标注水平、竖直及倾斜方向尺寸

1. 创建一个名为“尺寸标注”的图层，并使该层成为当前层。
2. 打开对象捕捉，设置捕捉类型为【端点】、【圆心】和【交点】。
3. 单击【注释】面板上的按钮，启动 DIMLINEAR 命令。

```
命令: _dimlinear
指定第一条延伸线原点或 <选择对象>:          //捕捉端点 A，如图 15-22 所示
指定第二条延伸线原点:                       //捕捉端点 B
指定尺寸线位置或[多行文字(M)/文字(T)/角度(A)/水平(H)/垂直(V)/旋转(R)]:
                                            //向左移动鼠标指针，将尺寸线放置在适当位置，单击鼠标左键结束
命令:DIMLINEAR                              //重复命令
指定第一条延伸线原点或 <选择对象>:          //按 Enter 键
选择标注对象:                               //选择线段 C
指定尺寸线位置:                             //向上移动鼠标指针，将尺寸线放置在适当位置，单击鼠标左键结束
```

继续标注尺寸“180”和“61”，结果如图 15-22 所示。

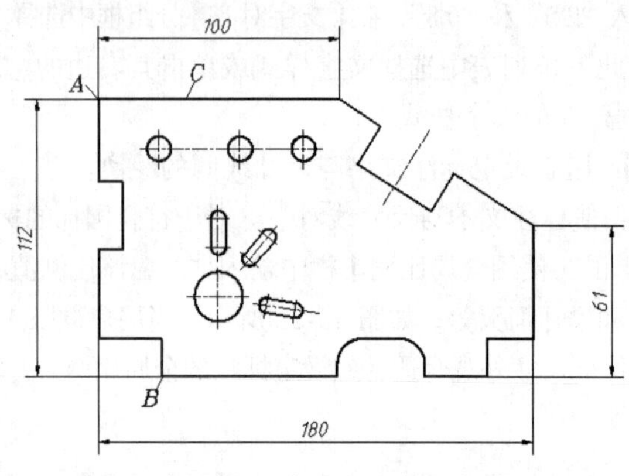

图 15-22　标注长度型尺寸

15.2.3　创建对齐尺寸标注

标注倾斜对象的真实长度可使用对齐尺寸，对齐尺寸的尺寸线平行于倾斜的标注对象。如果用户是选择两个点来创建对齐尺寸，则尺寸线与两点的连线平行。

创建对齐尺寸

1. 单击【注释】面板上的按钮，启动 DIMALIGNED 命令。

```
命令: _dimaligned
指定第一条延伸线原点或 <选择对象>:                    //捕捉 D 点，如图 15-23 所示
指定第二条延伸线原点: per 到                          //捕捉垂足 E
指定尺寸线位置或[多行文字(M)/文字(T)/角度(A)]:         //移动鼠标指针，指定尺寸线的位置
命令:DIMALIGNED                                       //重复命令
指定第一条延伸线原点或 <选择对象>:                    //捕捉 F 点
指定第二条延伸线原点:                                 //捕捉 G 点
指定尺寸线位置或[多行文字(M)/文字(T)/角度(A)]:         //移动鼠标指针，指定尺寸线的位置
```

结果如图 15-23 左图所示。

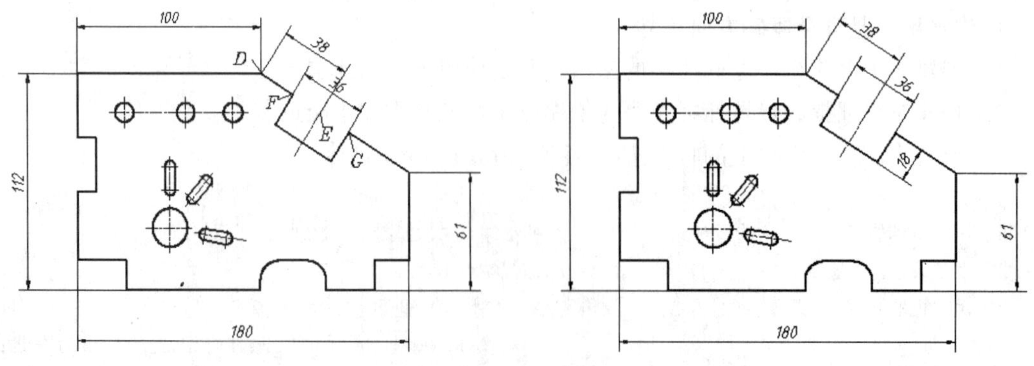

图 15-23　标注对齐尺寸

2. 选择尺寸“36”或“38”，再选中文字处的关键点，移动鼠标指针，调整文字及尺寸线的位置，最后标注尺寸“18”，结果如图 15-23 右图所示。

15.2.4 创建连续型和基线型尺寸标注

连续型尺寸标注是一系列首尾相连的标注形式，而基线型尺寸是指所有的尺寸都从同一点开始标注，即公用一条尺寸界线。在创建这两种形式的尺寸时，应首先建立一个尺寸标注，然后发出标注命令。

创建连续型和基线型尺寸标注

1. 利用关键点编辑方式向下调整尺寸“180”的尺寸线位置，然后标注连续尺寸，如图 15-24 所示。

```
命令: _dimlinear                              //标注尺寸“26”，如图 15-24 左图所示
指定第一条延伸线原点或 <选择对象>:              //捕捉 H 点
指定第二条延伸线原点:                          //捕捉 I 点
指定尺寸线位置:                                //移动鼠标指针，指定尺寸线的位置
```

打开【标注】工具栏，单击该工具栏上的按钮，启动创建连续标注命令。

```
命令: _dimcontinue
指定第二条延伸线原点或 [放弃(U)/选择(S)] <选择>: //捕捉 J 点
指定第二条延伸线原点或 [放弃(U)/选择(S)] <选择>: //捕捉 K 点
指定第二条延伸线原点或 [放弃(U)/选择(S)] <选择>: //捕捉 L 点
指定第二条延伸线原点或 [放弃(U)/选择(S)] <选择>: //按 Enter 键
选择连续标注:                                    //按 Enter 键结束
```

结果如图 15-24 左图所示。

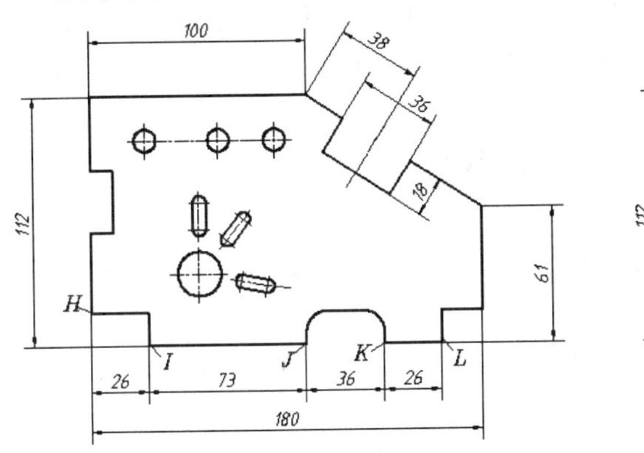

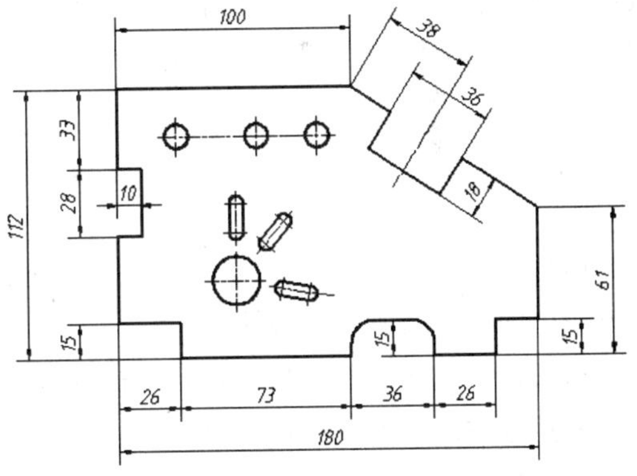

图 15-24 创建连续型尺寸及调整尺寸线的位置

2. 标注尺寸“15”、“33”、“28”等，结果如图 15-24 右图所示。

3. 利用关键点编辑方式向上调整尺寸“100”的尺寸线位置，然后创建基线型尺寸，如图 15-25 所示。

```
命令: _dimlinear                              //标注尺寸“25”，如图 15-25 左图所示
指定第一条延伸线原点或 <选择对象>:              //捕捉 M 点
指定第二条延伸线原点:                          //捕捉 N 点
指定尺寸线位置:                                //移动鼠标指针，指定尺寸线的位置
```

单击【标注】工具栏上的按钮，启动创建基线型尺寸命令。

```
命令: _dimbaseline
指定第二条延伸线原点或 [放弃(U)/选择(S)] <选择>: //捕捉 O 点
```

```
指定第二条延伸线原点或 [放弃(U)/选择(S)] <选择>: //捕捉 P 点
指定第二条延伸线原点或 [放弃(U)/选择(S)] <选择>: //按 Enter 键
选择基准标注:                                    //按 Enter 键结束
```

结果如图 15-25 左图所示。

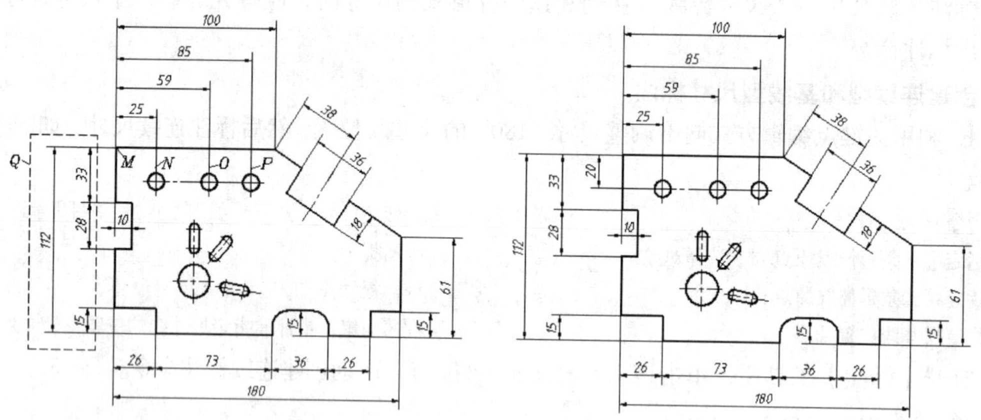

图 15-25 创建基线型尺寸及调整尺寸线的位置

4. 打开正交模式，用 STRETCH 命令将虚线矩形框 *Q* 内的尺寸线向左调整，然后标注尺寸“20”，结果如图 15-25 右图所示。

当用户创建一个尺寸标注后，紧接着启动基线或连续标注命令，则 AutoCAD 将以该尺寸的第一条尺寸界线为基准线生成基线型尺寸，或者以该尺寸的第二条尺寸界线为基准线建立连续型尺寸。若不想在前一个尺寸的基础上生成连续型或基线型尺寸，就按 Enter 键，AutoCAD 提示“选择连续标注”或“选择基准标注”，此时，选择某条尺寸界线作为建立新尺寸的基准线。

15.2.5 创建角度尺寸

国标规定角度数字一律水平书写，一般注写在尺寸线的中断处，必要时可注写在尺寸线的上方或外面，也可画引线标注。

为使角度数字的放置形式符合国标要求，用户可采用当前尺寸样式的覆盖方式标注角度。

利用当前尺寸样式的覆盖方式标注角度

1. 单击【标注】工具栏上的按钮，打开【标注样式管理器】对话框。

2. 单击 替代(O)... 按钮（注意不要使用 修改(M)... 按钮），打开【替代当前样式：工程标注】对话框，进入【文字】选项卡，在【文字对齐】分组框中选择【水平】单选项，如图 15-26 所示。

3. 返回主窗口，标注角度尺寸，角度数字将水平放置，如图 15-27 所示。

单击【标注】工具栏上的按钮，启动标注角度命令。

```
命令: _dimangular
选择圆弧、圆、直线或 <指定顶点>:                 //选择直线 A
选择第二条直线:                                  //选择直线 B
指定标注弧线位置或 [多行文字(M)/文字(T)/角度(A)/象限点(Q)]:
                                                 //移动鼠标指针，指定尺寸线的位置
命令: _dimcontinue                               //启动连续标注命令
指定第二条延伸线原点或 [放弃(U)/选择(S)] <选择>: //捕捉 C 点
```

```
指定第二条延伸线原点或 [放弃(U)/选择(S)] <选择>:        //按 Enter 键
选择连续标注:                                         //按 Enter 键结束
```

结果如图 15-27 所示。

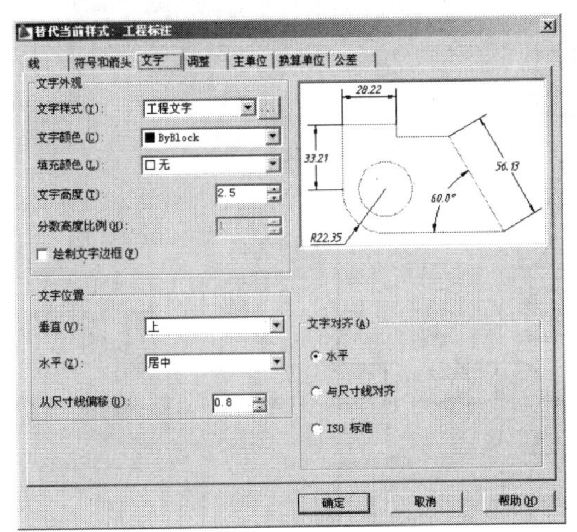

图 15-26 【替代当前样式：工程标注】对话框

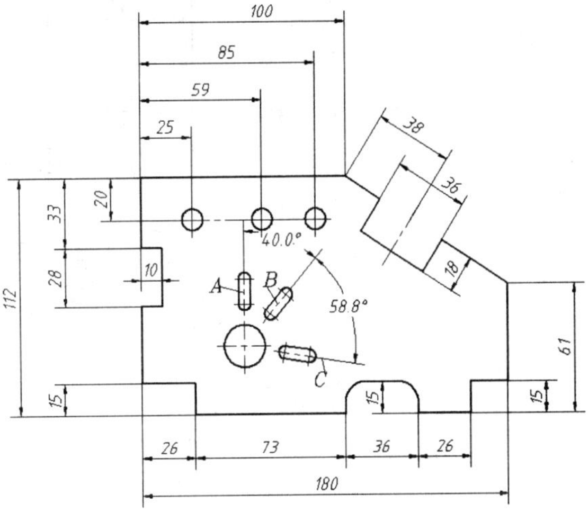

图 15-27 标注角度尺寸

15.2.6 直径和半径型尺寸

在标注直径和半径尺寸时，AutoCAD 自动在标注文字前面加入“ϕ”或“R”符号。实际标注中，直径和半径型尺寸的标注形式多种多样，若通过当前样式的覆盖方式进行标注就非常方便。

上一小节已设定尺寸样式的覆盖方式，使尺寸数字水平放置，下面继续标注直径和半径尺寸，这些尺寸的标注文字也将处于水平方向。

利用当前尺寸样式的覆盖方式标注直径和半径尺寸

1. 创建直径和半径尺寸，如图 15-28 所示。

单击【标注】面板上的按钮，启动标注直径命令。

```
命令: _dimdiameter
选择圆弧或圆:                                   //选择圆 D
指定尺寸线位置或 [多行文字(M)/文字(T)/角度(A)]: t    //使用“文字(T)”选项
输入标注文字 <10>: 3-%%C10                        //输入标注文字
指定尺寸线位置或 [多行文字(M)/文字(T)/角度(A)]:      //移动鼠标指针，指定标注文字的位置
```

单击【标注】面板上的按钮，启动标注半径命令。

```
命令: _dimradius
选择圆弧或圆:                                   //选择圆弧 E
指定尺寸线位置或 [多行文字(M)/文字(T)/角度(A)]:      //移动鼠标指针，指定标注文字的位置
```

继续标注直径尺寸“ϕ20”及半径尺寸“R3”，结果如图 15-28 所示。

2. 取消当前样式的覆盖方式，恢复原来的样式。单击按钮，进入【标注样式管理器】对话框，在此对话框的列表框中选择“工程标注”，然后单击置为当前(U)按钮，此时系统打开一个提示性对话框，继续单击确定按钮完成。

3. 标注尺寸“32”、“24”、“12”及“20”，然后利用关键点编辑方式调整尺寸线的位置，结果如图 15-29 所示。

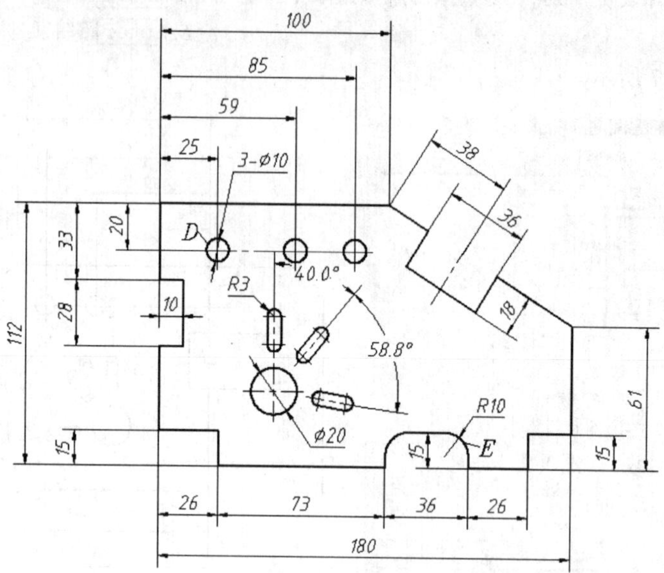

图 15-28 创建直径和半径尺寸

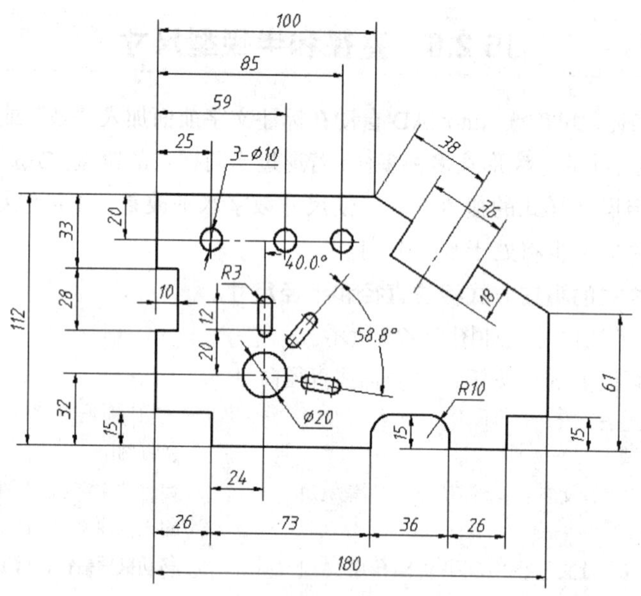

图 15-29 利用关键点编辑方式调整尺寸线的位置

15.3 标注尺寸公差及几何公差

创建尺寸公差的方法有以下两种。

（1）利用尺寸样式的覆盖方式标注尺寸公差，公差的上、下偏差值可在【替代当前样式】

对话框的【公差】选项卡中设置。

（2）标注时，利用“多行文字（M）”选项打开【在位文字】编辑器，然后采用堆叠文字方式标注公差。

标注几何公差可使用 TOLERANCE 及 QLEADER 命令，前者只能产生公差框格，而后者既能形成公差框格又能形成标注指引线。

【案例 15-5】打开素材文件“dwg\第 15 章\15-5.dwg”，利用当前样式覆盖方式标注尺寸公差，如图 15-30 所示。

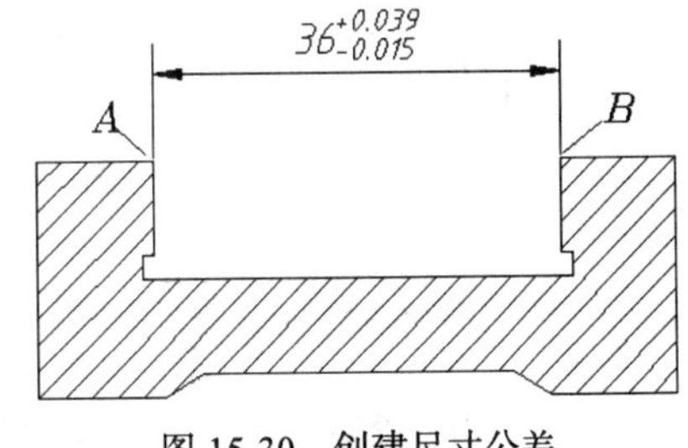

图 15-30　创建尺寸公差

1. 打开【标注样式管理器】对话框，单击 替代(O)... 按钮，打开【替代当前样式：工程标注】对话框，进入【公差】选项卡，如图 15-31 所示。

2. 在【方式】、【精度】和【垂直位置】下拉列表中分别选择“极限偏差”、“0.000”和“中”，在【上偏差】、【下偏差】和【高度比例】栏中分别输入“0.039”、“0.015”和“0.75”，如图 15-31 所示。

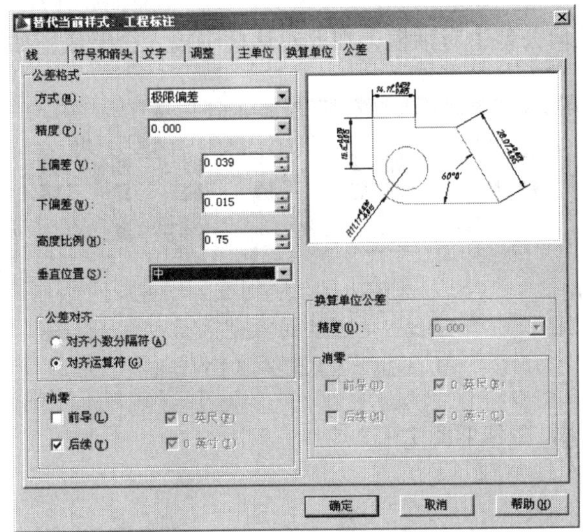

图 15-31　【替代当前样式：工程标注】对话框

3. 返回 AutoCAD 图形窗口，发出 DIMLINEAR 命令，AutoCAD 提示：

```
命令: _dimlinear
指定第一条延伸线原点或 <选择对象>:                    //捕捉交点 A，如图 15-30 所示
指定第二条延伸线原点:                                 //捕捉交点 B
指定尺寸线位置或[多行文字(M)/文字(T)/角度(A)/水平(H)/垂直(V)/旋转(R)]:
                                                      //移动鼠标指针，指定标注文字的位置
```

结果如图 15-30 所示。

【案例 15-6】 打开素材文件“dwg\第 15 章\15-6.dwg”，用 QLEADER 命令标注几何公差，如图 15-32 所示。

1. 键入 QLEADER 命令，AutoCAD 提示“指定第一个引线点或［设置（S）］<设置>:”，直接按 Enter 键，打开【引线设置】对话框，在【注释】选项卡中选择【公差】单选项，如图 15-33 所示。

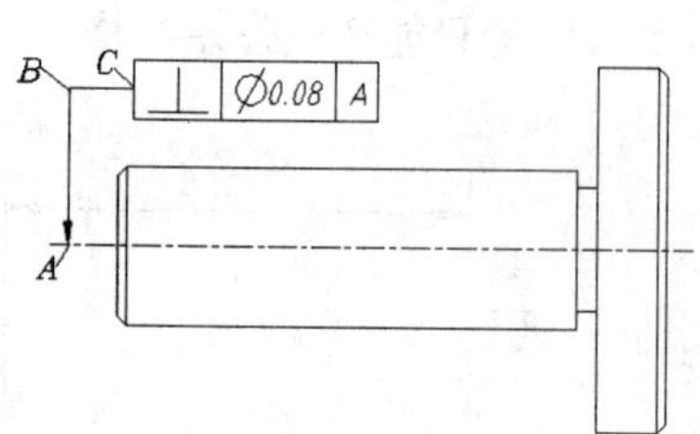

图 15-32　标注几何公差

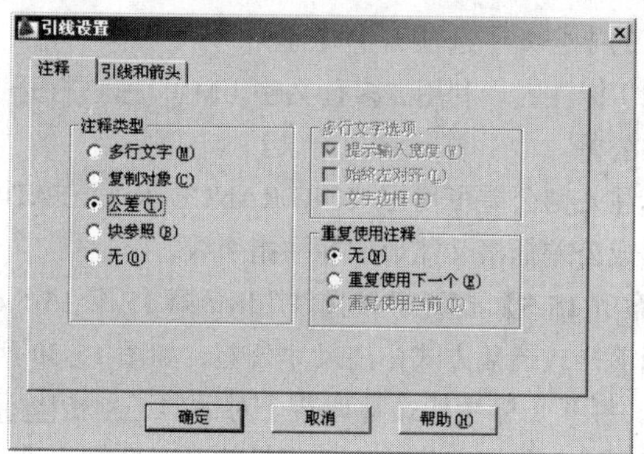

图 15-33　【引线设置】对话框

2. 单击 确定 按钮，AutoCAD 提示：

```
指定第一个引线点或 [设置(S)]<设置>: nea 到          //在轴线上捕捉点 A，如图 15-32 所示
指定下一点：<正交 开>                              //打开正交并在 B 点处单击一点
指定下一点：                                      //在 C 点处单击一点
```

AutoCAD 打开【几何公差】对话框，在此对话框中输入公差值，如图 15-34 所示。

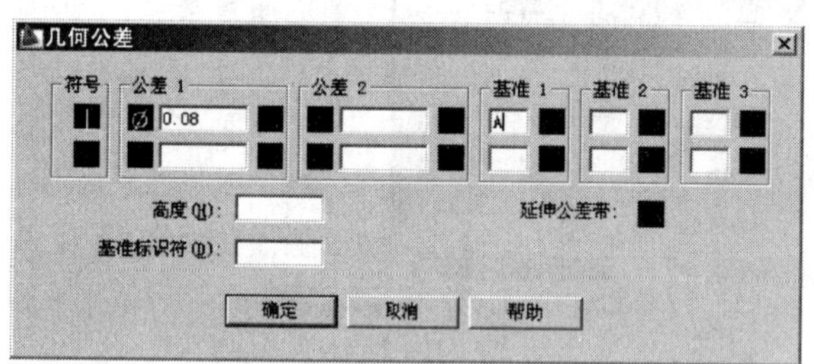

图 15-34　【几何公差】对话框

3. 单击 确定 按钮，结果如图 15-32 所示。

15.4 编辑尺寸标注

编辑尺寸标注主要包括以下几方面。

（1）修改标注文字。修改标注文字的最佳方法是使用 DDEDIT 命令，发出该命令后，用户可以连续地修改想要编辑的尺寸。

（2）调整标注位置。关键点编辑方式非常适合于移动尺寸线和标注文字，进入这种编辑模式后，一般利用尺寸线两端或标注文字所在处的关键点来调整标注位置。

（3）编辑尺寸标注属性。使用 PROPERTIES 命令可以非常方便地编辑尺寸标注属性。用户一次选取多个尺寸标注，启动 PROPERTIES 命令，AutoCAD 打开【特性】对话框，在此对话框中可修改标注字高、文字样式及总体比例等属性。

（4）修改某一尺寸标注的外观。先通过尺寸样式的覆盖方式调整样式，然后利用【标注】

工具栏上的 按钮去更新尺寸标注。

15.5 上机练习——插入图框、标注零件尺寸及表面结构符号

【案例 15-7】 打开素材文件“dwg\第 15 章\15-7.dwg”，标注传动轴零件图，标注结果如图 15-35 所示。零件图图幅选用 A3 幅面，绘图比例为 2∶1，标注字高为 2.5，字体为“gbeitc.shx”，标注总体比例因子为 0.5。此练习的目的是掌握零件图尺寸标注的步骤和技巧。

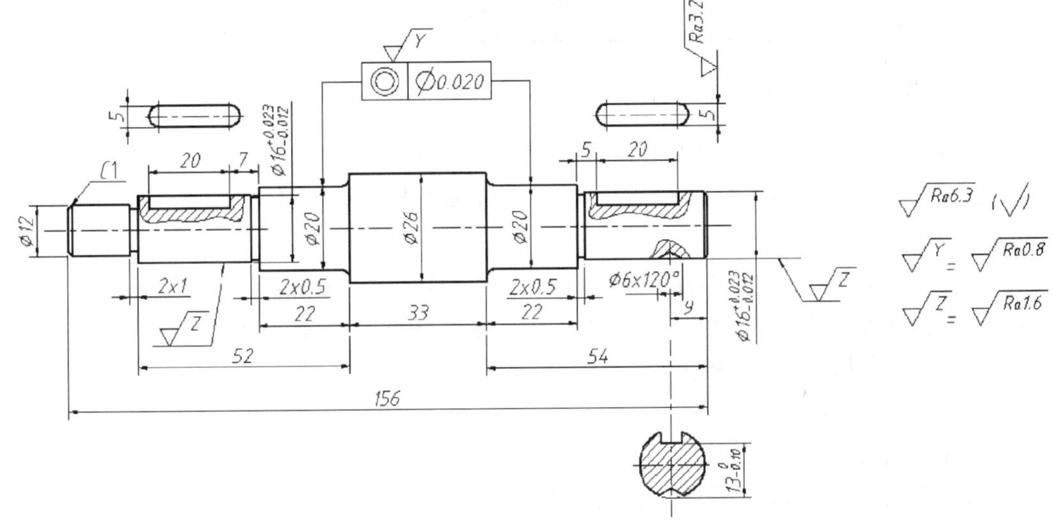

图 15-35 标注传动轴零件图

1. 打开包含标准图框及表面结构符号的图形文件“dwg\第 15 章\A3.dwg”，如图 15-36 所示。在图形窗口中单击鼠标右键，弹出快捷菜单，选择【带基点复制】命令，然后指定 A3 图框的右下角为基点，再选择该图框及表面结构符号。

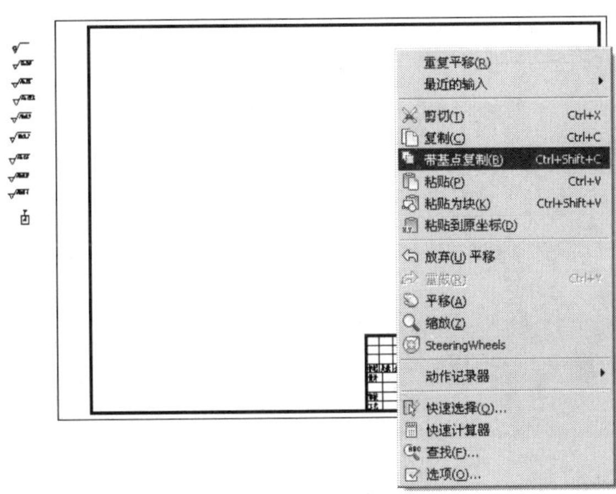

图 15-36 复制图框

2. 切换到当前零件图，在图形窗口中单击鼠标右键，弹出快捷菜单，选择【粘贴】命令，把 A3 图框复制到当前图形中，结果如图 15-37 所示。

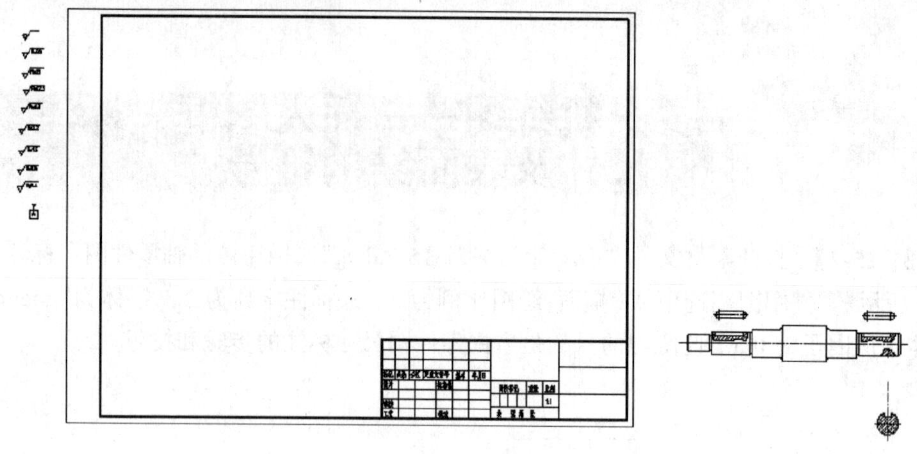

图 15-37 粘贴图框

3. 用 SCALE 命令把 A3 图框和表面结构符号缩小 50%。

4. 创建新文字样式，样式名为“标注文字”，与该样式相连的字体文件是“gbeitc.shx”和“gbcbig.shx”。

5. 创建一个尺寸样式，名称为“国标标注”，对该样式做以下设置。

- 标注文本连接“标注文字”，文字高度为“2.5”，精度为“0.0”，小数点格式是“句点”。
- 标注文字与尺寸线间的距离是“0.8”。
- 箭头大小为“2”。
- 尺寸界线超出尺寸线长度为“2”。
- 尺寸线起始点与标注对象端点间的距离为“0”。
- 标注基线尺寸时，平行尺寸线间的距离为“6”。
- 标注全局比例因子为“0.5”（绘图比例的倒数）。
- 使“国标标注”成为当前样式。

6. 用 MOVE 命令将视图放入图框内，创建尺寸，再用 COPY 及 ROTATE 命令标注表面结构，结果如图 15-35 所示。

第16章 零件图及装配图

【学习目标】

- 用 AutoCAD 绘制机械图的一般步骤。
- 在零件图中插入图框及布图。
- 标注零件图尺寸及表面结构符号。
- 绘制装配图的方法。

通过本章的学习，使读者了解用 AutoCAD 绘制典型零件图及装配图的一般过程，掌握一些实用绘图技巧。

16.1 传动轴

齿轮减速器的传动轴零件图如图 16-1 所示，图例的相关说明如下。

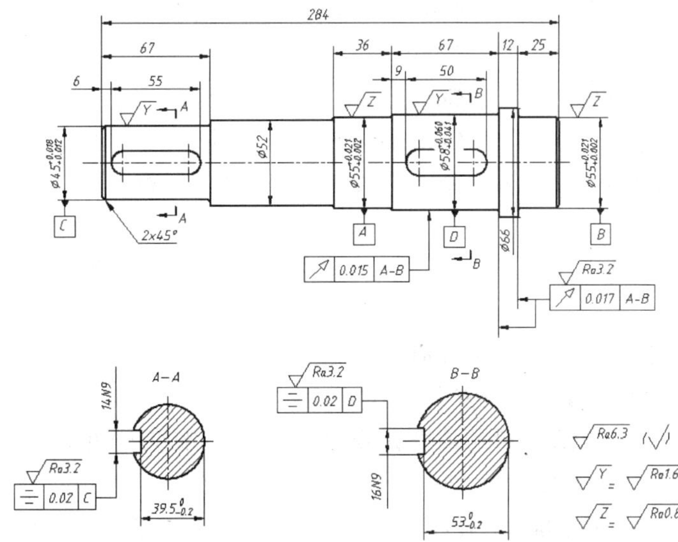

图 16-1　传动轴零件图

1. 材料

45 号钢。

2. 技术要求

（1）调质处理 190～230HB。

（2）未注圆角半径 $R1.5$。

（3）未注倒角 2 × 45°。

（4）线性尺寸未注公差按 GB1804—*m*。

3. 几何公差

图中径向跳动、端面跳动及对称度的说明如表 16-1 所示。

表 16-1　几何公差

几 何 公 差	说　明
↗ 0.015 A-B	圆柱面对公共基准轴线的径向跳动公差为 0.015
↗ 0.017 A-B	轴肩对公共基准轴线的端面跳动公差为 0.017
⌯ 0.02 D	键槽对称面对基准轴线的对称度公差为 0.02

【案例 16-1】 绘制传动轴零件图，如图 16-1 所示。此练习的目的是掌握用 AutoCAD 绘制轴类零件的方法和一些作图技巧。

1. 创建以下图层。

名称	颜色	线型	线宽
轮廓线层	白色	Continuous	0.50
中心线层	红色	CENTER	默认
剖面线层	绿色	Continuous	默认
文字层	绿色	Continuous	默认
尺寸标注层	绿色	Continuous	默认

2. 设定绘图区域大小为 200 × 200。单击【实用程序】工具栏上的按钮，使绘图区域充满整个图形窗口显示出来。

3. 通过【线型控制】下拉列表打开【线型管理器】对话框，在此对话框中设定线型全局比例因子为“0.3”。

4. 打开极轴追踪、对象捕捉及捕捉追踪功能。设置极轴追踪角度增量为“90”，设置对象捕捉方式为【端点】、【圆心】及【交点】。

5. 切换到轮廓线层。绘制零件的轴线 *A* 及左端面线 *B*，结果如图 16-2 左图所示。线段 *A* 的长度约为 350，线段 *B* 的长度约为 100。

6. 以线段 *A*、*B* 为作图基准线，使用 OFFSET 和 TRIM 命令形成轴左边的第一段、第二段和第三段，结果如图 16-2 右图所示。

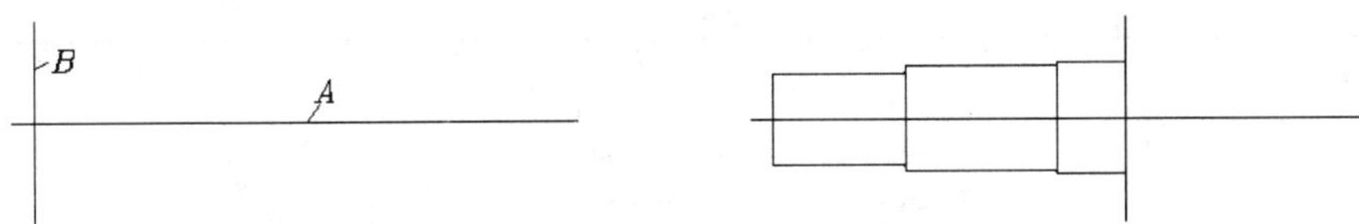

图 16-2　绘制轴左边的第一段、第二段等

7. 用同样方法绘制轴的其余 3 段，结果如图 16-3 左图所示。

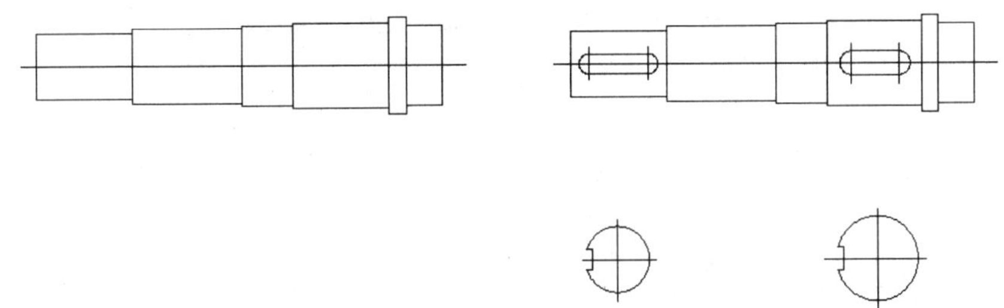

图 16-3　绘制轴的其余各段

8. 用 CIRCLE、LINE、TRIM 等命令绘制键槽及剖面图，结果如图 16-3 右图所示。

9. 倒角，然后填充剖面图案，结果如图 16-4 所示。

10. 将轴线和定位线等放置到中心线层上，将剖面图案放置到剖面线层上。

11. 打开素材文件"dwg\第 16 章\16-A3.dwg"，该文件包含 A3 幅面的图框、表面结构符号及基准代号。利用 Windows 的复制和粘贴功能将图框及标注符号拷贝到零件图中，用 SCALE 命令缩放它们，缩放比例为"1.5"，然后把零件图布置在图框中，结果如图 16-5 所示。

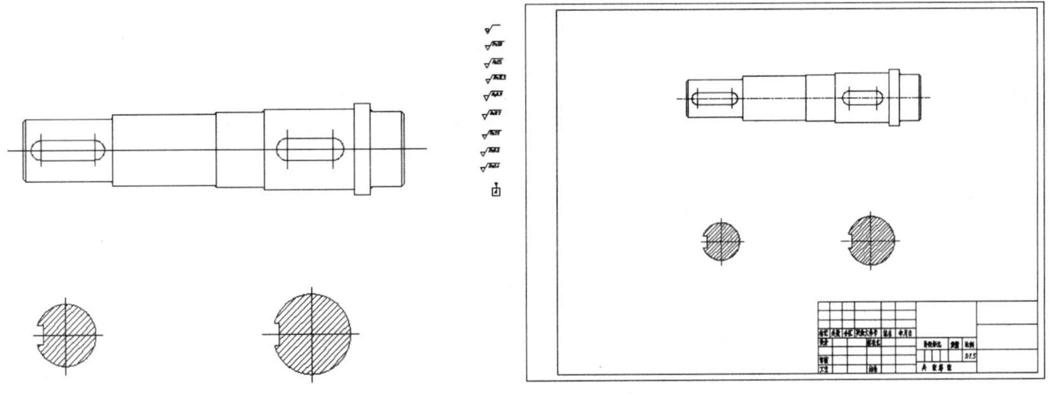

图 16-4　倒角及填充剖面图案　　　　图 16-5　插入图框

12. 切换到尺寸标注层，标注尺寸及表面结构符号，如图 16-6 所示（本图仅为了示意工程图标注后的真实结果）。尺寸文字字高为"3.5"，标注全局比例因子为"1.5"。

13. 切换到文字层，书写技术要求。"技术要求"字高为 5 × 1.5 = 7.5，其余文字字高为 3.5 × 1.5 = 5.25。中文字体采用"gbcbig.shx"，西文字体采用"gbeitc.shx"。

此零件图的绘图比例为 1 : 1.5，打印时将按此比例值出图。打印的真实效果为图纸幅面 A3，图纸上线条的长度与零件真实长度的比值为 1 : 1.5，标注文本高度为 3.5，技术要求中文字字高为 5 和 3.5。

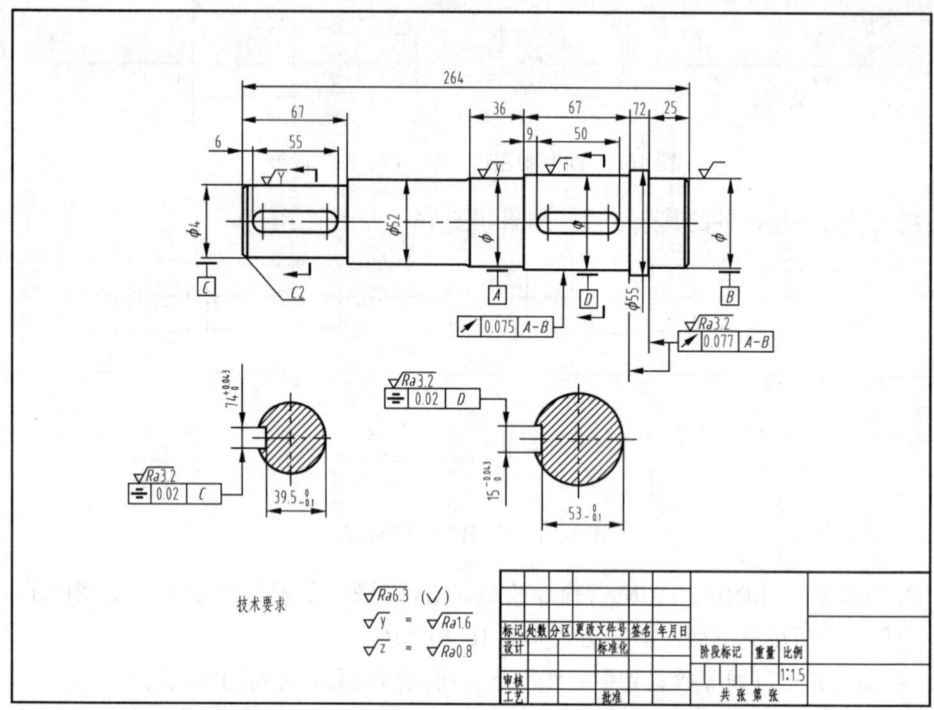

图 16-6　标注尺寸及书写技术要求

16.2 转轴支架

转轴支架零件图如图 16-7 所示，图例的相关说明如下。

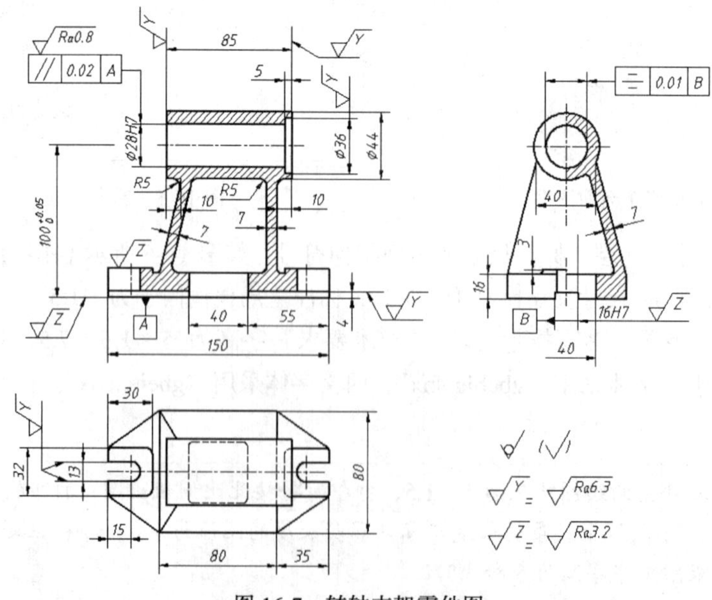

图 16-7　转轴支架零件图

1. 材料

HT200。

2. 技术要求

（1）铸件不得有砂眼及气孔等缺陷。

（2）正火 170～190HB。

（3）未注圆角 $R3$～$R5$。

（4）线性尺寸未注公差按 GB1804—*m*。

3. 几何公差

图中几何公差的说明如表 16-2 所示。

表 16-2　　几何公差

几 何 公 差	说　明
// 0.02 A	孔的轴线对基准面的平行度公差为 0.02
⌯ 0.01 B	孔的轴线对槽的对称面在水平方向的对称度公差为 0.01

【案例 16-2】 绘制转轴支架零件图，如图 16-7 所示。此练习的目的是掌握用 AutoCAD 绘制叉架类零件的方法和一些作图技巧。

1. 创建以下图层。

名称	颜色	线型	线宽
轮廓线层	白色	Continuous	0.50
中心线层	红色	Center	默认
虚线层	黄色	Dashed	默认
剖面线层	绿色	Continuous	默认
文字层	绿色	Continuous	默认
尺寸标注层	绿色	Continuous	默认

2. 设定绘图区域大小为 300 × 300。单击【实用程序】工具栏上的按钮，使绘图区域充满整个图形窗口显示出来。

3. 通过【线型控制】下拉列表打开【线型管理器】对话框，在此对话框中设定线型全局比例因子为“0.3”。

4. 打开极轴追踪、对象捕捉及捕捉追踪功能。设置极轴追踪角度增量为“90”，设置对象捕捉方式为【端点】、【圆心】及【交点】。

5. 切换到轮廓线层。绘制水平及竖直作图基准线，线段的长度约为 200，如图 16-8 左图所示。用 OFFSET 及 TRIM 等命令形成主视图细节，结果如图 16-8 右图所示。

6. 在主视图上绘制水平投影线，再绘制左视图的对称线，结果如图 16-9 左图所示。用 CIRCLE、OFFSET 及 TRIM 等命令形成左视图细节，结果如图 16-9 右图所示。

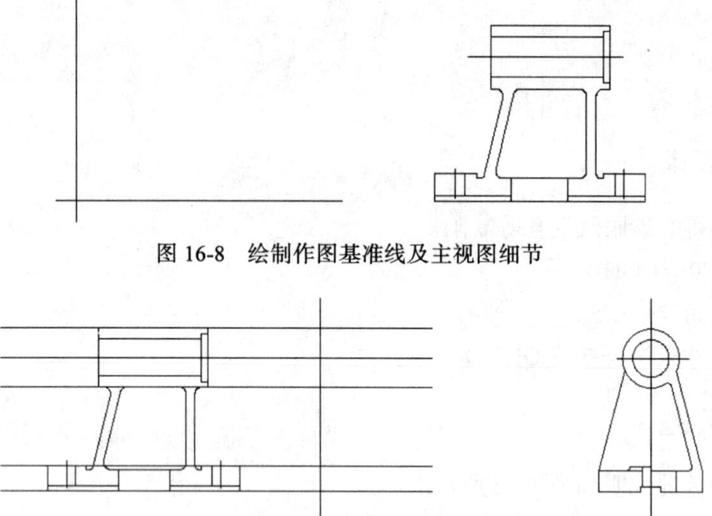

图 16-8　绘制作图基准线及主视图细节

图 16-9　绘制水平投影线及左视图细节

7. 复制并旋转左视图，然后向俯视图绘制投影线，结果如图 16-10 所示。

8. 用 CIRCLE、OFFSET 及 TRIM 等命令形成俯视图细节，然后将定位线及剖面线分别修改到中心线层及剖面线层上，结果如图 16-11 所示。

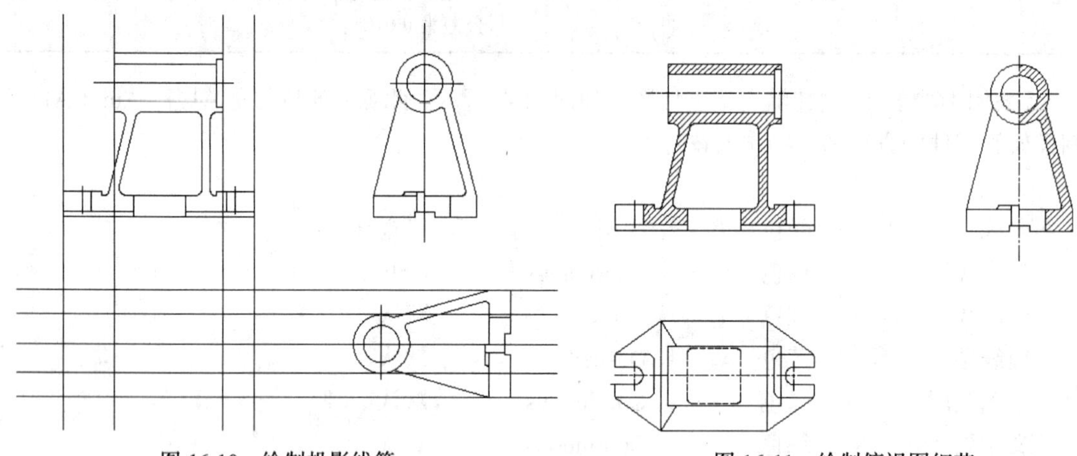

图 16-10　绘制投影线等　　图 16-11　绘制俯视图细节

9. 打开素材文件“dwg\第 16 章\A3.dwg”，该文件包含 A3 幅面的图框、表面结构符号及基准代号。利用 Windows 的复制和粘贴功能将图框及标注符号复制到零件图中，用 SCALE 命令缩放它们，缩放比例为“1.5”，然后把零件图布置在图框中，结果如图 16-12 所示。

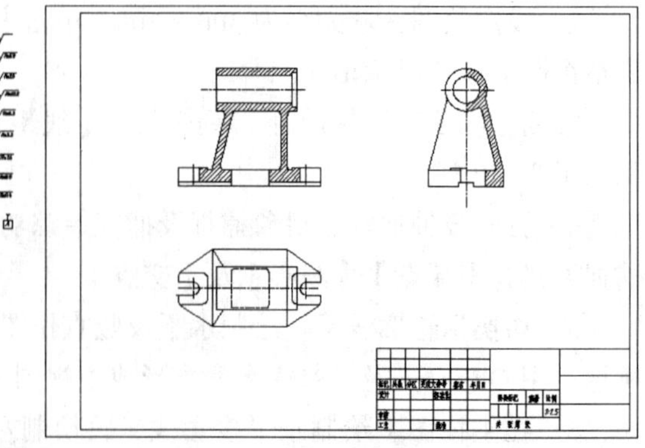

图 16-12　插入图框

10. 切换到尺寸标注层，标注尺寸及表面结构符号。尺寸文字字高为“3.5”，标注全局比例因子为“1.5”。

11．切换到文字层，书写技术要求。“技术要求”字高为 $5 \times 1.5 = 7.5$，其余文字字高为 $3.5 \times 1.5 = 5.25$。中文字体采用“gbcbig.shx”，西文字体采用“gbeitc.shx”。

16.3 蜗轮箱

蜗轮箱零件图如图 16-13 所示，图例的相关说明如下。

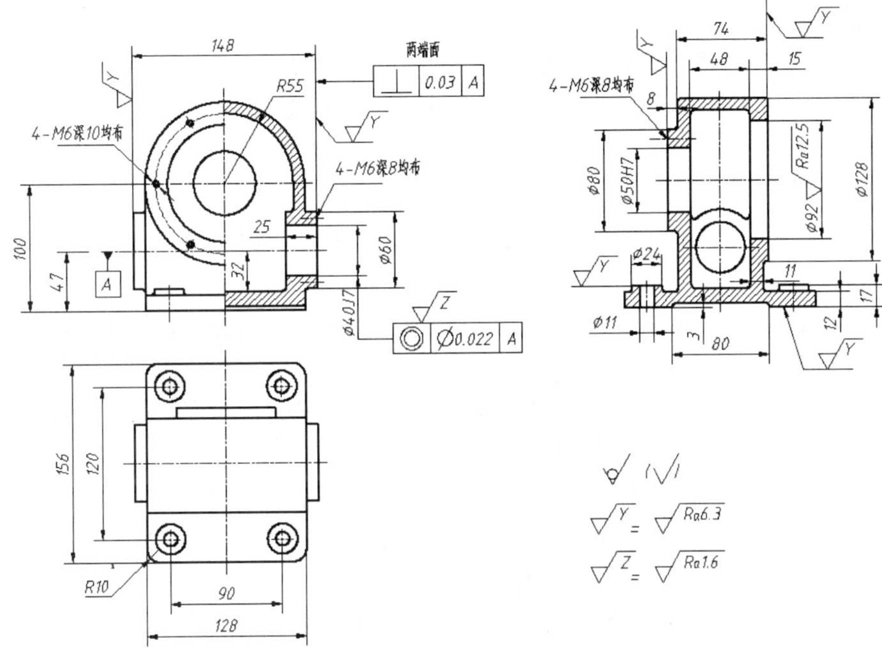

图 16-13　蜗轮箱零件图

1．材料

HT200。

2．技术要求

（1）铸件不得有砂眼、气孔及裂纹等缺陷。

（2）机加工前进行时效处理。

（3）未注铸造圆角 $R3 \sim R5$。

（4）加工面线性尺寸未注公差按 GB1804—*m*。

3．几何公差

图中几何公差的说明如表 16-3 所示。

表 16-3　　几何公差

几何公差	说明
◎ | ϕ0.022 | A	孔的轴线对基准轴线的同轴度公差为 ϕ0.022
⊥ | 0.03 | A	被测端面对基准轴线的垂直度公差为 0.03

【案例 16-3】 绘制蜗轮箱零件图，如图 16-13 所示。此练习的目的是掌握用 AutoCAD 绘制箱体类零件的方法和一些作图技巧。

1. 创建以下图层。

名称	颜色	线型	线宽
轮廓线层	白色	Continuous	0.50
中心线层	红色	Center	默认
虚线层	黄色	Dashed	默认
剖面线层	绿色	Continuous	默认
文字层	绿色	Continuous	默认
尺寸标注层	绿色	Continuous	默认

2. 设定绘图区域大小为 300 × 300。单击【实用程序】工具栏上的按钮，使绘图区域充满整个图形窗口显示出来。

3. 通过【线型控制】下拉列表打开【线型管理器】对话框，在此对话框中设定线型全局比例因子为“0.3”。

4. 打开极轴追踪、对象捕捉及捕捉追踪功能。设置极轴追踪角度增量为“90”，设置对象捕捉方式为【端点】、【圆心】及【交点】。

5. 切换到轮廓线层。绘制水平及竖直作图基准线，线段的长度约为 200，如图 16-14 左图所示。用 CIRCLE、OFFSET 及 TRIM 等命令形成主视图细节，结果如图 16-14 右图所示。

6. 从主视图绘制水平投影线，再绘制左视图的对称线，如图 16-15 左图所示。用 CIRCLE、OFFSET 及 TRIM 等命令形成左视图细节，结果如图 16-15 右图所示。

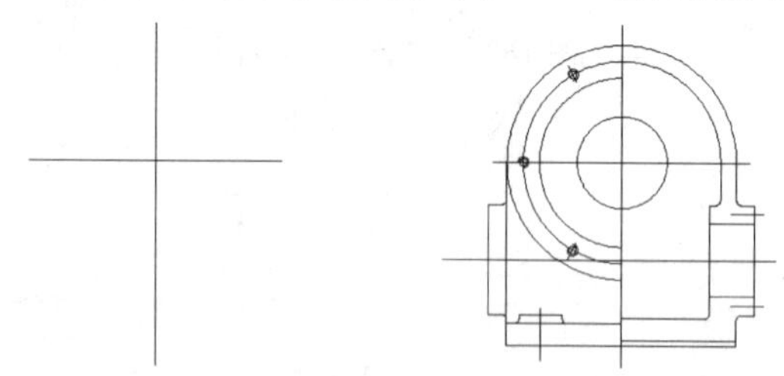

图 16-14　绘制作图基准线及主视图细节

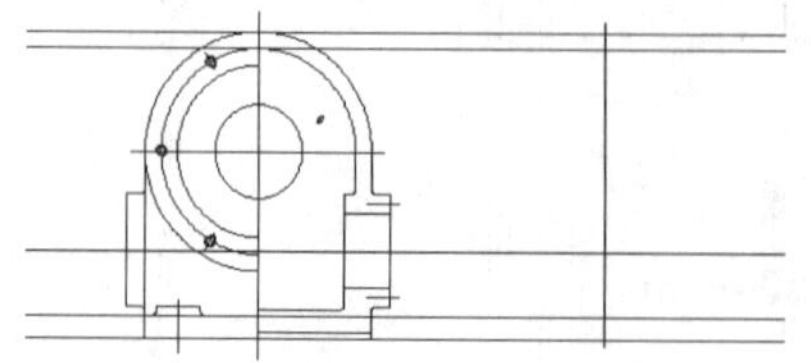

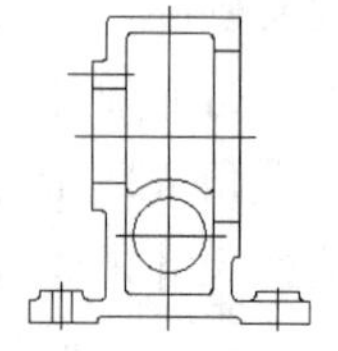

图 16-15　绘制水平投影线及左视图细节

7. 复制并旋转左视图，然后向俯视图绘制投影线，结果如图 16-16 所示。

8. 用 CIRCLE、OFFSET 及 TRIM 等命令形成俯视图细节，然后将定位线及剖面线分别修改到中心线层及剖面线层上，结果如图 16-17 所示。

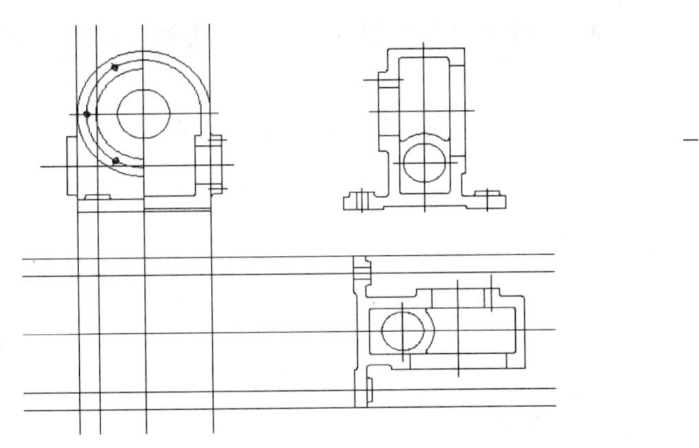

图 16-16　绘制投影线等

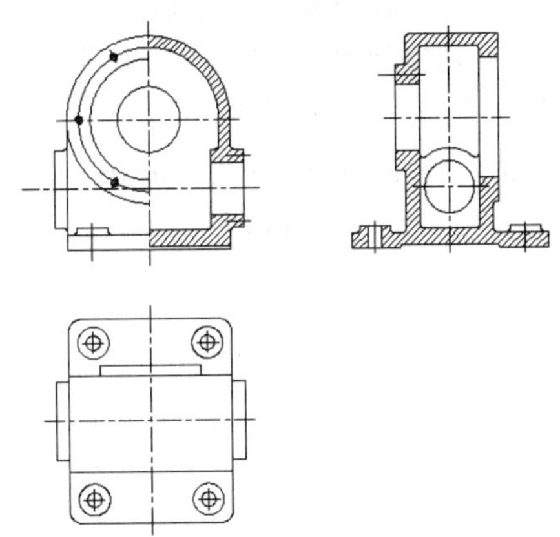

图 16-17　绘制俯视图细节

9. 打开素材文件“dwg\第 16 章\A3.dwg”，该文件包含 A3 幅面的图框、表面结构符号及基准代号。利用 Windows 的复制和粘贴功能将图框及标注符号复制到零件图中，用 SCALE 命令缩放它们，缩放比例为“2”，然后把零件图布置在图框中，结果如图 16-18 所示。

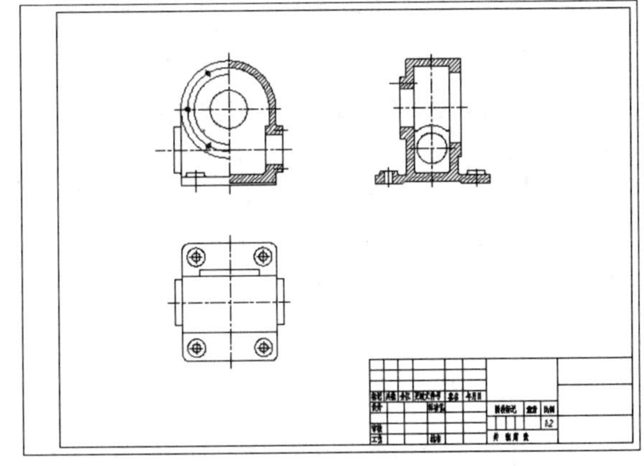

图 16-18　插入图框

10. 切换到尺寸标注层，标注尺寸及表面结构符号。尺寸文字字高为“3.5”，标注总体比例因子为“2”。

11. 切换到文字层，书写技术要求。“技术要求”字高为 5 × 2 = 10，其余文字字高为 3.5 × 2 = 7。中文字体采用“gbcbig.shx”，西文字体采用“gbeitc.shx”。

16.4 由零件图组合装配图

若已绘制了机器或部件的所有零件图，当需要一张完整的装配图时，就可考虑利用零件图来拼画装配图，这样能避免重复劳动，提高工作效率。拼画装配图的方法如下。

（1）创建一个新文件。

（2）打开所需的零件图，关闭尺寸所在的图层，利用复制及粘贴功能将零件图复制到新文件中。

（3）利用 MOVE 命令将零件图组合在一起，再进行必要的编辑，形成装配图。

【案例 16-4】 打开素材文件“dwg\第 16 章\16-4-A.dwg”、“16-4-B.dwg”、“16-4-C.dwg”和“16-4-D.dwg”。将 4 张零件图“装配”在一起，形成装配图。

1. 创建新图形文件，文件名为“装配图.dwg”。

2. 切换到图形“16-4-A.dwg”，在图形窗口中单击鼠标右键，弹出快捷菜单，选择【带基点复制】命令，复制零件主视图。

3. 切换到图形“装配图.dwg”，在图形窗口中单击鼠标右键，弹出快捷菜单，选择【粘贴】命令，结果如图 16-19 所示。

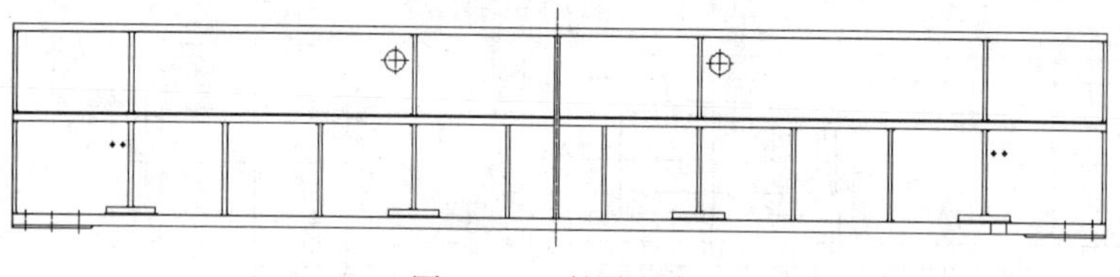

图 16-19 粘贴对象

4. 切换到图形“16-4-B.dwg”，在图形窗口中单击鼠标右键，弹出快捷菜单，选择【带基点复制】命令，复制零件左视图。

5. 切换到图形“装配图.dwg”，在图形窗口中单击鼠标右键，弹出快捷菜单，选择【粘贴】命令。再重复粘贴操作，结果如图 16-20 所示。

6. 用 MOVE 命令将零件图装配在一起，结果如图 16-21 所示。

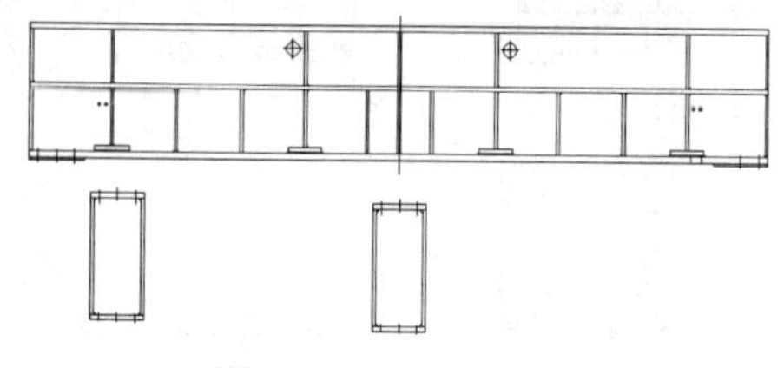

图 16-20 粘贴对象

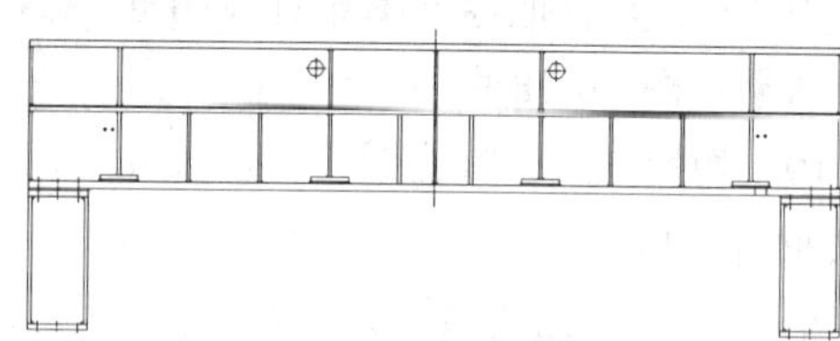

图 16-21 将零件装配在一起

7. 用与上述类似的方法将零件图“16-4-C”与“16-4-D”也插入装配图中，并进行必要的编辑，结果如图 16-22 所示。

8. 打开素材文件“dwg\第 16 章\标准件.dwg”，将该文件中的 M20 螺栓、螺母及垫圈等标准件复制到“装配图.dwg”中，然后用 MOVE 和 ROTATE 命令将这些标准件装配到正确的位置，结果如图 16-23 所示。

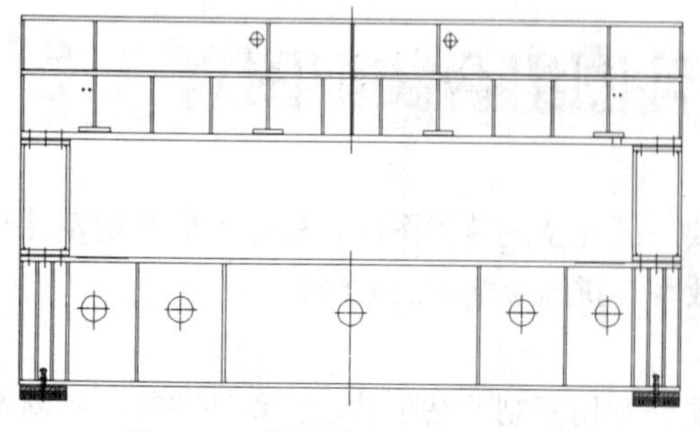

图 16-22 将零件图组合成装配图

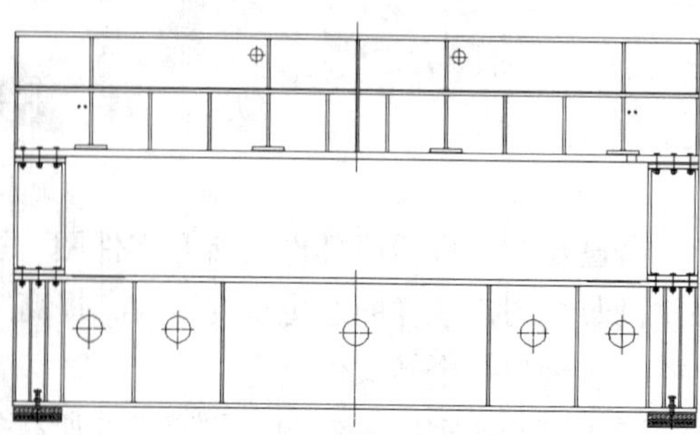

图 16-23 插入标准件

第17章 打印图形

【学习目标】

- 输出图形的完整过程。
- 选择打印设备，对当前打印设备的设置进行简单修改。
- 选择图纸幅面和设定打印区域。
- 调整打印方向、打印位置和设定打印比例。
- 将小幅面图纸组合成大幅面图纸进行打印。

通过本章的学习，使读者掌握从模型空间打印图形的方法，并学会将多张图纸布置在一起打印的技巧。

17.1 打印图形的过程

在模型空间中将工程图样布置在标准幅面的图框内，再标注尺寸及书写文字后，就可以输出图形了。输出图形的主要过程如下。

（1）指定打印设备，可以是 Windows 系统打印机或者在 AutoCAD 中安装的打印机。

（2）选择图纸幅面及打印份数。

（3）设定要输出的内容。例如，可指定将某一矩形区域的内容输出，或者将包围所有图形的最大矩形区域输出。

（4）调整图形在图纸上的位置及方向。

（5）选择打印样式，详见 17.2.2 节。若不指定打印样式，则按对象的原有属性进行打印。

（6）设定打印比例。

（7）预览打印效果。

【案例 17-1】 从模型空间打印图形。

1. 打开素材文件“dwg\第 17 章\17-1.dwg”。
2. 选择菜单命令【文件】/【绘图仪管理器】，打开【Plotters】对话框，利用该对话框的【添加绘图仪向导】配置一台绘图仪“DesignJet 450C C4716A”。

3. 选择菜单命令【文件】/【打印】，打开【打印—模型】对话框，如图 17-1 所示，在该对话框中完成以下设置。

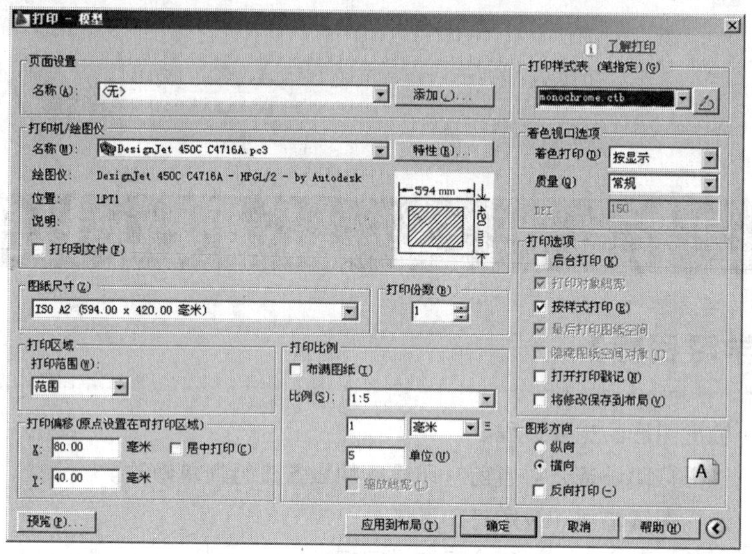

图 17-1 【打印—模型】对话框

- 在【打印机/绘图仪】分组框的【名称】下拉列表中选择打印设备“DesignJet 450C C4716A.pc3”。
- 在【图纸尺寸】下拉列表中选择 A2 幅面图纸。
- 在【打印份数】分组框的文本框中输入打印份数。
- 在【打印范围】下拉列表中选择“范围”选项。
- 在【打印比例】分组框中设置打印比例为“1∶5”。
- 在【打印偏移】分组框中指定打印原点为（80,40）。
- 在【图形方向】分组框中选择【横向】单选项。
- 在【打印样式表】分组框的下拉列表中选择打印样式“monochrome.ctb”（将所有颜色打印为黑色）。

4. 单击预览(P)...按钮，预览打印效果，如图 17-2 所示。若满意，单击按钮开始打印；否则，按Esc键返回【打印】对话框，重新设定打印参数。

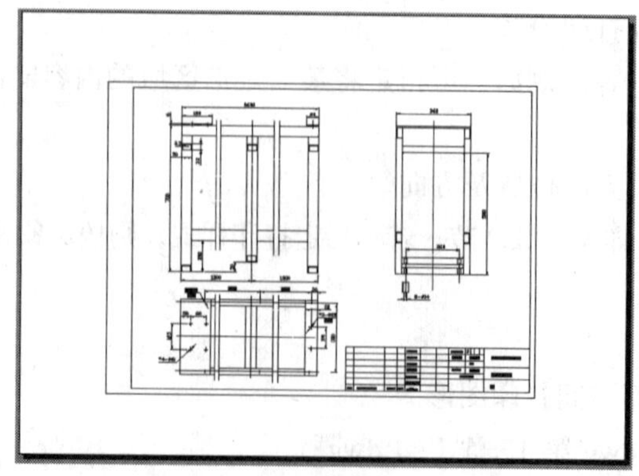

图 17-2 打印预览

17.2 设置打印参数

在 AutoCAD 中，用户可使用内部打印机或 Windows 系统打印机输出图形，并能方便地修改打印机设置及其他打印参数。选择菜单命令【文件】/【打印】，AutoCAD 打开【打印—模型】对话框，如图 17-3 所示。在该对话框中用户可配置打印设备及选择打印样式，还能设定图纸幅面、打印比例及打印区域等参数。下面介绍该对话框的主要功能。

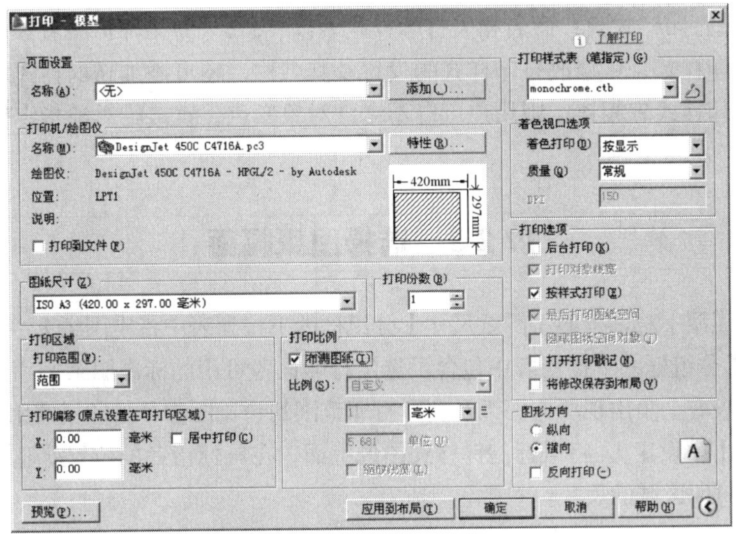

图 17-3 【打印—模型】对话框

17.2.1 选择打印设备

在【打印机/绘图仪】的【名称】下拉列表中，用户可选择 Windows 系统打印机或 AutoCAD 内部打印机（“.pc3”文件）作为输出设备，如图 17-4 所示。请注意，这两种打印机名称前的图标是不一样的。当用户选定某种打印机后，【名称】下拉列表下面将显示被选中设备的名称、连接端口及其他有关打印机的注释信息。

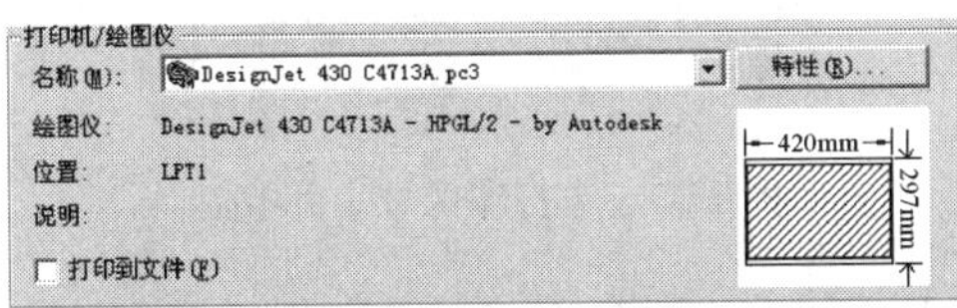

图 17-4 选择打印设备

17.2.2 使用打印样式

在【打印—模型】对话框【打印样式表】分组框的下拉列表中选择打印样式，如图 17-5 所示。

打印样式是对象的一种特性，如同颜色和线型一样，它用于修改打印图形的外观。若为某个对象选择了一种打印样式，则输出图形后，对象的外观由样式决定。AutoCAD 提供了几百种打印样式，并将其组合成一系列打印样式表。

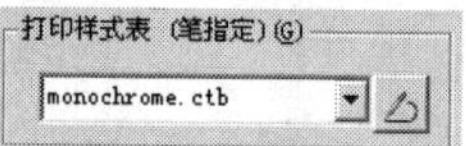

图 17-5 使用打印样式

AutoCAD 中有以下两种类型的打印样式表。

- 颜色相关打印样式表：颜色相关打印样式表以“.ctb”为文件扩展名保存。该表以对象颜色为基础，共包含 255 种打印样式，每种 ACI 颜色对应一个打印样式，样式名分别为“颜色 1”、“颜色 2”等。用户不能添加或删除颜色相关打印样式，也不能改变它们的名称。若当前图形文件与颜色相关打印样式表相连，则系统自动根据对象的颜色分配打印样式。用户不能选择其他打印样式，但可以对已分配的样式进行修改。
- 命名相关打印样式表：命名相关打印样式表以“.stb”为文件扩展名保存。该表包括一系列已命名的打印样式，可修改打印样式的设置及其名称，还可添加新的样式。若当前图形文件与命名相关打印样式表相连，则用户可以不考虑对象颜色，直接给对象指定样式表中的任意一种打印样式。

17.2.3 选择图纸幅面

在【打印—模型】对话框的【图纸尺寸】分组框的下拉列表中指定图纸大小，如图 17-6 所示。【图纸尺寸】分组框的下拉列表中包含了选定打印设备可用的标准图纸尺寸。当选择某种幅面图纸时，该列表右上角出现所选图纸及实际打印范围的预览图像（打印范围用阴影表示出来，可在【打印区域】中设定）。将鼠标指针移到图像上面，在鼠标指针的位置就显示出精确的图纸尺寸及图纸上可打印区域的尺寸。

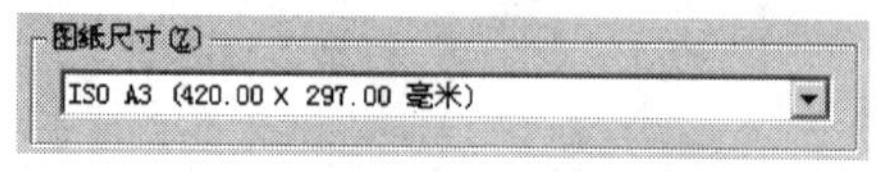

图 17-6 【图纸尺寸】下拉列表

17.2.4 设定打印区域

在【打印—模型】对话框的【打印区域】分组框中设置要输出的图形范围，如图 17-7 所示。

图 17-7 【打印区域】分组框

该分组框的【打印范围】下拉列表中包含 4 个选项，下面利用图 17-8 所示的图样讲解它们的功能。

在【草图设置】对话框中取消对【显示超出界线的栅格】复选项的选择，才会出现图 17-8 所示的栅格。

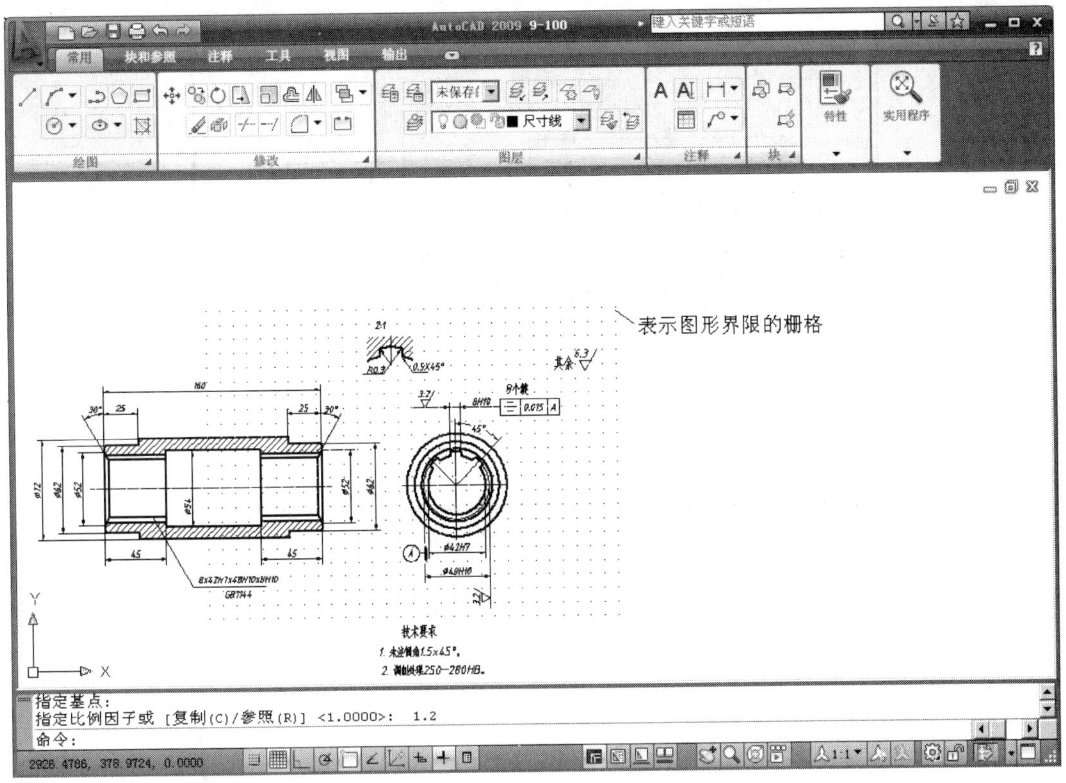

图 17-8 设置打印区域

● "图形界限"：从模型空间打印时，【打印范围】下拉列表将列出"图形界限"选项。选择该选项，则系统就把设定的图形界限范围（用 LIMITS 命令设置图形界限）打印在图纸上，结果如图 17-9 所示。

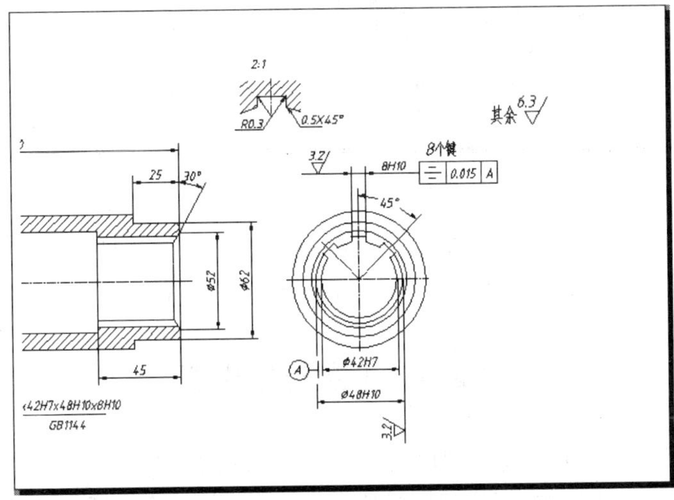

图 17-9 "图形界限"选项

从图纸空间打印时，【打印范围】下拉列表将列出"布局"选项。选择该选项，系统将打印虚拟图纸可打印区域内的所有内容。

● "范围"：打印图样中的所有图形对象，结果如图 17-10 所示。

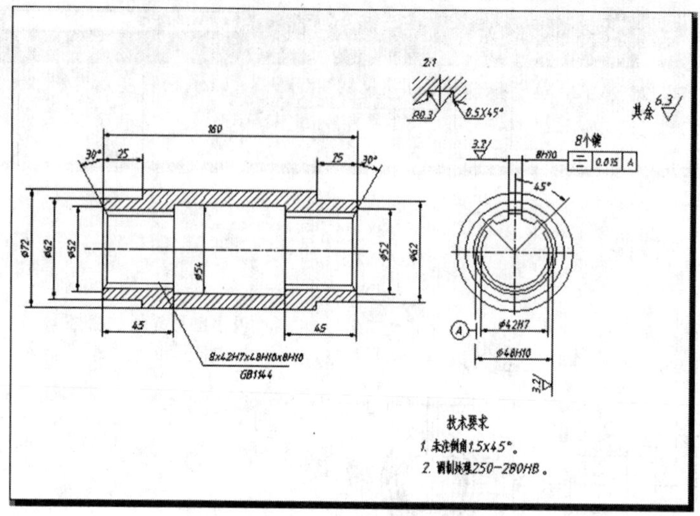

图 17-10　“范围”选项

- “显示”：打印整个图形窗口，打印结果如图 17-11 所示。

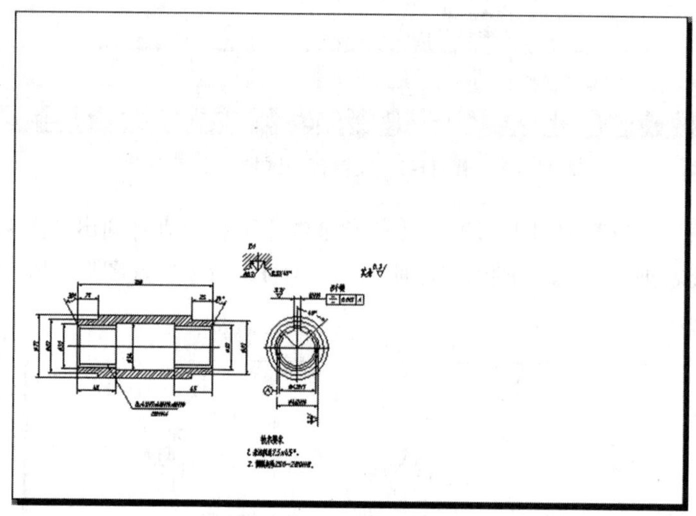

图 17-11　“显示”选项

- “窗口”：打印用户自己设定的区域。选择此选项后，系统提示指定打印区域的两个角点，同时在【打印—模型】对话框中显示 窗口(O)< 按钮，单击此按钮，可重新设定打印区域。

17.2.5　设定打印比例

在【打印—模型】对话框的【打印比例】分组框中设置出图比例，如图 17-12 所示。绘制阶段用户根据实物按 1∶1 比例绘图，出图阶段需依据图纸尺寸确定打印比例，该比例是图纸尺寸单位与图形单位的比值。当测量单位是 mm（毫米），打印比例设定为 1∶2 时，表示图纸上的 1mm 代表两个图形单位。

【比例】下拉列表包含了一系列标准缩放比例值，此外，还有“自定义”选项，该选项使用户可以自己指定打印比例。

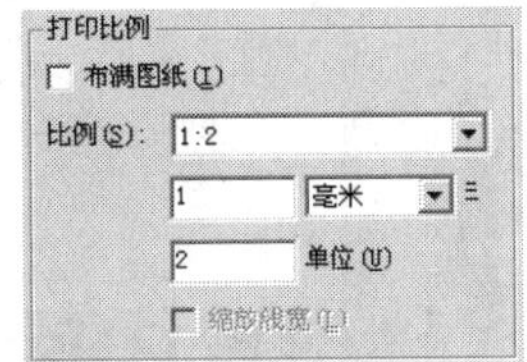

图 17-12 【打印比例】分组框

从模型空间打印时，【打印比例】的默认设置是【布满图纸】。此时，系统将缩放图形以充满所选定的图纸。

17.2.6 调整图形打印方向和位置

图形在图纸上的打印方向通过【图形方向】分组框中的选项调整，如图 17-13 所示。该分组框包含一个图标，此图标表明图纸的放置方向，图标中的字母代表图形在图纸上的打印方向。

【图形方向】分组框包含以下 3 个选项。

- 【纵向】：图形在图纸上的放置方向是水平的。
- 【横向】：图形在图纸上的放置方向是竖直的。
- 【反向打印】：使图形颠倒打印，此选项可与【纵向】和【横向】结合使用。

图形在图纸上的打印位置由【打印偏移】分组框中的选项确定，如图 17-14 所示。默认情况下，AutoCAD 从图纸左下角打印图形。打印原点处在图纸左下角位置，坐标是（0,0），用户可在【打印偏移】分组框中设定新的打印原点，这样图形在图纸上将沿 x 和 y 轴移动。

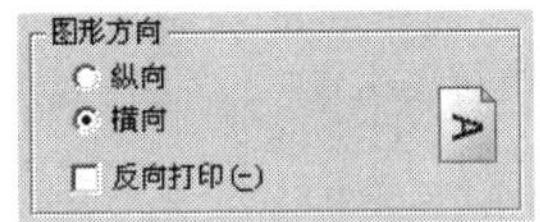

图 17-13 【图形方向】分组框

图 17-14 【打印偏移】分组框

【打印偏移】分组框包含以下 3 个选项。

- 【居中打印】：在图纸正中间打印图形（自动计算 x 和 y 的偏移值）。
- 【X】：指定打印原点在 x 方向的偏移值。
- 【Y】：指定打印原点在 y 方向的偏移值。

17.2.7 预览打印效果

打印参数设置完成后，用户可通过打印预览观察图形的打印效果，如果不合适可重新调整，以免浪费图纸。

单击【打印—模型】对话框下面的 预览(P)... 按钮，AutoCAD 显示实际的打印效果。由于系统要重新生成图形，因此对于复杂图形需耗费较多的时间。

预览时，鼠标指针变成形状，利用它可以进行实时缩放操作。查看完毕后，按 Esc 或 Enter 键返回【打印—模型】对话框。

17.3 打印图形实例

前面几节介绍了有关打印方面的知识，下面通过一个实例演示打印图形的全过程。

【案例 17-2】 打印图形。

1. 打开素材文件“dwg\第 17 章\17-2.dwg”。

2. 选择菜单命令【文件】/【打印】，打开【打印—模型】对话框，如图 17-15 所示。

3. 如果想使用以前创建的页面设置，就在【页面设置】分组框的【名称】下拉列表中选择它，或者从其他文件中输入。

4. 在【打印机/绘图仪】分组框的【名称】下拉列表中指定打印设备。若要修改打印机特性，可单击下拉列表右边的 特性(R)... 按钮，打开【绘图仪配置编辑器】对话框，通过该对话框修改打印机端口和介质类型，还可自定义图纸大小。

5. 在【打印份数】分组框的栏中输入打印份数。

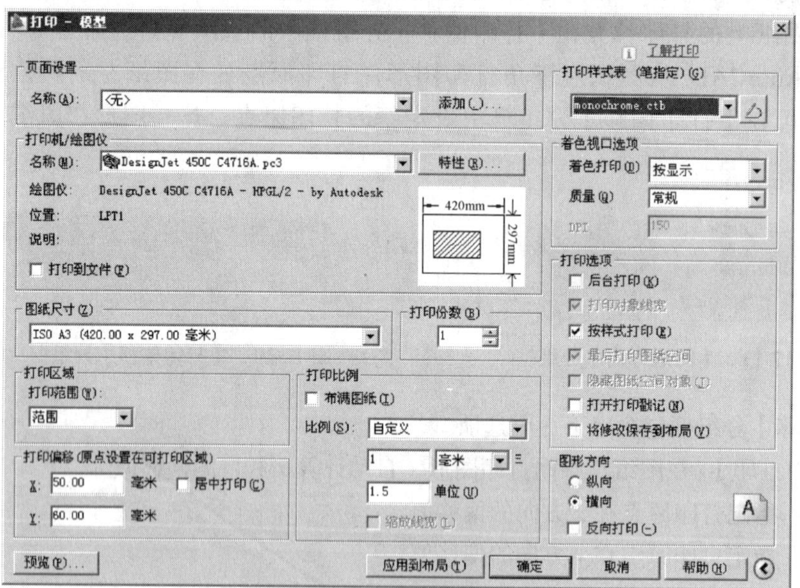

图 17-15 【打印—模型】对话框

6. 如果要将图形输出到文件，则应在【打印机/绘图仪】分组框中选择【打印到文件】复选项。此后，当用户单击【打印—模型】对话框的 确定 按钮时，AutoCAD 就打开【浏览打印文件】对话框，通过此对话框指定输出文件的名称及地址。

7. 继续在【打印—模型】对话框中做以下设置。

- 在【图纸尺寸】分组框的下拉列表中选择 A3 图纸。
- 在【打印范围】下拉列表中选择“范围”选项。
- 设定打印比例为“1∶1.5”。

- 设定图形打印方向为【横向】。
- 指定打印原点为（50，60）。
- 在【打印样式表】分组框的下拉列表中选择打印样式“monochrome.ctb”（将所有颜色打印为黑色）。

8. 单击 预览(P)... 按钮，预览打印效果，如图 17-16 所示。若满意，按 Esc 键返回【打印—模型】对话框，再单击 确定 按钮开始打印。

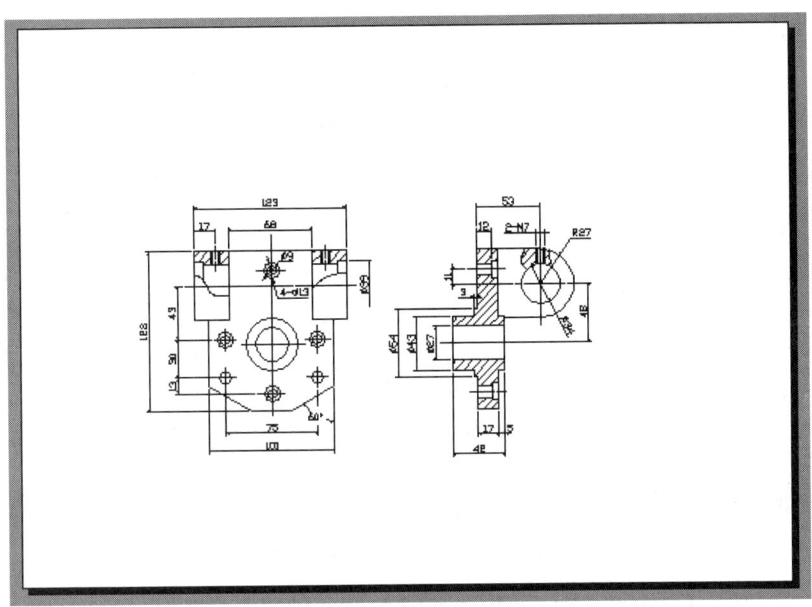

图 17-16　预览打印效果

17.4 将多张图纸布置在一起打印

为了节省图纸，用户常需要将几个图样布置在一起打印，示例如下。

【案例 17-3】 素材文件“dwg\第 17 章\17-3-A.dwg”和“17-3-B.dwg”都采用 A2 幅面图纸，绘图比例分别为 1∶3、1∶4，现将它们布置在一起输出到 A1 幅面的图纸上。

1. 创建一个新文件。
2. 选择菜单命令【插入】/【DWG 参照】，打开【选择参照文件】对话框，找到图形文件“17-3-A.dwg”，单击 打开(O) 按钮，打开【外部参照】对话框，利用该对话框插入图形文件，插入时的缩放比例为 1∶1。
3. 用 SCALE 命令缩放图形，缩放比例为 1∶3（图样的绘图比例）。
4. 用与第 2、3 步相同的方法插入图形文件“17-3-B.dwg”，插入时的缩放比例为 1∶1。插入图样后，用 SCALE 命令缩放图形，缩放比例为 1∶4。
5. 用 MOVE 命令调整图样位置，让其组成 A1 幅面图纸，结果如图 17-17 所示。

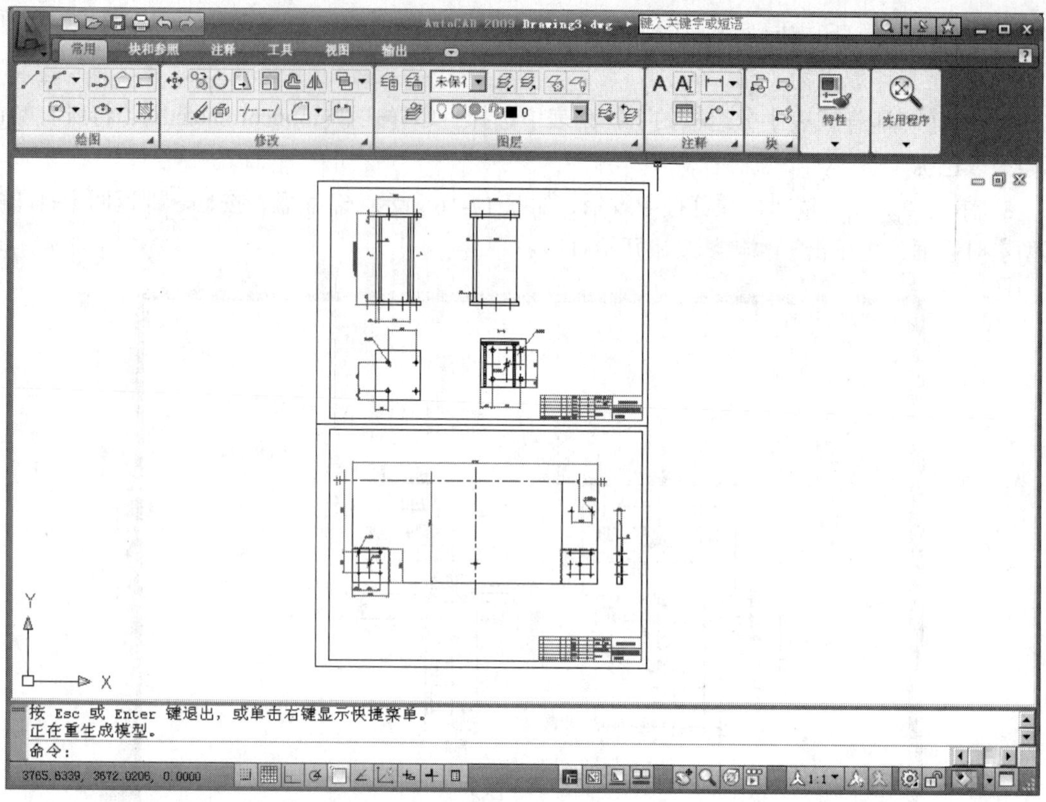

图 17-17 组成 A1 幅面图纸

6. 选择菜单命令【文件】/【打印】，打开【打印—模型】对话框，如图 17-18 所示，在该对话框中做以下设置。

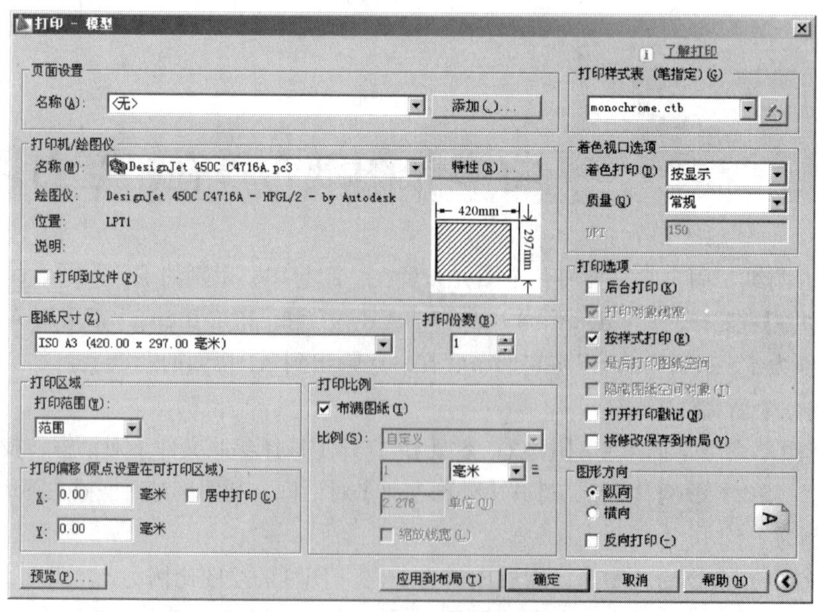

图 17-18 【打印—模型】对话框

- 在【打印机/绘图仪】分组框的【名称】下拉列表中选择打印设备“DesignJet 450C

C4716A.pc3”。

- 在【图纸尺寸】分组框的下拉列表中选择 A1 幅面图纸。
- 在【打印样式表】分组框的下拉列表中选择打印样式“monochrome.ctb”(将所有颜色打印为黑色)。
- 在【打印范围】下拉列表中选择“范围”选项。
- 在【打印比例】分组框中选择【布满图纸】复选项。
- 在【图形方向】分组框中选择【纵向】单选项。

7. 单击预览(P)...按钮，预览打印效果，如图 17-19 所示。若满意，单击按钮开始打印。

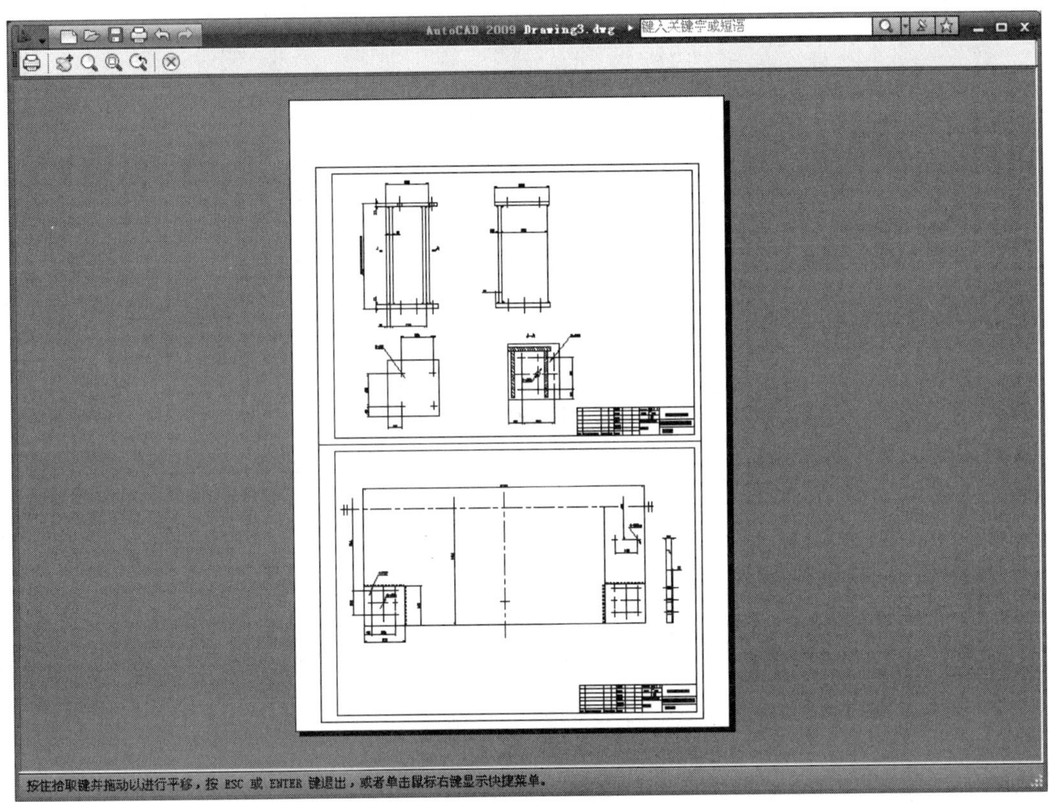

图 17-19 打印预览

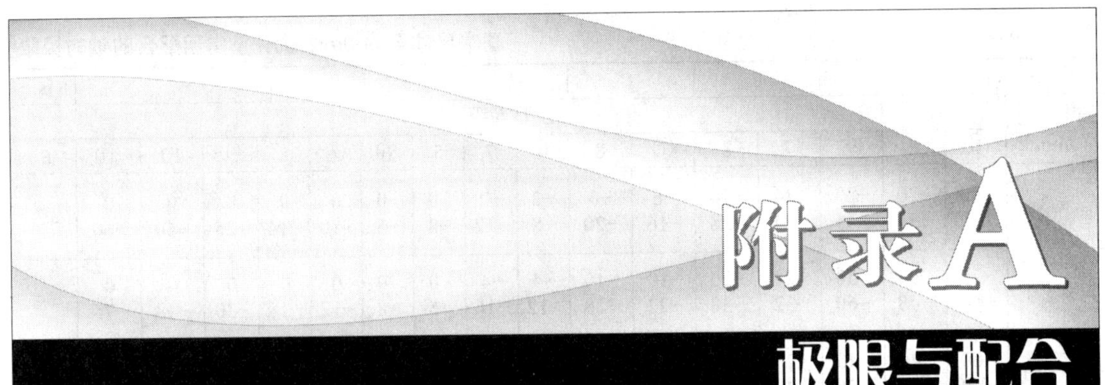

附录A 极限与配合

表 A-1　　　　标准公差数值（GB/T 1800.3—1999）

基本尺寸 mm		标准公差等级																			
		IT01	IT0	IT1	IT2	IT3	IT4	IT5	IT6	IT7	IT8	IT9	IT10	IT11	IT12	IT13	IT14	IT15	IT16	IT17	IT18
大于	至	μm													mm						
—	3	0.3	0.5	0.8	1.2	2	3	4	6	10	14	25	40	60	0.1	0.14	0.25	0.4	0.6	1	1.4
3	6	0.4	0.6	1	1.5	2.5	4	5	8	12	18	30	48	75	0.12	0.18	0.3	0.48	0.75	1.2	1.8
6	10	0.4	0.6	1	1.5	2.5	4	6	9	15	22	36	58	90	0.15	0.22	0.36	0.58	0.9	1.5	2.2
10	18	0.5	0.8	1.2	2	3	5	8	11	18	27	43	70	110	0.18	0.27	0.43	0.7	1.1	1.8	2.7
18	30	0.6	1	1.5	2.5	4	6	9	13	21	33	52	84	130	0.21	0.33	0.52	0.84	1.3	2.1	3.3
30	50	0.7	1	1.5	2.5	4	7	11	16	25	39	62	100	160	0.25	0.39	0.62	1	1.6	2.5	3.9
50	80	0.8	1.2	2	3	5	8	13	19	30	46	74	120	190	0.3	0.46	0.74	1.2	1.9	3	4.6
80	120	1	1.5	2.5	4	6	10	15	22	35	54	87	140	220	0.35	0.54	0.87	1.4	2.2	3.5	5.4
120	180	1.2	2	3.5	5	8	12	18	25	40	63	100	160	250	0.4	0.63	1	1.6	2.5	4	6.3
180	250	2	3	4.5	7	10	14	20	29	46	72	115	185	290	0.46	0.72	1.15	1.85	2.9	4.6	7.2
250	315	2.5	4	6	8	12	16	23	32	52	81	130	210	320	0.52	0.81	1.3	2.1	3.2	5.2	8.1
315	400	3	5	7	9	13	18	25	36	57	89	140	230	360	0.57	0.89	1.4	2.3	3.6	5.7	8.9
400	500	4	6	8	10	15	20	27	40	63	97	155	250	400	0.63	0.97	1.55	2.5	4	6.3	9.7
500	630	4.5	6	9	11	16	22	32	44	70	110	175	280	440	0.7	1.1	1.75	2.8	4.4	7	11
630	800	5	7	10	13	18	25	36	50	80	125	200	320	500	0.8	1.25	2	3.2	5	8	12.5
800	1000	5.5	8	11	15	21	28	40	56	90	140	230	360	560	0.9	1.4	2.3	3.6	5.6	9	14
1000	1250	6.5	9	13	18	24	33	47	66	105	165	260	420	660	1.05	1.65	2.6	4.2	6.6	10.5	16.5
1250	1600	8	11	15	21	29	39	55	78	125	195	310	500	780	1.25	1.95	3.1	5	7.8	12.5	19.5
1600	2000	9	13	18	25	35	46	65	92	150	230	370	600	920	1.5	2.3	3.7	6	9.2	15	23

表 A-2　　基本尺寸至 500mm 优先及常用配合的轴的极限

代号	c	d		e		f		g		h							js
基本尺寸/mm	公差等级																
	⑪	8	⑨	7	8	⑦	8	⑥	7	5	⑥	⑦	8	⑨	10	⑪	6
≤3	−60 −120	−20 −34	−20 −45	−14 −24	−14 −28	−6 −16	−6 −20	−2 −8	−2 −12	0 −4	0 −6	0 −10	0 −14	0 −25	0 −40	0 −60	±3
>3~6	−70 −145	−30 −48	−30 −60	−20 −32	−20 −38	−10 −22	−10 −28	−4 −12	−4 −16	0 −5	0 −8	0 −12	0 −18	0 −30	0 −48	0 −75	±4
>6~10	−80 −170	−40 −62	−40 −76	−25 −40	−25 −47	−13 −28	−13 −35	−5 −14	−5 −20	0 −6	0 −9	0 −15	0 −22	0 −36	0 −58	0 −90	±4.5
>10~14	−95 −205	−50 −77	−50 −93	−32 −50	−32 −59	−16 −34	−16 −43	−6 −17	−6 −24	0 −8	0 −11	0 −18	0 −27	0 −43	0 −70	0 −110	±5.5
>14~18																	
>18~24	−110 −240	−65 −98	−65 −117	−40 −61	−40 −73	−20 −41	−20 −53	−7 −20	−7 −28	0 −9	0 −13	0 −21	0 −33	0 −52	0 −84	0 −130	±6.5
>24~30																	
>30~40	−120 −280	−80 −119	−80 −142	−50 −75	−50 −89	−25 −50	−25 −64	−9 −25	−9 −34	0 −11	0 −16	0 −25	0 −39	0 −62	0 −100	0 −160	±8
>40~50	−130 −290																
>50~65	−140 −330	−100 −146	−100 −174	−60 −90	−60 −106	−30 −60	−30 −76	−10 −29	−10 −40	0 −13	0 −19	0 −30	0 −46	0 −74	0 −120	0 −190	±9.5
>65~80	−150 −340																
>80~100	−170 −390	−120 −174	−120 −207	−72 −107	−72 −126	−36 −71	−36 −90	−12 −34	−12 −47	0 −15	0 −22	0 −35	0 −54	0 −87	0 −140	0 −220	±11
>100~120	−180 −400																
>120~140	−200 −450	−145 −208	−145 −245	−85 −125	−85 −148	−43 −83	−43 −106	−14 −39	−14 −54	0 −18	0 −25	0 −40	0 −63	0 −100	0 −160	0 −250	±12.5
>140~160	−210 −460																
>160~180	−230 −480																
>180~200	−240 −530	−170 −242	−170 −285	−100 −146	−100 −172	−50 −96	−50 −122	−15 −44	−15 −61	0 −20	0 −29	0 −46	0 −72	0 −115	0 −185	0 −290	±14.5
>200~225	−260 −550																
>225~250	−280 −570																
>250~280	−300 −620	−190 −271	−190 −320	−110 −162	−110 −191	−56 −108	−56 −137	−17 −49	−17 −69	0 −23	0 −32	0 −52	0 −81	0 −130	0 −210	0 −320	±16
>280~315	−330 −650																
>315~355	−360 −720	−210 −290	−210 −350	−125 −182	−125 −214	−62 −119	−62 −151	−18 −54	−18 −75	0 −25	0 −36	0 −57	0 −89	0 −140	0 −230	0 −360	±18
>355~400	−60 −120																
>400~450	−60 −120	−230 −327	−230 −385	−135 −198	−135 −232	−68 −131	−68 −165	−20 −60	−20 −83	0 −27	0 −40	0 −63	0 −97	0 −155	0 −250	0 −400	±20
>450~500	−60 −120																

偏差（GB/T 1801—1999）（带圈者为优先公差带） 单位：μm

k		m		n		p		r		s		t		u	v	x	y	z
⑥	7	6	7	5	⑥	⑥	7	6	7	5	⑥	6	7	⑥	6	6	6	6
+6 0	+10 0	+8 +2	+12 +2	+8 +4	+10 +4	+12 +6	+16 +6	+16 +10	+20 +10	+18 +14	+20 +14	—	—	+24 +18	—	+26 +20	—	+32 +26
+9 +1	+13 +1	+12 +4	+16 +4	+13 +8	+16 +8	+20 +12	+24 +12	+23 +15	+27 +15	+24 +19	+27 +19	—	—	+31 +23	—	+36 +28	—	+43 +35
+10 +1	+16 +1	+15 +6	+21 +6	+16 +10	+19 +10	+24 +15	+30 +15	+28 +19	+34 +19	+29 +23	+32 +23	—	—	+37 +28	—	+43 +34	—	+51 +42
+12 +1	+19 +1	+18 +7	+25 +7	+20 +12	+23 +12	+29 +18	+36 +18	+34 +23	+41 +23	+36 +28	+39 +28	—	—	+44 +33	—	+51 +40	—	+61 +50
															+55 +39	+56 +45	—	+71 +60
+15 +2	+23 +2	+21 +8	+29 +8	+24 +15	+28 +15	+35 +22	+43 +22	+41 +28	+49 +28	+44 +35	+48 +35	—	—	+54 +41	+60 +47	+67 +54	+76 +63	+86 +73
												+54 +41	+62 +41	+61 +48	+68 +55	+77 +64	+88 +75	+101 +88
+18 +2	+27 +2	+25 +9	+34 +9	+28 +17	+33 +17	+42 +26	+51 +26	+50 +34	+59 +34	+54 +43	+59 +43	+64 +48	+73 +48	+76 +60	+84 +68	+96 +80	+110 +94	+128 +112
												+70 +54	+79 +54	+86 +70	+97 +81	+113 +97	+130 +114	+152 +136
+21 +2	+32 +2	+30 +11	+41 +11	+33 +20	+39 +20	+51 +32	+63 +32	+60 +41	+71 +41	+66 +53	+72 +53	+85 +66	+96 +66	+106 +87	+121 +102	+141 +122	+163 +144	+191 +172
								+62 +43	+73 +43	+72 +59	+78 +59	+94 +75	+105 +75	+121 +102	+139 +120	+165 +146	+193 +174	+229 +210
+25 +3	+38 +3	+35 +13	+48 +13	+38 +23	+45 +23	+59 +37	+72 +37	+73 +51	+86 +51	+86 +71	+93 +71	+113 +91	+126 +91	+146 +124	+168 +146	+200 +178	+236 +214	+280 +258
								+76 +54	+89 +54	+94 +79	+101 +79	+126 +104	+139 +104	+166 +144	+194 +172	+232 +210	+276 +254	+332 +310
+28 +3	+43 +3	+40 +15	+55 +15	+45 +27	+52 +27	+68 +43	+83 +43	+88 +63	+103 +63	+110 +92	+117 +92	+147 +122	+162 +122	+195 +170	+227 +202	+273 +248	+325 +300	+390 +365
								+90 +65	+105 +65	+118 +100	+125 +100	+159 +134	+174 +134	+215 +190	+253 +228	+305 +280	+365 +340	+440 +415
								+93 +68	+108 +68	+126 +108	+133 +108	+171 +146	+186 +146	+235 +210	+277 +252	+335 +310	+405 +380	+490 +465
+33 +4	+50 +4	+46 +17	+63 +17	+51 +31	+60 +31	+79 +50	+96 +50	+106 +77	+123 +77	+142 +122	+151 +122	+195 +166	+212 +166	+265 +236	+313 +284	+379 +350	+454 +425	+549 +520
								+109 +80	+126 +80	+150 +130	+159 +130	+209 +180	+226 +180	+287 +258	+339 +310	+414 +385	+499 +470	+604 +575
								+113 +84	+130 +84	+160 +140	+169 +140	+221 +196	+242 +196	+313 +284	+369 +340	+455 +425	+549 +520	+669 +640
+36 +4	+56 +4	+52 +20	+72 +20	+57 +34	+66 +34	+88 +56	+108 +56	+126 +94	+146 +94	+181 +158	+190 +158	+250 +218	+270 +218	+347 +315	+417 +385	+507 +475	+612 +580	+742 +710
								+130 +98	+150 +98	+193 +170	+202 +170	+272 +240	+292 +240	+382 +350	+457 +425	+557 +525	+682 +650	+822 +790
+40 +4	+61 +4	+57 +21	+78 +21	+62 +37	+73 +37	+98 +62	+119 +62	+144 +108	+165 +108	+215 +190	+226 +190	+304 +268	+325 +268	+426 +390	+511 +475	+626 +590	+766 +730	+936 +900
								+150 +114	+171 +114	+233 +208	+244 +208	+330 +294	+351 +294	+471 +435	+566 +530	+696 +660	+856 +820	+1036 +1000
+45 +5	+68 +5	+63 +23	+86 +23	+67 +40	+80 +40	+108 +68	+131 +68	+166 +126	+189 +126	+259 +232	+272 +232	+370 +330	+393 +330	+530 +490	+635 +595	+780 +740	+960 +920	+1140 +1100
								+172 +132	+195 +132	+279 +252	+292 +252	+400 +360	+423 +360	+580 +540	+700 +660	+860 +820	+1040 +1000	+1290 +1250

表 A-3 基本尺寸至500mm优先及常用配合的孔的极限

代号	C	D		E		F		G		H						
基本尺寸/mm	等															
	⑪	⑨	10	8	9	⑧	9	6	⑦	6	⑦	⑧	⑨	⑩	⑪	12
≤3	+120 +60	+45 +20	+60 +20	+28 +14	+39 +14	+20 +6	+31 +6	+8 +2	+12 +2	+6 0	+10 0	+14 0	+25 0	+40 0	+60 0	+100 0
>3～6	+145 +70	+60 +30	+78 +30	+38 +20	+50 +20	+28 +10	+40 +10	+12 +4	+16 +4	+8 0	+12 0	+18 0	+30 0	+48 0	+75 0	+120 0
>6～10	+170 +80	+76 +40	+98 +40	+47 +25	+61 +25	+35 +13	+49 +13	+14 +5	+20 +5	+9 0	+15 0	+22 0	+36 0	+58 0	+90 0	+150 0
>10～14 >14～18	+250 +95	+93 +50	+120 +50	+59 +32	+75 +32	+43 +16	+59 +16	+17 +6	+24 +6	+11 0	+18 0	+27 0	+43 0	+70 0	+110 0	+180 0
>18～24 >24～30	+240 +110	+117 +65	+149 +65	+73 +40	+92 +40	+53 +20	+72 +20	+20 +7	+28 +7	+13 0	+21 0	+33 0	+52 0	+84 0	+130 0	+210 0
>30～40	+280 +120	+142 +80	+180 +80	+89 +50	+112 +50	+64 +25	+87 +25	+25 +9	+34 +9	+16 0	+25 0	+39 0	+62 0	+100 0	+160 0	+250 0
>40～50	+290 +130															
>50～65	+330 +140	+174 +100	+220 +100	+106 +60	+134 +60	+76 +30	+104 +30	+29 +10	+40 +10	+19 0	+30 0	+46 0	+74 0	+120 0	+190 0	+300 0
>65～80	+340 +150															
>80～100	+390 +170	+207 +120	+260 +120	+126 +72	+159 +72	+90 +36	+123 +36	+34 +12	+47 +12	+22 0	+35 0	+54 0	+87 0	+140 0	+220 0	+350 0
>100～120	+400 +180															
>120～140	+450 +200	+245 +145	+305 +145	+148 +85	+185 +85	+106 +43	+143 +43	+39 +14	+54 +14	+25 0	+40 0	+63 0	+100 0	+160 0	+250 0	+400 0
>140～160	+460 +210															
>160～180	+480 +230															
>180～200	+530 +240	+285 +170	+335 +170	+172 +100	+215 +100	+122 +50	+165 +50	+44 +15	+61 +15	+29 0	+46 0	+72 0	+115 0	+185 0	+290 0	+460 0
>200～225	+550 +260															
>225～250	+570 +280															
>250～280	+620 +300	+320 +190	+400 +190	+191 +110	+240 +110	+137 +56	+186 +56	+49 +17	+69 +17	+32 0	+52 0	+81 0	+130 0	+210 0	+320 0	+520 0
>280～315	+650 +330															
>315～355	+720 +360	+350 +210	+440 +210	+214 +125	+265 +125	+151 +62	+202 +62	+54 +18	+75 +18	+36 0	+57 0	+89 0	+140 0	+230 0	+360 0	+570 0
>355～400	+760 +400															
>400～450	+840 +440	+385 +230	+480 +230	+232 +135	+290 +135	+165 +68	+223 +68	+60 +20	+83 +20	+40 0	+63 0	+97 0	+155 0	+250 0	+400 0	+630 0
>450～500	+880 +480															

偏差（GB/T 1801.4—1999）（带圈者为优先公差带） 单位：μm

Js		K		M		N		P		R		S		T		U
级																
7	8	6	⑦	7	8	6	⑦	6	⑦	6	7	6	⑦	6	7	⑦
±5	±7	0 −6	0 −10	−2 −12	−2 −16	−4 −10	−4 −14	−6 −12	−6 −16	−10 −16	−10 −20	−14 −20	−14 −24	—	—	−18 −28
±6	±9	+2 −6	+3 −9	0 −12	+2 −16	−5 −13	−4 −16	−9 −17	−8 −20	−12 −20	−11 −23	−16 −24	−15 −27	—	—	−19 −31
±7	±11	+2 −7	+5 −10	0 −15	+1 −21	−7 −16	−4 −19	−12 −21	−9 −24	−16 −25	−13 −28	−20 −29	−17 −32	—	—	−22 −37
±9	±13	+2 −9	+6 −12	0 −18	+2 −25	−9 −20	−5 −23	−15 −26	−11 −29	−20 −31	−16 −34	−25 −36	−21 −39	—	—	−26 −44
±10	±16	+2 −11	+6 −15	0 −21	+4 −29	−11 −24	−7 −28	−18 −31	−14 −35	−24 −37	−20 −41	−31 −44	−27 −48	—	—	−33 −54
														−37 −50	−33 −54	−40 −61
±12	±19	+3 −13	+7 −18	0 −25	+5 −34	−12 −28	−8 −33	−21 −37	−17 −42	−29 −45	−25 −50	−38 −54	−34 −59	−43 −59	−39 −64	−51 −76
														−49 −65	−45 −70	−61 −86
±15	±23	+4 −15	+9 −21	0 −30	+5 −41	−14 −33	−9 −39	−26 −45	−21 −51	−35 −54	−30 −60	−47 −66	−42 −72	−60 −79	−55 −85	−76 −106
										−37 −56	−32 −62	−53 −72	−48 −72	−69 −88	−64 −94	−91 −121
±17	±27	+4 −18	+10 −25	0 −35	+6 −48	−16 −38	−10 −45	−30 −52	−24 −59	−44 −66	−38 −73	−64 −86	−58 −93	−84 −106	−78 −113	−111 −146
										−47 −69	−41 −76	−72 −94	−66 −101	−97 −119	−91 −126	−131 −166
±20	±31	+4 −21	+12 −28	0 −40	+8 −55	−20 −45	−12 −52	−36 −61	−28 −68	−56 −81	−48 −88	−85 −110	−77 −117	−115 −140	−107 −147	−155 −195
										−58 −83	−50 −90	−93 −118	−85 −125	−127 −152	−119 −159	−175 −215
										−61 −86	−53 −93	−101 −126	−93 −133	−139 −164	−131 −171	−195 −235
±23	±36	+5 −24	+13 −33	0 −46	+9 −63	−22 −51	−14 −60	−41 −70	−33 −79	−68 −97	−60 −106	−113 −142	−105 −151	−157 −186	−149 −195	−219 −265
										−71 −100	−63 −109	−121 −150	−113 −159	−171 −200	−163 −209	−241 −287
										−75 −104	−67 −113	−131 −160	−123 −169	−187 −216	−179 −225	−267 −313
±26	±40	+5 −27	+16 −36	0 −52	+9 −72	−25 −57	−14 −66	−47 −79	−36 −88	−85 −117	−74 −126	−149 −181	−138 −190	−209 −241	−198 −250	−295 −347
										−87 −121	−78 130	−161 −193	−150 −202	−231 −263	−220 −272	−330 −382
±28	±44	+7 −29	+17 −40	0 −57	+11 −78	−26 −62	−16 −73	−51 −87	−41 −98	−97 −133	−87 −144	−179 −215	−169 −226	−257 −293	−247 −304	−369 −426
										−103 −139	−93 −150	−197 −233	−187 −244	−283 −319	−273 −330	−414 −471
±31	±48	+8 −32	+18 −45	0 −63	+11 −86	−27 −67	−17 −80	−55 −95	−45 −108	−113 −153	−103 −166	−219 −259	−209 −272	−317 −357	−307 −370	−467 −530
										−119 −159	−109 −172	−239 −279	−229 −292	−247 −287	−337 −400	−517 −580

附录B 螺纹

表 B-1　　普通螺纹直径与螺距系列（GB/T 193—2003）　　单位：mm

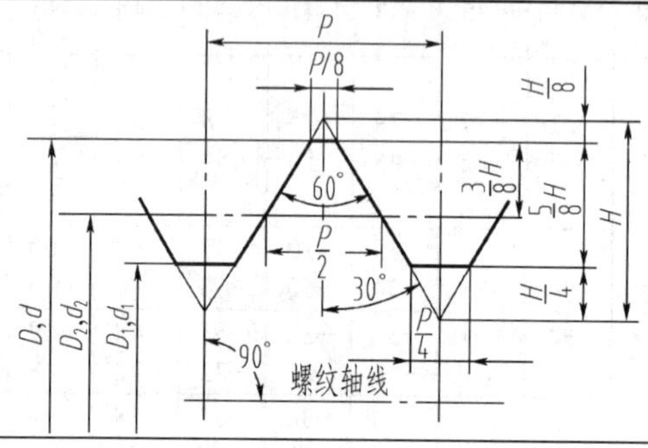

D——内螺纹大径
d——外螺纹大径
D_2——内螺纹中径
d_2——外螺纹中径
D_1——内螺纹小径
d_1——外螺纹小径
P——螺距
H——原始三角形高度

标记示例：

M10（粗牙普通外螺纹，公称直径 d=10，右旋、中径及大径公差带代号均为 6g，中等旋合长度）

M10×1LH（细牙普通内螺纹，公称直径 D=10，螺距 P=1，左旋、中径及小径公差带代号均为 6H，中等旋合长度）

公称直径 D、d			螺距 P			
第一系列	第二系列	第三系列	粗牙	细牙		
4			0.7	0.5		
5			0.8	0.5		
		5.5			0.5	
6			1			0.75
	7		1	0.75		
8			1.25		1,0.75	
		9	1.25			1,0.75
10			1.5	1.25,1,0.75		
		11	1.5		1,0.75	
12			1.75			1.5,1.25,1
	14		2	1.5,1.25,1		
		15			1.5,1	
16			2			1.5,1
		17		1.5,1		
	18		2.5		2,1.5,1	
20			2.5			2,1.5,1
	22		2.5	2,1.5,1		
24			3		2,1.5,1	
		25				2,1.5,1
		26		1.5		
	27		3		2,1.5,1	
		28				2,1.5,1

续表

公称直径 D、d			螺距 P			
第一系列	第二系列	第三系列	粗牙	细牙		
30			3.5	(3),2,1.5,1		
		32			2,1.5	
	33		3.5			(3),2,1.5
		35				
36			4	1.5	3,2,1.5	
		38			1.5	
	39		4			3,2,1.5

注：①优先选用第一系列，其次是第二系列，第三系列尽可能不用。括号内尺寸尽可能不用。

②M14×1.25 仅用于火花塞。M35×1.5 仅用于滚动轴承锁紧螺母。

表 B-2　　　　管螺纹　　　　单位：mm

用螺纹密封的管螺纹（摘自 GB/T 7306—2000）

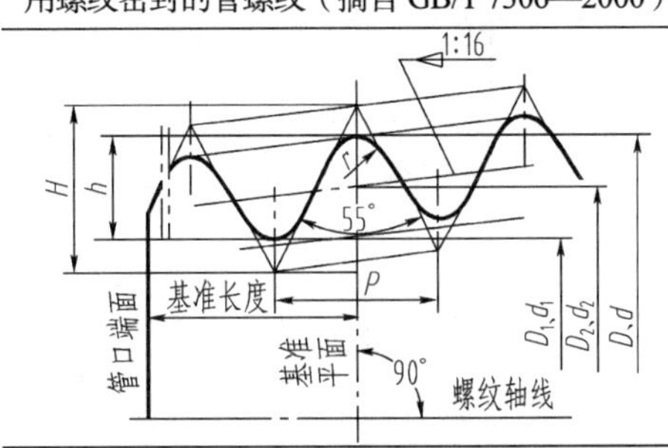

标记示例：

R1$\frac{1}{2}$（尺寸代号 1$\frac{1}{2}$，右旋圆锥外螺纹）

Rc1$\frac{1}{4}$-LH（尺寸代号 1$\frac{1}{4}$，左旋圆锥内螺纹）

Rp2（尺寸代号 2，右旋圆柱内螺纹）

非螺纹密封的管螺纹（摘自 GB/T 7307—2000）

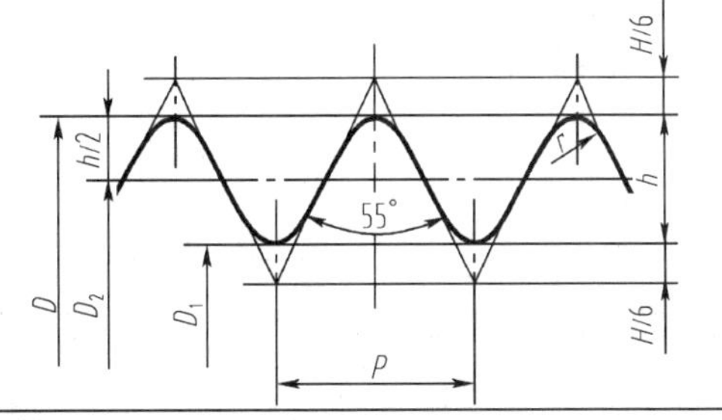

标记示例：

G1$\frac{1}{2}$-LH（尺寸代号 1$\frac{1}{2}$，左旋内螺纹）

G1$\frac{1}{4}$A（尺寸代号 1$\frac{1}{4}$，A 级右旋外螺纹）

G2B-LH（尺寸代号 2，B 级左旋外螺纹）

尺寸代号	基面上的直径（GB/T 7306）基本直径（GB/T 7307）			螺距 P/mm	牙高 h/mm	圆弧半径 r/mm	每 25.4mm 内的牙数 n	有效螺纹长度 /mm（GB/T 7306）	基准的基本长度/mm（GB/T 7306）
	大径 $d=D$ /mm	中径 $d_2=D_2$ /mm	小径 $d_1=D_1$ /mm						
1/16	7.723	7.142	6.561	0.907	0.581	0.125	28	6.5	4.0
1/8	9.728	9.147	8.566						
1/4	13.157	12.301	11.445	1.337	0.856	0.184	19	9.7	6.0
3/8	16.662	15.806	14.950					10.1	6.4
1/2	20.955	19.793	18.631	1.814	1.162	0.249	14	13.2	8.2
3/4	26.441	25.279	24.117				14	14.5	9.5
1	33.249	31.770	30.291	2.309	1.479	0.317	11	16.8	10.4
$1\frac{1}{4}$	41.910	40.431	38.952					19.1	12.7
$1\frac{1}{2}$	47.803	46.324	44.845					19.1	12.7
2	59.614	58.135	56.656					23.4	15.9
$2\frac{1}{2}$	75.184	73.705	72.226					26.7	17.5
3	87.884	86.405	84.926					29.8	20.6
4	113.030	111.551	110.072					35.8	25.4
5	138.430	136.951	135.472					40.1	28.6
6	163.830	162.351	160.872						

附表 B-3　　梯形螺纹直径与螺距（GB/T5796.1～5796.3—2005）　　单位：mm

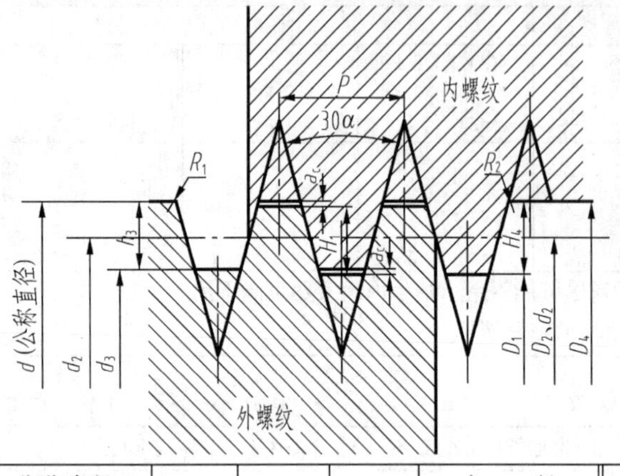

$H_1=0.5P$

$h_3=H_4=H_1+a_c$

$d_3=d-2h_3$

$Z=0.25P=H_1/2$

$D_2=d_2=d-0.5P$

$R_{1\max}=0.5a_c$

$D_4=d+2a_c$

$R_{2\max}=a_c$

$D_1=d-P$

a_c——牙顶间隙

公称直径 d		螺距 P	中径 $D_2=d_2$	大径 D_4	小径		公称直径 d		螺距 P	中径 $D_2=d_2$	大径 D_4	小径	
第一系列	第二系列				d_3	D_1	第一系列	第二系列				d_3	D_1
8		1.5	7.25	8.30	6.20	6.50		26	3	24.50	26.50	22.50	23.00
	9	1.5	8.25	9.30	7.20	7.50			5	23.50	26.50	20.50	21.00
		2	8.00	9.50	6.50	7.00			8	22.00	27.00	17.00	18.00
10		1.5	9.25	10.30	8.20	8.50	28		3	26.50	28.50	24.50	25.00
		2	9.00	10.50	7.50	8.00			5	25.50	28.50	22.50	23.00
	11	2	10.00	11.50	8.50	9.00			8	24.00	29.00	19.00	20.00
		3	9.50	11.50	7.50	8.00		30	3	28.50	30.50	26.50	29.00
12		2	11.00	12.50	9.50	10.00			6	27.00	31.00	23.00	24.00
		3	10.50	12.50	8.50	9.00			10	25.00	31.00	19.00	20.00
	14	2	13.00	14.50	11.50	12.00	32		3	30.50	32.50	28.50	29.00
		3	12.50	14.50	10.50	11.00			6	29.00	33.00	25.00	26.00
16		2	15.00	16.50	13.50	14.00			10	27.00	33.00	21.00	22.00
		4	14.00	16.50	11.50	12.00		34	3	32.50	34.50	30.50	31.00
	18	2	17.00	18.50	15.50	16.00			6	31.00	35.00	27.00	28.00
		4	16.00	18.50	13.50	14.00			10	29.00	35.00	23.00	24.00
20		2	19.00	20.50	17.50	18.00	28		3	34.50	36.50	32.50	33.00
		4	18.00	20.50	15.50	16.00			6	33.00	37.00	29.00	30.00
	22	3	20.50	22.50	18.50	19.00			10	31.00	37.00	25.00	26.00
		5	19.50	22.50	16.50	17.00		38	3	36.50	38.50	34.50	35.00
		8	18.00	23.00	13.00	14.00			7	34.50	39.50	30.00	31.00
24		3	22.50	24.50	20.50	21.00			10	33.00	39.00	27.00	28.00
		5	21.50	24.50	18.50	19.00	40		3	38.50	40.50	36.50	37.00
		8	20.00	25.00	15.00	16.00			7	36.50	41.00	32.00	33.00
									10	35.00	41.00	29.00	30.00

表 C-1　　　　　　　　　　　　　　　　**六角头螺栓**　　　　　　　　　　　　　　　　单位：mm

六角头螺栓—A 和 B 级（GB/T 5782—2000）　六角头螺栓—全螺纹—A 和 B 级（GB/T 5783—2000）

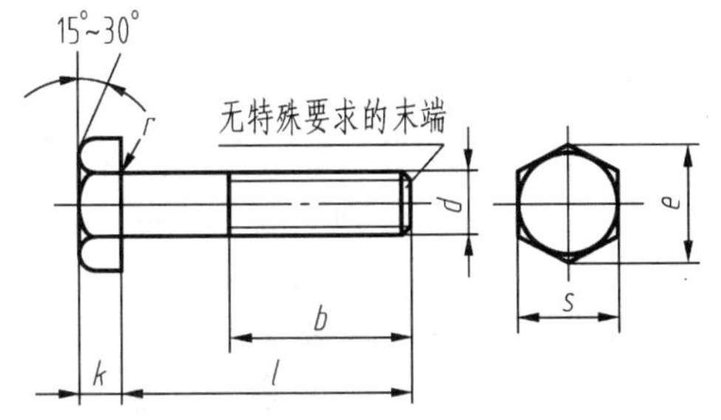

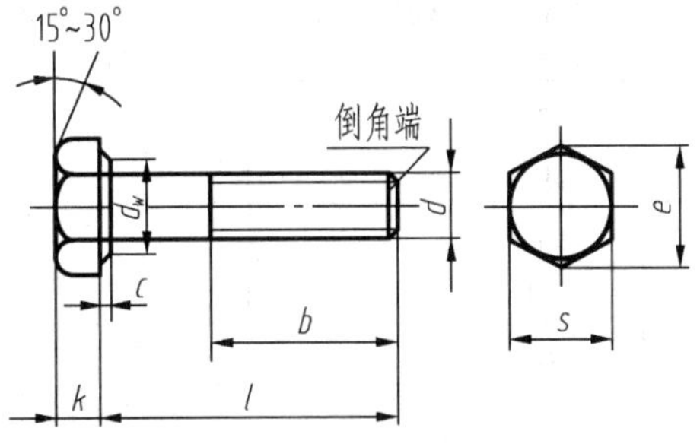

标记示例：螺栓 GB/T 5782　M12×80

（螺纹规格 d=M12，公称长度 l=80mm，A 级的六角头螺栓）

螺纹规格 d			M3	M4	M5	M6	M8	M10	M12	M16	M20	M24	M30
b 参考	l≤125		12	14	16	18	22	26	30	38	46	54	66
	125<l≤200		18	20	22	24	28	32	36	44	52	60	72
	l≤200		31	33	35	37	41	45	49	57	65	73	85
c			0.4	0.4	0.5	0.5	0.6	0.6	0.6	0.8	0.8	0.8	0.8
d_w	产品等级	A	4.57	5.88	6.88	8.88	11.63	14.63	16.63	22.49	28.19	33.61	—
		B，C	4.45	5.74	6.74	8.74	11.47	14.47	16.47	22	27.7	33.25	42.75
e	产品等级	A	6.01	7.66	8.79	11.05	14.38	17.77	20.03	26.75	33.53	39.98	—
		B，C	5.88	7.50	8.63	10.89	14.20	17.59	19.85	26.17	32.95	39.55	50.85
k 公称			2	2.8	3.5	4	5.3	6.4	7.5	10	12.5	15	18.7
r			0.1	0.2	0.2	0.25	0.4	0.4	0.6	0.6	0.8	0.8	1
s 公称			5.5	7	8	10	13	16	18	24	30	36	46
l（商品规格范围）			20～30	25～40	25～50	30～60	40～80	45～100	50～120	65～160	80～200	90～240	110～300
l 系列			12，16，20，25，30，35，40，45，50，55，60，65，70，80，90，100，120，130，140，150，160，180，200，220，240，260，280，300，320，340，360										

注：1．A 级用于 d≤24 和 l≤10d 或≤150 的螺栓；

　　B 级用于 d>24 和 l>10d 或>150 的螺栓。

2．螺纹规格 d 范围 GB/T 5780 为 M5～M64；GB/T 5782 为 M1.6～M64。

3．公称长度 l 范围 GB/T 5780 为 25～500；GB/T 5782 为 12～500。

表 C-2　　　　双头螺柱　　　　单位：mm

b_m=1d（GB/T 897—1988），b_m=1.25d（GB/T 898—1988），b_m=1.5d（GB/T 899—1988），b_m=2d（GB/T 900—1988）

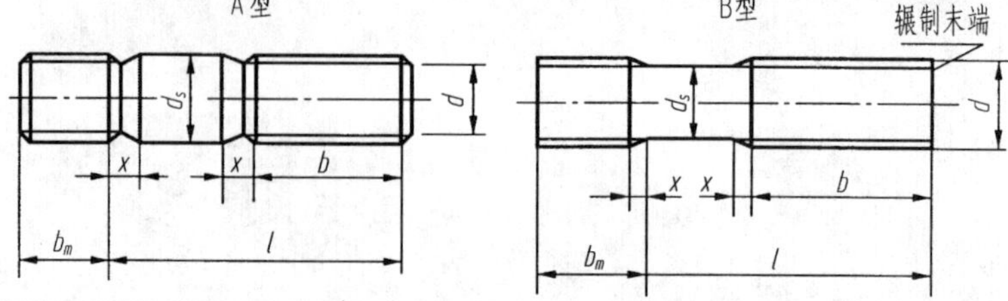

标记示例：

螺柱 GB/T 897M10×50

（两端均为粗牙普通螺纹，d=10mm，l=50mm，性能等级为 4.8 级，不经表面处理，B 型，b_m=1d 的双头螺柱）

螺柱 GB/T 897 AM10－M10×1×50

（旋入端为粗牙普通螺纹，旋螺母端为细牙普通螺纹（P=1），d=10mm，l=50mm，A 型，b_m=1d 的双头螺柱）

螺纹规格	b_m				l/b
	GB/T 897—88 b_m=1d	GB/T 898—88 b_m=1.25d	GB/T 899—88 b_m=1.5d	GB/T 900—88 b_m=2d	
M5	5	6	8	10	16～22/10，23～50/16
M6	6	8	10	12	18～22/10，23～30/14，32～75/18
M8	8	10	12	16	18～22/12，23～30/16，32～90/22
M10	10	12	15	20	25～28/14，30～38/16，40～120/26，130/32
M12	12	15	18	24	25～30/16，32～40/20，45～120/30，130～180/36
（M14）	14		21	28	30～35/18，38～50/25，55～120/34，130～180/40
M16	16	20	24	32	30～38/20，40～60/30，65～120/38，130～200/44
（M18）	18		27	36	35～410/22，45～60/35，65～120/42，130～200/48
M20	20	25	30	40	35～40/25，45～65/35，70～120/46，130～200/52
（M22）	22		33	44	40～55/30，50～70/40，75～120/50，130～200/56
M24	24	30	36	48	45～50/30，55～75/45，80～120/54，130～200/60
（M27）	27		40	54	50～60/35，65～85/50，90～120/60，130～200/66
M30	30	38	45	60	60～65/40，70～90/50，95～120/66，130～200/72
（M33）	33		49	66	65～70/45，75～95/60，100～120/72，130～200/78
M36	36	45	54	72	65～75/45，80～120/60，130～200/84，210～300/97
（M39）	39		58	78	70～80/50，85～120/65，130～200/90，210～300/103
M42	42	52	64	84	70～80/50，85～120/70，130～200/96，210～300/109
M48	48	60	72	96	75～90/60，95～120/80，130～200/108，210～300/121
l（系列）	16，（18），20，（22），25，（28），30，（32），35，（38），40，45，50，（55），60，（65），70，（75），80，（85），90，（95），100，110，120，130，140，150，160，170，180，190，200，210，220，230，240，250，260，270，280，290，300				

注：1. 尽可能不采用括号内的规格。

2. P—粗牙螺纹的螺距。

表 C-3　　　　螺钉　　　　单位：mm

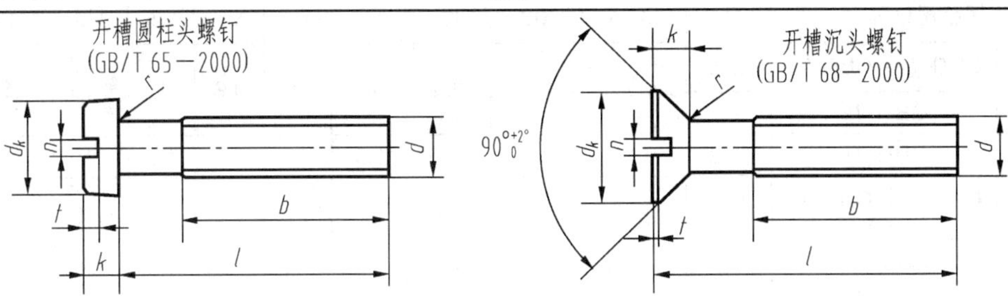

标记示例：

螺钉　GB/T 65 M5×20

（螺纹规格 d=M5，公称长度 l=20mm 的开槽圆柱头螺钉）

螺纹规格 d			M1.6	M2	M2.5	M3	M4	M5	M6	M8	M10
P		GB/T 65—2000	0.35	0.4	0.45	0.5	0.7	0.8	1	1.25	1.5
		GB/T 68—2000									
b_{min}		GB/T 65—2000	25				38				
		GB/T 68—2000									
d_{kmax}		GB/T 65—2000	3	3.8	4.5	5.5	7	8.5	10	13	16
		GB/T 68—2000	3.6	4.4	5.5	6.3	9.4	10.4	12.6	17.3	20
k_{max}		GB/T 65—2000	1.1	1.4	1.8	2	2.6	3.3	3.9	5	6
		GB/T 68—2000	1	1.2	1.5	1.65	2.7	2.7	3.3	4.65	5
n 公称		GB/T 65—2000	0.4	0.5	0.6	0.8	1.2	1.2	1.6	2	2.5
		GB/T 68—2000									
r	min	GB/T 65—2000	0.1	0.1	0.1	0.1	0.2	0.2	0.25	0.4	0.4
	max	GB/T 68—2000	0.4	0.5	0.6	0.8	1	1.3	1.5	2	2.5
t_{min}		GB/T 65—2000	0.45	0.6	0.7	0.85	1.1	1.3	1.6	2	2.4
		GB/T 68—2000	0.32	0.4	0.5	0.6	1	1.1	1.2	1.8	2
l 公称	商品规格范围	GB/T 65—2000	2～16	3～20	3～25	4～30	5～40	6～50	8～60	10～80	12～80
		GB/T 68—2000	2.5～16	3～20	4～25	5～30	6～40	8～50			
	全螺纹范围	GB/T 65—2000	l≤30				l≤40				
		GB/T 68—2000	l≤30				l≤45				
	系列值	2，2.5，3，4，5，6，8，10，12，(14)，16，20，25，30，35，40，45，50，(55)，60，(65)，70，(75)，80									

表 C-4　　　　紧定螺钉　　　　单位：mm

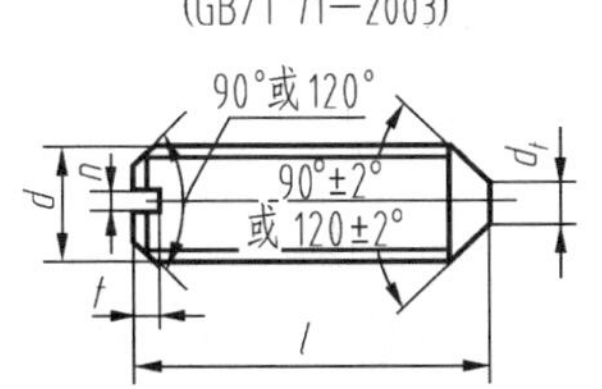

开槽平端紧定螺钉
(GB/T 73—2003)

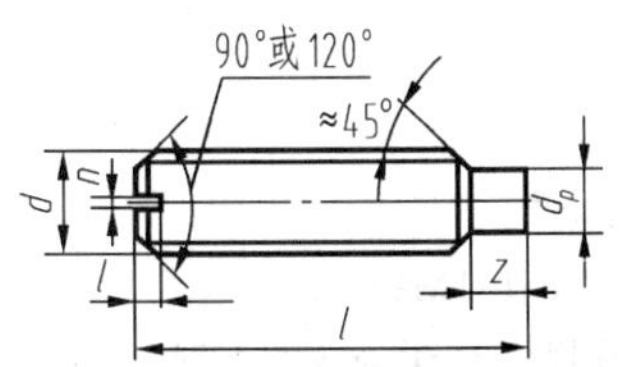

标记示例：

螺钉　GB/T 71　M5×12

（螺纹规格 d=M5，公称长度 l=12mm 的开槽锥端紧定螺钉）

续表

螺纹规格 d			M1.2	M1.6	M2	M2.5	M3	M4	M5	M6	M8	M10	M12
P	GB/T 71，GB/T 73		0.25	0.35	0.4	0.5	0.5	0.7	0.8	1	1.25	1.5	1.75
	GB/T 75		—										
d_t	GB/T 71		0.12	0.16	0.2	0.25	0.3	0.4	0.5	1.5	2	2.5	3
d_{pmax}	GB/T 71，GB/T 73		0.6	0.8	1	1.5	2	2.5	3.5	4	5.5	7	8.5
	GB/T75		—										
n 公称	GB/T 71，GB/T 73		0.2	0.25	0.25	0.4	0.4	0.6	0.8	1	1.2	1.6	2
	GB/T 75		—										
t_{min}	GB/T 71，GB/T 73		0.4	0.56	0.64	0.72	0.8	1.12	1.28	1.6	2	2.4	2.8
	GB/T 75		—										
z_{min}	GB/T 75		—	0.8	1	1.2	1.5	2	2.5	3	4	5	6
倒角和锥顶角	GB/T 71	120°	l=2	L≤2.5		l≤3		l≤4	l≤5	l≤6	l≤8	l≤10	l≤12
		90°	L≥2.5	L≥3		l≥4		l≥5	l≥6	l≥8	l≥10	l≥12	l≥14
	GB/T 73	120°	—	l≤2	l≤2.5	l≤3		l≤4	l≤5	l≤6		l≤8	l≤10
		90°	l≥2	l≥2.5	l≥3	l≥4		l≥5	l≥6	l≥8		l≥10	l≥12
	GB/T 75	120°	—	L≤2.5	l≤3	l≤4	l≤5	l≤6	l≤8	l≤10	l≤14	l≤16	l≤20
		90°	—	l≥3	l≥4	l≥5	l≥6	l≥8	l≥10	l≥12	l≥16	l≥20	l≥25
l 公称	商品规格范围	GB/T 71	2～6	2～8	3～10	3～12	4～16	6～20	8～25	8～30	10～40	12～50	14～60
		GB/T 73			2～10	2.5～12	13～16	4～20	5～25	6～30	8～40	10～50	12～60
		GB/T 75	—	2.5～8	3～10	4～12	5～16	6～20	8～25	8～30	10～40	12～50	14～60
	系列值	2，2.5，3，4，5，6，8，10，12，（14），16，20，25，30，35，40，45，50，（55），60											

表 C-5　　六角螺母　　单位：mm

1 型六角螺母-A 级和 B 级（GB/T 6170—2000）

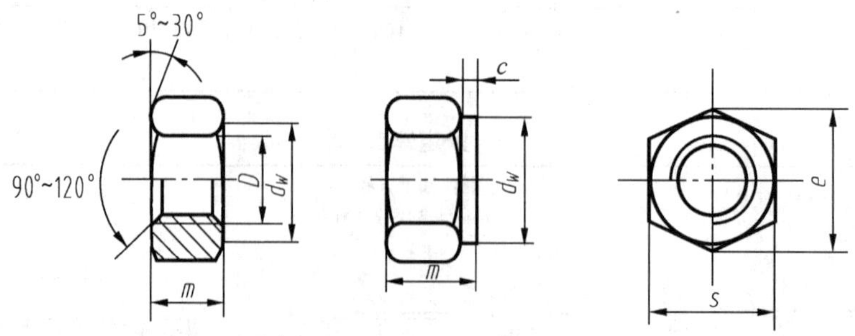

标记示例：

螺母 GB/T41M12

（螺纹规格 D=12mm 的 1 型，C 级六角螺母）

螺母 GB/T6170 M24×2

（螺纹规格 D=M24，螺距 P=2、性能等级为 10 级、不经表面处理、B 级的 1 型，细牙六角螺母）

续表

<table>
<tr><th colspan="2">螺纹规格 D</th><th>M1.6</th><th>M2</th><th>M2.5</th><th>M3</th><th>M4</th><th>M5</th><th>M6</th><th>M8</th><th>M10</th><th>M12</th><th>M16</th><th>M20</th><th>M24</th><th>M30</th><th>M36</th></tr>
<tr><td rowspan="2">c_{max}</td><td>GB/T 6170</td><td>0.2</td><td>0.2</td><td>0.3</td><td>0.4</td><td>0.4</td><td rowspan="2">0.5</td><td rowspan="2">0.5</td><td rowspan="2">0.6</td><td rowspan="2">0.6</td><td rowspan="2">0.6</td><td rowspan="2">0.8</td><td rowspan="2">0.8</td><td rowspan="2">0.8</td><td rowspan="2">0.8</td><td rowspan="2">0.8</td></tr>
<tr><td>GB/T 6175</td><td>—</td><td>—</td><td>—</td><td>—</td><td>—</td></tr>
<tr><td rowspan="4">d_{wmin}</td><td>GB/T 41</td><td>—</td><td>—</td><td>—</td><td>—</td><td>—</td><td>6.7</td><td>8.7</td><td>11.5</td><td>14.5</td><td>16.5</td><td>22</td><td>27.7</td><td>33.3</td><td>42.8</td><td>51.1</td></tr>
<tr><td>GB/T 6170</td><td rowspan="2">2.4</td><td rowspan="2">3.1</td><td rowspan="2">4.1</td><td rowspan="2">4.6</td><td rowspan="2">5.9</td><td rowspan="3">6.9</td><td rowspan="3">8.9</td><td rowspan="3">11.6</td><td rowspan="3">14.6</td><td rowspan="3">16.6</td><td rowspan="3">22.5</td><td rowspan="3">27.7</td><td rowspan="3">33.2</td><td rowspan="3">42.7</td><td rowspan="3">51.1</td></tr>
<tr><td>GB/T 6172.1</td></tr>
<tr><td>GB/T 6175</td><td>—</td><td>—</td><td>—</td><td>—</td><td>—</td></tr>
<tr><td rowspan="4">e_{min}</td><td>GB/T 41</td><td>—</td><td>—</td><td>—</td><td>—</td><td>—</td><td>8.63</td><td>10.98</td><td>14.20</td><td>17.59</td><td>19.85</td><td>26.17</td><td rowspan="4">32.95</td><td rowspan="4">39.55</td><td rowspan="4">50.85</td><td rowspan="4">60.79</td></tr>
<tr><td>GB/T 6170</td><td rowspan="2">3.41</td><td rowspan="2">4.32</td><td rowspan="2">5.45</td><td rowspan="2">6.01</td><td rowspan="2">7.66</td><td rowspan="3">8.79</td><td rowspan="3">11.05</td><td rowspan="3">14.38</td><td rowspan="3">17.77</td><td rowspan="3">20.03</td><td rowspan="3">26.75</td></tr>
<tr><td>GB/T 6172.1</td></tr>
<tr><td>GB/T 6175</td><td>—</td><td>—</td><td>—</td><td>—</td><td>—</td></tr>
<tr><td rowspan="4">m_{max}</td><td>GB/T 41</td><td>—</td><td>—</td><td>—</td><td>—</td><td>—</td><td>5.6</td><td>6.4</td><td>7.9</td><td>9.5</td><td>12.2</td><td>15.9</td><td>19</td><td>22.3</td><td>26.4</td><td>31.9</td></tr>
<tr><td>GB/T 6170</td><td>1.3</td><td>1.6</td><td>2</td><td>2.4</td><td>3.2</td><td>4.7</td><td>5.2</td><td>6.8</td><td>8.4</td><td>10.8</td><td>14.8</td><td>18</td><td>21.5</td><td>25.6</td><td>31</td></tr>
<tr><td>GB/T 6172.1</td><td>1</td><td>1.2</td><td>1.6</td><td>1.8</td><td>2.2</td><td>2.7</td><td>3.1</td><td>4</td><td>5</td><td>6</td><td>8</td><td>10</td><td>12</td><td>15</td><td>18</td></tr>
<tr><td>GB/T 6175</td><td>—</td><td>—</td><td>—</td><td>—</td><td>—</td><td>5.1</td><td>5.7</td><td>7.5</td><td>9.3</td><td>12</td><td>16.4</td><td>20.3</td><td>23.9</td><td>28.6</td><td>34.7</td></tr>
<tr><td rowspan="4">s_{max}</td><td>GB/T 41</td><td>—</td><td>—</td><td>—</td><td>—</td><td>—</td><td rowspan="4">8</td><td rowspan="4">10</td><td rowspan="4">13</td><td rowspan="4">16</td><td rowspan="4">18</td><td rowspan="4">24</td><td rowspan="4">30</td><td rowspan="4">36</td><td rowspan="4">46</td><td rowspan="4">55</td></tr>
<tr><td>GB/T 6170</td><td rowspan="2">3.2</td><td rowspan="2">4</td><td rowspan="2">5</td><td rowspan="2">5.5</td><td rowspan="2">7</td></tr>
<tr><td>GB/T 6172.1</td></tr>
<tr><td>GB/T 6175</td><td>—</td><td>—</td><td>—</td><td>—</td><td>—</td></tr>
</table>

表 C-6 平垫圈 单位：mm

小垫圈（GB/T 848—2002） 垫圈—倒角型（GB/T 97.2—2002）

大垫圈（A 级）（GB/T 96.1） 平垫圈（GB/T 97.1—2002）（GB/T 95—2002）

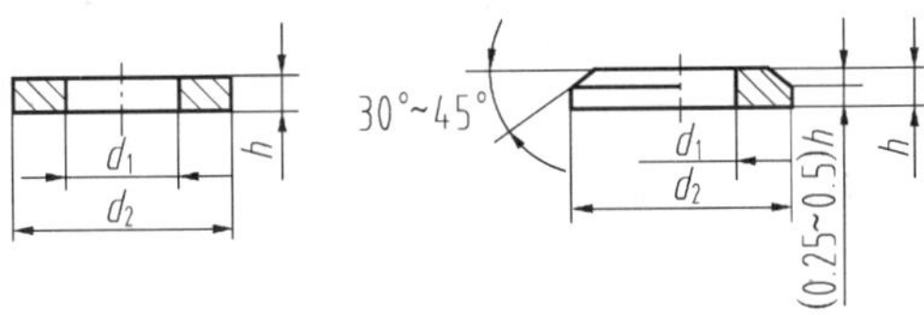

<table>
<tr><th colspan="2">公称尺寸（螺纹规格 d）</th><th>4</th><th>5</th><th>6</th><th>8</th><th>10</th><th>12</th><th>14</th><th>16</th><th>20</th><th>24</th><th>30</th><th>36</th></tr>
<tr><td rowspan="4">d_1 公称（min）</td><td>GB/T 848—2002</td><td rowspan="2">4.3</td><td rowspan="3">5.3</td><td rowspan="3">6.4</td><td rowspan="3">8.4</td><td rowspan="3">10.5</td><td rowspan="3">13</td><td rowspan="3">15</td><td rowspan="3">17</td><td rowspan="3">21</td><td rowspan="3">25</td><td rowspan="3">31</td><td rowspan="3">37</td></tr>
<tr><td>GB/T 97.1—2002</td></tr>
<tr><td>GB/T 97.2—2002</td><td>—</td></tr>
<tr><td>GB/T 95—2002</td><td>4.5</td><td>5.5</td><td>6.6</td><td>9</td><td>11</td><td>13.5</td><td>15.5</td><td>17.5</td><td>22</td><td>26</td><td>33</td><td>39</td></tr>
<tr><td rowspan="4">d_2 公称（max）</td><td>GB/T 848—2002</td><td>8</td><td>9</td><td>11</td><td>15</td><td>18</td><td>20</td><td>24</td><td>28</td><td>34</td><td>39</td><td>50</td><td>60</td></tr>
<tr><td>GB/T 97.1—2002</td><td>9</td><td rowspan="3">10</td><td rowspan="3">12</td><td rowspan="3">16</td><td rowspan="3">20</td><td rowspan="3">24</td><td rowspan="3">28</td><td rowspan="3">30</td><td rowspan="3">37</td><td rowspan="3">44</td><td rowspan="3">56</td><td rowspan="3">66</td></tr>
<tr><td>GB/T 97.2—2002</td><td rowspan="2">—</td></tr>
<tr><td>GB/T 95—2002</td></tr>
<tr><td rowspan="4">h 公称（max）</td><td>GB/T 848—2002</td><td>0.5</td><td rowspan="4">1</td><td colspan="3">1.6</td><td>2</td><td colspan="2">2.5</td><td>3</td><td rowspan="4" colspan="2">4</td><td rowspan="4">5</td></tr>
<tr><td>GB/T 97.1—2002</td><td>0.8</td><td rowspan="3" colspan="2">1.6</td><td rowspan="3">2</td><td rowspan="3">2.5</td><td rowspan="3" colspan="3">3</td></tr>
<tr><td>GB/T 97.2—2002</td><td>—</td></tr>
<tr><td>GB/T 95—2002</td><td>0.8</td></tr>
</table>

表 C-7　　弹簧垫圈(摘自 GB/T 93—1987)　　单位：mm

标记示例：

垫圈 GB/T 93 16

（规格 16mm、材料 65Mn、表面氧化的重型弹簧垫圈）

（标准系列，公称尺寸 d=16mm 的弹簧垫圈 ）

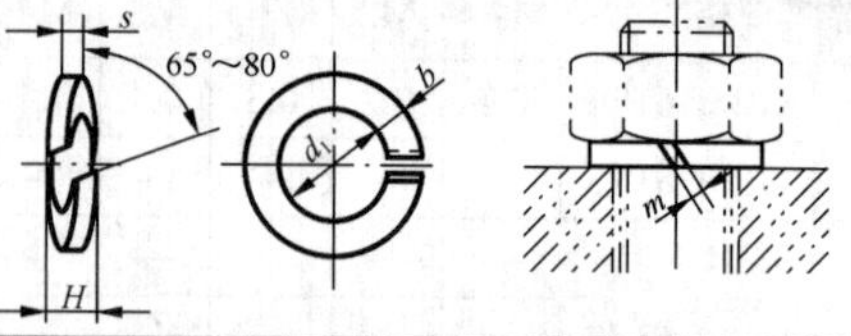

公称尺寸（螺纹规格 d）	2	2.5	3	4	5	6	8	10	12	16	20	24	30	36	42	48
$d_{1\min}$	2.1	2.6	3.1	4.1	5.1	6.1	8.1	10.2	12.2	16.2	20.2	24.5	30.5	36.5	42.5	48.5
s（b）公称	0.5	0.65	0.8	1.1	1.3	1.6	2.1	2.6	3.1	4.1	5	6	7.5	9	10.5	12
$H_{\max}$	1	1.3	1.6	2.2	2.6	3.2	4.2	5.2	6.2	8.2	10	12	15	18	21	24
$m\leqslant$	0.25	0.33	0.4	0.55	0.65	0.8	1.05	1.3	1.55	2.05	2.5	3	3.75	4.5	5.25	6

表 C-8　　普通平键　　单位：mm

平键及键槽剖面尺寸（GB/T 1095—2003）

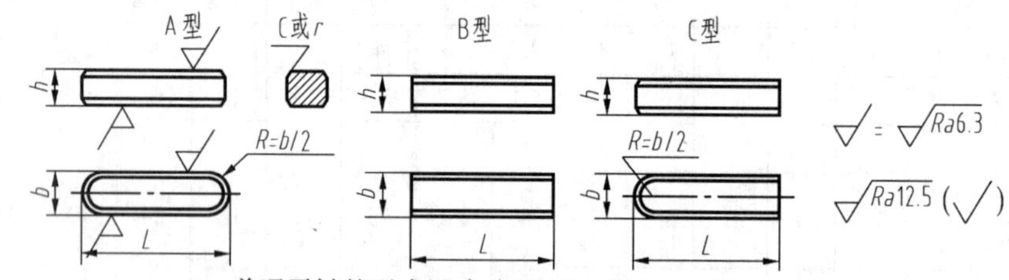

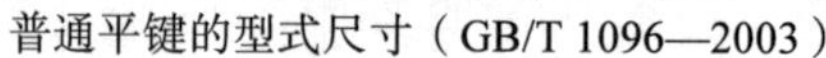
普通平键的型式尺寸（GB/T 1096—2003）

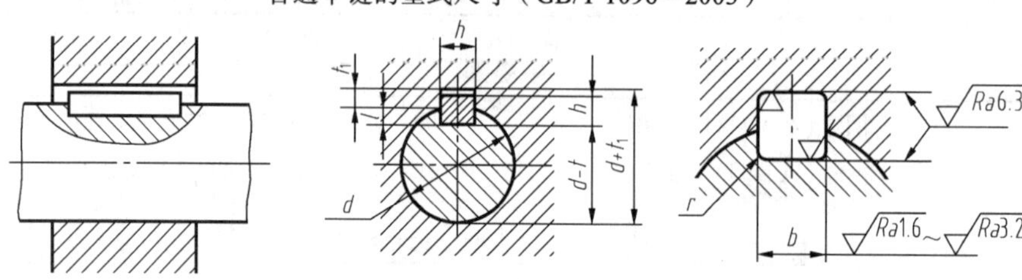

标记示例：

键 10×25　　GB/T 1096—2003

（圆头普通平键，b=10mm，h=8mm，L=25mm）

键 B10×25　　GB/T 1096—2003

（平头普通平键，b=10mm，h=8mm，L=25mm）

键 C10×25　　GB/T 1096—2003

（单圆头普通平键，b=10mm，h=8mm，L=25mm）

<table>
<tr><th>轴</th><th colspan="2">键</th><th colspan="11">键　槽</th></tr>
<tr><th rowspan="4">公称直径 d</th><th rowspan="4">公称尺寸 b×h</th><th rowspan="4">长度 L</th><th colspan="5">槽宽 b</th><th colspan="4">深　度</th><th colspan="2" rowspan="3">半径 r</th></tr>
<tr><th rowspan="3">公称尺寸 b</th><th colspan="4">极 限 偏 差</th><th colspan="2" rowspan="2">轴 t</th><th colspan="2" rowspan="2">毂 t1</th></tr>
<tr><th colspan="2">较松键连接</th><th colspan="2">一般键连接</th></tr>
<tr><th>轴 H9</th><th>毂 D10</th><th>轴 N9</th><th>毂 JS9</th><th>公称尺寸</th><th>极限偏差</th><th>公称尺寸</th><th>极限偏差</th><th>最小</th><th>最大</th></tr>
<tr><td>自 6～8</td><td>2×2</td><td>6～20</td><td>2</td><td rowspan="2">+0.025
0</td><td rowspan="2">+0.060
+0.020</td><td rowspan="2">−0.004
−0.029</td><td rowspan="2">±0.0125</td><td>1.2</td><td rowspan="4">+0.10
0</td><td>1</td><td rowspan="4">+0.10
0</td><td rowspan="2">0.08</td><td rowspan="2">0.16</td></tr>
<tr><td>>8～10</td><td>3×3</td><td>6～36</td><td>3</td><td>1.8</td><td>1.4</td></tr>
<tr><td>>10～12</td><td>4×4</td><td>8～45</td><td>4</td><td rowspan="2">+0.030
0</td><td rowspan="2">+0.078
+0.030</td><td rowspan="2">0
−0.030</td><td rowspan="2">±0.015</td><td>2.5</td><td>1.8</td><td></td><td></td></tr>
<tr><td>>12～17</td><td>5×5</td><td>10～56</td><td>5</td><td>3.0</td><td>2.3</td><td>0.16</td><td>0.25</td></tr>
</table>

续表

轴	键		键槽										
			槽宽 b					深度				半径 r	
				极限偏差				轴 t		毂 t_1			
				较松键连接		一般键连接							
公称直径 d	公称尺寸 $b \times h$	长度 L	公称尺寸 b	轴 H9	毂 D10	轴 N9	毂 JS9	公称尺寸	极限偏差	公称尺寸	极限偏差	最小	最大
＞17～22	6×6	14～70	6	+0.030 0	+0.078 +0.030	0 −0.030	±0.015	3.5	+0.10 0	2.8	+0.10 0	0.16	0.25
＞22～30	8×7	18～90	8	+0.036 0	+0.098 +0.040	0 −0.036	±0.018	4.0	+0.20 0	3.3	+0.20 0		
＞30～38	10×8	22～110	10					5.0		3.3		0.25	0.40
＞38～44	12×8	28～140	12	+0.043 0	+0.120 +0.050	0 −0.043	±0.0215	5.0		3.3			
＞44～50	14×9	36～160	14					5.5		3.8			
＞50～58	16×10	45～180	16					6.0		4.3			
＞58～65	18×11	50～200	18					7.0		4.4		0.40	0.60
＞65～75	20×12	56～220	20	+0.052 0	+0.149 +0.065	0 −0.052	±0.026	7.5		4.9			
＞75～85	22×14	63～250	22					9.0		5.4			
＞85～95	25×14	70～280	25					9.0		5.4			
＞95～110	28×16	80～320	28					10.0		6.4			
L 系列	6，8，10，12，14，16，20，22，25，28，32，36，40，45，50，56，63，70，80，90，100，110，125，140，160，180，200，220，250，280												

注：1. 键槽宽的极限偏差中"较紧连接"轴和毂的公差带代号均为"P9"，表中未列出。

2. 在工作图中，轴槽深用 t 或（$d-t$）标注，轮毂槽深用（$d+t_1$）标注。

3.（$d-t$）和（$d+t_1$）两组组合尺寸的极限偏差按相应的 t 和 t_1 的极限偏差选取，但（$d-t$）极限偏差值应取为负号（−）。

附表 C-9　圆柱销不淬硬钢和奥氏体不锈钢（摘自 GB/T119.1—2000）　单位：mm

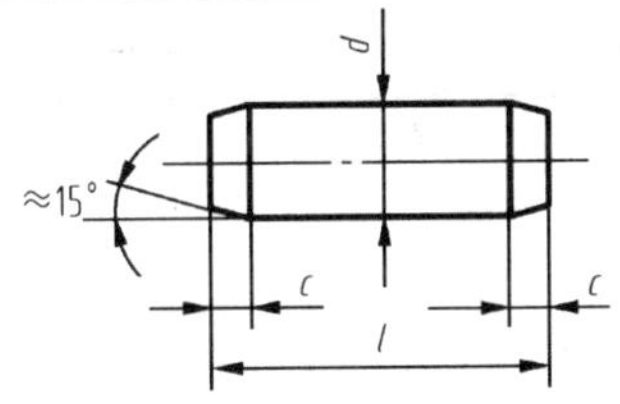

标记示例：销 GB/T119.1　10m6×60

（公称直径 d=10mm，公差为 m6，公称长度 l=60mm，材料为钢，不经淬硬，不经表面处理的圆柱销）

d（公称）	0.6	0.8	1	1.2	1.5	2	2.5	3	4	5
$c \approx$	0.12	0.16	0.20	0.25	0.30	0.35	0.40	0.50	0.63	0.80
l（商品规格范围公称长度）	2～6	2～8	4～10	4～12	4～16	6～20	6～24	8～30	8～40	10～50
d（公称）	6	8	10	12	16	20	25	30	40	50
$c \approx$	1.2	1.6	2.0	2.5	3.0	3.5	4.0	5.0	6.3	8.0
l（商品规格范围公称长度）	12～60	14～80	18～95	22～140	26～180	35～200	50～200	60～200	80～200	95～200
l 系列	2,3,4,5,6,8,10,12,14,16,18,20,22,24,26,28,30,32,35,40,45,50,55,60,65,70,75,80,85,90,95,100,120,140,160,180,200									

注：1. 材料用钢时硬度要求为 125～245 HV30，用奥氏体不锈钢 A1（GB/T 3098.6）时硬度要求 210～280 HV30。

2. 公差 m6：$Ra \leqslant 0.8\mu m$；公差 h8：$Ra \leqslant 1.6\mu m$。

表 C-10　　　　圆锥销（摘自 GB/T 117—2000）　　　　单位：mm

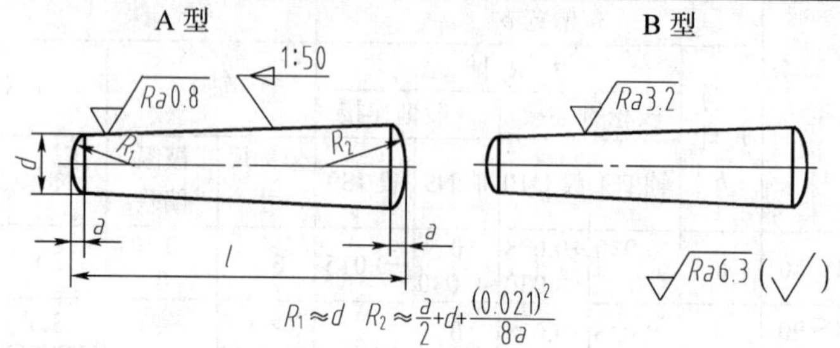

标记示例：销 GB/T 117 10×60

（公称直径 $d=10$、长度 $l=60$、材料为 35 钢、热处理硬度 28～38HRC、表面氧化处理的 A 型圆锥销）

d（公称）	2	2.5	3	4	5	6	8	10	12	16	20	25	30
$a\approx$	0.25	0.3	0.4	0.5	0.63	0.8	1.0	1.2	1.6	2.0	2.5	3.0	4
$l_{范围}$	10～35	l0～35	12～45	14～55	18～60	22～90	22～120	26～160	32～180	40～200	45～200	50～200	55～200
$l_{系列}$	2、3、4、5、6～32（按 2 递增）、35～100（按 5 递增）、120～200（按 20 递增）												

表 C-11　　　　开口销（摘自 GB/T 91—2000）　　　　单位：mm

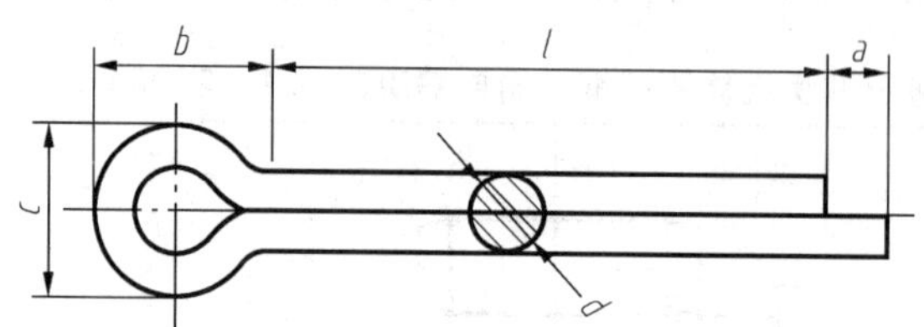

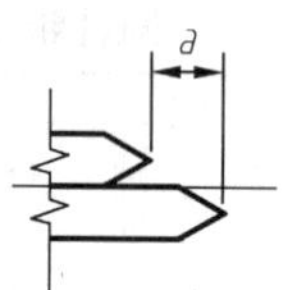

标记示例：

（公称直径 d=5、长度 l=50mm、材料为 Q215 或 Q235、不经表面处理的开口销的标记）

销 GB/T 91　5×50

d	公称	0.8	1	1.2	1.6	2	2.5	3.2	4	5	6.3	8	10	12
	max	0.7	0.9	1	14	1.8	2.3	2.9	3.7	4.6	5.9	7.5	9.5	11.4
	min	0.6	0.8	0.9	1.3	1.7	2.1	2.7	3.5	4.4	5.7	7.3	9.3	11.1
c_{max}		1.4	1.8	2	2.8	3.6	4.6	5.8	7.4	9.2	11.8	15	19	24.8
b		2.4	3	3	3.2	4	5	6.4	8	10	12.6	16	20	26
a_{max}		1.6		2.5				3.2	4				6.3	
$l_{范围}$		5～16	6～20	8～26	8～32	10～40	12～50	14～65	18～20	22～100	30～120	40～160	45～200	70～200
$l_{系列}$		4、5、6～32（2 进位）、36、40～100（5 进位）、120～200（20 进位）												

注：销孔的公称直径等于 $d_{公称}$，$d_{min}\leqslant$（销的直径）$\leqslant d_{max}$。

表 C-12 滚动轴承 单位：mm

深沟球轴承（GB/T 276—1994）

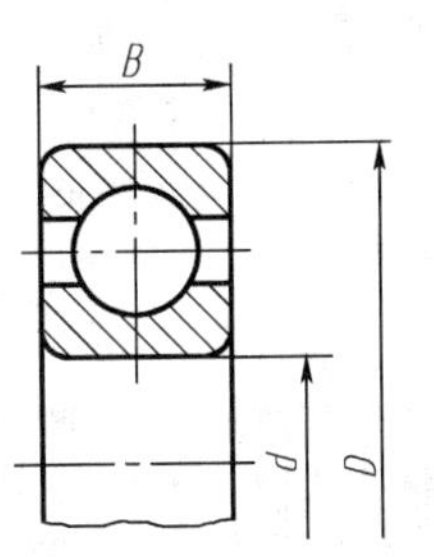

标记示例：

滚动轴承 6310 GB/T 276—1994

轴承型号	尺寸		
	d	*D*	*B*
尺寸系列［(0)2］			
6202	15	35	11
6203	17	40	12
6204	20	47	14
6205	25	52	15
6206	30	62	16
6207	35	72	17
6208	40	80	18
6209	45	85	19
6210	50	90	20
6211	55	100	21
6212	60	110	22
尺寸系列［(0)3］			
6302	15	42	13
6303	17	47	14
6304	20	52	15
6305	25	62	17
6306	30	72	19
6307	35	80	21
6308	40	90	23
6309	45	100	25
6310	50	110	27
6311	55	120	29
6312	60	130	31

圆锥滚子轴承（GB/T 297—1994）

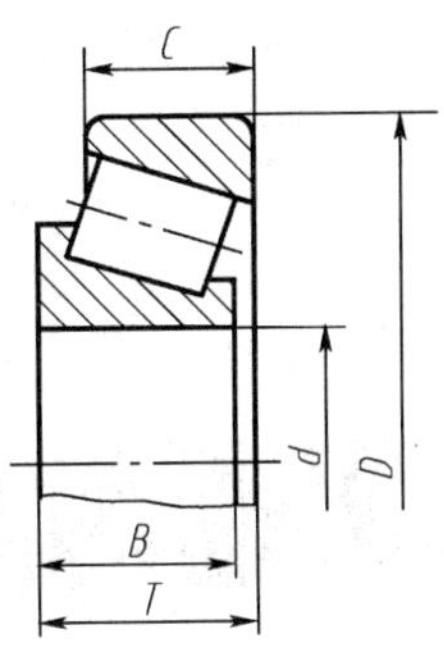
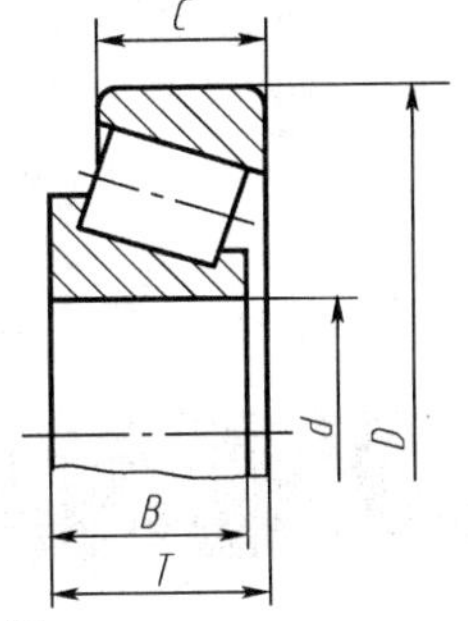

标记示例：

滚动轴承 30212 GB/T 297—1994

轴承型号	尺寸				
	d	*D*	*B*	*C*	*T*
尺寸系列［02］					
30203	17	40	12	11	13.25
30204	20	47	14	12	15.25
30205	25	52	15	13	16.25
30206	30	62	16	14	17.25
30207	35	72	17	15	18.25
30208	40	80	18	16	19.75
30209	45	85	19	16	20.75
30210	50	90	20	17	21.75
30211	55	100	21	18	22.75
30212	60	110	22	19	23.75
30213	65	120	23	20	24.75
尺寸系列［03］					
30302	15	42	13	11	14.25
30303	17	47	14	12	15.25
30304	20	52	15	13	16.25
30305	25	62	17	15	18.25
30306	30	72	19	16	20.75
30307	35	80	21	18	22.75
30308	40	90	23	20	25.25
30309	45	100	25	22	27.25
30310	50	110	27	23	29.25
30311	55	120	29	25	31.50
30312	60	130	31	26	33.50

推力球轴承（GB/T 301—1995）

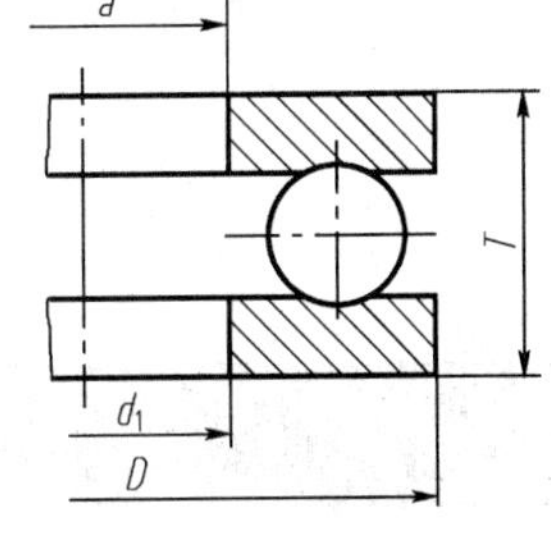

标记示例：

滚动轴承 51305 GB/T 301—1995

轴承型号	尺寸			
	d	*D*	*T*	d_1
尺寸系列［12］				
51202	15	32	12	17
51203	17	35	12	19
51204	20	40	14	22
51205	25	47	15	27
51206	30	52	16	32
51207	35	62	18	37
51208	40	68	19	42
51209	45	73	20	47
51210	50	78	22	52
51211	55	90	25	57
51212	60	95	26	62
尺寸系列［13］				
51304	20	47	18	22
51305	25	52	18	27
51306	30	60	21	32
51307	35	68	24	37
51308	40	78	26	42
51309	45	85	28	47
51310	50	95	31	52
51311	55	105	35	57
51312	60	110	35	62
51313	65	115	36	67
51314	70	125	40	72

附录D 常见结构

表 D-1　　零件倒圆、倒角（摘自 GB/T 6403.4）　　单位：mm

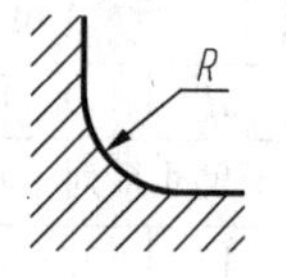

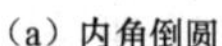

(a) 内角倒圆

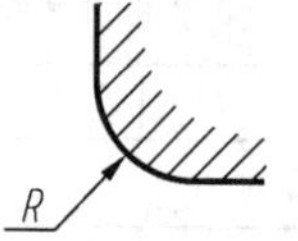

(b) 外角倒圆

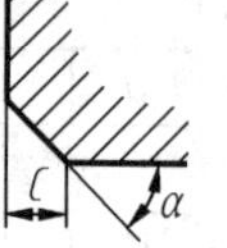

(c) 外角倒角

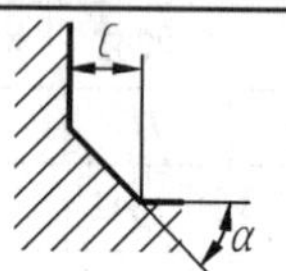

(d) 内角倒角

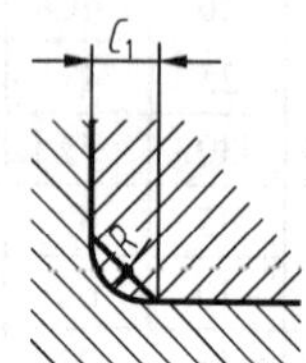

(e) $C_1>R$

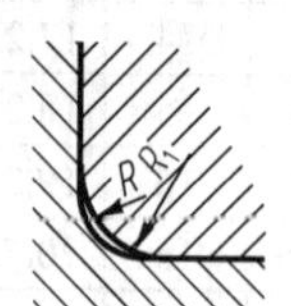

(f) $R_1>R$

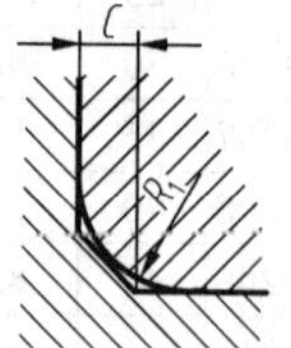

(g) $C<0.58R_1$

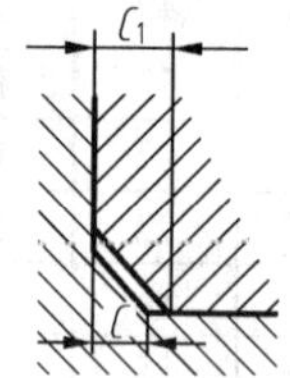

(h) $C_1>C$

直径 D	~3		>3~6		>6~10		>10~18	>18~30	>30~50		>50~80
C、R R_1	0.1	0.2	0.3	0.4	0.5	0.6	0.8	1.0	1.2	1.6	2.0
C_{max} ($C<0.58R_1$)	—	0.1	0.1	0.2	0.2	0.3	0.4	0.5	0.6	0.8	1.0
直径 D	>80~120	>120~180	>180~250	>250~320	>320~400	>400~500	>500~630	>630~800	>800~1000	>1000~1250	>1250~1600
C、R R_1	2.5	3.0	4.0	5.0	6.0	8.0	10	12	16	20	25
C_{max} ($C<0.58R_1$)	1.2	1.6	2.0	2.5	3.0	4.0	5.0	6.0	8.0	10	12

表 D-2　　中心孔（摘自 GB/T 145—2001）　　单位：mm

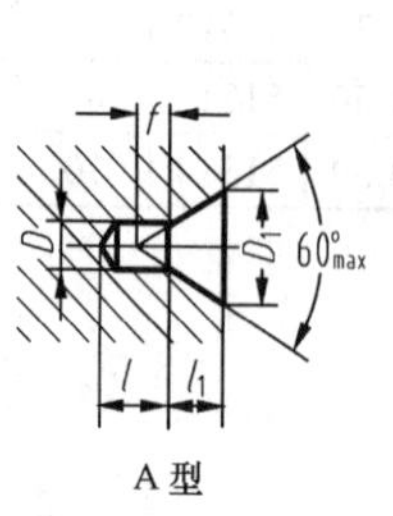

A 型

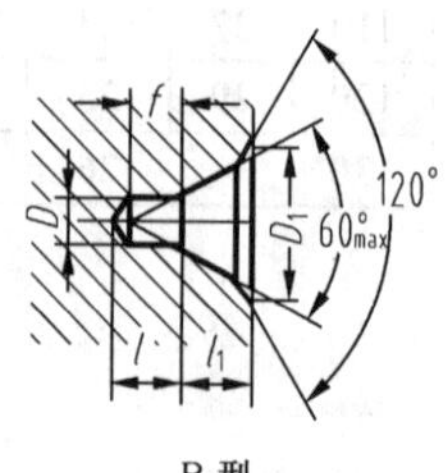

B 型

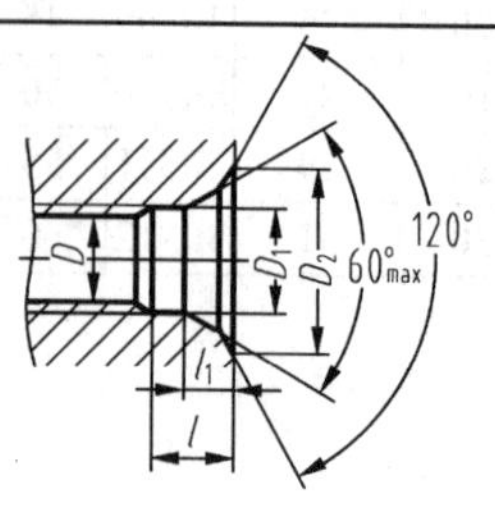

C 型

中心孔尺寸

续表

A 型、B 型							C 型					选择中心孔参考数据（非标准内容）		
D	A 型			B 型			D	D_1	D_2	l	参考	原料端部最小直径	轴状原料最大直径	工件最大重量 t
	D_1	参考		D_1	参考						l_1			
		l_1	t		l_1	t								
2.00	4.25	1.95	1.8	6.3	2.54	1.8						8	>10 ~ 18	0.12
2.50	5.30	2.42	2.2	8.0	3.20	2.2						10	>18 ~ 30	0.2
3.15	6.70	3.07	2.8	10.00	4.03	2.8	M3	3.2	5.8	2.6	1.8	12	>30 ~ 50	0.5
4.00	8.50	3.90	3.5	12.50	5.05	3.5	M4	4.3	7.4	3.2	2.1	15	>50 ~ 80	0.8
（5.00）	10.60	4.85	4.4	16.00	6.41	4.4	M5	5.3	8.8	4.0	2.4	20	>80 ~ 120	1
6.3	13.20	5.98	5.5	18.00	7.36	5.5	M6	6.4	10.5	5.0	2.8	25	>120 ~ 180	1.5
（8.00）	17.00	7.79	7.0	22.40	9.36	7.0	M8	8.4	13.2	6.0	3.3	30	>180 ~ 220	2
10.00	21.20	9.70	8.7	28.00	11.66	8.7	M10	10.5	16.3	7.5	3.8	42	>220 ~ 260	3

注：1．尺寸 l 取决于中心钻的长度，此值不应小于 t 值（对 A 型、B 型）。

2．括号内的尺寸尽量不采用。

3．R 型中心孔未列入。

附表 D-3　　中心孔表示法（摘自 GB/T 4459.5—1999）　　单位：mm

要　　求	符　　号	表示法示例	说　　明
在完工的零件上要求保留中心孔		GB/T 4459.5—B2.5/8	采用 B 型中心孔 D=2.5mm，D_1=8mm 在完工的零件上 要求保留
在完工的零件上可以保留中心孔		GB/T 4459.5—A4/8.5	采用 A 型中心孔 D=4mm，D_1=8.5mm 在完工的零件上 是否保留都可以
在完工的零件上不允许保留中心孔		GB/T 4459.5—A1.6/3.35	采用 A 型中心孔 D=1.6mm，D_1=3.35mm 在完工的零件上 不允许保留

附录E 常用材料

表 E-1　常用钢材牌号及用途

名称	牌号	应用举例
碳素结构钢	Q215 Q235	塑性较高，强度较低，焊接性好，常用作各种板材及型钢，制作工程结构或机器中受力不大的零件，如螺钉、螺母、垫圈、吊钩、拉杆，也可渗碳，制造不重要的渗碳零件
	Q275	强度较高，可制作承受中等应力的普通零件，如紧固件、吊钩、拉杆等，也可经热处理后制造不重要的轴
优质碳素结构钢	15 20	塑性、韧性、焊接性和冷冲性很好，但强度较低。用于制造受力不大、韧性要求较高的零件、紧固件、渗碳零件及不要求热处理的低负荷零件，热螺栓、螺钉、拉条、法兰盘等
	35	有较好的塑性和适当的强度，用于制造曲轴、转轴、轴销、拉杆、连杆、横梁、链轮、垫圈、螺钉、螺母等。这种钢多在正火和调质状态下使用，一般作焊接件用
	40 45	用于要求强度较高、韧性要求中等的零件，通常进行调质或正火处理。用于制造齿轮、齿条、链轮、轴、曲轴等。经高频表面淬火后可替代渗碳钢制作齿轮、轴、活塞销等零件
	55	经热处理后有较高的表面硬度和强度，具有较好的韧性，一般经正火或淬火、回火后使用。用于制造齿轮、连杆、轮圈及轧辊等。焊接性及冷变性均低
	65	一般经淬火中温回火，具有较高弹性，适用于制作小尺寸弹簧
	15Mn	性能与 15 钢相似，但其淬透性、强度和塑性均稍高于 15 钢。用于制作中心部分的力学性能要求较高且需要渗碳的零件。这种钢焊接性好
	65Mn	性能与 65 钢相似，适于制造弹簧、弹簧垫圈、弹簧环和片，以及冷拔钢丝（≤7mm）和发条
合金结构钢	20Cr	用于渗碳零件，制作受力不太大、不需要强度很高的耐磨零件，如机床齿轮、齿轮轴、蜗杆、凸轮、活塞销等
	40Cr	调质后强度比碳钢高，常用作中等截面、要求力学性能比碳钢高的重要调质零件，如齿轮、轴、曲轴、连杆、螺栓等
	20CrMnTi	强度、韧性均高，是铬镍钢的代用材料。经热处理后，用于承受高速、中等或重负荷以及冲击、磨损等的重要零件，如热渗碳齿轮、凸轮等
	38CrMoAl	是渗氮专用钢种，经热处理后用于要求高耐磨性、高疲劳强度和相当高的强度且热处理变形小的零件，如镗杆、主轴、齿轮、蜗杆、套筒、套环等
	35SiMn	除了要求低温（−20°C 以下）及冲击韧性很高的情况，可全面替代 40Cr 作调质钢；也可部分替代 40CrNi，制作中小型轴类、齿轮等零件

续表

名称	牌号	应用举例
合金结构钢	50CrVA	用于（$\phi30\sim\phi50$）重要的承受大应力的各种弹簧，也可用做大截面的温度低于400°C 的气阀弹簧、喷油嘴弹簧等
铸钢	ZG200-400	用于各种形状的零件，如机座、变速箱壳等
	ZG230-450	用于铸造平坦的零件，如机座、机盖、箱体等
	ZG270-500	用于各种形状的零件，如飞轮、机架、水压机工作缸、横梁等

附表 E-2 **常用铸铁牌号及用途**

灰铸铁	HT100	用于制作低载荷和不重要的零件，如盖、外罩、手轮、支架、重锤等	牌号中“HT”是“灰铁”二字汉语拼音的第一个字母，其后的数字表示最低抗拉强度（MPa），但这一力学性能与铸件壁厚有关
	HT150	用于制作承受中等应力的零件，如支柱、底座、齿轮箱、工作台、刀架、端盖、阀体、管路附件及一般无工作条件要求的零件	
	HT200 HT250	用于制作承受较大应力和较重要的零件，如汽缸体、齿轮、机座、飞轮、床身、缸套、活塞、制动轮、联轴器、齿轮箱、轴承座、油缸等	
	HT300 HT350 HT400	用于制作承受高弯曲应力及抗拉应力的重要零件，如齿轮、凸轮、车床卡盘、剪床、压力机的机身、床身、高压油缸、滑阀壳体等	
球墨铸铁	QT400-15 QT450-10 QT500-7 QT600-3 QT700-2	球墨铸铁可替代部分碳钢、合金钢，用来制造一些受力复杂，强度、韧性和耐磨性要求高的零件。前两种牌号的球墨铸铁具有较高的韧性与塑性，常用来制造受压阀门、机器底座、汽车后桥壳等；后两种牌号球墨铸铁具有较高的强度与耐磨性，常用来制造拖拉机或柴油机中的曲轴、连杆、凸轮轴，各种齿轮，机床的主轴、涡杆、涡轮，轧钢机的轧辊、大齿轮，大型水压机的工作缸、缸套、活塞等	牌号中“QT”是“球铁”二字汉语拼音的第一个字母，后面的两组数字分别表示其最低抗拉强度（MPa）和最小伸长率（$\delta\times100\%$）

附表 E-3 **常用有色金牌号及用途**

名称		牌号	应用举例
加工黄铜	普通黄铜	H62	销钉、铆钉、螺钉、螺母、垫圈、弹簧等
		H68	复杂的冷冲压件、散热器外壳、弹壳、导管、波纹管、轴套等
		H90	双金属片、供水和排水管、证章、艺术品等
	铅黄铜	HPb59-1	适用于仪器仪表等工业部门用的切削加工零件及抗磁零件等
加工锡青铜		QSn4-3	弹性元件、管配件、化工机械中耐磨零件及抗磁零件
		QSn6.5-0.1	弹簧、接触片、振动片、精密仪器中的耐磨零件
铸造锡青铜		ZCuSn10Pb1	重要的减磨零件，如轴承、轴套、涡轮、摩擦轮、机床丝杠螺母等
		ZCuSn5Pb5Zn5	中速、中载荷的轴承、轴套涡轮等耐磨零件
铸造铝合金		ZALSi7Mg（ZL101）	形状复杂的砂型、金属型和压力铸造零件，如飞机、仪器的零件，抽水机壳体，工作温度不超过 185°C 的汽化器等
		ZALSi12（ZL102）	形状复杂的压力铸造零件，如仪表、抽水机壳体，工作温度在 200°C 以下要求气密性较好、承受低载荷的零件
		ZALSi5Cu1Mg（ZL105）	砂型、金属型和压力铸造的形状复杂，在 225°C 以下工作的零件，如风冷发动机的汽缸头、油泵壳体等
		ZALSi12Cu2Mg1（ZL108）	砂型、金属型铸造的、要求高温强度及低膨胀系数的高速内燃机活塞及其他耐热零件

参 考 文 献

[1] 国家质量技术监督局.《国家标准机械制图》. 北京：中国标准出版社，2004.

[2] 全国技术产品文件标准化技术委员会. 技术产品文件标准汇编.机械制图卷. 北京：中国标准出版社，2007.

[3]《中华人民共和国国家标准—产品几何技术规范（GPS）技术文件中表面结构表示法》. 北京：中国标准出版社，2006.

[4]《中华人民共和国国家标准—产品几何技术规范（GPS）几何公差形状、方向、位置和跳动公差标注》. 北京：中国标准出版社，2008.

[5] 金大鹰.《机械制图》(机械类专业). 北京：机械工业出版社，2007.

[6] 冯秋官.《机械制图》. 北京：高等教育出版社，2004.

[7] 王其昌.《机械制图》. 北京：人民邮电出版社，2008.

[8] 朱强.《机械制图》. 北京：人民邮电出版社，2009.

[9] 朱辉.《画法几何及机械制图》. 上海科学技术出版社，2003.